주기율표

원소 기호	원자 번호	영어명	한글명	원자량
C	6	Carbon	탄소	12.011

구분	
금속	(Metal)
준금속	(Semimetal)
비금속	(Nonmetal)

주기＼족	1	2	3	4	5	6	7	8	9
1	H 1 Hydrogen 수소 1.007								
2	Li 3 Lithium 리튬 6.941	Be 4 Beryllium 베릴륨 9.0122							
3	Na 11 Sodium 소듐(나트륨) 22.9898	Mg 12 Magnesium 마그네슘 24.305							
4	K 19 Potassium 포타슘(칼륨) 39.0983	Ca 20 Calcium 칼슘 40.078	Sc 21 Scandium 스칸듐 44.9559	Ti 22 Titanium 타이타늄 47.867	V 23 Vanadium 바나듐 50.9415	Cr 24 Chromium 크로뮴 51.9961	Mn 25 Manganese 망가니즈 54.938	Fe 26 Iron 철 55.845	Co 27 Cobalt 코발트 58.9332
5	Rb 37 Rubidium 루비듐 85.4678	Sr 38 Strontium 스트론튬 87.62	Y 39 Yttrium 이트륨 88.9059	Zr 40 Zirconium 지르코늄 91.224	Nb 41 Niobium 나이오븀 92.9064	Mo 42 Molybdenum 몰리브데넘 95.94	Tc 43 Technetium 테크네튬 98.9063	Ru 44 Ruthenium 루테늄 101.07	Rh 45 Rhodium 로듐 102.9055
6	Cs 55 Cesium 세슘 132.9055	Ba 56 Barium 바륨 137.327		Hf 72 Hafnium 하프늄 178.49	Ta 73 Tantalum 탄탈럼 180.9479	W 74 Tungsten 텅스텐 183.84	Re 75 Rhenium 레늄 186.207	Os 76 Osmium 오스뮴 190.23	Ir 77 Iridium 이리듐 192.217
7	Fr 87 Francium 프랑슘 223.0197	Ra 88 Radium 라듐 226.0254		Rf 104 Rutherfordium 러더포듐 261.1088	Db 105 Dubnium 더브늄 262.1142	Sg 106 Seaborgium 시보귬 266.1219	Bh 107 Bohrium 보륨 264.1247	Hs 108 Hassium 하슘 269.13	Mt 109 Meitnerium 마이트너륨 268.1388

계열	주기						
란타넘족 (Lanthanides)	6	La 57 Lanthanum 란타넘 138.9055	Ce 58 Cerium 세륨 140.116	Pr 59 Praseodymium 프라세오디뮴 140.9077	Nd 60 Neodymium 네오디뮴 144.24	Pm 61 Promethium 프로메튬 146.9151	Sm 62 Samarium 사마륨 150.36
악티늄족 (Actinides)	7	Ac 89 Actinium 악티늄 227.0278	Th 90 Thorium 토륨 232.0381	Pa 91 Protactinium 프로트악티늄 231.0359	U 92 Uranium 우라늄 238.0289	Np 93 Neptunium 넵투늄 237.0482	Pu 94 Plutonium 플루토늄 244.0642

Periodic Table of the Elements

10	11	12	13	14	15	16	17	18
								He 2 Helium 헬륨 4.0026
			B 5 Boron 붕소 10.811	C 6 Carbon 탄소 12.011	N 7 Nitrogen 질소 14.0067	O 8 Oxygen 산소 15.9994	F 9 Fluorine 플루오린 18.9984	Ne 10 Neon 네온 20.1797
			Al 13 Aluminium 알루미늄 26.9815	Si 14 Silicon 규소 28.0855	P 15 Phosphorus 인 30.9738	S 16 Sulfur 황 32.0650	Cl 17 Chlorine 염소 35.4533	Ar 18 Argon 아르곤 39.948
Ni 28 Nickel 니켈 58.6934	Cu 29 Copper 구리 63.546	Zn 30 Zinc 아연 65.409	Ga 31 Gallium 갈륨 69.723	Ge 32 Germanium 저마늄 72.64	As 33 Arsenic 비소 74.9216	Se 34 Selenium 셀레늄 78.96	Br 35 Bromine 브로민 79.904	Kr 36 Krypton 크립톤 83.798
Pd 46 Palladium 팔라듐 06.421	Ag 47 Silver 은 107.8682	Cd 48 Cadmium 카드뮴 112.411	In 49 Indium 인듐 114.818	Sn 50 Tin 주석 118.71	Sb 51 Antimony 안티모니 121.76	Te 52 Tellurium 텔루륨 127.6	I 53 Iodine 아이오딘 126.9045	Xe 54 Xenon 제논 131.293
Pt 78 Platinum 백금 95.078	Au 79 Gold 금 196.9666	Hg 80 Mercury 수은 200.59	Tl 81 Thallium 탈륨 204.3833	Pb 82 Lead 납 207.2	Bi 83 Bismuth 비스무트 208.9804	Po 84 Polonium 폴로늄 208.9824	At 85 Astatine 아스타틴 209.9871	Rn 86 Radon 라돈 222.0176
Ds 110 Darmstadtium 다름스타튬 271.15	Rg 111 Roentgenium 뢴트게늄 272.1535	Cn 112 Copernicium 코페르니슘 (277)	Nh 113 Nihonium 니호늄 (284.18)	Fl 114 Flerovium 플레로븀 (289.19)	Mc 115 Moscovium 모스코븀 (288.19)	Lv 116 Livermorium 리버모륨 (293)	Ts 117 Tennessine 테네신 (294)	Og 118 Oganesson 오가네손 (294)

Eu 63 Europium 유로퓸 51.964	Gd 64 Gadolinium 가돌리늄 157.25	Tb 65 Terbium 터븀 22.9898	Dy 66 Dysprosium 디스프로슘 162.5	Ho 67 Holmium 홀뮴 164.93	Er 68 Erbium 어븀 167.259	Tm 69 Thulium 툴륨 168.9342	Yb 70 Ytterbium 이터븀 173.04	Lu 71 Lutetium 루테튬 174.967
Am 95 Americium 아메리슘 243.0614	Cm 96 Curium 퀴륨 247.0703	Bk 97 Berkelium 버클륨 247.0703	Cf 98 Californium 캘리포늄 251.0796	Es 99 Einsteinium 아인슈타이늄 252.083	Fm 100 Fermium 페르뮴 257.0951	Md 101 Mendelevium 멘델레븀 258.0984	No 102 Nobelium 노벨륨 259.101	Lr 103 Lawrencium 로렌슘 262.1097

핵심 유기화학

한신호 · 신성철 지음

자유아카데미

머리말

이 책은 신성철 교수님의 기존 교재들을 중심으로 수정 · 보완하는 작업을 통해 완성되었다. 신성철 교수님의 책에서 머리말로 제시된 글의 앞부분은 인용하며 머리말을 시작하면 다음과 같다.

"우리 모두는 이미 고도로 전문성을 갖춘 유기 화학자이다." 푸른 나무와 풀에서 꽃이 피고 새가 날고 물고기가 헤엄치는 아름다운 자연을 감상할 때 우리는 즉시 눈에서 가시광선을 신경 신호로 전환시키는 데 retinal이라고 하는 유기 분자를 이용할 줄 안다. 신나는 운동을 즐기거나 맛있는 음식을 먹을 때는 필요한 에너지를 얻기 위해 근육에 있는 포도당에 유기 화학 반응을 일으켜 낸다. 살아가는 데 필요한 모든 현상에 우리는 탄소를 중심으로 10여 가지의 매우 적은 원소로 이루어져 있는 유기 화합물과 유기 화학 반응을 이용할 줄 안다. 극히 제한된 수의 원소가 무수히 다양하고 복잡한 생물 세계를 만들고 있다는 놀라운 비밀을 풀어내고 생명의 화학을 이해하는 데 가장 핵심이 되는 열쇠가 바로 유기 화학이다.

'유기 화합물'과 '유기 화학'이라는 용어는 1806년 스웨덴의 Berzelius가 의화학 교과서인 『동물 화학』에서 처음으로 사용하였다. 당시의 다른 사람들과 마찬가지로 Berzelius도 유기 화합물은 소수의 한정된 원소들이 생명력에 의해 서로 연결되어 있는 것이므로 인공적으로 합성하는 것이 불가능하다고 믿었다.

1828년 Berzelius의 제자였던 Friedrich Wöhler는 사이안산 암모늄을 증발시킬 때 유기 물질인 요소(urea)가 생성된다는 사실을 발견하였다.

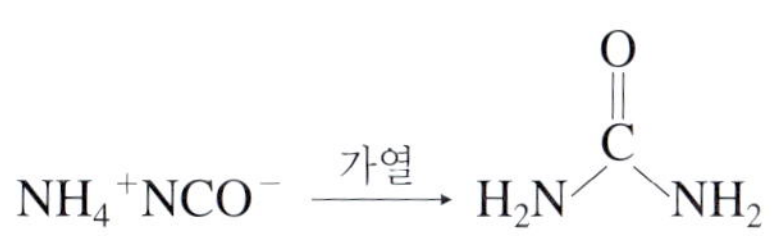

ammonium cyanate 무기 화합물 → urea 유기 화합물

그리고는 스승인 Berzelius에게 "선생님 저는 콩팥이 없어도 요소를 만들 수 있습니다."라고 편지를 썼다. 이 실험은 현대 과학의 이정표적인 사건으로 알려져 있으며 기존의 생기론을 뒤집어엎는 첫 걸음이 되었다. 뒤이어 수백 만의 유기 화합물들이 실험실에서 인위적으로 합성되었다.

유기 물질을 구성하고 있는 주 원소는 탄소이므로 유기 화학은 '탄소 화합물의 화학'으로 정의된다. 원자가 전자가 4개인 탄소는 4개의 화학 결합을 통해 무한히 많은 방법으로 다른 탄소와 연결될 수 있다. 이 때문에 간단한 메테인부터, 수십억 개의 탄소로 이루어진 복잡한 생체 고분자까지 무한히 많은 유기 화합물이 있을 수 있다. 자연계에서 일어나는 모든 생명 현상은 유기 화합물들의 복잡한 상호 작용으로부터 비롯된 것이다. 질병을 치료하는 대부분의 의약품, 식품, 염료와 합성 고분자 등을 포함하는 매우 많은 물질들이 유기 화합물이므로 유기 화학의 범위는 실로 방대할 뿐만 아니라 자연과학의 핵심이 되는 극히 중요한 분야이다. 이상과 같이 신성철 교수님은 머리말의 앞부분을 작성하였다.

이에 이어서, 새로이 수정 및 보완된 이 책은 학생들이 쉽게 이해하고 가르치기 쉬울 뿐만 아니라 유기 화학의 핵심을 망라하면서도 한 학기용 교과서로 적합하도록 구성되었다. 어려운 주제도 가능한 한 쉽게 설명하려고 노력하였으며 보다 효과적으로 익힐 수 있도록 필요한 곳에 그림 및 예제들을 삽입하였다.

1장에서는 유기 화합물의 구조와 결합을 이해하는 데 필요한 기초 개념들을 설명하였다.

2장에서는 포화 탄화수소와 불포화 탄화수소를 소재로 유기 화합물들의 이름을 짓는 기초와 분자들의 입체 형태들을 소개하였다.

3장에서는 유기 화합물들의 입체 화학적이고 비대칭적인 특징을 이해하는 데 필요한 내용들을 설명하였다.

4~10장에서는 대표적인 작용기별로 분류된 유기 화합물들의 물리적 특징, 제조 방법 및 반응들을 소개하였다.

11장에서는 유기 화합물의 구조를 규명하는 데 이용되는 분광법의 기초를 정리하였다.

12장에서는 고분자 화학의 기초를 소개하였다.

13~15장에서는 생체 구성 물질인 탄수화물, 단백질, 지질 및 핵산과 관련된 중요 내용들을 다루었다.

각 장의 끝에는 요약 및 보충문제들을 삽입하였다. 책의 마지막 부분에는 예제의 해답과 보충문제 중 선택된 문제들의 해답을 수록하였다.

유기 화학은 먼저 배운 지식 위에 뒤에 배운 지식을 조금씩 점진적으로 쌓아 올려야 하는 과목이다. 유기 화학을 정통하게 습득하는 지름길은 없다. 각 장을 배우기 전에 먼저 고딕체로 표시되어 있는 중요 개념들을 중심으로 한 번 훑어보기 바란다. 각 장의 강의를 듣고 난 다음에는 여러 번 꼼꼼하게 읽어보면서 예제와 보충문제들을 풀어보아야 한다. 유기 화학뿐 아니라 화학의 모든 과목을 공부할 때는 여러 가지 유형의 문제들을 반드시 반복해서 풀어보아야 된다. 내용을 효과적으로 이해하고 오랫동안 기억하는 것은 물론이고 응용력을 기르는 데도 문제 풀이는 필수적이다.

저자들은 학생들이 이 책을 통해 생명 과학의 등뼈 역할을 하는 유기 화학을 재미있게 배울 수 있기를 바란다. 또 응용 과학을 전공하기 위한 소중한 기초가 되고 자연 과학적 교양에도 보탬이 될 수 있기를 희망한다. 이 책을 가르치는 선생님들이나 이 책을 공부한 학생들에게서 어떤 제안이나 비평이 있으면 기꺼이 받아들이겠다.

마지막으로, 이 한 권의 책이 출간되는 데에는 여러분의 기여가 필요하였고, 앞으로도 필요하다. 이 책을 집필할 기회를 주시고 출판에 필요한 여러 가지를 도와주신 자유아카데미의 사장님과 직원 여러분께 감사의 말씀을 드린다. 추후 수정사항이 있을 경우에는 자유아카데미 홈페이지(www.freeaca.com) 자료실을 통해 제공할 예정이다.

2020년 저자

차례

제1장 구조와 결합

제2장 포화 탄화수소와 불포화 탄화수소

제3장 입체 화학

제4장 알케인, 알켄과 알카인의 제법과 반응

제 5 장 할로알케인: 친핵성 치환 및 제거 반응

제 6 장 방향족 화합물

제7장 알코올, 페놀 및 에터

제8장 알데하이드와 케톤

제 9 장 카복실산과 유도체

제10장 아민

제11장 구조 결정과 분광법

제12장 유기 고분자 화학

제13장 탄수화물

제14장 단백질

제15장 지방질과 핵산

1장

구조와 결합

화합물의 성질은 어떤 원자들이 어떻게 연결되어 있느냐에 따라 결정된다. 즉, 구조식을 읽을 수 있으면 화합물의 성질과 화학반응을 예측할 수 있으며, 유기 화학과 관련된 모든 정보들을 서로 편리하고 쉽게 교환할 수 있다. 이 장에서는 유기 분자들에서 관찰되는 **화학 결합(chemical bonding)**과 이와 관련된 여러 가지 기초들을 공부한다.

1.1 원자 오비탈

유기 화합물을 구성하고 있는 핵심 원소들은 *s*와 *p* 오비탈을 주로 가지고 있으므로 본 교과서에서는 이들 두 원자 오비탈에만 집중한다. *s* 오비탈은 구형이며 중심에 원자핵이 있다. *p* 오비탈은 중심의 핵에 두 개의 로브(lobe)가 붙어 있는 모양을 하고 있다. 각 껍질 내에 있는 에너지가 동일한 세 개의 *p* 오비탈들은 서로 직각을 이루고 있는데 이들을 각각 $2p_x$, $2p_y$, $2p_z$로 표시한다. 아래 첨자는 원자핵이 중심인 직각 좌표의 *x*, *y* 및 *z* 축을 나타낸다(그림 1.1). 세 개의 2*p* 오비탈과 같이 서로 동일한 에너지를 가지고 있는 오비탈들을 **축퇴(degenerate)**되어 있다고 한다.

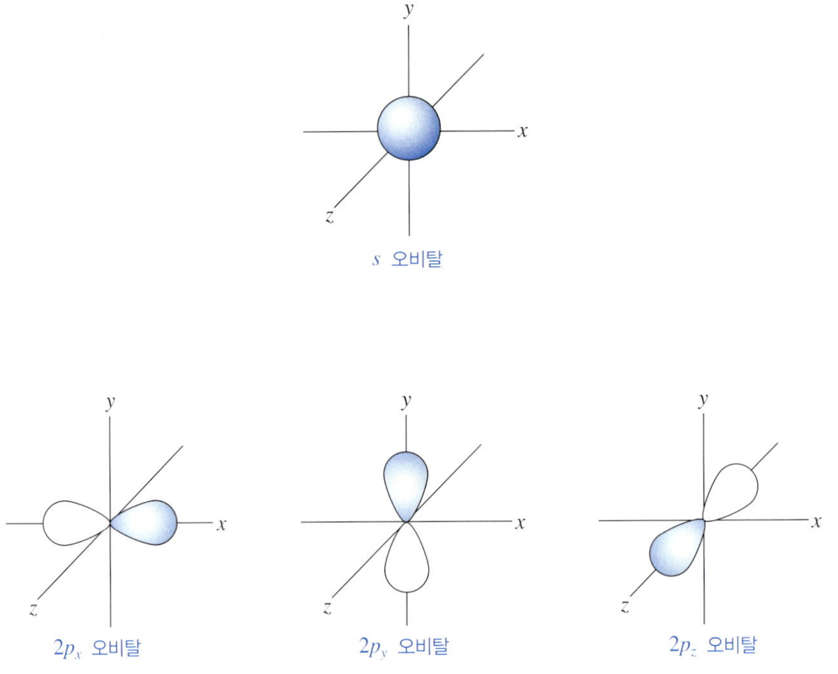

그림 1.1 원자 오비탈

1.2 공유 결합

유기 화합물 분자 내에 형성된 결합은 주로 공유 결합이다. 어떤 원자가 만드는 공유 결합의 수는 원자가 비활성 기체의 전자 배열을 이루는 데 필요한 전자의 수와 같다. 예를 들어 수소 원자가 헬륨의 전자 배열을 이루기 위해서는 한 개의 전자가 더 필요하므로 공유 결합의 수는 1개이다. 탄소 원자는 4개의 원자가 전자를 가지고 있다. 탄소가 네온의 전자 배열을 이루려면 4개의 전자가 필요하므로 4개의 공유 결합을 형성한다. 마찬가지로 염소가 아르곤의 배열을 이루기 위해서는 한 개의 전자가 더 필요하므로 한 개의 공유 결합을 형성한다. 유기 화합물을 구성하는 대표적인 원소들의 공유 결합 수를 종합하면 표 1.1과 같다.

표 1.1 유기 화합물을 구성하는 대표적인 원소들의 공유 결합 수

원소	공유 결합의 수	주기율표상의 족 번호
H	1	1A
C	4	IVA
N	3	VA
O	2	VIA
Cl	1	VIIA
I	1	VIIA
Br	1	VIIA

화합물을 구성하고 있는 원소 조성을 알면 원소가 형성하는 공유 결합의 수를 기초로 화합물의 구조를 그릴 수 있다. 한 쌍의 전자로 이루어져 있는 공유 결합은 보통 대시(–)로 나타내며 대시와 원소 기호를 사용하여 그린 구조식을 **KeKulé 구조식**이라고 한다. 예를 들어 수소, 메테인(methane) 및 테트라플루오로메테인(tetrafluoromethane)의 KeKulé 구조식은 다음과 같다.

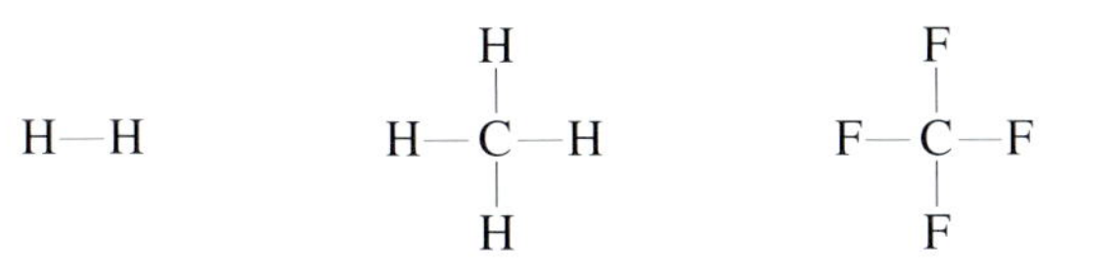

수소 Methane Tetrafluoromethane

두 원자 사이에서 한 쌍의 전자를 공유하는 결합을 **단일 결합(single bond)**이라고 한다. 두 개의 원자가 두 쌍 이상의 전자를 공유하는 결합을 **다중 결합(multiple bond)**이라고 한다. 두 쌍의 전자를 공유하는 결합을 **이중 결합(double bond)**이라고 하는데 ethylene(C_2H_4)은 탄소–탄소 이중 결합을 통하여 안정된 팔전자계를 이루고 있다.

acetylene(C_2H_2) 탄소−탄소 사이에 세 쌍의 전자를 공유하는 **삼중 결합(triple bond)**을 포함함으로써 팔전자계를 형성한다.

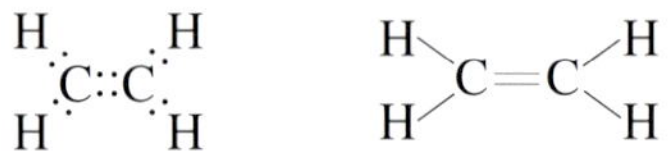

Ethylene

Acetylene

문제 1.1 다음에서 이온 결합을 하고 있는 화합물과 공유 결합을 하고 있는 분자를 구별하시오.

(1) $CaCl_2$ (2) CCl_4 (3) NaBr
(4) CH_2Cl_2 (5) Cl_2

문제 1.2 황 원자는 몇 개의 수소 원자와 공유 결합을 형성할 수 있는가?

문제 1.3 다음 분자들의 Lewis 점 전자 구조식과 Kekulé 구조식을 그리시오.

(1) $CHCl_3$ (2) CO_2 (3) CH_4O (4) C_2H_6

1.3 극성 공유 결합

탄소−탄소 또는 수소−수소 사이의 결합처럼 동일한 원소들 사이의 공유 결합에서는 결합 전자들이 두 원자들 사이에 똑같은 정도로 분포된다. 이와 같은 결합을 **비극성 공유 결합(nonpolar covalent bond)**이라고 한다. 반면, 전기 음성도가 다른 두 원자들 사이에서 형성된 공유 결합에서는 전기 음성도가 큰 원자 쪽에 전자가 더 많이 분포되어 있는데 이와 같은 결합을 **극성 공유 결합(polar covalent bond)**이라고 한다. 결합된 원자들의 전기 음성도 차가 클수록 결합은 더 큰 극성을 가진다. Methane에서 탄소와 수소는 전기 음성도가 거의 비슷하기 때문에 탄소−수소 사이의 공유 결합은 비교적 비극성이다.

이온 결합과 공유 결합은 그림 1.2에서 보는 것처럼 결합 형태를 나타내는 연속선의 반대편 끝에 있는 것으로 생각할 수 있다. 이온 결합은 공유 전자를 포함하지 않는다. 비극성 공유 결합은 정확하게 동등한 전자를 공유하고 있다. 중간에 결합을 형성하는 원자들 사이의 전기 음성도 차가 클수록 극성 공유 결합은 연속선의 이온 결합 쪽에 가까워진다.

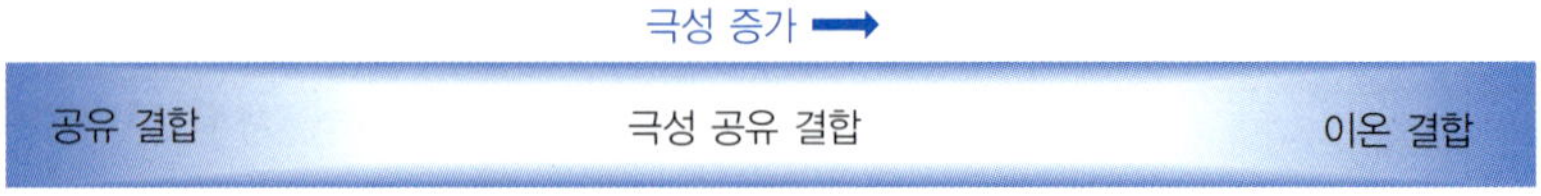

그림 1.2 결합 형태의 연속선

문제 1.4 δ^+와 δ^- 기호를 사용하여 다음 각각의 지시된 결합에서 극성의 방향을 표시하시오.

(1) Cl−Br (2) CH_3−F (3) CH_3−MgBr
(4) CH_3O−H (5) CH_3−NH_2

1.4 공유 결합과 분자 오비탈

Kekulé 구조는 편리하지만 입체적인 모양(3차원적 구조)을 포함하여 분자의 상세한 특징을 설명하는 데는 부족하다. **분자 오비탈(molecular orbital)**을 사용하면 유기 화합물의 3차원적 구조는 물론이고 여러 가지 복잡한 반응들을 쉽게 설명할 수 있다. 분자 오비탈은 공유 결합의 다른 표현으로서 간단히 설명하면 한 개씩의 전자를 가지고 있는 두 개 이상의 원자 오비탈들이 서로 겹쳐서 이루어진 것이다.

예를 들어 수소 분자 H−H는, 1*s* 오비탈에 한 개의 전자를 가지고 있는 수소 원자 두 개가 서로 접근하여 형성된 것으로 생각할 수 있다(그림 1.3). 두 수소 원자의 1*s* 오비탈이 접근하여 **겹침(overlap)**으로써 각 원자의 전자는 자신의 핵뿐만 아니라 다른 원자 핵에도 끌리게 된다. 원자 핵들이 **결합 길이(bond length)**라고 하는 어떤 일정한 거리(수소의 경우 0.74 Å)에서 겹치게 되면 오비탈들의 전자파가 강화되면서 분자 오비탈을 형성하게 된다. 이 분자 오비탈은 두 수소 원자핵과 한 쌍의 전자를 둘러싸고 있다. 이 새로운 오비탈의 음으로 하전된 전자들은 주로 양으로 하전된 두 원자핵들 사이에 단단히 잡혀있을 뿐만 아니라 핵들 사이의 반발도 최소화한다. 수소의 분자 오비탈은 타원 모양의 **원통형 대칭(cylindrical symmetry)**을 이루고 있다. 원자핵과 원자핵을 연결하는 선을 축으로 대칭을 이루고 있는 분자 오비탈을 **시그마(σ) 오비탈** 또는 **시그마 결합**이라고 한다.

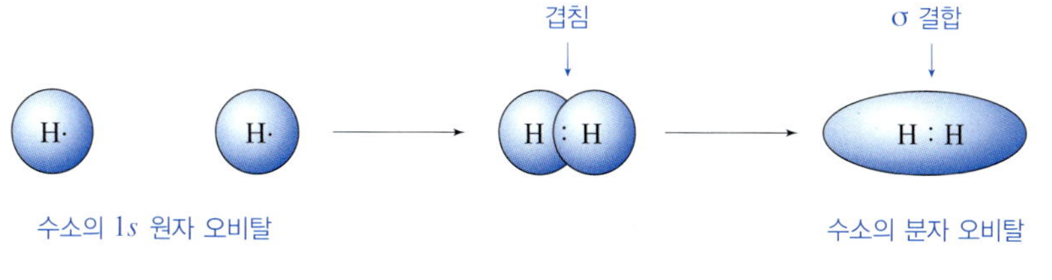

그림 1.3 두 수소 원자의 1s 오비탈들의 겹침에 의해 형성된 수소 분자

시그마 결합은 *s*와 *p* 오비탈 사이 또는 두 개의 *p* 오비탈들 사이에서 만들어질 수 있다(그림 1.4). 수소 분자의 공유 결합은 여러 가지 많은 형태의 시그마 결합 중 하나이다.

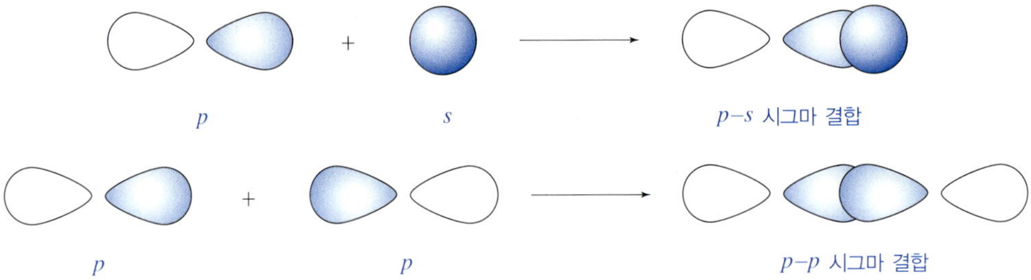

그림 1.4 원자 오비탈들의 겹침에 의해 형성된 시그마 결합들

1.5 sp^3 혼성 오비탈

1.4절의 분자 오비탈 개념은 탄소 화합물들의 결합을 설명하는 데도 적용된다. 수소 분자의 분자 오비탈은 간단하지만 탄소의 경우는 다소 복잡하다. 예를 들어 가장 간단한 탄소 화합물인 methane(CH_4)에서 탄소는 원자가 껍질에 네 개의 전자가 있으므로 네 개의 탄소–수소 공유 결합을 만든다. 탄소가 두 종류의 오비탈인 2*s*와 2*p*를 가지고 있기 때문에 methane은 두 가지 다른 종류의 결합을 가지고 있을 것으로 생각되지만, 모든 성격이 동일한 네 개의 결합을 가지고 있다. 이 사실은 1931년 Linus Pauling이 **혼성 오비탈(hybrid orbital)**을 사용하여 설명하였다. 혼성 오비탈은 성격이 다른 원자 오비탈들을 섞는다는 개념이다. 탄소의 두 번째 껍질의 네 개의 원자 오비탈인 2*s*, $2p_x$, $2p_y$와 $2p_z$를 모두 섞으면 25%의 s와 75%의 *p* 오비탈의 성격을 가지고 있는 네 개의 동등한 sp^3 혼성 오비탈이 만들어진다(그림 1.5). 네 개의 sp^3 혼성 오비탈은 각각 한 개의 전자를 포함하고 있다. 네 sp^3는 모두 같은 에너지를 가지고 있는데 이 에너지는 2*s* 오비탈보다는 크고 2*p* 오비탈보다는 작다.

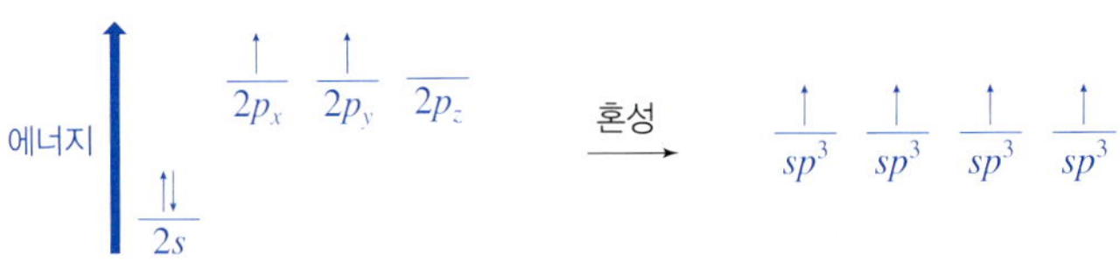

그림 1.5 한 개의 *s* 오비탈와 세 개의 *p* 오비탈의 혼성과 관련된 전자배치

이러한 sp^3 혼성 오비탈은 25%의 *s* 오비탈의 성격과 75%의 *p* 오비탈의 성격을 가지고 있다(그림 1.6). 이 오비탈은 *p* 오비탈처럼 두 개의 로브를 가지고 있지만 핵에 대해 비대칭이다. 즉, 한쪽 로브가 다른 쪽 로브보다 훨씬 크며 큰 쪽의 로브에서 공유 결합이 형성된다. 네 개의 sp^3 혼성 오비탈은 전자들 사이의 반발력을 최소화하기 위해 서로 가장 멀

리 떨어진 공간에 배열된다. 네 개의 sp^3 혼성 오비탈들이 가장 멀리 떨어져 있을 때 이들은 정사면체의 꼭짓점을 가리킨다. 각각 네 개의 수소의 s 오비탈과 탄소의 sp^3 혼성 오비탈이 겹치면 네 개의 동등한 C−H σ 결합을 가지고 있는 methane 분자가 형성된다. C−H의 길이는 1.10 Å이고 두 결합들 사이의 **정사면체 결합각** ∠H−C−H는 109.5°이다. 네 개의 sp^3 혼성 오비탈을 사용하여 공유 결합을 형성하는 탄소를 **사면체 탄소**(**tetrahedral carbon**)라고 한다.

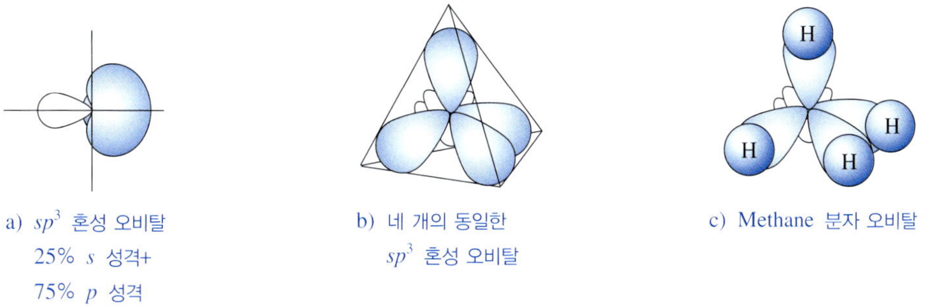

그림 1.6 sp^3 혼성 오비탈의 모양

탄소 1개와 수소 4개로 이루어진 methane의 입체적인 모양을 그릴 때는 그림 1.7과 같이 쐐기−점선 구조, 공−막대 구조 및 공간 채움 구조 등을 사용하며 쐐기−점선 구조가 가장 많이 사용된다. 이 구조에서 쐐기선은 지면의 앞으로 튀어나온 결합, 점선은 지면의 뒤로 뻗은 결합을 그리고 실선은 지면에 포함된 결합을 나타낸다.

그림 1.7 methane의 입체적인 모양

탄소 2개와 수소 6개로 이루어진 ethane(C_2H_6)에는 sp^3−sp^3형 겹침을 통해 형성된 C−C σ 결합과 sp^3−s형 겹침을 통해 이루어진 C−H σ 결합의 두 종류 결합이 있다(그림 1.8). 즉, 한 탄소의 sp^3 혼성 오비탈 한 개와 다른 탄소의 sp^3 혼성 오비탈 한 개가 서로 겹치면 탄소−탄소 사이의 σ 결합이 형성된다. 각 탄소에 남아있는 세 개의 sp^3 혼성 오비탈은 수소의 s 오비탈과 겹쳐서 모두 여섯 개의 탄소−수소 σ 결합을 형성한다. Ethane에서 C−H 결합의 길이는 methane과 같은 1.10 Å이고 C−C 결합 길이는 1.54 Å이다.

Ethane에서의 ∠H−C−H은 모두 사면체 결합각인 109.6°이다.

그림 1.8 Ethane의 분자 오비탈과 입체 구조

문제 1.5 Propane($CH_3CH_2CH_3$)분자의 공유 결합이 형성될 때 이용되는 오비탈을 분석하시오.

1.6 sp^2 혼성 오비탈

두 개의 탄소 원자와 네 개의 수소 원자로 이루어져 있으며 평면형 기하 구조를 보여주는 ethylene(C_2H_4) 분자를 설명하려면 **sp^2 혼성 오비탈**을 이용하여야 한다. 탄소의 2*s* 오비탈과 두 개의 2*p* 오비탈이 혼합되면 33.3%의 *s* 오비탈의 성격과 66.6%의 *p* 오비탈 성격을 가지고 있는 세 개의 sp^2 혼성 오비탈이 만들어지고 한 개의 2*p* 오비탈이 남는다(그림 1.9).

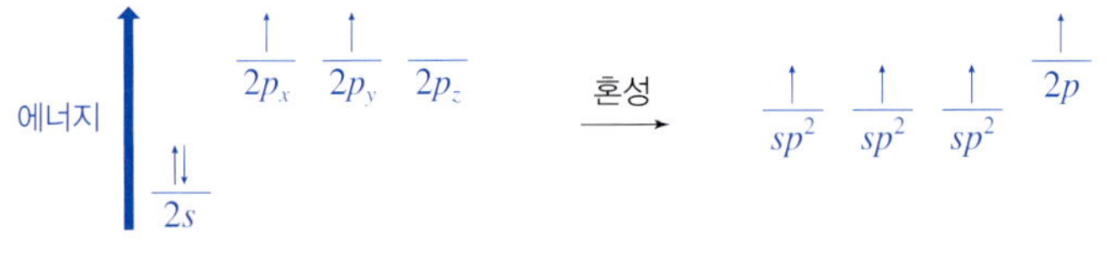

그림 1.9 한 개의 *s* 오비탈과 두 개의 *p* 오비탈의 혼성과 관련된 전자 배치

세 개의 sp^2 혼성 오비탈은 전자의 반발을 최소화하기 위해 서로 120°의 각을 이루면서 같은 평면에 포함되어 있고 남아있는 *p* 오비탈은 sp^2 평면의 위와 아래에 수직으로 배열되어 있다(그림 1.10의 a). 한 탄소의 sp^2 혼성 오비탈 한 개와 다른 탄소의 sp^2 혼성 오비탈 한 개가 겹치면 탄소−탄소 사이의 σ 결합이 형성된다. 각 탄소의 다른 두 sp^2 혼성 오비탈은 수소의 *s* 오비탈과 겹쳐서 모두 네 개의 탄소−수소 σ 결합을 형성한다(그림 1.10의 b). 각 탄소의 혼성화되지 않은 *p* 오비탈이 측면으로 서로 겹치면 **π 결합**이 만들어진다. π 결합에 포함된 전자를 π 전자라고 하며, σ 결합 한 개와 π 결합 한 개로 이루어진 탄소−탄소 이중 결합은 탄소−탄소 단일 결합보다 더 짧아지고 강해진다. Ethylene 분자

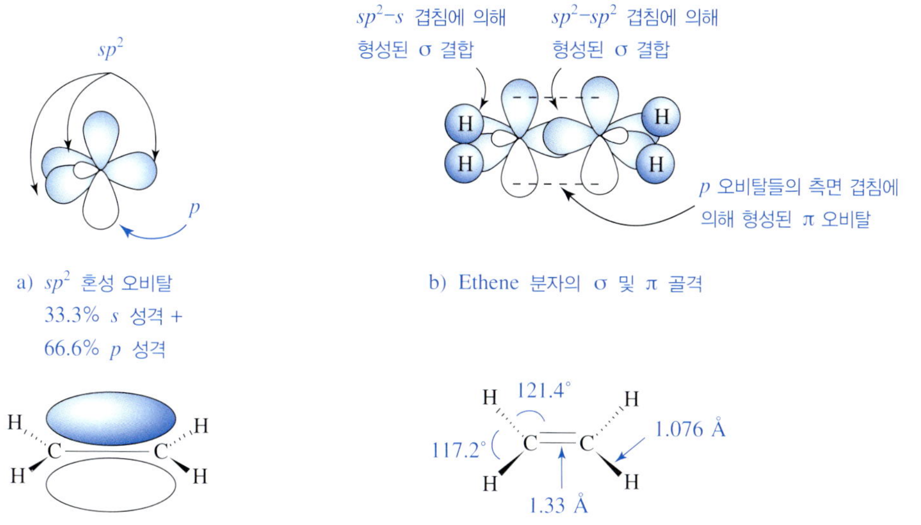

c) Ethene의 π 결합과 입체적인 모양

그림 1.10 *sp*^{2} 혼성 오비탈과 ethylene의 입체적인 구조

에서 C−H 결합과 C−C 결합의 길이는 각각 1.076 Å과 1.33 Å이다. 또 ∠H−C−H와 ∠H−C−C의 결합각은 각각 117.2°와 121.4°이다(그림 1.10의 c).

1.7 *sp* 혼성 오비탈

두 개의 탄소 원자와 두 개의 수소 원자로 이루어져 있으며 직선형인 acetylene(C_2H_2) 분자의 구조는 ***sp* 혼성 오비탈**을 이용하여 설명된다. 탄소의 2*s* 오비탈과 한 개의 2*p* 오비탈이 혼합되면 *s* 오비탈의 성격과 *p* 오비탈의 성격이 각각 50%인 두 개의 *sp* 혼성 오비탈이 만들어지고 두 개의 2*p* 오비탈이 남는다(그림 1.11).

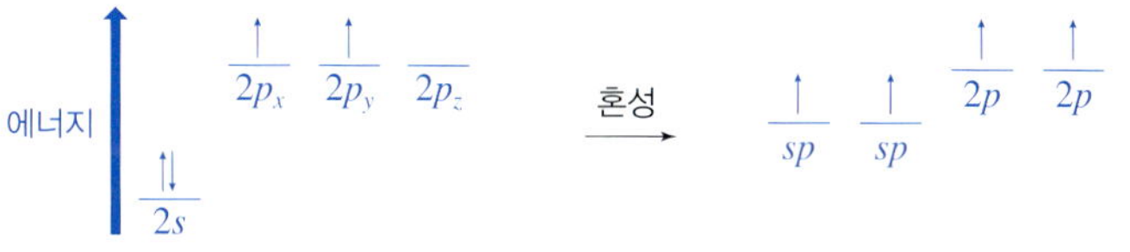

그림 1.11 한 개의 *s* 오비탈과 한 개의 *p* 오비탈의 혼성과 관련된 전자 배치

두 개의 *sp* 혼성 오비탈은 전자의 반발을 최소화하기 위해 180°의 각을 이루고 있으며 남아있는 두 *p* 오비탈과 수직으로 배열되어 있다(그림 1.12). 한 탄소의 *sp* 혼성 오비탈과 다른 탄소의 *sp* 혼성 오비탈이 겹치면 탄소−탄소 사이의 σ 결합이 형성된다. 각 탄소

의 다른 한 sp 혼성 오비탈은 수소의 s 오비탈과 겹쳐서 모두 두 개의 탄소–수소 σ 결합을 형성한다. 각 탄소의 혼성화되지 않은 두 p_x 및 p_z 오비탈 각각은 다른 탄소의 평행한 p_x 및 p_z 오비탈과 측면 대 측면으로 서로 겹쳐서 두 개의 π 결합을 형성한다. 결과로서 한 개의 σ 결합과 두 개의 π 결합으로 이루어진 탄소–탄소 삼중 결합을 형성한다. 탄소–탄소 삼중 결합은 이중 결합보다 더 짧아지고 강해진다. Acetylene 분자에서 C−H 결합과 C−C 결합의 길이는 각각 1.06 Å과 1.20 Å이다. ∠H−C−C의 결합각은 180°이다.

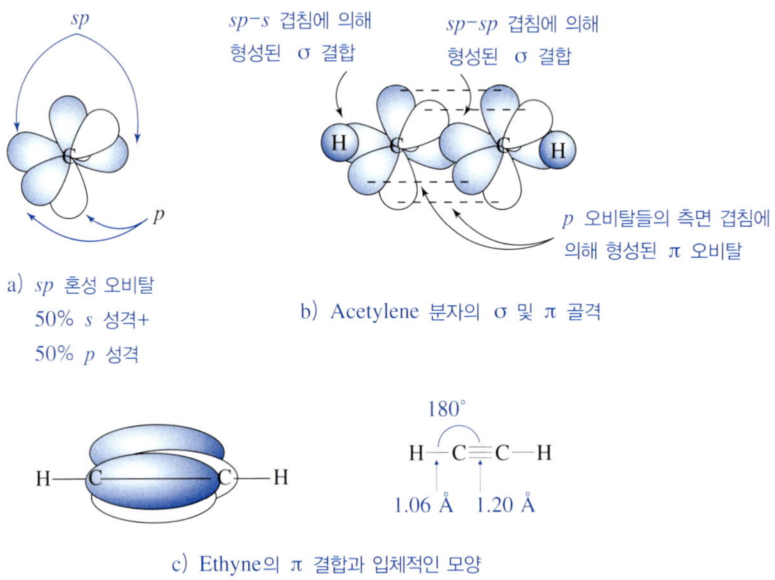

그림 1.12 *sp* 혼성 오비탈과 acetylene의 입체적인 구조

문제 1.6 다음 화합물들의 공유 결합을 원자 및 혼성 오비탈을 사용하여 분석하시오.

(1) $CH_3-CH=CH_2$ (2) $CH_3-CH=CH-C\equiv CH$

1.8 수소 결합

비공유 전자를 가지고 있으면서 전기 음성도가 큰 질소, 산소 또는 플루오린과 같은 원자와 수소 사이의 공유 결합은 특히 극성이 크다. 액체 상태에서, 한 분자의 부분 양전하를 가지고 있는 수소 원자와 전기 음성도가 큰 원자의 비공유 전자 사이에 작용하는 강한 인력을 **수소 결합(hydrogen bond)**이라고 한다.

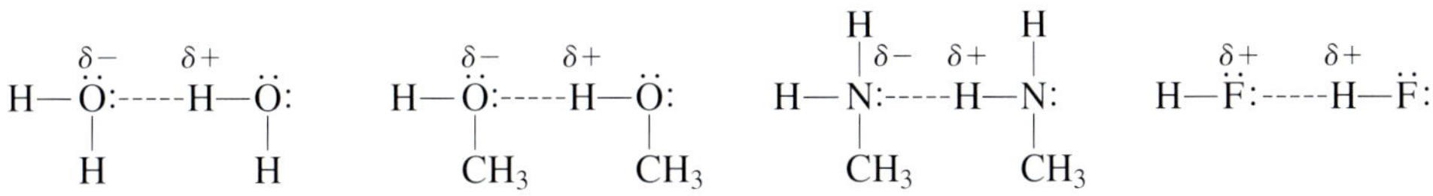

수소 결합을 하고 있는 액체를 증발시키기 위해서는 분자들 사이에서 작용하는 수소 결합을 깨기 위한 여분의 에너지를 가해주어야 한다. 이 때문에 수소 결합을 하고 있는 화합물들은 비슷한 분자량을 가지고 있는 다른 계열의 화합물들에 비해 높은 끓는점을 가지고 있다. 수소 결합을 할 수 있는 알코올 및 아민과 수소 결합을 할 수 없는 알케인 및 에터들의 끓는점을 종합하면 표 1.2와 같다.

표 1.2 수소 결합 및 비 수소 결합 화합물들의 끓는점 비교(℃)

수소 결합을 할 수 없는 화합물		수소 결합 화합물	
알케인	에터	알코올	아민
$CH_3CH_2CH_3$ −42.1	CH_3OCH_3 −23.7	CH_3CH_2OH 78	$CH_3CH_2NH_2$ 16.6
$CH_3CH_2CH_2CH_3$ −0.5	$CH_3OCH_2CH_3$ 10.8	$CH_3CH_2CH_2OH$ 97.4	$CH_3CH_2CH_2NH_2$ 47.8
$CH_3CH_2CH_2CH_2CH_3$ 36.1	$CH_3CH_2OCH_2CH_3$ 34.5	$CH_3CH_2CH_2CH_2OH$ 117.3	$CH_3CH_2CH_2CH_2NH_2$ 77.8

표에서 보는 것처럼 ethanol(CH_3CH_2OH)은 dimethyl ether(CH_3OCH_3)과 분자식은 같지만 수소 결합을 할 수 있기 때문에 끓는점이 훨씬 높다. 또 수소 결합은 비공유 전자를 가지고 있는 원자의 전기 음성도가 클수록 강해지기 때문에 ethanol 분자들 사이에서 작용하는 수소 결합이 ethylamine($CH_3CH_2NH_2$)의 경우보다 더 강하다. 따라서 ethanol은 ethylamine 보다 끓는점이 높다.

액체 상태의 물은 분자들 사이에서 작용하고 있는 강한 수소 결합의 네트워크 때문에 극성이 매우 크다. 수용액 속에서는 이온들 사이의 상호 작용이 적어지기 때문에 물은 이온성 화합물의 가장 좋은 용매 중의 하나이다. 분자량이 작은 메탄올, 에탄올과 같은 알코올도 강한 수소 결합의 네트워크를 이룰 수 있다. 따라서 비교적 높은 용매 극성을 가지고 있으며 염과 같은 화합물에 좋은 용매로 작용한다. 알코올의 OH기는 물의 수소 결합 네트워크에 참여한다. 분자량이 작은 알코올들은 물에 완전히 녹는다. 알코올의 탄화수소 사슬이 butyl기($CH_3CH_2CH_2CH_2^-$) 보다 더 커지면 화합물들은 점점 알케인과 비슷해지며 용해도는 점점 더 감소한다. Glucose와 같은 당분자도 여러 개의 −OH기를 가지고 있기 때문에 물에 매우 잘 녹는다. 생체 분자의 모양도 주로 수소 결합에 의해 결정된다. 수소 결합들은 탄수화물과 단백질 같은 생체 분자에서 강한 아교풀처럼 작용하며 수십 미터 높이의 나무를 지지할 정도로 강하다.

문제 1.7 다음 중 수소 결합을 할 수 있는 분자를 구별하시오.

(1) CH_3CH_2COOH (2) $CH_3CH_3NHCH_3$ (3) $CH_3CH_2CH_2Cl$
(4) CH_3CH_2F (5) $CH_3OCH_2CH_2SH$

문제 1.8 다음 분자들을 끓는점이 높아지는 순서로 나열하시오.

(1) H_2O (2) H_2S (3) NH_3
(4) HF

1.9 형식 전하

유기 화합물의 전자들은 실제로는 분자 전체에 퍼져있다. 그러나 유기 분자들의 구조식은 종종 어떤 원자들이 양전하 또는 음전하를 띠고 있는 것으로 유기 분자들의 구조식을 그린다. 분자 구조의 원자들에 그려지는 이와 같은 전하들을 **형식 전하(formal charge)**라고 한다. 형식 전하는 분자의 전체 전자 수와 존재하는 하전을 설명할 뿐만 아니라 분자의 화학적 현상을 해석하는 데 크게 도움이 된다. 예를 들어 methoxide 이온의 산소에 배당되는 형식 전하 −1은 왜 이 이온이 강한 염기이며 쉽게 양성자가 산소에 첨가되는지를 설명하는 데 도움이 된다.

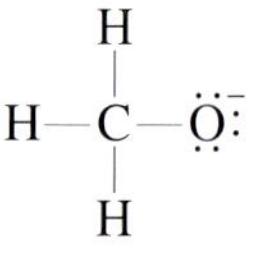

Methoxide ion

형식 전하는 각 원자가 가지고 있는 전자의 수를 계산하고 이것과 중성 원자의 전자수를 비교함으로써 결정된다. 공유 결합의 전자들은 결합이 연결하고 있는 원자들에 의해 동일하게 나누어진 것으로 계산하고 비공유 전자는 한 원자에만 속하는 것으로 생각한다. 즉, 어떤 원자의 형식 전하는 다음 식을 사용하여 계산할 수 있다.

$$\text{형식 전하} = \text{원자가 전자의 수} - \text{비공유 전자의 수} - \text{공유 결합의 수}$$
$$\left\{\left(\text{또는 } \frac{1}{2} \text{ 결합 전자의 수}\right)\right\}$$

예를 들어 분자식이 HNO_3인 nitric acid 분자를 생각해 보자. 수소 원자는 한 개의 공유 결합(두 개의 결합 전자)을 통해 산소에 결합되어 있다. 수소 원자는 한 개의 원자가 전자를 가지고 있으므로 수소의 형식 전하 $= 1 - 1$(또는 $\frac{1}{2} \times 2$) $= 0$ 이다. 질소는 네 개의 공유 결합을 가지고 있고 원자가 전자는 5이다. 따라서 질소의 형식 전하 $= 5 - 4$(또는 $\frac{1}{2} \times 8$) $= +1$ 이다. 산소는 원자가 전자가 6이며 네 개의 비공유 전자를 가지고 있으므로 질소에 이중 결합으로 결합되어 있는 산소의 형식 전하 $= 6 - 4 - 2$(또는 $\frac{1}{2} \times 4$) $= 0$이다. 또 질소에 단일 결합으로 결합되어 있는 산소는 6개의 비공유 전자를 가지고 있으므로 이것의 형식 전하 $= 6 - 6 - 1$(또는 $\frac{1}{2} \times 2$) $= -1$이다. 이 결과를 종합하면 형식 전하가 표시된 질산분자의 Lewis 구조식은 다음과 같이 그려질 수 있다.

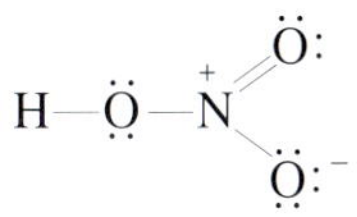

Nitric acid

문제 1.9 다음 구조에서 수소와 탄소를 제외한 각 원자들의 형식 전하를 계산하시오.

(1) 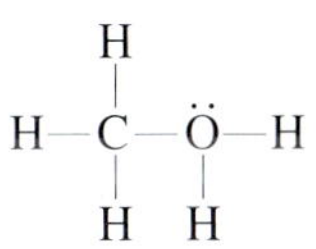

(2) 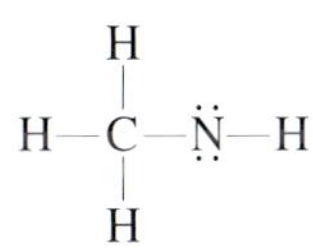

(3) 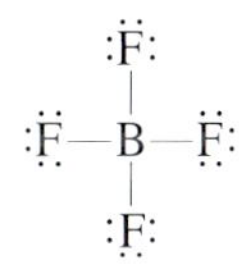

(4) 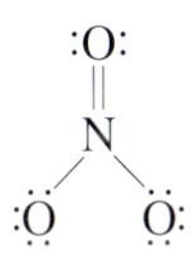

(5) 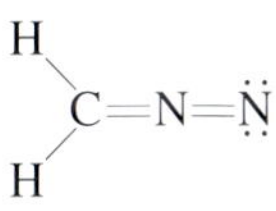

문제 1.10 다음 각각에 해당하는 Lewis 구조를 그리시오.

(1) NO_3^- (2) NO_2^+ (3) HCO_3^- (4) CO_2

1.10 산과 염기

1923년 코펜하겐의 물리-화학 연구소 소장이었던 J. N. Brønsted와 케임브리지 대학교의 물리학자였던 T. N. Lowry는 산-염기에 관한 이론을 거의 동시에 독립적으로 발표하였다. Brønsted-Lowry의 산-염기 개념에 따르면 **산(acid)**은 염기에 수소 이온(H^+)을 줄 수 있는 물질이다. 수소 이온은 **양성자(proton)**라고 부르기도 한다. **염기(base)**는 산으로부터 수소 이온을 받는 물질이다. 수소 이온은 양으로 하전되어 있으며 염기는 음으로 하전되어 있거나 수소 이온과 단일 결합을 형성할 수 있는 비공유 전자를 가지고 있다. 하이드록시 이온($H\ddot{\underset{..}{O}}:^-$)과 암모니아($:NH_3$)는 대표적인 염기이다.

산-염기 반응은 산으로부터 염기로 수소 이온이 전달되는 변화이다. 수소 이온이 전달되지만 유기 화학 반응식에서는 수소 이온의 움직임 보다는 전자의 전달을 강조하며 굽은 화살표를 이용하여 전자가 움직이는 방향을 나타낸다.

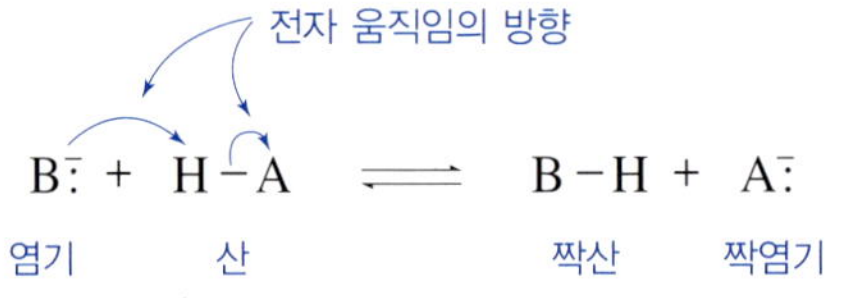

산으로서의 세기와 염기로서의 세기를 비교할 때 **짝산(conjugate acid)**과 **짝염기(conjugate base)**의 개념을 사용하면 편리하다. 산이 수소 이온을 잃으면 짝염기가 되고 염기가 수소 이온을 받으면 짝산이 된다. 산-염기 반응은 가역적으로 진행되는 **평형 과정(equilibrium process)**이다. 산의 세기는 **이온화 상수(ionization constant)**인 K_a로 표시하고 K_a 값은 묽은 산 수용액을 기초로 계산한다.

$$HA + H_2O \rightleftharpoons H_3O^+ + A^-$$

이온화 상수 K_a는 다음과 같이 정의된다.

$$K_a = \frac{[H_3O^+][A^-]}{[HA]}$$

강산일수록 평형은 오른쪽으로 기울어져 H_3O^+의 농도가 커지므로 값이 더 커진다. 물 분자의 K_a 값은 다음 식으로 나타낸다.

$$H_2O + H_2O \rightleftharpoons H_3O^+ + OH^-$$

$$K_a = \frac{[H_3O^+][OH^-]}{[H_2O]} = 1.8 \times 10^{-16}$$

K_a 값은 음의 지수로 나타내지 않고 pK_a 값을 더 많이 사용하는데, pK_a는 K_a의 $-\log$ 값에 해당된다. 더 강한 산일수록 K_a 값이 더 크고 pK_a 값은 더 작아진다. Brønsted-Lowry의 산-염기 이론에서 또 하나의 중요한 개념은 더 강한 산일수록 그 산의 짝염기는 더 약하고, 산이 약할수록 짝염기는 더 강하다는 것이다. 물의 pK_a 값은 $-\log(1.8 \times 10^{-16}) = -\log 1.8 - \log 10^{-16} = -0.26 + 16 = 15.74$이다. 몇 가지 대표적인 화합물들의 K_a 값을 종합하면 표 1.6과 같다.

캘리포니아 대학교의 G. N. Lewis는 산-염기를 정의하는 기준을 수소 이온에서 **전자쌍(electron pairs)**으로 바꾸면 Brønsted-Lowry 개념으로는 설명할 수 없는 대부분의 화학 반응들을 쉽게 설명할 수 있다고 하였다. Lewis 이론에 의하면 전자쌍을 받는 물질은 **Lewis 산**이고 전자쌍을 주는 물질은 **Lewis 염기**이다.

표 1.3 대표적인 화합물들의 pK_a 값

화합물 이름	구조식	pK_a 값
Sulfuric acid	H_2SO_4	−10
Hydrochloric acid	HCl	−7
암모니아	NH_3	36
methanol	CH_3OH	16
2-propanol	$(CH_3)_2CHOH$	17
p-Toluenesulfonic acid	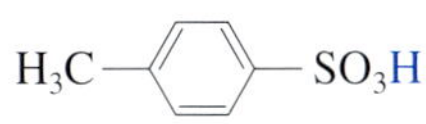	−7
Acetic acid	CH_3COOH	4.8
물	H_2O	15.7
phenol	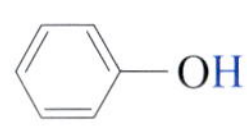	10.0
2,2,2-trifluoroethanol	CF_3CH_2OH	12.4

Lewis 이론에 의하면 수소 이온뿐만 아니라 $ZnCl_2$, $AlCl_3$ 또는 BF_3와 같은 무기염도 산이다. Lewis 산–염기 반응에서는 전자가 많은 염기에서 전자가 부족한 산 쪽으로 전자의 이동이 일어나 새로운 공유 결합이 형성된다.

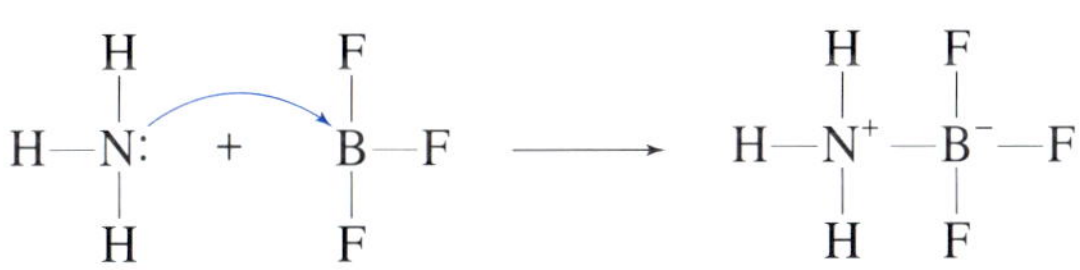

Lewis 염기 Lewis 산

유기 화학에서는 일반적으로 그냥 산–염기라고 하면 수소 이온이 관여하는 Brønsted–Lowry 산–염기를 가리키고, 수소 이온이 관여하지 않는 산–염기는 Lewis 산–염기라고 한다.

문제 1.11 ethanol의 K_a 값은 1.0×10^{-16}이다. pK_a 값을 구하시오.

문제 1.12 phenol과 methanol의 pK_a 값은 각각 10.0과 16이다. 어느 것이 더 강산인가?

문제 1.13 다음 화합물을 Lewis 산과 Lewis 염기로 분류하시오.

(1) $CH_3CH_2OCH_2CH_3$ (2) BF_3 (3) $FeCl_3$

(4) Ca^{2+} (5) $CH_3CH_2NH_2$ (6) CH_3^-

(7) $(CH_3)_3C^+$

1.11 작용기

가장 간단한 유기 화합물들인 **알케인(alkane)**은 탄소와 수소 원자들이 단일 결합으로만 연결되어 있다. 알케인에서는 탄소가 최대한의 수소에 연결되어 있기 때문에 **포화 탄화수소(saturated hydrocarbon)**라고 한다. 알케인을 제외한 다른 유기 분자들의 구조는 두 부분으로 이루어져 있는 것으로 생각하면 편리하다. 한 부분은 포화 탄화수소 골격으로서 **알킬기(alkyl group)**라고 하며 기호 R로 나타낸다. 알킬기는 탄소 골격을 형성하며 분자의 화학적 성질에 거의 영향을 미치지 않는다. 알킬기에는 다른 한 부분인 어떤 특정한 원자 또는 원자단이 연결되며, 분자에 특징적인 화학적 성질을 부여하는 이 부분을 **작용기(functional group)**라고 한다. 헤아릴 수 없이 많은 유기 화합물들이 있을 수 있으나 이들은 작용기에 따라 몇 가지 적은 수의 그룹으로 분류될 수 있다. 같은 작용기를 가지고 있는 분자들은 매우 비슷한 물리 화학적 성질을 보여준다.

한 개 이상의 탄소–탄소 이중 결합을 포함하는 **탄화수소(hydrocarbon)**는 **알켄(alkene)**으로 분류되고 탄소–탄소 삼중 결합을 가지고 있는 탄화수소는 **알카인(alkyne)**으로 분류된다. 이중 결합과 삼중 결합은 작용기이며 구조적으로 비슷하기 때문에 유사한 화학 반응들을 일으킨다. 어떤 유기 분자들에서는 알킬기에 전기 음성도가 큰 작용기가 단일 결합을 통해 결합되어 있다. **할로겐화 알킬(alkyl halide)**, **알코올(alcohol)**, **에터(ether)**, **아민(amine)**, **나이트릴(nitrile)** 및 **황화물(sulfide)** 등이 여기에 해당하며 작용기와 알킬기 사이의 결합은 모두 극성 공유 결합이다. 탄소–산소 이중 결합인 **카보닐기(carbonyl group)**는 유기 화학에서 가장 중요할 뿐만 아니라 천연에서 발견되는 유기 분자에 가장 많이 포함되어 있는 작용기이다. 카보닐기에 탄소 한 개와 수소 한 개에 결합되면 **알데하이드(aldehyde)**, 탄소 두 개가 결합되면 **케톤(ketone)**이 된다. 카보닐기가 탄소 한 개와 하이드록시기(–OH) 한 개에 연결된 것은 **카복실산(carboxylic acid)**이다. 여러 가지 중요한 작용기들을 종합하면 표 1.4과 같다. 작용기 이름은 유기 화학에 사용되는 용어의 기본이 된다. 유기 화학은 보통 작용기의 구조, 전자 이론, 명명, 물리적 성질 및 작용기의 상호전환을 일으키는 반응 등을 다루기 때문에 작용기를 공부하는 것은 매우 중요하다.

표 1.4 주요 작용기

계열 이름	일반식	화합물 예	이름
알켄(Alkene)	$R_2C=CR_2$	$H_2C=CH_2$	Ethene (Ethylene)
알카인(Alkyne)	$RC\equiv CR$	$HC\equiv CH$	Ethyne (Acetylene)
아렌(Arene)	ArH	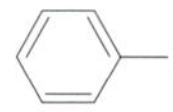	Benzene
할로알케인 (Haloalkane)	$R-\ddot{X}:(X=F,\ Cl,\ Br,\ I)$	CH_3CH_2Cl	Chloroethane (Ethyl chloride)
알코올(Alcohol)	$R-\ddot{O}H$	$CH_3CH_2\ddot{O}H$	Ethanol (Ethyl alcohol)
에터(Ether)	$R-\ddot{O}-R$	$CH_3CH_2\ddot{O}CH_2CH_3$	Diethyl ether
아민(Amine)	$R-\ddot{N}R'R''$	$CH_3CH_2\ddot{N}H_2$	Ethylamine
설파이드(Sulfide)	$R-\ddot{S}-R$	$CH_3CH_2\ddot{S}CH_2CH_3$	Diethyl sulfide
싸이올(Thiol)	$R-\ddot{S}H$	$CH_3CH_2\ddot{S}H$	Ethanethiol
카보닐(Carbonyl)기($-\overset{:O:}{\overset{\|}{C}}-$)를 가지고 있는 화합물들:			
알데하이드(Aldehyde)	$R-\overset{:O:}{\overset{\|}{C}}-H$	$CH_3-\overset{:O:}{\overset{\|}{C}}-H$	Ethanal (Acetaldehyde)
케톤(Ketone)	$R-\overset{:O:}{\overset{\|}{C}}-R'$	$CH_3-\overset{:O:}{\overset{\|}{C}}-CH_3$	2-Propanone (Acetone)
카복실산(Carboxylic acid)	$R-\overset{:O:}{\overset{\|}{C}}-\ddot{O}H$	$CH_3-\overset{:O:}{\overset{\|}{C}}-\ddot{O}H$	Ethanoic acid (Acetic aicd)
에스터(Ester)	$R-\overset{:O:}{\overset{\|}{C}}-\ddot{O}R'$	$CH_3-\overset{:O:}{\overset{\|}{C}}-\ddot{O}CH_2CH_3$	Ethyl ethanoate (Ethyl acetate)
아마이드(Amide)	$R-\overset{:O:}{\overset{\|}{C}}-\ddot{N}R'R''$	$CH_3-\overset{:O:}{\overset{\|}{C}}-\ddot{N}H_2$	Ethanamide (Acetamide)
나이트릴(Nitrile)	$R-C\equiv\ddot{N}$	$CH_3C\equiv\ddot{N}$	Ethanenitrile (Acetonitrile)

문제 1.14 다음 분자에 존재하는 작용기를 모두 지적하고 이름을 적으시오.

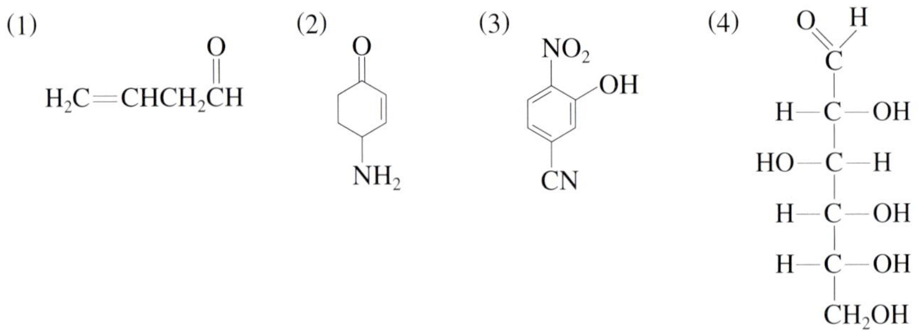

1.12 유기 분자의 구조식

유기 화합물의 **구조식(structural formula)**은 공유 결합 전자를 나타내는 선, 비공유 전자쌍을 나타내는 점과 원소 기호를 사용하여 원자들의 연결 상태를 설명한다. 이와 같은 구조식으로 복잡한 분자를 다룰 때는 많은 지면과 시간이 소요되기 때문에 불편하다. 유기 화학자들은 구조식을 빠르고 편하게 쓸 수 있는 간단한 방법인 **축소 구조식(condensed structure)**을 고안하였다. 축소 구조식에서는 공유 결합의 일부 또는 전부를 생략하고 동일한 원자나 작용기의 수를 아래 첨자를 사용하여 나타낸다.

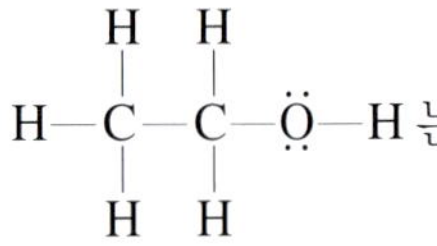 는 $CH_3—CH_2—OH$ 또는 더 생략하여 CH_3CH_2OH로 나타낸다.

축소 구조식을 그릴 때는 각 탄소 원자에 결합된 원자 또는 원자단의 수가 정확한지 주의 깊게 살펴보아야 한다. 몇 번 연습하면 쉽게 축소 구조식을 그릴 수 있다. **결합-선 구조식(bond-line formula)**을 사용하면 유기 분자의 구조를 더 간단하게 표현할 수 있다. 결합-선 구조식에서는 알킬 사슬을 지그재그형 선으로 나타낸다. 지그재그형 선의 각 끝들과 꺾인 모서리에는 탄소 원자가 있다고 가정한다. 수소 원자는 나타내지 않고 각 탄소에 네 개의 원자가를 만족시키는 수소가 있는 것으로 이해한다. 즉, pentane 분자인

$CH_3CH_2CH_2CH_2CH_3$는 로 그린다.

유기 화학에서는 탄소와 수소를 제외한 다른 원자들을 모두 **헤테로 원자(heteroatom)**라고 하는데 헤테로 원자와 헤테로 원자에 결합된 수소 원자들은 결합-선 구조식에서 생략하지 않는다. 즉,

$CH_3CH_2CH_2CH_2Cl$은 Cl로 그리고

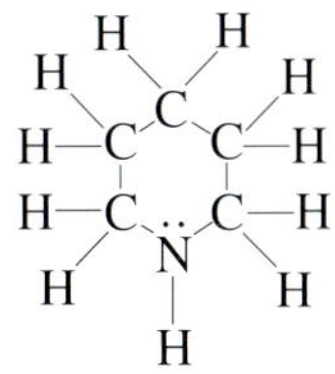 은 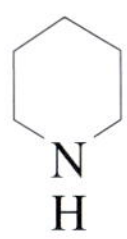 로 그린다.

문제 1.15 다음 결합–선 구조식에서 생략된 탄소와 수소를 포함한 모든 원자를 나타내는 구조식을 그리시오.

(1) 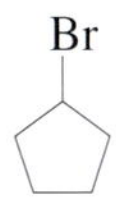 (2) 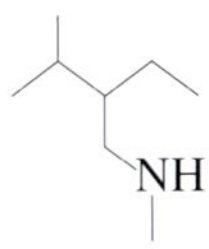 (3) 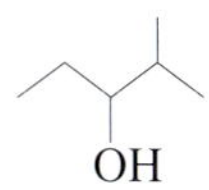

요약

원자 내 전자들은 *s* 또는 *p* 오비탈 등의 **원자 오비탈**이라고 하는 특정 공간을 차지하고 있다. 전자는 **구성의 원리**, **Pauli의 배타 원리** 및 **Hund의 규칙**을 따라 원자 오비탈에 배치된다. 원자들이 팔전자계(electron octet)를 이루려는 강한 경향 때문에 화학 결합이 형성된다. 화학 결합에는 반대 전하를 가지고 있는 원자 또는 원자단 사이에서 작용하는 정전기적인 인력인 **이온 결합**(**ionic bond**)과 두 원자가 한 쌍의 전자를 공유함으로써 형성되는 **공유 결합**(**covalent bond**)의 두 가지 형태가 있다. 공유 결합은 원자 오비탈들이 겹칠(overlapping) 때 형성된다. 전기 음성도가 다른 두 원자는 **극성 공유 결합**을 형성하는데 전기 음성도가 큰 원자에 부분 음전하가 걸린다. 오비탈들이 마주 보고 겹치면 **시그마 결합**(**σ bond**)이 형성되고 *p* 오비탈이 측면으로 겹치면 파이 결합(***p*** **bond**)이 만들어진다.

유기 화합물의 공유 결합에는 **혼성 오비탈**(**hybrid orbital**)들이 이용된다. 한 개의 *s* 오비탈과 세 개의 *p* 오비탈이 **혼성화**(**hybridization**)되면 네 개의 sp^3 혼성 오비탈이 만들어진다. 네 $\boldsymbol{sp^3}$ **혼성 오비탈**은 사면체의 꼭짓점을 가리킨다. 이중 결합이 형성될 때는 같은 평면에 포함되어 있는 세 개의 $\boldsymbol{sp^2}$ **혼성 오비탈**이 이용된다. 두 sp^2 탄소의 *p* 오비탈들이 측면으로 겹치면 파이 결합이 형성된다. 삼중 결합에서는 두 탄소의 ***sp*** **혼성 오비탈**들이 겹쳐서 직선형의 시그마 결합을 형성한다. 두 sp 탄소의 서로 수직을 이루고 있는 두 *p* 오비탈들이 서로 겹치면 두 개의 파이 결합이 형성된다.

한 분자의 전기 음성도가 큰 질소, 산소 또는 플루오린와 같은 원자와 다른 분자의 수소 원자 사이에 작용하는 정전기적인 인력을 **수소 결합**이라고 한다. 수소 결합을 할 수 있는 분자의 끓는점은 비교적 높다. Lewis 구조 또는 Kekulé 구조의 특정 원자들에는 양전하 또는 음전하가 표시된다. 이 전하들을 **형식 전하**(formal charge)라고 하는데 이것은 분자 내 원자의 전자수를 중성 원자의 전자수와 비교함으로써 계산된다.

산과 염기에서 **Brønsted–Lowry 산**은 양성자(수소 이온, H^+)를 주고 **Brønsted–Lowry 염기**는 양성자를 받아들인다. 산과 염기의 세기는 $\boldsymbol{K_a}$ 또는 $\mathbf{p}\boldsymbol{K_a}$ 값으로 나타낸다. 전자를 주는 것은

Lewis 산이라고 하고 전자를 받는 것은 **Lewis 염기**라고 한다.

분자에 특징적인 물리 화학적 성질을 부여하는 부분을 **작용기(functional group)**라고 한다. 유기 화합물의 Kekulé 구조는 사용하기 불편하기 때문에 **축소 구조식(condensed structure)** 또는 **결합-선 구조식(bond-line structure)**을 더 많이 사용한다.

보충문제

1.16 다음 각 원소 및 이온의 바닥 상태 전자 배치를 적고 비활성 기체의 전자 배치를 가지고 있는 것을 지적하시오.

(1) 산소 (2) 인 (3) Mg_2^+ (4) O_2^- (5) K^+

1.17 다음 각 원소의 원자가 전자를 원소 기호 주위의 점으로 표시하시오.

(1) 질소 (2) 인 (3) 황 (4) 염소 (5) 실리콘

1.18 다음에서 공유 결합성 화합물과 이온 결합성 화합물을 구분하시오.

(1) $CaCl_2$ (2) KBr (3) $SiCl_4$ (4) CO
(5) CCl_4 (6) NaF (7) NO (8) F_2
(9) BF_3 (10) $AlBr_3$

1.19 다음 각 원자가 가장 흔하게 할 수 있는 공유 결합의 수를 적으시오.

(1) 질소 (2) 알루미늄 (3) 황 (4) 플루오린 (5) 인

1.20 다음 각 화합물 또는 이온의 Lewis 점-전자 구조식을 그리시오.

(1) HSO_4^- (2) NH_2^- (3) NO_2^- (4) NO_2
(5) CH_3OH (6) $CH_3C{\equiv}CH$

1.21 다음 구조의 원자에 비공유 전자를 점으로 표시하시오.

(1) H_2S (2) CH_3CH_2Br (3) $CH_3\overset{\overset{O}{\|}}{C}OH$ (4) $CH_3\underset{\underset{H}{|}}{N}CH_3$

1.22 공유 결합은 선을, 비공유 전자쌍은 점을 사용하여 다음 분자들의 Kekulé 구조식을 그리시오.

(1) CH_3NH_2 (2) C_2H_5Br (3) C_2H_4O (4) C_2H_6O (5) CF_3OH

1.23 다음 화합물들은 이온 결합과 공유 결합을 모두 가지고 있다. 지적하시오.

(1) $KOCH_3$ (2) CH_3MgI (3) $LiNH_2$

1.24 다음 각 화합물의 구조식을 그리고 극성 공유 결합의 알맞은 위치에 δ^+와 δ^-를 표시하시오.

(1) CH_3F (2) Cl_3CCCl_3 (3) CH_3OH (4) C_2H_7N

(5) CO_2 (6) HCl (7) SO_2

1.25 다음 각 공유 결합의 극성이 감소하는 순서로 배열하시오.

C−H, F−H, N−H, O−H

O−H, Se−H, S−H

C−Cl, C−F, C−Br, C−I

C−Li, C−Na, C−K

1.26 다음에서 각 탄소 원자의 혼성 오비탈을 지적하시오.

(1) $CH_3-\underset{\displaystyle H}{\underset{|}{C}}=\underset{\displaystyle H}{\underset{|}{C}}-CH_3$ (2) $H_2C=C=CH_2$ (3) $CH_3-C\equiv C=C\equiv N$

(4) $CH_3\overset{\displaystyle O}{\overset{\|}{C}}CH_3$ (5) $CH_3\overset{\displaystyle O}{\overset{\|}{C}}OH$

1.27 쐐기-점선 구조식을 사용하여 다음 분자들의 삼차원 구조를 그리시오.

(1) CH_3OH (2) CH_3NH_2 (3) NH_4^+

(4) $CH_3CH_2CH_3$ (5) $CHCl_3$

1.28 순수한 액체 상태에서 다음 각 화합물의 두 분자 사이에서 형성될 것으로 기대되는 수소 결합을 그리시오.

(1)$(CH_3)_2NH$ (2) CH_3CH_2OH (3) $CH_3OCH_2CH_2OH$

1.29 다음 분자들 사이에서 관찰되는 모든 형태의 수소 결합을 그리시오.

(1) $CH_3CH_2CH_2NH_2$ (2) CH_3OH 수용액 (3) $CH_3\overset{\displaystyle O}{\overset{\|}{C}}OH$ 수용액

(4) $CH_3\overset{\displaystyle O}{\overset{\|}{C}}OH$의 ethanol 용액 (5) $CH_3\overset{\displaystyle O}{\overset{\|}{C}}NH_2$의 methanol 용액

1.30 다음 구조의 필요한 곳에 형식 전하를 표시하고 구조의 전체적인 알짜 전하를 결정하시오.

(1) (2) (3) (4)

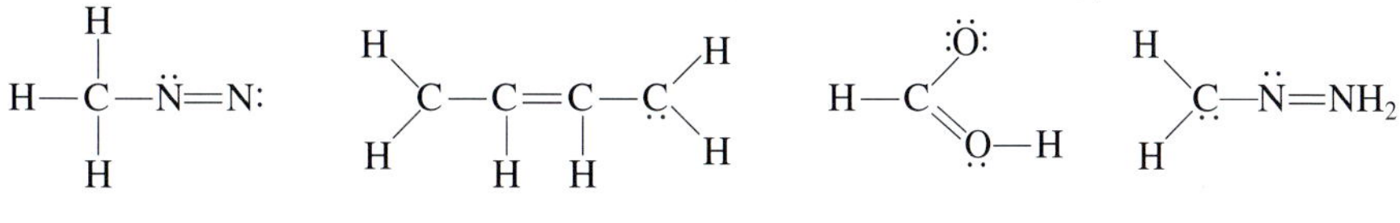

1.31 Carbonic acid(H_2CO_3)의 pK_a는 6.4이고 acetic aicd$(CH_3\overset{\displaystyle O}{\overset{\|}{C}}OH)$의 pK_a는 4.8이다. Acetic acid와 sodium bicarbonate$(NaHCO_3)$ 사이의 산-염기 반응을 적으시오. 평형은 어느 쪽으로 기울어지겠는가? 이유를 설명하시오.

1.32 다음 Brønsted–Lowry 산–염기 반응들을 완성하고 산, 염기, 짝산 및 짝염기를 지적하시오.

(1) $HCl + H_2O \rightleftharpoons$ (2) $NH_3 + HF \rightleftharpoons$

(3) $NH_3 + CH_3COOH \rightleftharpoons$ (4) $H_2SO_4 + H_2O \rightleftharpoons$

1.33 표 1.3을 참고로 다음 각 산–염기 반응을 완성하고 반응이 생성물 또는 반응물 중 어느 쪽으로 기울어지는지를 나타내시오.

(1) $CH_3OH + CH_3COOH \rightleftharpoons$

(2) $CH_3O^- + NH_3 \rightleftharpoons$

(3) $H_2O + NH_2^- \rightleftharpoons$

1.34 다음은 아미노산인 Arginine이다.

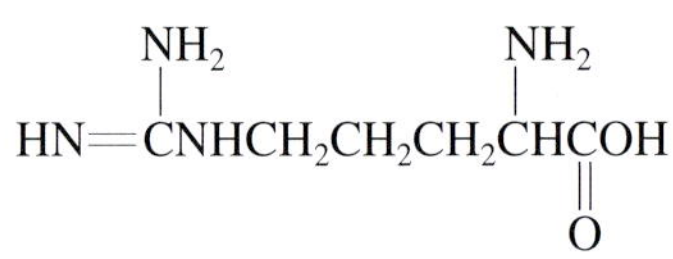

몇 개의 작용기가 존재하는가? 작용기를 지적하시오.
비공유 전자가 첨가된 구조식으로 고쳐 쓰시오.

1.35 다음 결합–선 구조식을 KeKulé 구조로 고쳐 그리고 모든 원자와 비공유 전자를 표시하시오.

(1) 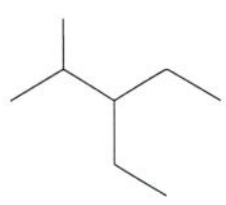

(2) 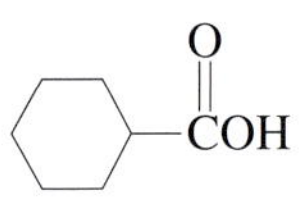

(3) 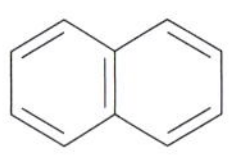

(4) 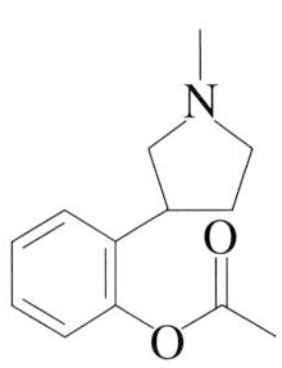

1.36 문제 1.35의 분자들 중에서 모든 탄소의 혼성이 sp^3인 것과 sp^2인 것을 지적하시오.

2장

포화 탄화수소와 불포화 탄화수소

에너지의 대표적 천연자원인 석유와 천연가스의 주요 성분은 탄소와 수소만 포함하고 있는 **탄화수소(hydrocarbon)** 화합물이다. 그중 대다수를 차지하는 것은 반응성이 매우 낮아 파라핀(paraffin; '친화력이 빈약하다'는 뜻의 라틴어 parum affinis에서 온 용어)이라고 하는 **포화 탄화수소(saturated hydrocarbon)**이다. 이 포화 탄화수소들은 주로 사용되는 연료 외에 다양한 방법으로 의약품, 농약, 섬유, 고분자, 세제, 계면활성제, 첨가제 등의 원료로 전환된다. 포화 탄화수소는 단일 결합으로만 이루어져 있는 탄화수소이며, **알케인(alkane)**이라고 부르고 일반식은 C_nH_{2n+2}이다. 특히 탄소원자들이 고리를 이루고 있는 탄화수소는 **사이클로알케인(cycloalkane)**이라고 하며 단일 고리형인 경우 일반식은 C_nH_{2n}이다. 알케인과 사이클로알케인은 작용기를 가지고 있는 많은 유기 화합물의 기본 골격이다.

포화 탄화수소인 알케인 보다 적은 수의 수소를 가지고 있는 **불포화 탄화수소(unsaturated hydrocarbon)**로는 **알케인(alkene)**과 **알카인(alkyne)**이 있다. 탄소–탄소 이중 결합을 포함하고 있는 불포화 탄화수소를 알켄이라고 하고, 일반식은 사이클로알케인과 같은 C_nH_{2n}이다. 탄소–탄소 삼중 결합을 가지고 있는 불포화 탄화수소는 알카인이라고 하며 일반식은 C_nH_{2n-2}이다. 초기 화학자들은 가장 간단한 알켄인 ethene($CH_2=CH_2$)이 염소와 반응할 때 기름과 같은 물질인 $ClCH_2CH_2Cl$이 형성된다는 사실을 관찰하였다. 이 관찰 때문에 알켄을 올레핀(olefin: oil forming=오일 형성이라는 의미)이라고 불렀다. 알켄은 생물세계에서 여러 가지 중요한 역할을 한다. 예를 들어 가장 간단한 알켄인 ethene(관용명: ethylene)은 발아와 꽃의 성장 및 과일이 익는데 관여하는 **식물 성장 호르몬**이다. 또한, 곤충들은 페로몬(pheromone)이라고 하는 유기 분자를 방출함으로써 정보를 교환한다. 성, 경보 및 집합 페로몬이 있으며 이 중 많은 것들이 알켄에 속한다. 11-tetradecenyl acetate는 옥수수 애벌레(European corn borer)의 성 페로몬으로 작용하는 알켄이다.

$$CH_3CH_2CH=CH(CH_2)_9CH_2O\overset{\overset{\displaystyle O}{\|}}{C}CH_3$$

11-Tetradecenyl acetate

식물들에 의해 생산되는 향기 성분들도 알켄에 속하는 것들이 많다.

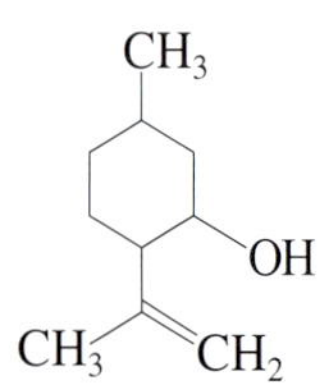

Menthol
박하향

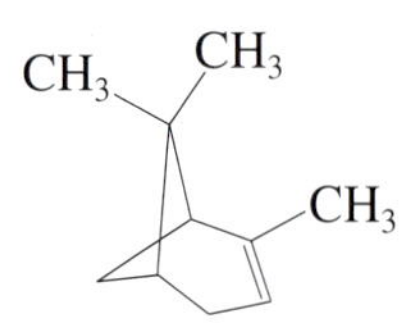

α-Pinene
소나무 향기 성분

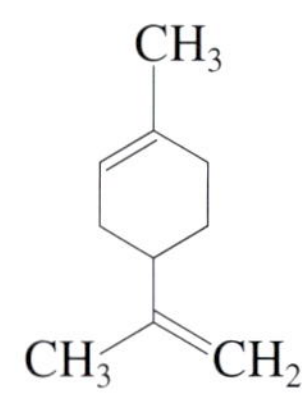

Limonene
레몬과 오렌지 향기 성분

탄소–탄소 삼중 결합을 포함하고 있는 **알카인(alkyne)** 중에는 생물학적인 활성을 보여주는 비교적 제한된 수의 알카인들이 천연에서 발견되고 있다. 국화의 기름에서 얻어지는 capillin은 피부진균류에 대한 항균 작용을 보여준다. Ichthyothereol은 아마존강 하류의 원주민들이 화살 독으로 사용하던 성분이다.

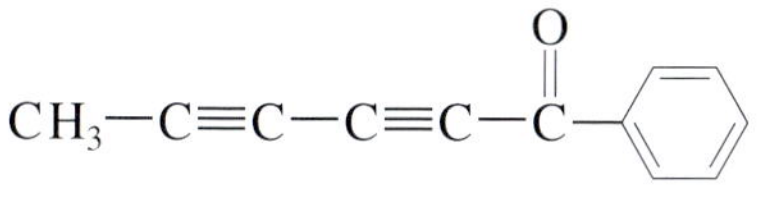

Capillin

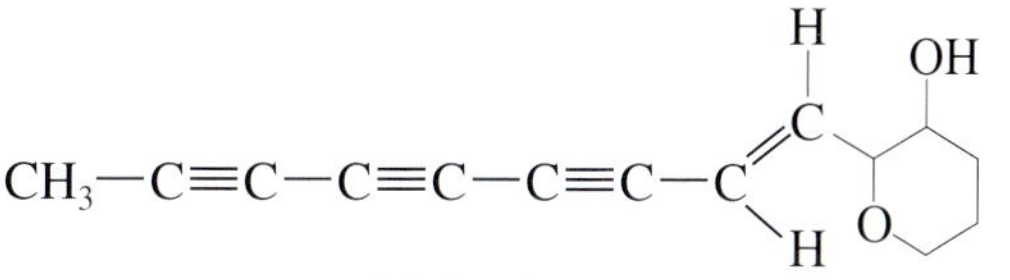

Ichthyothereol

또한, 몇 가지 합성된 알카인들이 의약품으로 이용되고 있다. 예를 들면 3-Methyl-1-pentyn-3-ol은 최면제로 이용되고 17-ethynylestradiol은 천연 호르몬보다 더 강력한 피임 효과를 보여준다. 가장 간단한 알카인인 acetylene(HC≡CH)은 산소용접이나 전도성 고분자인 polyacetylene의 원료로 사용된다.

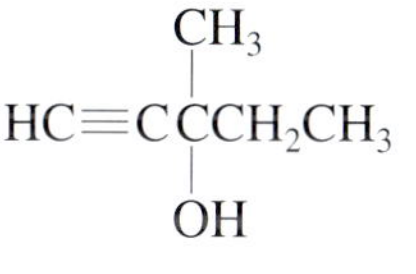

3-Methyl-1-pentyn-3-ol

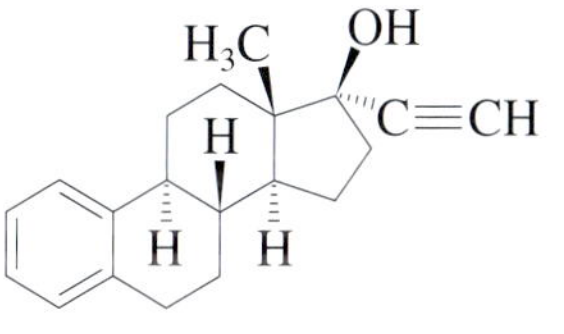

17-Ethynylestradiol

이 장에서는 알케인과 사이클로알케인의 명명법, 물리적 성질 및 입체적인 형태와 관련된 내용과 알켄 및 알카인의 명명 및 구조적 특성과 이들과 관련된 여러 가지 기초들을 학습할 것이다.

2.1 포화 탄화수소 알케인의 구조

유기 화합물 중에서 가장 간단한 탄화수소 화합물인 포화 탄화수소는 구조적으로도 가장 단순하다. 포화 탄화수소의 주된 근원은 천연가스와 석유이다. 천연가스는 포화 탄화수소 중에서 가장 간단한 구조를 가지고 있는 **메테인(methane, CH_4)**이 주성분이다. 수소 원자 4개와 혼성 오비탈 sp^3를 갖는 탄소 원자 1개가 단일 공유 결합만으로 이루어진 methane은 그림 2.1과 같다. 탄소 수가 증가하면서 탄소 사슬 구조를 이루게 되며, 탄소 수와 수소 수에 따른 일반 화학식은 C_nH_{2n+2}로 나타낼 수 있다. 탄소 2개와 수소 6개로 이루어진 C_2H_6는 에테인(ethane)이라 하고(그림 2.2), 탄소 3개와 수소 8개로 이루어진 C_3H_8은 프로페인(propane)이라 한다.

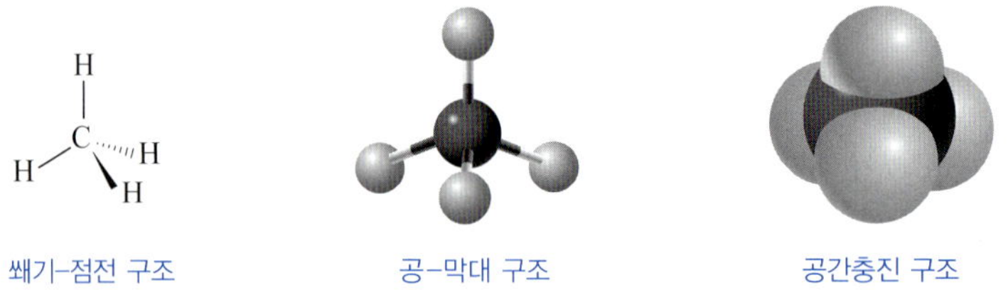

그림 2.1 methane의 입체적인 모양

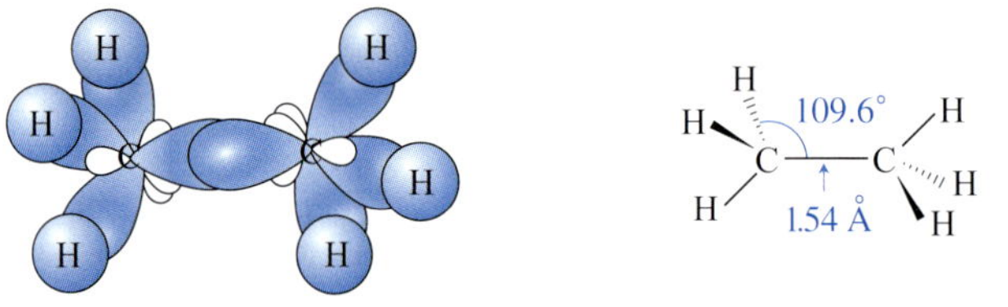

그림 2.2 ethane의 분자 오비탈과 입체 구조

탄소 수가 증가하면서 가지 없는 탄소 사슬 구조를 갖는 알케인을 **노말 알케인(normal alkane)** 또는 **곧은 사슬 알케인(straight chain alkane)**이라고 한다. 여러 가지 기본적인 알케인의 이름들을 종합하면 표 2.1과 같다. 표 2.1에서 보는 것처럼 노말 알케인은 간단한 분자에서 다음 복잡한 분자로 갈 때 메틸렌기(methylene, $-CH_2-$)가 하나씩 늘어난다. 이와 같이 기본 골격이 규칙적, 반복적으로 늘어나는 화합물 그룹을 **동족계열(homologous series)**이라고 한다. Propane($CH_3CH_2CH_3$)과 butane($CH_3CH_2CH_2CH_2CH_3$)은 서로 동족계열이다. 탄소의 수가 네 개인 butane(C_4H_{10})의 경우에는 곧은 사슬 알케인인 *n*-butane과 propane 사슬에 methyl(CH_3-)기가 달린 isobutane의 두 구조가 그려진다. Isobutane처럼 사슬에 가지가 달린 알케인을 **가지 달린 알케인(branched-chain alkane)**이라고 부른다.

표 2.1 노말 알케인(C_nH_{2n+2})들의 이름과 물리적 성질

n	이름	구조식	끓는점(℃)	녹는점(℃)
1	Methane	CH_4	−161.7	−182.5
2	Ethane	CH_3CH_3	−88.6	−183.3
3	Propane	$CH_3CH_2CH_3$	−42.1	−187.7
4	Butane	$CH_3(CH_2)_2CH_3$	−0.5	−138.3
5	Pentane	$CH_3(CH_2)_3CH_3$	36.1	−129.8
6	Hexane	$CH_3(CH_2)_4CH_3$	68.7	−95.3
7	Heptane	$CH_3(CH_2)_5CH_3$	98.4	−90.6
8	Octane	$CH_3(CH_2)_6CH_3$	125.7	−56.8
9	Nonane	$CH_3(CH_2)_7CH_3$	150.8	−53.5
10	Decane	$CH_3(CH_2)_8CH_3$	174.0	−29.7

탄소 4개와 수소 10개로 이루어진 *n*-Butane과 isobutane에서 보는 것처럼 분자식은 같지만 원자가 연결되어 있는 모양이 다른 분자들을 **구조 이성질체(structural isomer)**라고 부른다. Isobutane에서 보는 것처럼 두 개의 methyl기가 한 개의 수소를 가지고 있는 탄소에 연결되어 있는 구조 단위에는 *iso*-라고 하는 접두어를 붙인다. 따라서 isobutane은 *iso*-구조를 가지고 있으면서 네 개의 탄소로 이루어져 있는 알케인을 의미한다.

n-Butane　　Isobutane (2-Methylpropane)

분자식이 C_5H_{12}인 pentane은 모두 세 개의 이성질체 구조가 그려진다.

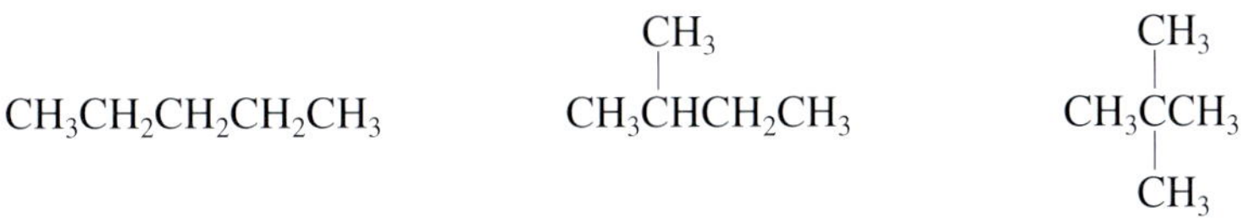

n-Pentane　　Isopentane (2-Methylbutane)　　Neopentane (2,2-Dimethylpropane)

분자식이 C_6H_{14}인 hexane의 이성질체는 모두 다섯 개이다. 알케인에서 탄소수가 증가하면 이성질체 수는 기하급수적으로 증가한다. 분자식이 $C_{15}H_{32}$인 경우에는 이성질체 수는 4,347개고 $C_{30}H_{62}$인 경우에는 이성질체의 수가 모두 4,111,846,763개나 된다.

알케인으로부터 수소 한 개를 제거한 것을 **알킬기(alkyl group)**라고 부른다. 알케인 이름의 어미인 "**ane**"를 **yl**로 바꾸면 알킬기의 이름이 된다. 알킬기를 일반적으로 나타낼 때는 기호 "**R**"을 사용한다. 대표적인 알킬기들의 이름을 종합하면 표 2.2와 같다. *n*-Propyl

표 2.2 대표적인 알킬기의 이름

구조	알킬기 이름
CH_3—	methyl
CH_3CH_2—	ethyl
$CH_3CH_2CH_2$—	*n*-propyl
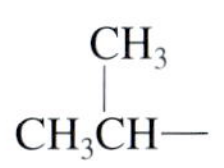	isopropyl
$CH_3CH_2CH_2CH_2$—	*n*-butyl
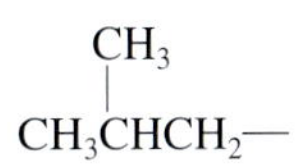	isobutyl
$CH_3CH_2CH_2CH_2CH_2$—	*n*-pentyl

에서 보는 것처럼 셋 이상의 탄소로 이루어진 사슬의 말단에서 수소 한 개를 제거한 알킬기를 *n*-알킬기라고 한다. 또 사슬의 말단 탄소에 두 개의 메틸기가 치환되어 있는 알킬기에는 *iso*-라고 하는 접두어를 붙여 부른다.

탄소의 종류는 치환되어 있는 알킬기의 수에 따라 분류한다. 한 개의 탄소만 결합되어 있는 탄소는 **일차 탄소(primary carbon)**라고 한다. 같은 요령으로 두 개의 탄소가 결합되어 있는 탄소는 **이차 탄소(secondary carbon)**, 세 개 및 네 개의 탄소가 결합되어 있는 탄소는 각각 **삼차 탄소(tertiary carbon)** 및 **사차 탄소(quaternary carbon)**라고 한다. 일차, 이차, 삼차, 사차 탄소는 각각 1°, 2°, 3°, 4° 탄소로도 나타낸다.

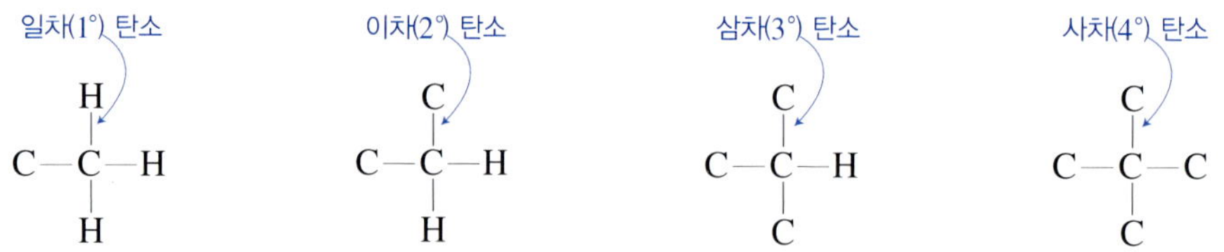

수소 원자에도 일차, 이차, 삼차 수소가 있다. 일차, 이차, 삼차 탄소에 결합되어 있는 수소를 각각 **1° 수소(primary hydrogen)**, **2° 수소(secondary hydrogen)**, **3° 수소(tertiary hydrogen)**라고 한다.

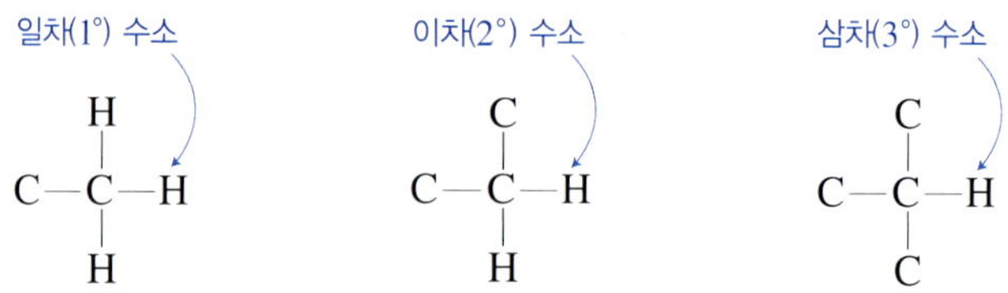

문제 2.1 탄소 10개와 12개로 이루어진 각 알케인의 분자식을 적으시오.

문제 2.2 분자식이 C_6H_{14}인 이성질체의 구조를 모두 그리시오.

문제 2.3 탄소 다섯 개로 이루어진 pentyl 이성질체를 모두 그리시오.

문제 2.4 분자식이 C_4H_9Cl인 이성질체들의 구조를 모두 그리시오.

문제 2.5 다음에서 서로 구조 이성질체의 관계에 있는 쌍들을 찾으시오.

(1) $C(CH_3)_4$　(2) $(CH_3)_3CCH_2CH_3$　(3) $CH_3CH_2CH_2CH(CH_3)_2$
(4) $(CH_3)_2CHCH_3$　(5) $CH_3CH_2CH_2CH_3$　(6) $CH_3CH_2CH(CH_3)_2$

2.2 알케인의 명명법

초기 유기 화학에서는 발견자가 화합물의 이름을 마음대로 지었다. 예를 들면 소나무(pine tree)에서 분리된 화합물 중의 하나는 α-pinene이라고 불렀으며 진정제인 barbituric acid는 사람 이름인 Babara에서 유래된 것이다. 유기 화학이 발전함에 따라 계속해서 많은 분자가 발견되었다. 유기 화합물의 수가 많아짐에 따라 유기 분자의 구조를 보면 이름을 지을 수 있고 이름을 보면 구조를 그릴 수 있는 명명법이 필요하게 되었다. 초기에 고안된 명명법 중의 하나가 **관용명(common name)**이며 isobutane이나 neopentane은 관용명에 속한다. 19세기 말 국제 순수 응용 화학회(International Union of Pure and Applied Chemistry)에서는 관용명을 발전시켜 **IUPAC 명명법(IUPAC nomenclature)**이라고 하는 명명법을 제안하였다. 유기 화학에서는 주로 이 방법을 이용하고 있다. IUPAC 명명법에서는 화합물의 이름에 **치환기(substituent)**, 탄소 수 및 계열이 나타나 있다. 치환기는 치환되어 있는 위치 번호와 함께 접두사로, 탄소 수는 어근으로 그리고 계열은 접미사로 표시된다.

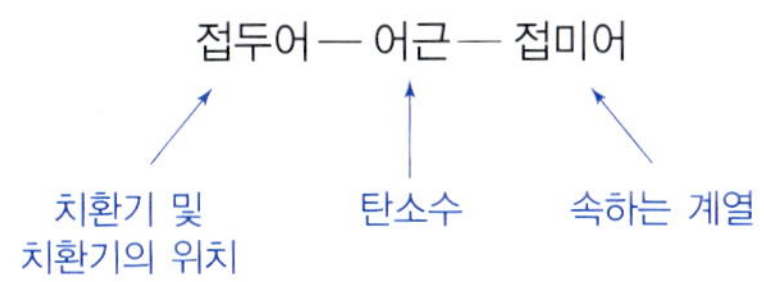

알케인을 명명할 때는 다음 규칙들을 따라야 한다. 가장 긴 연속된 사슬이 모체(parent)가 된다. 가장 긴 사슬은 분자 구조가 어떻게 그려졌는가에 상관없이 선택되므로 경우에 따라서는 구부러진 사슬이 모체가 될 수도 있다.

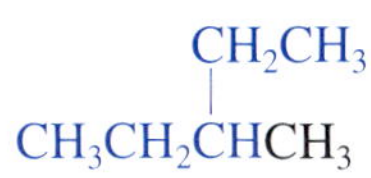

모체사슬

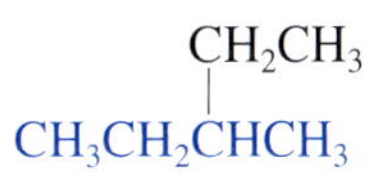

모체사슬 아님

가능한 한 치환기에 작은 번호가 돌아가도록 모체 사슬의 끝에서부터 위치 번호를 붙인다.

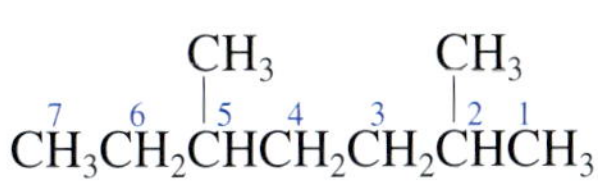

바른 번호 매김

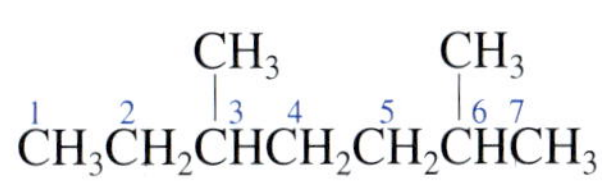

틀린 번호 매김

위치 번호를 하이픈을 사용하여 각 치환기의 이름 앞에 연결한다.

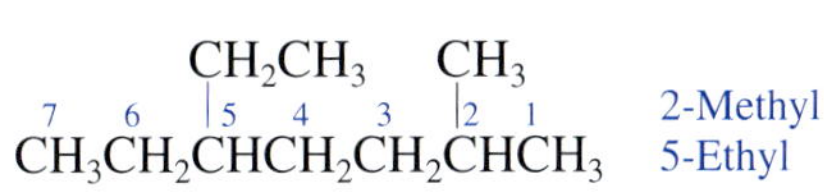

치환기들은 알파벳 순으로 모체 이름 앞에 배열하고 숫자와 문자 사이에는 하이픈을 넣고 숫자와 숫자 사이에는 쉼표를 넣는다. 화합물의 이름은 공백 없이 한 단어가 되도록 한다. 같은 치환기가 둘 일 때는 di-, 셋 일 때는 tri-, 넷 일 때는 tetra-와 같은 접두사를 사용한다. 이들은 알파벳 순서를 비교하는 데 포함되지 않는다.

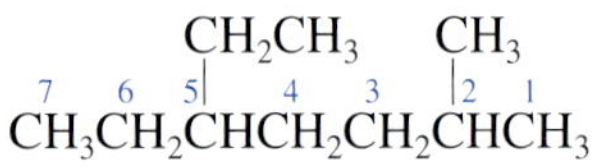

5-Ethyl-2-methylheptane

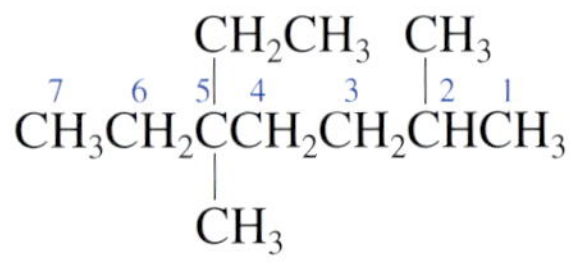

5-Ethyl-2,5-dimethylheptane

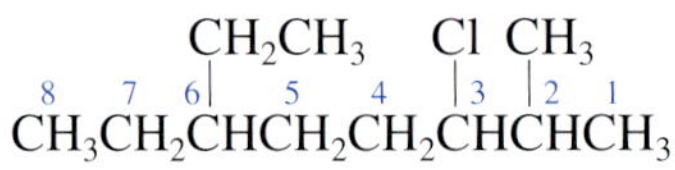

3-Chloro-6-ethyl-2-methyloctane

문제 2.6 다음 각 화합물의 IUPAC 이름을 적으시오.

(1) $CH_3CHClCH_2CH_3$

(2)

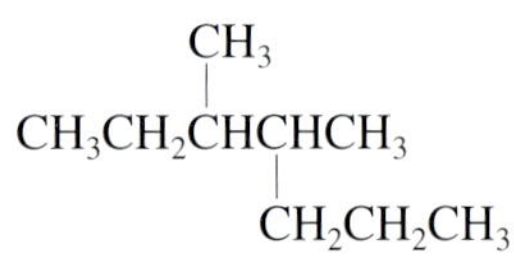

(3)

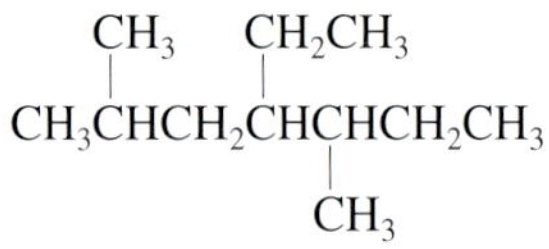

(4) $(CH_3)_3CCH_2C(CH_3)_3$

(5) $(CH_3)_3CCH_2CH(CH_3)_2$

문제 2.7 다음 IUPAC 이름에 해당하는 구조를 그리시오

(1) 3,5-Dimethyloctane
(2) 4-Ethyl-2,4-dimethylnonane
(3) 3-Ethyl-2-methyloctane
(4) 2,2,3-Trimethylhexane

2.3 알케인의 물리적 성질: 분자 사이에 작용하는 힘

상온에서 노말 알케인들의 물리적인 상태는 탄소의 수에 따라 달라진다. C_1~C_4의 화합물은 기체, C_5~C_{16}은 액체이며 C_{17}이상은 고체 상태로 존재한다. 알케인은 비극성이기 때문에 극성인 물과 섞이지 않는다. 물과 잘 섞이지 않는 알케인의 성질은 식물 세계에서 매우 중요하다. 사과나 상추 잎의 표면을 반짝이게 하는 성분들은 $C_{27}H_{56}$ 또는 $C_{29}H_{60}$

과 같은 알케인들이며 이들은 잎의 지나친 수분의 증발을 막아준다. 알케인과 같은 비극성인 분자들 사이에도 쌍극자–쌍극자 인력이 작용한다. 비극성 분자들이 서로 끌어당기는 힘은 **런던 힘(London force)** 또는 **van der Waals 힘**이라고 부른다. 분자 사이의 접촉 면적이 커지면 van der Waals 힘도 더 커진다. 알케인에서 $-CH_2-$ 단위의 수가 증가하면 접촉 면적이 증가하므로 끓는점도 더 높아진다. van der Waals 힘은 고체에서는 훨씬 더 크다. 또 노말 알케인이 가지 달린 알케인보다 van der Waals 힘이 더 크다. 예를 들면 그림 2.3의 *n*-pentane에서 보는 것처럼 탄소의 사면체 성질 때문에 알케인은 지그재그 형태를 이루려는 경향이 있다. *n*-Pentane과 같은 곧은 사슬 분자들이 지그재그 형태로 배열되어 포개어지면 접촉 면적이 커지므로 큰 van der Waals 힘이 작용할 수 있다. 그러나 같은 탄소 수를 가지고 있지만 접촉 면적이 작은 2,2-dimethylpropane에서는 인력도 작아진다. 이 때문에 곧은 사슬 화합물들은 같은 분자량을 가지고 있는 가지 달린 화합물들보다 끓는점과 녹는점이 더 높다. 알케인들의 끓는점은 표 2.1에 종합되어 있다.

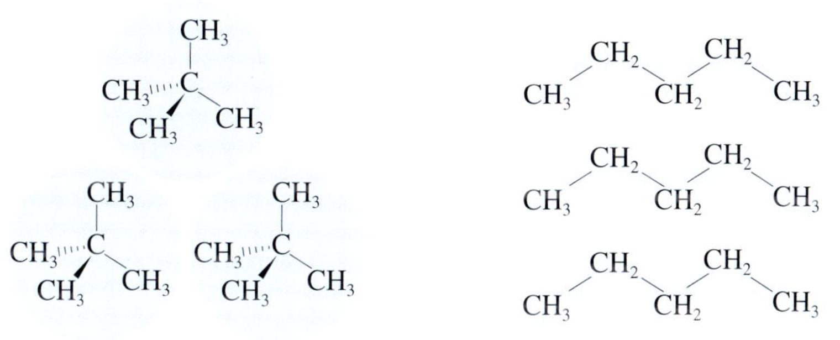

그림 2.3 *n*-pentane과 2,2-dimethylpropane의 분자들 사이의 접촉 면적 비교

2.4 Ethane의 형태

탄소–탄소 단일 결합은 시그마 결합으로서 원통형 대칭이며 회전이 가능하다. Ethane 분자의 단일 결합을 회전시키면 무수히 많은 입체적인 **형태(conformation)**가 생길 수 있다. 단일 결합을 축으로 회전시켰을 때 생겨나는 특정한 형태들을 **이형태체(conformer)** 또는 **회전 이성질체(rotamer)**라고 한다. 이차원 종이 상에서 형태들을 입체적으로 나타낼 때는 쐐기–점선, **톱질대 구조** 또는 **Newman 투영도**가 사용된다. 모든 결합들이 다 보이도록 분자를 비스듬한 방향에서 바라보는 것이 톱질대 구조이다. 앞 쪽에 있는 탄소는 세

개의 결합이 서로 교차하는 점으로 표시하고 뒤쪽에 있는 탄소는 원으로 표시하는 것이 Newman 투영도다. 각 탄소로부터 시작하여 탄소 주위에 대칭으로 놓이는 세 개의 선은 치환기와의 결합을 나타낸다. 형태를 설명할 때는 Newman 투영도를 사용하는 것이 가장 편리하다. Ethane의 두 극단적인 형태인 **엇갈린 형태**(**staggered conformation**)와 **가려진 형태**(**eclipsed conformation**)를 도시하면 그림 2.4와 같다.

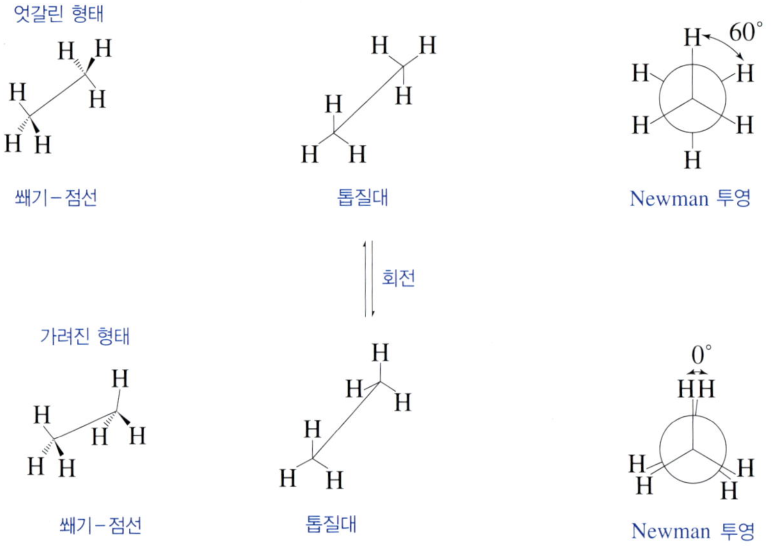

그림 2.4 Ethane의 엇갈린 형태와 가려진 형태

엇갈린 형태에서 한 탄소의 탄소-수소 결합은 다른 탄소의 수소-탄소-수소 사이의 결합을 이등분하고 있다. 가려진 형태에서는 앞쪽과 뒤쪽 탄소에 있는 탄소-수소 결합들이 모두 겹쳐져 있다. 엇갈린 형태에서는 앞쪽과 뒤쪽 탄소-수소 결합들이 서로 60°로 멀리 떨어져 있다. 가려진 형태에서는 앞쪽과 뒤쪽 탄소-수소 결합들이 지나치게 가깝게 있기 때문에 결합 전자들이 서로 반발한다. 따라서 한 엇갈린 형태의 탄소-탄소 결합을 회전시켜 가려진 형태를 거친 다음 다른 엇갈린 형태로 전환되려면 비틀림 무리(torsional strain)라고 부르는 이 반발력을 극복하여야 한다. Ethane에서 이 반발력의 크기는 2.9 kcal/mol(12kJ/mol)이다. 보통의 온도에서는 이 에너지 장벽을 넘어갈 수 있을 만큼 충분한 열에너지가 공급되기 때문에 형태들이 초당 수백만 번 상호 전환될 수 있다.

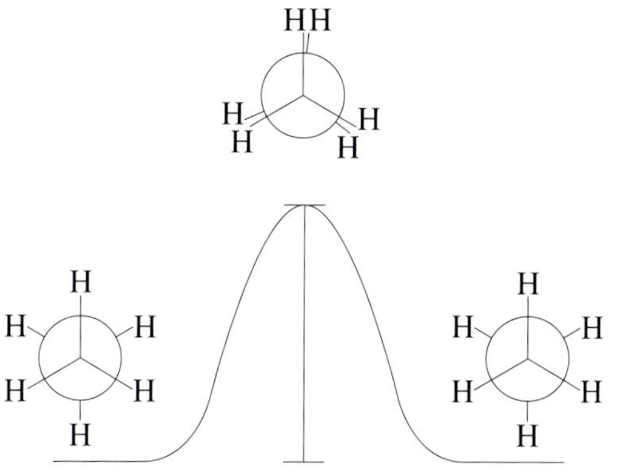

2.9 kcal/mol

문제 2.8 propane의 엇갈린 형태와 가리어진 형태의 Newman 투영도를 그리시오.

문제 2.9 butane의 C(2)–C(3) 결합을 중심으로 관찰하면 각각 두 개씩의 가리어진 형태와 엇갈린 형태가 있다. 이들의 Newman 투영도를 그리시오.

문제 2.10 butane의 형태 중 가장 안정한 것과 가장 불안정한 것을 지적하고 그 이유를 설명해 보시오.

2.5 사이클로알케인

탄소 원자들이 고리를 이루고 있는 화합물들을 **사이클로알케인(cycloalkane)**이라고 한다. 사이클로알케인의 기본골격은 $-CH_2-$으로 이루어져 있기 때문에 일반식은 C_nH_{2n}이다. 사이클로알케인의 구조는 다음에서 보는 것처럼 보통 결합–선 구조식으로 그린다.

Cyclopropane Cyclobutane Cyclopentane Cyclohexane

사이클로알케인은 고리가 아닌 알케인에서와 비슷한 규칙을 이용하여 명명한다. 고리를 구성하고 있는 탄소의 수에 해당하는 알케인의 이름에 접두어인 cyclo-(사이클로-)를 붙여 모체이름으로 사용한다. 알킬기 또는 할로겐 치환체는 접두어로 처리한다. 치환체가 하나일 때는 위치 번호를 사용하지 않는다.

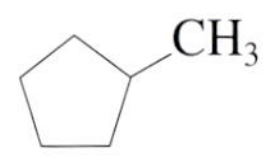

Methylcyclopentane

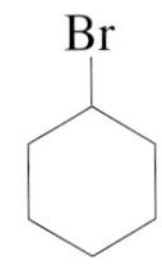

Bromocyclohexane

고리에 두 개 이상의 치환체가 있을 때는 알파벳 순서로 인용된다. 치환체들 중의 어느 하나에 위치 번호 1이 돌아가며 번호들의 전체 합이 가장 작은 수가 되도록 번호를 붙인다.

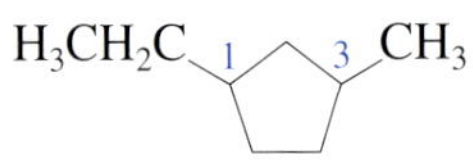

1-Ethyl-3-methylcyclopentane

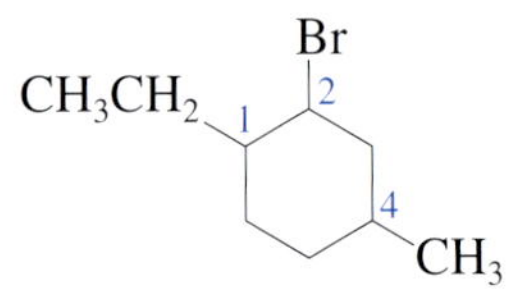

2-Bromo-1-ethyl-4-methylcyclohexane

문제 2.11 다음 각 구조의 IUPAC 이름을 적으시오.

(1)

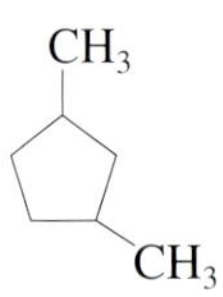

(2)

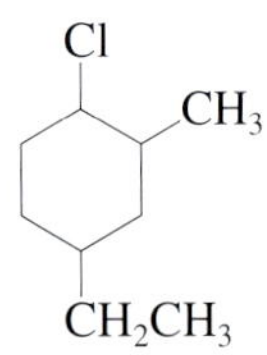

(3)

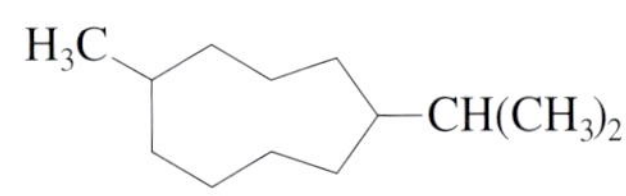

2.6 사이클로알케인의 시스-트랜스 이성질체

고리가 아닌 알케인에서 탄소-탄소 σ 결합은 자유롭게 회전할 수 있다. 크기가 작은 사이클로알케인에서는 고리의 σ 결합이 회전하려면 탄소에 결합되어 있는 원자나 원자단이 고리의 안쪽을 통과해야 한다. 이때 생기는 입체반발력이 극심하기 때문에 고리를 구성하고 있는 σ 결합은 회전할 수 없다. 이와 같은 특징 때문에 새로운 이성질 현상이 나타난다.

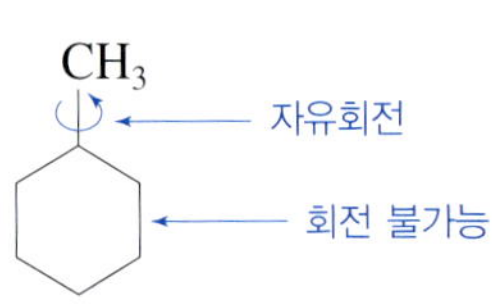

예를 들면 1,2-dimethylcyclopropane에는 두 개의 methyl기가 고리의 같은 쪽에 있는 구조와 고리의 반대편에 결합되어 있는 구조의 두 이성질체가 있다. 이 두 구조는 결합을 끊고 회전시킨 다음 다시 결합을 연결하지 않는 한 상호 전환되지 않는다.

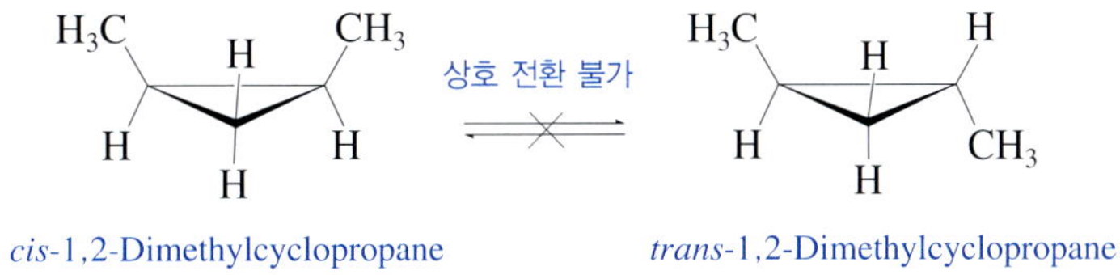

두 methyl기가 고리의 같은 쪽에 있는 이성질체는 *cis*-1,2-dimethylcyclopropane이고 반대편에 있는 이성질체는 *trans*-1,2-dimethylcyclopropane이다. 접두어 '*cis*-' 및 '*trans*-'는 각각 라틴어로 같은 쪽 및 반대 쪽을 의미한다. 1,2-dimethylcyclopropane의 두 이성질체에서와 같이 원자의 결합된 순서는 같으나 공간상의 배치가 다른 이성질체를 **입체 이성질체(stereomer)** 또는 **시스-트랜스 이성질체(*cis-trans* isomer)**라고 한다. 시스-트랜스 이성질체는 물리 화학적 성질이 서로 다르며 분리될 수 있는 다른 화합물이다. 입체 이성질 현상은 분자의 생물학적 성질에 결정적인 영향을 미친다. 시스와 트랜스 이성질체는 생물학적 수용체와 전혀 다르게 반응할 수 있다.

문제 2.12 *trans*-1,3-Dimethylcyclopentane의 구조를 그리시오

문제 2.13 1,2-Dichlorocyclopentane의 *cis* 및 *trans* 이성질체를 그리시오.

2.7 사이클로알케인의 형태

보통의 탄소-탄소 단일 결합은 두 개의 sp^3 혼성 오비탈이 두 탄소 핵을 연결하는 축상에서 겹쳐서 형성된 것이다. 동등한 세 개의 탄소로 이루어져 있는 cyclopropane은 평면 구조를 가지고 있으며 C—C—C 결합각은 60°이다. 이것은 정상적인 C—C—C 결합각인 109.5°로부터 크게 벗어난 것이다. 이 때문에 sp^3 혼성 오비탈은 탄소 핵들을 연결하는 축으로부터 벗어난 위치에서 덜 효과적으로 겹칠 수밖에 없다. 구부러진 모양의 이와 같은 결합을 **굽은 결합(bent bond)**이라고 한다. 굽은 결합은 보통의 탄소-탄소 단일 결합 보다 불안정하며 이와 같은 불안정성을 **각무리(angle strain)**라고 한다.

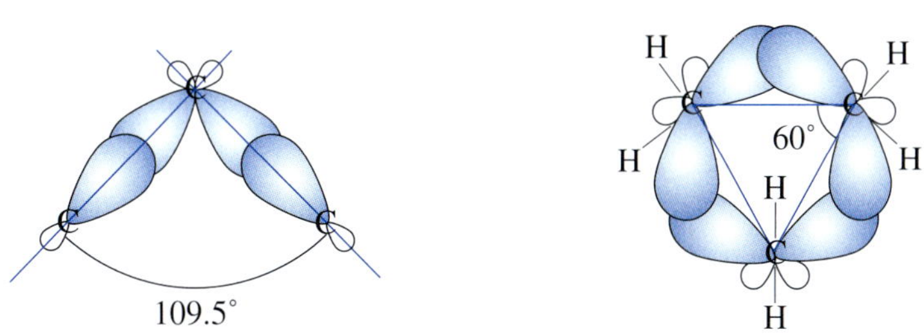

정상적인 C—C—C 결합 　　Cyclopropane의 굽은 결합

Cyclopropane에서는 인접한 탄소-수소 결합들이 모두 가려져 있기 때문에 비틀림 무리도 크게 작용한다. 각무리와 비틀림 무리 때문에 cyclopropane은 보통의 알케인보다 매우 불안정하다. Cyclobutane은 methylene기 중의 하나가 다른 세 개의 methylene기들이 이루고 있는 평면으로부터 약 25° 벗어나 있다. 평면형태보다 나비를 닮은 이 형태에서는 각무리가 약간 증가하지만 여덟 쌍의 인접한 수소들이 가려지면서 생기는 비틀림 무리는 크게 감소된다.

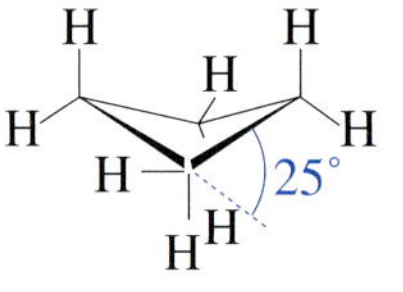

Cyclobutane

Cyclopentane은 수소들이 거의 엇갈려지도록 오그라진 형태를 보여준다. Cyclopentane의 이 오그라진 형태는 모양이 뚜껑을 가지고 있는 네모형 봉투를 닮았기 때문에 **봉투 형태(envelope conformation)**라고 한다. Cyclopentane의 봉투 형태에서는 각무리와 비틀림 무리가 크게 감소한다.

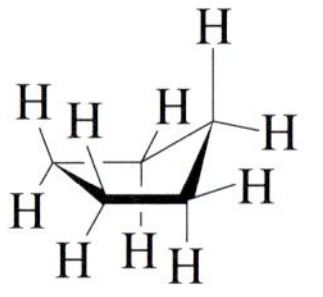

Cyclopentane

고리화합물들 중 자연계에 가장 많이 분포되어 있는 것이 cyclohexane 유도체들이며 cyclohexane 구조를 가지고 있는 수많은 화합물들이 생물학적 활성을 보여준다. Cyclohexane의 **의자 형태(chair conformation)**에는 무리가 거의 없다. 고리를 구성하고 있는 탄소들 사이의 결합각은 이상적인 사면체 결합각(109.5°)에 가까운 111°이다. 의자 형태의 Newman 투영도를 그려보면 인접해 있는 탄소-수소 결합들은 모두 거의 정확하게 엇갈려 있다.

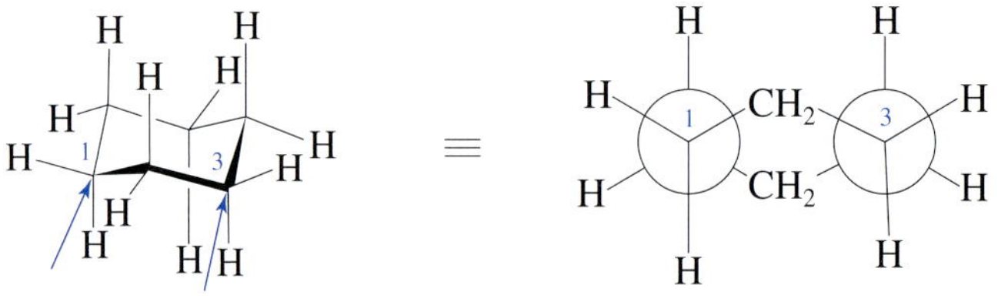

의자 형태에서는 다음과 같은 여러 가지 재미있는 특징들이 관찰된다. 즉, 고리를 구성

하고 있는 결합들 중 아래 쪽에 그려진 결합들은 앞으로 튀어나와 있고 위쪽에 그려진 결합들은 뒤쪽으로 뻗어있다.

각 탄소는 **수직 방향**(**axial**)과 **수평 방향**(**equatorial**)의 결합을 가지고 있다. 수직 방향 결합들은 교대로 방향이 위아래로 바뀐다. 어느 한 탄소의 수직 방향 결합이 위쪽이라면 다음 탄소는 아래쪽 다음은 위쪽이 된다. 수평 방향 결합들은 고리의 바깥쪽을 가리킨다. 수평 방향 결합들은 두 탄소 건너편에 있는 고리의 결합과 평행하다. 하나 건너 있는 탄소들(아래 구조의 1, 3, 5번 탄소)이 아래쪽으로 나머지 탄소들이 위쪽으로 움직이면 한 의자 형태에서 다른 의자 형태로 전환된다. 두 의자 형태들 사이에서 매우 빠르게 일어나는 이 상호 전환을 **고리 뒤집기**(**ring–flip**)라고 한다. 두 의자 형태가 상호 전환될 때 모든 수직 방향 결합들은 수평 방향이 되고 수평 방향 결합들은 수직 방향이 된다.

Cyclohexane에는 **보트 형태**(**boat conformation**)도 있다. 보트 형태에는 각무리는 없지만 탄소–수소 결합의 일부가 가려져 있다. 또 고물과 이물의 위치에 있는 **깃대 수소**(**flag–pole**)들 사이에서는 깃대 작용(flag–pole interaction)이라고 하는 입체 반발력이 작용하기 때문에 의자 형태보다 크게 불안정하다.

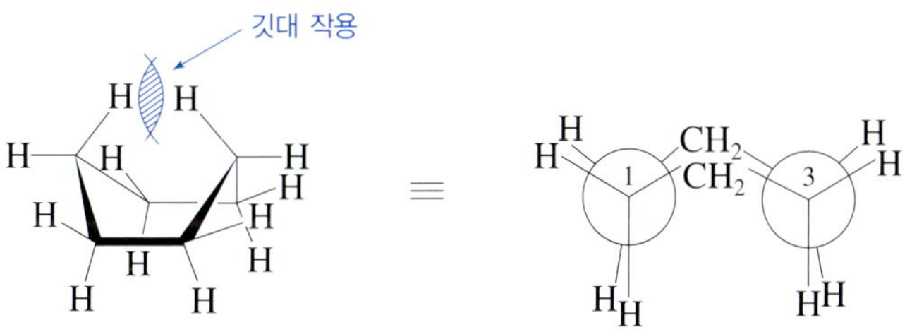

Cyclohexane의 의자 형태에서 고리의 같은 쪽에 있는 세 개의 수직 방향 수소는 서로 가까운 위치에 있다. 만약 수직 방향 수소 중의 하나가 methyl과 같이 큰 치환체로 치환

되면 수직 방향에서 **입체 장애**(**steric hindrance**)라고 하는 입체적 반발 현상이 발생한다. 특히 이 입체 장애는 1,3-위치에 있는 치환체들 사이에서 발생하기 때문에 **1,3-이수직 방향 상호작용**(1,3-diaxial interaction)이라고 부른다. 이 상호작용 때문에 수직 방향에 치환체를 가지고 있는 의자 형태보다 수평 방향에 치환체를 가지고 있는 의자 형태가 더 안정하다.

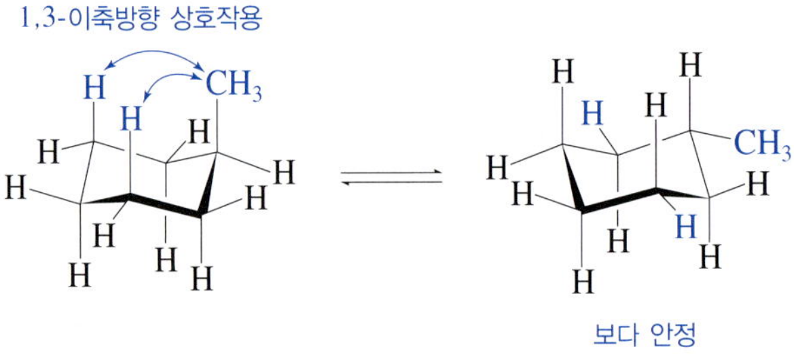

보다 큰 치환체로 치환되어 있는 cyclohexane에서는 1,3-이수직 방향 상호작용에 의해 야기되는 입체 장애가 훨씬 심각하다. 예를 들면, *tert*-butyl기가 수평 방향을 향하고 있는 *tert*-butylcyclohexane의 형태는 수직 방향을 향하고 있는 형태보다 훨씬 더 안정하다. 이 때문에 보통 온도에서 *tert*-butylcyclohexane 분자들의 99.99% 이상은 *tert*-butyl기가 수평 방향에 있는 형태를 취하고 있다. 이때의 분자들을 형태상으로 잠겨 있다(locked)고 표현한다.

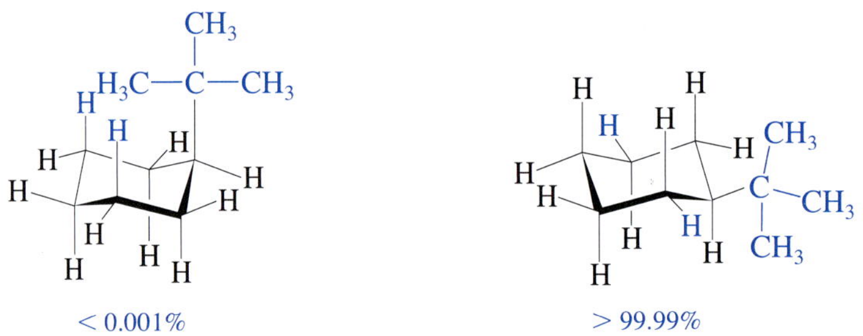

문제 2.14 다음 cyclohexane의 의자 배열에서 지적하는 결합을 그리시오.

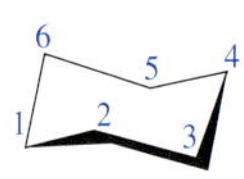

(1) C(1)에서 수직 방향 C−H 결합 (2) C(2)에서 수직 방향 C−H 결합
(3) C(2)에서 수평 방향 C−H 결합 (4) C(5)에서 수평 방향 C−H 결합

문제 2.15 Ethylcyclohexane의 두 가지 의자 형태를 그리시오. 두 형태 중 어느 것이 더 안정한가 설명하시오.

문제 2.16 *cis*-1,3-Dimethylcyclohexane과 *trans*-1,3-dimethylcyclohexane의 의자 형태를 그리시오.

자연계에는 한 개 이상의 변을 공유하고 있는 여러 고리형 알케인 화합물들이 매우 많다. 변을 공유하고 있는 화합물들을 접합된 고리 화합물(fused-ring compounds)이라고 한다. 기본적인 예로는 두고리계(bicyclic system)인 decalin을 들 수 있다. Decalin에는 *cis*-와 *trans*-의 두 이성질체가 있다. *cis*-Decalin에서는 다리목(bridgehead)에 있는 두 수소가 고리의 같은 쪽에 결합되어 있고, *trans*-decalin에서는 두 수소가 고리의 반대편에 결합되어 있다.

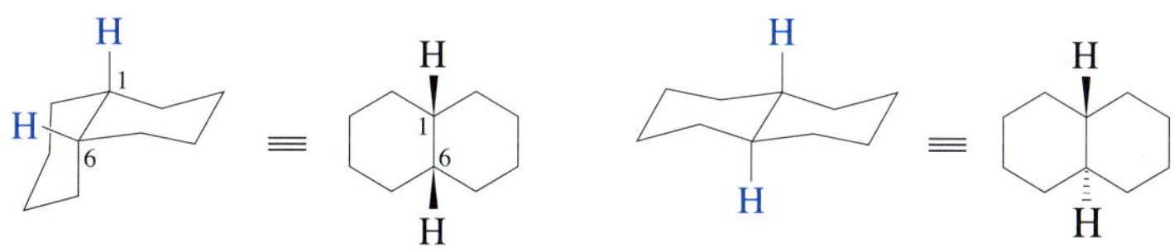

1번과 6번 탄소가 다리목

Decalin 고리 시스템은 많은 천연 화합물, 특히 스테로이드 화합물(steroids)의 구조 단위이다. 예를 들면, 쓸개액의 중요한 성분인 cholic acid의 구조는 *cis*-와 *trans*-decalin 단위로 이루어져 있다.

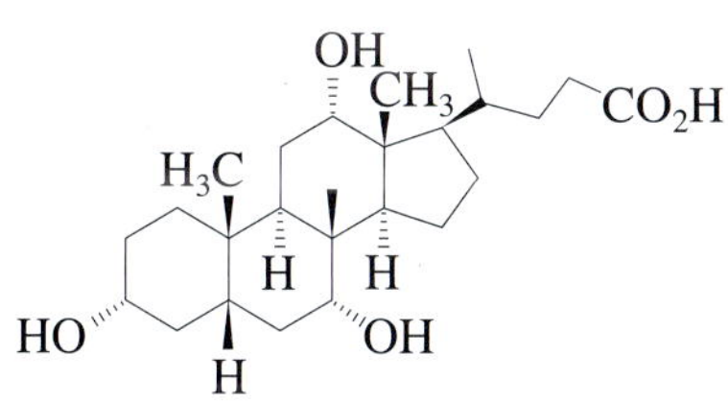

Cholic acid

2.8 알켄의 명명법

고리가 아닌 간단한 **알켄(alkene)**은 관용명으로 부를 때가 많다. 예를 들면 두 탄소 알켄의 관용명은 ethylene이고 세 탄소 알켄은 propylene이다. IUPAC 규칙을 따라 알켄의 이름을 지을 때는 알케인의 어미 "-ane"을 "**-ene**"로 바꾸어 준다. 예를 들면 ethylene은 ethene이고 propylene은 propene이다.

$H_2C{=}CH_2$

Ethene
(Ethylene)

$H_2C{=}CHCH_3$

Propene
(Propylene)

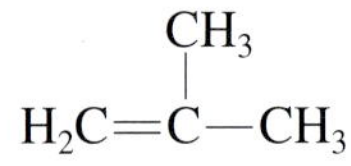

2-Methylpropene
(Isobutylene)

복잡한 알켄을 명명할 때는 다음과 같은 규칙을 따른다. 이중 결합을 포함하고 있는 가장 긴 사슬이 모체가 된다. 이중 결합에 작은 숫자가 돌아가는 방향으로 번호를 매긴다. 예를 들면 2-pentene은 이중 결합이 두 번째와 세 번째 탄소 사이에 있다는 것을 의미한다.

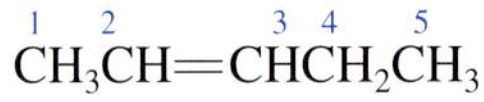

2-Pentene

이중 결합이 사슬의 두 끝으로부터 동일한 거리에 있을 때는 첫 번째 치환체에 작은 번호가 돌아가게 번호를 매긴다.

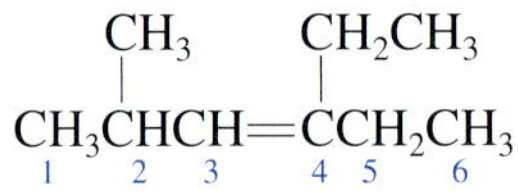

4-Ethyl-2-methyl-3-hexene

사슬이 두 개 이상의 치환체를 가지고 있을 때 치환체는 알파벳 순으로 모체 이름 앞에 접두어로 처리된다. 이중 결합의 두 연속된 번호 중 작은 것을 모체 이름 앞에 붙임으로써 이중 결합의 위치를 표시한다.

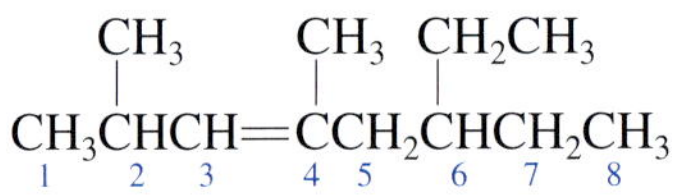

6-Ethyl-2,4-dimethyl-3-octene

이중 결합이 둘 이상일 때는 이중 결합의 위치를 모두 나타내야 하며 -diene, -triene 등의 접미어를 사용한다.

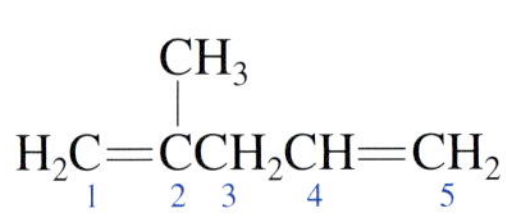

2-Methyl-1,4-pentadiene

사이클로알켄(cycloalkene)도 비슷한 방법으로 명명하지만 이중 결합의 두 탄소가 1번과 2번이 되고 첫 번째 치환기가 가능한 낮은 위치 번호가 되도록 한다.

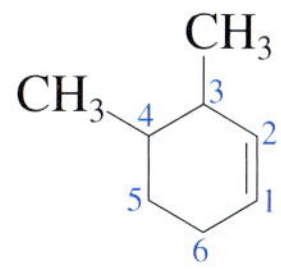

3,4-Dimethylcyclohexene

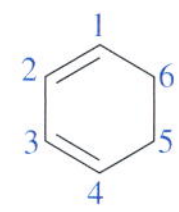

1,3-Cyclohexadiene

탄소–탄소 이중 결합을 포함하는 치환기 중 관용명이 더 많이 사용되는 것으로는 vinyl기와 allyl이 있다.

$H_2C{=}CH{-}$	$H_2C{=}CHCH_2{-}$
Vinyl기	Allyl기
$H_2C{=}CHCl$	$H_2C{=}CHCH_2Cl$
Chloroethene (Vinyl chloride)	3-Chloropropene (Allyl chloride)

문제 2.17 다음 각 화합물의 IUPAC 이름을 적으시오.

(1) $CH_3CHBrCH{=}CHCH_3$

(2) $(CH_3)_2C{=}C(CH_3)CH_3$

(3)

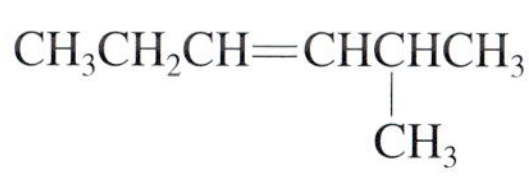

(4)

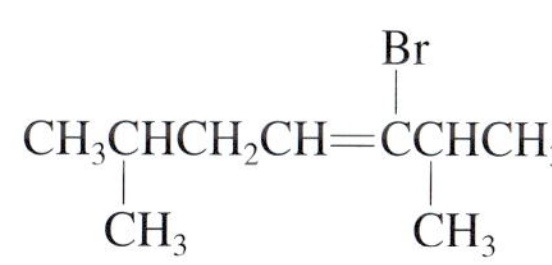

(5)

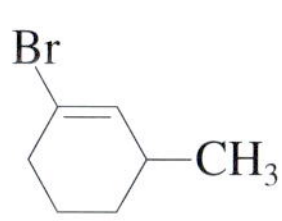

(6)

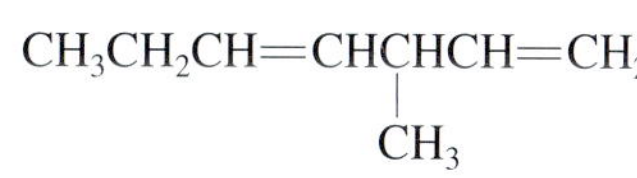

문제 2.18 다음 각 화합물의 구조식을 그리시오.

(1) 1-Vinylcyclopentene

(2) 2,4-Dimethyl-2-hexene

(3) 1,3-Dichlorocyclopentene

(4) 3-Bromo-2-methyl-1,3-pentadiene

2.9 알켄의 구조

π 결합을 형성하는 두 개의 p 오비탈은 서로 평행해야 최대로 겹칠 수 있다. 만약 이중 결합을 축으로 회전하게 되면 두 p 오비탈의 겹침이 깨어지면서 π 결합이 파괴되기 때문에 자유롭게 회전할 수 없다. 탄소–탄소 이중 결합을 축으로 회전할 수 없기 때문에 사이클로알케인에서와 마찬가지로 알켄에는 시스–트랜스 이성질체(*cis-trans* isomer)가 존재한다. 2-butene을 예로 들면 두 sp^2 탄소에 결합되어 있는 수소들이 이중 결합의 같은 편

에 있는 이성질체는 *cis*-2-butene이고 이중 결합의 반대편에 있는 것은 *trans*-2-butene이다. 시스와 트랜스 이성질체는 상호 전환될 수 없다(특수한 조건 하에서는 예외). 두 이성질체는 끓는점과 같은 물리적인 성질이 다른 별개의 화합물이다.

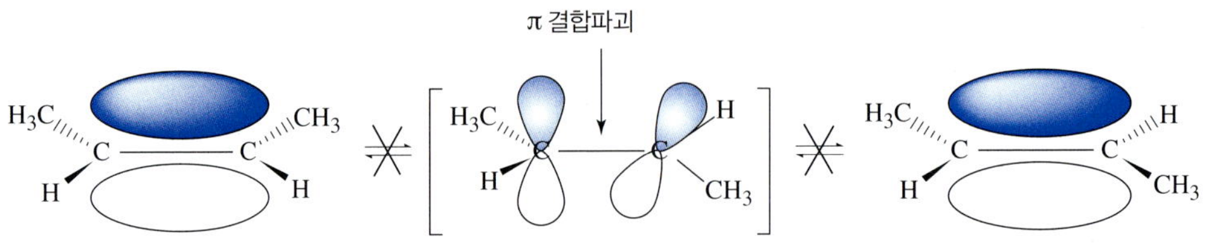

cis 이성질체 *trans* 이성질체

cis-2-Butene
끓는점 3.7 °C

trans-2-Butene
끓는점 0.9 °C

이중 결합 탄소의 각각에 한 개씩의 치환체가 있을 경우에만 *cis*- 및 *trans*-라고 하는 접두어를 쓸 수 있다. 이중 결합 탄소에 세 개 이상의 치환체가 결합되어 있을 때는 *E*–*Z* 체계를 이용한다. 접두어 *E*, *Z*를 사용하여 이성질체를 구별할 때는 먼저 이중 결합의 각 탄소에 결합되어 있는 두 치환체의 상대적인 우선순위를 결정하여야 한다. 만약 우선순위가 높은 치환체가 이중 결합의 같은 쪽에 있으면 그 이성질체의 배열은 *Z*라고 한다(*Z*는 독일어로 함께라는 단어의 Zusammen에서 온 것). 만약 우선순위가 높은 치환체가 이중 결합의 반대편에 있으면 그 이성질체의 배열은 *E*가 된다(*E*는 독일어로 반대라고 하는 단어인 Entgegen에서 온 것).

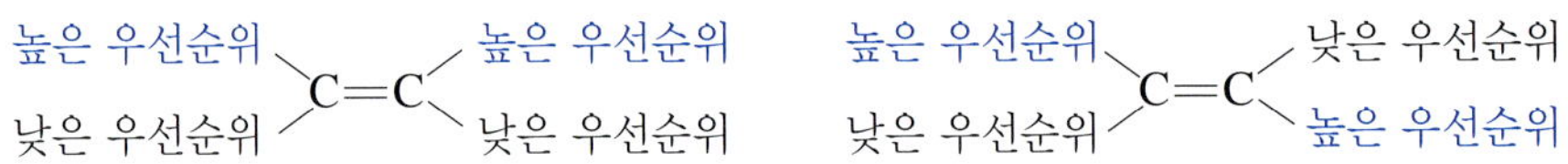

Z-이성질체 *E*-이성질체

다음 규칙이 우선순위를 결정하는 데 사용된다. 치환체의 상대적인 우선순위는 이중 결합 탄소에 직접 결합되어 있는 원자들의 원자 번호에 의해 결정된다. 원자 번호가 크면 우선순위가 더 크다. 예를 들면 2-chloro-1-iodopropene의 이성질체에서 이중 결합 탄소 중 한 개에는 아이오딘과 수소가 결합되어 있다. 아이오딘의 원자 번호가 수소보다 더 크기 때문에 아이오딘의 우선순위가 더 크다. 다른 이중 결합 탄소에는 염소와 탄소가 결합되어 있다. 염소의 원자 번호가 탄소보다 더 크기 때문에 염소의 우선순위가 더 크다. 아래 그림의 왼쪽 이성질체는 우선순위가 큰 치환체들이 이중 결합의 같은 쪽에 있기 때문에

Z-이성질체가 된다. 오른쪽에 있는 이성질체는 우선순위가 큰 원자가 이중 결합의 반대편에 있기 때문에 *E*-이성질체이다.

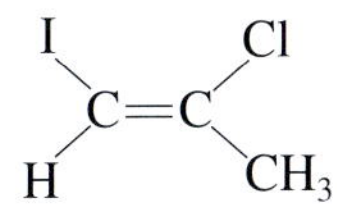

(*Z*)-1-Lodo-2-chloropropene

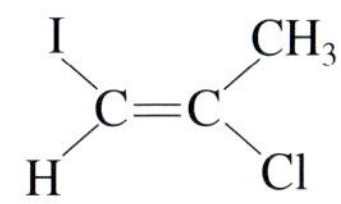

(*E*)-1-Lodo-2-chloropropene

같은 원자인 경우에는 그 원자에 결합되어 있는 다른 원자를 비교한다. 다음 이성질체 쌍에서 브로민이 탄소보다 원자 번호가 더 크기 때문에 브로민이 bromomethyl기 보다 우선순위가 더 크다. 다른 이중 결합의 탄소에는 ethyl기와 isopropyl기의 탄소 원자들이 결합되어 있다. Isopropyl기에는 C, C에 H가 결합되어 있고 ethyl기에는 C, H에 H가 결합되어 있다. 각각에서 탄소 한 개씩을 상쇄하고 나면 남은 원자들 중에는 탄소가 수소보다 원자 번호가 더 크기 때문에 isopropyl기가 ethyl기 보다 더 우선순위가 크다. 따라서 *E*- 및 *Z*-이성질체는 다음과 같다.

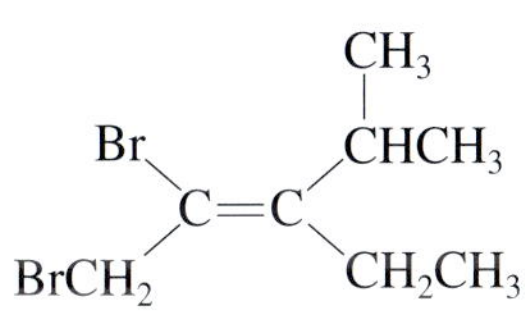

(*Z*)-1,2-Dibromo-3-ethyl-4-methyl-2-pentene

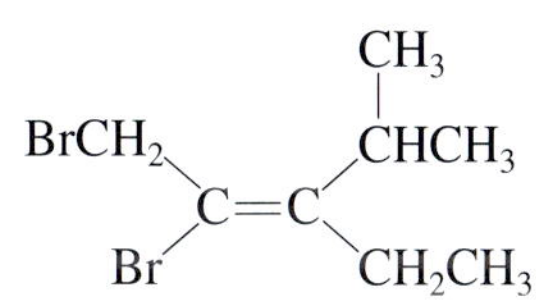

(*E*)-1,2-Dibromo-3-ethyl-4-methyl-2-pentene

한 원자가 다른 원자에 이중 결합 또는 삼중 결합으로 연결되어 있을 때는 그것이 두 개 또는 세 개의 다른 원자들에 결합되어 있는 것으로 간주한다.

예를 들면

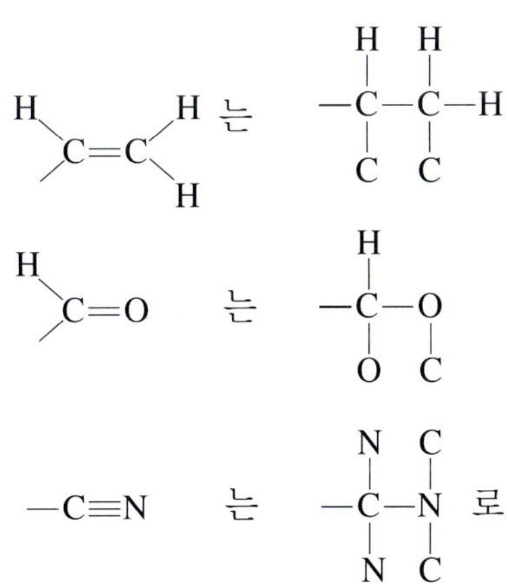

로 간주한다.

문제 2.19 다음 중 시스–트랜스 이성질체로 존재할 수 있는 화합물은 어느 것인가?

(1) $CH_3CH{=}CHCH_2CH_3$

(2) 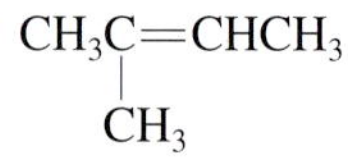

(3) 2-Hexene

(4) 1-Pentene

문제 2.20 문제 2.19에서 시스–트랜스 이성질체로 존재하는 화합물의 구조를 그리고 어느 것이 시스–이성질체이고 어느 것이 트랜스–이성질체인지 지적하시오.

문제 2.21 다음 각 화합물에 알맞은 입체배열을 *Z* 또는 *E*로 나타내시오.

(1) 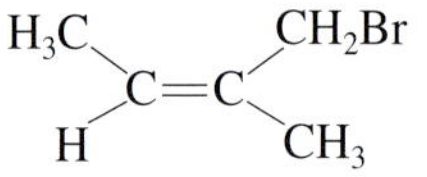

(2) 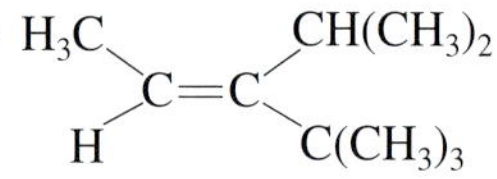

(3) 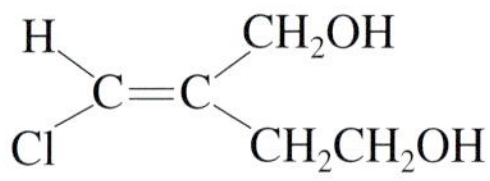

(4) 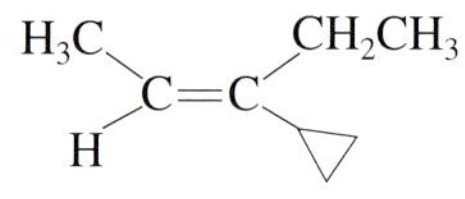

2.10 알켄의 상대적 안정성

두 개 이상의 원자 또는 원자단이 결합을 통하여 서로 상호 작용하여 시스템의 전자 분포를 변화시키는 효과를 유도 효과(inductive effect)라고 한다. sp^3 탄소는 유도 효과를 통하여 전자를 밀어주는 반면, sp^2 또는 sp 탄소는 전자를 당기는 성질이 있다. 전자를 당기는 sp^2 탄소의 알켄은 전자를 밀어주는 sp^3 탄소의 알킬기가 더 많이 치환될수록 더 안정하다. 또 이중 결합에 있는 두 치환체가 트랜스로 치환되어 있는 경우가 시스로 치환되어 있는 것보다 더 안정하다. 예를 들어 *cis*-2-butene에서 두 메틸기는 서로 매우 가까운 위치에 있기 때문에 이들 사이에 입체 장애가 있지만, *trans*-2-butene에서는 입체 장애가 없으므로 *trans*-2-butene이 더 안정하다. 따라서 알킬 치환된 알켄의 상대적인 안정도는 다음과 같은 순서로 감소한다.

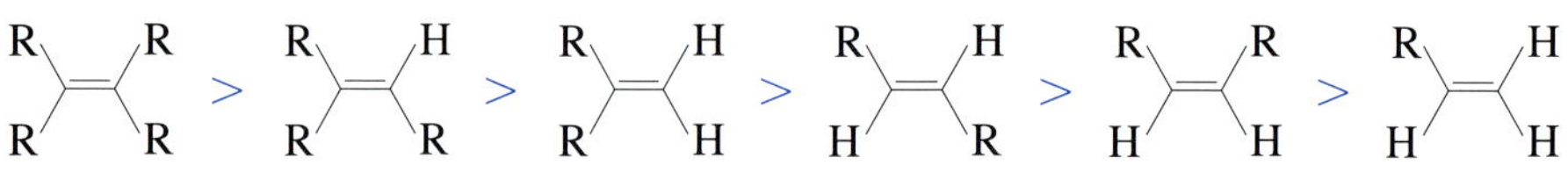

이중 결합은 어떤 크기의 고리에도 있을 수 있다. 가장 작은 사이클로알켄인 cyclopropene은 1960년에 처음으로 합성되었다. Cyclopropene은 이중 결합의 이상적인 결합각인 120°로부터 크게 벗어난 60°의 결합각 때문에 각무리가 매우 크다. 이 화합물은 반응성이 매우 크기 때문에 −78℃의 매우 낮은 온도에서도 저장할 수 없다.

Cyclopropene

이중 결합이 시스이면 다섯 탄소 이상의 고리 화합물에서는 각무리가 없다. 그러나 보통 정도의 고리에서 트랜스 이중 결합은 매우 높은 무리를 일으킨다. 11 탄소 이상의 고리에서는 고리가 아닌 알켄에서처럼 시스 이성질체보다 트랜스 이성질체가 더 안정하다. 분리될 수 있는 가장 작은 *trans*-cycloalkene은 *trans*-cyclooctene이다.

trans-Cyclooctene
불안정

cis-Cyclooctene
안정

2.11 공명 혼성

한 개의 선-결합 구조로는 정확하게 표현할 수 없는 분자와 이온들이 있다. 예를 들면 팔전자 규칙에 맞게 그려진 탄산 이온(CO_3^{2-})의 선-결합 구조에는 다음 세 가지가 있다.

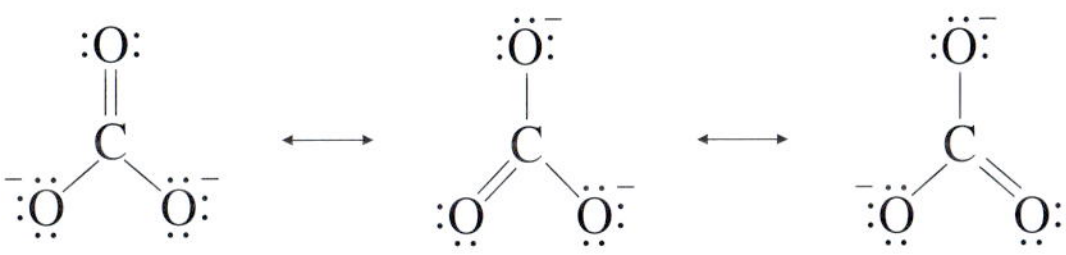

이들 각각의 구조에는 한 개의 C=O 결합과 두 개의 C−O 결합이 있다. C=O 결합과 C−O 결합의 길이는 각각 1.20 Å과 1.41 Å이므로 탄산 이온은 두 종류의 결합을 가지고 있을 것으로 예측된다. 그러나 실험적으로 밝혀진 탄소-산소 사이의 결합은 모두 1.31 Å으로 정확하게 동등하며 이 길이는 C=O 결합과 C−O 결합의 중간 값에 해당된다. 따라서 위 세 구조의 어느 것도 실제의 탄산 이온을 정확하게 표현하지 못하고 있다. 이와 같은 상황을 설명하기 위해 도입된 개념이 **공명 혼성(resonance hybrid)**이다. 어떤 분자 또는 이온의 선-결합 구조가 두 개 이상 그려질 때 실제 구조는 이들 모든 구조적 성격이 **혼성(hybrid)**된, 즉 서로 섞인 것이라는 개념이 공명 혼성이다. 그려지는 각각의 구조를 **공명 구조(resonance structure)**라고 한다. 위의 세 가지 공명 구조가 모두 공명 혼성된 구조가 탄산 이온의 실제 모습이다. 공명 혼성을 나타낼 때는 각 공명 구조들 사이에 양쪽 머리 화살표(⟷)를 사용한다. 양쪽 머리 화살표는 구조들의 성격이 섞인 것이 실제 분자임을 의미하고 구조들이 상호 전환되는 평형 과정(⇌)을 나타내는 것과는 다르다.

Lewis 구조에서 전자들은 단일 원자의 비공유 전자나 두 원자 사이에 공유 결합으로 **편재(localized)**되어 있다. 그러나 불포화 결합을 가지고 있는 분자 또는 이온들에서 전자들은 세 개 이상의 원자에 **비편재화(delocalized)**되어 있을 수 있다. 탄산 이온에서는 한 쌍의 비공유 전자와 π 결합 전자가 네 개의 원자에 걸쳐 비편재화되어 있다. 따라서 실제 탄산 이온의 세 탄소–수소 결합들은 모두 단일 결합과 이중 결합의 중간인 $1\frac{1}{3}$결합이고 세 개의 산소 원자에는 $-\frac{2}{3}$의 전하가 걸려있다. 유기 화학자들은 전자의 비편재화를 굽은 화살표를 사용하여 나타낸다.

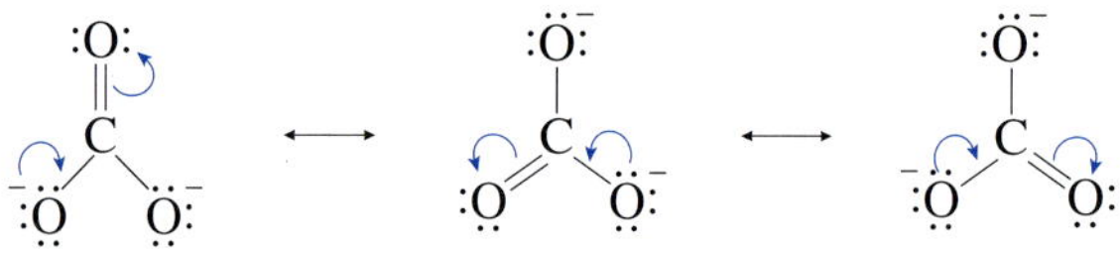

전자들은 실제로 이동하는 것이 아니며 굽은 화살표는 공명 구조들의 전자배치의 차이를 설명하고 있다. 이와 같은 표현은 순전히 가상적인 것이다. 공명과 관련된 전자 이동에는 다음 세 가지 방법이 있다.

π 결합으로부터 인접한 결합으로 :
π 결합으로부터 인접한 원자로 :
원자로부터 인접한 결합으로 :

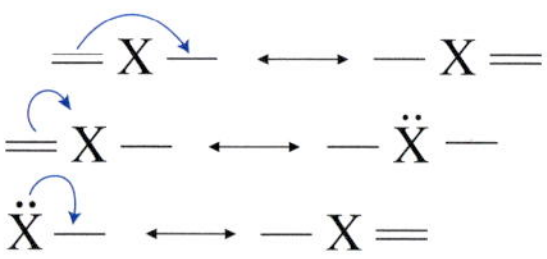

어떤 경우에는 공명 혼성 구조를 그릴 때 점선을 사용하여 부분적인 결합과 전자의 비편재화를 나타내기도 한다.

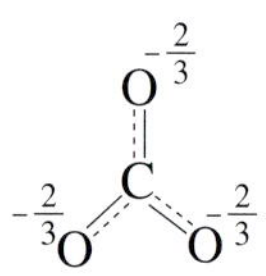

공명 구조를 바르게 쓰기 위해서는 다음 몇 가지 규칙들을 잘 이해해야 한다.

각 공명 구조들은 π 결합 전자 또는 비공유 전자의 위치만 다르고 원자 위치는 동일하다. 예를 들면 벤젠 분자의 공명 구조들에서 π 결합 전자의 위치는 변하지만 탄소들의 위치는 변하지 않는다.

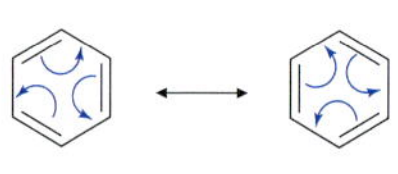

제 2주기 원자들은 최대 8개 이상의 원자가 전자를 수용할 수 없다. 화살표를 사용하여 전자의 비편재화를 나타낼 때는 언제나 수용되는 원자가 전자의 수가 몇 개인가에 주의를

기울여야 한다. 유기 화학에 익숙해질 때까지는 전자들의 배치를 명확하게 하기 위해 공명 구조에서 비공유 전자를 나타내 주는 것이 바람직하다. Nitromethane의 구조에서 오른쪽은 불가능한 공명 구조다.

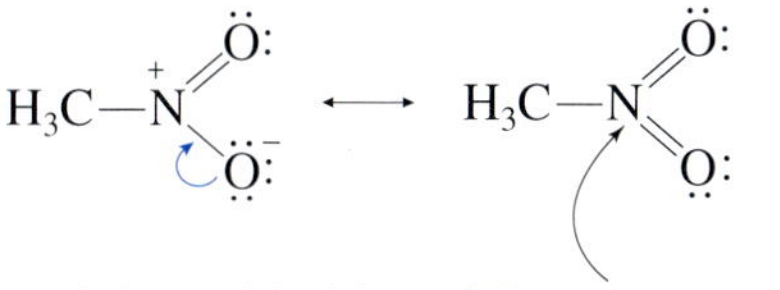

제 2주기 원소들이 모두 팔전자계를 이루고 있는 공명 구조가 팔전자계를 채우지 못하고 있는 공명 구조보다 더 안정하며 실제 구조에 더 많이 기여한다. 또 팔전자계를 채우지 못하는 공명 구조에서 분리되는 음전하는 보다 전기 음성도가 큰 원자에 놓이고 양전하는 보다 전기 음성도가 작은 원자에 놓인다. Formaldehyde 분자에서는 왼쪽의 공명 구조가 더 큰 기여 구조다. 전하가 분리된 오른쪽 공명 구조에서 음전하는 전기 음성도가 보다 큰 산소 원자에 놓인다.

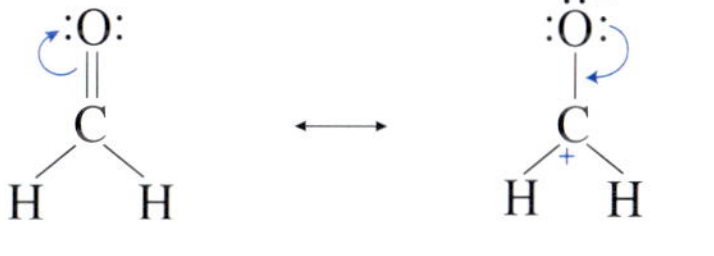

두 개 이상의 공명 구조가 팔전자계를 이루고 있을 때는 전하의 분리가 보다 더 작은 쪽이 더 안정하고 더 크게 기여한다.

전자들이나 전하가 비편재화되어 있는 시스템은 전자 또는 전하가 편재화된 시스템 보다 에너지가 더 낮고 더 안정하다. 어떤 구조가 두 개 이상의 공명 구조들의 공명 혼성 구조라면 실제 구조의 에너지는 단일 공명 구조보다 더 낮다. 이때 실제 구조는 **공명 안정화(resonance-stabilized)**되었다고 한다. 공명 구조가 더 많이 그려질수록 분자는 더 안정해진다.

문제 2.22 Acetate 이온의 두 탄소–산소 사이의 결합이 동등한 이유를 공명 구조를 이용하여 설명해 보시오.

문제 2.23 다음 각각의 공명 구조를 그리시오.

(1) 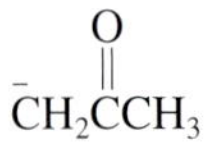

(2) $CH_3\text{-}\ddot{N}{=}\overset{+}{N}{=}\ddot{N}\!:^{-}$

(3) $CH_3\overset{+}{\underset{..}{O}}{=}CH{-}\overset{-}{C}H_2$

(4) 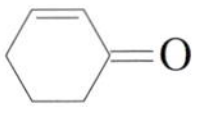

요약

일반식이 C_nH_{2n+2}인 알케인에는 가지 없는 탄소사슬인 **노말 알케인(normal alkane)**과 **가지 달린 알케인(branched-chain alkane)**의 두 부류로 나누어진다. 탄소 넷 이상의 알케인에서는 **이성질체(isomer)**가 존재한다. 탄소 수가 네 개인 butane에는 곧은 사슬인 *n*-butane과 isobutane의 두 이성질체가 있다. 분자식은 동일하지만 원자의 결합 순서가 다른 화합물들을 **구조 이성질체(structural isomer)**라고 부른다. 알케인의 이름은 **IUPAC 명명법**을 따라 짓는다. IUPAC 명명법에서는 치환기는 치환된 위치 번호와 함께 접두사로, 탄소 수는 어근으로 그리고 계열은 접미사로 표시된다.

알케인은 비극성이기 때문에 물과 잘 섞이지 않는다. 알케인에서는 주로 **van der Waals 힘**이 작용하는데 이것은 분자 사이의 접촉 면적이 클수록 커진다. 탄소수가 증가하면 분자 사이의 인력도 증가하므로 끓는점도 증가한다. 노말 알케인 분자들 사이의 접촉 면적은 가지 달린 알케인 분자들보다 접촉 면적이 더 크므로 노말 알케인에 더 큰 인력이 작용한다. 따라서 노말 알케인의 끓는점은 같은 탄소수의 가지 달린 알케인보다 더 높다.

알케인의 탄소-탄소 시그마 결합은 회전할 수 있기 때문에 여러 가지 입체적인 **형태(conformation)**가 생길 수 있다. 단일 결합을 회전시켰을 때 나타나는 특정한 형태들을 **이형태체(conformer)**라고 한다. Ethane 분자의 탄소-탄소 결합을 회전시키면 **엇갈린 형태(stagger conformation)**와 **가려진 형태(eclipsed conformation)**의 두 극단적인 모양이 나타난다. 가려진 형태는 **비틀림 변형(torsion strain)**이 작용하기 때문에 엇갈린 형태보다 2.9 kcal/mole 만큼 더 불안정하다.

사이클로알케인은 단일 고리인 경우 일반식이 C_nH_{2n}이다. 사이클로알케인의 구조는 결합-선 구조식을 사용하여 고리가 아닌 알케인에서와 비슷한 요령으로 명명한다.

사이클로알케인의 탄소-탄소 결합은 회전할 수 없기 때문에 두개의 치환기로 치환된 사이클로알케인에서는 **입체 이성질체(stereomer)** 또는 **시스-트랜스 이성질체(*cis-trans* isomer)**가 존재한다. 시스 이성질체는 두 치환기가 고리의 같은 쪽에 있고 트랜스 이성질체는 두 치환기가 고리의 반대편에 있다.

Cyclopropane의 탄소-탄소 시그마 결합은 탄소-탄소 원자핵을 연결하는 축으로부터 벗어난 **굽은 결합(bent bond)**을 하고 있기 때문에 **각무리(angle strain)**가 크다.

Cyclohexane의 가장 안정한 모양은 **의자 형태(chair conformation)**이다. 의자 형태에서는 모든 결합각이 109°에 가깝고 인접한 탄소-수소 결합이 모두 엇갈려 있으므로 무리가 거의 없다. 의자형 cyclohexane에는 **수직 방향 결합(axial bond)**과 **수평 방향 결합(equatorial bond)**이 있다. 수직 방향 결합은 고리의 축에 평행하게 아래 위를 향하고 있으며 수평 방향 결합은 고리의 궤도 주위를 가리키고 있다. Cyclohexane의 한 의자 형태가 **고리 뒤집기(ring flip)**를 통하여 다른 의자 형태로 전환되면 수직 방향은 모두 수평 방향으로, 수평 방향은 모두 수직 방향으로 바뀐다. **1,3-이수직 방향 상호작용(1,3-diaxial interaction)** 때문에 치환된 cyclohexane은 치환기가 수직 방향을 향하고 있을 때 보다 수평 방향을 향하고 있을 때 더 안정하다.

탄소-탄소 이중 결합을 가지고 있는 탄화수소인 알켄들 중 많은 화합물들이 생물학적 활성을 보여준다. 이중 결합은 회전할 수 없기 때문에 **시스-트랜스 이성질체(*cis-trans* isomer)**가 존재한다. 이중 결합의 기하학적 구조는 시스, 트랜스 또는 순위 결정 규칙을 적용한 ***Z*(zusammen)** 또는 ***E*(entgegen)**로 나타낸다. 전자를 당기는 sp^2 탄소의 알켄은 전자를 밀어주는 sp^3 탄소의 알킬기가 더 많이 치환될수록 더 안정하다. 또 이중 결합에 있는 두 치환체가 트랜스로 치환되어 있는 경우가 시스로 치환되어 있는 것보다 더 안정하다.

어떤 분자 또는 이온의 선-결합 구조가 두 개 이상 그려질 때 실제 구조는 이들 모든 구조적 성격이 혼성된 것이라는 개념이 **공명 혼성(resonance hybrid)**이다.

읽을거리

석유는 바닷속 생물들이 지각변동으로 땅속에 갇혀 만들어진 것이라고 잘못 알려져 있다. 이렇게 만들어진 원유는 전체의 1%에 불과하며 대부분은 지구의 심층부로부터 탄소와 수소가 복잡한 반응 과정을 거쳐 원유나 천연가스로 만들어진 다음 지표면으로 분출되었다는 지구 내부 기원설이 일반적으로 받아들여지고 있다. 석유의 중요 성분은 알케인이다. 최근의 고고학적 발굴에 따르면 석유의 역사는 기원전으로 거슬러 올라간다. 고대 메소포타미아 지방에서는 석유의 가장 무거운 성분인 아스팔트를 접착제 또는 방수제로 사용하였으며 이집트에서는 미이라를 만드는데 이용하였다.

석유는 오래전부터 알려져 있었지만 석유를 채굴하여 상업적으로 이용하기 시작한 것은 불과 150여 년 전부터이다. 1859년 에드윈 L. 드레이크가 처음으로 미국의 펜실베니아주 타이터스빌 근처에서 일산 35배럴(1배럴은 160 리터)의 원유를 채굴하였다. 스탠다드 오일은 1913년 중질유를 분해하여 경질유로 전환하는 열분해 기술을 개발하였으며, 이 과정에서 부생되는 propene을 물과 반응시켜 isopropanol을 생산하게 되는데 이것이 석유화학공업의 효시가 되었다. 텍사스를 중심으로 하여 개발된 석유는 미국이 21세기에 세계 최강의 경제 부국으로 성장하는 데 결정적인 공헌을 하였다.

우리나라에서는 1880년(고종 17년) 조선 궁중에서 등화용으로 석유를 수입하여 사용한 것이 처음이다. 그 뒤 약 80년간 미국과 영국의 석유 회사로부터 석유를 수입, 서울, 인천, 부산, 군산, 목포 등의 저장소를 통해 전국으로 판매되었다. 1962년 정부가 경제 개발 5개년 계획을 시행하면서 석유 에너지의 안정적인 공급이 없이는 경제 개발의 성공적인 추진이 불가능하다는 판단 하에 1962년 10월 13일 대한석유공사(구 유공, 현재의 SK주식회사)를 설립하였다. 1964년 4월 1일 일산 35,000배럴의 정유 공장을 최초로 가동한 이래 국내 석유 산업은 현재 5개 정유사가 일산 약 200만 배럴을 생산하는 규모로 성장하였다.

석유는 다른 에너지원보다 열효율이 높고, 취급이 간편하며, 매우 다양한 용도 때문에 현대사회의 가장 중요한 에너지원으로 자리잡고 있다. 많은 사람들이 30~40년 내에 석유가 고갈될 것이라고 이야기한다. 그러나 채굴기술(영화 '아마겟돈' 참고)이 발달하고 유가가 높아지게 되면 지금은 채산성이 맞지 않아 버려둔 엄청난 양의 유전들이 속속 개발될 것이다. 따라서 석유의 고갈 시점은 한참 더 연장될 것이다. 석유는 20세기 인류 문명의 큰 축을 이루어 왔으며, 앞으로도 상당 기간 에너지원으로서 최고의 위치를 차지할 것으로 생각된다.

보충문제

2.24 $C_5H_{11}Br$의 구조 이성질체들의 구조를 모두 그리시오.

2.25 C_3H_8O의 이성질체 구조를 모두 그리시오.

2.26 다음 구조 중 동일한 것과 다른 것을 구분하시오.

(1)

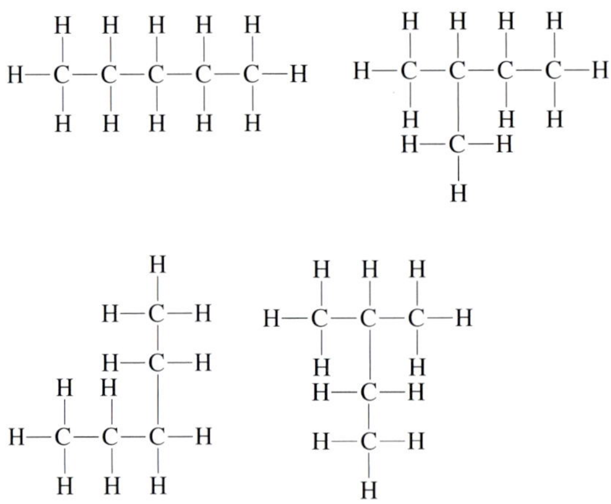

(2)

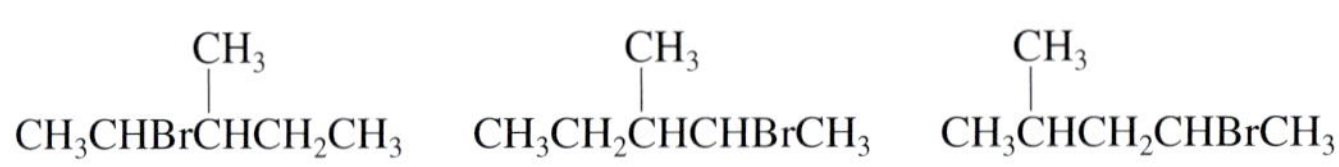

2.27 다음 알킬기의 이름을 적으시오.

(1)

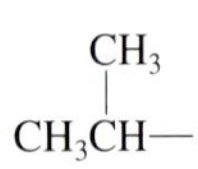

(2)

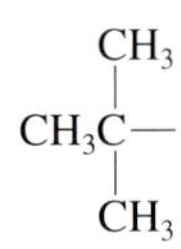

(3)

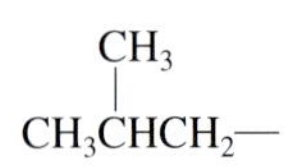

2.28 분자식 C_7H_{16}인 알케인의 이성질체들 중에서 다음에 지적하는 구조를 그리시오.

(1) methyl 치환된 hexane

(2) dimethyl 치환된 pentane

(3) ethyl 치환된 pentane

2.29 다음 알케인들의 IUPAC 이름을 적으시오.

(1)

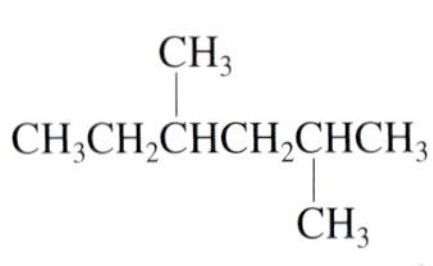

(2)

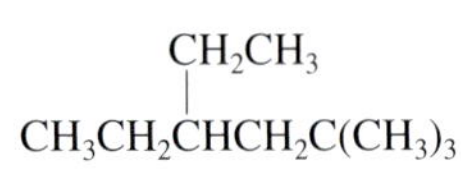

(3)

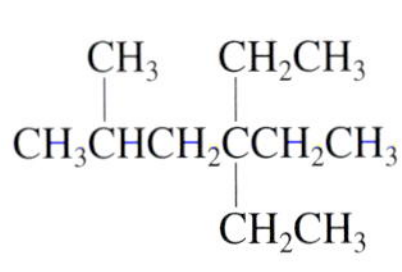

(4)

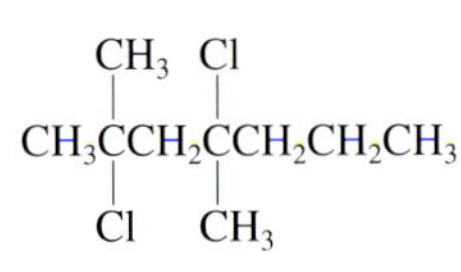

2.30 다음 각 화합물의 구조식을 그리시오.

(1) 2,2-Dimethyloctane
(2) 4-Ethyl-2,4-dimethylnonane
(3) 1,3-Diisopropylcyclohexane
(4) 1-tert-Butyl-3-methylcyclopentane
(5) 2,4,4-Trimethylheptane
(6) 4-Ethyl-3,4-dimethyloctane

2.31 분자식이 $C_4H_8Br_2$인 다음 화합물의 구조를 그리시오.

(1) 모든 탄소가 methylene기인 화합물
(2) 어떤 탄소도 methylene기가 아닌 화합물

2.32 다음 구조에서

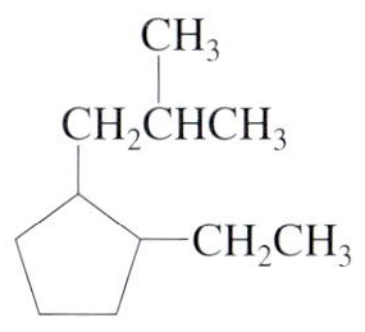

(1) 일차 탄소는 몇 개인가?
(2) 이차 탄소는 몇 개인가?
(2) 삼차 탄소는 몇 개인가?

2.33 다음 알케인의 구조를 그리시오.

(1) 모두 2차인 6개 탄소로 이루어진 것
(2) 모두 3차인 8개 탄소로 이루어진 것
(3) 두개의 isopropyl기를 가지고 있으며 7개의 탄소로 이루어진 것

2.34 Pentane의 C(2)−C(3)결합을 축으로 회전시킬 때 생기는 가려진 형태와 엇갈린 형태들을 모두 그리시오. 어느 것이 가장 안정하고 어느 것이 가장 불안정하겠는가?

2.35 다음 사이클로알케인의 IUPAC 이름을 적으시오.

(1) 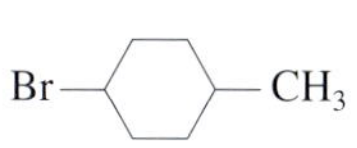

(2) 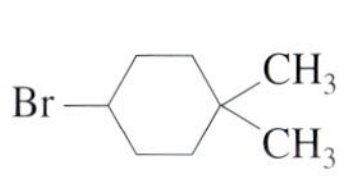

(3) 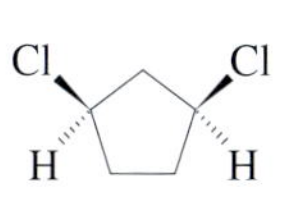

(4) 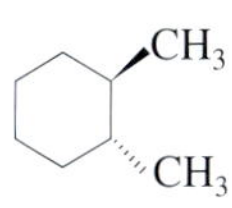

2.36 분자식이 C_5H_{10}인 사이클로알케인들의 구조 이성질체와 *cis*- 및 *trans* 이성질체가 가능한 경우에는 그들도 모두 그리시오.

2.37 1,2-dimethylcyclohexane, 1,3-dimethylcyclohexane 및 1,4-dimethylcyclohexane의 *cis*- 및 *trans*- 이성질체들의 의자 형태 쌍을 모두 그리시오.

(1) *cis*- 및 *trans*-와 axial 및 equatorial 사이의 관계를 보여주는 다음 표를 완성하시오.

치환 위치	*cis*	*trans*
1,2-	a, e 또는 e, a	e, e 또는 a, a
1,3-	_,_ 또는 _,_	_,_ 또는 _,_
1,4-	_,_ 또는 _,_	_,_ 또는 _,_

(2) 의자 형태 쌍의 안정도가 같은 이성질체는 어느 것인가?

(3) 한 의자 형태가 다른 의자 형태보다 더 안정한 이성질체는 어느 것인가?

2.38 다음 각 cyclohexane 유도체에서 1) 분자가 *cis*인가 *trans*인가? 2) 안정한 형태인가를 보고 안정하지 않을 때는 안정한 의자 형태를 그리시오.

(1)

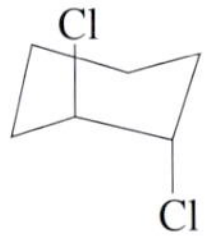

(2)

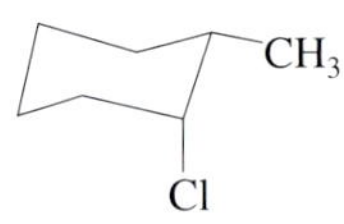

(3)

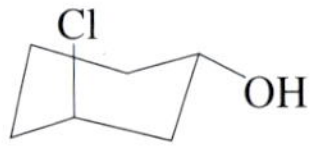

(4)

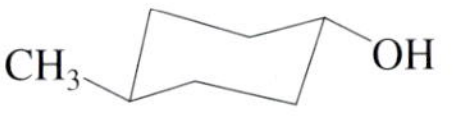

2.39 1,3,5-Trichlorocyclohexane의 *cis-trans* 이성질체는 모두 몇 개인가?
가능한 의자 형태를 모두 그리시오.

2.40 2-Methylpropane과 *n*-butane 중 어느 것이 더 끓는점이 낮은가? 설명하시오.

2.41 메틸기가 수평 방향에 있는 methylcyclohexane과 메틸기가 수직 방향에 있는 methylcyclohexane의 C(1)—C(2) 결합을 중심으로 한 Newman 투영도를 그리시오. 어느 쪽이 더 안정한가 설명하시오.

2.42 *n*개의 변을 가지고 있는 정다각형의 결합각은 180°~360°/*n*으로 계산된다. 칠각형과 구각형의 결합각을 계산하시오.

2.43 Diethyl ether는 물에 잘 녹지 않지만 tetrahydrofuran은 거의 완전히 녹는다. 설명하시오.

$CH_3CH_2\ddot{\underset{..}{O}}CH_2CH_3$

Diethyl ether

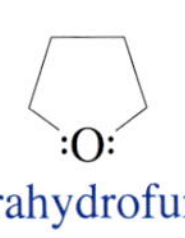

Tetrahydrofuran

2.44 호랑나비 암컷은 수컷을 유인하기 위해 성 유인 물질을 발산한다. 이 성 유인 물질은 2번 위치에 메틸 치환된 알케인이며, 분자량이 254이다. 이 화합물의 구조를 그리시오.

2.45 1-Chloro-2-isopropyl-5-methylcyclohexane에는 네 개의 *cis*-, *trans* 이성질체가 있다. *cis*-, *trans* 이성질체의 구조를 그리시오. *cis*-, *trans* 이성질체 중 가장 안정한 구조는 어느 것인가? 설명하시오.

2.46 분자식이 C_7H_{16}인 이성질체의 구조를 모두 그리시오. 어느 이성질체가 가장 끓는점이 낮겠는가? 설명하시오.

2.47 알켄도 선-결합 구조식을 사용하여 그릴 수 있다. 다음 선-결합 구조식에서

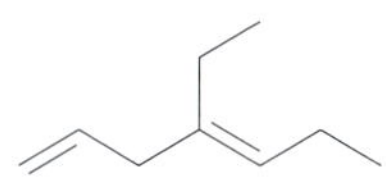

(1) 이 알켄의 분자식은 무엇인가?
(2) IUPAC 이름을 적으시오.
(3) sp^2-sp^2형 σ 결합은 몇 개이며 sp^2-sp^3형 σ 결합은 몇 개인가?

2.48 다음 알켄의 IUPAC 이름을 적으시오.

(1) $CH_3CH{=}CHC(CH_3)_2CH_2CH_3$
(2) $CH_3CH{=}CHCH(CH_3)CH{=}CHCH_2CH_3$
(3) $CH_3{=}CHCH{=}CHCH(Br)C(CH_3)_2CH{=}CHCH_3$
(4) $CH_2{=}C{=}CHCH_3$
(5) 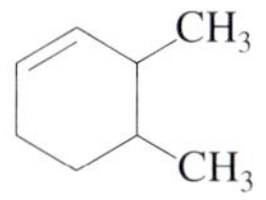
(6) 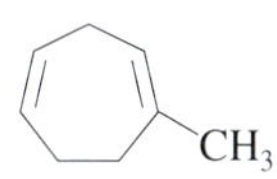

2.49 다음 이름에 해당하는 구조를 그리시오.

(1) 4-Ethyl-2-heptene
(2) 2,3-Dimethyl-2-hexene
(3) *trans*-2-Methyl-3-hexene
(4) *cis*-2-Pentene
(5) (*Z*)-1-Chloro-1-bromopropene
(6) (*E*)-3,6-Dimethyl-2-octene
(7) 1-Isopropyl-4-methylcyclohexene
(8) 1-Chloro-2-ethyl-1,3-cyclopentadiene

2.50 다음 명명은 잘못되었다. 바르게 고치시오.

(1) 1-Methyl-2-cyclohexene
(2) 1-Methyl-2-butene
(3) 6-Ethylcycloheptene
(3) 3-Ethyl-2-cyclohexene

2.51 다음을 우선순위가 증가하는 순서로 배열하시오.

(1) $-CH_3$, $-H$, $-Cl$, $-CH_2CH_3$
(2) $-NHCH_3$, $-N(CH_3)_2$, $-OCH_3$, $-CH(CH_3)_2$, $-C(CH_3)_3$
(3) $-CH_3$, $-CH_2OH$, $-COOH$, $-CHO$
(4) $-CH_2CH_3$, $-CH{=}CH_2$, $-C{\equiv}CH$, $-CH(CH_3)_2$

2.52 분자식이 C_5H_{10}인 알켄의 구조를 모두 그리고 IUPAC이름을 적으시오. 가능할 경우에는 시스-트랜스 이성질체를 구분하시오.

2.53 다음의 어느 분자에 시스-트랜스 이성질체 쌍이 가능한가? 가능한 경우에는 시스-이성질체와 트랜스-이성질체의 구조를 그리시오.

(1) 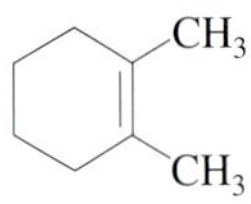

(2) 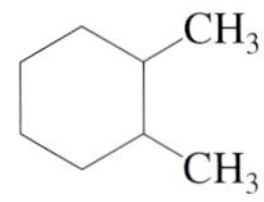

(3) $CH_3CHBr{=}CHBrCH_3$

(4) $CH_2{=}CHBr$

(5) $(CH_3)_2CHCH{=}CHCH_3$

2.54 다음의 어느 것이 *E* 또는 *Z* 배열인가를 지적하시오.

(1) 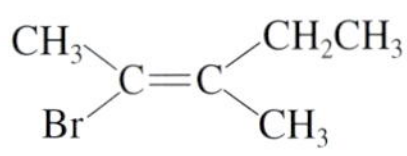

(2) 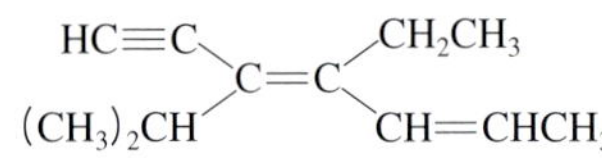

(3) 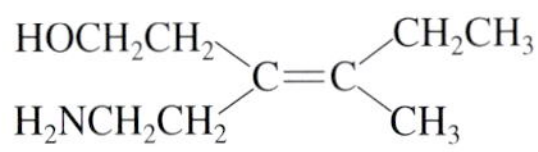

(4) 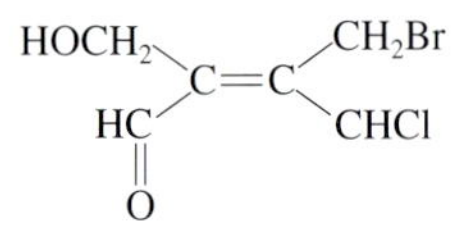

2.55 다음 각 알켄에 H^+가 첨가되었을 때 형성되는 탄소 양이온의 이성질체 구조를 그리시오. 각 탄소 양이온은 1차, 2차, 3차 중 어느 것에 해당하는가? 각 이성질체쌍 중에서 어느 것이 더 쉽게 형성되는가?

(1) 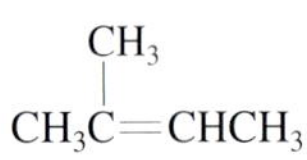

(2) 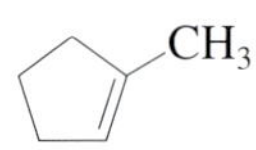

(3) 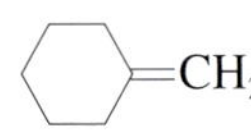

2.56 1,3-pentadiene에 대한 HBr의 친전자성 첨가 반응에서
(1) 탄소 양이온 중간체의 공명 구조를 그리시오.
(2) 반응 생성물들의 구조를 그리시오.

2.57 다음 각 화합물의 IUPAC 이름을 적으시오.

(1) $CH_3CH(CH_2CH_3)CH_2C{\equiv}CC(CH_3)_3$

(2) $CH_3CH_2CH_2C(CH_3)_2C{\equiv}CC{\equiv}CH$

(3) $HC{\equiv}CCH{=}CHCH_2CH_3$

2.58 다음 화합물의 구조식을 그리시오.

(1) 3-Methyl-1-octyne
(2) 3-Methyl-2-pentyne
(3) 2,4-Octadiyne
(4) 1-Hexen-3-yne

2.59 다음 각 화합물의 길이가 왼쪽에서 오른쪽으로 갈수록 짧아지는 이유를 설명하시오.

(1) $H_2C{=}CH{-}CH{=}CH_2$ (1.47 Å)
(2) $H_2C{=}CH{-}C{\equiv}CH_2$ (1.43 Å)
(3) $HC{\equiv}C{-}C{\equiv}CH$ (1.37 Å)

3장

입체 화학

탄화수소 화합물의 구조 및 입체적 특성에 의해 생기는 구조 이성질체(2.1)와 시스-트랜스 이성질체와 같은 입체 이성질체(2.6, 2.9)를 앞서 소개하였다. 분자 내에 있는 어떤 원자 또는 원자단들의 공간적인 배열이 달라지기 때문에 생기는 입체 이성질 현상은 생물학적으로 매우 중요한 역할을 한다. 생물학적 계는 극도로 선택적이며 분자들 사이의 미묘한 입체 화학적 차이를 구별한다. 입체 화학적인 기초가 없으면 생물학이나 생화학적 현상을 이해할 수 없다. 분자들의 입체적인 현상들을 다루는 분야를 **입체 화학**(**stereochemistry**)이라고 하는데, 이 장에서는 유기 분자들에서 관찰되는 입체 화학의 여러 가지 기초들을 공부한다.

3.1 카이랄성과 거울상 이성질체

우리 주변에 있는 많은 물체들은 거울에 친 모습과 서로 포개어지는 부류들이 있는 반면 거울에 비친 모습과 서로 포개어지지 않는 부류들도 있다. 쟁반, 탁자, 포크나 공과 같은 물체는 거울에 비친 모습과 서로 포개진다. 그러나 우리의 왼손과 오른손은 서로 거울에 비쳐진 모습이며 서로 포개어지지 않는다. 거울에 비쳐진 모습들을 서로 포갤 수 없는 발, 신발, 귀와 같은 것들도 예로 들 수 있다.

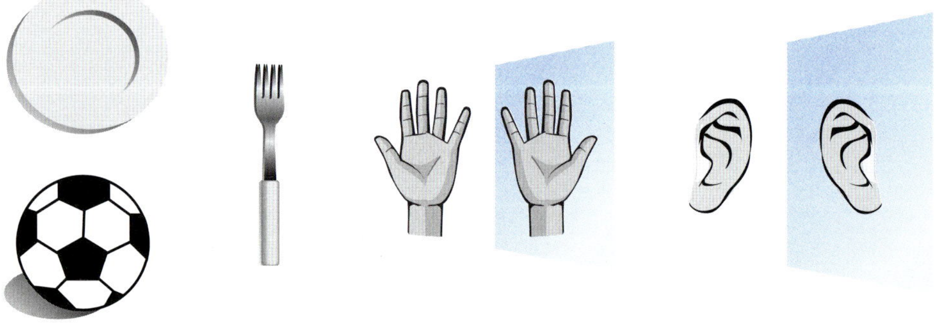

1894년 William Thomson은 어떤 물체가 그것의 거울상과 서로 포개어지지 않을 때 그 물체는 **카이랄**(**chiral**)이라고 정의하였다. 카이랄이라고 하는 용어는 손을 의미하는 그리스어 *cheir*에서 유래되었다. 카이랄인 물체에는 **대칭면**(**plane of symmetry**)이 없다. 대칭면은 한 물체를 반으로 절단했을 때 한 쪽 반이 다른 쪽 반의 거울상이 되도록 나누는 가상적인 면이다. 거울상과 서로 포개어지는 물체는 **비카이랄**(**achiral**)이라고 한다. 비카이랄인 물체는 대칭면을 가지고 있다.

유기 분자들도 비카이랄이거나 카이랄일 수 있다. 예를 들면 2-bromopropane의 3차원 구조는 대칭면을 가지고 있기 때문에 거울상과 서로 포개어지며 비카이랄이다.

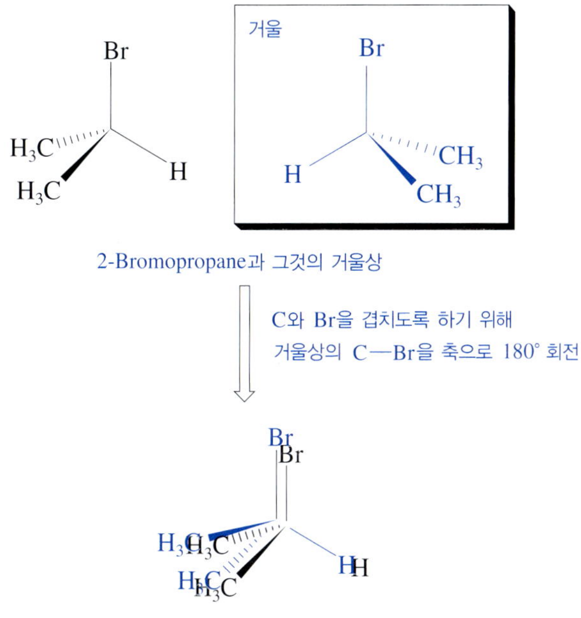

모든 치환체가 겹친다

그러나 2-bromobutane의 3차원적인 구조에는 대칭면이 없기 때문에 그것의 거울상과 서로 포개어지지 않으며 카이랄이다.

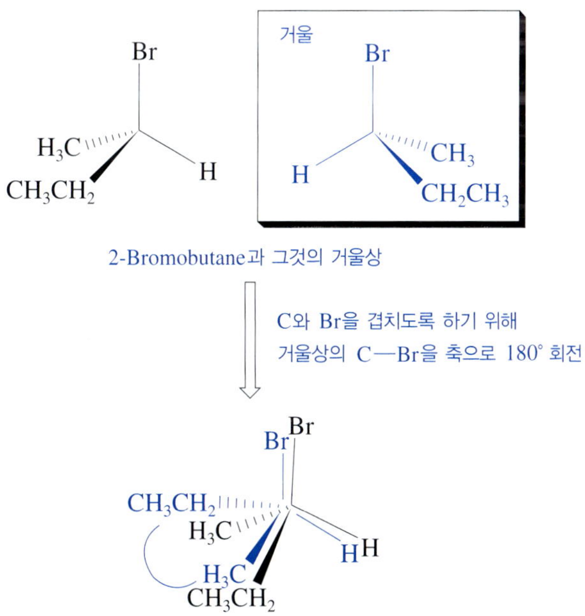

Methy과 ethyl의 위치에서 겹치지 않는다

서로 거울상의 관계에 있는 2-bromobutane은 구조는 같지만 원자들의 공간 배열이 다른 입체 이성질체이다. 한 분자와 그것의 거울상의 관계에 있으면서 서로 포개어지지 않는 입체 이성질체를 특히 **거울상 이성질체(enantiomer)**라고 한다. 유기 분자의 어떤 탄소에 모두 다른 네 개의 치환체가 결합되어 있으면 대칭면을 가질 수 없으므로 카이랄이다. 2-bromobutane의 2번 탄소에는 H, CH_3, CH_2CH_3 및 Br의 모두 다른 네 개의 치환체가 결합되어 있으므로 대칭면이 없다. 네 개의 모두 다른 치환체를 가지고 있는 탄소를 **카이랄 중심(chiral center)** 또는 **입체 생성 중심(stereogenic center)**이라고 한다.

한 개 이상의 입체 중심을 가지고 있는 분자는 락트산, L-alanine을 포함하는 아미노산 또는 D-glucose와 같은 탄수화물 분자들의 예에서 보는 것처럼 자연계에 매우 흔하게 분포되어 있다.

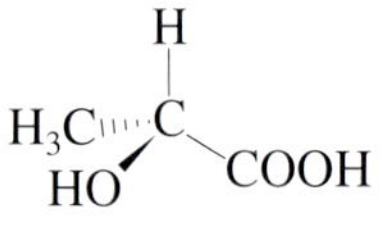

Lactic acid

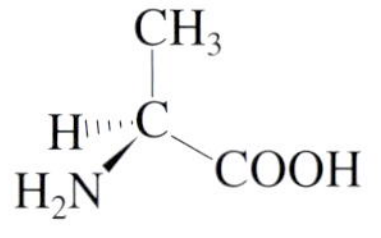

L-Alanine

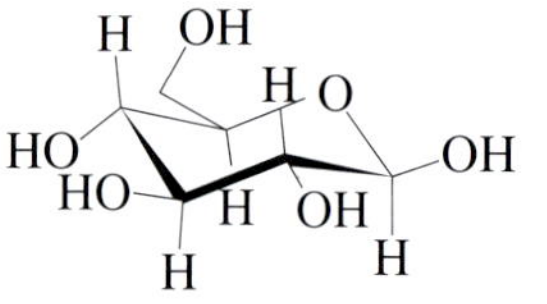

D-Glucose

문제 3.1 다음 어느 물체가 카이랄성인가?

(1) 신발 (2) 안경 (3) 못
(4) 조개 껍질 (5) 귀 (6) 코

문제 3.2 다음 화합물 중 어느 것이 카이랄성인가? 카이랄 중심을 찾아내시오.

(1) 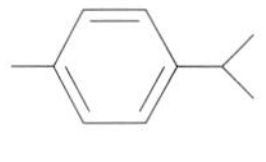

(2) 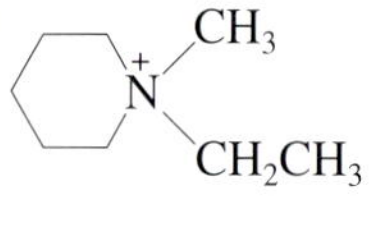

(3) 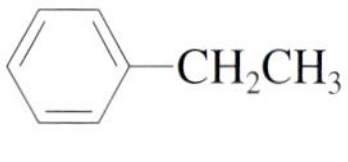

(4) $HO_2CCHCH_2CO_2H$ (OH가 CH에 결합)

문제 3.3 다음 화합물 중 어느 것이 카이랄성인가?

(1) 3-Chloropentane (2) 3-Chlorohexane
(3) 2-Bromopentane (4) 2-Bromo-3-methylbutane

문제 3.4 $CH_3CH(OH)CH_2CH_3$는 카이랄성 화합물이다. 쐐기선, 실선 및 점선을 사용하여 이 화합물의 두 거울상 이성질체 구조를 그리시오.

3.2 평면 편광과 광학 활성

일반적으로 빛은 진행하는 방향에 수직인 모든 면에서 진동하는 전자기파로 이루어져 있다. 보통의 빛을 편광프리즘의 일종인 폴라로이드가 장착된 편광기(polarimeter)를 통과시키면 어떤 한 단일 면에서 진동하는 빛만 투과되고 나머지 빛은 차단된다. 단일 평면 내에서만 진동하는 빛을 평면 편광(plane-polarized light)이라고 한다. 폴라로이드 렌즈는 평면 편광만 통과시키고 반사파를 포함하는 나머지 파들은 차단해 버리기 때문에 선글라스로도 이용된다.

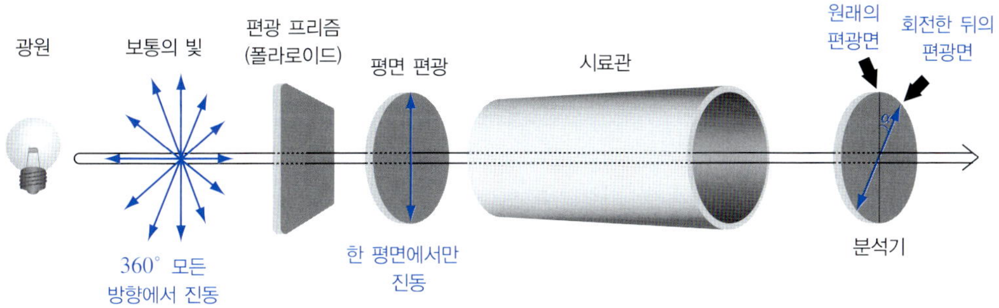

그림 3.1 편광기

1985년 프랑스 물리학자인 Jean-Baptiste Biot는 camphor 또는 linalool 오일과 같은 유기물질이 편광면(plane of polarized light)을 회전시킬 수 있다는 사실을 발견하였다. 그는 또 편광면을 시계 방향으로 회전시키는 화합물이나 시계 반대 방향으로 회전시키는 화합물이 있는 반면 어떤 화합물들은 편광면을 회전시키지 못한다는 사실도 알아내었다.

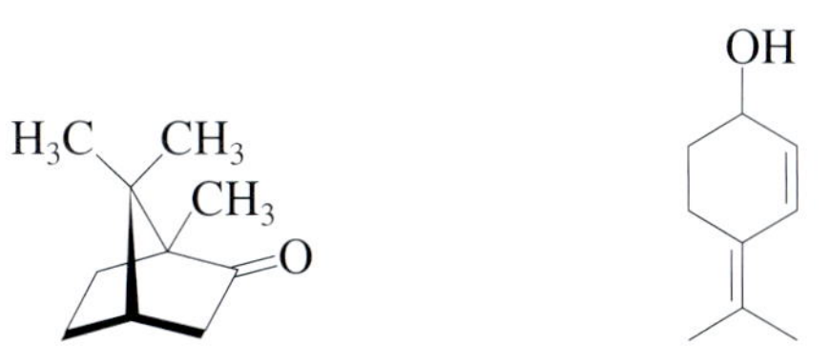

Camphor　　Linalool
오렌지 꽃의 방향 성분

카이랄인 화합물들은 편광면을 시계 또는 시계 반대 방향으로 회전시킬 수 있지만 비카이랄인 화합물들은 편광면을 회전시키지 않는다. 편광면을 회전시킬 수 있는 화합물들을 **광학 활성(optically active)**이라고 편광면을 회전시키지 않는 화합물들을 **광학 비활성(optically inactive)**이라고 한다. 만약 광학 활성인 물질이 편광면을 시계 방향으로 돌린다면 **우선성(dextrorotatory)**이라고 하고 시계 반대 방향으로 돌린다면 **좌선성**

(**levorotatory**)이라고 한다. 일반적으로 우선성은 (+) 또는 *d*로, 좌선성은 (−) 또는 *l*로 화합물의 이름 앞에 표시한다. 예를 들어 (+)-morphine, *d*-morphine은 우선성이고 (−)-terpentine, l-terpentine은 좌선성이다.

광학 활성인 물질이 편광면을 돌린 각도는 편광기를 사용하여 측정한다. 광학 활성인 화합물을 시료관에 넣고 여기에 평면 편광을 통과시키면 편광면이 회전된다. 통과된 빛은 분석기에 도달되는데 분석기를 회전시키면 시료에 의해 회전된 편광면을 발견하게 된다. 이것과 시료를 넣지 않았을 때의 편광면을 비교하면 편광면의 회전 각도를 알아낼 수 있다. 관찰된 회전각은 α^{o}로 나타낸다.

광학 활성인 화합물의 관찰되는 회전각은 분자의 구조, 시료관 내부의 분자 수, 시료관의 길이, 편광 파장 및 온도에 따라 달라진다. 회전각에 영향을 미치는 조건들을 표준화하여 나타낸 화합물의 광학 활성을 **고유 광회전도**(**specific rotation**)라고 한다. 고유 광회전도는 다음과 같이 정의된다.

$$\text{고유 광회전도} = [\alpha]_D = \frac{\alpha}{l(\text{dm}) \times c(\text{g/mL})}$$

여기서 D는 광원으로 사용된 소듐 D선(파장 5896 Å의 황색 빛), *l*은 시료관의 길이이고 *c*는 농도를 나타낸다. 광학 활성인 물질의 고유 광회전도는 녹는점, 끓는점과 마찬가지로 광학 활성인 물질의 물리적 특성이다.

쌍을 이루는 두 거울상 이성질체는 편광면을 회전시키는 각도, 녹는점, 끓는점, 밀도와 같은 물리적 성질은 물론이고 보통의 반응에 대한 화학적 성질도 동일하다. 그러나 편광면을 회전시키는 방향은 서로 반대이다. 예를 들면 한 거울상 이성질체의 고유 광회전도 $[\alpha]_D$가 +25°라면 다른 거울상 이성질체는 −25°이다. 카이랄인 물질의 두 거울상 이성질체가 동일한 양으로 혼합되어 있으면 한 거울상 이성질체가 회전시킨 편광면을 다른 거울상 이성질체가 반대방향으로 회전시켜 상쇄해 버리기 때문에 광학 활성을 보여주지 않는다. 두 거울상 이성질체가 같은 양으로 섞여 있는 광학 비활성인 혼합물을 라셈 혼합물(racemic mixture)이라고 한다. 라셈 혼합물은 화합물의 이름 앞에 기호(±)나 *dl*을 사용하여 나타낸다. 즉 라셈 glyceraldehyde는(±)-glyceraldehyde 또는 *dl*-glyceraldehyde로 나타낸다.

문제 3.5 Camphor의 시료(1.5 g)를 ethanol에 녹여 50 ml가 되게 하였다. 이 용액을 길이 5 cm인 편광기 시료관에 넣고 광학 활성을 측정했더니 +0.66°의 회전을 보여주었다. Camphor의 고유광 회전도를 계산하시오.

문제 3.6 $[\alpha]_D$ = +8.7°인 glyceraldehydes 1.2 g을 7.5 mL의 ethanol에 녹여 길이 5 cm인 시료관에 넣었다. 이때 회전각은 몇 도인가?

3.3 절대 배열과 *R*–*S* 규칙

카이랄 중심에 결합된 치환체의 공간적 배열이 다를 때 거울상 이성질 현상이 생겨난다. 카이랄 중심에 결합된 치환체의 공간적 배열을 **절대 배열(absolute configuration)**이라고 한다. 거울상 이성질체의 절대 배열을 나타낼 때는 Cahn, Ingold와 Prelog가 제안한 *R*–*S* 규칙을 사용한다.

R–*S* 규칙을 사용하여 절대 배열을 결정할 때는 먼저 3장 2절의 우선순위 규칙을 따라 카이랄 중심에 결합된 치환체의 우선순위(a → b → c → d)를 정한다. 우선순위가 가장 낮은 치환체(d)의 반대쪽에서 분자를 관찰했을 때 우선순위가 감소하는 방향(a → b → c)이 시계 방향이면 절대 배열은 *R*(라틴어로 오른쪽이라는 Rectus에서 유래)이다. 우선순위가 감소하는 방향이 시계 반대 방향이면 절대 배열은 *S*(라틴어로 왼쪽이라는 Sinister에서 유래)이다.

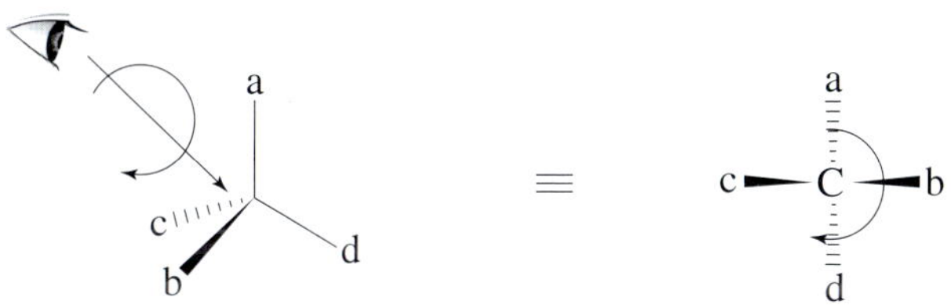

a → b → c 시계 방향
R

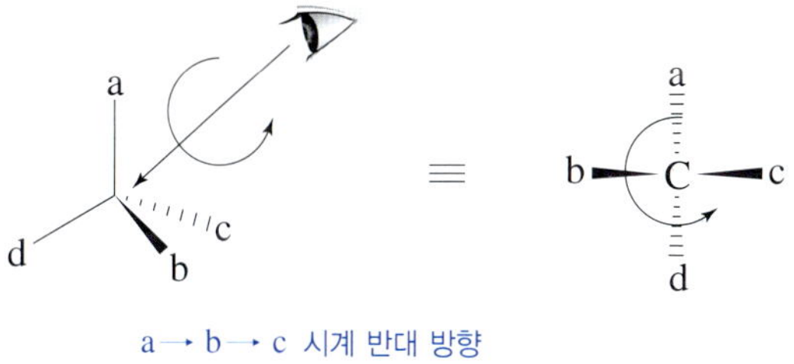

a → b → c 시계 반대 방향
S

한 거울상 이성질체의 카이랄 중심의 절대 배열이 *R*이라면 다른 거울상 이성질체의 카이랄 중심의 절대 배열은 이것의 반대인 *S*이다. 예를 들면 카이랄 화합물인 2-chlorobutane에서 왼쪽 구조의 절대 배열은 *S*이고 이것의 거울상인 오른쪽 구조의 절대 배열은 반대인 *R*이다.

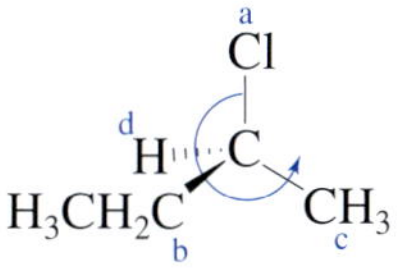

(*S*)-2-Chlorobutane

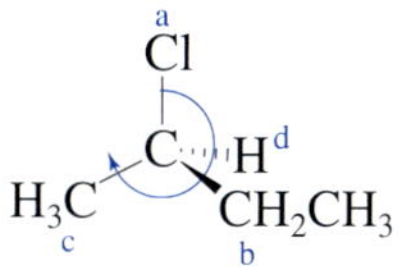

(*R*)-2-Chlorobutane

문제 3.7 다음 각 작용기를 우선순위가 증가하는 순으로 나열하시오.

(1) $-H$, $-Cl$, $-CH_3$, $-CH_2CH_3$

(2) $-OH$, $-OCH_3$, $-CH_2OH$, $-CH_2CH_2OH$

(3) $-OCH_3$, $-NHCH_3$, $-SCH_3$, $-CH_2NH_2$

(4) $-COOH$, $-COOCH_3$, $-CONH_2$, $-CH_2Cl$

문제 3.8 다음 각 화합물에서 카이랄 중심의 절대 배열을 결정하시오.

(1) 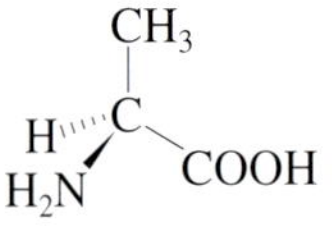

(2) 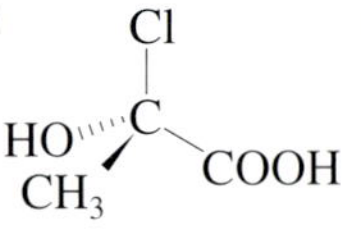

(3) 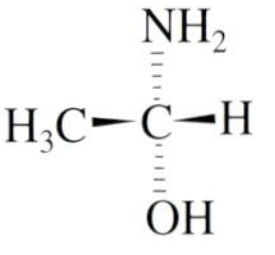

(4) 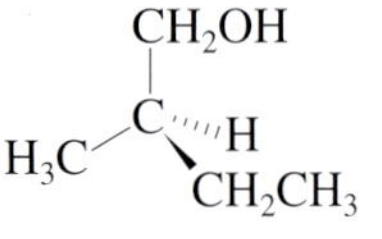

문제 3.9 다음 각 화합물의 쐐기–점선 구조를 그리시오.

(1) (*R*)-2-Bromopentane (2) (*S*)-1-Bromo-2-methylbutane

(3) (*R*)-3-Bromocyclopentene (4) (*S*)-3-Chlorohexane

3.4 Fisher 투영도

지금까지는 카이랄 분자의 입체적인 모양을 그릴 때 쐐기–점선 구조를 이용하였다. 독일의 화학자인 Emil Fischer가 고안했던 **Fischer 투영도(Fischer Projection)**를 사용하면 카이랄 분자의 입체 화학적 정보를 2차원 그림으로 간단하게 전달할 수 있다. 다음 구조에서 보는 것처럼 카이랄 탄소에 결합된 네 치환체는 사면체의 각 꼭짓점을 차지하고 있기 때문에 분자를 가상적인 사면체의 어느 면에서 바라보아도 두 치환체는 관찰자 쪽으로 향하고 있고 나머지 두 치환체는 관찰자로부터 멀어지는 방향을 향하고 있다.

Fischer 투영도에는 이와 같은 입체적 특징이 그대로 반영된다. 즉, Fischer 투영도에서 카이랄 중심은 열 십자에서 수직선과 수평선이 교차하는 점으로 표시된다. 관찰자 쪽을 향하고 있는 두 치환체는 수평선의 양쪽 끝에 연결되고 관찰자로부터 멀어지는 치환체들은 수직선의 양쪽 끝에 연결된다.

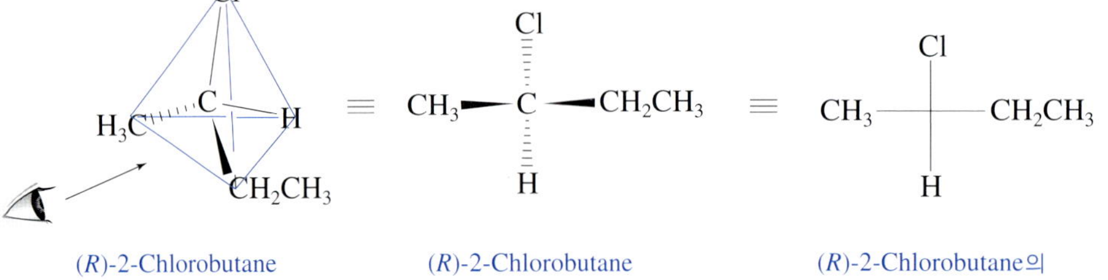

(*R*)-2-Chlorobutane (*R*)-2-Chlorobutane (*R*)-2-Chlorobutane의 Fischer 투영식

문제 3.10 다음의 Fischer 투영도를 그리시오.

(1) (*R*)-2-Bromopentane

(2) (*S*)-1-Bromo-2-methylbutane

(3)

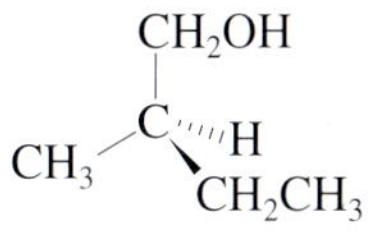

(4)

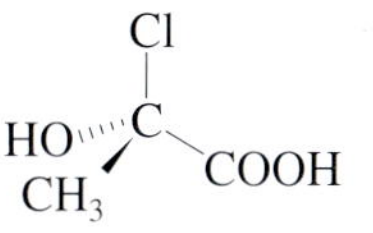

3.5 부분 입체 이성질체

많은 유기 화합물들이 두 개 이상의 카이랄 중심을 가지고 있다. 카이랄 중심이 많은 화합물일수록 입체 이성질체도 많아진다. 어떤 화합물의 카이랄 중심의 수가 n개이면 그 화합물의 입체 이성질체의 수는 최대 2^n개이다. 예를 들면 아미노산인 isoleucine은 두 개의 카이랄 중심을 가지고 있으므로 모두 네 개($2^2 = 4$)의 입체 이성질체가 있다.

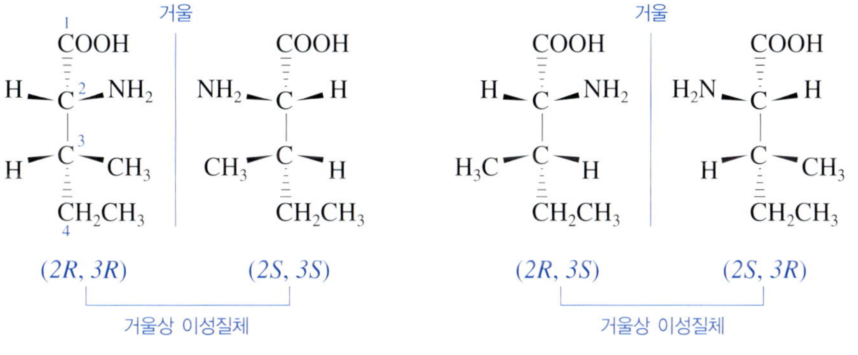

이들 네 개의 입체 이성질체는 두 쌍의 거울상 이성질체로 나누어진다. 절대 배열이 (2*R*, 3*R*)인 입체 이성질체와 (2*S*, 3*S*)는 거울상이고 (2*R*, 3*S*)는 (2*S*, 3*R*)과 거울상이다. 그러나 입체 이성질체인 (2*R*, 3*R*)과 (2*R*, 3*S*)는 서로 겹칠 수도 없고 거울상도 아니다. 카이랄 중심의 절대 배열 중 일부는 같지만(2*R* ↔ 2*R*) 일부가 반대(3*R* ↔ 3*S*)인 이와 같은 입체 이성질체를 **부분 입체 이성질체(diastereomer)**라고 한다. 입체 이성질체 (2*R*, 3*R*)과 (2*S*, 3*R*), (2*S*, 3*S*)와 (2*R*, 3*S*), (2*S*, 3*S*)와 (2*S*, 3*R*)도 부분 입체 이성질체의 관계에 있다.

거울상 이성질체쌍은 편광면을 회전시키는 방향을 제외한 물리적 성질이 동일하지만 부분 입체 이성질체들의 물리적 성질은 서로 다르다. 부분 입체 이성질체는 다른 녹는점, 다른 용해도 및 다른 고유 광회전도를 가지고 있다. 거울상 이성질체는 비카이랄인 환경에서 관찰되는 모든 화학적 성질이 동일하지만 부분 입체 이성질체는 비카이랄인 환경에서 관찰되는 화학적 성질들이 다르다.

문제 3.11 다음 구조에서 각 카이랄 중심의 절대 배열을 결정하시오.

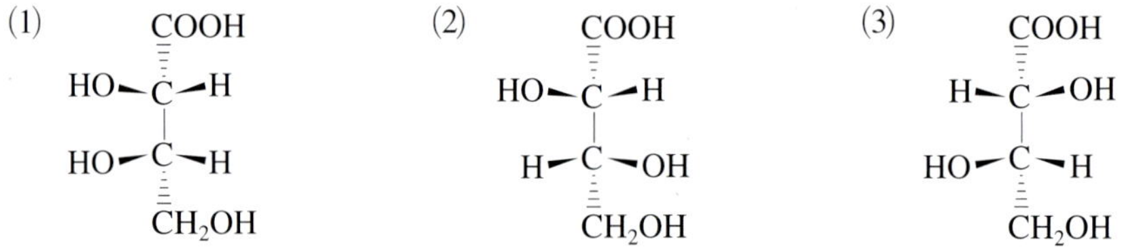

문제 3.12 2-Bromo-3-chlorobutane에서

(1) 입체 이성질체 네 개를 쐐기-점선 구조로 그리시오.

(2) (1)에서 어느 구조들이 서로 거울상 이성질체의 관계에 있으며 어느 구조들이 서로 부분 입체 이성질체의 관계에 있는가?

(3) (1)의 네 구조를 Fischer 투영도로 그리시오.

3.6 메소 화합물

3.5절에서 공부했던 것처럼 두 개의 카이랄 중심을 가지고 있는 화합물에는 최대 네 개의 입체 이성질체가 있다. 그러나 어떤 화합물의 경우에는 두 개의 카이랄 중심을 가지고 있지만 세 개의 입체 이성질체만 존재한다. 두 개의 카이랄 중심에 치환체들의 동일한 집합이 결합되어 있는 tartaric acid와 같은 경우가 여기에 해당된다. Tartaric acid는 다음 네 개의 입체 이성질체 구조가 그려질 수 있다.

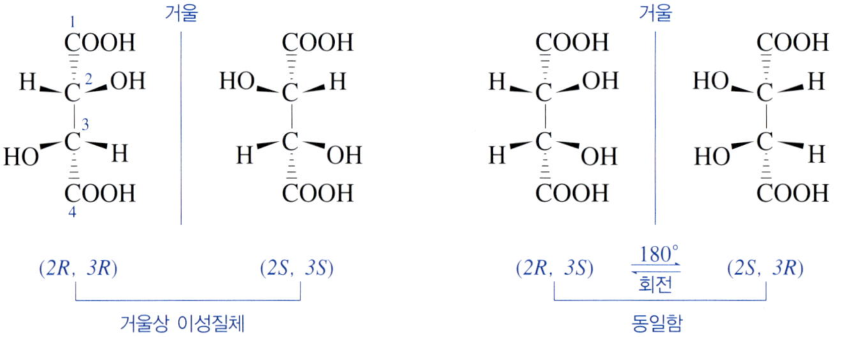

입체 이성질체 (2*R*, 3*R*)과 (2*S*, 3*S*)는 서로 포개어지지 않으므로 거울상 이성질체쌍이다. 그러나 (2*R*, 3*S*) 또는 (3*R*, 2*S*)의 구조를 180° 회전시켜보면 서로 동일한 화합물임을 알 수 있다. (2*R*, 3*S*) 또는 (3*R*, 2*S*)의 구조는 대칭면을 가지고 있기 때문에 서로 포개어지지 않은 거울상을 가질 수 없다. 카이랄 중심을 가지고 있지만 대칭면이 존재하기 때문에 비카이랄성이 되는 화합물을 **메소 화합물(meso compound)**이라고 한다. 메소 화합물은 대칭면을 가지고 있기 때문에 분자의 반쪽은 다른 반쪽의 거울상이다. 따라서 **카이랄**

성(**chirality**)을 가지고 있는 반쪽이 편광면을 한 방향으로 회전시키면 반대의 카이랄성을 가지고 있는 다른 반쪽이 편광면을 반대 방향으로 같은 각도만큼 회전시켜 상쇄해 버린다. 결과로서 메소 화합물은 편광면을 회전시킬 수 없으며 광학 비활성이다.

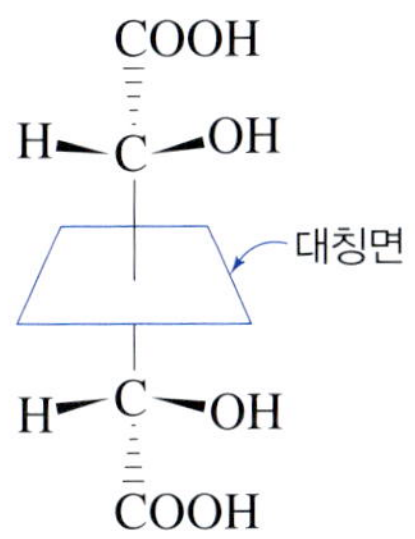

문제 3.13 다음 중 메소 형태가 가능한 것을 가리시오.

(1) 2,3-Dichlorobutane
(2) 1,2-Dimethylcyclopentane
(3) 1,3-Dimethylcyclohexane
(4) 1,4-Dimethylcyclohexane

문제 3.14 2,3-Dibromobutane에서

(1) 가능한 입체 이성질체들을 모두 쐐기-점선 구조식으로 그리시오.
(2) (1)에서 각 카이랄 중심의 절대 배열을 결정하시오.
(3) (1)의 입체 이성질체들의 Fischer 투영도들을 그리시오.
(4) (1)에서 거울상 이성질체의 관계에 있는 것, 부분 입체 이성질체의 관계에 있는 것, 메소 화합물인 것을 가리시오.

3.7 카이랄 중심이 없으면서 카이랄인 분자들

가장 일반적인 형태의 카이랄한 분자에는 카이랄 중심이 있다. 그러나 카이랄 중심이 없는데도 카이랄인 화합물들이 있다. 카이랄 축(chirality axis)을 보여주는 화합물들이 여기에 속한다. 거울상에서 서로 포개어지지 않도록 일련의 원자 또는 원자단이 배열되어 있는 축을 카이랄 축이라고 한다. 카이랄 축이 있는 대표적인 화합물에는 biphenyl 유도체들이 있다. 예를 들어 다음 6,6-dinitrobiphenyl-2,2′-dicarboxylic acid는 나이트로기와 카복시기 사이에서 작용하는 강한 입체 반발 때문에 페닐 고리를 연결하는 단일 결합 주위의 회전이 불가능하다. 거울상이 서로 포개어지지 않는 다음 두 회전 이성질체는 상호 전환이 불가능하므로 따로 분리할 수 있으며, 서로 거울상 이성질체다.

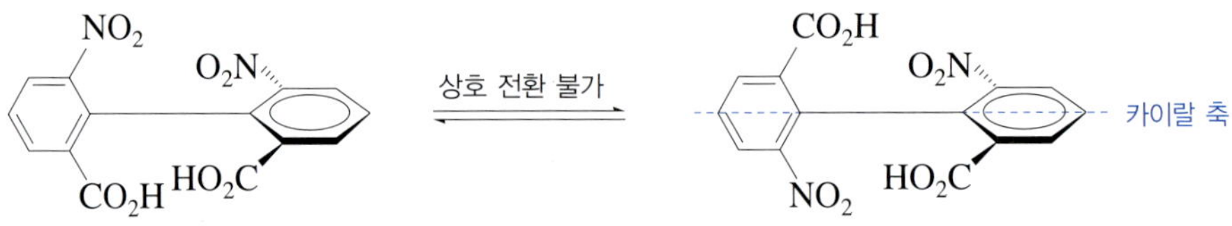

(+)-6,6′-Dinitrobiphenyl-2,2′-dicarboxylic acid (−)-6,6′-Dinitrobiphenyl-2,2′-dicarboxylic acid

다음과 같은 이중 결합 시스템을 보여주는 allene 유도체들은 중앙의 탄소가 *sp* 혼성이기 때문에 두 이중 결합의 평면이 서로 수직이다. π 결합의 이와 같은 기하 구조 때문에 양쪽 끝에 결합되어 있는 원자 또는 원자단들은 서로 수직으로 놓이게 되고, 이 때문에 양쪽 끝 탄소에 다른 치환체들이 결합되어 있는 allene들은 카이랄이다. 예를 들어 1,3-dimethylallene과 거울상은 서로 포개어지지 않는 거울상 이성질체다.

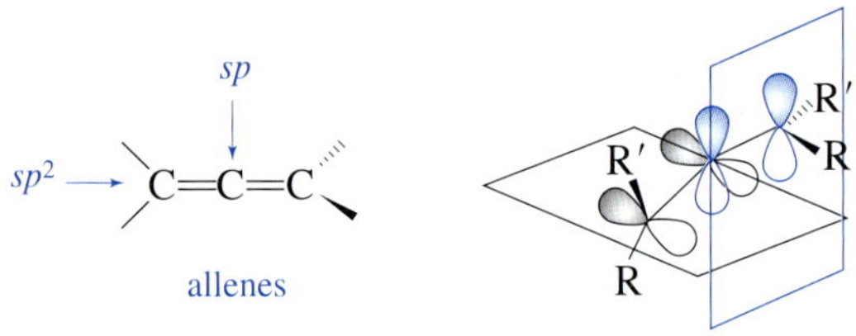

allenes

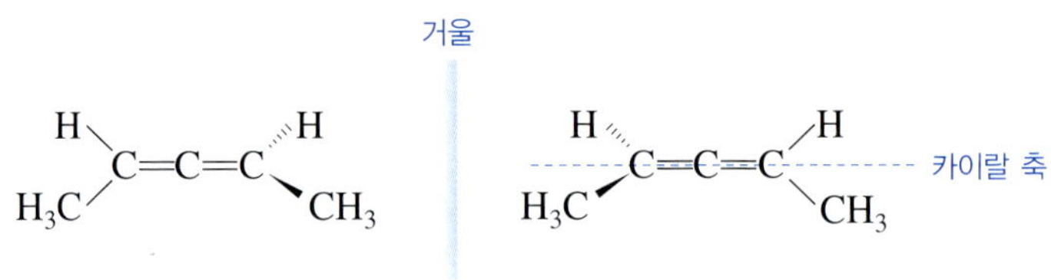

1,3-Dimethylallene

3.8 라셈 분할

라셈 혼합물로부터 각각의 거울상 이성질체를 분리하는 과정을 **라셈 분할**(**racemic resolution**)이라고 한다. 가장 일반적으로 사용하는 방법은 다음과 같다. 먼저 라셈 혼합물을 부분 입체 이성질체의 혼합물로 전환시킨다. 부분 입체 이성질체들은 물리적 성질들이 다르기 때문에 분리될 수 있다. 이것들을 분리한 다음 다시 원래의 거울상 이성질체로 전환시킨다. 예를 들어 (*R*)-lactic acid와 (*S*)-lactic acid의 라셈 혼합물에 염기인 (*R*)-1-phenylethylamine을 작용시키면 산-염기 반응에 의해 두 개의 입체 이성질체인 염이 형성된다. R 산은 R 염기와 반응하기 때문에 (*R*,*R*) 염이 되고 *S* 산은 *R* 염기와 반응하므로 (*S*,*R*)염이 될 것이다.

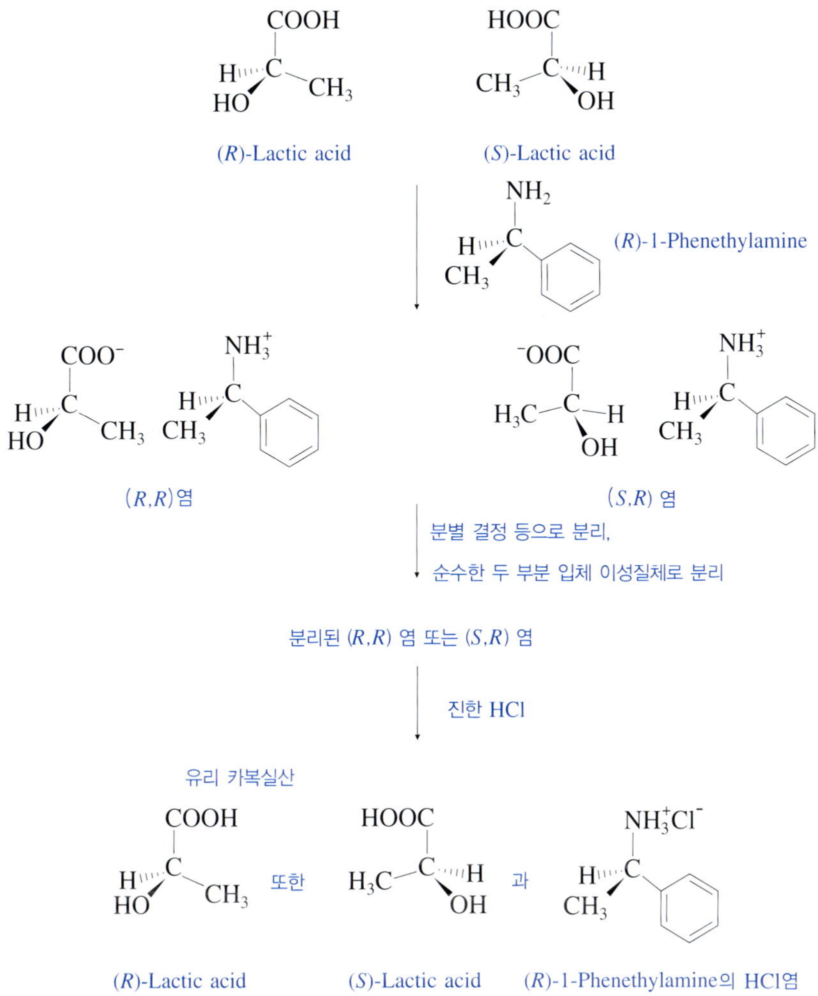

(*R*,*R*) 염에서 카이랄 중심 중의 하나는 (*S*,*R*) 염의 카이랄 중심과 동일하고, (*R*,*R*) 염에서 다른 카이랄 중심은 (*S*,*R*) 염의 카이랄 중심과 거울상이므로 두 염들은 서로 부분 입체 이성질체이다. 이들은 분별 결정과 같은 방법으로 분리될 수 있다. 분리한 다음 HCl과 같은 강산으로 처리하면 부분 입체 이성질체는 (*R*)-lactic acid 또는 (*S*)-lactic acid과 (*R*)-1-phenylethylamine의 HCl염으로 전환된다. (*R*)-1-phenylethylamine은 회수된 다음 다시 사용될 수 있다.

거울상 이성질체의 쌍은 카이랄 크로마토그래피라고 하는 기법을 사용하여도 분리할 수 있다. 이 방법에서는 분리하려는 라셈 혼합물을 적당한 용매에 녹인 다음 카이랄성을 가지고 있는 흡착제로 채워진 관을 통과시킨다. 두 거울상 이성질체는 카이랄성의 흡착제에 대한 흡착력이 서로 다르기 때문에 다른 속도로 관을 통과하므로 분리된다.

읽을거리

사람의 손과 장갑은 카이랄성이기 때문에 왼손에는 왼손용 장갑만 사용되고 오른손에는 오른손용 장갑만 사용된다. 오른쪽 나선형의 볼트(카이랄성)는 오른쪽 나선의 너트(카이랄성)에만 맞는다. 그러나 왼손잡이이든 오른손잡이이든 비카이랄성인 공이나 방망이를 잡는 데는 전혀 차이를 보여주지 않는다. 거울상 이성질체쌍은 녹는점, 끓는점, 밀도, 비카이랄성 용매에 대한 용해도 및 스펙트럼과 같은 비카이랄성 성질은 동일하다. 거울상 이성질체쌍은 카이랄성인 평면 편광의 회전 방향에 대해서는 서로 다른 행동을 보여준다. 이와 같은 현상은 일반화될 수 있다. 즉, 어떤 물질의 카이랄성은 카이랄성인 다른 물질과 작용할 때만 의미를 갖는다. 카이랄성은 생물학적 계에서 특히 중요하다. 예를 들어 lactic acid 탈수효소(dehydrogenase)는 카이랄성이기 때문에 lactic acid의 두 거울상 이성질체에 다르게 반응한다. 즉, (*S*)-lactic acid를 빠르게 pyruvic acid로 산화시키지만 (*R*)-lactic acid는 산화시키지 못한다.

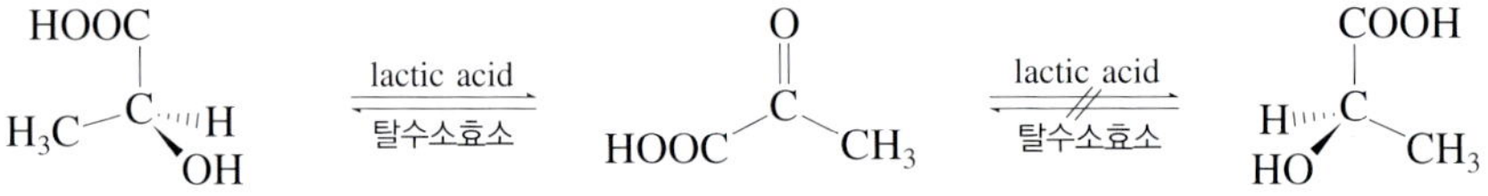

(*S*)-Lactic acid (*R*)-Lactic acid

한 거울상 이성질체는 약리 작용을 가지고 있지만 다른 거울상 이성질체는 약리 작용을 보여주지 않는다. 예를 들어 아미노산의 일종인 D-dopa는 생물학적 활성이 없지만 L-dopa는 파킨슨병에 탁월한 효과를 보여준다.

D-Dopa L-Dopa 파킨슨병 치료제

거울상 이성질체 분자들의 많은 예가 서로 다른 생물학적 활성을 보여준다. 이와 같은 이유는 생물학적 반응에 관여하는 효소의 수용체가 카이랄성을 가지고 있기 때문이다. 그림에서 보는 것처럼 한 거울상 이성질체는 카이랄성인 효소의 수용체에 완벽하게 들어맞지만 다른 거울상 이성질체는 효소의 수용체에 맞지 않는다.

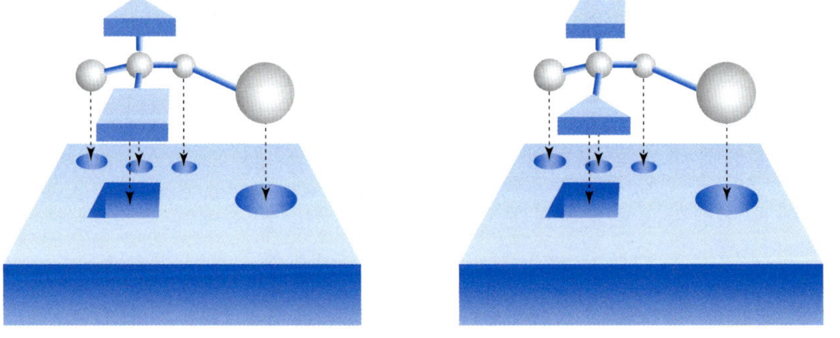

수용체에 맞는 거울상 이성질체 수용체에 맞지 않는 거울상 이성질체

요약

어떤 물체가 그것의 거울상과 겹치지 않을 때 **카이랄(chiral)**이라고 한다. 카이랄인 물체에는 대칭면이 없다. 유기화합물에서 sp^3 탄소는 사면체 구조를 형성하기 때문에 탄소에 모두 다른 네 개의 치환기가 결합되어 있으면 카이랄인데 이 탄소를 **카이랄 중심(chiral center)** 또는 **입체 생성 중심(stereogenic center)**이라고 한다. 카이랄인 분자는 **거울상 이성질체(enantiomer)**라고 하는 한 쌍의 입체 이성질체로 존재할 수 있다. 거울상 이성질체쌍은 편광면을 회전시키는 방향을 제외한 다른 물리 화학적 성질들이 동일하다. 편광면을 회전시킬 수 있는 능력을 **광학 활성(optically active)**이라고 하고 광학 활성은 **고유 광회전도(specific rotation)**로 나타낸다. 카이랄 탄소의 입체 배열에는 절대 배열 *R* 또는 *S*가 있다. 카이랄 분자의 입체적인 모양은 **Fischer 투영도**를 이용하면 2차원에서 간단하게 나타낼 수 있다. 두 개 이상의 카이랄 중심이 있을 때는 **부분 입체 이성질체(diastereomer)** 구조들이 존재한다.

n개의 카이랄 중심이 있으면 부분 입체 이성질체의 수는 2^n개가 된다. 두 개 이상의 카이랄 중심과 대칭면이 있으면 **메소 화합물(meso compound)**이 존재한다. 메소 화합물은 광학 비활성이다. 카이랄성이 아닌 유기 화합물의 반응에서 한 개의 카이랄 중심이 만들어질 때는 일반적으로 라셈 혼합물이 얻어진다. **라셈 혼합물(racemic mixture)**을 각각의 거울상 이성질체 성분으로 분리할 때는 **라셈 분할(racemic resolution)**을 이용한다.

보충문제

3.15 다음에서 광학 활성으로 존재할 수 있는 것을 가리시오.

(1) 2-Chloropentane　　(2) 2,2-Dichloropropane

(3) 3-Chloropentane　　(4) 2,3 Dimethylhexane

3.16 다음 각각의 거울상을 그리시오.

(1) 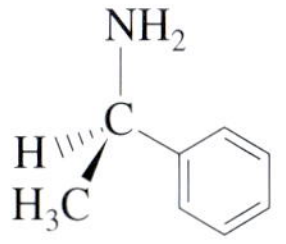

(2) 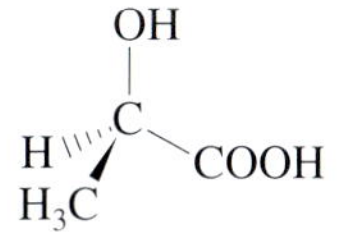

(3) 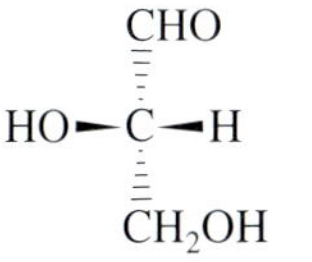

(4) 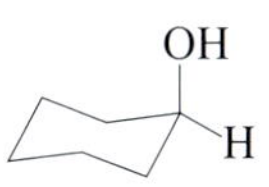

(5) 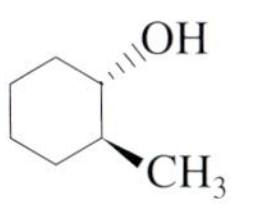

(6) 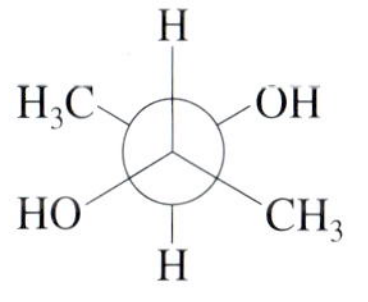

3.17 다음 cyclohexane 유도체 중 어느 것이 광학 활성이겠는가?

(1) 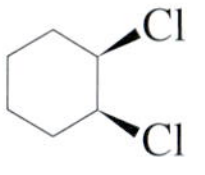

(2) 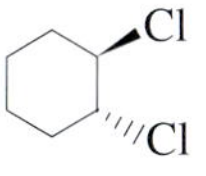

(3) 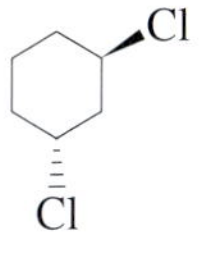

(4) 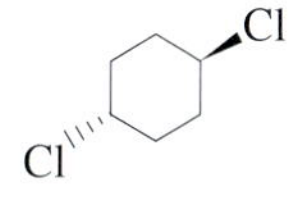

3.18 소듐 D-선을 광원으로 사용하여 20℃에서 다음 실험을 하였다. 고유 광회전도를 계산하시오.

(1) 1.0 g의 시료를 ethanol 5.0 ml에 녹였다. 이 중 3.0 ml을 1.0 cm 길이의 시료관에 넣고 회전도를 측정하였더니 +0.45°이었다.

(2) 0.20 g의 시료를 2.0 ml의 chloroform에 녹인 다음 10 cm의 시료관에 넣고 측정한 회전도가 −3.2°이었다.

3.19 다음 각각에서 어느 구조가 동일하고 어느 구조가 서로 거울상 이성질체인가 구별하시오.

(1) 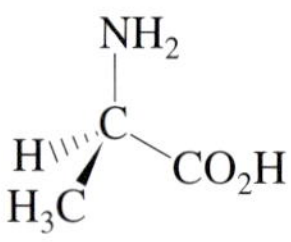 과 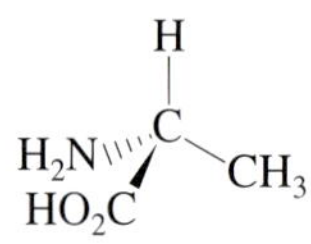

(2) 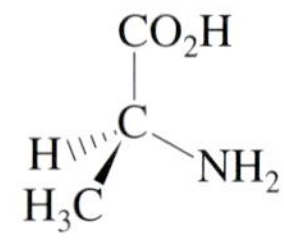 과 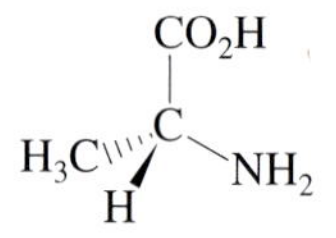

(3) 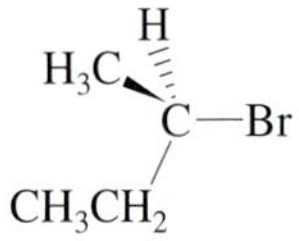 과 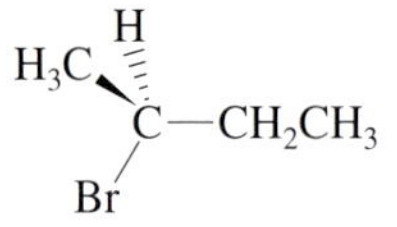

(4) 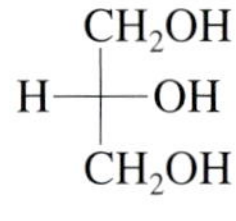 과 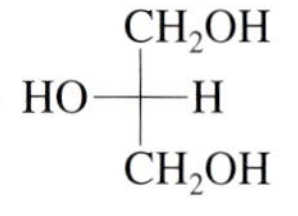

3.20 다음은 모두 glyceraldehyde의 입체 구조이다. 어느 것이 (1)과 같은 구조이고 어느 것이 (1)의 거울상 이성질체인가?

(1) 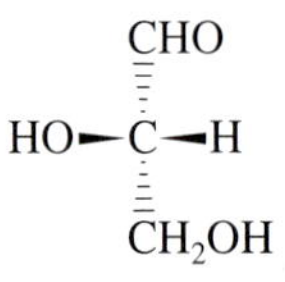

(2) 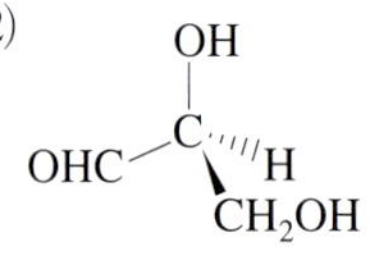

(3) 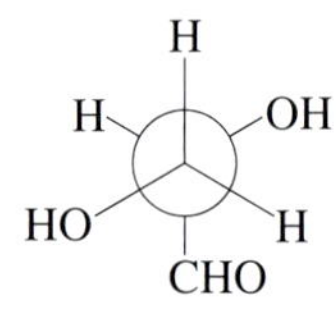

(4) 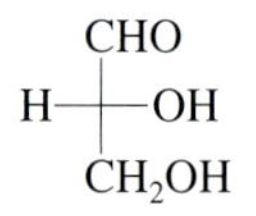

3.21 분자식 $C_3H_5O_2Br$인 카복실산은 광학 활성이다. 이것을 쐐기−점선 구조식으로 그리시오.

3.22 *R*−*S* 규칙을 따라 다음 각각을 우선순위가 감소하는 순으로 늘어놓으시오.

(1) $—CH_3$, $—OH$, $—H$, $—NH_2$

(2) $—CH_3$, $—C_6H_5$, $—I$, $—CH_2CH_3$

(4) $—CH_2CH_3$, $CH{=}CH_2$, $—C{\equiv}CH$, $—C{\equiv}N$

(5) $—CH{=}CH_2$, $—CH{=}CHCl$, $—CO_2H$, $—CHO$

3.23 다음 각 화합물에서 입체 중심의 절대 배열을 결정하시오.

(1) 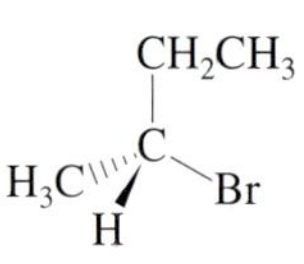

(2) 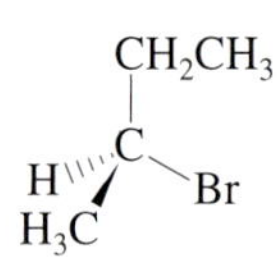

(3) 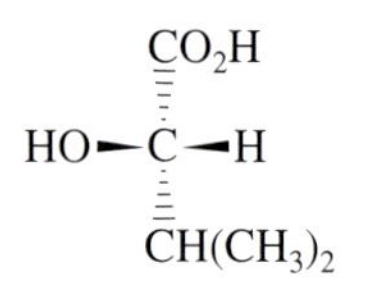

(4) 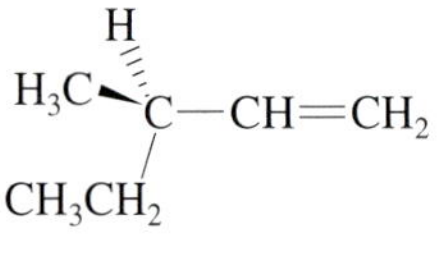

(5) 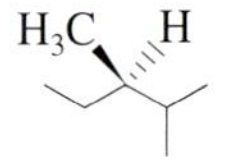

(6) 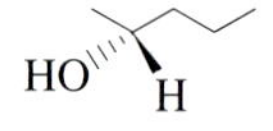

(7) 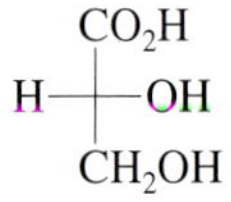

(8) 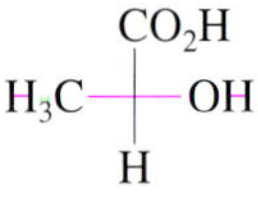

(9) 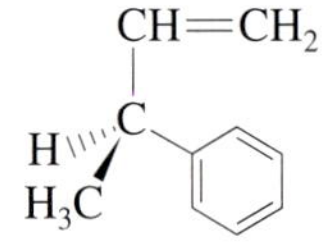

3.24 다음 각 분자를 쐐기-점선 구조식으로 그리시오

(1) (*S*)-2-bromopentane (2) (*R*)-1-bromo-3-methylhexane

(3) (*S*)-1,3-dichlorobutane (4) 3-bromo-3-methylhexane

3.25 다음 각 화합물을 Fischer 투영도로 그리고 각 카이랄 중심의 절대 배열을 결정하시오.

(1) 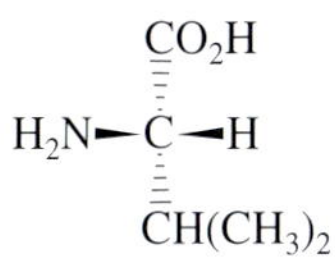
(2) 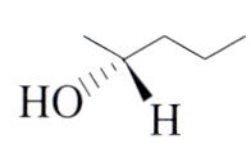
(3) 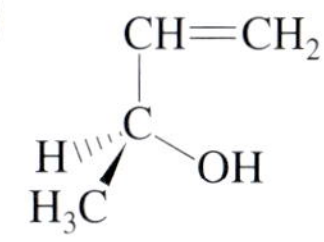

(4) 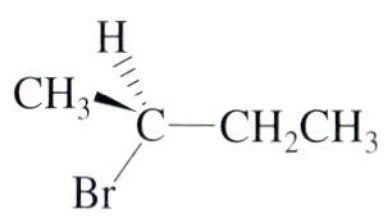
(5) 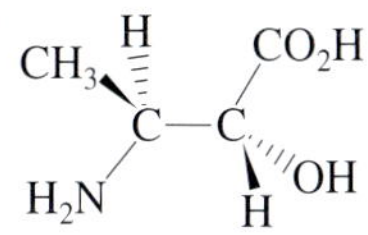
(6) 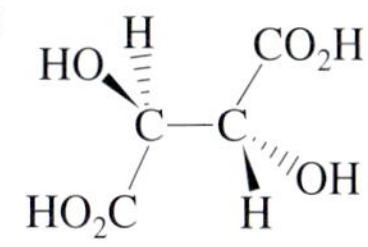

3.26 다음 각 Fischer 투영도를 쐐기-점선 구조식으로 그리시오.

(1) 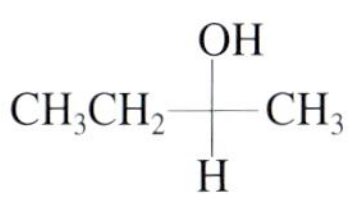
(2) 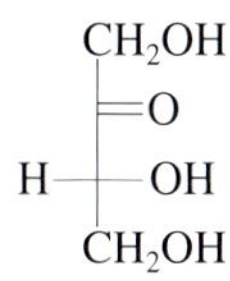
(3) 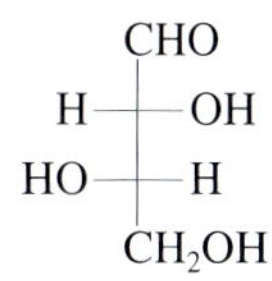

3.27 다음 각 Fischer 투영도에서

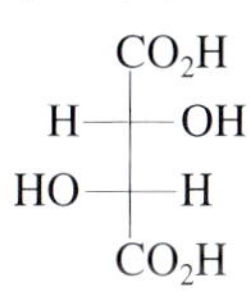
Ⅰ

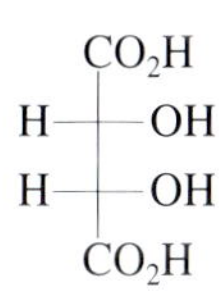
Ⅱ

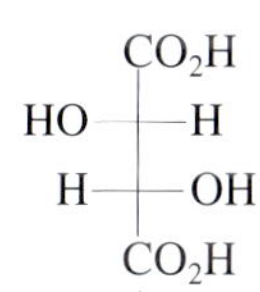
Ⅲ

(1) 부분 입체 이성질체의 관계에 있는 구조들을 지적하시오.

(2) 메소 화합물인 것은 어느 것인가?

3.28 2,3-Dichlorobutane의 입체 이성질체의 Fischer 투영도를 모두 그리시오.

3.29 다음 각 구조의 메소 형을 그리고 구조를 지나가는 대칭면을 지적하시오.

(1) 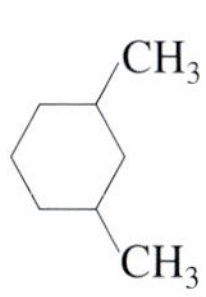
(2) 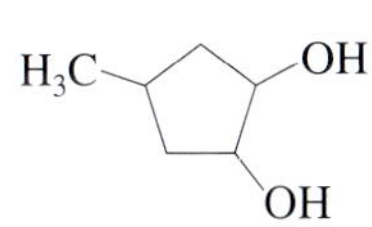

3.30 1-Chloro-2-methylcyclopentane과 1-chloro-3-methylcyclopentane의 모든 입체 이성질체의 구조를 그리시오.

3.31 카이랄 중심이 세 개 있는 화합물의 절대 배열에는 *R*, *R*, *R*과 거울상인 *S*, *S*, *S*가 있다. 나머지 배열의 조합에는 어떤 것이 있는가?

3.32 콜레스테롤은 사람의 몸에서 호르몬을 생산하는 중요한 원료이다. 이 화합물은 모두 8개의 카이랄 중심을 가지고 있다. 메소 이성질체가 없다고 가정한다면 모두 몇 개의 입체 이성질체가 있겠는가?

4장

알케인, 알켄과 알카인의 제법과 반응

탄화수소의 가장 일반적인 자원은 천연가스와 석유이고, 실험실에서 연구용으로 합성되기도 한다. 또한, 작용기를 가지고 있는 다른 부류의 유기 화합물들에 비해 포화 탄화수소인 알케인과 사이클로알케인은 반응성이 매우 낮다. 많은 유기 화합물들은 강산, 강염기, 산화제 또는 환원제와 반응을 일으킨다. 그러나 알케인과 사이클로알케인은 일반적으로 이들 시약들과 반응하지 않고, **할로젠화(halogenation)**와 **연소(combustion)**라고 하는 두 가지 형태의 반응만 일으킨다.

화학 반응은 대부분 양전하와 음전하 사이의 정전기적 상호 작용을 통해 일어난다. 전자가 풍부한 원자 또는 분자들과 전자가 부족한 원자 또는 분자들은 서로 끌어당긴다.

전자가 부족한 이온이나 분자는 **친전자체(electrophile)**라고 한다. 친전자체는 한 쌍의 전자를 더 수용할 수 있거나, 팔전자계를 이루려면 전자 하나가 더 필요한 홀전자를 가지고 있다. 친전자체는 "전자를 사랑하는"이라는 의미를 가지고 있다(*-phile*은 그리스어로 '사랑하는'이라는 접미사이다). 다음은 대표적인 친전자체들이다.

$$H^+ \quad (CH_3)_3C^+ \quad BF_3 \qquad :\ddot{\underset{..}{Cl}}\cdot \quad R\ddot{\underset{..}{O}}\cdot$$

한 쌍의 전자를 수용할 수 있는 친전자체 / 한 개의 전자를 필요로 하는 친전자체

전자가 풍부한 이온 또는 분자는 **친핵체(nucleophile)**로 작용한다. 친핵체는 쉽게 줄 수 있는 전자쌍을 가지고 있다. 친핵체들은 전기적으로 중성일 수도 있고 음전하를 가지고 있을 수도 있다. 친핵체는 전자를 주고 친전자체는 전자를 받기 때문에 서로 끌어당겨서 반응한다. 다음은 친핵체로 작용한다.

$$R\ddot{\underset{..}{O}}:^- \quad :\ddot{\underset{..}{I}}:^- \quad CH_3\ddot{N}H_2 \quad H_2\ddot{\underset{..}{O}}$$

나누어 줄 수 있는 전자쌍을 가지고 있는 친핵체들

불포화 탄화수소는 포화 탄화수소의 인접된 탄소들로부터 2개의 원자 또는 원자단을 제거하여 생성된다. 즉, 탄소−탄소 단일 결합(σ 결합)을 이루고 있는 탄소들로부터 일반적으로 물(H−OH)이나 할로젠화 수소(H−Cl 또는 H−Br) 등이 제거되는 **제거 반응(elimination reaction)**을 통해 π 결합이 형성되어 이중 결합이 된다. 삼중 결합을 가지고 있는 알카인도 알켄으로부터의 제거 반응에 의하여 합성될 수 있다.

알켄과 알카인의 대표적인 반응은 친전자성 첨가 반응이다. **친전자성 첨가 반응(electrophilic substitution reaction)**은 π 결합 탄소 중의 하나에 친전자체가 첨가됨으로써 시작되고 다른 이중 결합 탄소에 친핵체가 결합하는 반응이다. 알켄과 알카인의 π 결합은 약한 염기 또는 약한 친핵체로 작용할 수 있기 때문에 친전자체와 쉽게 반응한다.

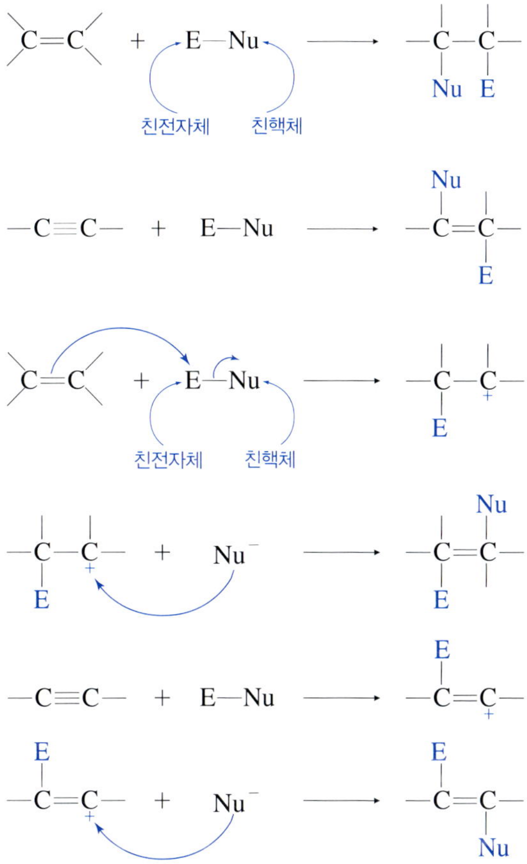

이 장에서는 알케인, 알켄 및 알카인의 제법과 친전자성 첨가 반응을 중심으로 알켄과 알카인의 중요한 반응들을 공부한다.

4.1 알케인의 제법

천연가스와 석유로부터 얻는 알케인 이외에 연구의 목적으로 실험실에서 알케인을 합성하는 몇 가지의 방법이 있다.

무기 화합물로부터 메테인의 합성

무기 화합물로부터 메테인을 합성하는 방법도 몇 가지 있다. 알루미늄(Al) 또는 산화알루미늄(Al_2O_3)과 탄소를 함께 가열해서 탄화 알루미늄을 얻는다. 이 탄화 알루미늄을 물과 함께 수산화 칼륨(KOH)과 반응시키면 가수 분해되면서 메테인이 형성된다.

$$Al_2O_3 + 3\,C \longrightarrow 2\,Al + 3\,CO, \qquad 4\,Al + 3\,C \longrightarrow Al_4C_3$$

$$Al_4C_3 + 12\,H_2O + 4\,KOH \longrightarrow 3\,CH_4 + 4\,KAl(OH)_4$$

수소화 촉매인 Raney-니켈(Raney-Ni) 미세 분말의 존재 하에서 미세한 탄소 분말에 수소를 공급하면 메테인이 생성된다. 또한, Raney-Ni을 촉매로 사용하여 일산화 탄소와 수소로부터도 메테인을 얻을 수 있다.

$$C + 2H_2 \xrightarrow[200°C,\ Ni]{} CH_4$$

$$CO + 3H_2 \xrightarrow[Ni]{} CH_4$$

4.2 알케인의 반응

산화 반응

화합물과 산소 사이에서 빠르게 진행되는 반응인 타는 과정을 연소라고 한다. 알케인은 연소되면 열을 발생하기 때문에 에너지원으로서 중요하다. 알케인이 완전하게 연소되면 CO_2와 H_2O가 생성된다.

$$CH_4 + 2O_2 \longrightarrow \underset{\text{Carbon dioxide}}{CO_2} + 2H_2O + \text{열}$$

산소의 공급이 불충분하면 불완전 연소가 일어난다. 알케인이 불완전 연소되면 CO 또는 탄소 또는 검댕이 만들어진다.

$$2CH_3CH_2CH_3 + 7O_2 \longrightarrow \underset{\text{Carbon monoxide}}{6CO} + 8H_2O$$

$$CH_3CH_2CH_3 + 2O_2 \longrightarrow \underset{\text{Carbon}}{3C} + 4H_2O$$

할로젠화 반응

알케인을 염소 기체와 같은 할로젠과 혼합하고 빛이나 열을 가하면 할로젠화 반응이 일어난다. 할로젠화에 대해서는 5장 2절에서 다시 상세하게 설명할 것이다.

$$CH_4 + Cl_2 \xrightarrow{\text{빛 또는 열}} \underset{\text{Methyl chloride}}{CH_3Cl} + HCl + \text{다른 생성물들}$$

나이트로화 반응

포화 탄화수소와 질산 증기의 반응에서 나이트로화(nitration)가 이루어진다. 이 반응은 알케인의 수소가 나이트로기로 치환되는 공업적으로 중요한 치환반응이다.

$$CH_4 + HO{-}NO_2 \xrightarrow[400°C]{} CH_3NO_2 + HOH$$

알케인에서 탄소-수소 결합의 절단뿐 아니라, 탄소-탄소 결합도 끊을 수 있다는 점에서 할로젠화 반응과 차이가 있다.

4.3 알켄의 제법

실험실에서 알켄을 합성하는 방법으로는 할로알케인의 제거 반응과 알코올의 탈수 반응이 이용된다. 할로알케인의 제거 반응을 이용하여 알켄을 만들 때는 할로알케인을 강염기로 처리한다. 또한 다이할로젠알케인을 아연(Zn)으로 처리해도 알켄을 얻을 수 있다.

$$H_3C{-}CH_2Cl + \text{alk. KOH} \longrightarrow C_2H_4 + KCl + H_2O$$

$$BrH_2C{-}CH_2Br + Zn \longrightarrow C_2H_4 + ZnBr_2$$

다른 예로는 bromocyclohexane을 ethanol 속에서 $CH_3CH_2O{-}Na^+$로 처리하여 cyclohexene이 얻는 것이 있다. 제거 반응의 여러 가지 특징에 대해서는 5장에서 자세히 설명한다.

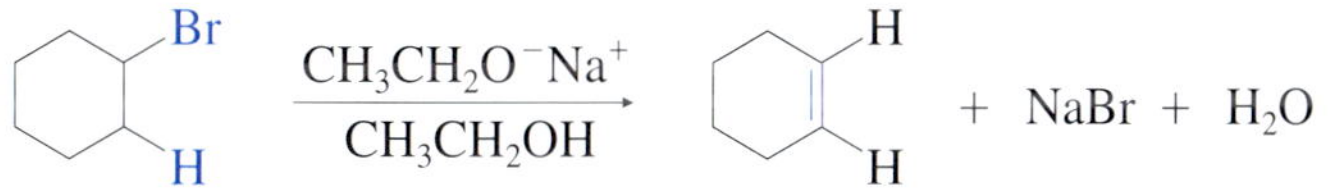

Bromocyclohexane Cyclohexene

알코올을 황산과 같은 산 촉매로 처리하면 탈수 반응이 일어나 알켄이 생성된다. 알코올을 진한 황산과 가열하거나 또는 산화 알루미늄에 통과시키면 알켄이 얻어질 수 있다.

$$C_2H_5OH \;\; \text{conc. } H_2SO_4 \text{ 또는 } Al_2O_3 \longrightarrow H_2C{=}CH_2 + H_2O$$

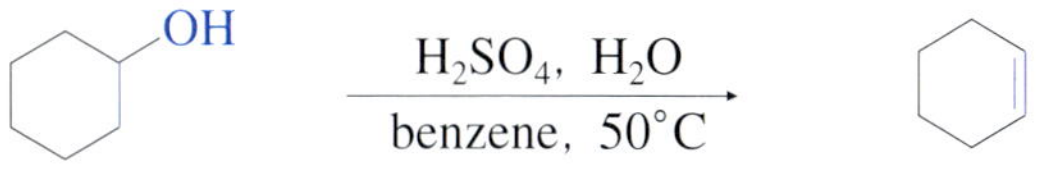

Cyclohexanol Cyclohexene

비대칭 할로알케인의 제거 반응이나 알코올의 탈수 반응에서는 치환이 더 많은 알켄이 더 안정하기 때문에 더 많이 생성된다. 알킬 치환이 더 많은 알켄이 생성된다는 규칙을 **Zaitsev의 규칙**이라고 한다. 예를 들면 2-bromo-2-methylbutane나 2-methyl-2-butanol의 제거 반응에서는 2-methyl-2-butene(알킬 치환 셋)이 2-methyl-1-butene(알킬 치환 둘)보다 더 많이 생성된다.

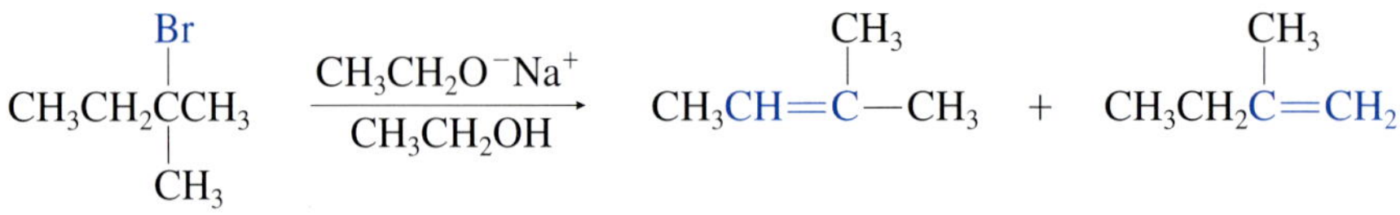

2-Bromo-2-methylbutane 2-Methyl-2-butene 2-Methyl-1-butene

주생성물 부생성물

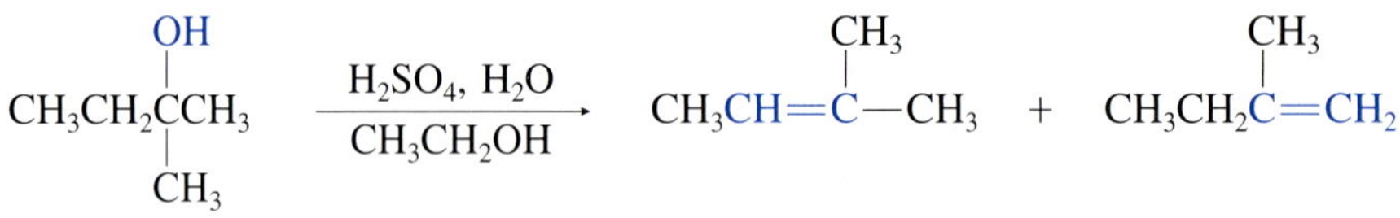

2-Methyl-2-butanol 주생성물 부생성물

할로알케인의 제거 반응과 알코올의 탈수 반응에 관해서는 5장과 7장에서 다시 자세하게 설명할 것이다.

문제 4.1 다음 할로알케인의 제거 반응에서 얻어지는 알켄의 구조를 그리시오.

(1) 3-Chloro-3-ethylpentane (2) 2-Bromopropane

(3) 2-Chloro-2,3,3-trimethylbutane (4) 1-Chloropropane

문제 4.2 다음 각 할로알케인 또는 알코올로부터 두 알켄의 혼합물이 생성된다. 두 알켄 생성물의 구조를 그리고 어느 것이 주 생성물인지를 지적하시오.

(1) $CH_3CHClCH_2CH_3$ (2) 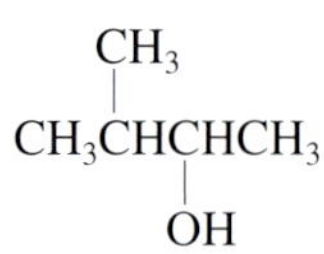 (3) 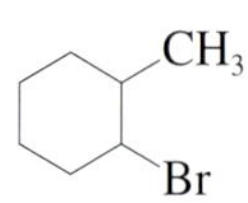 (4) 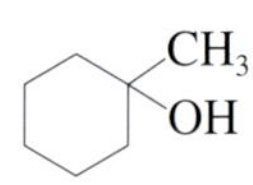

4.4 알켄의 반응성과 입체 화학

알켄의 π 결합은 σ 결합 위아래의 전자 구름으로 이루어져 있고 π 결합 전자들은 핵에 느슨하게 잡혀 있다. 핵에 느슨하게 잡혀있는 이 π 전자 구름 때문에 이중 결합은 전자가 풍부한 친핵체로 작용한다.

친핵체 알켄과 친전자체인 브로민화 수소 사이의 반응을 예로 들면 다음과 같다. 브로민화 수소와 같은 친전자체가 알켄에 가해지면 알켄은 브로민화 수소의 부분 양전하를 가지고 있는 수소와 반응하여 **탄소 양이온(carbocation)**이라고 하는 반응 중간체를 형성한다. 한 단계의 생성물이 다음 단계의 반응물이 되는 화학종을 **반응 중간체(reaction intermediate)**라고 한다. 이 반응에서 중간체인 탄소 양이온은 매우 불안정하기 때문에 분리할 수 없지만, 어떤 반응에서는 중간체가 안정하기 때문에 분리될 수도 있다.

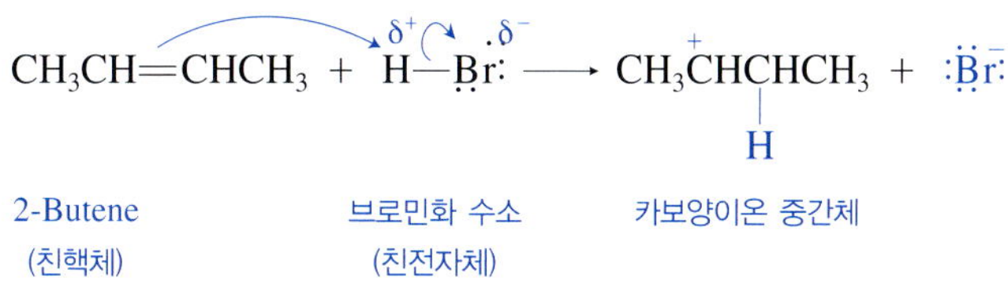

반응의 두 번째 단계에서 브로민 음이온(친핵체)에 있던 한 쌍의 비공유 전자는 탄소 양이온(친전자체)의 양으로 하전된 탄소와 한 개의 새로운 결합을 형성한다. 반응의 두 단계는 모두 친전자체와 친핵체 사이의 반응을 포함하고 있다.

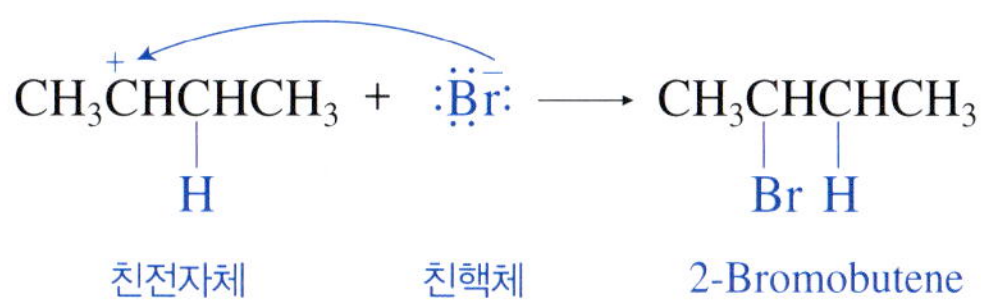

또한, 카이랄 중심이 없는 유기 화합물의 반응에서 한 개의 카이랄 중심이 만들어질 때는 라셈 혼합물이 얻어질 수 있다. 라셈 혼합물이 생성되는 원인은 반응 메커니즘의 첫 단계에서 생성되는 탄소 양이온의 구조를 조사해 보면 쉽게 알 수 있다. 탄소 양이온이 양으로 하전된 탄소원자는 sp^2 혼성이므로 여기에 결합되어 있는 세 개의 원자는 같은 평면에 놓여있다. 브로민 이온이 평면의 위쪽에서 탄소 양이온의 *p*오비탈을 공격하면 (*S*)-2-bromobutane이 생성되고 평면이 아래쪽에서 공격하면 (*R*)-2-bromobutane이 생성된다. 평면의 위쪽과 아래쪽 환경이 동등하기 때문에 두 방향의 공격이 같은 확률로 일어나 라셈 혼합물이 생성된다.

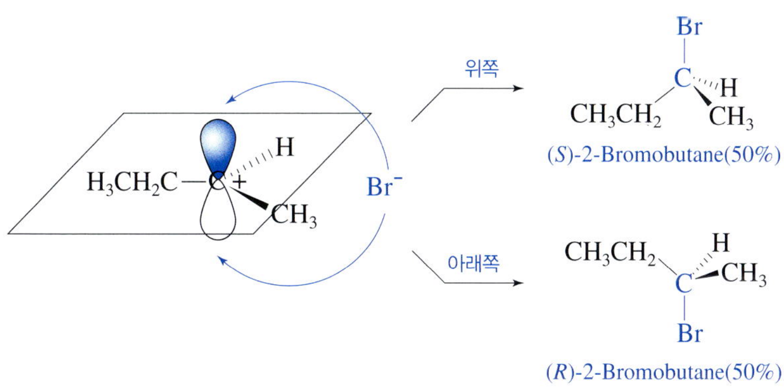

반응물들이 생성물로 변해가는 과정을 한 단계씩 자세히 설명하는 것을 **반응 메커니즘(reaction mechanism)**이라고 한다. 굽은 화살표를 사용하여 전자의 움직임을 나타내면 반응 메커니즘을 보다 명확하게 이해할 수 있다. 굽은 화살표는 이미 있던 공유 결합이 깨어지고 새로운 공유 결합이 형성될 때 전자가 어떻게 움직이는가를 보여준다. 굽은 화살

표는 전자가 풍부한 곳으로부터 전자가 부족한 쪽으로 그려진다. 화살촉이 두 개인 화살표(↷)는 한 쌍의 전자가 동시에 움직이는 것을 나타내고 화살촉이 한 개인 화살표(⌒)는 전자 하나가 움직이는 것을 의미한다.

2-Butene과 HBr의 반응에서는 π 결합의 두 전자가 HBr의 부분 양전하를 가지고 있는 수소 쪽으로 끌린다는 것을 보여주도록 굽은 화살표가 그려진다. π 전자들이 수소 쪽으로 움직일 때 H−Br 결합은 깨어지고 브로민이 결합 전자쌍을 가져간다. 친전자체가 친핵체와 반응한다고 하는 지식만으로도 2-butene과 HBr의 반응 생성물이 2-bromobutane이라고 하는 것을 예측할 수 있다. 전체 반응을 통해 1몰의 알켄에 1몰의 HBr이 첨가된다. 특히 반응의 첫 번째 단계에서 알켄에 친핵체(H^+)가 첨가되기 때문에 이와 같은 형태의 변화를 **친전자성 첨가 반응(electrophilic addition reaction)**이라고 한다.

어떤 반응에서 반응물이 생성물로 전환되는 동안 일어나는 에너지의 변화를 나타낸 도표를 **반응 좌표(reaction coordinate)**라고 한다. 반응 좌표에서는 반응에 포함되는 화학종들의 위치 에너지를 반응 진행 시간의 함수로 도시한다. 도표에서 y축은 에너지를 나타내고 x축은 반응 진행 시간을 나타낸다. 화학종의 에너지가 낮을수록 더 안정하다.

반응물이 생성물로 전환될 때 반응은 에너지가 가장 높은 상태를 지나가는데 이 상태를 **전이 상태(transition state)**라고 부른다. 전이 상태의 구조는 반응의 구조와 생성물의 구조 사이에 있다. 전이 상태 구조에서는 반응물이 생성물로 전환될 때 깨어지는 결합은 부분적으로 깨어져 있고 생성되는 결합은 부분적으로 생성되어 있다.

전이 상태는 순식간에 지나가는 상태이므로 분리될 수 없다. 2-Butene에 대한 HBr의 친전자성 첨가 반응의 반응 좌표를 도시하면 그림 4.1과 같다. 이 반응에서는 탄소 양이온 중간체가 형성되는 단계와 탄소 양이온이 생성물로 전환되는 두 개의 전이 상태가 있다. 출발 물질의 에너지를 전이 상태까지 끌어올리는 데 필요한 에너지를 **활성화 에너지(activation energy)**라고 한다. 활성화 에너지가 클수록(전이 상태 에너지가 높을수록) 반응은 느리게 진행된다. 친전자성 첨가 반응에서는 친전자체가 첨가되는 첫 단계가 속도 결정 단계이다. 여러 단계를 거쳐 진행하는 반응의 전체 속도는 가장 느린 단계에 의해 결정되기 때문에 가장 느린 단계를 **속도 결정 단계(rate-determining step)**라고 부른다. 어떻게 2-bromobutane이 생성되는가를 설명해 주는 반응 메커니즘을 이해하는 것보다 2-bromobutane이 생성물이라고 기억하는 것이 더 쉽다고 생각할지 모른다. 그러나 여러 가지 반응 메커니즘을 충분히 이해하면 유기 화학 반응들에 포함되어 있는 통일된 원리를 깨닫게 되고 유기 화학에 숙달되는 것이 훨씬 쉽고 재미있어질 것이다.

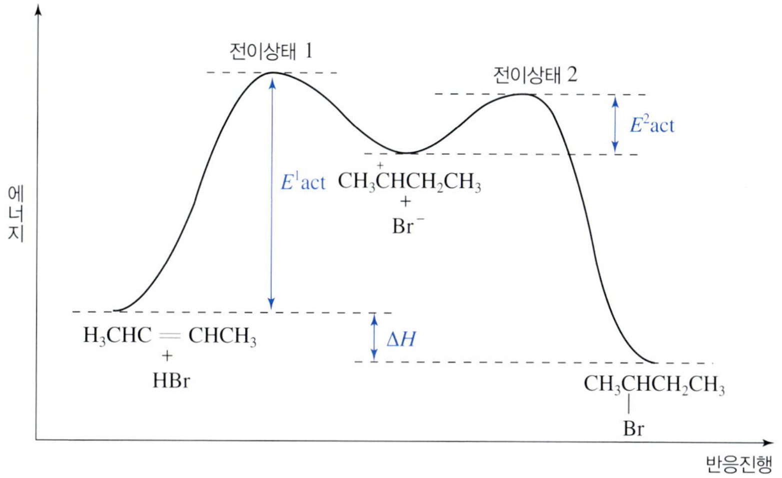

그림 4.1 $CH_3CH{=}CHCH_3$에 대한 HBr의 친전자성 첨가 반응에 관한 반응 좌표

문제 4.3 다음 각각에서 친전자체와 친핵체를 지적하시오.

(1) H^+　　(2) $(CH_3)_2CH^+$　　(3) $AlBr_3$

(4) CH_3NH_2　　(5) CH_3^-　　(6) $CH_3C{\equiv}CH$

문제 4.4 다음 반응에서 굽은 화살표를 사용하여 전자의 이동을 나타내시오.

(1) 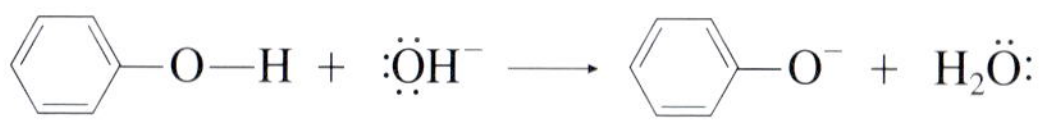

(2) $CH_3CH_2CH{=}CH_2 + H{-}Br \longrightarrow CH_3CH_2\overset{+}{C}HCH_3 + Br^-$

(3) 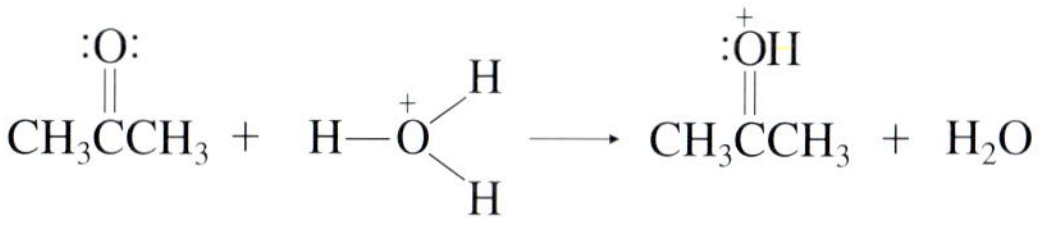

4.5 할로젠화 수소의 첨가 반응

4장 4절에서 HBr이 2-butene에 첨가되면 2-bromobutane이 생성되는 반응을 공부하였다. 같은 방법으로 HCl, 또는 HI와 같은 할로젠화 수소가 ethane 또는 3-hexene에 첨가되면 chloroethane과 3-iodohexane이 각각 생성된다.

$$\underset{\text{Ethene}}{H_2C{=}CH_2} + HCl \xrightarrow{CHCl_3} \underset{\text{Chloroethane}}{CH_3CH_2Cl}$$

$$CH_3CH_2CH{=}CHCH_2CH_3 + HI \xrightarrow{CHCl_3} CH_3CH_2CH_2CHICH_2CH_3$$

3-Hexene　　　　3-Iodohexane

이 반응들의 알켄은 대칭적이기 때문에 한 가지 생성물만 생성된다. 그런데 알켄이 비대칭적일 경우, 예를 들면 HCl이 2-methylpropene에 첨가되는 경우에는 1-chloro-2-methylpropane이나 2-chloro-2-methylpropane이 생성될 수 있을 것 같지만 2-chloro-2-methylpropane만 유일하게 생성된다.

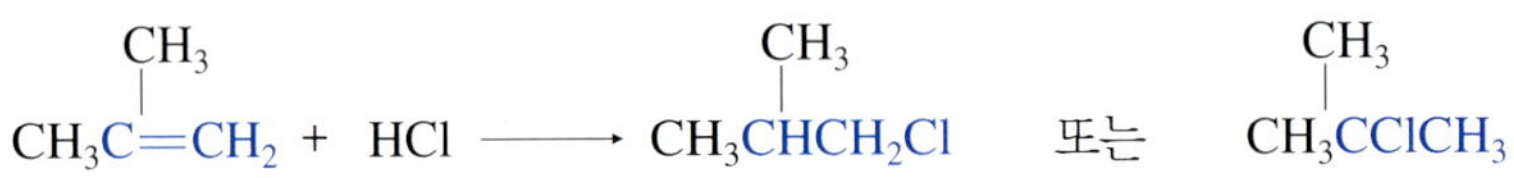

1-Chloro-2-methylpropane　　2-Chloro-2-methylpropane

생성되지 않음　　유일한 생성물

두 개 이상의 구조 이성질체가 얻어질 수 있는 반응에서 어느 한 이성질체가 더 많이 얻어지는 반응을 **위치 선택적(regioselective)**이라고 한다. 2-methylpropene에 대한 HCl의 친전자성 첨가 반응은 위치 선택적이다. 친전자성 첨가 반응에서 친전자체가 H^+일 경우 수소가 더 많은 이중 결합 탄소 쪽에 H^+가 첨가된다. "수소가 더 많은 이중 결합 탄소에 H^+가 첨가된다"는 원리를 **Markovnikov의 규칙**이라고 한다. Markovnikov의 규칙을 이해하려면 반응 중간체인 탄소 양이온의 안정도에 영향을 미치는 인자들을 공부하여야 한다.

4.6 탄소 양이온 안정도와 Markovnikov 규칙

탄소 양이온은 양전하가 걸려있는 탄소의 알킬 치환체 수에 따라 일차, 이차 및 삼차 탄소 양이온으로 분류된다. 탄소 양이온은 차수가 증가할수록 더 안정해진다.

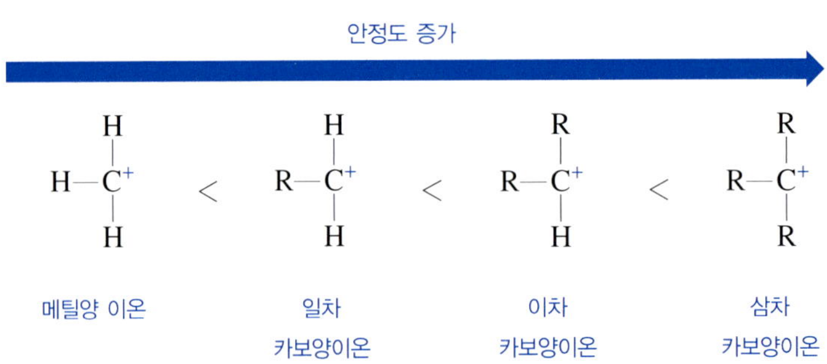

전하가 한 개의 원자에 밀집되어 있는 이온보다 한 개 이상의 원자에 퍼져있는 이온이 더 안정하다. 양전하가 걸려있는 탄소는 p 오비탈이 비어 있다. 인접한 탄소–수소 또는 탄소–탄소 결합의 σ 오비탈이 양전하가 걸려있는 탄소의 빈 p 오비탈과 어느 정도 평행

해지면 부분적으로 겹칠 수 있다.

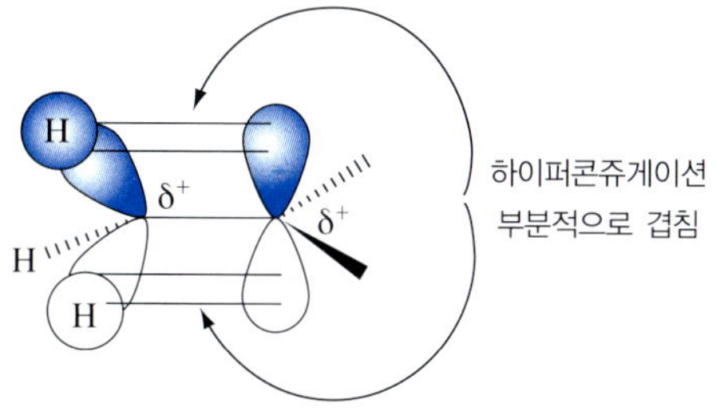

이때, σ 오비탈의 전자 구름 중 일부가 비어 있는 *p* 오비탈 쪽으로 흘러 들어가고 σ 결합 오비탈 쪽으로 양전하의 일부가 퍼지게 된다. 그 결과 양전하는 한 탄소 원자에만 편재되지 않고 더 넓은 공간으로 퍼지게 되므로 탄소 양이온은 안정화된다. 이와 같이 탄소-수소 또는 탄소-탄소 σ 결합 오비탈과 빈 *p* 오비탈의 겹침을 통해 전자가 비편재화 되는 현상을 **하이퍼콘쥬게이션(hyperconjugation)**이라고 한다. 하이퍼콘쥬게이션은 σ 결합 오비탈과 빈 *p* 오비탈이 부분적으로 평행한 배열을 하고 있을 때만 일어난다. Methyl 양이온에서는 잠재적으로 양으로 하전된 탄소의 빈 *p* 오비탈과 겹칠 수 있는 배열의 조합이 한 개도 없다. 그러나 Ethyl 양이온에는 그와 같은 배열의 조합이 세 개, *iso*-propyl 양이온에는 여섯 개, *tert*-Butyl 양이온에는 9개가 있다. 따라서 methyl 양이온, 일차인 ethyl 양이온, 이차인 *iso*-propyl, 삼차인 *tert*-butyl 양이온 순서로 안정도가 증가한다.

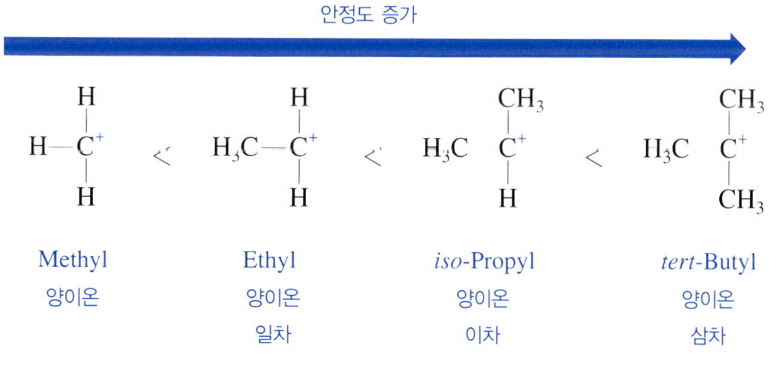

2-methylpropene이 HCl과 반응할 때는 양성자가 1번 탄소에 첨가되어 삼차 탄소 양이온인 *tert*-butyl 양이온이 될 수도 있고 2번 탄소에 첨가되어 일차인 *iso*-butyl 양이온이 될 수도 있다. 삼차 탄소 양이온이 일차 탄소 양이온 보다 훨씬 더 안정하기 때문에 거의 *tert*-butyl 양이온만 형성된다(일차 탄소 양이온 너무 불안정하기 때문에 쉽게 형성되지 않는다). 그러므로 이 반응에서는 거의 2-chloro-2-methylpropane만 생성된다.

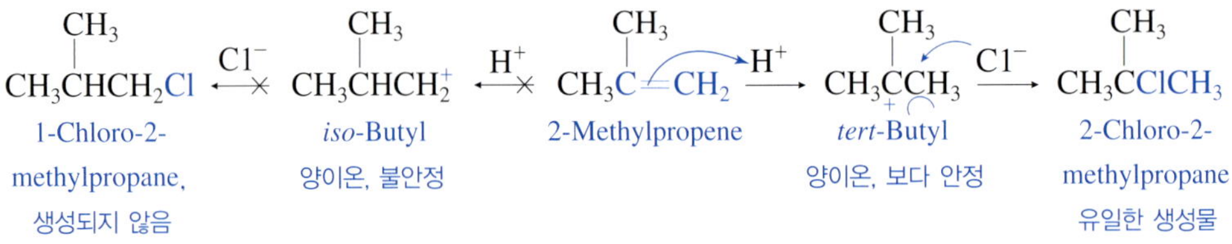

문제 4.5 다음 반응에서 형성될 것으로 예상되는 탄소 양이온의 구조를 그리시오.

(1) 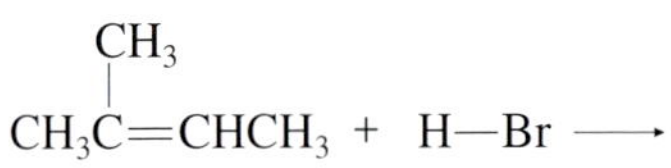

(2) 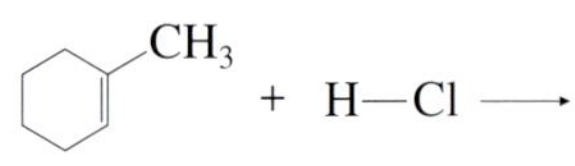

문제 4.6 다음 탄소 양이온의 안정도가 증가하는 순으로 나열하시오.

(1) 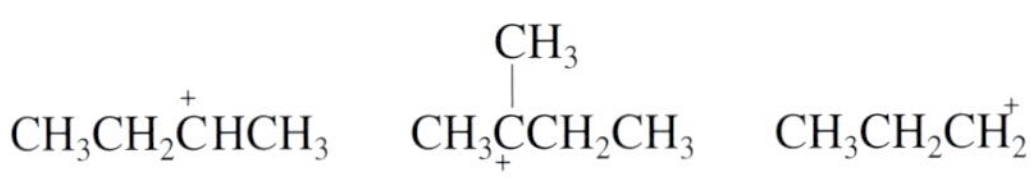

(2) 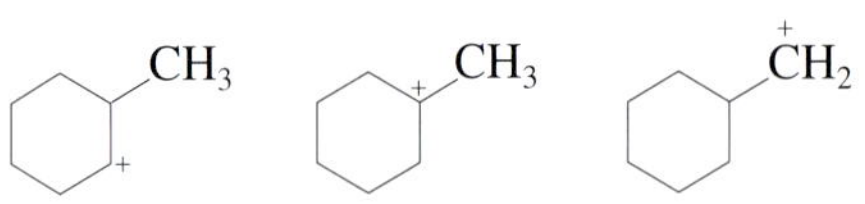

4.7 물의 첨가 반응: 수화 반응

황산과 같은 산 촉매 존재 하에서 알켄에 물을 가하면 물이 알켄에 첨가되어 알코올이 생성된다. 이 반응을 **수화 반응(hydration reaction)**이라고 부르기도 한다. 이 반응을 이용하여 전 세계적으로 매년 100만 톤 이상의 ethanol이 생산된다.

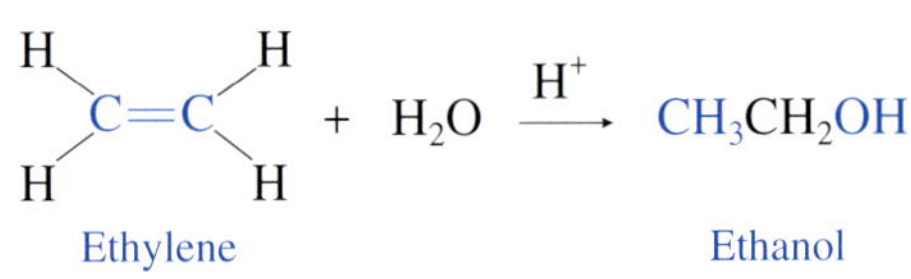

산이 물과 반응하면 H_3O^+가 형성되는데 이것의 양성자가 친전자체로 작용한다. 물의 첨가에 대한 메커니즘은 할로젠화 수소의 첨가 반응 메커니즘과 같다. Markovnikov의 규칙을 따르기 때문에 친전자체(H^+)가 수소 수가 더 많은 이중 결합 탄소에 첨가되어 탄소 양이온을 형성한다.

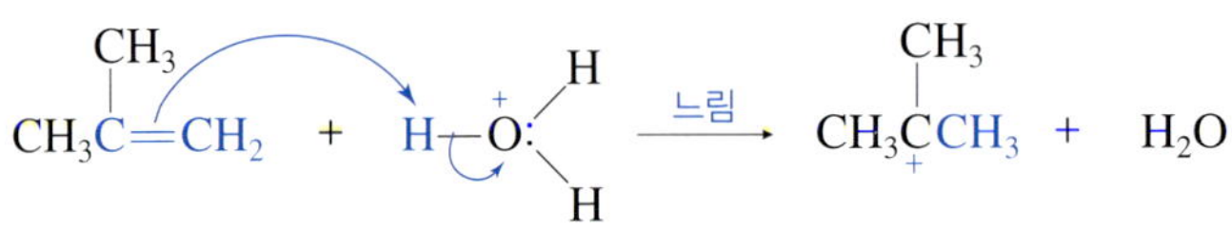

친핵체인 물이 탄소 양이온을 공격하여 탄소–산소 σ 결합을 형성하면 양성자화된 알코올 중간체가 생성된다.

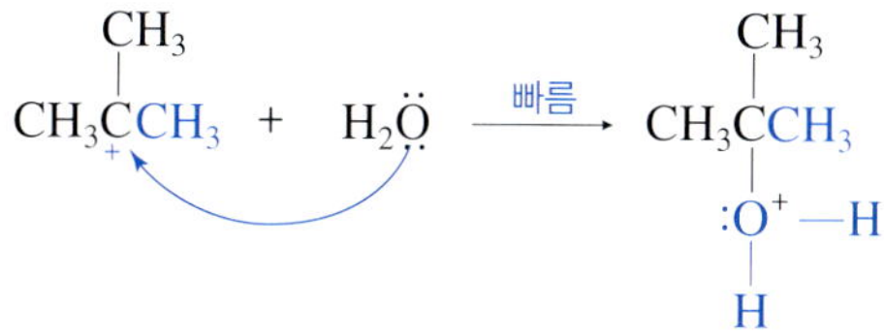

알켄에 대한 할로젠화 수소의 첨가와 마찬가지로 알켄에 대한 친전자체의 첨가는 느리게 진행되고 탄소 양이온에 대한 친핵체의 첨가는 빠르게 진행된다. 마지막 단계에서 양성자화된 알코올 중간체의 H^+가 제거되면 알코올이 생성된다. Markovnikov 규칙을 따르기 때문에 알킬 치환이 더 많은 이중 결합 탄소에 OH기가 결합된 알코올이 얻어진다.

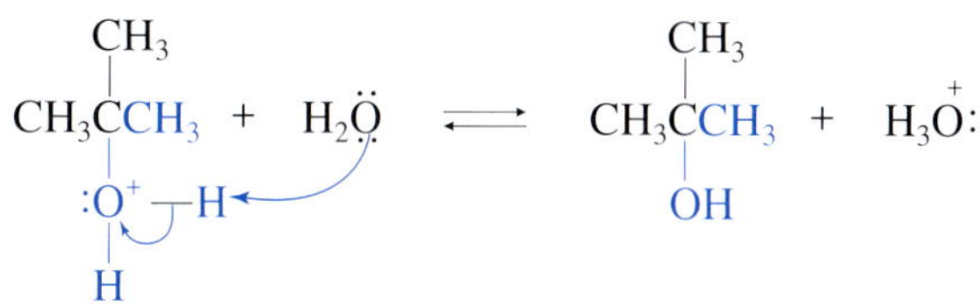

이 반응에서 양성자는 첫 단계에서 알켄에 첨가되지만 마지막 단계에서 재생되며 전체적으로 양성자는 소비되지 않는다. 반응의 속도를 증가시키고 반응과정에서 소비되지 않는 화학종을 **촉매(catalyst)**라고 한다. 산(H^+)이 촉매로 작용하기 때문에 이 반응은 **산 촉매 반응(acid-catalyzed reaction)**에 속한다.

문제 4.7 산 촉매 존재 하에서 다음 알켄에 물을 첨가시키면 어떤 알코올이 생성되겠는가?

(1) 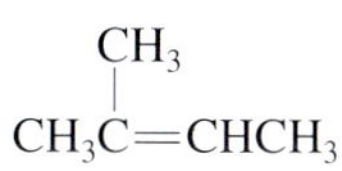

(2) 1-Methylcyclohexene

(3) 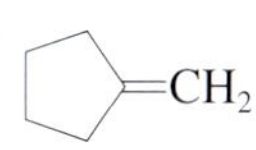

문제 4.8 어떤 알켄을 이용하면 다음 각 알코올을 얻을 수 있겠는가?

(1) 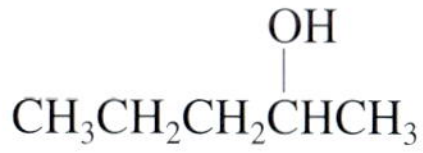

(2) 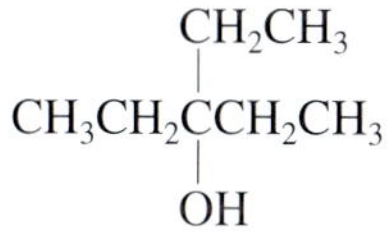

(3) 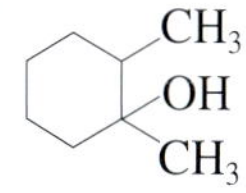

4.8 할로젠화 반응

할로젠 원자들은 전기 음성도가 크기 때문에 전자를 끌어당긴다. Br_2 또는 Cl_2의 할로젠 원자는 강하게 전자를 당기고 두 할로젠 원자를 연결하는 결합은 쉽게 깨어질 수 있기 때문에 이중 결합에 대한 **할로젠화 반응(halogenation reaction)**을 일으킨다. Br_2나 Cl_2 분자가 이중 결합의 π 전자에 접근하면 할로젠 원자들 중의 하나가 π 전자쌍을 끌어당기면서 공유하고 있던 결합 전자쌍을 다른 할로젠 원자에게 넘겨준다. 즉, 친전자성 첨가 반응에서 Br_2는 Br^+와 Br^-인 것처럼 행동하고 Cl_2는 Cl^+와 Cl^-인 것처럼 행동한다.

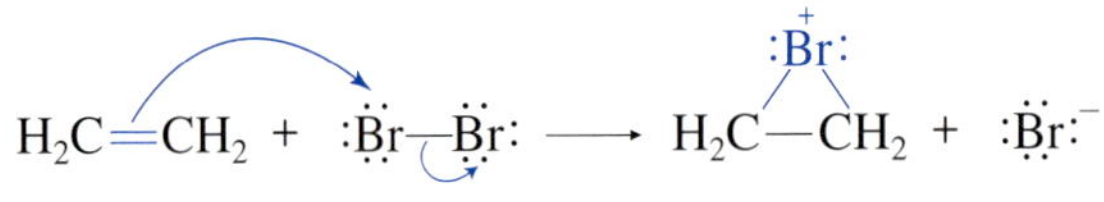

고리형 브로모늄 이온

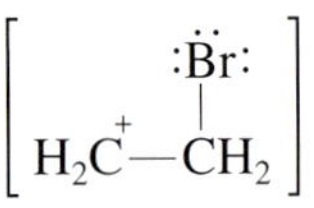

형성되지 않는 중간체

첫 번째 단계에서 생성되는 중간체는 브로민이 이중 결합의 두 탄소와 결합을 형성하고 있는 **고리형 브로모늄 이온(cyclic brominium ion)**이다. 고리형 브로모늄 이온에서는 수소를 제외한 모든 원자들이 팔전자계를 이루고 있기 때문에 상당히 안정하다. 괄호 속 탄소 양이온은 양전하가 걸린 탄소가 완전한 팔전자계를 이루지 못하고 있을 뿐만 아니라 일차 탄소이기 때문에 매우 불안정하며, 따라서 형성되지 않는다. 반응의 두 번째 단계에서 Br^-는 고리형 브로모늄 이온의 브로민 원자 반대 쪽에서 탄소 원자를 공격한다. 이때 세원자 고리에 있던 각무리는 해소되며 **이웃 자리 이브로민화물(vicinal dibromide)**이 생성된다. 이웃 자리는 두 브로민 원자가 인접한 탄소에 있다는 것을 의미한다.

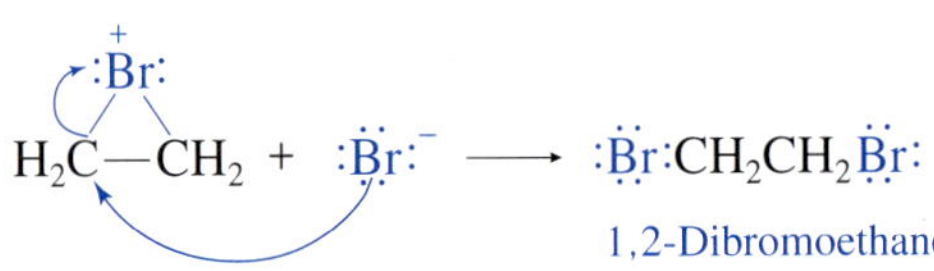

1,2-Dibromoethane
이웃자리 이브로민화물

알켄에 대한 Br_2의 첨가에서와 같이 첨가되는 두 원자 또는 원자단이 이중 결합의 반대편에서 첨가되는 입체 화학(stereochemistry)을 안티 첨가(anti addition)라고 한다. Br_2는 이중 결합에 안티 첨가되기 때문에 cyclopentene과 같은 고리 화합물에서는 *trans*-1,2-dibromocyclopentane이 생성된다.

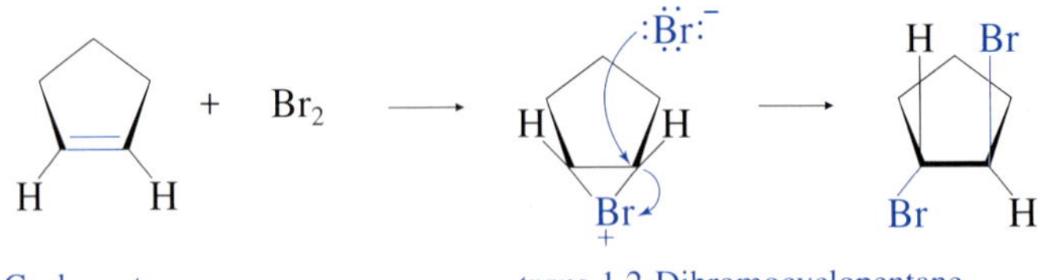

Cyclopentene *trans*-1,2-Dibromocyclopentane

F_2는 알켄과 폭발적으로 반응하고, 이웃 자리 이아이오딘화물은 보통 온도에서 불안정하여 알켄과 I_2로 되돌아가기 때문에 F_2 또는 I_2의 친전자성 첨가 반응은 이용되지 않는다.

문제 4.9 다음 각 알켄과 브로민의 반응식을 적으시오.

(1) 2-Methyl-2-butene (2) 2-Methyl-1-butene

(2) 3-Methyl-1-butene

문제 4.10 1,2-dimethylcyclopentene을 Br_2로 처리하였을 때 생성되는 화합물의 입체구조를 그리시오.

문제 4.11 문제 4.10에서 형성되는 고리형 브로모늄 양이온의 구조를 그리시오.

4.9 촉매 수소화

백금, 팔라듐 또는 니켈과 같은 전이 금속 촉매 존재 하에서 알켄에 수소가 첨가되면 알케인이 된다. 이 반응을 **촉매 수소화(catalytic hydrogenation)**라고 한다. 촉매인 팔라듐은 보통 활성 탄소에 흡착된 미세 분말 상태로 사용된다. 백금 촉매는 **Adams 촉매**로 알려져 있는 PtO_2의 형태로 자주 사용된다.

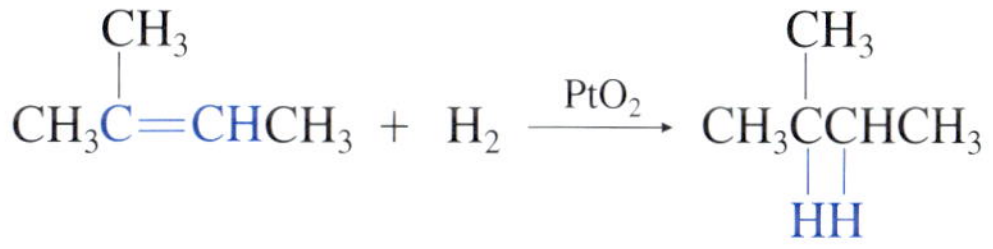

2-Methyl-2-butene 2-Methylbutane

알켄의 수화 반응에서 사용된 산 촉매와 같이 반응 용액에 녹을 수 있는 촉매를 **균일상 촉매(homogeneous catalyst)**라고 한다. 반면 촉매 수소화에서 사용되는 촉매는 반응 용액에 녹지 않기 때문에 **불균일상 촉매(heterogeneous catalyst)**라고 한다. 수소–수소 결합은 강하기 때문에 촉매가 없으면 수소화 반응이 잘 일어나지 않는다. 촉매는 수소–수소 결합을 끊음으로써 활성화 에너지를 감소시킨다. 촉매 수소화 반응에서는 금속 표면에 수소가 흡착되면 금속–수소 사이에 일종의 σ 결합이 형성되고, 알켄의 이중 결합은 금속과 일종의 착물을 형성한다. 금속 표면에 있던 수소 원자가 이중 결합 탄소에 연속적으로 전달되면 알케인 분자가 생성된다.

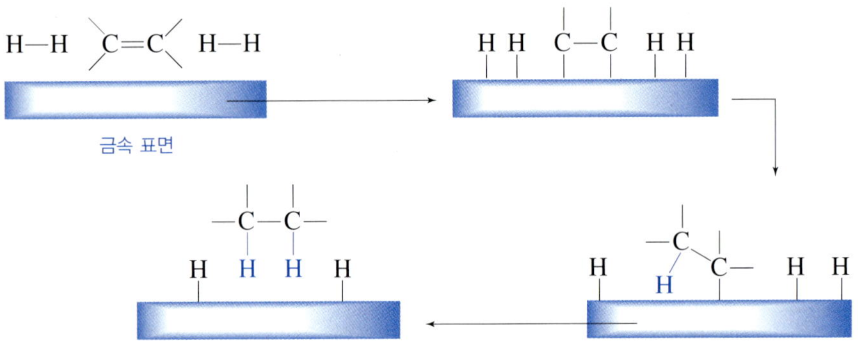

촉매의 표면에서 반응이 일어나기 때문에 두 수소는 이중 결합의 같은 편에서 첨가된다. 분자의 같은 편에서 원자 또는 원자단이 첨가되는 반응의 입체 화학을 **신 첨가(syn addition)**라고 한다. 촉매 수소화를 이용하면 불포화 지방인 식물성 기름을 마가린과 같은 요리용 지방으로 전환시킬 수 있기 때문에 공업적으로 매우 중요한 반응이다.

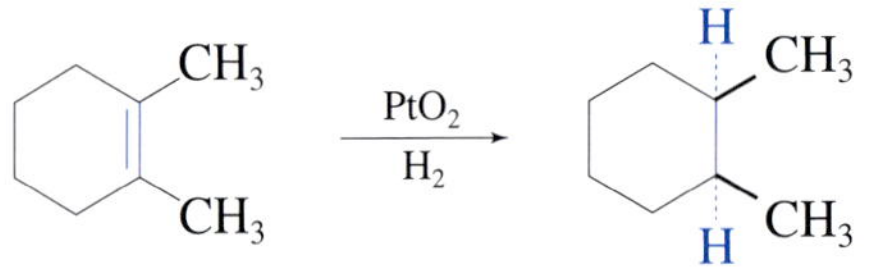

1,2-Dimethylcyclohexene　　*cis*-1,2-Dimethylcyclohexane

문제 4.12 다음 각 알켄의 촉매 수소화 반응에 대한 반응식을 적으시오.

(1) 2-Methyl-2-butene　　(2) 1-Ethyl-2-methylcyclohexene

문제 4.13 2-methylbutane은 세 가지 알켄의 촉매 수소화 반응으로부터 얻을 수 있다. 세 알켄의 구조를 그리시오.

4.10 수소화붕소 첨가 반응

Borane(BH_3) 분자의 붕소 원자와 수소 원자도 알켄의 이중 결합에 첨가될 수 있다. 이 반응을 **수소화붕소 첨가 반응(hydroboration)**라고 한다. 붕소 원자와 수소 원자는 $B^{\delta+}-H^{\delta-}$로 분극되어 있으며 전이 상태에서 알킬 치환이 많은 쪽에 부분 양전하가 걸리려면 알킬 치환이 적은 탄소에 붕소 원자가 결합되어야 한다. 다음 메커니즘에서 보는 것과 같이 수소화붕소 첨가는 한 단계로 진행되며 친전자체인 붕소 원자와 친핵체인 수소 원자가 동시에 알켄에 첨가된다. 수소화붕소 첨가와 같이 모든 결합의 분해와 생성이 한 단계에서 동시에 진행되는 반응을 **협동 반응(concerted reaction)**이라고 한다.

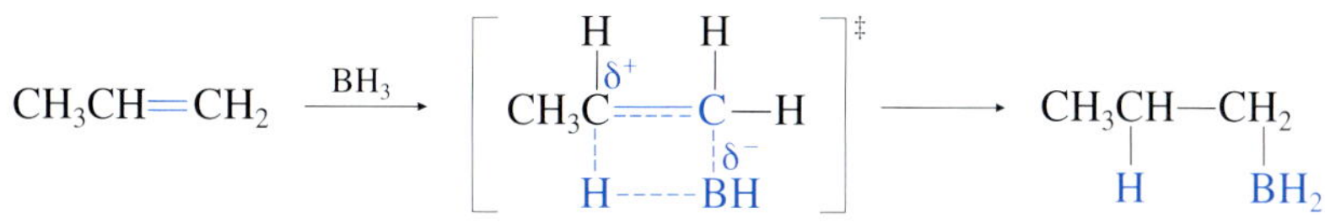

Propylborane

Borane 분자에는 세 개의 B−H 결합이 있기 때문에 세 분자의 알켄과 반응할 수 있다. Propene과의 반응에서는 *tri-n*-propylborane이 생성된다.

$$3\,CH_3CH{=}CH_2 \xrightarrow{BH_3} (CH_3CH_2CH_2)_3B$$

Tri(*n*-propyl)borane

tri-n-propylborane에 수산화 나트륨 수용액과 과산화 수소를 가하여 산화시키면 붕소 원자가 OH기로 치환된 알코올이 얻어진다. 이 반응의 장점은 산 촉매 존재 하에서 일어나는 수화 반응과 달리 이중 결합의 알킬 치환이 적은 쪽에 OH기가 치환된 알코올이 얻어진다는 데 있다.

$$(CH_3CH_2CH_2)_3B \xrightarrow{3\,NaOH/3\,H_2O_2} 3\,CH_3CH_2CH_2OH$$

문제 4.14 다음을 수소화붕소–산화 반응시키면 어떤 알코올이 생성되는가?

(1) 1-Methylcyclopentene (2) 2-Methyl-1-butene

문제 4.15 6몰의 1-butene에는 BH_3 몇 몰이 첨가되는가?

4.11 콘쥬게이션 다이엔에 대한 친전자성 첨가 반응

1,3-butadiene과 같이 두개의 이중 결합이 한 개의 단일 결합을 사이에 두고 분리되어 있는 구조를 콘쥬게이션 다이엔이라고 한다. 콘쥬게이션 다이엔을 1당량의 HBr로 처리하면 1번 탄소와 2번 탄소에서 첨가가 일어난 3-bromo-1-butene과, 1번 탄소와 4번 탄소에서 첨가가 일어난 1-bromo-2-butene의 두 가지 생성물이 얻어진다. 1번과 2번 탄소에서의 첨가를 1,2-**첨가(1,2-addition)**라고 하고 이 생성물을 1,2-첨가 생성물이라고 한다. 1번과 4번 탄소에서의 첨가를 **1,4-첨가(1,4-addition)** 또는 **콘쥬게이션 첨가(conjugate addition)**라고 하고 이 생성물을 1,4-첨가 생성물이라고 한다. 콘쥬게이션 다이엔를 제한된 양의 HBr로 처리했을 때 1,2-첨가와 1,4-첨가가 일어나는 이유는 반응의 메커니즘을 공부하면 쉽게 이해할 수 있다.

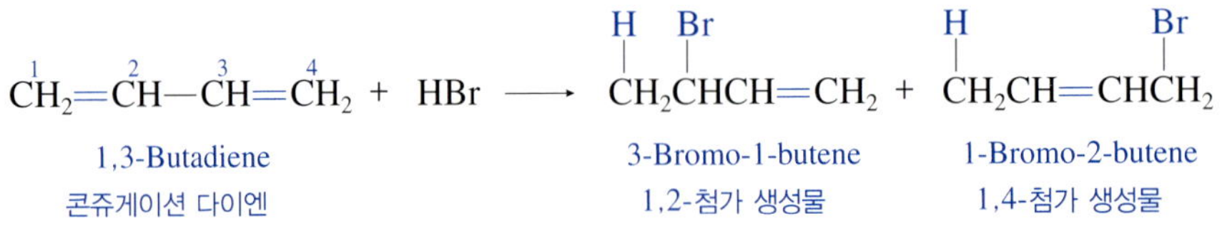

반응의 첫 번째 단계에서 친전자체인 양성자가 Markovnikov의 규칙을 따라 1번 탄소에 첨가되면 allyl 양이온이 생성된다. 불안정한 일차 탄소 양이온이 생기기 때문에 2번 또는 3번 위치에는 양성자가 첨가되지 않는다.

Allyl 양이온은 이중 결합의 인접한 탄소에 양전하를 가지고 있는 탄소 양이온이다. Allyl 양이온은 다음 두 공명 구조의 혼성체이며 공명에 의해 안정화되어 있다. Allyl 양이온에서 양전하는 p 전자의 비편재화 때문에 2번과 4번 탄소에 나누어져 있다. 반응의 두 번째 단계에서 브로민 이온은 2번 또는 4번 탄소를 공격할 수 있기 때문에 1,2-첨가 생성물과 함께 1,4-첨가 생성물도 생성된다.

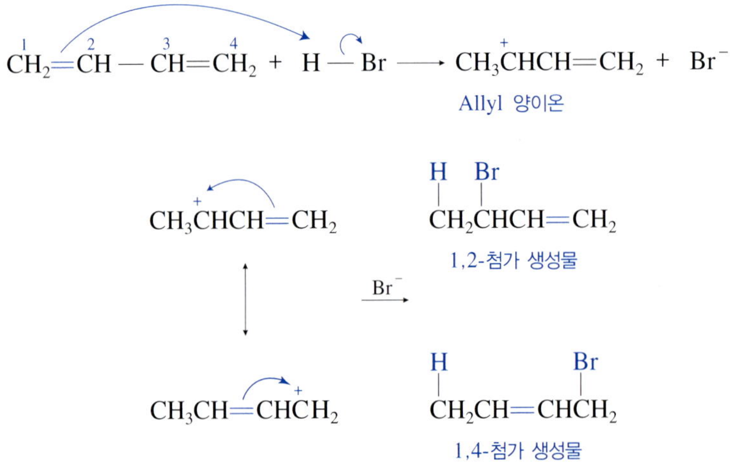

문제 4.16 1,3-cyclohexadiene에 HBr이 첨가되었을 때 생성물의 구조를 그리시오.

4.12 Diels–Alder 반응

콘쥬게이션 다이엔이 알켄 또는 알카인과 반응하면 여섯 원자 고리인 cyclohexene 유도체들이 형성될 수 있다. Diels–Alder 반응으로 알려져 있는 이 반응에서는 세 개의 π 결합이 두 개의 σ 결합과 한 개의 π 결합으로 전환된다.

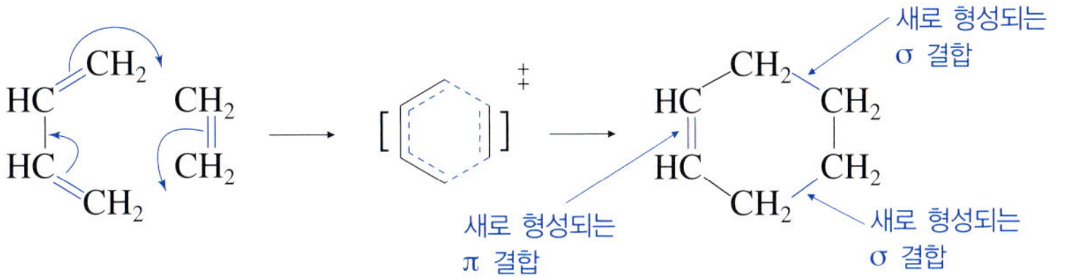

이 반응도 수소화붕소 반응과 마찬가지로 결합의 분해와 생성이 한 단계에서 협동적으로 동시에 진행되며 이와 같은 종류의 반응을 **페리 고리 협동 반응(pericyclic reaction)**이라고 한다. 콘쥬게이션 다이엔을 **다이엔(diene)**이라고 부르고 다이엔과 반응하는 알켄 또는 알카인을 **친다이엔체(dienophile)**이라고 한다. 단순한 1,3-butadiene과 ethene은 효과적으로 Diels–Alder 반응을 일으키지 않는다. 그러나 다이엔에 전자를 밀어주는 기가 치환되어 있거나 친다이엔체에 전자를 끌어당기는 기가 치환되어 있을 때는 반응이 효과적으로 진행된다. 전자를 밀어주는 기에는 알킬, $R\ddot{\underset{..}{O}}-$, $R\ddot{\underset{..}{S}}-$, $R_2\dot{\underset{..}{N}}-$, 알킬기와 같은 것이 있고 전자를 끌어당기는 기에는 $-\overset{\text{O}}{\overset{\|}{\text{C}}}\text{H}$, $-\overset{\text{O}}{\overset{\|}{\text{C}}}-\text{OR}$, 할로겐, $-CN$, $-NO_2$ 등이 있다.

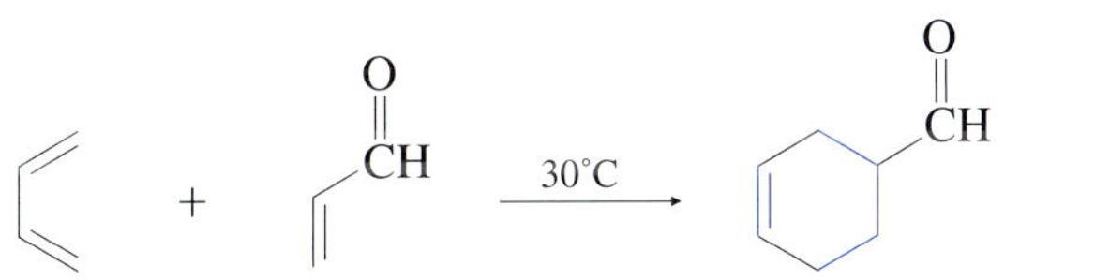

1,3-Butadiene　　Propenal　　4-Cyclohexenecarbaldehyde

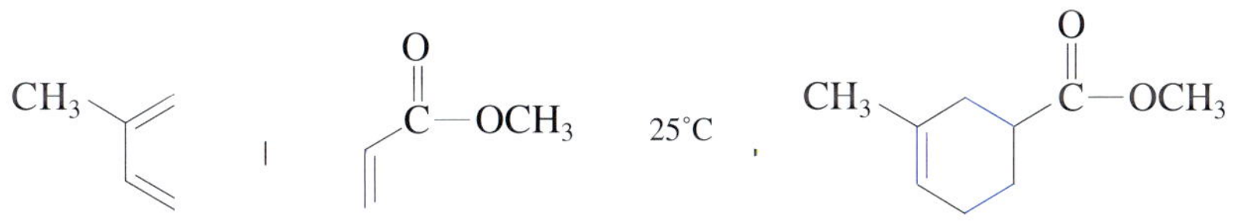

2-Methyl-1,3-butadiene　　Methyl propenoate　　2-Methyl-4-cyclohexenecarboxylate

문제 4.17 다음에서 Diels–Alder 반응을 잘 일으킬 수 있는 다이엔체와 친다이엔체를 지적하시오.

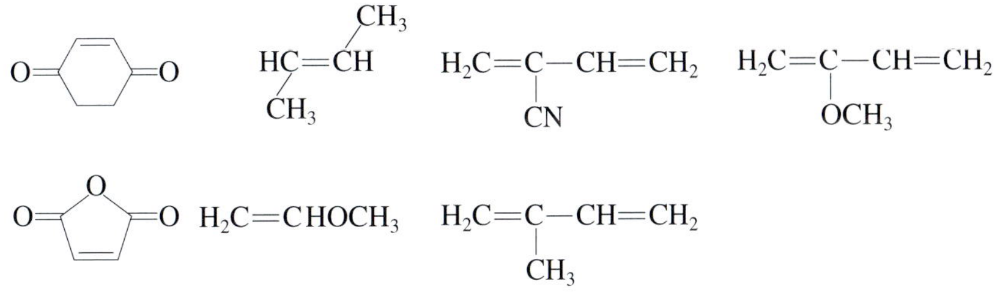

문제 4.18 다음 각 반응에서 생성물의 구조를 그리시오.

(1) 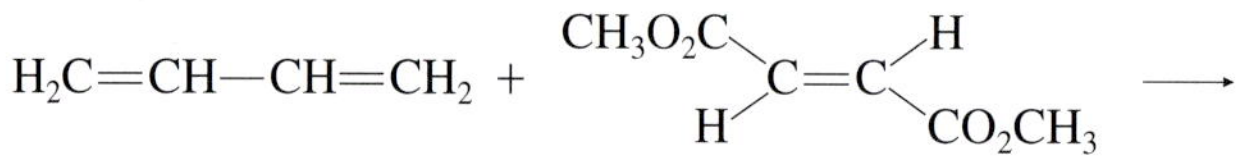

(2) 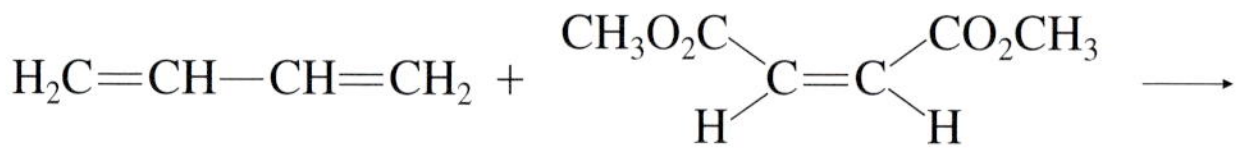

(3) $H_2C{=}CH{-}CH{=}CH_2 + CH_3O_2CC{\equiv}CCO_2CH_3 \longrightarrow$

4.13 알켄의 산화 반응

알켄의 이중 결합을 산화제로 처리하면 쉽게 산화된다. 산화제는 알켄의 π 전자를 공격하며 다음과 같은 산화 반응들이 있다. 알켄을 수산화 나트륨과 같은 염기 촉매 존재 하에서 과망가니즈산 포타슘($KMnO_4$)으로 처리하면 이중 결합의 π 결합이 두 개의 하이드록시기로 전환되어 **이웃 자리 다이올(vicinal diol)**이 얻어진다. 이 반응은 신 입체 화학적으로 진행되기 때문에 cyclohexene에서는 *cis*-1,2-cyclohexanediol이 형성된다.

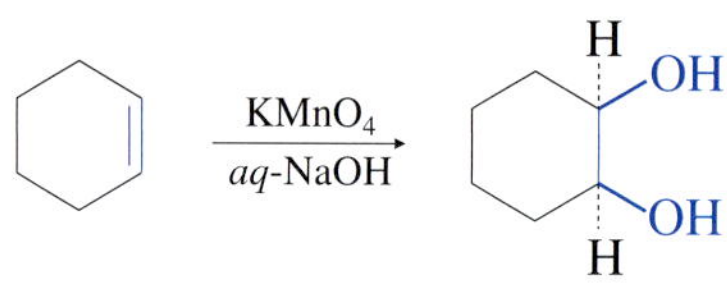

Cyclohexene *cis*-1,2-Cyclohexanediol

높은 압력의 산소를 전기 방전시킬 때 생성되는 오존(O_3)은 매우 강한 산화제이다. 낮은 온도에서 이것으로 알켄을 처리하면 이중 결합의 두 탄소에 오존이 첨가된 몰오존 화합물(molozonide)이 생성된다. 이것은 매우 빠르게 오존 화합물(ozonide)로 전환된다. 오존 화합물은 폭발성을 가지고 있기 때문에 분리하지 않고 아세트산과 같은 용매 속에서 아연 분말로 환원시키면 카보닐 화합물로 전환된다. 이 반응을 **가오존 분해 반응(ozonolysis)**이라고 한다.

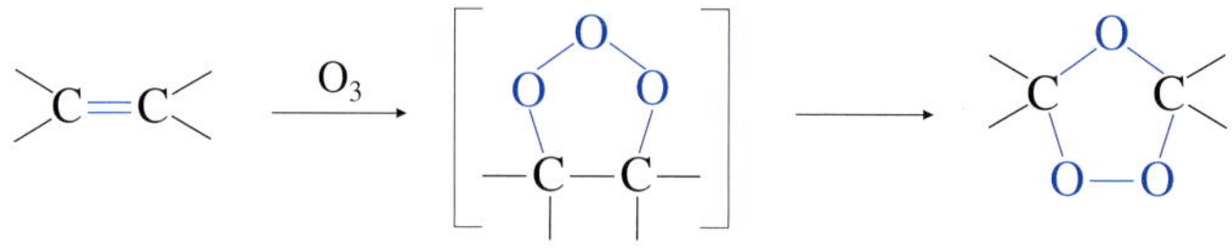

몰오존 화합물 오존 화합물

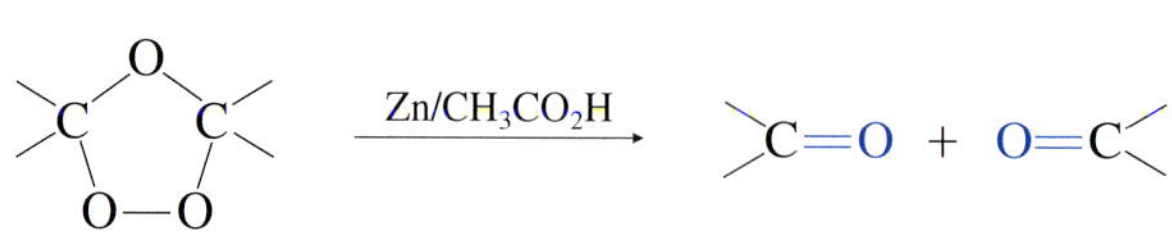

가오존 분해 반응은 이중 결합 위치에서 보다 간단한 구조로 절단되기 때문에 알켄의 구조를 확인하는 데 이용된다. 즉, 1-butene을 오존으로 처리하면 formaldehyde와 propanal이 생성된다.

$$\underset{\text{1-Butene}}{CH_2{=}CHCH_2CH_3} \xrightarrow[\text{2. Zn, } CH_3COOH]{\text{1. } O_3} \underset{\text{Formaldehyde}}{CH_2{=}O} + \underset{\text{Propanal}}{CH_3CH_2CH{=}O}$$

$$\underset{\text{2-Butene}}{CH_3CH{=}CHCH_3} \xrightarrow[\text{2. Zn, } CH_3COOH]{\text{1. } O_3} \underset{\text{Acetaldehyde}}{2CH_3CH{=}O}$$

알켄을 과산화산(RCO_3H, peroxy acid)으로 처리하면 에폭시 화합물(epoxide)로 전환된다.

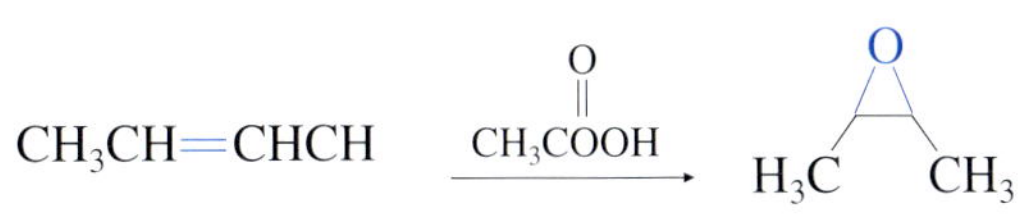

문제 4.19 다음 반응의 생성물을 적으시오.

(1) 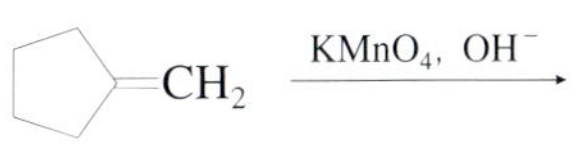

(2) $CH_3C(CH_3){=}CHCH_3 \xrightarrow{KMnO_4,\ OH^-}$

(3) $CH_3C(CH_3){=}CH_2 \xrightarrow[\text{2. Zn, } CH_3COOH]{\text{1. } O_3}$

(4) 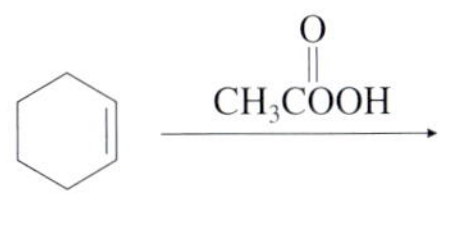

4.14 알카인의 제법

염기 존재 하에서 일어나는 할로알케인 제거 반응을 이용하여 알켄을 제조하는 것처럼 적당한 염기를 사용하여 이할로알케인(dihaloalkane)을 이중 제거 반응시키면 알카인이 얻어진다. 예를 들면 1,2-dibromopentane을 액체 암모니아 속에서 $NaNH_2$로 처리하면 이중제거 반응이 일어난다. 용매를 제거하고 물로 처리하면 1-pentyne이 얻어진다.

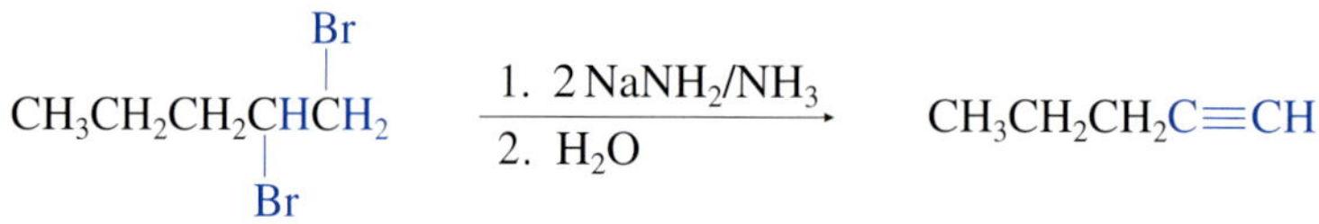

1,2-Dibromopentane → 1-Pentyne

4.15 알카인의 촉매 수소화 반응

알켄에서와 비슷한 방법으로 팔라듐, 백금 또는 니켈과 같은 전이 금속 촉매가 존재하면 알카인에 수소가 첨가된다. 1몰의 수소가 첨가되었을 때의 생성물인 알켄도 수소 첨가에 대한 반응성이 매우 크다. 이 때문에 알켄의 단계에서 반응을 멈출 수 없으며 생성물로서 2몰의 수소가 첨가된 알카인이 얻어진다.

$$CH_3CH_2CH_2C\equiv CH \xrightarrow[\text{Pd, Pt 또는 Ni}]{H_2} [CH_3CH_2CH_2CH{=}CH_2]$$

1-Pentyne → 분리되지 않음

$$\xrightarrow[\text{Pd, Pt 또는 Ni}]{H_2} CH_3CH_2CH_2CH_2CH_3$$

부분적으로 **훼손된 촉매(poisoned catalyst)**를 사용하면 알켄의 단계에서 반응을 멈출 수 있다. **Lindlar 촉매(Lindlar's catalyst)**가 가장 일반적으로 사용된다. 금속의 표면에서 삼중 결합에 수소가 신 첨가 되기 때문에 얻어지는 생성물은 시스 알켄이다.

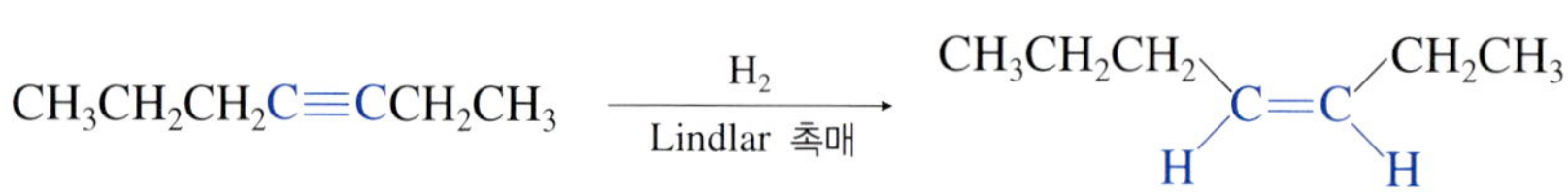

3-Heptyne → *cis*-3-Heptene

4.16 금속-암모니아 환원 반응

알카인으로부터 트랜스 알켄을 얻고 싶을 때는 **금속-암모니아 환원 반응(metal-ammonia reduction)**을 이용한다. 액체 암모니아 속에서 알카인을 소듐 또는 리튬과 같은 1족 금속으로 처리하면 트랜스 알켄이 얻어진다.

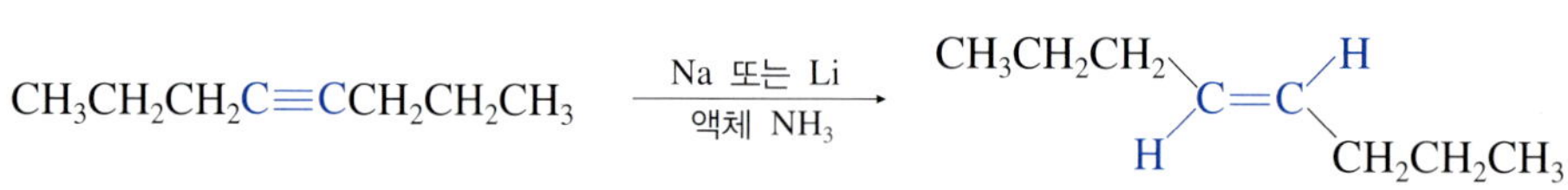

4-Octyne → *trans*-4-Octene

문제 4.20 다음 반응 생성물의 구조를 그리시오.

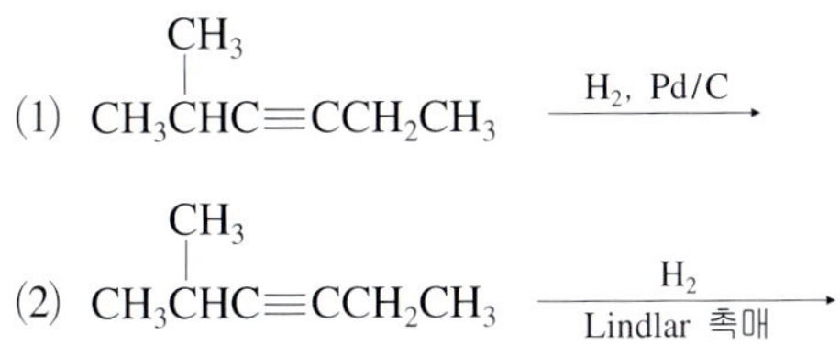

(3) $CH_3CH_2C\equiv CCH(CH_3)_2 \xrightarrow{Na,\ NH_3}$

4.17 알카인에 대한 할로젠화 수소 및 할로젠 첨가 반응

알카인에 할로젠화 수소가 첨가되면 할로알켄이 생성된다. 말단 알카인에 할로젠화 수소가 첨가될 때는 Markovnikov의 규칙을 따른다. 즉, 이미 한 개의 수소 원자가 결합되어 있는 탄소에 수소 원자가 첨가되고 할로젠 원자는 수소가 결합되어 있지 않는 내부 탄소에 첨가된다.

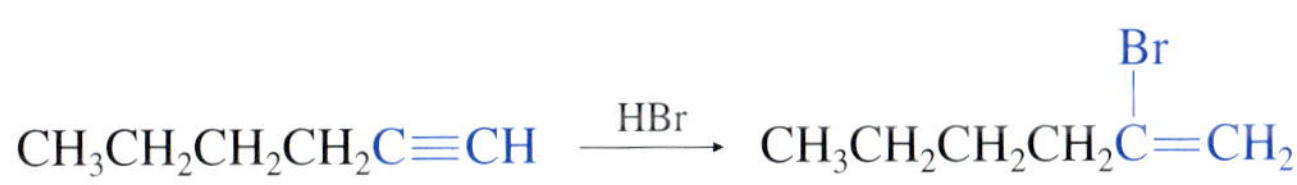

1-Hexyne　　2-Bromo-1-hexene

과량의 할로젠화 수소가 존재할 때는 삼중 결합에 두 분자의 할로젠화 수소가 Markovnikov의 규칙을 따라 첨가된다. 예를 들면 1-hexyne을 과량의 브로민화 수소로 처리하면 같은자리 이할로젠화합물인 2,2-dibromohexane이 생성된다.

1-Hexyne　　2,2-Dibromohexane

염소 또는 브로민이 알카인에 첨가되면 트랜스 입체 화학을 가지고 있는 이할로알켄이 생성된다.

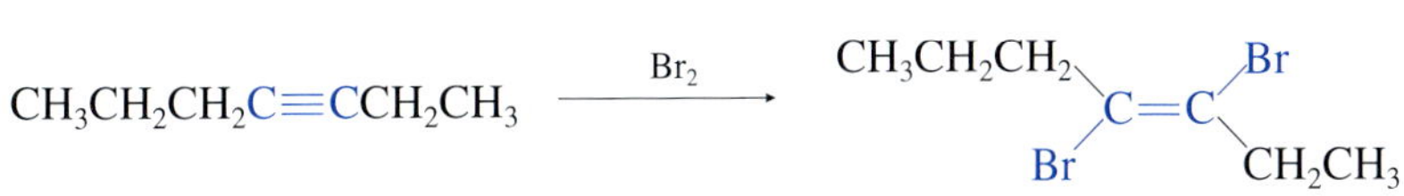

3-Heptyne　　(*E*)-3,4-Dibromo-3-heptene

문제 4.21 다음 반응생성물의 구조를 그리시오.

(1) $CH_3CH_2CH_2C{\equiv}CH \xrightarrow{\text{1 mol HCl}}$

(2) $CH_3CH_2CH_2C{\equiv}CH \xrightarrow{\text{2 mol HBr}}$

(3) $CH_3CH_2C{\equiv}CCH_2CH_3 \xrightarrow{\text{1 mol } Br_2}$

4.18 알카인에 대한 물의 첨가

황산 수은 촉매 존재 하에서 묽은 황산으로 알카인을 처리하면 Markovnikov의 규칙을 따라 물이 첨가된다. 이 반응에서는 탄소–탄소 이중 결합에 하이드록시기가 결합되어 있는 일종의 알코올이 생성되는데 이와 같은 구조를 가지고 있는 화합물들을 **엔올(enol**; 이중 결합을 의미하는 -ene과 알코올을 의미하는 -ol의 합성어)이라고 한다.

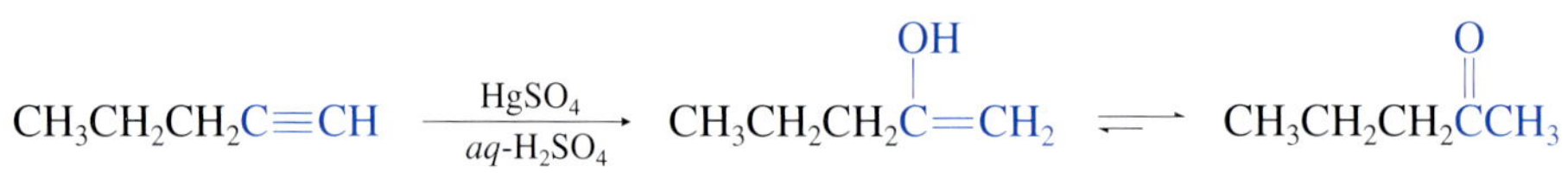

1-Pentyne　　　enol　분리되지 않음　　　케톤(2-pentanone)

보통의 경우 엔올은 분리할 수 없으며 보다 안정한 케톤으로 빠르게 전환된다. 엔올과 케톤은 이중 결합과 수소 원자의 위치만 다른 이성질체이다. 이와 같은 이성질체를 **토토머(tautomer)**라고 부른다. 한 토토머가 다른 토토머로 전환되는 것을 **토토머화(tautomerism)**라고 한다. 엔올과 케톤 사이에서 일어나는 토토머화는 8장 12절에서 자세하게 공부할 것이다.

문제 4.22 3-methyl-1-hexyne에 물이 첨가되었을 때 얻어지는 생성물은 무엇인가?

문제 4.23 3-hexyne에 물이 첨가되면 어떤 생성물이 얻어지는가?

4.19 알카인의 산성도와 알카인일 음이온

탄소에 결합되어 있는 수소의 산성도는 탄소의 전기 음성도에 의해 결정된다. 전기 음성도는 원자가 전자를 핵 가까운 곳에 잡아두는 능력의 척도이다. 전자가 핵에 가까울수록 원자의 전기 음성도가 커진다. 2*s* 오비탈의 전자는 2*p* 오비탈의 전자보다 평균적으로 핵에 보다 가까운 위치에 놓여 있다. 혼성 오비탈의 2*s* 성격이 증가할수록 탄소의 전기 음성도는 커진다. 탄소의 전기 음성도는 sp^3(25% s 성격) < sp^2(33% s 성격) < sp(50% s 성격)의 순서로 증가한다.

수소의 산성도는 수소가 결합되어 있는 원자의 전기 음성도가 커질수록 증가한다. 탄소의 전기 음성도가 $sp^3 < sp^2 < sp$ 순으로 증가하기 때문에 수소의 산성도는 $RCH_3 < R_2C{=}CH_2 < RC{\equiv}CH$ 순으로 증가한다. 실제로 acetylene은 ethylene보다 10^{19}배 이상 그리고 ethane보다 10^{36}배 산성도가 더 크다.

$HC{\equiv}CH$	$H_2C{\equiv}CH_2$	$H_3C{-}CH_3$
Acetylene	Ethylene	Ethane
pK_a=25	~44	~62

알카인의 삼중 결합 탄소에 결합된 수소는 산성도가 크기 때문에 액체 암모니아 속의 소듐 아마이드와 같은 강한 염기로 처리하면 알카인일 음이온이 생성된다.

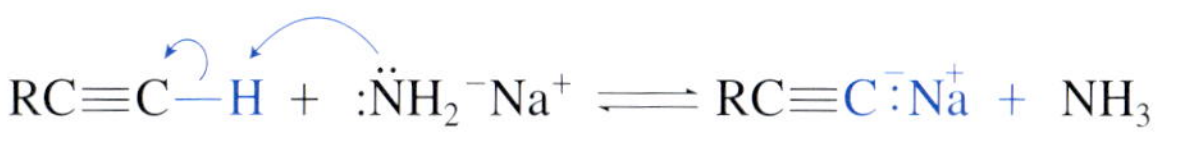

알카인일 음이온과 같이 탄소 원자에 음전하가 놓여 있는 화학종을 **탄소 음이온**(**carbanion**)이라고 한다. 탄소 음이온들은 일반적으로 친핵체로서의 반응성이 매우 크고 쉽게 탄소-탄소 결합을 만드는 데 이용될 수 있다. 탄소-탄소 결합의 형성은 작은 분자를 큰 분자로 전환시키는 수단이기 때문에 매우 중요하다. 알카인일 음이온은 복잡한 유기 화합물을 합성하는 중요한 **합성 단위체**(**synthon**)이다.

어떤 분자에 알킬기를 연결해주는 반응을 **알킬화 반응**(**alkylation reaction**)이라고 한다. 예를 들면 다음과 같이 ethyne에 알킬기를 알킬화시키면 여러 가지 복잡한 알카인들을 얻을 수 있다. 먼저 액체 암모니아 용액 속에서 ethyne을 소듐 아미드로 처리하여 알카인일 음이온인 sodium acetylide로 전환시킨다. 이것에 **알킬화제**(**alkylating agent**)로서 propyl bromide를 첨가하면 1-pentyne이 얻어진다. 1-pentyne에 동일한 반응을 한 번 더 적용하면 4-octyne이 만들어진다.

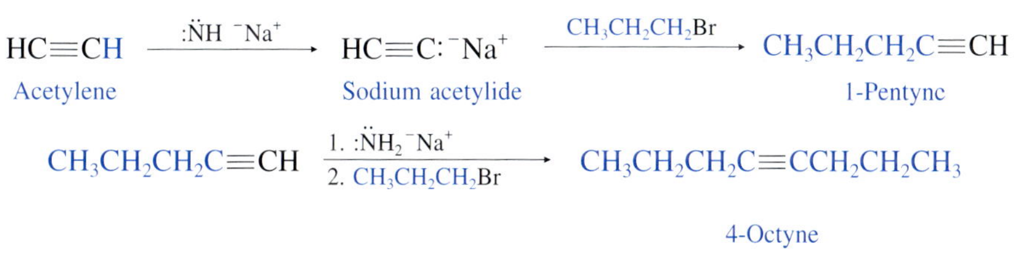

다양한 알킬화제를 선택할 수 있기 때문에 이와 같은 전략을 이용하면 내부 알카인 또는 말단 알카인을 원하는 대로 만들어 낼 수 있다.

문제 4.24 1-pentyne이 액체 암모니아 속의 sodium amide과 반응할 때의 반응식을 적으시오.

문제 4.25 Acetylene으로부터 4-nonyne을 합성하시오.

요약

전자가 부족한 이온이나 분자는 **친전자체(electrophile)**라고 하고 전자가 풍부한 이온 또는 분자는 **친핵체(nucleophile)**라고 한다. 친핵체인 알켄에 친전자체인 브로민화 수소가 첨가되는 반응을 **친전자성 첨가 반응(electrophilic addition)**이라고 하는데 이 반응에서는 첫 단계에서 **탄소 양이온(carbocation)**이라고 하는 **반응 중간체(reaction intermediate)**가 형성된다. 반응물에서 생성물로 변해가는 과정을 자세히 설명하는 것을 **반응 메커니즘(reaction mechanism)**이라고 한다.

반응 좌표(reaction coordinate)를 이용하여 반응 진행에 따른 에너지 변화를 나타낼 수 있는데 이것은 출발 물질에서 **전이 상태(transition state)**를 거쳐 최종 생성물에 이르는 과정을 추적한 것이다. 출발 물질이 가장 에너지가 높은 상태에 도달하는데 필요한 에너지를 **활성화 에너지(activation energy, E_{act})**라고 한다. 반응이 여러 단계로 진행될 때 반응 속도가 가장 느린 단계가 **속도 결정 단계(rate determining step)**이다.

알켄에 대한 할로젠화 수소 또는 물의 첨가 반응은 **Markovnikov 규칙**을 따라 수소가 더 많은 탄소 쪽에 수소가 첨가된다. 이 규칙을 따르면 보다 안정한 탄소 양이온 중간체가 형성되기 때문이며 탄소 양이온의 안정도는 **하이퍼 콘쥬게이션(hyperconjugation)** 효과로 설명된다.

촉매 수소화(catalytic hydrogenation) 반응은 **신 첨가(syn addition)**의 **입체 화학(stereochemistry)**을 보여주는 반면 **할로젠 첨가 반응(halogen addition)**에서는 **안티 첨가(anti addition)**가 일어난다. **수소 붕소화(hydroboration)**에 이은 산화 반응에서는 치환이 적은 쪽에 하이드록시기가 결합된 알코올이 얻어진다.

공명 혼성 때문에 **콘쥬게이션 다이엔(conjugated diene)**의 친전자성 첨가 반응에서는 1,2-첨가와 1,4-첨가가 동시에 일어난다.

다이엔(diene)과 **친다이엔체(dienophile)** 사이에서 여섯 원자 고리 화합물이 형성되는 반응을 **Diels–Alder 반응**이라고 한다.

알켄을 염기성 조건 하에서 $KMnO_4$로 처리하면 **이웃 자리 디올(vicinal diol)**이 생성되고 오존과 반응시킨 다음 아연과 아세트산으로 처리하면 이중 결합이 분해되어 두 개의 카보닐기 화합물로 전환된다.

탄소–탄소 삼중 결합을 가지고 있는 알카인의 화학은 알켄과 매우 비슷하다. 할로젠화수소나 산 촉매 존재 하에서 물의 친천자성 첨가 반응을 일으킨다. 말단 알카인에서는 Markovnikov의 규칙을 따라 수소가 있는 말단 탄소에 수소가 첨가된다. 물의 첨가 반응에서 생성된 엔올 중간체는 보다 안정한 케톤으로 빠르게 토토머화된다. 촉매수소화 반응에서는 보통 알케인이 얻어지지만 Lindlar 촉매를 사용하면 시스 알켄의 단계에서 반응을 중지시킬 수 있다. 알카인을 액체 암모니아 속에서 나트륨으로 처리하면 트랜스 알켄이 생성된다. 말단 알카인의 수소는 산성이기 때문에 강한 염기로 처리하면 acetylide 음이온이 형성된다. 이것을 알킬화제로 처리하면 쉽게 여러 가지 알카인을 합성할 수 있다.

읽을거리

비타민 A의 화학

노란색과 오렌지색 채소에는 β-carotene 많이 함유되어 있다. 시각의 화학은 채소로부터 시작된다. 채소로부터 섭취된 β-carotene은 작은 창자에서 효소에 의해 비타민 A로 전환된다. 비타민 A가 눈으로 전달되면 눈에서 11-*cis*-retinal이라고 하는 물질로 전환된다.

이것이 단백질인 opsin과 결합하면 망막의 시각 색소인 붉은색의 11-*cis*-rhodopsin이 된다. 11-*cis*-rhodopsin이 빛을 흡수하면 11-*trans*-rhodopsin 이중 결합으로 전환된다. 이 이성질화 현상에 의해 기하학적 형태가 변화되면서 시각 신경을 자극한다. 자극은 뇌로 전달되며 상으로 인식된다. 11-*trans*-rhodopsin은 또 다른 시각 사이클에 이용되기 위해 11-*cis*-retinal으로 전환된다.

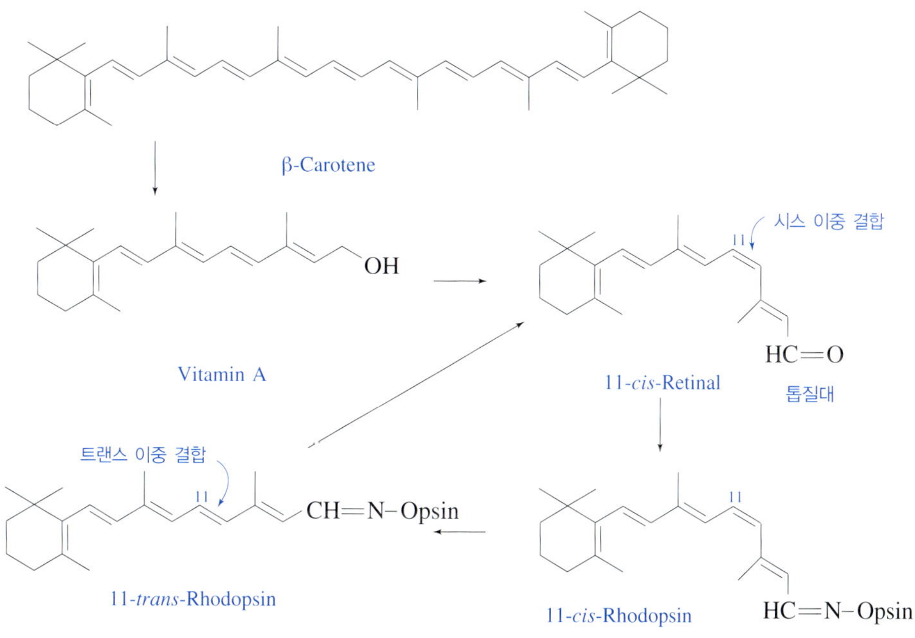

척추 동물의 망막은 rhodopsin을 포함하고 있는 세포인 막대 세포와 원추 세포를 가지고 있다. 원추 세포는 밝은 빛에서 작용하면 색깔을 구별하는 데 사용된다. 이들은 황반이라고 하는 망막의 중심부에 집중되어 있다. 망막의 나머지 부분에는 주로 막대 세포가 있으며 밤에 미약한 빛을 감지하는 데 사용된다. 막대 세포에는 한 종류의 opsin만 있는 반면 원추 세포는 푸른색, 녹색, 빨간색 상과 관련이 있는 세 종류의 opsin을 가지고 있다.

보충문제

4.26 다음에서 친전자체와 친핵체를 가리시오.

(1) Br^- (2) Ca^{2+} (3) $CH_3CH_2NH_2$

(4) $CH_3CH_2\cdot$ (5) $FeCl_3$

4.27 다음 각 시약으로 2−butene을 처리했을 때 얻어지는 생성물의 구조를 그리시오.

(1) H_2O/H_2SO_4 (2) Br_2 (3) H_2/PtO_2

(4) HCl (5) $KMnO_4/OH^-$ (6) BH_3 다음 H_2O_2/OH^-

(7) O_3 다음 Zn/CH_3CO_2H (8) HI (9) $CH_3\overset{\overset{\displaystyle O}{\|}}{C}OOH$

4.28 다음 각 시약과 2-methyl-2-hexene의 반응은 매우 높은 위치 선택성을 보여준다. 각 반응에서 위치 선택적으로 생성된 생성물의 구조를 그리시오.

(1) HCl (2) H_2O/H_2SO_4 (3) BH_3 다음 $H_2O_2-OH^-$

4.29 1,2-Dimethylcyclopentene과 다음 시약의 반응은 입체 선택적으로 진행된다. 주생성물의 구조를 그리시오.

(1) H_2/PtO_2 (2) $KMnO_4/OH^-$ (3) Br_2

4.30 산 촉매 존재 하에서 물과 반응했을 때 다음 각 알코올은 두 가지 알켄으로부터 생성될 수 있다. 출발 물질로 사용될 수 있는 알켄들의 구조를 그리시오.

(1) 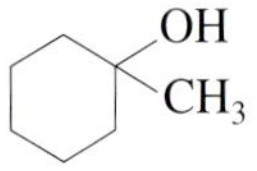

(2) $CH_3C(OH)(CH_3)CH_2CH_3$

4.31 O_3에 이어 Zn/CH_3CO_2H로 처리했을 때 $CH_3CH_2CH_2\overset{\overset{\displaystyle O}{\|}}{C}H$만 생성하는 알켄의 구조를 그리시오.

4.32 O_3에 이어 Zn/CH_3CO_2H로 처리했을 때 $H\overset{\overset{\displaystyle O}{\|}}{C}CH_2CH_2CH_2\overset{\overset{\displaystyle O}{\|}}{C}CH_3$를 생성시키는 알켄의 구조를 그리시오.

4.33 1,3-cyclohexadiene에 다음 각 시약을 처리하면 어떤 생성물이 얻어지겠는가?

(1) 2몰 $H_2/Pd-C$ (2) 1몰 HCl (3) 1몰 Br_2 (4) 2몰 Br_2

4.34 다음 탄소 양이온의 공명 구조를 그리시오.

$$(CH_3)_2CH\overset{+}{C}HCH=CHCH(CH_3)_2$$

4.35 다음 Diels−Alder 반응에서 얻어질 수 있는 생성물의 구조를 그리시오.

(1) 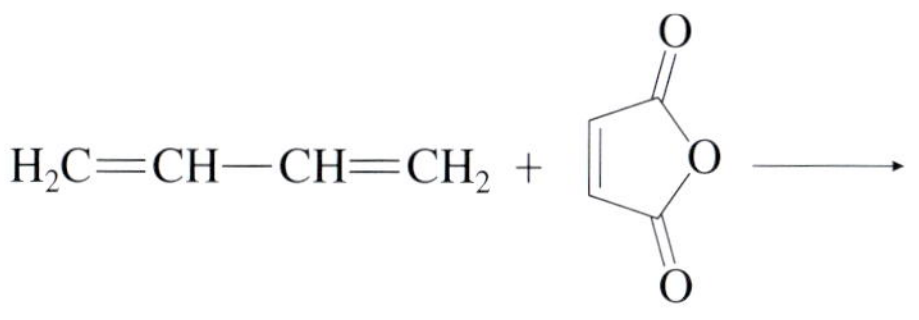

(2) 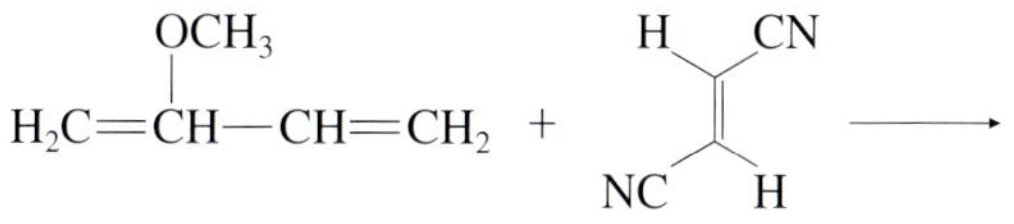

4.36 다음 화합물을 얻으려면 어떤 다이엔과 친다이엔체가 필요한가?

(1) 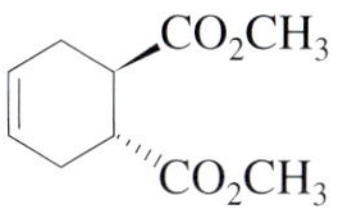

(2) 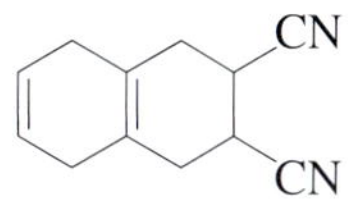

4.37 분자식이 $C_{21}H_{40}$인 화합물이 있다. 이 화합물은 Br_2와 빠르게 반응하고 $KMnO_4$와도 반응한다. Adam's 촉매 존재 하에서 2당량의 수소를 흡수한다. 또 이것을 가오존 분해 반응시키면 $CH_3(CH_2)_{10}CHO$, $CH_3(CH_2)_4CHO$ 및 $OHCCH_2CHO$가 생성된다. 이 화합물의 구조를 그리시오.

4.38 2-methyl-1,3-butadiene(isoprene)을 25℃에서 HCl과 반응시키면 화합물 A와 B가 75:25의 비로 생성된다. 이 화합물들이 형성되는 반응의 메커니즘을 제시하시오.

A: $(CH_3)_2C(Cl)CH{=}CH_2$　　B: $(CH_3)_2C{=}CHCH_2Cl$

4.39 다음 각 화합물이 $HgSO_4$ 촉매 존재 하에서 묽은 황산과 반응할 때 얻어지는 생성물의 구조를 그리시오.

(1) 1-Hexyne　(2) 3-Hexen-1-yne　(3) 1,5-Hexadiyne

4.40 다음 각 반응 생성물의 구조를 그리시오.

(1) 1-Hexyne $\xrightarrow{H_2,\ \text{Lindlar 촉매}}$

(2) 1-Hexyne $\xrightarrow{Cl_2}$

(3) 3-Hexyne $\xrightarrow[\text{2. } CH_3CH_2CH_2Br]{\text{1. } NaNH_2,\ \text{액체 } NH_3}$

4.41 다음 각 화합물을 얻으려면 어떤 알카인과 시약이 필요한가?

(1) 3,3-Dibromohexane　(2) 2,2,3,3-Tetrabromohexane　(3) 2-Butanone

4.42 다음 말단 알카인과 내부 알카인을 acetylene으로부터 합성하시오.

(1) 1-Heptyne　(2) 3-Octyne

4.43 다음 반응에서는 라셈 혼합물의 생성물이 얻어진다. 반응 메커니즘을 이용하여 설명하시오.

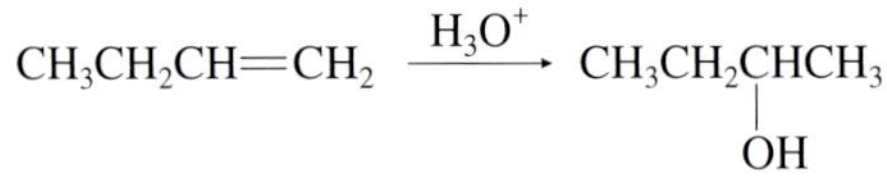

4.44 다음 반응에서는 부분 입체 이성질체들과 메소 화합물이 형성된다. 반응 메커니즘을 사용하여 설명하시오.

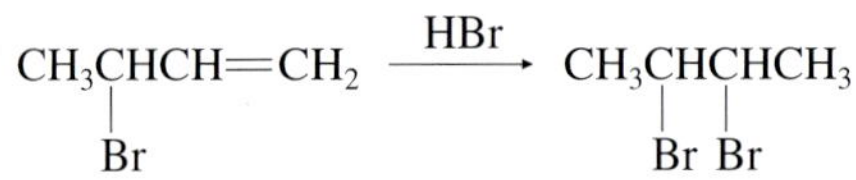

5장

할로알케인: 친핵성 치환 및 제거 반응

해양 생물의 대사 물질들인 많은 할로알케인 화합물들이 알려져 있다. 바다에서 사는 생명체들은 주로 자기 방어 물질로서 독성이 있는 할로알케인들을 생산하였다. 대표적인 예로 태평양의 갈조류로부터 분리된 10-bromo-α-chamigrene과 violacene 같은 해양 천연물을 들 수 있다.

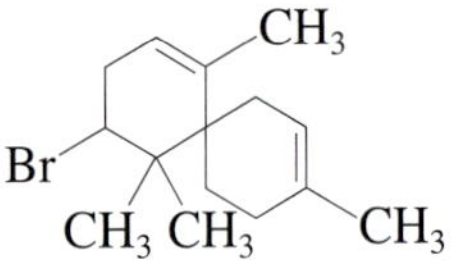

10-Bromo-α-chamigrene

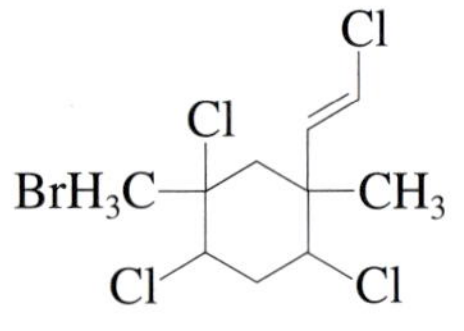

Violacene

할로알케인들은 대부분 실험실에서 합성되며, endosulfane을 포함하는 어떤 할로알케인들은 살충제로서의 효능을 보여준다. 할로알케인들 중에는 제초제, 방화제, 세척액, 용매, 냉각제 등으로 이용되는 것들도 있다.

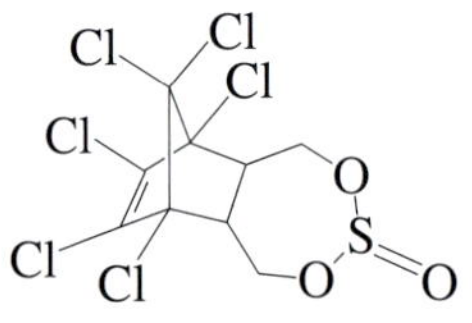

Endosulfane

할로알케인(**haloalkane**)은 두 가지 중요한 반응을 한다. 하나는 할로젠 원자가 다른 원자 또는 원자단으로 치환되는 **치환 반응**(**substitution reaction**)이고 다른 하나는 할로젠 원자가 인접한 탄소에 결합된 수소와 함께 제거되는 **제거 반응**(**elimination reaction**)이다. 이 두 형태의 반응을 이용하면 할로알케인으로부터 매우 다양한 구조를 가지고 있는 유기 화합물들을 얻을 수 있다.

$$RCH_2CH_2Y + X^- \xleftarrow[\text{치환 반응}]{Y^-} RCH_2CH_2X \xrightarrow[\text{제거 반응}]{Y^-} RCH{=}CH_2 + YH + X^-$$

이 장에서는 할로알케인의 명명법, 할로알케인을 만드는 법, 치환 반응과 제거 반응을 포함하는 할로알케인의 반응들과 반응의 메커니즘들을 공부할 것이다.

5.1 할로알케인의 명명법

간단한 할로알케인은 관용명을 많이 사용한다. 관용명에서는 알킬기 뒤에 fluoride,

chloride, bromide 또는 iodide가 온다.

CH_3Cl	CH_3CH_2Br	$(CH_3)_2CHF$	$(CH_3)_3CBr$
Methyl chloride	Ethyl bromide	Isopropyl fluoride	*tert*-Butyl bromide

IUPAC 규칙을 따라 이름을 지을 때는 할로젠 원자를 치환체로 취급하며 할로젠 원자의 어미 -ine를 -o로 바꾸어 준다.

—F	—Cl	—Br	—I
Fluoro-	Chloro-	Bromo-	Iodo-

할로젠과 알킬기는 번호 매김의 우선순위가 같기 때문에 어느 것이나 알케인 사슬의 말단에 더 가까운 치환체에 더 작은 숫자가 가도록 번호를 매긴다.

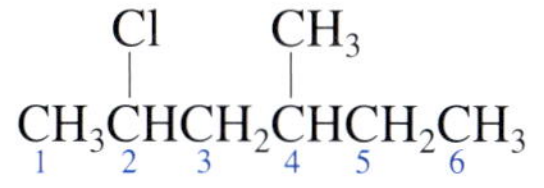

2-Chloro-4-methylhexane

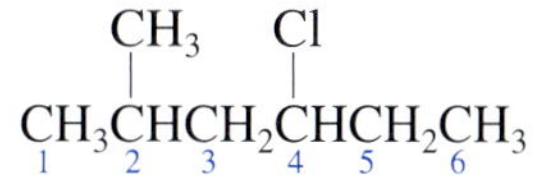

4-Chloro-2-methylhexane

할로젠 원자는 일반적으로 X로 나타낸다. 할로알케인은 할로젠 원자가 결합되어 있는 탄소에 치환된 알킬기의 수에 따라 1차, 2차, 3차 할로알케인으로 분류한다. RCH_2X는 1차, R_2CHX는 2차, R_3CX는 3차 할로알케인이다.

문제 5.1 다음 할로알케인의 IUPAC 이름을 적으시오.

(1) 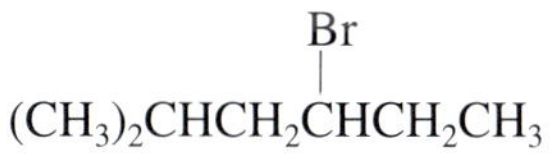

(2) 

(3) $BrCH_2CHBrCH_2CH_2CH_3$

(4) $CH_3CHBrCHClCH_2CHClCH_3$

문제 5.2 다음 화합물의 구조를 그리시오.

(1) 3-Bromo-3-ethylhexane

(2) 2-Methyl-3-chloroheptane

(3) 3,4-Dichloro-2-methyloctane

(4) 1,2-Dibromo-3-iodohexane

5.2 할로알케인의 제법

빛 에너지(hν)를 가하면서 methane을 염소(Cl_2)로 처리하면 **할로젠화 반응(halogenation reaction)**이 일어나 chloromethane이 얻어진다.

$$CH_4 + Cl_2 \xrightarrow{h\nu} CH_3Cl + HCl$$

알케인에서 진행되는 할로젠화 반응은 **개시(initiation)**, **전파(propagation)**, **종료(termination)**의 세 단계로 진행된다. Methane의 할로젠화 반응의 개시 단계에서는 염소–염소 단일 결합이 빛 에너지에 의해 **균등 분해(homolytic cleavage)**되어 염소 라디칼(염소 원자)이 생성된다. 7개의 전자를 가지고 있는 염소 라디칼은 팔전자계를 이루려는 강한 경향 때문에 반응성이 매우 크다.

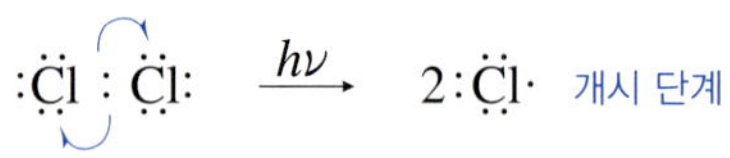

염소 라디칼이 methane으로부터 수소 원자를 탈취하면 메틸 라디칼($CH_3\cdot$)과 HCl이 형성된다. 메틸 라디칼이 염소 분자(Cl_2)로부터 염소 원자를 탈취하면 chloromethane과 다른 염소 라디칼이 생성된다. 이 두 단계를 전파 단계라고 한다.

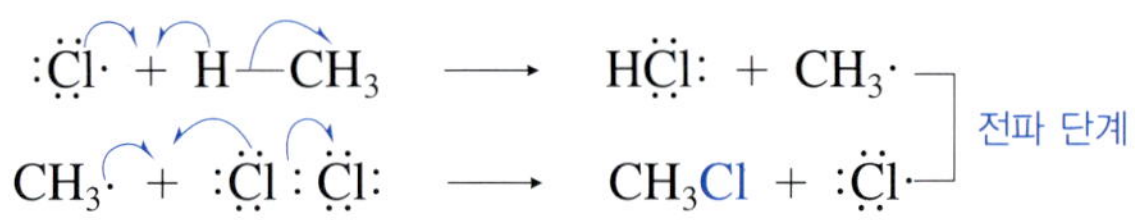

Chloromethane

첫 번째 전파 단계에서 생성된 메틸 라디칼은 두 번째 전파 단계에서 다시 염소와 반응한다. 두 단계는 계속해서 반복되고 그 때마다 자유 라디칼 중간체가 형성되기 때문에 이와 같은 형태의 반응을 **라디칼 연쇄 반응(radical chain reaction)**이라고 한다. 라디칼 연쇄 반응의 종결 단계에서는 어떤 두 개의 라디칼이 서로 결합하여 모든 전자가 쌍을 이루고 있는 분자가 형성된다. 일어날 수 있는 세 가지 종결 단계는 다음과 같다.

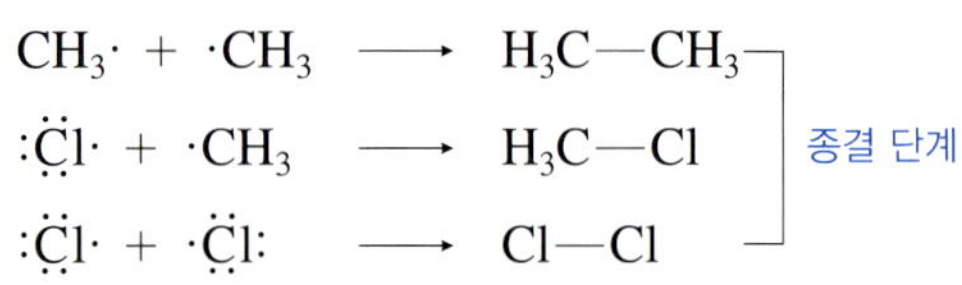

알케인의 할로젠화 반응은 일할로젠화에서 끝나지 않고 계속 반응하여 이할로젠화, 삼할로젠화 및 사할로젠화가 일어나기 때문에 복잡한 혼합물이 얻어진다.

알코올을 할로젠화 수소 HX(X=Cl, Br 또는 I)로 처리하면 할로알케인 RX가 얻어질 수 있다.

$$CH_3CH_2CH_2CH_2OH \xrightarrow[\text{가열}]{HBr/H_2SO_4} CH_3CH_2CH_2CH_2Br$$

1-Butanol 1-Bromobutane

그러나 이 방법에서는 알코올의 구조에 따라서 여러 가지 부반응이 일어날 수 있다. 이 때문에 클로로알케인 또는 브로모알케인을 만들 때는 $SOCl_2$ 또는 PBr_3와 같은 할로젠화 시약들이 주로 사용된다. 이 방법들은 온화한 조건 하에서 비교적 효과적으로 진행된다.

3-Hexanol 3-Chlorohexane

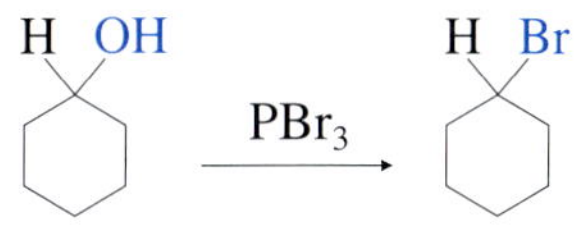

Cyclohexanol Bromocyclohexane

문제 5.3 적당한 알코올로부터 다음 할로알케인을 합성하는 반응식을 적으시오.

(1) 3-Bromopentane (2) 2-Methyl-1-chlorocyclopentane

(3) 3-Ethyl-3-Bromopentane

5.3 유기 금속 화합물–Grignard 시약

탄소 원자가 금속 원자에 공유 결합을 통해 결합되어 있는 부류의 화합물들을 **유기 금속 화합물(organometallic compound)**이라고 한다. 프랑스의 화학자 Charles Adophe Wurtz는 1855년 아이오딘화 메틸을 금속 나트륨으로 처리하면 에테인이 형성되는 반응을 발견하였다.

$$CH_3{-}I + 2\,Na + I{-}CH_3 \longrightarrow CH_3{-}CH_3 + 2\,Na^+I^-$$

이 반응은 다음과 같은 과정을 거쳐 진행된다. 즉, 유기 나트륨 화합물이 생성되고, 이는 다시 아이오딘화 메틸과 반응하여 에테인이 형성된다.

$$CH_3{-}I + 2\,Na \longrightarrow CH_3^-Na^+ + Na^+I^-$$

$$CH_3{-}Na^+ + I{-}CH_3 \longrightarrow CH_3{-}CH_3 + Na^+I^-$$

탄소 수가 더 많은 할로젠화 알킬에도 적용된다. 예를 들어 브로민화 에틸을 통해 n-뷰테인을 효율적으로 합성할 수 있다.

$$2\,CH_3CH_2{-}Br + 2\,Na \longrightarrow CH_3CH_2{-}CH_2CH_3 + 2\,Na^+Br^-$$

이 반응에서 생성된 탄화수소는 대칭이며 출발 물질인 할로알케인 탄소수의 두 배가 된다. 여기서 결합하는 탄소 원자는 처음 할로젠 원자와 결합하고 있던 원자이다. 일반식으로 나타내면 다음과 같다.

$$2\,R{-}X\ +\ 2\,Na \longrightarrow R{-}R\ +\ 2\,Na^{+}X^{-}$$

여기서 R은 알킬기이고, X는 염소, 브로민 또는 아이오딘이다. Wurtz 반응은 고리 화합물 제조에도 이용된다. 예를 들어 1,3-이할로젠 화합물과 아연이 반응하면, cyclopropane이 생성된다.

$$Br{-}H_2CDH_2CH_2{-}Br + Zn \longrightarrow \text{cyclopropane} + Zn^{2+}\ Br_2{}^{1-}$$

1899년 프랑스 Lyon 대학의 학생이었던 Victor Grignard가 유기 마그네슘 화합물(RMgX)을 발견한 이래 매우 많은 유기 금속 화합물들이 발견되고 있다. 일반적으로 **Grignard 시약(Grignard reagent)**이라고 불리는 이 화합물들은 에터 용매 속에서 금속 마그네슘과 유기 할로젠 화합물의 반응으로부터 쉽게 만들어진다.

$$R\text{-}X \xrightarrow[\text{diethyl ether}]{Mg} R\text{-}Mg\text{-}X$$

R; 일차, 이차 또는 삼차 alkyl 또는 aryl

X=Cl, Br 또는 I

예를 들면

$$CH_2{=}CHCH_2Br \xrightarrow[\text{diethyl ether}]{Mg} CH_2{=}CHCH_2MgBr$$

할로알케인을 Grignard 시약으로 전환시키면 $C^{\delta+}{-}X^{\delta-}$ 결합의 극성이 $C^{\delta-}{-}Mg^{\delta+}X$으로 변한다. 이와 같이 탄소의 극성이 δ^{+}에서 δ^{-}로 변하는 것을 **극성 반전(umpolung)**이라고 하며 이 때문에 유기 부분은 매우 강한 친핵체로서의 반응성을 보여주며 여러 종류의 친전자체와 폭 넓게 반응한다.

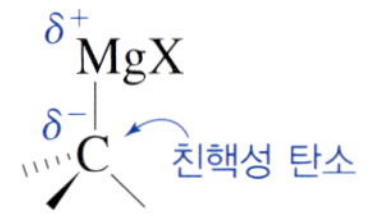

이와 같이 형성된 Grignard 시약은 H_2O 또는 D_2O와 반응하여 가수 분해된다. 특히, D_2O를 사용하면 동위 원소로 표지된 탄화수소를 만드는 좋은 방법이 된다. Grignard 시약의 반응들에 대해서는 카보닐 화합물들을 공부하는 8장 및 9장에서 다시 자세하게 설명될 것이다.

$$CH_2{=}CHCH_2MgBr\ +\ D_2O \longrightarrow CH_2{=}CHCH_2D\ +\ Mg^{2+}(OD)^{1-}Br^{1-}$$

이상의 반응에서 할로알케인은 할로젠을 수소로 치환하는 환원 반응에 의하여 같은 수의 탄소 원자를 가진 탄화수소로 변환될 수 있다. 그 일반식은 다음과 같다.

$$R{-}X \ [H]^{+} \longrightarrow R{-}H$$

아연과 초산은 이와 같은 반응을 일으키는 좋은 환원제이다. 이 반응의 중간체는 할로젠화 유기 아연이며, 이것은 산에 의하여 가수 분해된다.

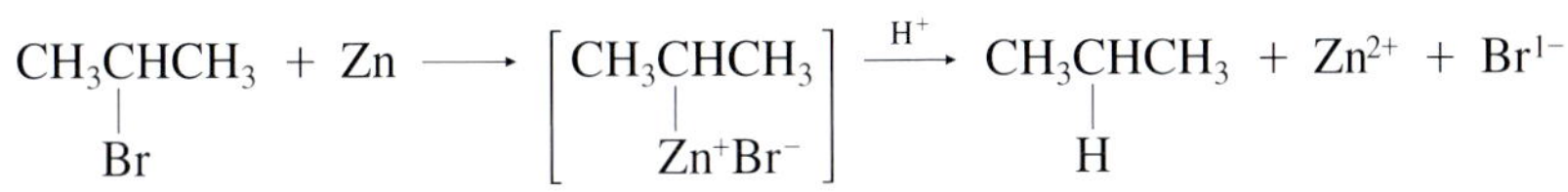

문제 5.4 다음 각 화합물과 금속 마그네슘으로부터 얻어지는 Grignard 시약의 구조를 적으시오.

(1) Iodomethane (2) Bromocyclohexane (3) 2-Bromo-2-methylbutane

5.4 친핵성 치환 반응

할로젠 원자는 전기 음성도가 탄소 원자보다 크기 때문에 할로알케인의 할로젠화된 탄소 원자는 부분 양전하를 가지고 있다. 이 탄소 원자는 음이온이나 비공유 전자를 가지고 있는 화학종의 공격을 쉽게 받는다. 이 결과로 일어나는 반응을 **친핵성 치환 반응(nucleophilic substitution)**이라고 한다. 예를 들면 bromomethane과 수산화 이온이 친핵성 치환 반응을 일으키면 methanol과 브로민화 이온이 생성된다.

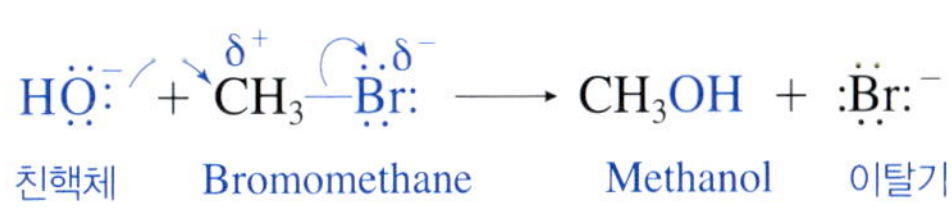

친핵체인 수산화 이온의 공격을 받는 bromomethane을 **기질(substrate)**이라고 부르고 치환되는 브로민화 이온을 **이탈기(leaving group)**라고 한다. 친핵성 치환 반응에서는 공유 결합 한 개가 분해되고 새로운 공유 결합 한 개가 형성된다. 친핵체는 새로 형성되는 결합에 전자 한 쌍을 제공하고 이탈기는 분해되는 결합으로부터 전자 한 쌍을 받는다.

친핵체에는 음이온과 전기적으로 중성이지만 비공유 전자쌍을 가지고 있는 분자의 두 가지 유형이 있다. 친핵체가 음이온일 때 생성물은 중성이 되고 친핵체가 중성일 때 생성물은 양이온이 된다.

$$\mathrm{Nu}\ddot{:}^{-} + \mathrm{R{-}L} \longrightarrow \mathrm{R{-}Nu} + \mathrm{L}\ddot{:}^{-}$$
$$\mathrm{Nu}: + \mathrm{R{-}L} \longrightarrow \mathrm{R{-}Nu}^{+} + \mathrm{L}\ddot{:}^{-}$$

친핵체　기질　생성물　이탈기

친핵성 치환 반응은 매우 다양할 뿐만 아니라 유기 화합물을 합성할 때 가장 유용하게 이용된다. 친핵성 치환 반응은 다음 절들에서 보는 것처럼 크게 S_N1 반응과 S_N2 반응의 두 가지 메커니즘으로 진행된다. 할로알케인에서 진행될 수 있는 대표적인 친핵성 치환 반응을 종합하면 표 5.1과 같다

표 5.1 할로알케인에서 진행되는 대표적인 친핵성 치환 반응

$$\mathrm{Nu}: + \mathrm{R{-}L} \longrightarrow \mathrm{R{-}Nu} + \mathrm{L}\ddot{:}^{-}$$

친핵체		생성물	
구조식	이름	구조식	이름
산소 친핵체			
$\mathrm{H\ddot{O}:^{-}}$	수산화 이온	$\mathrm{R{-}OH}$	알코올
$\mathrm{R\ddot{O}:^{-}}$	알콕사이드 이온	$\mathrm{R{-}O{-}R}$	에터
$\mathrm{RCO\ddot{O}:^{-}}$	카복시산 이온	RCOOR	에스터
$\mathrm{H\ddot{O}H}$	물	$\mathrm{ROH_2^{+}}$	알킬옥소늄 이온
$\mathrm{R\ddot{O}H}$	알코올	$\mathrm{R^{-}O^{+}HR}$	다이알킬옥소늄 이온
질소 친핵체			
$\mathrm{R\ddot{N}H_2}$	아민	$\mathrm{R\overset{+}{N}H_2R}$	다이알킬암모늄 이온
$\mathrm{:\overset{-}{\underset{..}{N}}{=}\overset{+}{N}{=}\overset{-}{\underset{..}{N}}:}$	아자이드 이온	$\mathrm{RN{=}\overset{+}{N}{=}\overset{-}{N}}$	알킬 아자이드
황 친핵체			
$\mathrm{H\ddot{S}\!:^{-}}$	황화수소 이온	$\mathrm{R{-}SH}$	싸이올
$\mathrm{R\ddot{S}\!:^{-}}$	싸이올레이트 이온	$\mathrm{RS{-}R}$	설파이드
할로젠 친핵체			
$\mathrm{:\ddot{I}:^{-}}$	아이오딘화 이온	$\mathrm{R{-}I}$	아이오도알케인

5.5 S_N2 반응

수산화 이온과 bromomethane으로부터 methanol이 생성되는 반응은 친핵성 치환 반응이다. 이 반응의 속도는 친핵체인 수산화 이온과 기질인 bromomethane의 농도에 비례한다. bromomethane의 농도가 두 배가 되면 반응 속도는 두 배가 된다. 마찬가지로 수산화 이온의 농도가 두 배가 되면 반응 속도도 두 배가 된다. 만약 두 반응물의 농도를 모두 두

배로 해주면 반응 속도는 4배가 된다. 즉, 이 반응은 전체적으로 **2차 반응(second order reaction)**이며 속도식은

$$속도 = k[CH_3Br][OH^-]$$

과 같이 표현된다. 반응의 속도가 친핵체와 기질의 농도에 의해 결정되는 **이분자 친핵성 치환 반응(bimolecular nucleophilic substitution)**을 **S_N2 반응**이라고 한다(S는 치환, N은 친핵성 그리고 2는 두 분자를 나타낸다).

S_N2 반응에 대한 메커니즘은 1937년 영국의 Ingold와 Hughes에 의해 제안되었다. S_N2 반응은 한 단계의 **협동 과정(concerted process)**으로 진행된다. 수산화 이온과 bromomethane의 반응을 모델로 사용하여 S_N2 반응의 메커니즘을 설명하면 다음과 같다. 먼저 친핵체인 수산화 이온은 이탈기인 브로민 원자에 결합된 기질의 탄소를 공격하면서 브로민화 이온을 추방한다. 친핵체가 이탈기의 반대 쪽에서 탄소를 공격하기 때문에 이와 같은 공격을 **후면 공격(backside attack)**이라고 부른다. 친핵체가 bromomethane의 sp^3 탄소를 후면 공격하면 탄소–수소 결합들은 친핵체로부터 멀어지기 시작한다. 전이 상태에 도달하면 공격받는 탄소 원자는 sp^2 혼성으로 변한다. 세 개의 탄소–수소 결합들은 모두 같은 평면에 놓이게 되고 탄소에 5개의 치환기가 결합된 **5배위착물(pentacoordinate)**가 된다. 전이 상태에서 친핵체–탄소 및 탄소–이탈기는 부분적으로 결합되어 있기 때문에 이 결합들은 비교적 약하고 길다. 전이상태를 지나 친핵체가 탄소 원자에 더 가까워지면 브로민화 이온은 추방되고 세 개의 탄소–수소결합들은 처음과 반대 방향을 향하게 된다. 마지막으로 친핵체와 탄소 원자 사이의 결합이 완전히 형성되고 탄소와 브로민 원자 사이의 결합이 완전히 끊어지면 기질의 탄소 원자는 다시 sp^3 혼성이 되고 분자는 사면체 배열을 이루게 된다.

치환이 일어나는 탄소에 결합되어 있던 세 개의 수소들의 배열은 우산이 바람에 뒤집히듯이 왼쪽에서 오른쪽으로 뒤집어 진다.

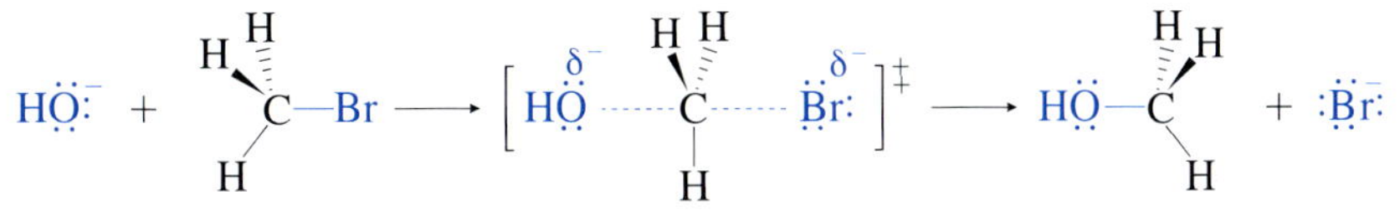

이와 같은 입체형태의 변화를 **배열의 반전(inversion of configuration)** 또는 발견자의 이름을 따서 **Walden 반전(Walden inversion)**이라고 한다. 이탈기가 카이랄 탄소에 결합된 기질의 S_N2 반응에서는 생성물과 기질의 절대 배열이 항상 반대이다. 예를 들어 기질인 (*S*)-2-bromoheptane이 수산화 이온과 반응하면 기질과 절대 배열이 반대인 (*R*)-2-heptanol이 생성된다.

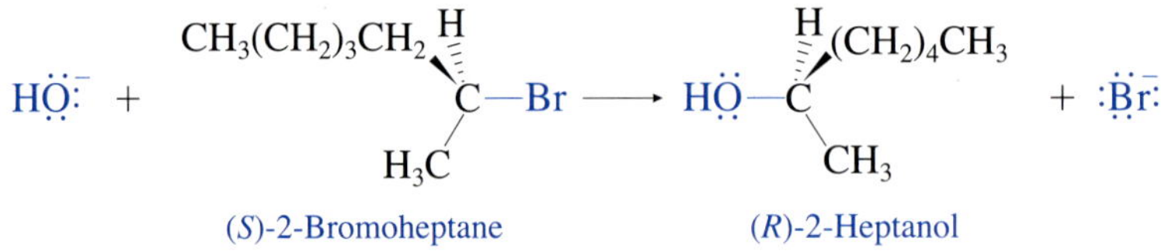

S_N2 반응이 진행되는 동안의 에너지 변화를 도표로 나타내면 그림 5.1과 같다.

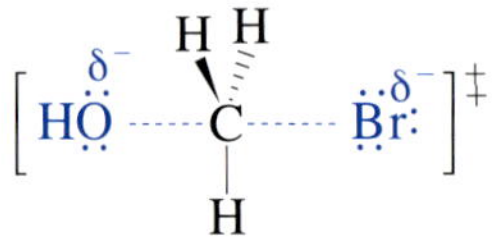

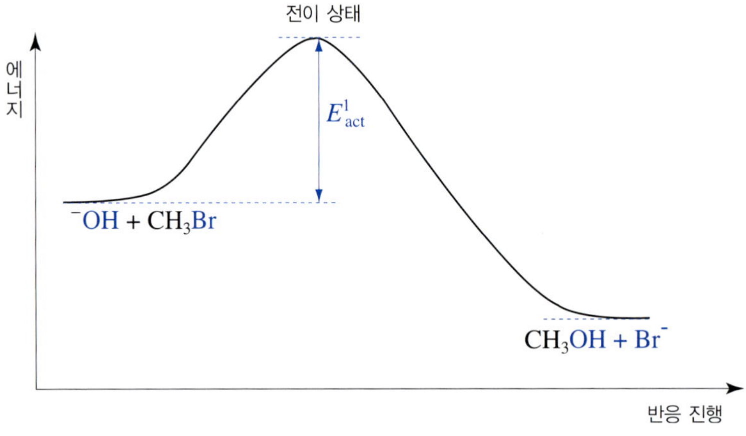

그림 5.1 S_N2 반응의 에너지 도표

문제 5.5 CH_3CH_2I와 HS^-사이에서 일어나는 S_N2 반응의 에너지 도표를 그리시오. 이 반응에 대한 활성화 에너지(E_a)를 표시하시오.

문제 5.6 (*S*)-2-bromopentane과 HO^-사이에서 일어나는 S_N2 반응의 반응식을 분자들의 쐐기–점선 구조식과 Fischer 투영식을 이용하여 적으시오.

5.6 S_N2 반응에 영향을 미치는 인자

입체 장애

Bromomethane에서는 세 개의 수소가 차지하는 공간이 적기 때문에 친핵체의 후면 공격이 비교적 쉽게 일어난다. 그러나 반응이 일어나는 탄소에 부피가 큰 치환체가 결합되어 있으면 이것이 이탈기의 후면을 가로막게 되므로 친핵체의 후면 공격이 어려워진다.

Bromomethane의 세 수소 중 한 개가 methyl기로 치환된 bromoethane에서는 methyl기가 친핵체의 진로를 가로막게 되므로 반응 속도가 낮아진다. 세 개의 수소가 모두 methyl기로 치환된 *tert*-butyl에서는 삼차 탄소 뒷편이 완전히 차단되므로 S_N2 반응이 일어나지 않는다.

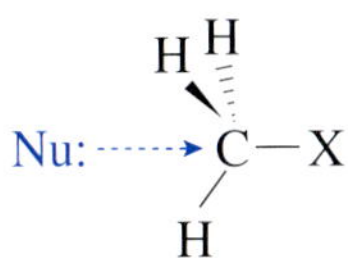

Methyl

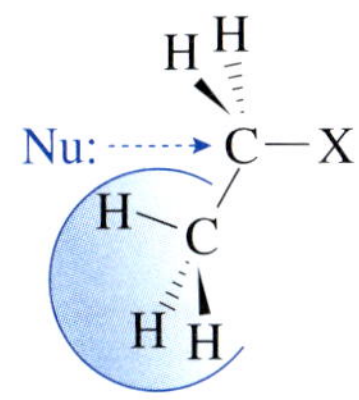

Ethyl

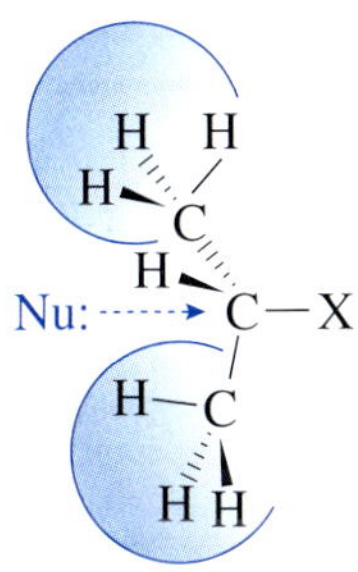

Isopropyl

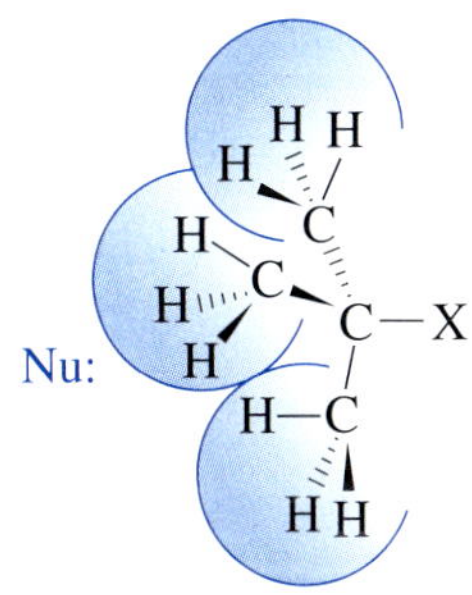

tert-Butyl

부피가 큰 치환체가 화학 반응의 속도를 감소시키는 효과를 **입체 장애(steric hindrance)**라고 한다. S_N2 반응은 기질의 입체 장애 효과를 크게 받으며 반응의 속도는 일반적으로 다음과 같은 경향을 보여준다

$$\underset{\text{삼차}}{R_3CX} < \underset{\text{이차}}{R_2CHX} < \underset{\text{일차}}{RCH_2X} < \underset{\text{Methyl}}{CH_3X}$$

반응 속도의 증가 →

문제 5.7 다음 기질들을 HO^-와의 S_N2 반응에서 반응성이 감소하는 순서로 나열하시오.

$CH_3CH_2CH_2CH_2Br$ 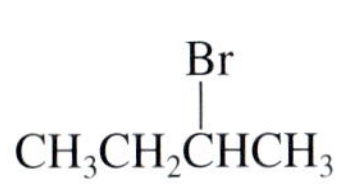 $(CH_3)_3CBr$

이탈기

알킬기가 모두 동등한 RI, RBr, RCl 및 RF를 동일한 조건 하에서 동일한 친핵체와 반응시키면 반응의 속도가 RF<RCl<RBr<RI의 순으로 증가하는 것을 관찰할 수 있다. 이

것은 이탈기인 할로젠 음이온의 반응성이 $F^- < Cl^- < Br^- < I^-$의 순서로 증가하기 때문이다. 친핵성 치환 반응에서 반응의 속도는 이탈기의 성질에 따라 크게 달라진다. 이탈기의 반응성은 염기성도와 관계가 있다. 약한 염기와 탄소 사이의 결합은 강한 염기와 탄소 사이의 결합보다 쉽게 깨어질 수 있다. 염기성도가 낮을수록 더 좋은 이탈기이다. 할로젠 음이온의 염기성도는 $F^- < Cl^- < Br^- < I^-$이다.

염기성도 증가 ←

$$F^- < Cl^- < Br^- < I^-$$

→ 이탈기로서의 반응성 증가

유기 화학에서 자주 등장하는 이탈기들의 상대적인 반응성과 염기성도는 다음과 같다.

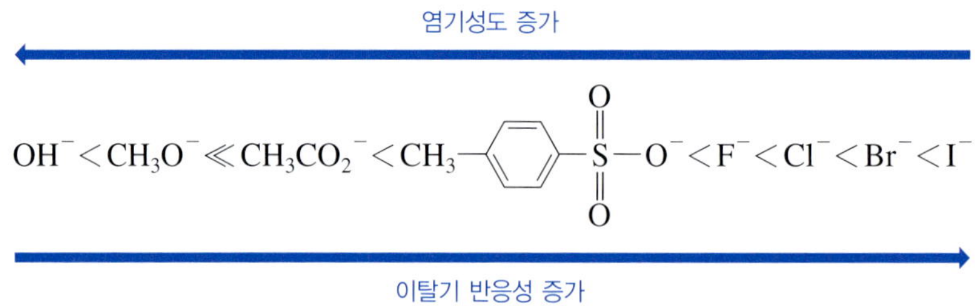

문제 5.8 S_N2 반응에 대한 반응성이 증가하는 순서로 다음을 나열하시오.

CH_3I CH_3Cl CH_3OCOCH_3 CH_3OH

친핵성도

비공유 전자쌍을 가지고 있는 원자 또는 원자단을 어떤 때는 염기라고 하고 또 어떤 때는 친핵체라고 한다. 염기와 친핵체 사이의 차이를 설명하면 다음과 같다. 즉, 염기는 수소 이온과 비공유 전자쌍을 공유한다. 염기성도는 염기가 얼마나 강하게 수소와 전자쌍을 공유할 수 있는가의 척도이다. 염기성도가 더 큰 염기일수록 더 강하게 수소와 결합한다. 친핵체의 비공유 전자는 수소 이온 이외의 **전자 결핍성 원자(electron-defficent atom)**를 공격한다. S_N2 반응에서의 **친핵성도(nucleophilicity)**는 친핵체가 이탈기와 결합하고 있던 sp^3 탄소를 얼마나 잘 공격하는지를 나타내는 척도이다. 수소 이온과 전자 결핍성 원자를 공격하는 원자가 같을 때 염기성도와 친핵성도는 같은 경향을 보여준다. 염기성도가 커지면 친핵성도도 커진다. 수소 이온과 전자 결핍성 원자를 공격하는 원자가 다를 때는 용매의 복잡한 효과를 고려하여야 한다.

$$H_2O < OH^-$$
$$H_2S < SH^-$$
$$NH_3 < NH_2^-$$

친핵성도 및 염기성도 증가

용매

화학 반응에서 용매는 두 가지 역할을 한다. 첫째는 반응물들이 반응을 위해 효과적으로 충돌할 수 있도록 녹여 준다. 둘째는 용매의 극성이 반응물이나 전이 상태의 에너지 상태에 변화를 일으켜 반응 속도에 큰 영향을 미친다. 극성 용매는 이온을 안정화한다. 반응 속도에 미치는 용매 극성의 효과를 이해하기 위해서는 반응물의 극성을 전이 상태의 극성과 비교해야 한다. 보다 극성이 큰(보다 전하가 분리된) 것(반응물 또는 전이 상태)은 용매의 극성을 증가시키면 보다 안정해진다. 만약 전이 상태가 반응물보다 더 극성이 크다면 용매의 극성을 증가시키면 반응물보다 전이 상태를 더 안정화시킨다. 이때는 활성화 에너지가 낮아지므로 반응 속도가 더 빨라진다. 반면, 반응물이 전이 상태보다 더 극성이 크면 용매의 극성을 증가시키면 반응물을 더 안정화시키기 때문에 활성화 에너지가 증가하여 반응 속도가 더 느려진다. S_N2 반응에 미치는 용매 극성의 효과는 친핵체에 존재하는 전하에 따라 달라진다. 친핵체가 음전하를 가지고 있을 때 반응에서는 반응물과 전이 상태의 총 전하가 모두 −1이지만, 전하가 전이 상태에서 더 분산된다. 이때 용매의 극성을 증가시키면 전이 상태보다 친핵체의 집중된 전하를 더 안정화시키므로 반응 속도가 느려진다. 그러므로 음으로 하전된 친핵체의 S_N2 반응은 보다 극성이 큰 용매에서 느려진다.

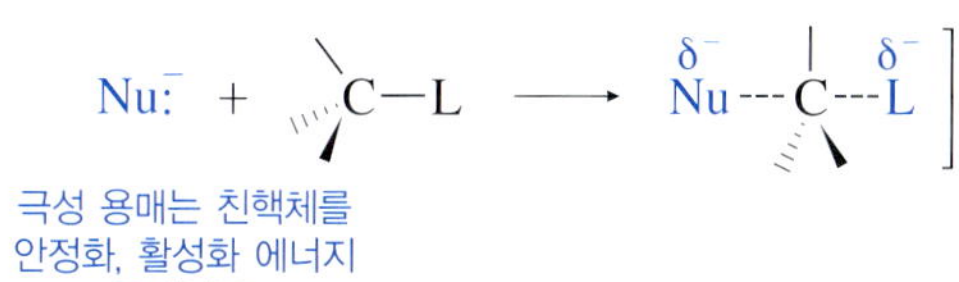

만약 S_N2 반응에서 친핵체가 전기적으로 중성이면 전이 상태에서 전하가 부분적으로 분리 된다. 이때는 용매의 극성이 증가하면 반응물보다 전이 상태가 더 안정화된다. 그러므로 중성 친핵체를 포함하고 있는 S_N2 반응은 보다 극성이 큰 용매에서 더 빨라진다.

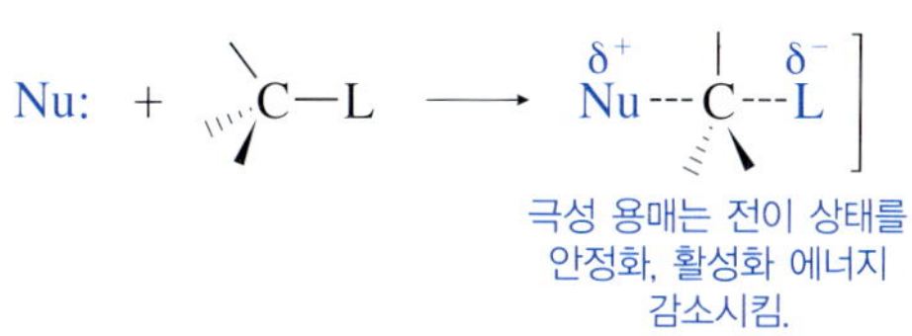

이들 극성 효과와 더불어 친핵체에 수소 결합을 할 수 있는 용매의 능력도 SN2 반응의 속도에 영향을 미친다. 물, 알코올, 카복실산과 같이 질소나 산소에 수소 결합을 할 수 있는 용매를 **극성 양성자성 용매(polar protic solvent)**라고 한다. 극성 양성자성 용매 속에서 용매 분자는 특히 음전하를 띤 작은 친핵체와 강하게 수소 결합을 형성한다. 이때 친핵체의 음전하가 주위의 용매 분자로 분산되기 때문에 친핵체가 안정화될 뿐만 아니라 친전자체의 접근을 방해하기 때문에 반응 속도가 느려진다. 용질 분자 또는 이온이 용매에 녹아 용매 분 자에 둘러싸이는 현상을 **용매화(solvation)**라고 한다.

한편 극성은 크지만 질소 또는 산소 원자에 수소 결합을 할 수 없는 분자를 **극성 비양성자성 용매(polar aprotic solvent)**라고 한다. 극성 비양성자성 용매 속에서는 친핵체가 수소 결합을 하지 않으므로 반응성이 감소하지 않는다. 또한 극성 비양성자성 용매들은 음이온으로 하전된 친핵체와 짝을 이루고 있는 양이온은 용매화하여 안정화하지만, 친핵체는 효과적으로 용매화하지 못하므로 친핵체의 반응성을 높여 S_N2 반응이 효과적으로 일어나게 한다. 극성 비양성자성 용매에는 dimethyl sulfoxide(DMSO), dimethylformamide(DMF) 및 hexamethylphosphorictriamide(HMPA) 등이 있다.

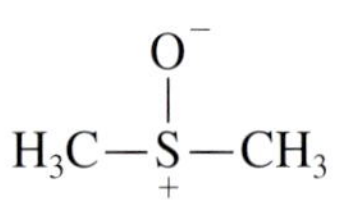
Dimethyl sulfoxide (DMSO)

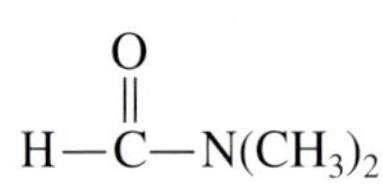
Dimethylformamide (DMF)

Hexamethylphosphoric triamide (HMPA)

5.7 S_N1 반응

S_N2 반응에서 공부했던 내용들을 기초로 *tert*-butyl bromide와 물의 반응을 생각해 보자. 물은 약한 친핵체이고 *tert*-butyl bromide는 입체 장애가 크기 때문에 반응이 매우 느릴 것으로 판단된다. 그러나 이 반응은 입체 장애가 전혀 없는 methyl bromide와 물의 반응보다 백만 배 이상 빠르다. 이 반응에서 *tert*-butyl bromide의 농도가 변하면 반응 속도가 달라지지만 물의 농도 변화는 반응 속도에 영향을 미치지 않는다. 반응 속도가 *tert*-butyl bromide의 농도에만 의존하므로 이 반응은 **1차 반응(first order reaction)**이고 속도식은 다음과 같이 쓸 수 있다.

$$\underset{\textit{tert}\text{-Butyl bromide}}{(CH_3)_3CBr} + H_2O \longrightarrow \underset{\textit{tert}\text{-Butyl alcohol}}{(CH_3)_3COH} + HBr$$

$$\text{반응 속도} = k[(CH_3)_3CBr]$$

반응의 속도가 기질의 농도에만 의존하는 **한분자 친핵성 치환 반응(unimolecular nucleophilic substitution)**을 **S_N1 반응**이라고 한다(S는 치환, N은 친핵성 그리고 1은 한 분자를 나타낸다). S_N1 반응은 보통 중성 또는 산성 조건 하에서 진행된다. 친핵체의 접근과 이탈기의 분리가 동시에 진행되는 S_N2 반응과는 달리 S_N1 반응은 두 단계의 메카니즘으로 진행된다. 첫 번째 단계에서 이탈기가 자발적으로 결합 전자쌍을 가지고 떨어져 나가면 탄소 양이온 중간체가 형성된다. 두 번째 단계에서는 친핵체가 탄소 양이온 중간체와 반응함으로써 치환 생성물이 생성된다.

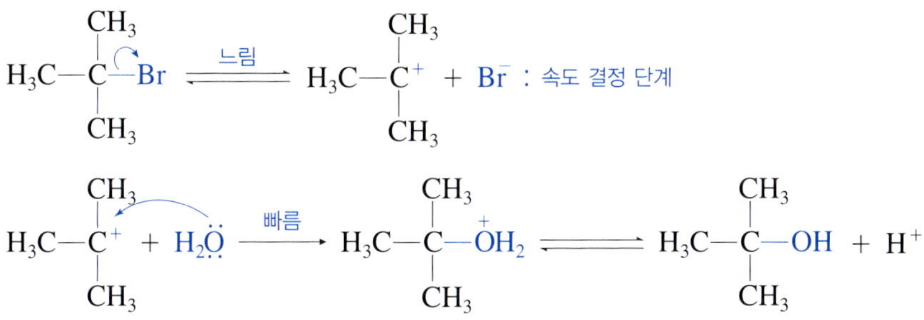

tert-butyl bromide와 물 사이에서 일어나는 S_N1 반응의 반응 좌표를 도시하면 그림 5.2과 같다. S_N1 반응의 두 단계는 각각의 전이 상태를 가지고 있다. 첫 번째 단계는 두 번째 단계보다 활성화 에너지가 크기 때문에 이 단계가 속도 결정 단계이다. 친핵체인 물이 탄소 양이온을 공격하는 단계는 활성화 에너지가 낮기 때문에 빠르게 진행된다.

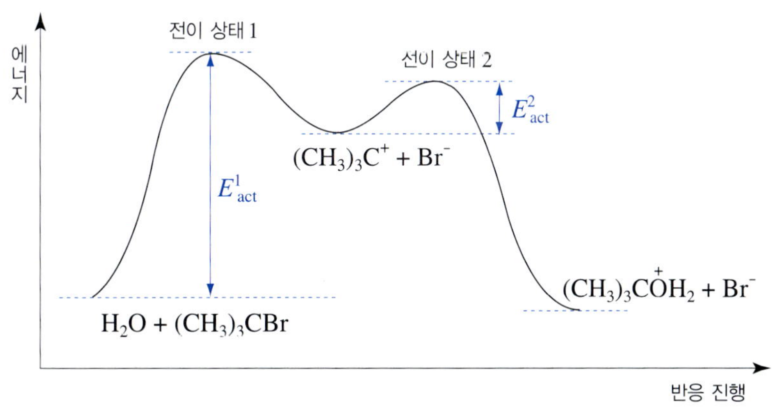

그림 5.2 *tert*-butyl bromide와 물의 S_N1 반응 좌표

S_N1 반응의 속도는 기질의 입체적인 영향을 받지 않으며 주로 탄소 양이온의 상대적인 안정도에 의해 결정된다. 이 반응의 상대 속도는 탄소 양이온의 상대적인 안정도와 같은

경향을 보여준다. S_N1 반응의 상대적인 속도는 S_N2 반응과 반대이다. methyl 양이온과 일차 탄소 양이온은 너무 불안정하기 때문에 methyl halide와 일차 alkyl halide는 S_N1 반응을 일으키지 않는다.

Methyl < 1차 < 2차 < 3차

⟹ S_N1 반응성 및 탄소 양이온의 안정도 증가

S_N2 반응에서는 기질의 배열이 100% 반전된다. 그러나 S_N1 반응은 전혀 다른 입체 화학적 특징을 보여준다. 탄소 양이온 중간체의 양으로 하전된 탄소는 sp^2 혼성이기 때문에 이 탄소에 결합된 세 개의 결합은 모두 같은 평면에 들어있다. 두 번째 단계에서 친핵체는 평면의 양쪽에서 sp^2 혼성 탄소를 공격할 수 있다. 친핵체가 이탈기가 떨어져 나간 쪽에서 공격하면 생성물의 배열은 기질의 배열과 동등할 것이다. 친핵체가 이탈기가 차지하고 있던 공간의 반대 쪽에서 공격하면 생성물은 기질과 반대배열을 가지게 된다. S_N1 반응에서 일어나는 두 가지 입체 화학적 변화를 **배열의 보존**(**retention of configuration**) 및 **배열의 반전**(**inversion of configuration**)이라고 한다. 반응의 초기 단계에서 갓 분리된 이탈기는 탄소 양이온의 한 쪽 면을 부분적으로 가리기 때문에 배열이 반전된 생성물이 배열이 보존된 생성물보다 더 많이 생성된다.

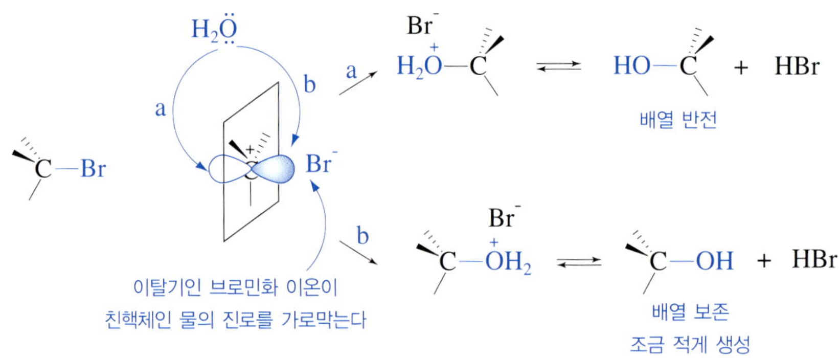

예를 들어 광학 활성인 (*R*)-2-bromooctane이 물과 S_N1 반응을 일으키면 부분적인 라셈화가 일어나 (*S*)-2-octanol과 (*R*)-2-octanol이 각각 83%, 17%의 비율로 생성된다.

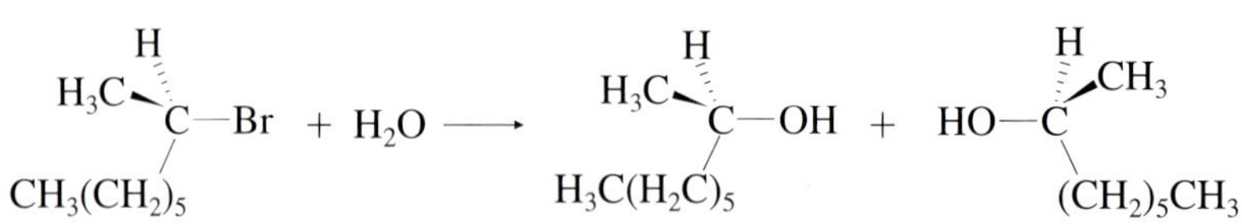

(*R*)-Bromooctane　　(*R*)-Octanol 17%　　(*S*)-Octanol 83%

문제 5.9 2-Bromo-2-methylbutane과 methanol 사이에서 일어나는 S_N1 반응의 메커니즘을 제시하시오.

문제 5.10 다음 반응 생성물을 제시하시오.

(1) $(CH_3CH_2)_3CBr + H_2O \longrightarrow$

(2) 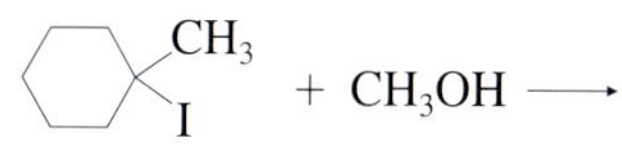

문제 5.11 다음 반응에서 기대되는 탄소 양이온 중간체와 생성물의 입체 화학적 구조를 제시하시오.

(1) 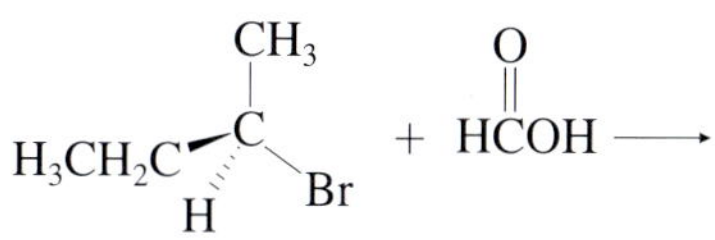

(2) 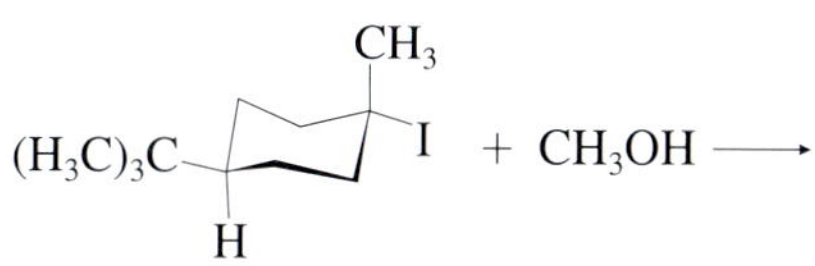

5.8 할로알케인의 제거 반응

할로알케인의 S_N2와 S_N1 반응에서는 **제거 반응(Elimination reaction)**이 경쟁적으로 일어나 알켄이 생성된다. 제거 반응에서는 전기 음성도가 큰 원자 또는 원자단과 같은 이탈기가 인접한 탄소에 결합되어 있던 수소와 함께 제거되면서 이중 결합이 생성된다.

$$\begin{matrix} RCH_2CH_2Y \\ + \\ X^- \end{matrix} \xleftarrow{\text{치환 반응}} RCH_2CH_2X + Y^- \xrightarrow{\text{제거 반응}} \begin{matrix} RCH{=}CH_2 \\ + \\ HY \\ + X^- \end{matrix}$$

제거 반응에는 **E2 반응**과 **E1 반응**의 두 가지 메커니즘이 있다. E2 반응은 S_N2 반응과 경쟁한다. Bromoethane과 수산화 이온이 반응하여 ethene이 생성되는 반응의 속도는 bromoethane과 수산화 이온의 농도에 비례한다. 반응 속도가 2차이기 때문에 E2 반응(elimination bimolecular)이라고 한다(E는 제거 반응, 2는 두 분자를 나타낸다).

$$CH_2RCHRBr + OH^- \longrightarrow CHR{=}CHR + H_2O + Br^-$$
$$\text{반응 속도} = k[CH_2RCHRBr][OH^-]$$

E2 반응은 할로알케인을 수산화 이온이나 알콕사이드(RO^-)과 같은 강한 염기로 처리

했을 때 잘 일어난다. S_N2 반응에서 보았던 것처럼 E2 반응도 한 단계로 진행된다. 수소와 할로젠 음이온과 같은 이탈기가 같은 단계에서 제거된다. E2 반응 메커니즘에서 염기는 할로젠 원자가 결합되어 있는 탄소에 인접한 탄소의 수소를 제거한다. 수소가 제거될 때 수소와 탄소 사이의 결합 전자는 할로젠 원자가 결합되어 있는 탄소 쪽으로 움직인다. 이때 할로젠 원자는 탄소와 공유하고 있던 전자쌍을 가지고 떨어져 나간다. 반응물에서 제거되는 수소에 결합되어 있던 σ 전자는 생성물의 이중 결합에 있는 π 전자로 전환된다.

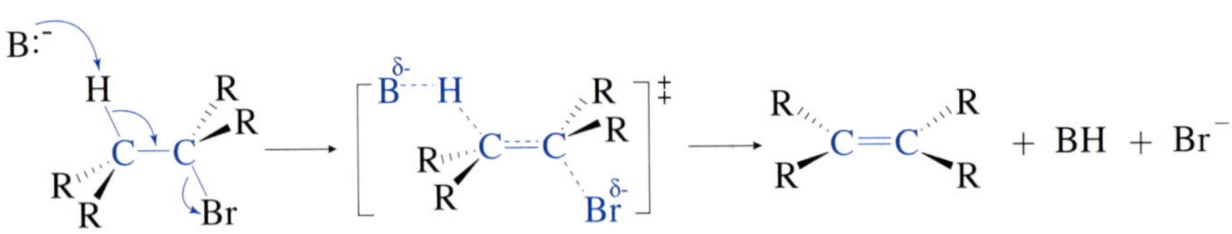

E2 반응도 S_N2 반응처럼 재미있는 입체 화학적 특성을 보여준다. E2 반응은 전이 상태에서 언제나 반응에 관여하는 모든 원자들이 동일 평면을 이루고 있으며 제거되는 수소와 이탈기가 서로 분자의 반대 쪽으로부터 이탈된다. 이와 같은 구조를 **안티 준평면 구조** (**anti periplanar structure**)라고 한다.

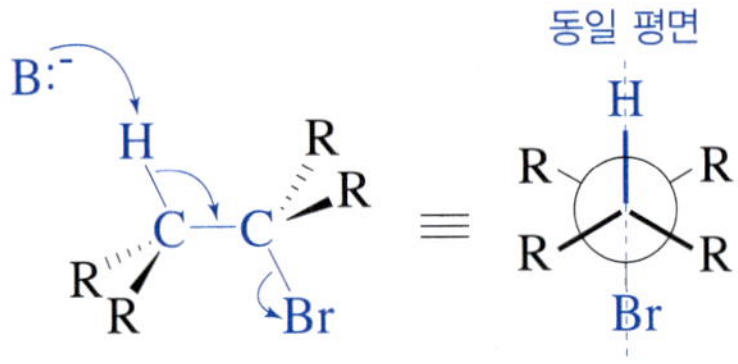

안티 준평면 기하 구조

사이클로헥세인 고리에서 E2 반응이 일어날 때는 안티 근사평면 구조의 전이 상태를 거쳐 가야 하므로, 이탈기와 제거되는 수소가 트랜스 배열의 축 방향에 있어야 한다. menthylbromide의 경우, 염소, 메틸 및 아이소프로필의 세 치환체가 모두 수평 방향에 있는 형태 A가 더 안정하므로 A 형태의 농도가 매우 높다. 그러나 E2 반응은 수소와 염소의 안티 근사평면 구조가 가능하지만, 불안정하여 농도가 매우 낮은 B 형태에서만 일어나야 하기 때문에 반응 속도가 매우 느리며, 단일 생성물인 trans-3-methyl-6-isopropylcyclohexene만 생성된다.

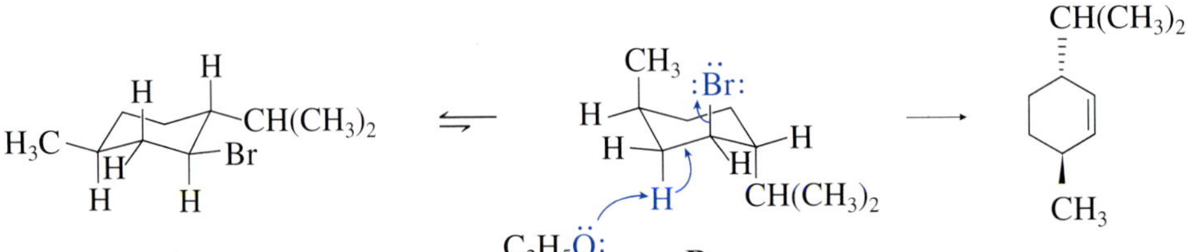

A B 100%

S_N2 반응과 반대로 기질의 입체 장애가 클수록 E2 반응의 속도가 증가한다. 즉, 삼차 alkyl halide가 가장 빠르게 반응하고 일차 alkyl halide가 가장 느리게 반응한다. 일차 alkyl halide는 염기가 매우 강하고 부피가 큰 경우를 제외하고는 일반적으로 S_N2 반응을 쉽게 한다.

1차 < 2차 < 3차

→ E2 반응성 증가

E2 반응이 S_N2 반응과 경쟁하는 것처럼 E1 반응은 S_N1 반응과 경쟁한다. 모두 1차 반응인 S_N1 반응과 E1 반응은 기질로부터 자발적으로 이탈기가 떨어져 나와 생성된 탄소 양이온을 거쳐 진행된다. 탄소 양이온이 친핵체와 결합하면 S_N1 반응이 된다. 그러나 탄소 양이온으로부터 수소가 제거되어 알켄이 생성되면 E1 반응(Elimination unimolecular)이 된다(E는 제거 반응 1는 한 분자를 나타낸다).

$$(CH_3)_3CBr \xrightarrow{-Br^-} (CH_3)_3\overset{+}{C} \xrightarrow{-H^+} (CH_3)_2C{=}CH_2$$

tert-Butyl bromide   *tert*-Butyl cation   2-Methylpropene

E1 반응 메커니즘의 첫 번째 단계는 S_N1 반응과 동일하며 탄소 양이온이 생성된다. S_N1 반응과 마찬가지로 E1 반응은 1차이며 반응의 속도가 기질의 농도에만 의존한다. 두 번째 단계에서는 염기가 양으로 하전된 탄소의 인접한 탄소의 수소를 제거한다. 탄소–수소의 σ 결합 전자는 양으로 하전된 탄소 쪽으로 이동하여 π 결합 전자가 되면서 알켄이 형성된다.

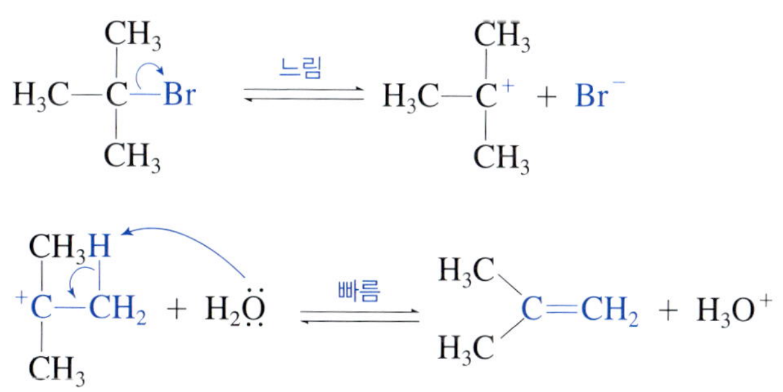

탄소 양이온 중간체를 거쳐가기 때문에 E1 반응도 삼차 haloalkane에서 가장 빠르게 진행된다.

1차 < 2차 < 3차

→ E1 반응성 증가

비대칭인 할로알케인이 기질일 때는 E2 및 E1 반응에서 모두 Zaitsev 규칙을 따르기 때문에 알킬 치환이 더 많은 알켄이 얻어진다(4장 3절 참고).

문제 5.12 *meso*-2,3-Dibromobutane과(2*S*,3*S*)-2,3-dibromobutane을 $CH_3CH_2O^-Na^+$로 처리했을 때 일어나는 E2 반응 생성물의 입체 화학적 구조를 비교하시오.

문제 5.13 다음 화합물을 제거 반응시켰을 때 얻어지는 생성물은 무엇인가? 생성되는 알켄의 입체 화학은 무시하고 구조를 그리시오.

(1) 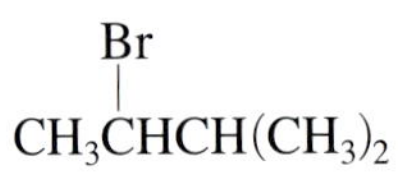

(2) 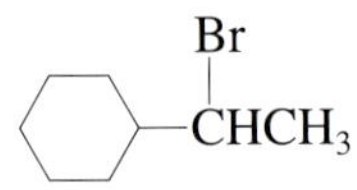

요약

간단한 구조의 할로알케인은 알케인을 빛 에너지 존재 하에서 염소화 또는 브로민화 시킴으로써 얻을 수 있지만 여러 가지 복잡한 혼합물의 형태로 생성된다. 알코올을 $SOCl_2$나 PBr_3로 처리하면 할로알케인을 효과적으로 합성할 수 있다.

할로알케인을 에터 용매 속에서 금속 마그네슘으로 처리하면 **Grignard 시약**이 생성된다. 이때 할로젠이 결합되어 있던 탄소는 부분 음전하로 **극성 반전(umplong)**을 일으키므로 매우 효과적인 친핵체로 작용할 수 있다.

할로알케인을 음전하 또는 비공유 전자쌍을 가지고 있는 화학종으로 처리하면 **친핵성 치환 반응(nucleophilic substitution)** 또는 **제거 반응(elimination)**을 일으킨다.

친핵성 치환 반응에는 S_N2와 S_N1의 두 가지 반응 메커니즘이 있다. S_N2 반응은 한 단계로 진행된다. 친핵체가 **후면 공격(backside attack)**을 하기 때문에 **배열의 반전(Walden inversion)**이 일어나 기질의 배열이 변한다. S_N2반응은 **입체 장애(steric hindrance)** 때문에 삼차<이차<일차<methyl의 순으로 반응 속도가 증가한다. S_N1 반응은 두 단계로 진행되며 첫 단계에서는 탄소 양이온이 형성된다. 삼차 기질에서 가장 반응이 잘 일어난다. 친핵체는 탄소 양이온의 앞면과 뒷면을 공격할 수 있기 때문에 배열 반전된 생성물과 **배열이 보존(retention of configuration)**된 생성물이 동시에 얻어진다.

제거 반응(elemination reaction)에도 E2와 E1의 두 가지 반응 메커니즘이 있다. E2 반응은 **안티 준평면 구조(anti periplanar structure)**를 거쳐 한 단계로 진행된다. E1 반응의 첫 단계는 S_N1반응과 동일하다. 두 번째 단계에서 탄소 양이온의 양전하가 걸려있는 탄소의 인접한 수소가 제거되면 알켄이 생성된다.

읽을거리

할로젠 화합물들 특히 유기 염소계 화합물들 중에는 살충제로서의 효능을 가지고 있는 것들이 많다. 대표적인 예가 DDT이다.

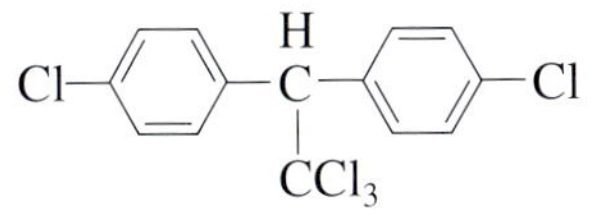

DDT

DDT는 1873년에 처음으로 합성되었으며 2차 대전 전까지는 살충제로서의 효능이 알려져 있지 않았다. 살충제로서의 효능이 알려졌던 2차 대전 뒤부터 DDT의 사용량이 급증하였다. 이 화합물은 쉽게 분해되지 않기 때문에 호수와 강으로 대량 유입되었다. 사람에게는 해가 없는 것으로 알려져 있지만 새들에게는 이 화합물을 분해하는 효소가 없다. 강으로 유입된 DDT는 물고기의 지방 조직에 축적되었다. DDT에 별 문제를 일으키지 않는 동물도 있지만 독수리나 백로와 같이 물고기를 잡아먹는 새들에게는 치명적인 결과가 초래되었다. 몸에 축적된 DDT의 양이 증가하면서 새의 칼슘 대사방식에 변화가 발생하였다. 새의 칼슘 대사에 문제가 생기면서 새가 낳은 알의 껍질이 얇고 쉽게 부서지게 되었다. 결과적으로 새가 낳은 알의 생존율이 낮아졌다. 물고기를 잡아먹는 새들의 수가 급격하게 줄어들고 말았다.

지금은 DDT의 사용이 금지되어 있다. DDT 뿐만 아니라 농약이 초래하는 부작용을 해결한다는 문제는 매우 어렵다. 농약을 사용하면 환경, 특히 수자원을 오염시킨다. 그러나 살충제와 같은 농약을 사용하지 못하게 하면 말라리아, 페스트, 수면병과 같은 질병이 창궐할 수 있고 막대한 양의 식량 손실을 감수해야 한다.

보충문제

5.14 IUPAC 규칙을 따라 다음 화합물들의 이름을 적으시오.

(1) $(CH_3)_2CHCHBrCHClCH_2CH(CH_3)_2$

(2) 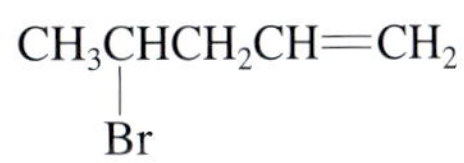

(3) 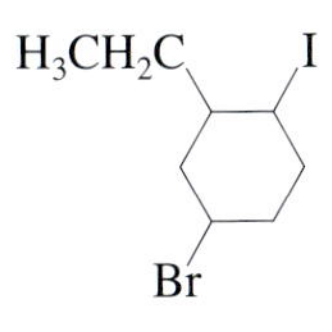

(4) 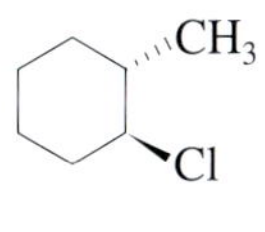

5.15 다음 각 화합물의 구조를 그리시오.

(1) 2,3-Dichloro-3-methylheptane
(2) Isobutyl iodide
(3) *cis*-1,3-Dichlorocyclohexane
(4) 2,2,4,4-Tetrachloro-3-methylhexane

5.16 다음 할로알케인을 일차, 이차 및 삼차로 분류하시오.

(1) $(CH_3)_3CCH_2I$
(2) $(CH_3CH_2)_2CHCl$
(3) 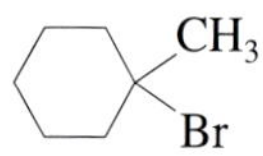
(4) 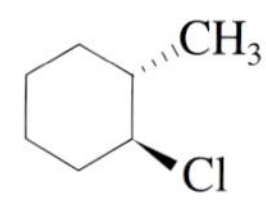

5.17 2-Methylbutane을 라디칼 염소화 반응을 시켰을 때 얻어지는 일염화물들의 구조를 그리시오. 어느 생성물이 카이랄인가 지적하시오.

5.18 다음 각 쌍에서 어느 화합물이 더 빠르게 S_N2 반응을 일으키겠는가?

(1) $(CH_3)_3CBr$, $(CH_3CH_2)_2CHBr$
(2) $(CH_3)_2CHI$, $(CH_3)_2CHBr$
(3) 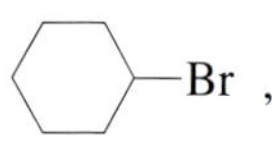 , 

5.19 다음 각 반응에서 생성물의 구조를 그리시오.

(1) $(CH_3CH_2)_3COH \xrightarrow{HBr}$
(2) $CH_3CH_2CH(OH)CH_2CH_3 \xrightarrow{SOCl_2}$ (OH는 가운데 CH에 결합)
(3) 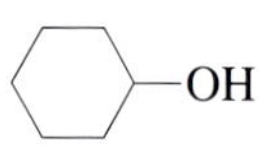 $\xrightarrow{PBr_3}$
(4) 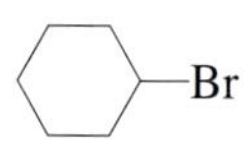 $\xrightarrow{\text{Mg, 에터}}$

5.20 Bromoethane과 OH^-의 반응에서 다음 각각은 반응 속도에 어떤 영향을 미칠 것인가?

(1) Bromoethane의 농도는 2배 OH^-의 농도는 3배 높인다.
(2) OH^-의 농도를 반으로 줄인다.
(3) 용매를 2배 늘인다.

5.21 다음 각 치환 반응을 완성하시오.

(1) 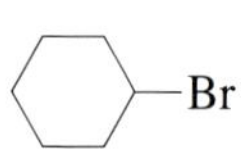 + NaSH ⟶
(2) $CH_3I + CH_3\overset{O}{\overset{\|}{C}}ONa \longrightarrow$
(3) $CH_3CH_2CH_2CH_2Br + NaSCH_3 \longrightarrow$
(4) $BrCH_2CH_2CH_2CH_2Br + NaCN$(과량) ⟶
(5) 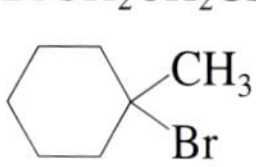 + H_2O ⟶

5.22 S_N2 반응의 속도가 증가하는 순으로 다음을 늘어놓으시오.

(1) $(CH_3CH_2CH_2)_2CHCl$, $CH_3CH_2CH_2CH_2Cl$, 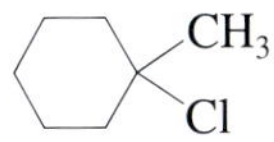

(2) $CH_3CH_2CH_2Cl$ $CH_3CH_2CH_2O\overset{O}{\overset{\|}{C}}CH_3$ $CH_3CH_2CH_2Br$

5.23 (*R*)-2-Iodohexane이 다음 화합물과 S_N2 반응했을 때의 생성물과 생성물의 입체 화학을 설명하시오.

(1) SCN^- (2) CH_3O^- (3) HS^-

5.24 (*R*)-2-Iodohexane이 H_2O 또는 CH_3COOH와 S_N1 반응했을 때 생성물의 입체 구조를 그리시오.

5.25 (2*R*,3*R*)-2-Iodo-3-methylhexane이 문제 5.24의 조건 하에서 반응했을 때 생성물의 입체 화학을 설명하시오.

5.26 2-Iodopentane과 CH_3OH의 E1 반응에서

(1) 메커니즘을 제시하고 주생성물을 지적하시오.

(2) 어느 단계가 속도 결정 단계인가?

5.27 다음 각 쌍 중 어느 것이 더 빠르게 E2 반응을 일으키겠는가? 이유를 설명하시오.

(1) $CH_3CH_2\overset{Br}{\overset{|}{C}}HCH_2CH_3$, $(CH_3)_3C\overset{Br}{\overset{|}{C}}HCH_2CH_3$

(2) $CH_3CH_2\overset{I}{\overset{|}{C}}HCH_3$, $CH_3CH_2\overset{Cl}{\overset{|}{C}}HCH_3$

5.28 다음 각 화합물의 제거 반응에서는 두 가지 알켄이 얻어진다. 두 알켄의 구조를 그리시오. 어느 것이 더 많이 생성되는가? 이유를 설명하시오.

(1) $CH_3(CH_2)_6\underset{Br}{\underset{|}{\overset{CH_3}{\overset{|}{C}}}}CO_2H$ (2) 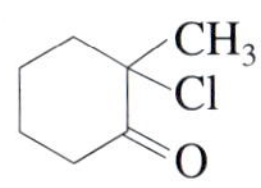

5.29 다음 반응에서 주생성물의 구조를 그리고 어떤 메커니즘(S_N2, S_N1, E2, E1)으로 반응이 진행되는지 설명하시오.

(1) $(CH_3)_2CHCl \xrightarrow[\text{acetone}]{KI}$ (2) $(CH_3)_2CHCl \xrightarrow[\text{ethanol}]{KOH}$

(3) $(CH_3)_2CHCl \xrightarrow[\text{가열}]{CH_3CH_2ONa}$ (4) $(CH_3)_2CBrCH_2CH_3 \xrightarrow[\text{ethanol}]{CH_3CH_2ONa}$

(5) $ClCH_2\overset{O}{\overset{\|}{C}}OH \xrightarrow[\text{ethanol}]{CH_3CH_2ONa}$

5.30 E2 반응에서 (*E*)-2,3-diphenyl-2-butene을 생성할 수 있는 할로알케인의 구조를 그리시오.

5.31 2-Chloro-2-methyl-1-phenylpropane을 methanol로 처리하면 한 종류의 치환 반응 생성물 A(54%), 두 종류의 제거 반응 생성물 B(27%)와 C(19%)가 얻어진다. A, B 및 C의 구조를 그리시오.

5.32 분자식이 C_4H_9Cl인 할로알케인을 강한 염기로 처리했더니 세 종류의 알케인이 얻어졌다. 할로알케인의 구조를 그리시오.

5.33 (2*S*,3*S*)-2-Iodo-3-methoxybutane을 $CH_3CH_2O^-Na^+$로 처리하였더니 광학 비활성인 화합물이 얻어졌다. 반응 메커니즘을 이용하여 설명하시오.

5.34 *trans*-1-Iodo-2-ethylcyclohexane을 $CH_3CH_2O^-Na^+$으로 처리하면 Zaitsev 생성물이 아닌 3-ethylcyclohexane이 얻어진다. 설명하시오.

5.35 다음 관찰을 설명하시오.

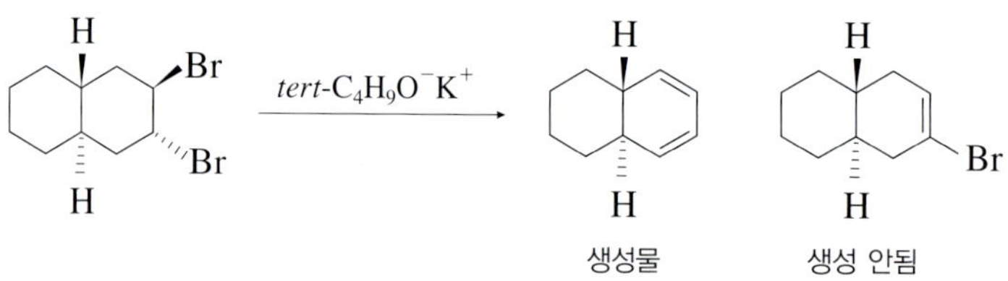

6장

방향족 화합물

1825년 영국의 Michael Faraday가 고래 기름을 열분해했을 때 얻어지는 혼합물로부터 끓는점이 80℃인 벤젠을 처음으로 분리하였다. 1834년 Eilhardt Mitscherlich은 안식향으로부터 분리한 benzoic acid를 가열함으로써 같은 화합물을 합성하였다. 그는 이 화합물의 분자식이 C_6H_6사실을 알아낸 얼마 뒤 벤젠(benzene)이라는 이름을 붙였다. 19세기에 탄소의 수에 비하여 수소의 수가 비교적 적은 벤젠과 비슷한 화합물들이 식물성 기름에서 발견되었다. 화학자들은 이 화합물들이 기분 좋은 향기를 가지고 있었기 때문에 **방향족 화합물(aromatic compound)**이라고 불렀다.

많은 벤젠 유도체들이 천연으로부터 발견되고 있으며 이들 중 어떤 것들은 강한 생물학적 활성을 보여준다. 예를 들어 epinephrine은 부신 피질 호르몬이고 estrone은 여성 호르몬으로 작용한다. Ephedrine은 기관지 확장제로 사용되는 천연물이다.

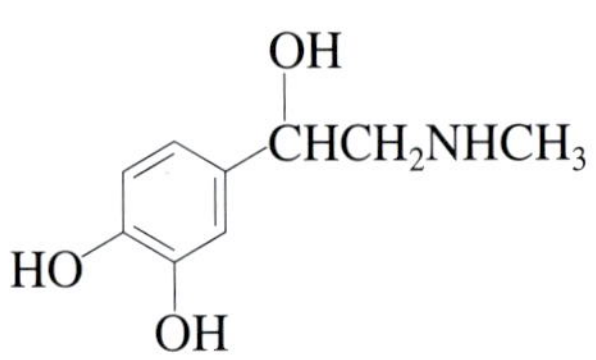

Epinephrine
부신 피질 호르몬

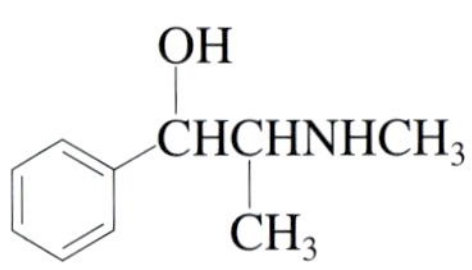

Ephedrine
기관지 확장제

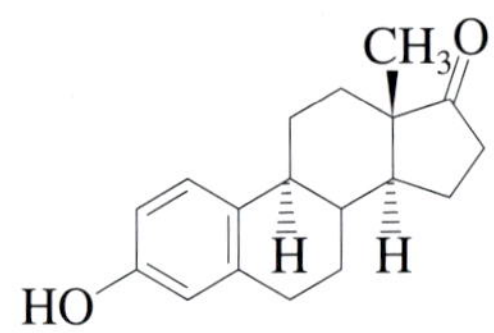

Estrone
여성 호르몬

생물학적 활성을 보여주는 매우 많은 벤젠 유도체들이 합성되었다. 몇 가지 예를 들면 asprin은 진통 해열제, BHT는 식품 보존제 그리고 saccharin은 인공 감미료로 사용되고 있다.

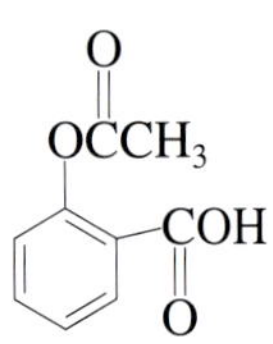

Aspirin

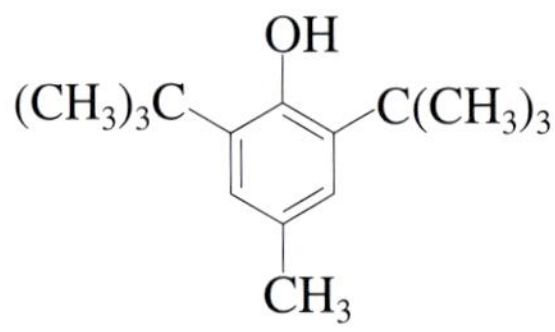

2,6-Bis(*tert*-butyl)-4-methylphenol(BHT)

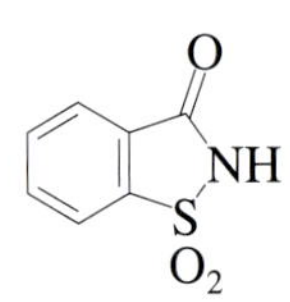

Saccharin

이 장에서는 먼저 벤젠의 구조와 벤젠이 왜 독특한 안정도를 갖는가에 대한 설명을 할 것이다. 또 방향족 화합물들의 명명법을 공부한 다음, 이 화합물들은 어떤 반응을 일으키는가에 대한 공부를 할 것이다.

6.1 벤젠의 구조와 결합

벤젠은 발견된 직후 분자식이 C_6H_6라는 사실이 밝혀졌지만 그 구조는 초기 유기 화학자들에게 풀 수 없는 수수께끼였다. 벤젠은 같은 수의 탄소를 가지고 있는 알케인인 hexane(C_6H_{14})보다 수소 수가 8개나 적었기 때문에 몇 개의 불포화 결합을 가지고 있을 것으로만 추정되었다. 벤젠의 수소 원자 중 하나를 다른 원소로 치환했을 때는 단 한 가지 생성물만 얻어졌다. 이 생성물에 두 번째 치환 반응이 일어났을 때는 세 가지 생성물이 얻어졌다.

1865년 Kekulé는 이 특징들을 토대로 벤젠은 단일 구조를 가지고 있는 화합물이 아니라 이중 결합 세 개의 위치가 다른 두 구조가 빠르게 평형을 이루고 있는 혼합물이라고 제안하였다.

Kekulé 구조

Kekulé는 이 구조를 이용하여 벤젠으로부터 단 한 가지 생성물만 얻어지려면 벤젠의 여섯 개 수소가 모두 동등해야 하고 두 번째 치환에서 세 가지 생성물이 얻어지려면 고리형 구조를 가지고 있어야 한다는 사실을 설명하였다. 그러나 Kekulé의 아이디어로는 벤젠이 놀라울 정도로 안정할 뿐만 아니라 이중 결합을 가지고 있는 화합물들의 특징인 친전자성 첨가 반응을 하지 않는다는 사실을 설명하지 못했다. 벤젠의 구조에 관한 논란은 X−선 회절이라는 새로운 구조 결정법이 소개된 1930년대까지 계속되었다. X-선 회절 데이터는 벤젠이 여섯 개의 탄소−탄소 결합 길이가 모두 같은 평면 구조를 가지고 있다는 사실을 보여주었다. 벤젠의 각 탄소−탄소 결합 길이는 1.39 Å으로서 탄소−탄소 단일 결합 길이인 1.54 Å보다 짧고 이중 결합 길이인 1.34 Å보다 길다. 벤젠의 모든 탄소−탄소 결합 길이가 같고 단일 결합과 이중 결합의 중간 길이를 가지고 있다는 특징은 Kekulé의 평형 구조로는 설명할 수 없다.

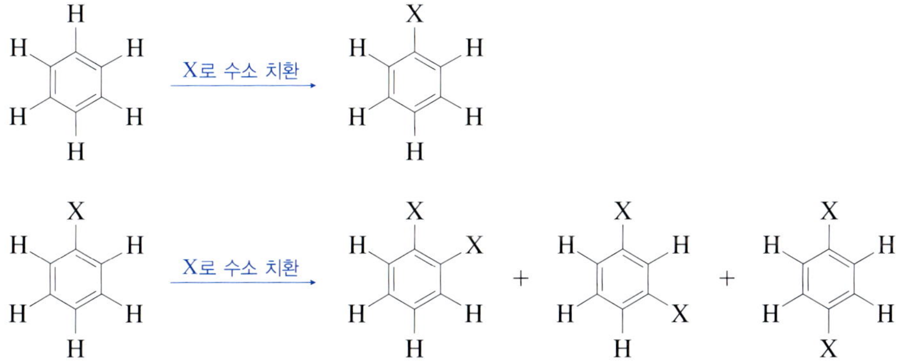

1,2-이치환 1,3-이치환 1,4-이치환

벤젠의 구조는 두 가지 공명 구조의 혼성으로 이해하여야 한다. 즉 벤젠의 실제 구조는 두 공명 구조의 성격을 동등하게 갖고 있다. 벤젠의 공명 구조에서 양방향 화살표는 π 전자들이 여섯 개의 탄소에 균일하게 **비편재화(delocalized)**되어 있다는 것을 의미한다. 벤젠의 구조를 그릴 때는 두 공명 혼성 구조를 다 그려야 하지만 편리를 위해 보통 두 구조 중 한 가지 구조만 그린다. 어떤 경우에는 벤젠을 육각형 고리에 원을 그려넣은 구조로 나타내기도 한다.

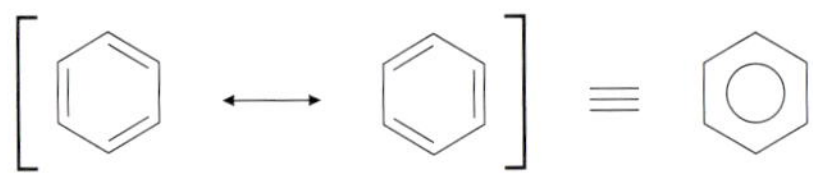

벤잰의 공명 구조

문제 6.1 Kekulé의 이론을 기초로 dimethylbenzene의 구조는 몇 개를 그릴 수 있는가?

6.2 벤젠의 오비탈 모형과 안정도

벤젠의 각 탄소는 세 개의 다른 원자에 결합되어 있고 결합각이 120°이며 평면 구조를 가지고 있다. 이와 같은 구조적 특징으로부터 벤젠은 각 탄소가 sp^2 혼성 오비탈을 사용하여 σ 골격을 형성하고 있음을 알 수 있다. 각 탄소 원자에 있는 p 오비탈들은 σ 골격에 수직이다. 벤젠의 구조가 평면이기 때문에 여섯 개의 p 오비탈들은 서로 평행할 뿐만 아니라 가까운 거리에서 측면으로 겹칠 수 있다. 각 p 오비탈들이 서로 겹쳐지면 벤젠 고리 평면의 위와 아래에 도너츠형의 π 전자 구름이 형성된다(그림 6.1). 모두 여섯 개인 벤젠의 π 전자들은 여섯 개 탄소 전체에 균일하게 비편재화되어 있다.

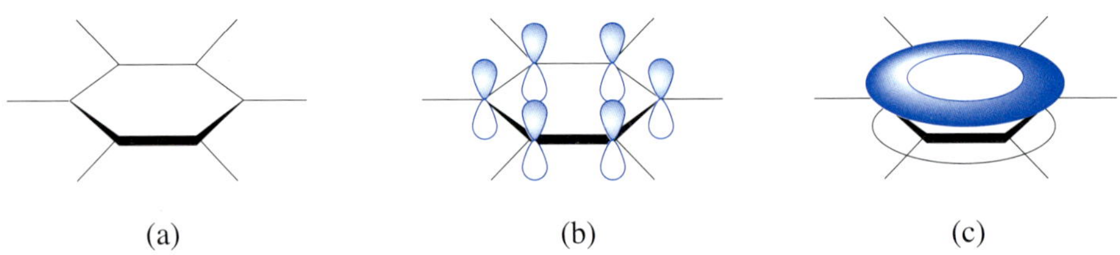

그림 6.1 (a) 벤젠의 σ 골격. (b) 벤젠의 각 탄소에 있는 p 오비탈들은 인접한 탄소의 p 오비탈들과 서로 겹친다. (c) 벤젠의 σ 골격 위 아래에 퍼져 있는 π 오비탈.

전자들이 비편재화되어 있는 벤젠의 π 오비탈의 에너지는 편재화되어 있는 이중 결합 세 개의 π 오비탈 에너지를 합한 것보다 몰 당 36 kcal 더 낮다. 에너지가 낮다는 것은 더 안정하여 반응성이 낮다는 것을 의미한다. 전자들의 비편재화 때문에 발생된 이 안정화

(stability)를 **비편재화 에너지(delocalization energy)** 또는 **공명 에너지(resonance energy)** 라고 한다. 벤젠과 벤젠 유사 물질들이 갖고 있는 이와 같은 안정화 특성을 **방향족성(aromaticity)**이라고 한다.

6.3 벤젠 유도체의 명명법

IUPAC 규칙에서는 일반적으로 관용명들을 사용하지 못하게 하지만 표 6.1에 종합된 관용명들은 예외이다.

표 6.1 IUPAC에서 사용할 수 있는 벤젠 유도체들의 관용명

구조	이름	구조	이름
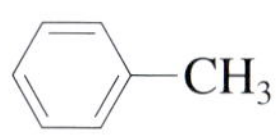	Toluene	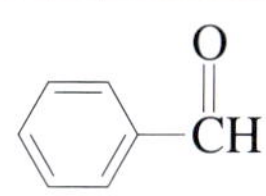	Benzaldehyde
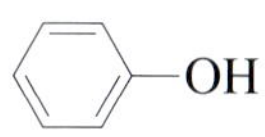	Phenol	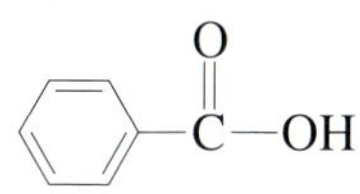	Benzoic acid
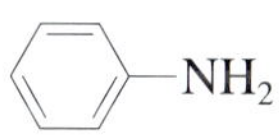	Aniline	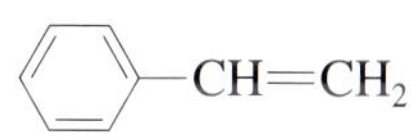	Styrene
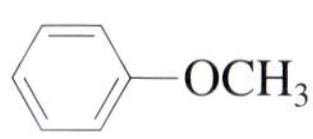	Anisole	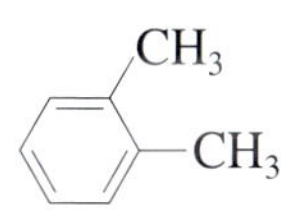	o−Xylene

한 개의 치환기로 치환된 벤센 유노제는 benzene 앞에 치환기 이름을 붙여서 부른다.

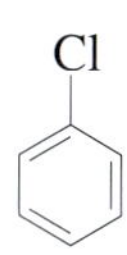

Chlorobenzene

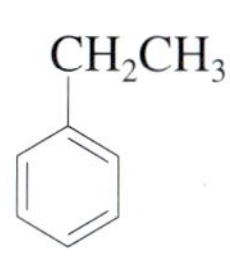

Ethylbenzene

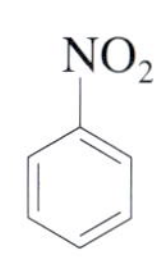

Nitrobenzene

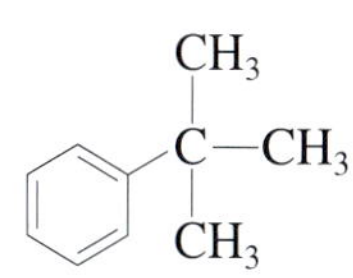

t-Butylbenzene

벤젠 고리가 치환기로 취급될 때는 C_6H_5— 또는 Ph—로 나타내고 phenyl기라고 부른다. $C_6H_5CH_2$—는 benzyl기라고 한다. 알케인에서 유도된 치환기들을 alkyl기라고 하는 것처럼 phenyl, 치환된 phenyl기는 일반적으로 aryl기라고 한다.

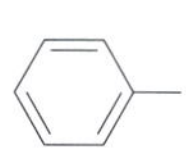

Phenyl

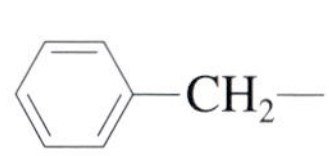

Benzyl

Ar—

Aryl

두 개의 치환기로 치환되어 있는 벤젠은 *ortho*-(*o*-, 또는 1,2-), *meta*-(*m*-, 또는 1,3-) 그리고 *para*-(*p*- 또는 1,4-)와 같이 접두어나 아라비아 숫자를 이용하여 치환 위치를 나타낸다.

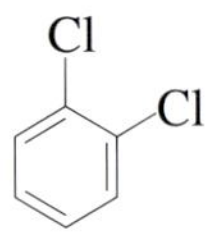

o-Dichlorobenzene
(1,2-dichlorobenzene)

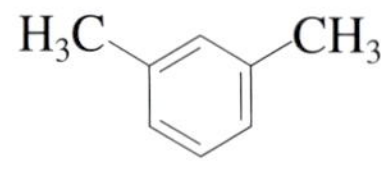

m-Xylene
(1,3-dimethylbenzene)

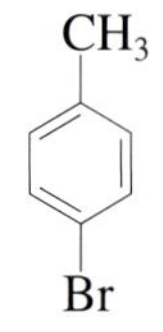

p-Bromotoluene
(4-Bromotoluene)

치환기를 셋 이상 가지고 있는 벤젠의 이름을 지을 때는 치환기에 가능한 한 낮은 숫자가 돌아가도록 위치 번호를 붙이고 치환기를 알파벳 순서로 benzene 앞에 적는다.

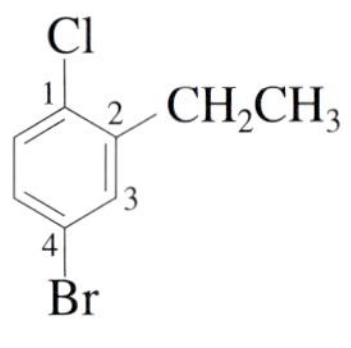

4-Bromo-1-chloro-2-ethylbenzene

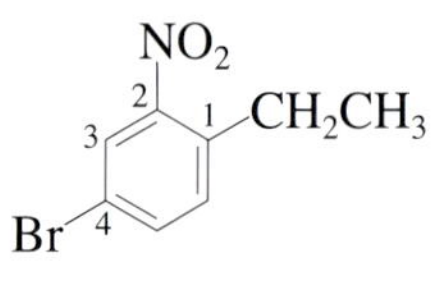

4-Bromo-1-ethyl-2-nitrobenzene

표 6.1에 있는 화합물들은 모두 모체로 사용될 수 있는데 기본 치환체(예를 들어 aniline의 경우는 NH_2-)가 치환되어 있는 탄소가 1번이 된다.

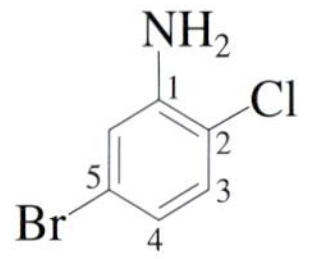

5-Bromo-2-chloroaniline

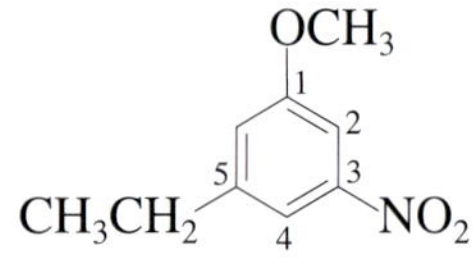

5-Ethyl-3-nitroanisole

문제 6.2 다음 치환된 벤젠의 IUPAC 이름을 쓰시오.

(1)

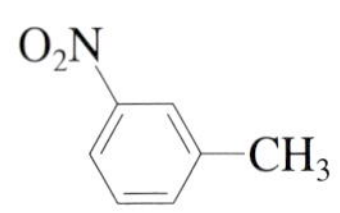

(2)

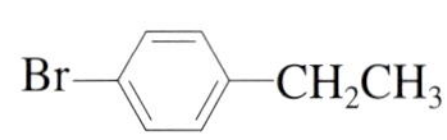

(3)

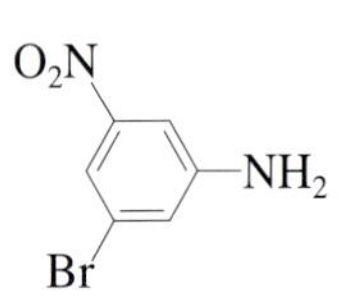

(4)

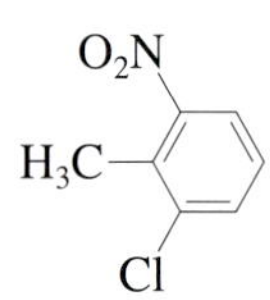

문제 6.3 다음 화합물의 구조를 그리시오.

(1) 2,6-Dimethylaniline (2) 1-Bromo-3,5-diethylbenzene
(3) 1,1,2-Triphenylethane (4) 3,5-Dinitrophenol

6.4 친전자성 치환 반응

벤젠의 π 전자는 독특한 안정성을 가지고 있기 때문에 알켄의 이중 결합에서 일어나는 대부분의 반응이 벤젠에서는 일어나지 않는다. 그러나 어떤 조건 하에서는 벤젠 고리에 있는 수소 원자 한 개가 친전자체에 의해 치환되는 반응인 **친전자성 치환 반응**(**electrophilic substitution**)이 일어난다. 모든 친전자성 치환 반응은 두 단계 메커니즘으로 진행된다. 첫 번째 단계에서는 벤젠 고리에 있는 한쌍의 π 전자가 친전자체(E^+)를 공격하여 탄소 양이온 중간체가 형성되는데 이 것은 세 공명 구조의 혼성체이다.

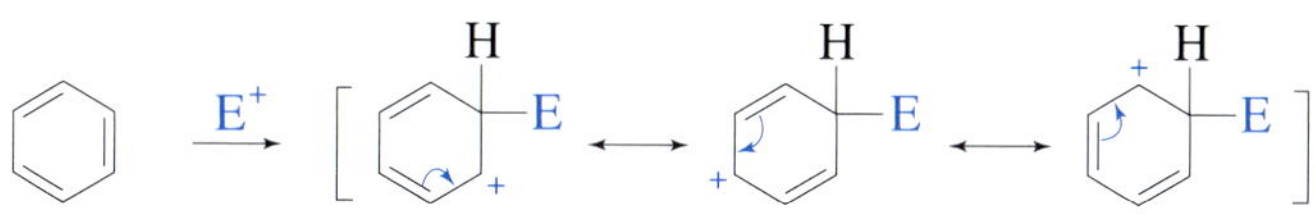

탄소 양이온 중간체

이 단계는 알켄의 친전자성 첨가 반응에서 탄소 양이온이 형성되는 첫 번째 단계와 비슷하다. 알켄에서 만들어진 탄소 양이온은 두 번째 단계에서 친핵체와 반응하여 첨가생성물을 형성한다.

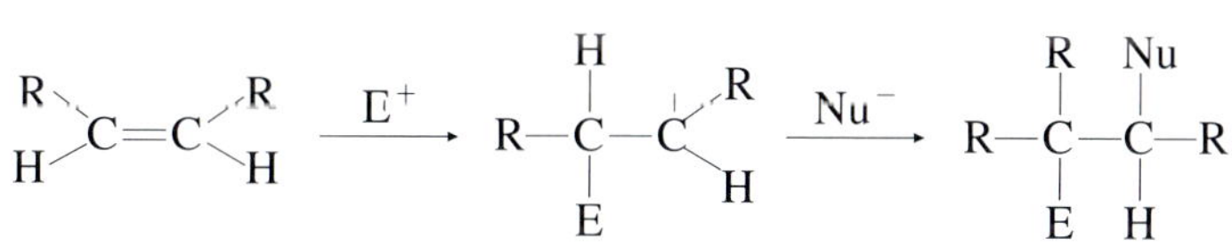

카보양이온 중간체 / 친전자성 첨가 반응 생성물

벤젠에서 형성된 탄소 양이온 중간체가 알켄의 경우처럼 친핵체와 반응한다면 생성물은 방향족성을 잃게 될 것이다. 방향족성을 되찾기 위해 벤젠에서 형성된 탄소 양이온은 친핵체와 반응하는 대신 친진자체가 첨가된 자리의 양성자를 버린다. 결과로서 벤센의 수소 원자 한 개가 친전자체로 치환되고 벤젠의 방향족성은 복원된다.

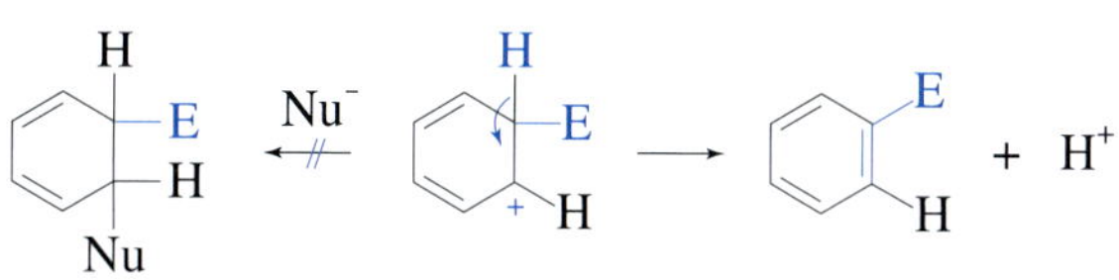

친전자성 첨가 반응 생성물 비방향족성 / 탄소 양이온 중간체 / 친전자성 치환 반응 생성물 방향족성

벤젠의 친전자성 치환 반응과 친전자성 첨가 반응의 반응 좌표를 도시하면 그림 6.2와 같다.

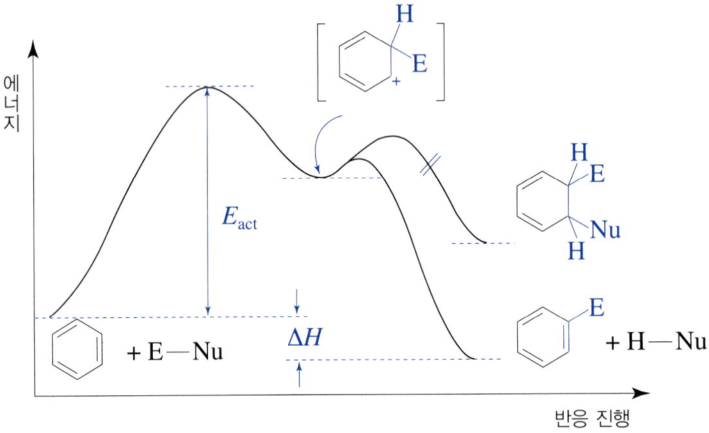

그림 6.2 벤젠의 친전자성 치환 반응과 첨가 반응의 반응 좌표

반응의 첫 단계에서는 π 시스템의 방향족성이 깨어짐으로써 공명 에너지(공명 안정화)를 잃는다. 전이 상태 에너지가 큰 이 과정이 반응 속도 결정 단계이며 강한 친전자체가 필요하다. 두 번째 단계에서는 탄소 양이온 중간체의 양성자가 빠르게 떨어져 나감으로써 방향족성(공명 에너지)이 회복된다. 대표적인 친전자성 치환 반응에는 할로젠화(halogenation), 나이트로화(nitration), 설폰화(sulfonation), Friedel–Crafts 알킬화(Friedel–Crafts alkylation), Friedel–Crafts 아실화(Friedel–Crafts acylation) 등의 다섯 가지가 있다.

6.5 할로젠화 반응

보통 조건 하에서 벤젠은 할로젠과 반응하지 않는다. 그러나 Lewis 촉매로 작용하는 할로젠화 철이 존재하면 **할로젠화 반응(halogenation)**을 한다. 이 반응을 시킬 때는 보통 벤젠과 쇳조각의 혼합물에 할로젠(Cl_2 또는 Br_2)을 천천히 가해준다. 반응 용기 내에서 할로젠화 철($FeCl_3$ 또는 $FeBr_3$)이 형성되고 이것이 촉매 작용을 한다.

브로민화 반응(bromination)에서는 친전자체가 생성되는 단계에서 Br_2가 Lewis 산인 $FeBr_3$에 비공유 전자쌍을 빼앗긴다. 이때 Br–Br 결합이 깨어지면서 친전자체로 작용하는 착물인 $Br^+[BrFeBr_3]^-$가 생성된다.

$$:\ddot{\underset{..}{Br}}-\ddot{\underset{..}{Br}}: + FeBr_3 \rightleftharpoons :\ddot{\underset{..}{Br}}^{+}[Br-\overset{-}{Fe}Br_3]$$

친전자체인 Br^+가 첨가되면 탄소 양이온 중간체가 형성된다.

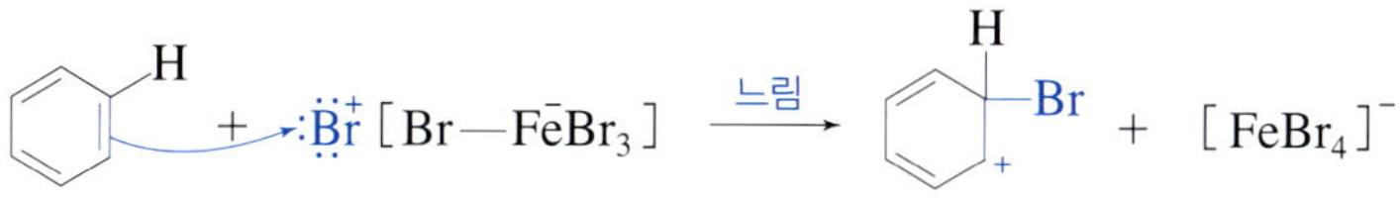

마지막 단계에서 $[BrFeBr_3]^-$가 염기로 작용하여 탄소 양이온 중간체의 양성자를 제거하면 반응이 끝나게 된다.

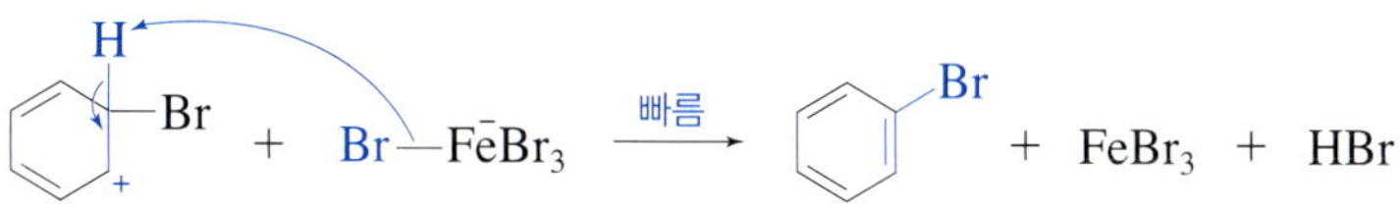

문제 6.4 벤젠의 브로민화 반응에서 형성되는 탄소 양이온 중간체의 공명 구조를 그리시오.

6.6 나이트로화 반응

벤젠의 **나이트로화 반응**(**Nitration**)에서는 보통 촉매로 황산이 필요하다. 황산은 질산을 양성자화한다. 양성자화된 질산으로부터 물이 제거되면 친전자체로 작용하는 나이트로늄 이온(nitronium ion)이 생성된다.

$$H\ddot{\underset{..}{O}}{-}NO_2 + H_2SO_4 \rightleftharpoons H_2\overset{+}{\underset{..}{O}}{-}NO_2 \rightleftharpoons \underset{\text{나이트로늄 이온}}{NO_2^+} + H_2O + HSO_4^-$$

반응 혼합물에 존재하는 물 분자 등이 염기로 작용하여 나이트로화된 탄소 양이온 중간체로부터 양성자를 제거하면 나이트로벤젠이 생성된다.

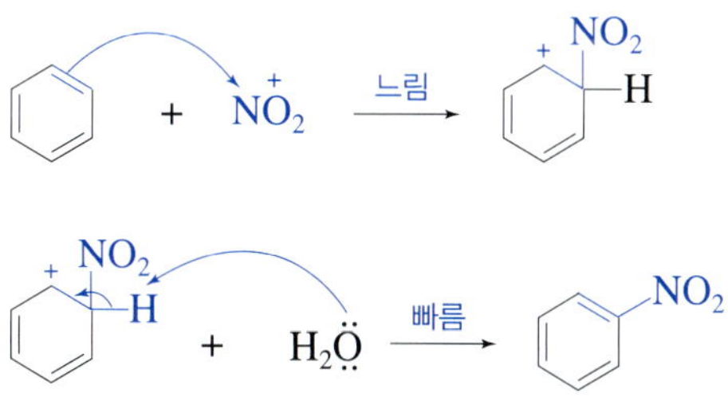

문제 6.5 *o*-, *m*- 및 *p*-xylene을 염소화 시켰을 때 각각에서 얻어질 수 있는 생성물의 구조를 모두 그리시오.

6.7 설폰화 반응

황산을 가열하면 삼산화 황(SO_3)이 발생되는데 이것이 친전자체로 작용하여 벤젠을 공격하면 **설폰화 반응(sulfonation)**이 일어난다.

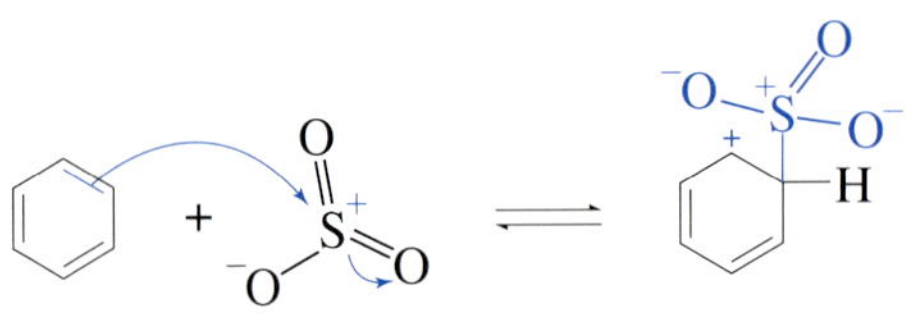

황산 음이온 등에 의해 탄소 양이온 중간체로부터 양성자가 제거되면 benzene-sulfonate 이온이 형성되면서 방향족성이 회복된다.

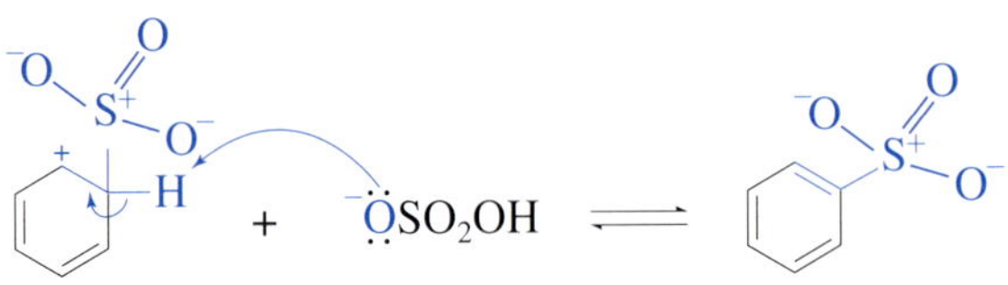

황산으로부터 양성자가 benzenesulfonate 이온의 산소로 양성자가 전달되면 반응이 끝난다.

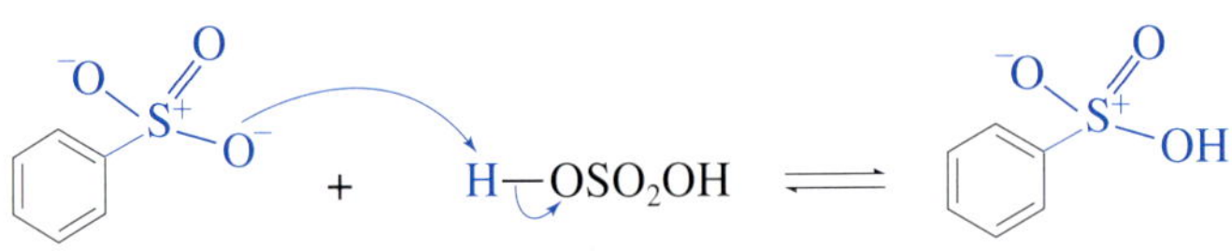

설폰화 반응은 가역적으로 진행되며 염기와 함께 가열하면 페놀이 생성된다.

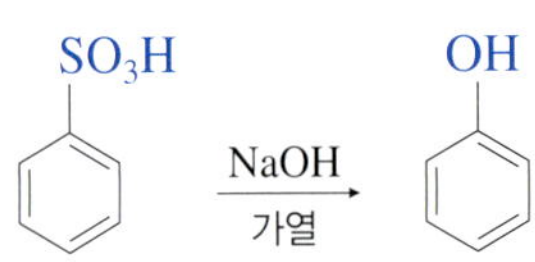

6.8 Friedel-Crafts 알킬화 및 아실화

Friedel-Crafts 알킬화 반응(Friedel-Crafts alkylation)은 1877년 프랑스의 Charles Friedel과 James Crafts에 의해 발견되었다. 친전자체로 작용하는 탄소 양이온은 할로알케인과 Lewis 산 촉매인 $AlCl_3$의 반응에서 생성된다.

$$\underset{\text{2-Chloropropane}}{(CH_3)_2CHCl} + AlCl_3 \longrightarrow (CH_3)_2\overset{+}{C}H[Cl{-}\overset{-}{Al}Cl_3]$$

형성된 탄소 양이온은 다른 친전자체와 비슷한 방법으로 벤젠과 반응한다.

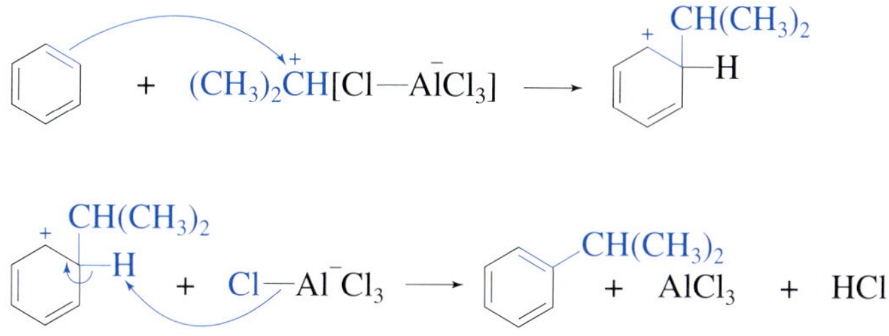

Isopropylbenzene

몇 가지 이유 때문에 이 반응의 용도는 매우 제한적이다. 특히 세 개 이상의 탄소 원자로 이루어진 일차 알킬기는 도입될 수 없다. 이 경우는 일차 카보양이온이 형성되기 전에 이차 카보양이온으로 빠르게 전환된다.

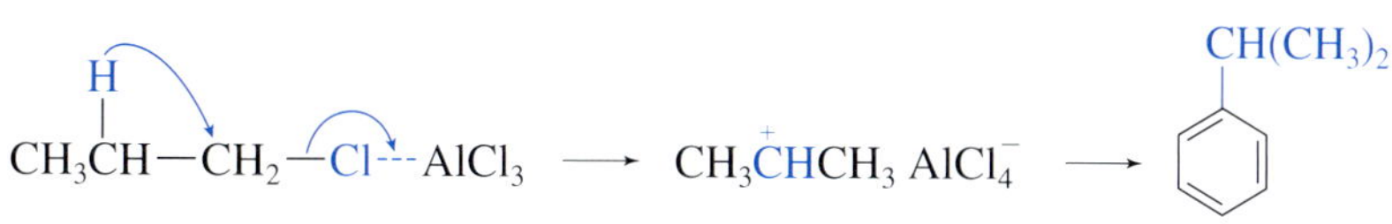

Friedel-Crafts 아실화 반응(**Friedel-Crafts acylation**)도 알킬화 반응과 비슷하게 진행된다. 할로알케인 대신 염화 아실을 사용하면 케톤이 생성된다. 염화 아실이 AlCl3와 반응했을 때 형성되는 친핵체는 **아실 양이온**(**acyl cation**) 또는 **아실륨 이온**(**acylium ion**)이라고 한다. 아실리윰 이온은 두 가지 공명 구조로 나타낼 수 있다.

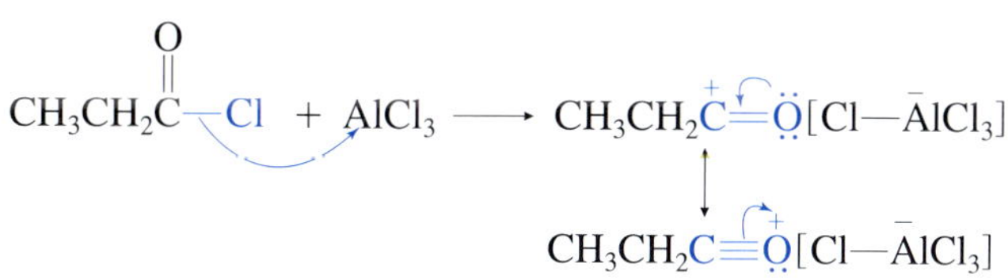

아실리윰 이론

아실륨 이온에서 반응 자리는 아실 탄소이다. 이 반응은 방향족 케톤을 합성하는 매우 효과적인 방법이다.

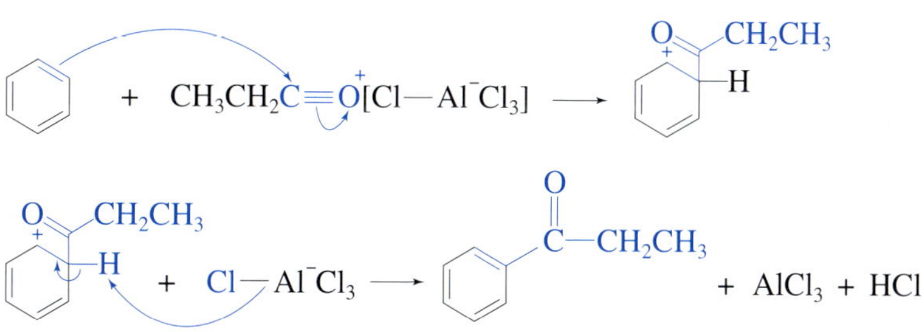

Ethyl phenyl ketone

아연 아말감 존재하의 HCl에서 환류하는 반응인 **Clemmenson 환원 반응**(**Clemmenson reduction**)을 이용하여 방향족 케톤의 카보닐기를 메틸렌으로 환원하면 알킬치환된 방향족 화합물이 얻어진다.

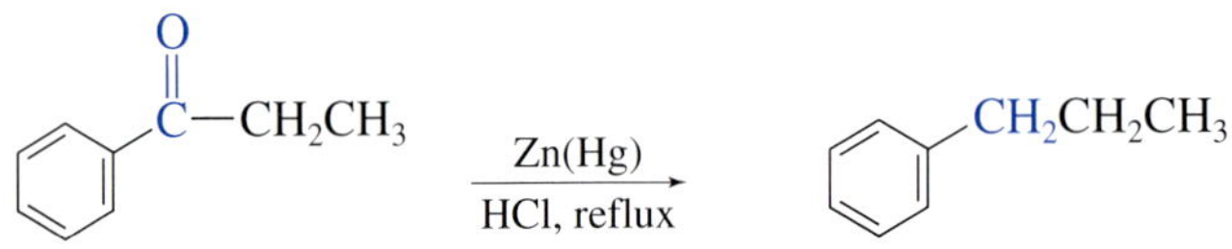

n-Propylbenzene

문제 6.6 $AlCl_3$ 존재 하에서 벤젠과 다음을 반응시켰을 때 얻어지는 주생성물의 구조를 그리시오.

(1) $(CH_3)_3CCl$ (2) $(CH_3)_2CHCl$ (3)

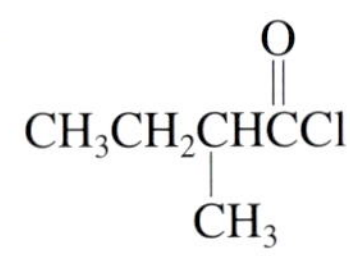

6.9 치환된 벤젠의 상대적 반응성

벤젠 고리의 치환체는 친전자성 치환 반응의 반응성에 영향을 미친다. 예를 들어 aniline에서 친전자성 치환 반응이 일어날 때의 반응 속도는 벤젠에서보다 백만 배 정도 크다. 그러나 nitrobenzene의 반응은 벤젠보다 백만 배 느리게 진행된다.

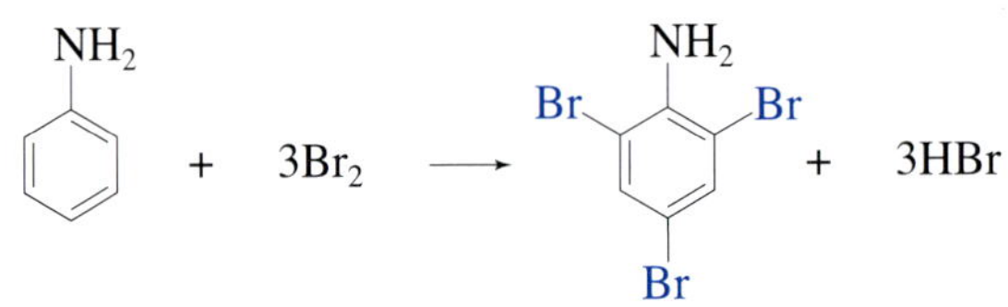

벤젠보다 반응 속도
100만배 크다.
촉매 불필요

2,4,6-Tribromoaniline

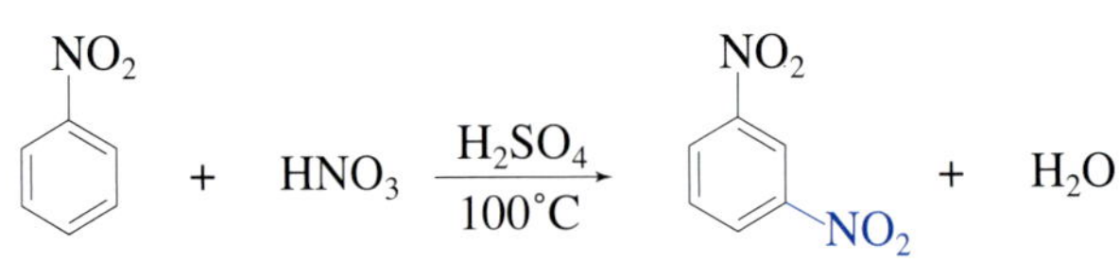

벤젠보다 반응 속도
100만배 작다.
격렬한 조건 필요

m-Dinitrobenzene

이들 예에서 보는 바와 같이 NH_2기는 **활성화기**(**activating group**)로 작용하여 벤젠 고리가 친전자체의 공격을 훨씬 쉽게 받도록 한다. 반면 NO_2기는 **활성 감소기**(**deactivating**

group)로 작용하여 벤젠 고리의 반응성을 떨어뜨린다. 전자를 밀어주는 **전자 주개**(**electron donating group** 또는 **electron donor**) 치환체는 친전자성 치환 반응의 속도를 증가시키고 전자를 끌어당기는 **전자 받개**(**electron withdrawing group** 또는 **electron acceptor**)는 속도를 감소시킨다. 전자 주개는 탄소 양이온 중간체를 안정화시킴으로써 활성화 에너지를 낮추는 반면 전자 받개는 탄소 양이온 중간체를 불안정하게 하므로 활성화 에너지를 증가시킨다. 전자 주개와 전자 받개들의 치환기 효과를 종합하면 표 6.2와 같다.

문제 6.7 Bromobenzene과 toluene 중 어느 것이 친전자성 치환 반응에 대한 반응성이 더 큰가?

문제 6.8 친전자체에 대한 반응성이 증가하는 순서로 다음을 나열하시오.

(1) Ethylbenzene, nitrobenzene, phenol
(2) Phenol, chlorobenzene, benzoic acid
(3) Benzaldehyde, aniline, bromobenzene

표 6.2 친전자성 치환 반응에서 치환기의 효과

반응 속도 영향	*o*-, *p*-지향기	반응 속도 영향	*m*-지향기
매우 강한 활성화	$-\dot{N}H_2$, $-\dot{N}HR$, $-\dot{N}R_2$	강한 활성 감소	$-\overset{O}{\overset{\|}{C}}OR$
	$-\ddot{O}H$		$-\overset{O}{\overset{\|}{C}}R$
	$-\ddot{O}R$		$-SO_3H$
강한 활성화기	$-\ddot{O}-\overset{O}{\overset{\|}{C}}-R$		$-\overset{O}{\overset{\|}{C}}H$
	$-\dot{N}H-\overset{O}{\overset{\|}{C}}-R$		$-\overset{O}{\overset{\|}{C}}OH$
활성화	$-C_6H_5$(aryl)		$-CN$
	$-R$(alkyl)	매우 강한 활성 감소	$-NO_2$
약한 활성 감소	$-X$($X =$halogen, 활성 감소)		$-\overset{+}{N}R_3$

6.10 치환된 벤젠의 위치 선택성

벤젠에 결합되어 있는 치환기는 새로운 친전자성 치환 반응에서의 반응성뿐만 아니라 치환기의 위치에도 영향을 미친다. 치환체들은 **오쏘-** 및 **파라- 배향기**(**director**)와 **메타-배향기**의 두 부류로 나누어진다.

오쏘-(*o*-) 및 파라-(*p*-) 배향기

벤젠에 치환된 활성화기와, 약한 활성 감소기인 할로젠은 새로운 친전자체가 오쏘- 및 파라– 위치를 공격하게 한다. 오쏘- 및 파라- 배향기는 고리에 직접 결합되는 원자에 비공유 전자가 있거나 알킬기와 같이 유도 효과를 통해 전자를 밀어주는 치환체들이다.

벤젠의 위치 선택성을 이해하기 위해서는 탄소 양이온 중간체의 안정성을 검토해 보아야 한다. 예를 들어 anisole과 nitronium 이온의 친전자성 치환 반응을 생각해 보자. 직접 결합된 산소 원자에 비공유 전자가 있는 methoxy기($CH_3\ddot{O}$—)는 공명 혼성을 통해 전자를 벤젠 고리 쪽으로 밀어준다. methoxy기가 전자를 밀어주는 현상 때문에 nitronium 이온이 오쏘- 및 파라- 위치에 도입된 두 탄소 양이온 중간체는 메타- 위치에 도입된 중간체보다 공명 구조가 하나 더 많다. 특히 제 4의 이 공명 기여 구조는 수소를 제외한 모든 원자가 팔전자계를 이루고 있기 때문에 탄소 양이온의 안정도에 크게 기여한다. 메타- 중간체보다 오쏘- 및 파라- 중간체가 더 안정하기 때문에 더 빨리 생성된다.

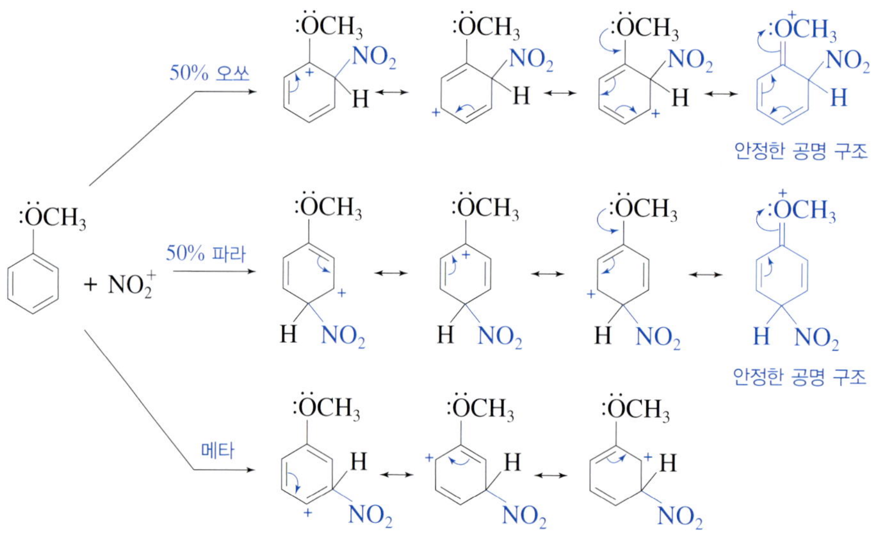

메타-(*m*-) 배향기

할로젠을 제외한 모든 활성 감소기는 새로운 친전자체의 공격이 메타-위치에서 일어나게 한다. 메타 배향기는 고리에 직접 결합되는 원자에 양전하가 있거나 부분 양전하가 있어 전자들 당기는 치환체들이다. 예를 들어 bonzonitrile과 brominium의 브로민화 반응을 생각해보자. 오쏘-, 메타- 및 파라- 위치에 브로민이 도입된 탄소 양이온 중간체들은 각각 세 개씩의 공명 구조를 가지고 있다. 오쏘- 및 파라- 위치에서 친전자체가 첨가된 탄소 양이온 중간체들에는 활성 감소기인 cyano-기(−CN)가 직접 결합한 탄소에 양전하가 놓이는 공명 구조가 있다. 이 구조는 탄소 양이온을 불안정하게 한다. 그러나 메타- 위치에서 반응이 일어난 탄소 양이온에는 이와 같은 공명 구조가 없으므로 상대적으로 더 안정하다. 따라서 이 경우에는 메타- 중간체가 오쏘- 및 파라- 중간체보다 더 빨리 생성된다.

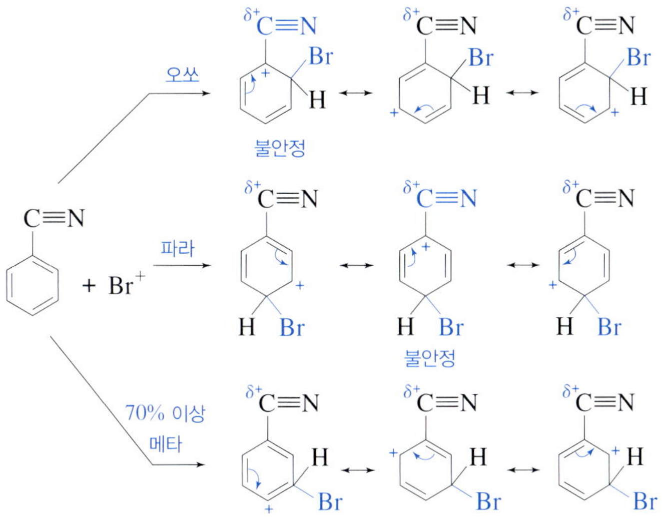

문제 6.9 Phenol을 *p*-bromophenol로 브로민화 할 때 형성되는 탄소 양이온 중간체의 공명 구조를 그리시오.

문제 6.10 benzoic acid를 *m*-nitrobenzoic acid로 나이트로화 할 때 형성되는 탄소 양이온 중간체의 공명 구조를 그리시오.

문제 6.11 다음 화합물을 브로민화 할 때 일어지는 생성물의 구조를 그리시오.

(1) Nitrobenzene (2) Toluene (3) Anisole
(4) Aniline (5) Benzaldehyde

6.11 활성 효과와 배향기의 중요성

친전자성 치환 반응을 이용하여 두 개 이상의 치환기를 가지고 있는 벤젠 유도체를 합성할 때는 치환기의 활성 효과와 배향 효과를 반드시 고려하여야 한다. 예를 들어 벤젠 자체를 브로민화 할 때는 Lewis 산 촉매인 $FeBr_3$ 등을 반드시 사용하여야 된다. 그러나 페놀의 하이드록시기와 같은 강한 활성화기가 치환되어 있을 때는 루이스 산 촉매를 사용하지 않아도 브로민화가 일어난다.

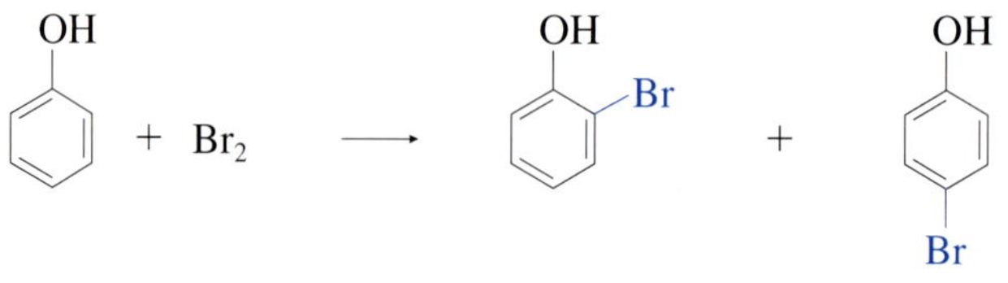

o-Bromophenol *p*-Bromophenol

이때 촉매와 함께 과량의 브로민을 사용하면 세 개의 브로민 원자가 도입된 생성물이 얻어진다.

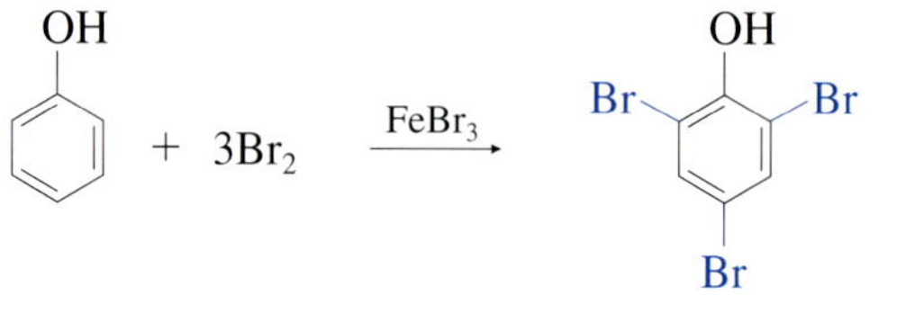

2,4,6-Tribromophenol

벤젠으로부터 이치환된 벤젠(disubstituted benzene)을 합성할 때는 치환기의 도입순서가 중요해진다. 예를 들어 *m*-bromonitrobenzene을 합성하려고 할 때는 먼저 *m*-배향기인 나이트로기를 도입한 다음 브로민화시켜야 한다.

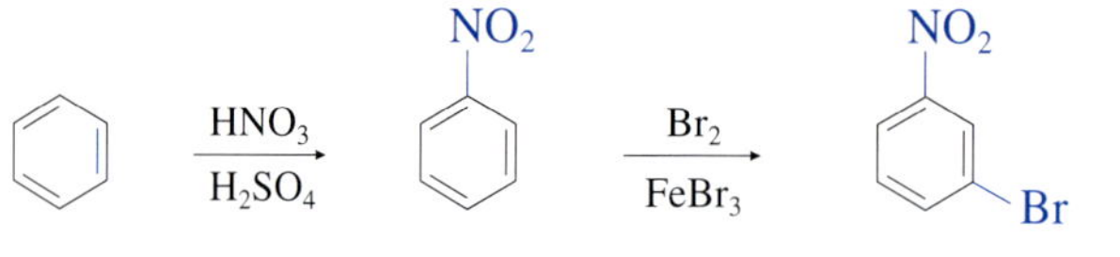

m-Bromonitrobenzene

순서를 바꾸어 브로민을 먼저 도입한 다음 나이트로기를 도입하면 브로민이 *o*- 및 *p*-배향기이기 때문에 전혀 의도하지 않았던 *o*-bromonitrobenzene과 *p*-bromonitrobenzene이 얻어지고 만다.

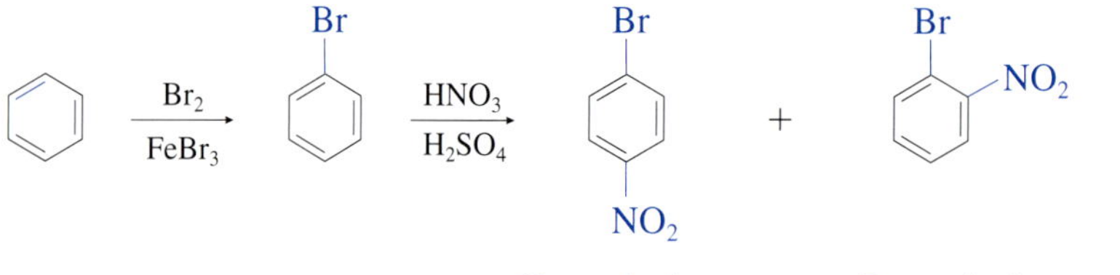

p-Bromonitrobenzene *o*-Bromonitrobenzene

문제 6.12 벤젠으로부터 다음을 합성하시오.

(1) *m*-Bromonitrobenzene (2) *p*-Chloronitrobenzene

(3) 2,4,6-Tribromophenol

6.12 산화 환원 반응

알켄의 불포화 결합은 뜨거운 $KMnO_4$와 같은 산화제에 의해 쉽게 산화되지만 벤젠의 불포화 결합은 이와 같은 산화제에 산화되지 않는다. 벤질 위치(benzylic position)에 수소가 있는 알킬기는 강한 산화제에 의해 산화되 모두 카복시기로 전환된다.

산화 반응과 마찬가지로 환원 반응도 벤젠 고리에서는 잘 일어나지 않지만 전이 금속 촉매 존재 하에서 매우 높은 온도와 압력을 가하면 환원될 수 있다.

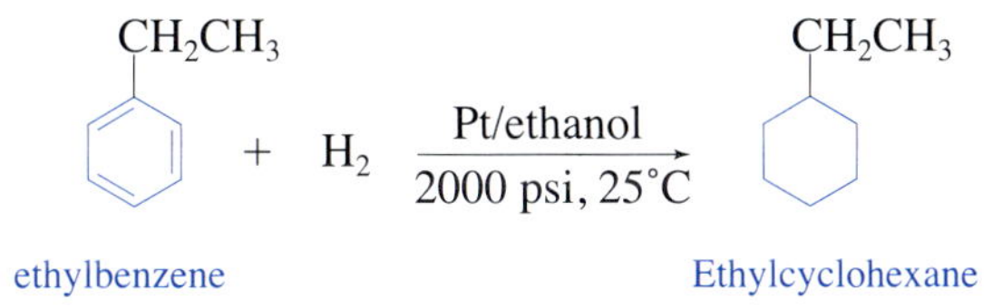

문제 6.13 벤젠으로부터 다음을 합성하시오.

(1) *p*-Bromobenzoic acid (2) *m*-Nitrobenzoic acid

(3) *p*-nitrobenzoic acid

제1족–암모니아–알코올에 의한 방향족 고리의 반응을 **Birch 환원 반응(Birch reduction)**이라고 한다. 반응의 첫 단계에서는 액체 암모니아 속의 소듐으로부터 벤젠 고리 쪽으로 전자가 전달되어 벤젠 라디칼 음이온이 생성된다.

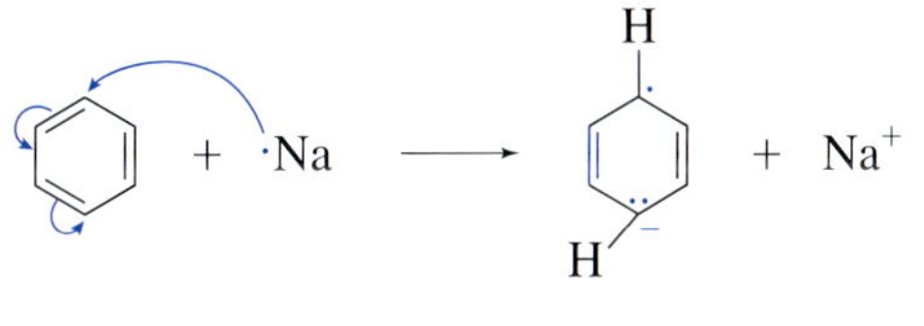

벤젠 라디칼 음이온

벤젠 라디칼 음이온이 에탄올에 의해 양성자화되면 cyclohexadienyl 라디칼이 형성된다.

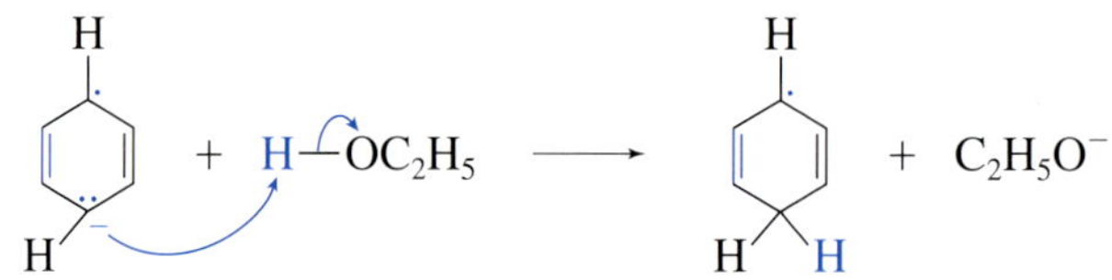

Cyclohexadienyl 라디칼

소듐 원자로부터 다시 cyclohexadienylradical에 전자가 전달되어 형성된 cyclohexadienyl 음이온이 양성자화되면 1,4-cyclohexadiene이 생성된다.

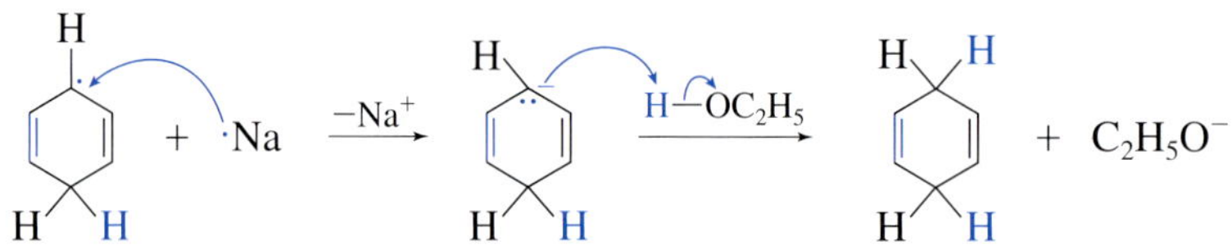

1,4-Cyclohexadiene

Brich 환원 반응은 벤젠 유도체로부터 콘쥬게이션되지 않은 다이엔을 합성하는 효과적인 방법이다.

6.13 방향족성에 대한 일반화

기초 유기 화학에서 다루는 방향족 화합물들은 벤젠과 벤젠 유도체들이지만 둘 이상의 벤젠 고리가 **접합(fused**, 둘 상의 고리들이 변을 공유하고 있는)되어 있는 화합물들이나 벤젠 고리를 가지고 있지 않은 부류의 방향족 화합물들도 있다. 1930년대 독일의 Erich Hückel은 "평면형 고리 구조고 완전히 콘쥬게이트 되어 있으면서 (4n+2)개의 π 전자를 가지고 있는 폴리엔은 **방향족(aromatic)**이다"라고 하는 **Hückel 법칙(Hückel's rule)**을 발표하였다. 방향족 화합물들이 공통적으로 보여주는 특징을 **방향족성(aromaticity)**이라고 하는데 모두 벤젠과 비슷한 안정도를 갖고 있다. Hückel 법칙에서 $n=1$, 즉 π 전자 여섯에 해당하는 경우가 벤젠이다.

Naphthalene과 anthracene은 벤젠 고리들이 접합되어 있는 **여러 고리형 벤젠류(polycyclic benzenoid)**이다. 이들은 각각 $n=2$ 및 $n=3$에 해당하는 π 전자가 10개 및 14개인 방향족 화합물들이다.

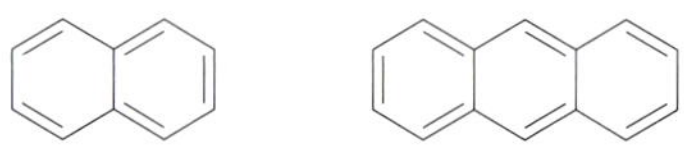

Naphthalene　　Anthracene

이 화합물들은 방향족 화합물들에 특징적인 친전자성 치환 반응을 일으킨다.

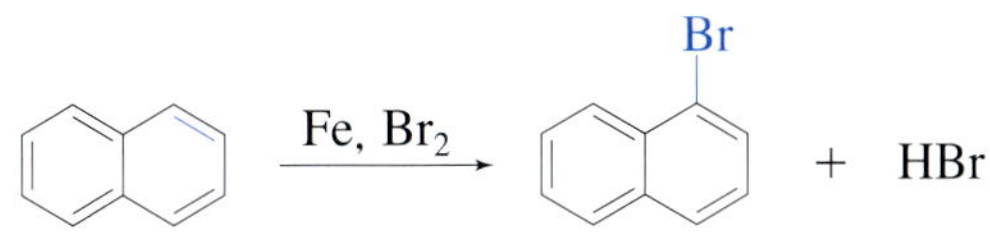

Naphthalene　　1-Bromonaphthalene

벤젠 고리를 가지고 있지 않은 고리 화합물 또는 이온들도 방향족성을 보여준다. 예를 들어 cyclopropenyl 양이온과 [10]annulene은 Hückel 법칙에서 각각 $n=0$ 및 $n=2$에 해당하는 방향족성을 가지고 있다.

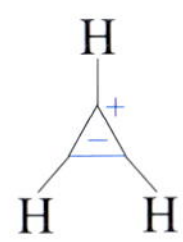

Cyclopropenyl 양이온

[10]Annulene

6.14 헤테로 고리 방향족 화합물

헤테로 고리 화합물(Heterocyclic compound)들은 고리를 구성하고 있는 한 개 이상의 원자가 헤테로 원자인 구조를 가지고 있다. 탄소를 제외한 모든 원자를 **헤테로 원자(hetero atom)**라고 한다. 지금까지 알려져 있는 모든 유기 화합물들의 반 이상이 헤테로 고리 화합물이다. 질소와 산소를 포함하고 있는 헤테로 고리 화합물들이 가장 많으며 황 원자를 가지고 있는 부류도 있다. 헤테로 고리 화합물들 중 많은 것들이 Hückel 법칙을 만족하는 방향족성을 보여준다. Pyrrole, furan 및 thiophene도 Hückel 법칙의 $n=1$인 방향족성을 보여준다. 이들은 두 개의 π 결합에서 제공된 4개의 π 전자와 헤테로 원자에서 제공된 2개의 π 전자로 이루어진 방향족성인 6π 전자계를 가지고 있다.

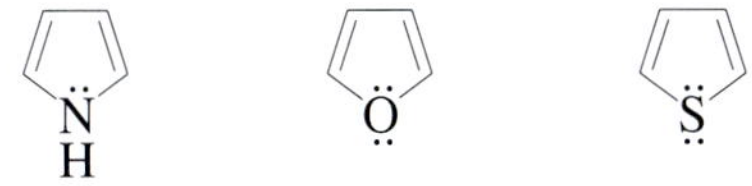

Pyrrole　　Furan　　Thiophene

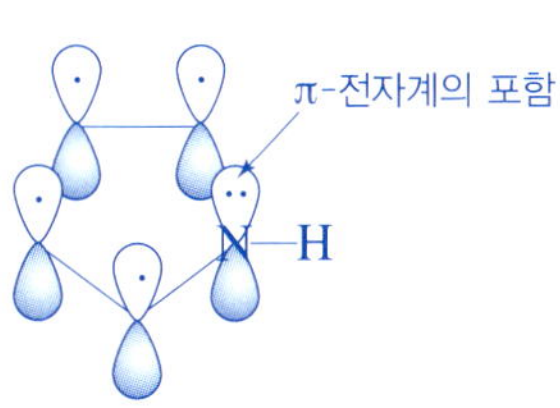

Pyrrole의 오비탈

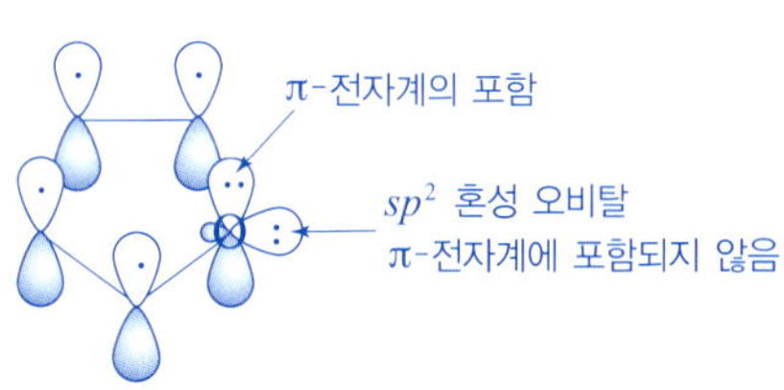

Furan의 오비탈

Pyridine은 벤젠과 비슷한 세 개의 π 결합에서 제공된 방향족성인 6π 전자계를 가지고 있다. 질소에 있는 비공유 전자는 방향족성인 π 분자 오비탈에 수직한 sp^2 혼성 오비탈에 들어있으며 방향족성 π 전자계에 참여하지 않는다.

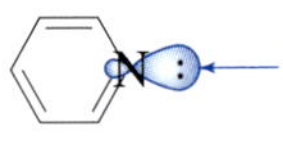

Pyridine

대부분의 의약품과 수많은 천연 화합물들이 헤테로 고리 화합물에 속한다. 의약품으로 사용되는 대표적인 헤테로 고리 화합물의 예로 penicillin을 들 수 있다. Histamine은 알레르기 반응에 관계가 있으며 pyridoxine은 바이타민 B_6이다.

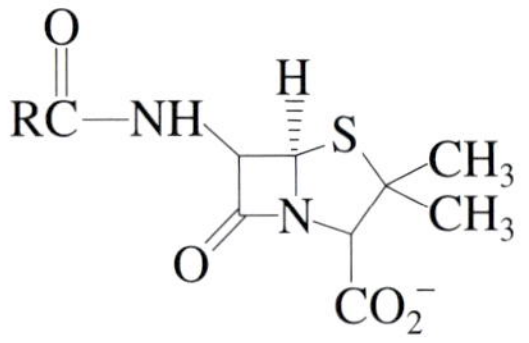

Penicillin

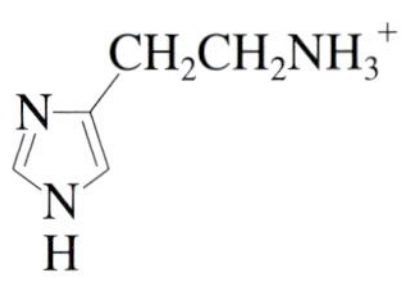

Histamine

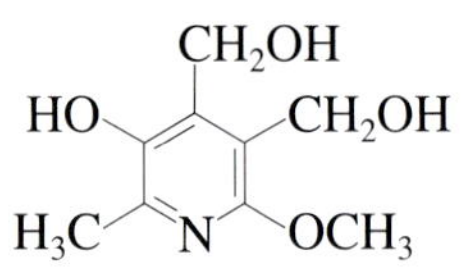

Pyridoxine
(바이타민 B_6)

요약

벤젠의 실제 구조는 두 구조의 공명 혼성체이며 π 전자들이 여섯 개의 탄소 원자에 균일하게 **비편재화(delocalized)**되어 있다.

벤젠의 공명 구조

공명에 의한 전자들의 비편재화 때문에 발생되는 벤젠의 이 안정화를 **공명 에너지(resonance energy)**라고 한다.

벤젠 유도체를 이름 지을 때는 IUPAC 규칙을 따르지만 고리에 치환체가 둘 있는 경우에는 위치를 아라비아 숫자로 나타내기보다는 *ortho*-(*o*-, 1,2-이치환), *meta*-(*m*-, 1,3-이치환) 및 *para*-(*p*-, z이 치환)와 같은 접두어로 표시한다.

방향족 화합물은 **친전자성 치환 반응(electrophilic substitution)**을 한다. 이 반응의 첫 번째 단계에서는 탄소 양이온 중간체가 형성된다. 두 번째 단계에서 친전자체가 결합되는 탄소의 수소가 제거되면 방향족성을 되찾으면서 치환된 벤젠 유도체가 생성된다. 친전자성 치환 반응에는, 할로젠화, 나이트로화, 설폰화, Friedel–Crafts 알킬화 및 아실화가 있다.

벤젠에 결합되어 있는 치환기는 제2의 친전자체와 반응할 때 반응성과 배향에 영향을 준다. 일반적으로 전자 주개는 **활성화기(activating group)**로 작용하고 전자 받개는 **활성 감소기**

(**deactivating group**)로 작용한다. 또 활성화기와 할로젠 원자는 *ortho-*, *para-* 배향기로 작용하고, 활성 감소기는 *meta-* 배향기로 작용한다. 두 개 이상의 치환기가 결합된 벤젠을 합성할 때는 치환체들의 배향성을 잘 고려해야 한다.

Benzyl 위치에 적어도 한 개 이상의 수소 원자를 가지고 있는 알킬기는 $KMnO_4$와 같은 강한 산화제에 의해 $-COOH$로 산화된다.

평면형 고리 구조이고 완전히 콘쥬게이트 되어 있으면서$(4n+2)$개의 π 전자를 가지고 있는 폴리엔은 방향족 화합물이라고 하고, 이러한 **방향족 화합물**들이 공통적으로 보여주는 특징을 **방향족성**(**aromaticity**)이라고 한다. Naphthalene, anthracene과 같은 접합된 고리 화합물 또는 pyrrole, furan, thiophene, pyridine과 같은 헤테로 고리 화합물들은 방향족성을 가지고 있다.

읽을거리

1950년대 후반 처음으로 합성되었던 polyacetylene은 약 20년 동안 물리학자들에게만 관심이 있던 화합물이었다. 1968년 초 Beret와 Smith는 polyacetylene을 눌러서 만든 얇은 조각을 Lewis 산 또는 염기에 노출시키면 전기 전도도가 100만 배 이상 변한다는 현상을 관찰하였다. 1980년대 후반 Shirakawa, MacDiarmid와 Heeger는 polyacetylene 필름을 강한 산화제에 노출시키면 구리와 맞먹는 전도도를 보여준다는 놀라운 사실을 발견하였다. 매우 높은 전도도를 보여주는 플라스틱을 발견한 것이었다.

$$(CH{=}CH)_n$$

Polyacetylene

Polyacetylene의 π 전자들은 비편재화되어 있을 뿐만 아니라 탄소 핵으로부터 멀리 떨어져 있기 때문에 비교적 쉽게 움직일 수 있다. 특히 이것을 산화 또는 환원시켜서 전자 구멍(+전하) 또는 전자쌍(−전하)을 만들어주면 π 전자들은 놀라울 정도로 더 쉽게 움직일 수 있으며 1억 배 이상 전기 전도도가 증가한다. 이것은 값싸고 가벼운 플라스틱이 무겁고 값비싼 금속 전도체를 대체할 수 있다는 사실을 의미한다. 그러나 불행하게도 polyacetylene은 열을 가하거나 용매를 가하여도 녹지 않기 때문에 가공할 수 없다는 결정적인 단점을 가지고 있었다.

1990년대부터 polyacetylene의 단점을 개선하기 위한 연구들이 **전도성 고분자**(**conducting polymer**)라고 하는 방향족 고리계를 중심으로 집중적으로 이루어졌다. 가장 많이 연구된 전도성 고분자 계로는 polyphenylene, polyphenylenevinylene, polypyrrole, polythiophene 등을 기초로 하는 화합물들이 있다.

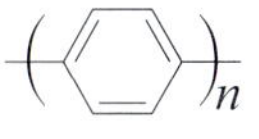

Polyphenylene

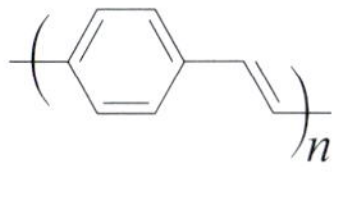

Polyphenylenevinylene

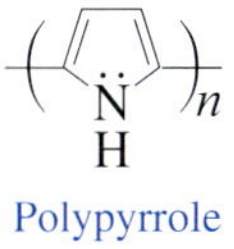

Polypyrrole

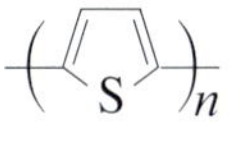

Polythiophene

이들 전도성 고분자들은 플라스틱 전선, 트랜지스터, 배터리, 전자 발색 물질 및 전자 발광 소자에 이용될 수 있으며 어떤 것들은 이미 실용화되어 있다. 예를 들어 전도성 고분자에 10 V 정도의 낮은 전압을 걸어주면 빛을 낸다. 이와 같이 장치를 **유기 전자 발광 소자(organic light-emitting diode, OLED)**라고 한다. OLED는 이미 LG와 삼성에서 판매하는 휴대폰의 디스플레이 장치에 적용되고 있으며 OLED를 이용한 두루마리형 TV도 등장해 주목을 끌고있다. 머지않은 장래에 전도성 고분자는 전자기술에 혁명을 가져올 것이다.

보충문제

6.14 다음 구조의 IUPAC 이름을 쓰시오.

(1)
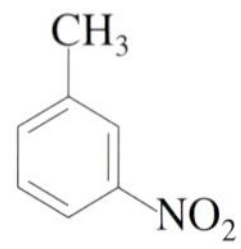

(2)
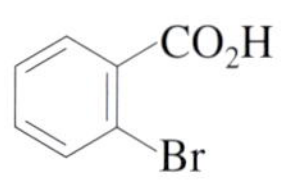

(3)
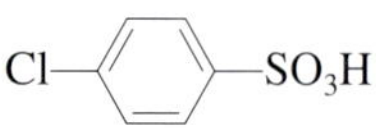

(4)
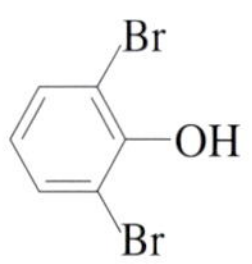

(5)
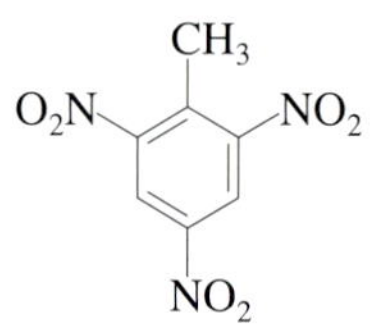

(6)
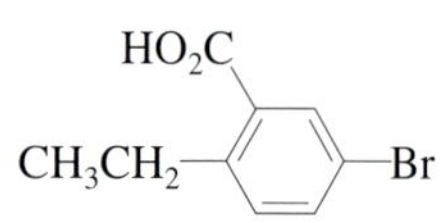

6.15 다음 화합물들의 구조를 그리시오.

(1) *p*-Chlorophenol (2) *m*-Nitroaniline (3) *o*-Ethylbenzoic acid
(4) 2,4,6-Tribromotoluene (5) 2,3,5-Trinitrophenol (6) 2-Methyl-2-phenylhexane

6.16 분자식이 C_7H_7Br인 화합물들의 구조를 모두 그리고 이름을 쓰시오.

6.17 다음 모든 이성질체의 구조와 이름을 쓰시오.

(1) Bromoaniline (2) Dinitrotoluene

6.18 벤젠으로부터 다음을 합성하는 반응식을 쓰시오.

(1) Nitrobenzene (2) Chlorobenzene
(3) 1-Phenyl-1-butanone (4) benzenesulfonic acid

6.19 다음 반응 생성물의 입체 구조를 그리시오.

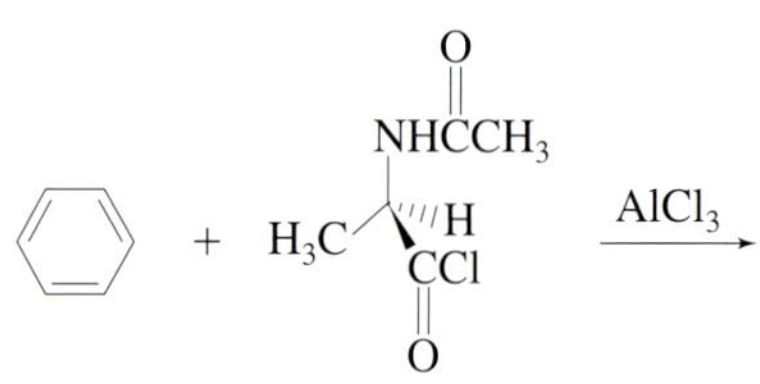

6.20 브로민화 반응에서 다음 각 쌍 중 어느 것이 더 반응성이 크겠는가?

(1) Acetanilide($C_6H_5NH\overset{\overset{\displaystyle O}{\|}}{C}CH_3$)와 bromobenzene

(2) Bromobenzene과 toluene

(3) Bromobenzene과 *m*-dibromobenzene

6.21 다음 각 작용기는 *o*, *p*-배향성인가? *m*-배향성인가?

(1) 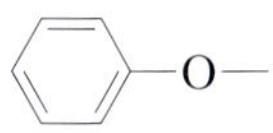

(2) $CH_3\overset{\overset{\displaystyle O}{\|}}{C}O-$

(3) $CH_3O\overset{\overset{\displaystyle O}{\|}}{C}-$

(4) $(CH_3)_3C-$

(5) 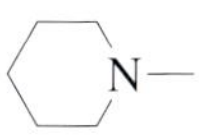

(6) 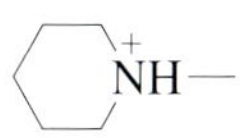

(7) $CH_3\overset{\overset{\displaystyle O}{\|}}{C}NH-$

(8) $CH_3\underset{\underset{\displaystyle O}{\|}}{\overset{\overset{\displaystyle O}{\|}}{S}}-$

6.22 다음 각 탄소 양이온의 공명 구조들을 그리시오.

(1) 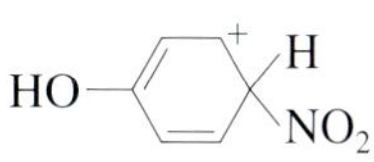

(2) 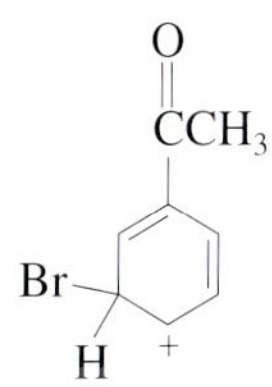

(3) 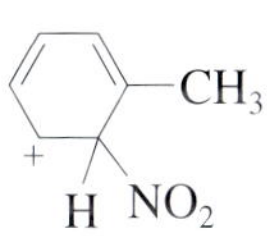

(4) 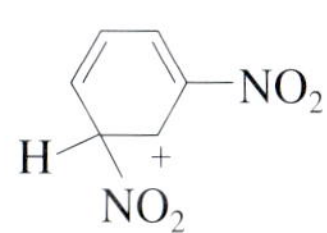

6.23 Dimethylbenzene 이성실체 중 하나를 염소화했더니 세 종류의 chlorodimethylbenzene 이 얻어졌다. Dimethylbenzene 이성질체와 염소화된 생성물의 구조를 그리시오.

6.24 다음을 염소화시켰을 때 얻어지는 주생성물의 구조를 그리시오.

(1) Chlorobenzene (2) Benzaldehyde (3) Benzoic acid

(4) Nitrobenzene (5) Phenol (6) Toluene

6.25 이치환 벤젠 고리에서 제 3의 치환체가 도입될 때의 배향성은 두 작용기 중 활성 효과가 큰 쪽에 의해 결정된다. 다음 화합물들을 나이트로화시켰을 때 얻어지는 주생성물의 구조를 그리시오.

(1) *p*-Bromophenol (2) *p*-Nitrotoluene (3) *m*-Methoxybenzoic acid

(4) 3-Bromo-1-methoxybenzene

6.26 다음 반응식을 완성하시오.

(1)  $-CH_2CH_3 \ + \ SO_3 \xrightarrow{H_2SO_4}$

(2) 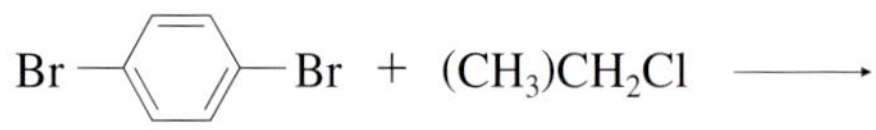

(3) 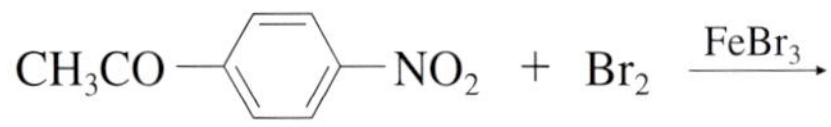

(4) 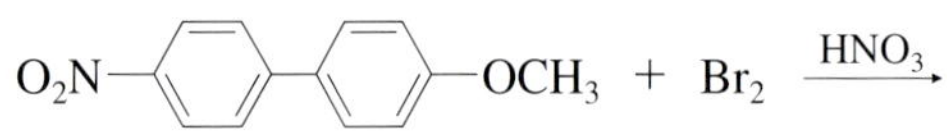

(5) 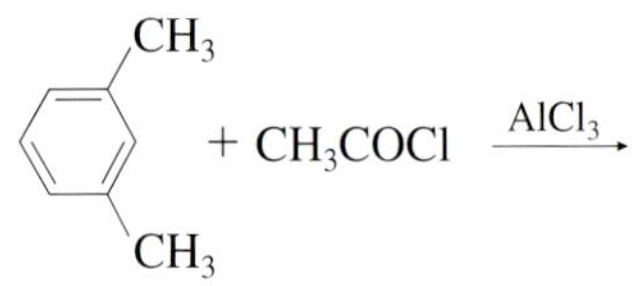

(6) 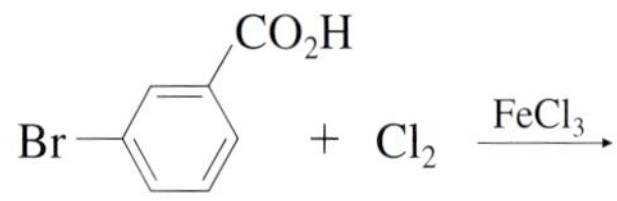

(7) 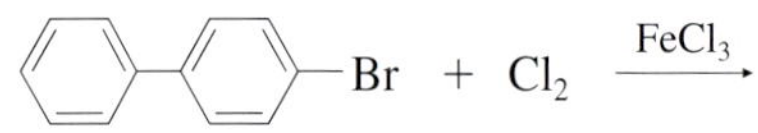

4-Bromobiphenyl

6.27 분자식이 $C_8H_9NO_2$인 화합물을 $KMnO_4$로 산화시켰더니 *m*-nitrobenzoic acid가 얻어졌다. 화합물의 구조식을 그리시오.

6.28 Anthracene의 네 공명 구조를 그리시오.

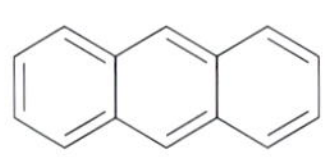

Anthracene

6.29 문제 6.26 (7)의 4-bromobiphenyl을 염소화시킬 때 생성되는 탄소 양이온 중간체의 공명 구조를 그리시오.

6.30 벤젠에서 출발하여 다음 화합물을 합성하시오.

(1) *m*-Bromobenzenesulfonic acid
(2) *p*-Chlorobenzenesulfonic acid
(3) 1-Chloro-4-methyl-2-nitrobenzene
(3) 3-Bromo-4-nitro-benzoic acid

6.31 Friedel−Crafts 아실화 반응은 산 염화물뿐만 아니라 산 무수물에서도 진행될 수 있다.

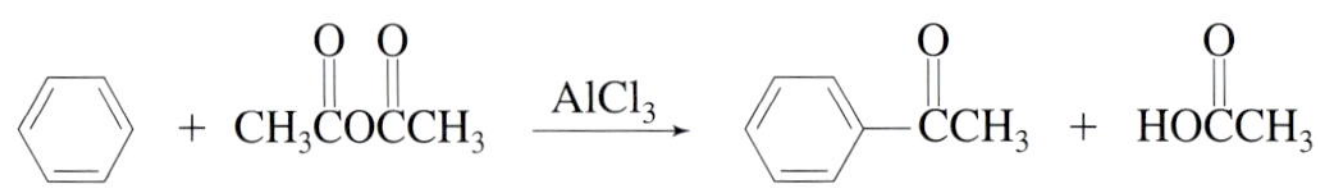

$AlCl_3$ 존재 하에서 benzene과 다음 화합물을 반응시켰을 때 얻어지는 생성물의 구조를 그리시오.

(1) 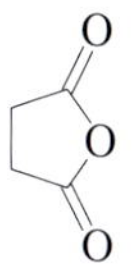

(2) 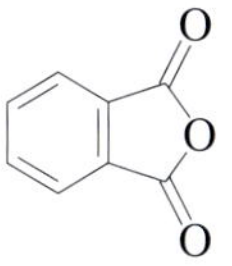

6.32 Nitrous acid(HONO)는 산성 용액에서 HNO_3와 거의 같은 양상으로 방향족 화합물과 반응한다.

(1) 친전자체가 형성되는 반응식을 쓰시오.

(2) Phenol에 대한 이 친전자체의 치환 반응 반응 메커니즘을 쓰시오.

6.33 나프탈렌의 친전자성 치환 반응은 C(2)보다는 C(1)에서 더 잘 일어난다. 탄소 양이온 중간체의 공명 구조를 이용하여 설명하시오.

6.34 Toluene에서 시작하여 bromobenzoic acid의 세 이성질체를 합성하시오.

7장

알코올, 페놀 및 에터

일반식이 R−O−H인 **알코올**은 물 H−O−H의 수소 원자 한 개가 알킬기(R)로 치환된 것이다. 알코올은 자연계에 폭 넓게 존재하며 매우 유용한 생물학적 활성들을 보여준다. Methanol, ethanol 및 propanol과 같은 알코올들은 매우 중요한 유기 용매다. Ethanol은 알코올성 음료, 화장품 및 의약품의 원료로 이용된다. Isopropanol은 항균 작용이 있기 때문에 수술 도구나 피부를 소독하는 데 이용된다. 또 알코올들은 여러 가지 유기 화합물을 합성하는 출발 물질로 사용된다. 비교적 간단한 알코올들인 3-methyl-2-buten-1-ol과 geraniol은 신진대사에 중요하며 생물체가 복잡한 화합물을 생합성할 때 원료로 사용된다. Menthol은 박하 향기 성분으로 잘 알려져 있다. Methanol, ethanol 및 propanol과 같은 알코올들은 매우 중요한 유기 용매다. 또 알코올들은 여러 가지 유기 화합물을 합성하는 출발 물질로 사용된다. Isopropanol은 항균 작용이 있기 때문에 수술 도구나 피부를 소독하는 데 이용된다.

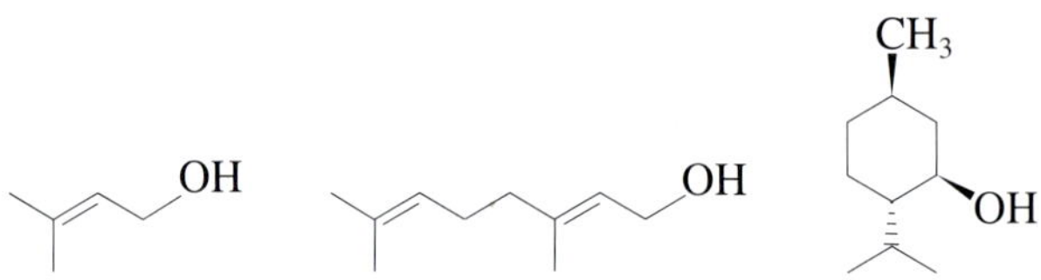

3-Methyl-2-buten-1-ol　　Geraniol　　Menthol

−OH기를 가지고 있는 화합물들에는 **페놀(phenol)**류가 포함된다. 페놀은 −OH기가 벤젠을 포함하는 방향족 고리에 결합되어 있는 화합물이다. 많은 페놀류의 화합물도 생물학적 활성을 가지고 있다. Urushiol은 옻나무의 알레르기를 일으키는 성분이다. kaempferol은 여러 가지 식물체에서 발견되며 항산화 및 항암 작용을 보여준다.

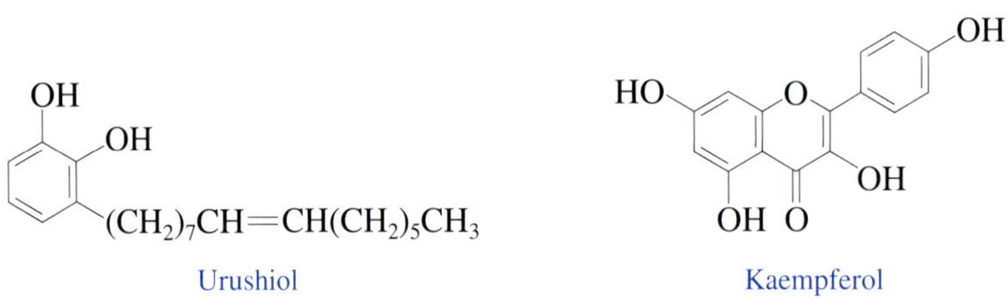

Urushiol　　Kaempferol

일반식이 R−O−R인 **에터**(ether)는 물의 두 수소가 모두 알킬기로 치환된 형태를 가지고 있으며 물과 알코올의 유도체로 생각할 수 있다. 에터는 물 또는 알코올에 비해 화학 반응성이 매우 낮다. 이 때문에 에터 화합물들은 여러 가지 화학 반응의 용매로 이용된다. Diethyl ether($CH_3CH_2OCH_2CH_3$), methyl propyl ether($CH_3OCH_2CH_2CH_3$) 및 ethyl vinyl ether($CH_3CH_2OCH{=}CH_2$)는 오랫동안 마취제로 사용되었다.

C−O−C 골격이 세원자 고리를 이루고 있는 에터인 **에폭사이드(epoxide)**는 보통 반응성이 크다. 에폭사이드도 자연계에서 흔하게 발견된다. 집시나방 암컷의 성유인 물질인

disparlure에는 에폭사이드 골격이 들어있다.

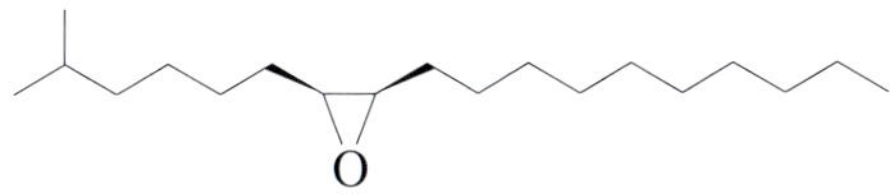

Disparlure

이 장에서는 알코올, 페놀, 에터 및 황 화합물들의 명명법, 수소 결합을 포함한 이 화합물들의 물리적 성질, 제법 및 중요한 반응들을 공부를 할 것이다.

7.1 알코올과 페놀의 명명법

알코올도 −OH(하이드록시)기가 결합되어 있는 탄소의 차수에 따라 **일차 알코올(1°, primary alcohol)**, **이차 알코올(2°, secondary alcohol)**, **삼차 알코올(3°, tertiary alcohol)** 로 분류된다.

$R-CH_2OH$	$R-CH(R)OH$	$R-C(R)(R)OH$
일차 알코올	이차 알코올	삼차 알코올

IUPAC 체계를 따라 이름을 지을 때는 알코올을 알케인의 유도체로 간주하여 alkanol로 부른다. 즉, 알케인 이름의 어미 -e를 -ol로 바꾸어 준다.

CH_3OH	CH_3CH_2OH
Methanol	Ethanol

복잡한 알코올일 경우, −OH기를 포함하고 있는 가장 긴 사슬을 모체로 하고 −OH기에 가능한 한 가장 작은 번호가 돌아가게 사슬의 탄소에 번호를 붙인다. 모체 사슬 앞에 −OH기의 위치를 표시하고 사슬에 있는 다른 치환기들은 접두어로 처리한다.

$\underset{1}{CH_3}\underset{2}{CH}(OH)\underset{3}{CH_2}\underset{4}{CH_2}\underset{5}{CH_3}$	$CH_3\underset{4}{CH}(\overset{5}{CH_2}\overset{6}{CH_3})\underset{3}{CH_2}\underset{2}{CH_2}\underset{1}{CH_2}OH$	$\underset{4}{CH_3}\underset{3}{CH}(Br)\underset{2}{CH_2}\underset{1}{CH_2}OH$
2-Pentanol	4-Methyl-1-hexanol	3-Bromo-1-butanol

−OH기가 둘 또는 셋 있을 때는 각각 -diol, -triol을 어미로 사용하고 각 OH기의 위치 번호를 모체 이름 앞에 적는다.

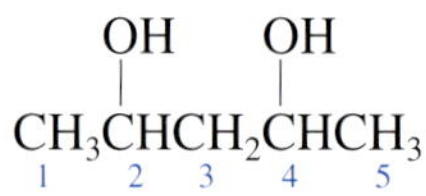

2,4-Pentanediol

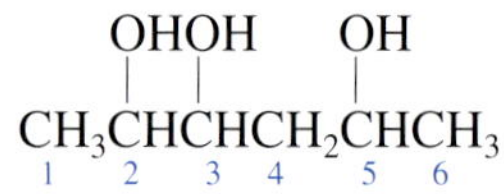

2,3,5-hexanetriol

간단한 알코올들은 IUPAC 이름보다 관용명으로 부를 때가 많다. 관용명은 알킬기 이름 다음에 "alcohol"이 온다.

CH_3OH	CH_3CH_2OH	$(CH_3)_2CHOH$
Methyl alcohol	Ethyl alcohol	Isopropyl alcohol
$(CH_3)_3COH$	$CH_2{=}CHCH_2OH$	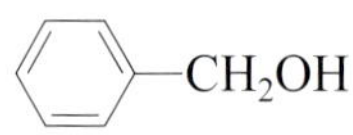
tert-Butyl alcohol	Allyl alcohol	Benzyl alcohol

일반적으로 페놀류는 페놀의 유도체로 명명한다. −OH기가 치환된 탄소가 1번이며 치환체에 가능한 한 작은 숫자가 돌아가도록 번호를 붙인다.

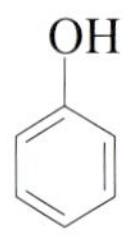

Phenol

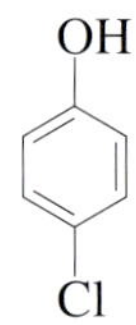

4-Chlorophenol
(*p*-chlorophenol)

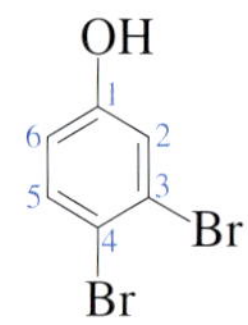

3,4-Dibromophenol

문제 7.1 다음 알코올의 IUPAC 이름을 적고 일차, 이차 및 삼차 알코올로 분류하시오.

(1) $(CH_3)_3CCH_2CH_2OH$

(2) 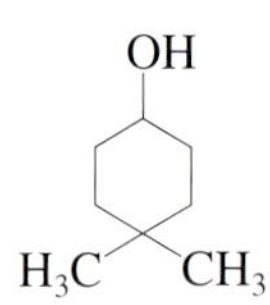

(3) 

(4) 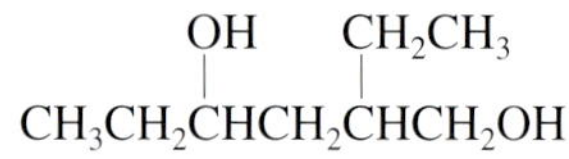

문제 7.2 다음 알코올들의 구조를 그리시오.

(1) 2-Methyl-2-butanol
(2) 2-Cyclohexenol
(3) *trans*-4-methylcyclohexanol
(4) 2,4,6-Trinitrophenol

7.2 알코올의 수소 결합

알코올의 가장 중요한 물리적 성질은 하이드록시기의 극성이다. 산소와 탄소 및 산소와 수소 사이의 전기 음성도의 차이가 크기 때문에 알코올의 C−O 및 O−H 결합은 극성 공유 결합이고 전자가 산소 원자 쪽으로 치우친 극성을 보여준다.

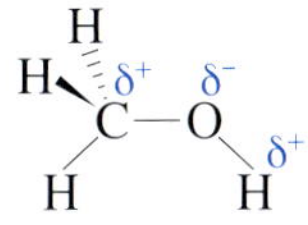

이 극성 때문에 수소 원자는 부분 양전하를, 산소 원자는 부분 음전하를 띠고 있다. 이 때문에 수소 원자는 2개의 산소 원자를 연결하여 주는 수소 결합을 형성할 수 있게 된다. 액체 상태에서 알코올은 여러 개의 분자가 수소 결합으로 연결된 상태로 존재한다. 알코올 분자 사이의 수소 결합의 세기는 몰당 약 5~10 kcal 정도로 상당히 강하다. 인접한 알코올 분자들을 분리하려면 수소 결합을 깨는데 필요한 열량을 공급해 주어야 하므로 비슷한 분자량의 탄화수소보다 끓는점이 높다.

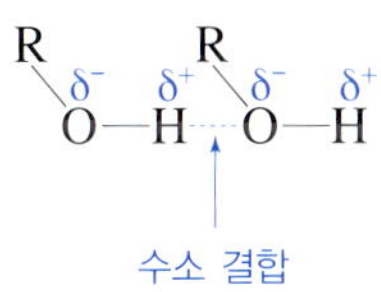

분자량이 작은 알코올은 물 분자와도 수소 결합을 형성할 수 있다. 이 때문에 분자량이 작은 알코올과 물은 서로 잘 섞인다. 알코올의 탄소 수가 많아지면 탄화수소의 성질이 더 중요해지기 때문에 물과 잘 섞이지 않는다. 대표적인 알코올과 비슷한 분자량을 가지고 있는 알케인의 끓는점과 물에 대한 용해도를 종합하면 표 7.1과 같다.

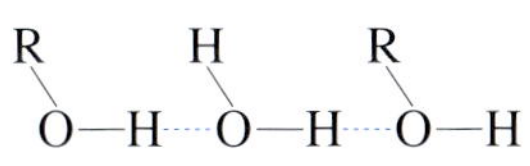

표 7.1 대표적인 알코올과 비슷한 분자량의 알케인의 끓는점과 물에 대한 용해도

화합물	구조식	분자량	끓는점(℃)	용해도 25℃(g/물100g)
Methanol	CH_3OH	32	65	완전혼합
Ethane	CH_3CH_3	33	−89	녹지 않음
Ethanol	CH_3CH_2OH	46	78	완전혼합
Propane	$CH_3CH_2CH_3$	44	−42	녹지 않음
1-Propane	$CH_3CH_2CH_2OH$	60	97	완전혼합
Butane	$CH_3CH_2CH_2CH_3$	58	0	녹지 않음
1-Butanol	$CH_3CH_2CH_2CH_2OH$	74	117	8
Pentane	$CH_3CH_2CH_2CH_2CH_3$	72	36	녹지 않음

7.3 알코올과 페놀의 산성도와 염기성도

알코올과 페놀의 하이드록시기는 비공유 전자를 가지고 있기 때문에 Lewis 염기로 작용할 수 있으며 산성 용액에서 양성자화 된다. 양성자화된 알코올 분자는 **옥소늄 이온(oxonium ion)**이라고 한다.

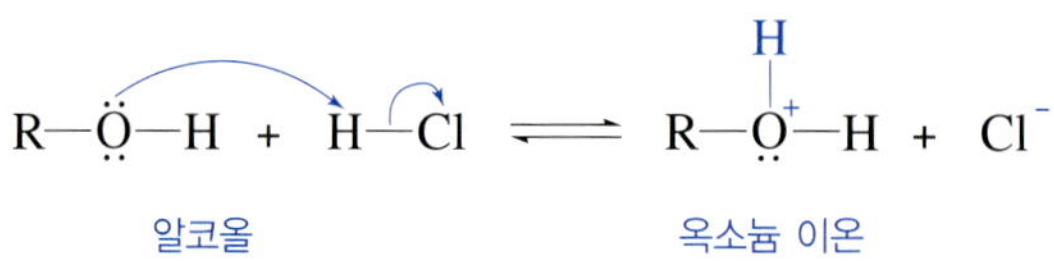

알코올의 양성자화는 알케인이 생성되는 E1 반응과 다음 절의 할로알케인이 생성되는 알코올 치환 반응의 첫 단계에서 일어난다. 알코올은 약한 산으로도 작용한다. 몇 가지 알코올과 페놀들의 pK_a값을 종합하면 표 7.2과 같다.

표 7.2 대표적인 알코올의 pK_a값

화합물	pK_a값
HO—H	15.7
CH_3O—H	15.5
CH_3CH_2O—H	15.9
$(CH_3)_3CO$—H	18
$ClCH_2CH_2O$—H	14.3
CF_3CH_2O—H	12.4
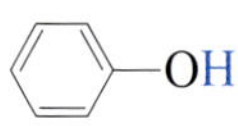	10.0
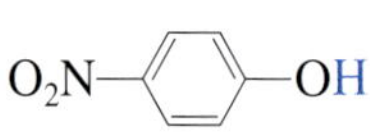	7.2

알코올이 강한 염기의 작용을 받으면 양성자를 잃고 **알콕사이드 이온(alkoxide ion, RO^-)**이 된다. Methanol로부터 형성된 알콕사이드 이온은 methoxide ion이라고 하고 ethanol로부터 형성된 것은 ethoxide ion이라고 부른다. 알콕사이드 이온은 수산화 이온보다 더 강한 염기이다. 이 때문에 수산화 소듐과 같은 염기로는 알콕사이드 이온을 만들 수 없다. 알콕사이드 이온을 만들 때는 알코올을 NaH 또는 KH와 같은 매우 강한 염기로 처리하거나 소듐 또는 포타슘과 같은 금속으로 처리하여야 한다.

$$\mathrm{R{-}\ddot{\underset{..}{O}}{-}H + NaH \longrightarrow R{-}\ddot{\underset{..}{O}}^{-}\ Na^{+} + H_2}$$

Soudium hydride　Sodium alkoxide

$$\mathrm{R{-}\ddot{\underset{..}{O}}{-}H + K \longrightarrow R{-}\ddot{\underset{..}{O}}^{-}\ K^{+} + \frac{1}{2}H_2}$$

Potassium alkoxide

페놀(pK_a = 10.0)은 보통의 pK_a 값이 15 이상인 알코올보다 훨씬 강한 산이기 때문에 수산화 소듐 또는 수산화 포타슘과 같은 염기로 처리하면 쉽게 phenoxide 이온으로 전환된다.

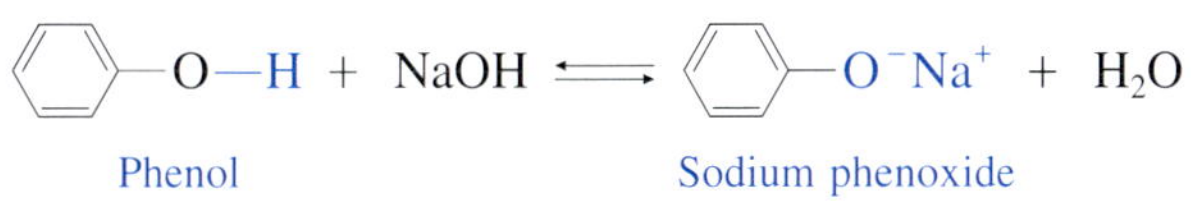

알콕사이드 이온에서 음전하는 산소 원자에 편재되어 있으나, phenoxide ion의 음전하는 공명에 의해 페닐 고리의 *o*- 및 *p*- 위치로 비편재화되어 안정화된다. 이 때문에 페놀은 알코올보다 강한 산이다.

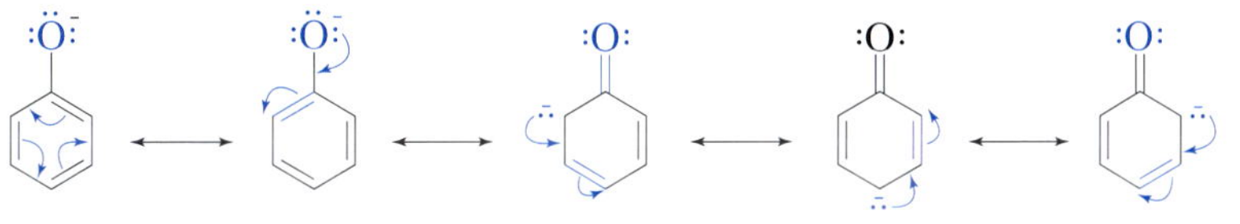

일반적으로 페놀에 전자 받개가 치환되면 phenoxide ion의 음전하를 더욱 안정화시키기 때문에 페놀 자체보다 산성도가 더 커진다. 반면 전자 주개가 치환되면 음전하를 불안정하게 하기 때문에 페놀보다 산성도가 작아진다.

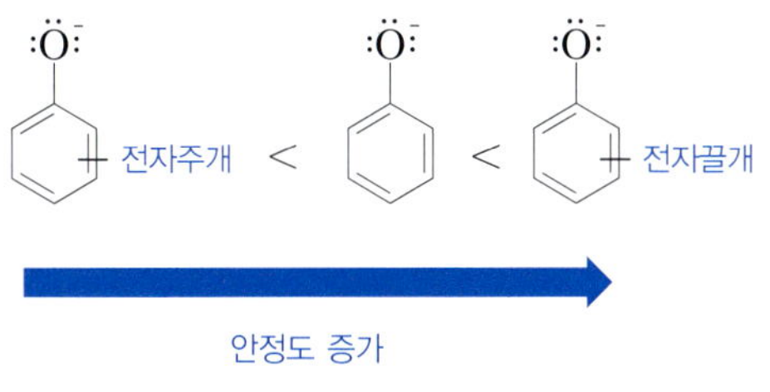

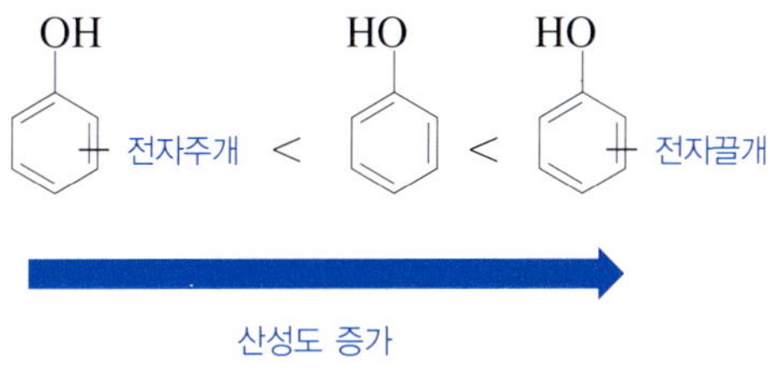

7.4 알코올의 제법

가장 간단한 알코올인 methanol은 공기를 차단하고 600℃ 이상의 높은 온도에서 나무를 건류할 때 생성되기 때문에 목정(wood alcohol)이라고도 부른다. 탄수화물에 효모가 작용하면 이산화탄소와 ethanol이 생성된다. 탄수화물을 함유하고 있는 식물의 종류와 숙성 방법에 따라 독특한 맛과 향기를 가지고 있는 알코올 음료가 얻어진다. 발효를 통해 얻어지는 알코올성 음료의 최대 ethanol 함량은 약 15%이다. 발효 주를 증류하면 ethanol 함량이 증가된 증류주가 얻어진다. Isopropanol은 석유로부터 분리된 propene을 수화하여 얻는다. 실험실에서는 다음과 같은 방법을 이용하여 알코올을 만든다. 즉, 일차 할로알케인과 NaOH 수용액의 S_N2 반응을 이용하면 높은 수득률로 일차 알코올을 만들 수 있다. 이차 또는 삼차 할로알케인은 제거 반응을 일으키기 때문에 알코올을 만드는데 일반적으로 이용될 수 없다.

$$\underset{\substack{\text{1-Bromobutane} \\ \text{일차 할로알케인}}}{CH_3CH_2CH_2CH_2Br} + OH^- \xrightarrow{\text{가열}} \underset{\substack{\text{1-Butanol} \\ \text{일차 알코올}}}{CH_3CH_2CH_2CH_2OH} + Br^-$$

카보닐 화합물을 적당한 환원제로 환원시키면 높은 수득률로 알코올이 얻어진다. 카보닐 화합물의 환원 반응에 대해서는 8장 9절과 9장에서 보다 자세하게 설명할 것이다.

$$\underset{\text{3-Hexanone}}{CH_3CH_2CH_2\overset{\overset{\displaystyle O}{\|}}{C}CH_2CH_3} \xrightarrow[\text{Ethanol}]{NaBH_4} \underset{\text{3-Hexanol}}{CH_3CH_2CH_2\overset{\overset{\displaystyle OH}{|}}{C}HCH_2CH_3}$$

$$\underset{\text{Butanoic acid}}{CH_3CH_2CH_2\overset{\overset{\displaystyle O}{\|}}{C}OH} \xrightarrow[\text{ether}]{LiAlH_4} \underset{\text{1-Butanol}}{CH_3CH_2CH_2CH_2OH}$$

산 촉매 존재 하에서 알켄을 물로 처리하거나(4장 7절) 수소화붕소 첨가에 이은 산화 반응(4장 10절)에서도 알코올이 효과적으로 만들어질 수 있다.

$$\underset{\text{Propene}}{CH_3CH{=}CH_2} \xrightarrow{H_3O^+} \underset{\text{2-Propanol}}{CH_3\overset{\overset{\displaystyle OH}{|}}{C}HCH_3}$$

$$CH_3CH{=}CH_2 \xrightarrow[\text{2. } OOH^-]{\text{1. } BH_3} \underset{\text{1-Propanol}}{CH_3CH_2CH_2OH}$$

Grignard 시약으로 ethylene oxide를 처리하면 S_N2 반응과 비슷한 메커니즘을 통해 Grignard 시약의 알킬기보다 탄소수가 두 개 더 많은 일차 알코올이 생성된다.

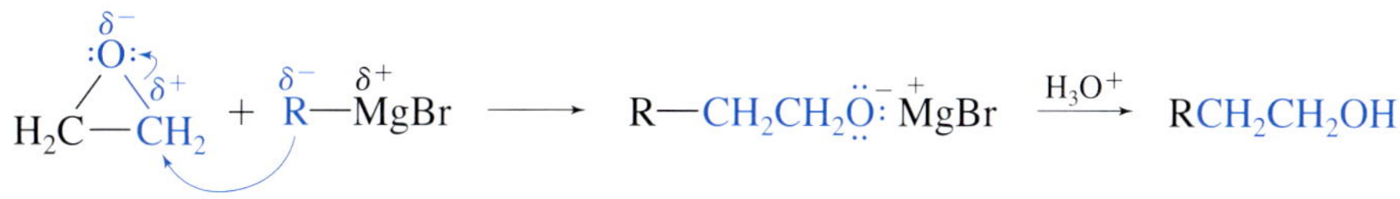

Ethylene oxide

문제 7.3 다음 알코올을 알켄과 케톤으로부터 만드는 반응식을 쓰시오.

(1) 2-Butanol (2) 2,4-Dimethylcyclopentanol

7.5 알코올의 탈수 반응

알코올을 강산으로 처리하면 탈수 반응이 일어난다.

$$CH_3CH_2CH_2OH \xrightarrow[\text{가열}]{H_2SO_4} CH_3CH{=}CH_2 + H_2O$$

1-Propanol Propene

이 반응은 하이드록시기의 양성자화 반응으로부터 시작되며 삼차 및 이차 알코올에서는 E1 메커니즘으로 진행된다. 예를 들면 삼차 알코올인 *tert*-butyl alcohol에서는 먼저 삼차 탄소 양이온인 *tert*-butyl 양이온이 형성되고 이것으로부터 양성자가 제거된다.

$$(CH_3)_3COH \xrightarrow{H^+} (CH_3)_3C\overset{+}{O}H_2$$

tert-Butyl alcohol

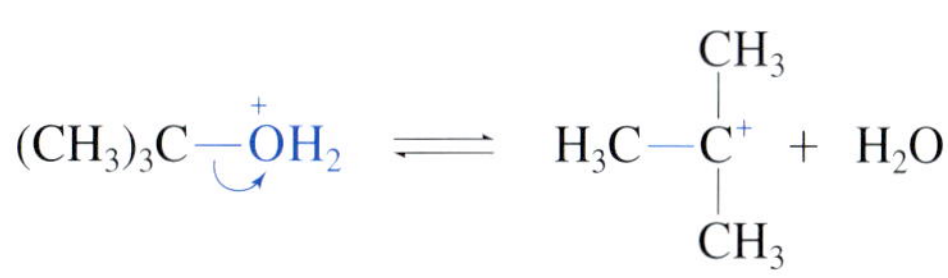

tert-Butyl 양이온

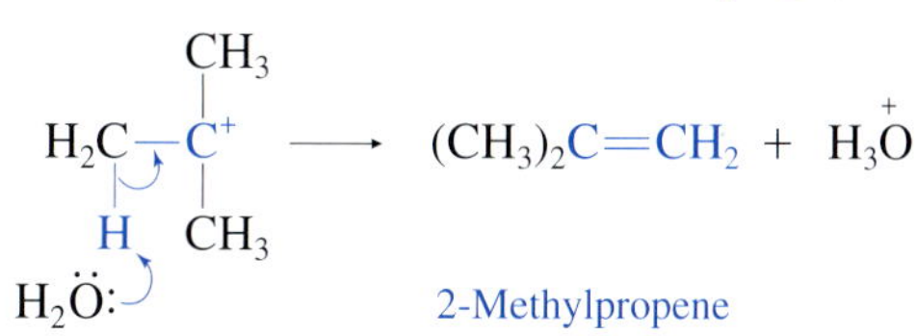

2-Methylpropene

일차 알코올인 1-propanol에서는 하이드록시기에 양성자화가 일어난 다음 E2 메커니즘으로 진행된다.

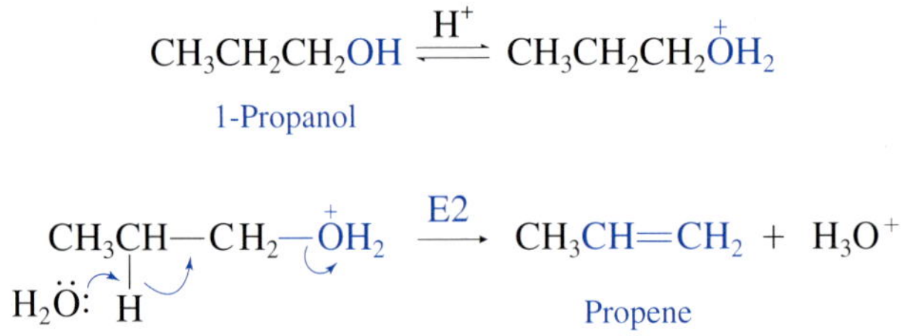

비대칭 알코올의 탈수 반응에서는 Zaitsev 규칙을 따라 알킬 치환이 더 많은 알켄이 더 안정하기 때문에 더 많이 생성된다.

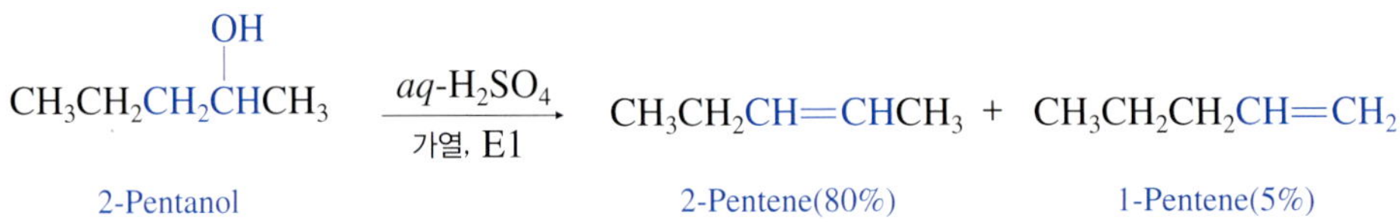

문제 7.4 2-hexanol과 3,3-dimethyl-2-butanol의 제거 반응에서 얻어지는 주생성물은 무엇인가?

문제 7.5 다음 각 반응에서 얻어질 수 있는 화합물들의 구조를 그리고 주생성물을 지적하시오.

(1)

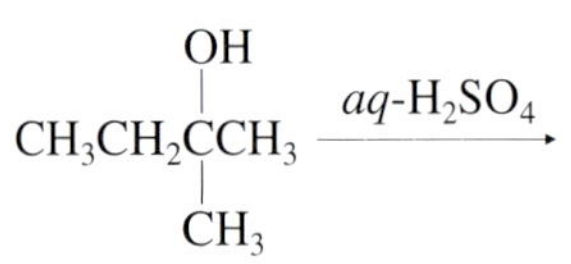

(2)

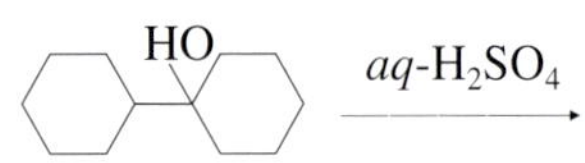

산 촉매 존재 하에서 일어나는 알코올의 탈수 반응에서는 종종 **자리옮김 반응(rearrangement)**이 일어난 생성물이 관찰된다. 양으로 하전된 탄소에 인접한 수소 음이온(hydride, $H:^-$) 또는 알킬기가 이동하여 탄소 양이온 중간체가 보다 안정한 탄소 양이온으로 전환될 수 있을 때는 자리옮김 반응이 빠르게 일어난다. 인접한 탄소에서 수소 음이온이 이동하는 것은 **[1,2]-하이드라이드 이동([1,2]-hydride shift)**이라 하고, 알킬기가 결합 전자를 가지고 이동하는 현상은 **[1,2]-알킬 이동([1,2]-alkyl shift)**이라고 한다. 예를 들어 3-methyl-2-butanol에서 탈수가 일어나 형성된 이차 탄소 양이온에서 양전하가 걸려 있는 탄소로부터 [1,2]-하이드라이드 이동을 하면 보다 안정한 삼차 탄소 양이온이 형성된다. 형성된 삼차 탄소 양이온으로부터 제거 반응이 진행되면 주생성물인 2-methyl-2-butene과 부생성물인 2-methyl-1-butene이 생성된다.

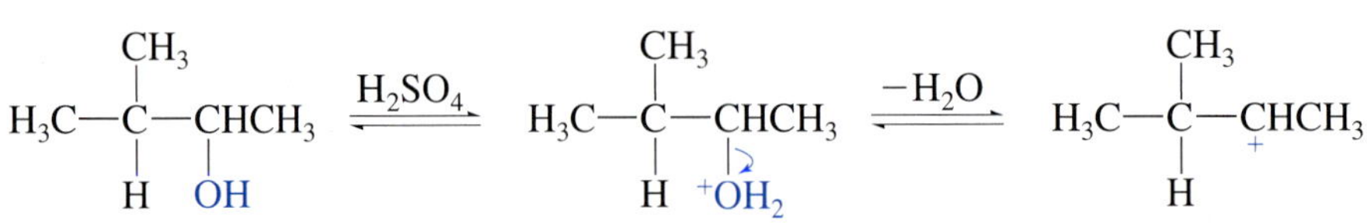

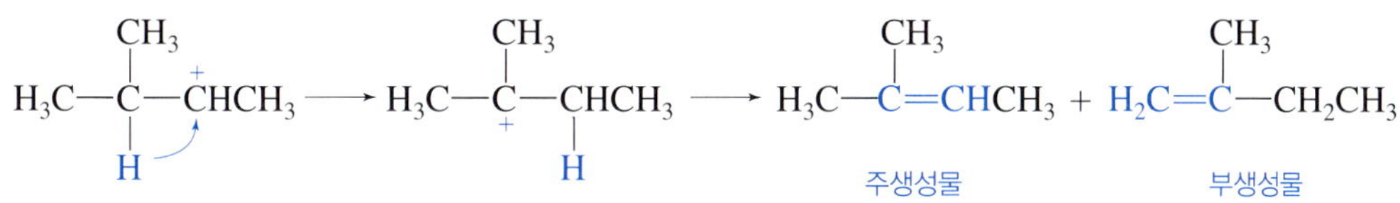

산 촉매 존재 하에서 3,3-dimethyl-2-butanol로부터 형성된 이차 탄소 양이온에서 메틸기가 빠르게 [1,2]-알킬 이동하면 보다 안정한 삼차 탄소 양이온이 생성된다. 이것으로부터 제거 반응이 진행되면 주생성물인 2,3-dimethyl-2-butene과 소량의 2,3-dimethyl-1-butene이 생성된다.

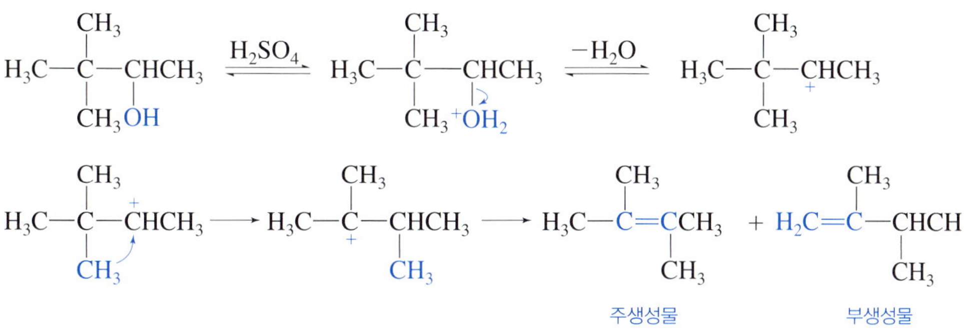

문제 7.6 다음 탄소 양이온으로부터 자리옮김 반응이 일어나 형성될 수 있는 탄소 양이온의 구조를 그리시오.

(1) 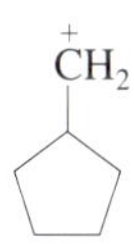

(2) $(CH_3)_2CH\overset{+}{C}HCH_2CH_3$

(3) 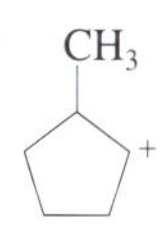

7.6 알코올의 할로젠화 반응

알코올을 할로젠화 수소 HX(X=Cl, Br 또는 I)로 처리하면 할로알케인 RX가 생성된다.

$$(CH_3CH_2)_2CHOH \xrightarrow[\text{가열}]{HBr/H_2SO_4} (CH_3CH_2)_2CHBr$$

3-Pentanol　　　　3-Bromopentane

반응은 삼차 알코올에서는 효과적으로 진행되지만, 이차 또는 일차 알코올에서는 잘 일어나지 않는다.

이 때문에 일차 또는 이차 클로로알케인 또는 브로모알케인을 만들 때는 $SOCl_2$ 또는 PBr_3와 같은 할로젠화 시약들이 주로 사용된다. 이 방법들은 격렬하지 않은 조건에서 효과적으로 진행된다. $SOCl_2$는 알코올의 수소와 산소를 보다 좋은 이탈기가 되도록 해 주는 그룹으로 전환시킨다. 형성되는 중간체는 분리되지 않으며, 즉시 친핵체인 염소 이온과 반응하여 클로로알케인을 생성한다. 이탈기는 이산화 황과 염소로 분해된다.

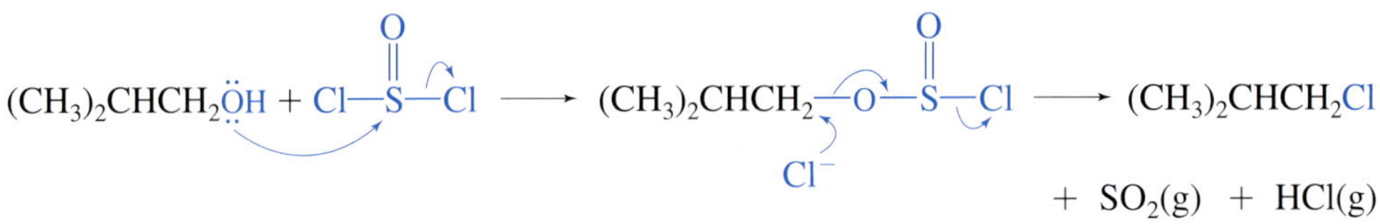

3-Hexanol 3-Chlorohexane

브로모알케인과 아이오도알케인을 만들 때는 각각 PBr_3와 PI_3를 사용한다.

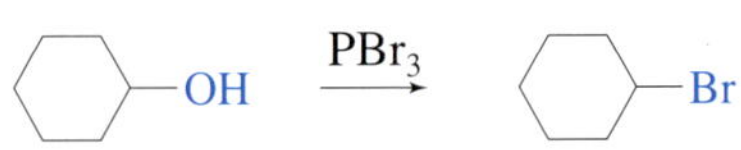

Cyclohexanol Bromocyclohexane

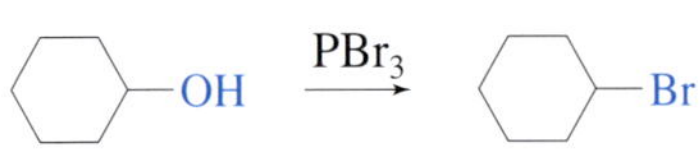

$$CH_3CH_2CH_2CH_2{-}OH \xrightarrow{PI_3} CH_3CH_2CH_2CH_2{-}I$$

문제 7.7 다음을 적당한 알코올로부터 합성해 보시오.

(1) 1-Chloro-1-methylcyclohexane

(2) Chlorocyclohexane

(3) 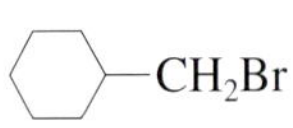

(4) *tert*-Butyl bromide

7.7 알코올의 산화

알코올의 가장 중요한 반응중의 하나가 산화 반응이다. 일차 알코올을 강한 산화제인 H_2CrO_4로 처리하면 알데하이드를 거쳐 카복실산으로 산화된다. 중간체로서 생성되는 알데하이드는 알코올보다 더 빠르게 산화되기 때문에 분리되지 않는다.

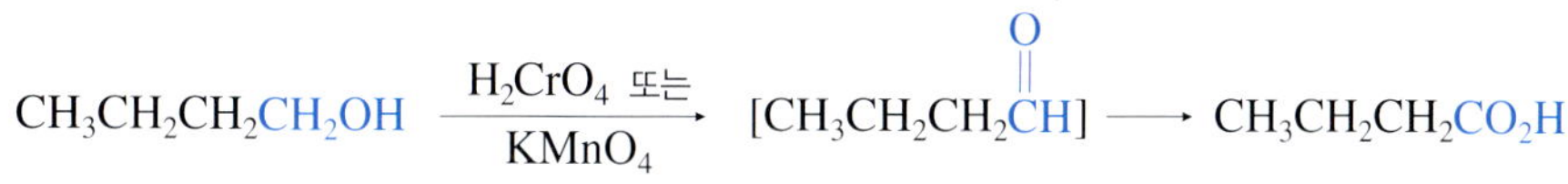

1-Butanol Butanal Butanoic acid

일차 알코올을 알데하이드로 산화시킬 때는 pyridinium chlorochromate(PCC)의 CH_2Cl_2 용액을 사용하는 것이 효과적이다.

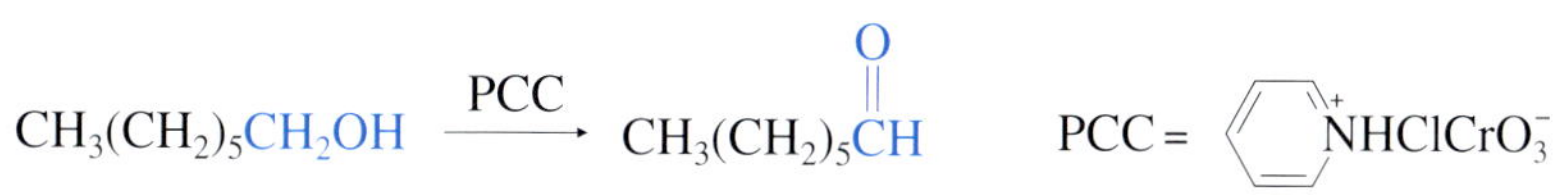

1-Heptanol 1-Heptanal

이차 알코올은 묽은 황산과 아세톤의 혼합 용매에 녹인 CrO_3로 처리하면 높은 수득률로 케톤으로 전환된다. 이 CrO_3 용액은 Jones 시약이라고 부른다. 삼차 알코올은 보통의 산화제에 의해 산화되지 않는다.

Cyclohexanol Cyclohexanone

문제 7.8 Benzyl alcohol을 CrO_3^- 묽은 H_2SO_4의 아세톤 용액과 PCC의 CH_2Cl_2 용액으로 처리하면 각각 어떤 생성물이 얻어지겠는가?

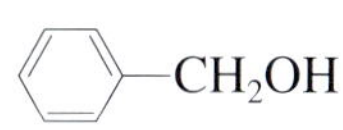

Benzyl alcohol

문제 7.9 다음의 산화 반응식을 쓰시오.

(1) Jones 시약과 cyclohexanol

(2) PCC와 1-pentanol

(3) Jones 시약과 4-phenyl-2-pentanol

(4) H_2CrO_4와 cyclopentanol

7.8 설폰산 에스터로의 전환

알코올의 하이드록시기는 OH^- 이온의 염기성도가 너무 크기 때문에 S_N1이나 S_N2 반응에서 이탈기로 작용할 수 없다. 알코올의 하이드록시기가 이탈기로 작용할 수 있도록 활성화시키는 방법 중의 하나는 수소를 산소의 염기성도를 크게 감소시킬 수 있는 작용기로 전환시키는 것이다. 이와 같은 목적으로 이용할 수 있는 작용기는 $-SO_2R$기이다.

Pyridine과 같은 염기 존재 하에서 sulfonyl chloride를 알코올을 처리하여 수소를 이 작용기로 바꾸면 설폰산 에스터가 된다.

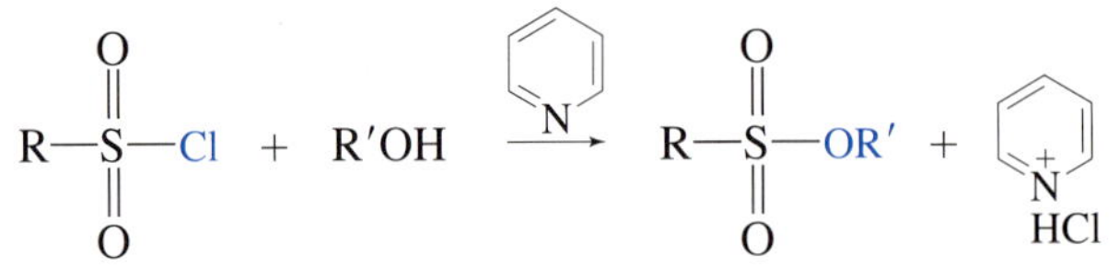

자주 이용되는 설폰산 에스터에는 mesylate, tosylate, triflate 등이 있다.

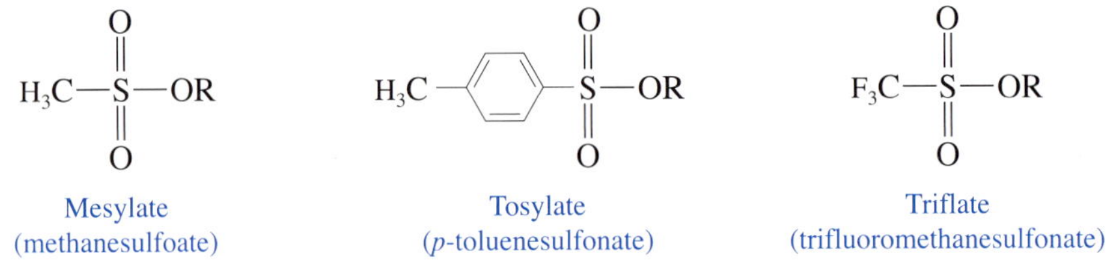

설폰산 음이온은 음전하가 공명 혼성을 통하여 SO_3의 세 산소 원자에 비편재화되어 안정화되기 때문에 좋은 이탈기로 작용할 수 있다.

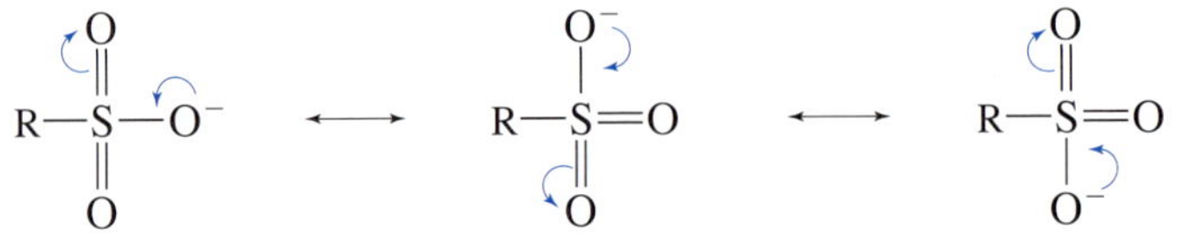

알코올이 설폰산 에스터로 전환되어 이탈기로서 활성화되었을 때 S_N2 반응 조건하에서 친핵체를 첨가하면 약한 염기인 설폰산 음이온이 쉽게 이탈되면서 반응이 진행된다. 가장 많이 사용되는 tosylate 이온은 염소 이온보다 이탈기로서의 반응성이 100배 더 좋다. 많은 종류의 친핵체들이 설폰산 에스터와 반응할 수 있다.

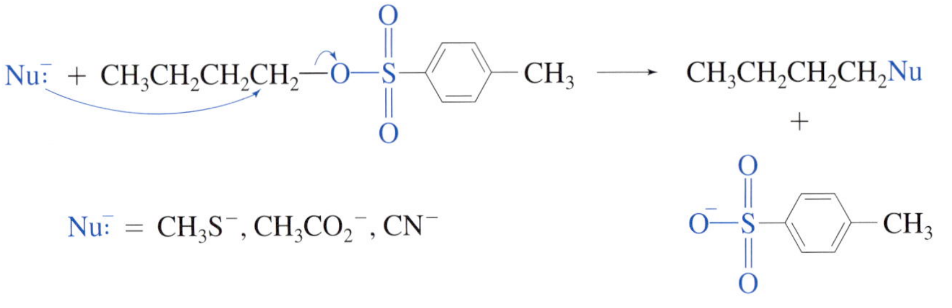

7.9 페놀의 반응

페놀은 산 촉매 존재 하의 탈수 반응이나 할로젠화 반응을 일으키지 않는다. 그러나 염기에 의해 생성된 phenoxide 이온은 좋은 친핵체이기 때문에 입체 장애가 적은 할로알케인과 쉽게 S_N2 반응을 일으킨다.

Sodium phenoxide Methyl iodide Methoxybenzene(anisole)

하이드록시기는 오쏘- 및 파라- 배향기이면서 강한 활성화기로 작용하기 때문에 페놀 화합물들은 빠르게 친전자성 치환 반응을 일으킨다.

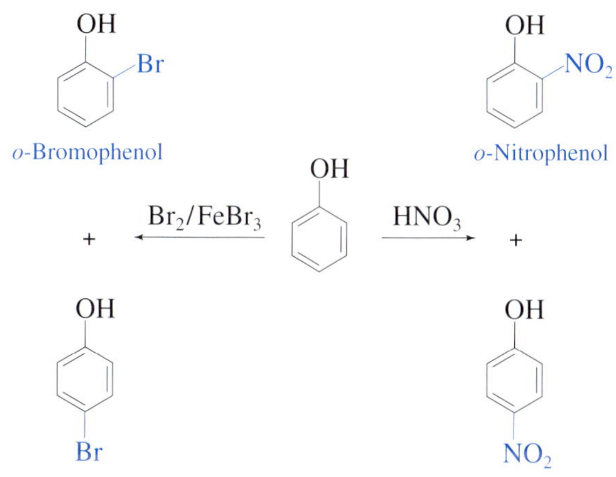

o-Bromophenol *o*-Nitrophenol *p*-Bromophenol *p*-Nitrophenol

페놀의 일종인 hydroquinone은 쉽게 산화되어 노란색의 1,4-benzoquinone으로 전환된다. 또 1,4-benzoquinone은 쉽게 hydroquinone으로 환원된다.

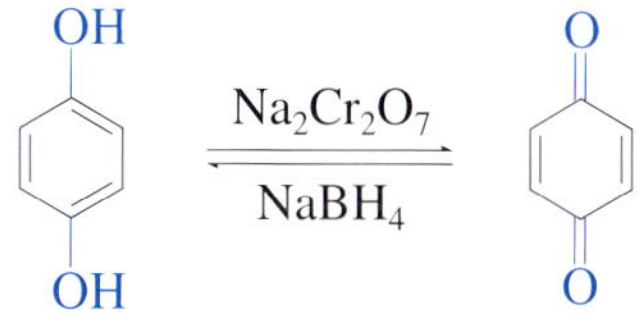

Hydroquinone Benzoquinone

Hydroquinone은 benzoquinone으로 산화되면서 빛에 노출되지 않은 AgBr을 금속 은으로 환원시킨다. 이 성질은 흑백 사진 현상에 이용된다.

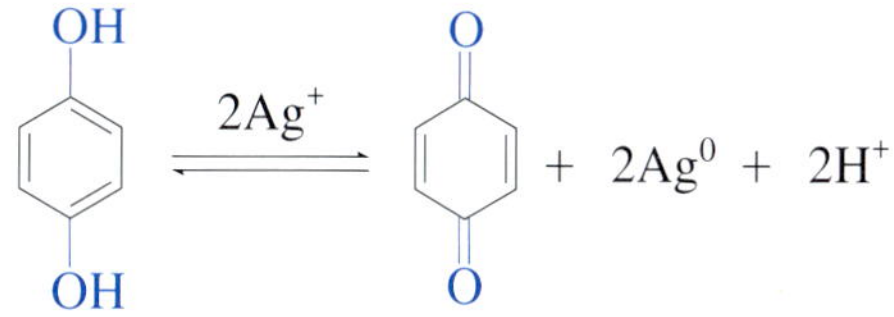

Hydroquinone Benzoquinone

Ubiquinone이라고 부르는 Coenzyme Q는 benzoquinone 유도체이며 세포의 미토콘드리아에서 발견된다. 이것은 생체 내 산화 환원 반응에서 전자를 전달하는 중요한 역할을 수행한다.

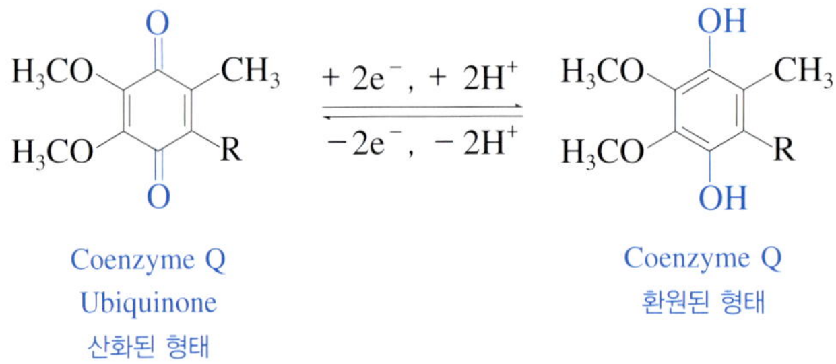

문제 7.10 Phenol로부터 다음 화합물들을 합성하시오.

(1) *p*-Methylphenol(*p*-cresol) (2) *o*-Nitrophenol

(3) Salicylic acid(*o*-hydroxybenzoic acid)

Allyl phenyl ether를 가열하면 알릴기가 산소로부터 오쏘- 위치로 옮아간다. Claisen 자리옮김 반응(Claisen rearrangement reaction)이라고 부르는 이 반응에서 형성된 생성물은 자발적으로 토토머화하여 방향족성을 되찾는다. Claisen 자리옮김 반응에서 첫 단계의 메커니즘은 Diels−Alder 반응에서 공부했던 것처럼 협동적으로 진행되는 여섯 원자 고리 전이 상태를 거쳐간다.

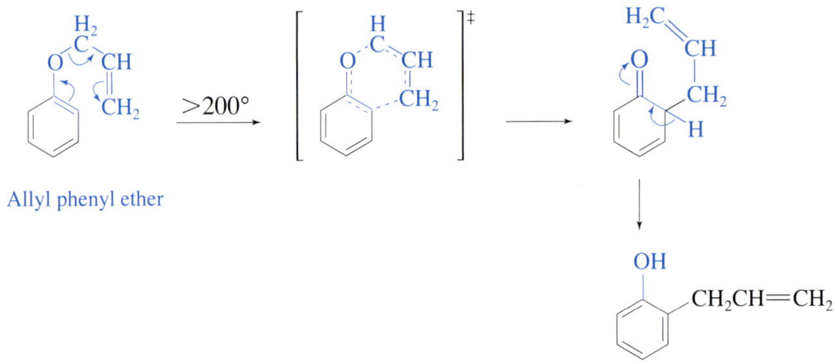

7.10 에터의 명명법

간단한 에터는 두 개의 알킬기 또는 아릴기의 이름을 알파벳 순서로 쓰고 그 뒤에 "ether"란 단어를 붙이는 관용명을 더 많이 사용한다.

$CH_3OCH_2CH_3$ — Ethyl methyl ether

$CH_3CH_2OCH{=}CH_3$ — Ethyl vinyl ether

$CH_3CH_2OCH_2CH_3$ — Diethyl ether

복잡한 에터 화합물의 이름을 지을 때는 IUPAC 규칙을 따른다. 즉, 분자량이 작은 alkoxy기를 치환기로 간주하여 alkoxyalkane으로 이름 짓는다.

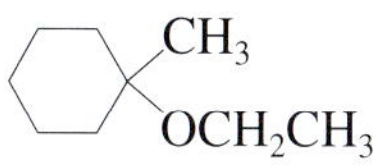

1-Ethoxy-1-methylcyclohexane

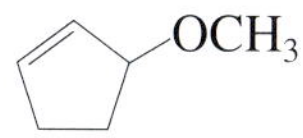

3-Methoxycyclopentene

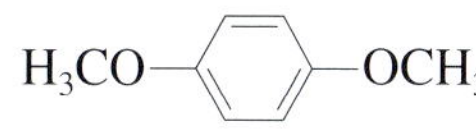

p-Dimethoxybenzene

고리를 구성하고 있는 탄소 대신 산소가 치환되어 있는 화합물을 고리형 에터(cyclic ether)라고 한다. 고리형 에터는 oxacycloalkane으로 이름 짓는다. 예를 들어 세 원자 고리 에터는 oxacyclopropane(epoxide 또는 oxirane)이라고 하며 공업 화학의 중요한 원료이다. 다섯 원자 고리 에터인 oxacyclopentane(tetrahydrofuran)과 oxacyclohexane(tetrahydropyran)은 유기 화학 반응에 사용되는 중요한 유기 용매다.

Oxacyclopropane (ethylene oxide 또는 oxirane)

Oxacyclopentane (tetrahydrofuran)

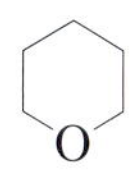

Oxacyclohexane (tetrahydropyran)

7.11 에터의 합성: Williamson 에터 합성법

알코올을 소듐 또는 포타슘 금속으로 처리하여 만든 알콕사이드를 할로알케인과 반응시키면 에터가 얻어지는데, 이 방법을 **Williamson 에터 합성법**이라고 한다. Williamson 에터 합성 반응은 S_N2 메커니즘으로 진행되기 때문에 기질인 할로알케인의 입체 장애가 작아야 한다.

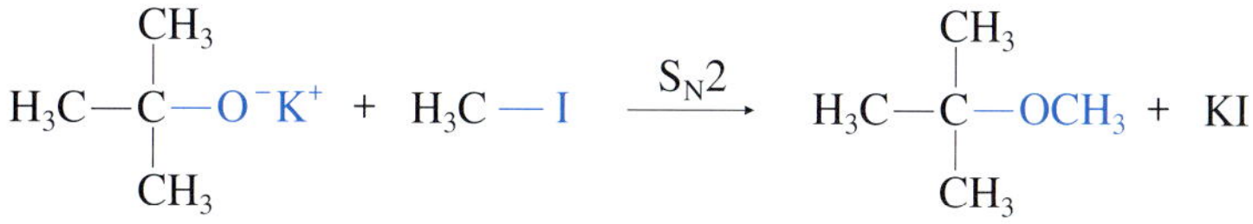

Potassium *t*-butoxide · Methyl iodide (입체 장애 작음) · *t*-Butyl methyl ether

입체 장애가 클 때는 E2 반응이 일어나 알켄이 형성된다.

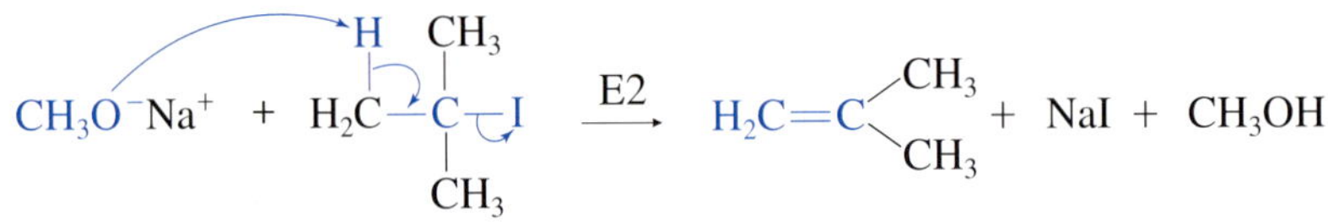

Sodium methoxide   t-Butyl iodide 입체장애 큼   2-Methylpropene

문제 7.11 다음 에테르를 Williamson 합성법으로 합성하시오.

(1) Ethyl *t*-butyl ether (2) Propyl isopropylether

(3) Cyclopentyl methyl ether (4) Benzyl Phenyl ether

7.12 에테르의 산 분해 반응

에테르의 산소는 비공유 전자를 가지고 있기 때문에 Lewis 염기로 작용할 수 있지만 반응성이 매우 낮다. 환원 반응이나 제거 반응을 하지 않으며 염기의 영향을 거의 받지 않는다. 그러나 HI 또는 HBr과 같은 강한 산으로 처리하면 에테르 결합이 분해되어 알코올과 할로알케인이 생성된다.

$$CH_3CH_2OCH_2CH_3 + HBr \longrightarrow CH_3CH_2Br + CH_3CH_2OH$$

이 반응은 알코올과 HBr의 반응 메커니즘과 비슷하게 진행된다. 먼저 산소에 양성자화가 일어난 다음 친핵체인 Br^-가 S_N1 또는 S_N2 메커니즘을 따라 기질을 공격한다.

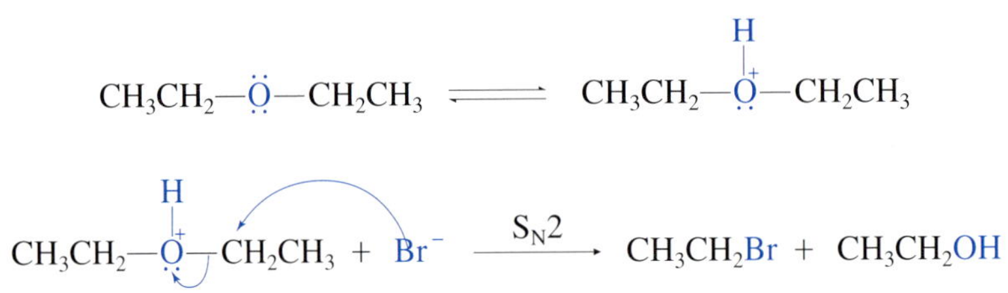

문제 7.12 HBr에 의해 di-*tert*-butyl ether가 분해되는 반응의 메커니즘을 제시하시오(S_N1 반응).

문제 7.13 다음 분해 반응의 메커니즘을 제시하시오(S_N2 반응).

(1) 

(2) 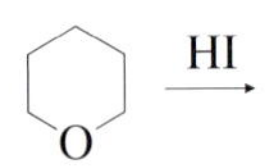

7.13 Oxacyclopropane의 합성

에폭사이드(epoxide)라고도 부르는 옥사사이클로프로페인(oxacyclopropane)은 과산화산(peroxy acid)으로, 알켄을 **에폭시화(epoxidation)**하면 얻어진다. 에폭시화 반응은 신첨가로 진행되므로 *trans*-4-octene을 에폭시화하면 *trans*-1,2-dipropyloxacyclopropane이 생성된다.

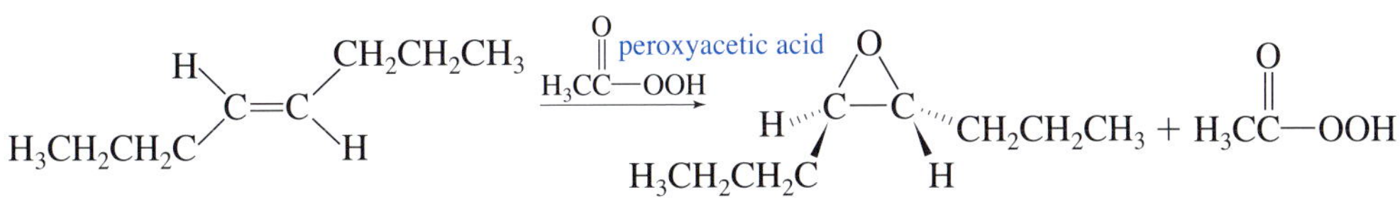

trans-4-octene　　*trans*-1,2-oxacyclopropane

할로하이드린을 염기로 처리하면 중간체로 형성된 alkoxide 이온의 분자 내 Williamson 에터 합성 반응이 일어나 Oxacyclopropane이 생성된다. 보통의 S_N2 반응에서 관찰되는 것처럼 Alkoxide의 산소 원자가 이탈기인 할로젠이 결합된 탄소를 뒷면에서 공격한다.

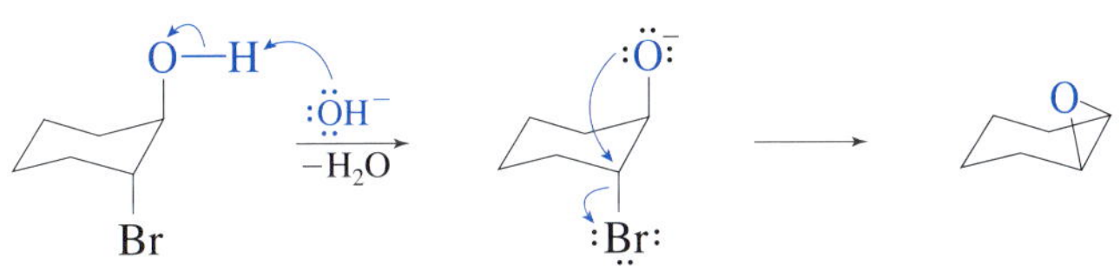

trans-2-Bromocyclohexanon　　1,2-epoxycyclohexane

문제 7.14 다음 화합물을 과산화산으로 처리했을 때 얻어지는 생성물은 무엇인가? 입체화학적 구조를 그리시오.

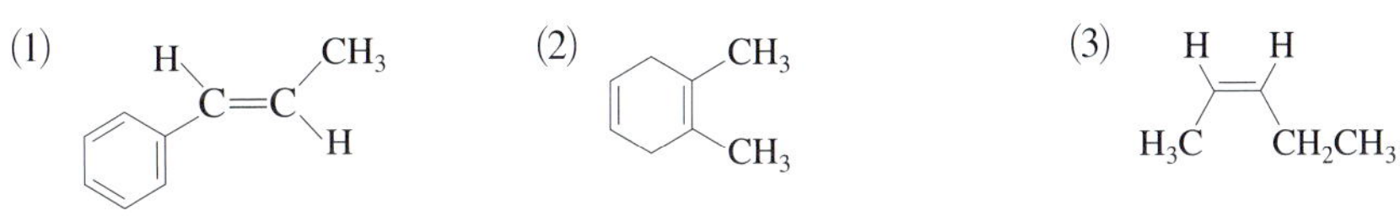

7.14 에폭사이드 Oxacyclopropane의 고리 열림 반응

정상적인 sp^3 결합각을 가지고 있지 못한 oxacyclopropane에도 cyclopropane과 마찬가지로 상당히 큰 각무리가 있다. 뿐만 아니라 C−O 결합의 극성도 크기 때문에 oxacyclopropane은 다른 에터 화합물 보다 반응성이 훨씬 크다. 세 원자 고리가 열리면 각무리가 제거되기 때문에 oxacyclopropane은 쉽게 친핵체의 공격을 받아 **고리 열림 반응(ring opening reaction)**을 한다. 이 반응은 보통 염기 또는 산 촉매 존재 하에서 진행된다.

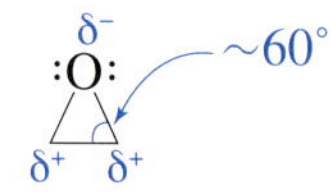

큰 각무리와 극성

염기 촉매 존재 하에서는 전형적인 S_N2 반응에서 보았던 것처럼 친핵체가 입체 장애가 작은 쪽 탄소를 공격한다.

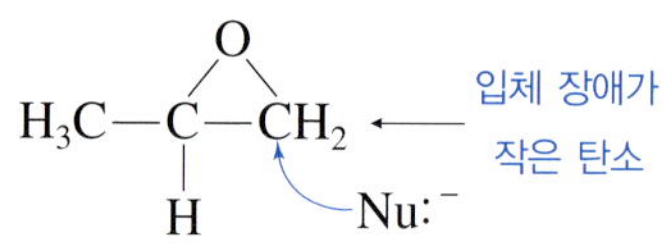

2-Methyloxacyclopropane

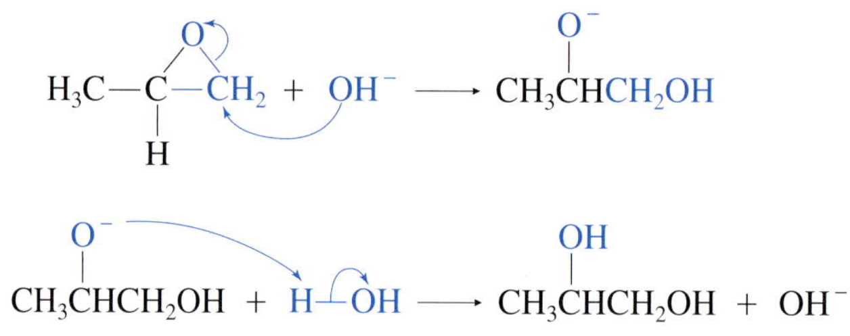

1,2-Propanediol

산 촉매 존재 하에서는 먼저 oxacyclopropane의 산소에 양성자화가 일어난다. 양성자화된 oxacyclopropane은 물과 같은 약한 친핵체의 공격을 쉽게 받을 수 있다. 양성자화된 oxacyclopropane은 부분적인 탄소 양이온의 성격을 가지고 있기 때문에 치환이 많은 탄소에서 반응이 일어난다.

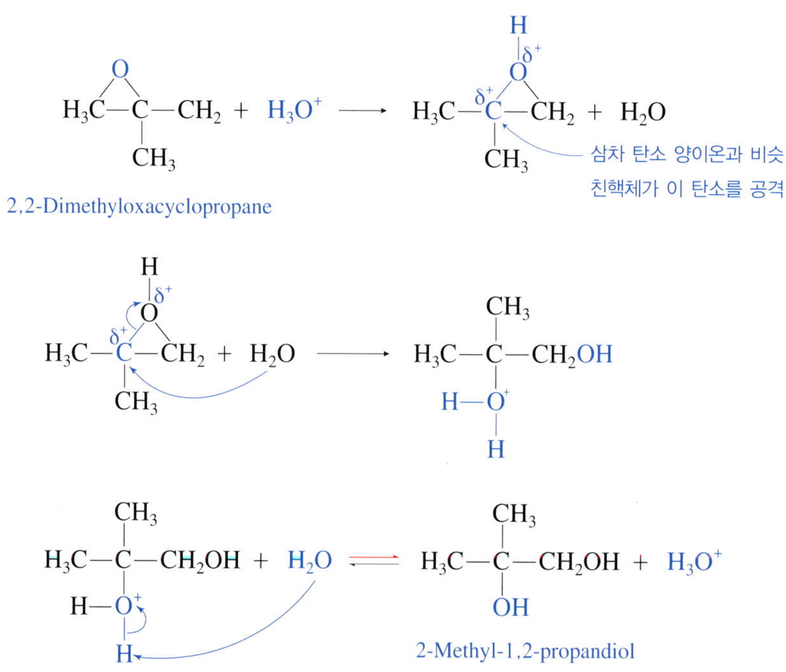

문제 7.15 다음 두 화합물이 산 촉매 또는 염기 촉매 존재 하에서 일으키는 가수 분해 반응의 과정을 쓰시오. S_N2 메커니즘으로 고리 열림 반응을 일으킨다면 생성물의 입체 화학은 어떻게 되는가?

(1)

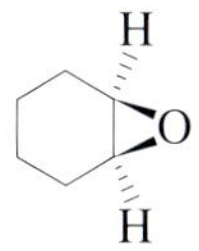

(2)

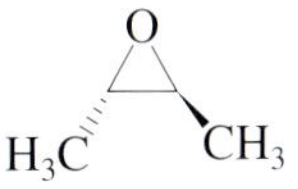

7.15 크라운 에터

일종의 거대 고리형 에터에 속하는 재미있는 화합물들이 있다. 이 화합물들은 왕관을 위에서 내려다본 형태를 가지고 있기 때문에 **크라운 에터**(**crown ether**)라고도 부른다. 이 분자들은 보통 $-OCH_2CH_2-$의 단위가 반복되는 고리 구조를 가지고 있으며 x-crown-y 형으로 이름을 짓는다. 여기서 x는 고리를 구성하고 있는 전체 원자 수를 나타내고 y는 고리의 산소 원자 수를 나타낸다.

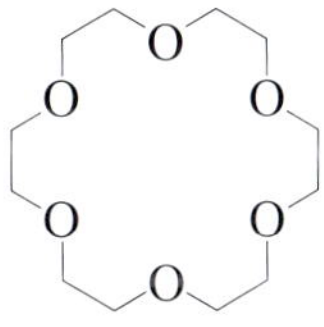

18-Crown-6

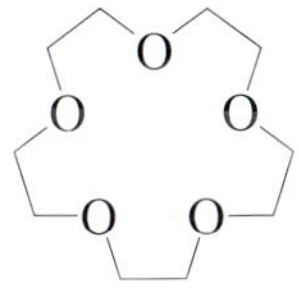

15-Crown-5

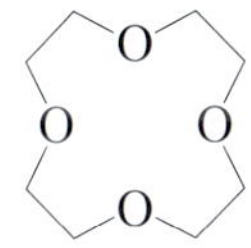

12-Crown-4

크라운 에터는 양이온과 착물을 형성하는데 크기가 다른 에터는 다른 크기의 양이온과 선택적으로 결합하는 독특한 선택성을 보여준다. 예를 들어 18-crown-6는 K^+, 15-crown-5는 Na^+와 그리고 12-crown-4는 Li^+와 착물을 형성한다.

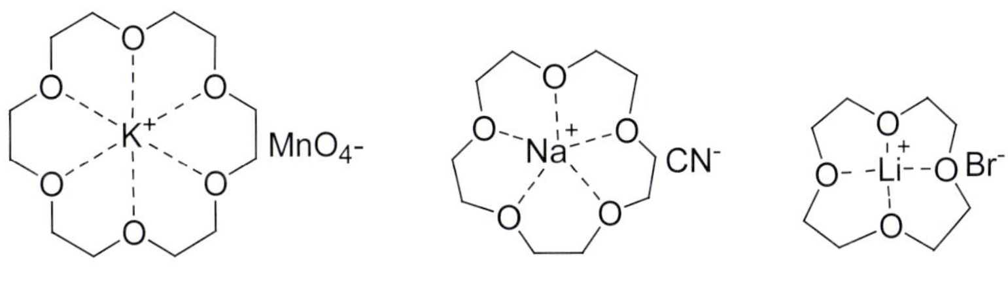

크라운 에터와 양이온의 결합력은 상당히 강하며 이들 착물은 유기 용매에 잘 녹는다. 예를 들어 $KMnO_4$는 유기 용매에 녹지 않지만 18-crown-6과의 착물은 벤젠과 같은 유기 용매에 잘 녹는다. 뿐만 아니라 짝이온인 K^+로부터 벗겨진(naked) MnO_4^-의 반응성은 더 커지게 된다. 이 착물을 이용하면 유기 용매 속에서 화합물을 보다 효과적으로 산화시킬 수 있다.

Nonactin과 같은 거대 고리 에터는 이온 선택성 항생 물질로 작용한다. 크라운 에터와 비슷한 형태로 K^+ 이온과 선택적 착물을 형성한다. 이 착물이 가지고 있는 탄화수소 부분의 친지질성(lipophilic) 때문에 세포의 탄화수소로 이루어진 지질 벽을 쉽게 통과하면서 K^+ 이온을 수송한다.

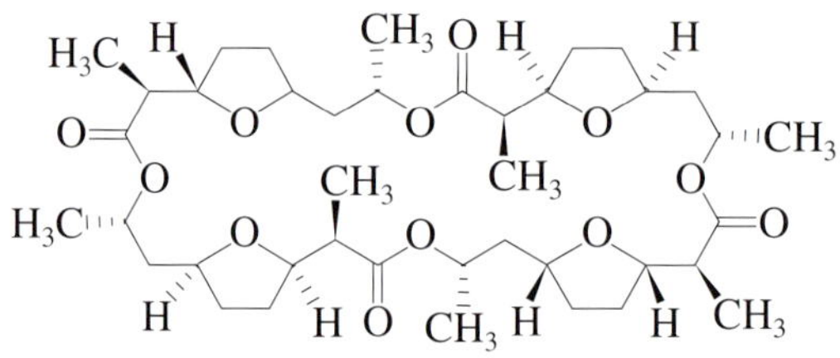

Nonactin

7.16 알코올, 페놀 및 에터의 황 유사체

황 원자는 주기율표에서 산소의 바로 아래 쪽에 있다. 산소 원자를 포함하고 있는 많은 유기 화합물들의 황 유사체가 있다. 알코올의 황 유사체는 R−SH이고 **싸이올(thiol)** 또는 **머캅탄(mercaptan)**이라고 한다. −SH기는 **머캅토(mercapto)**기라고 한다. 싸이올은 alkanethiol로 이름 짓는다.

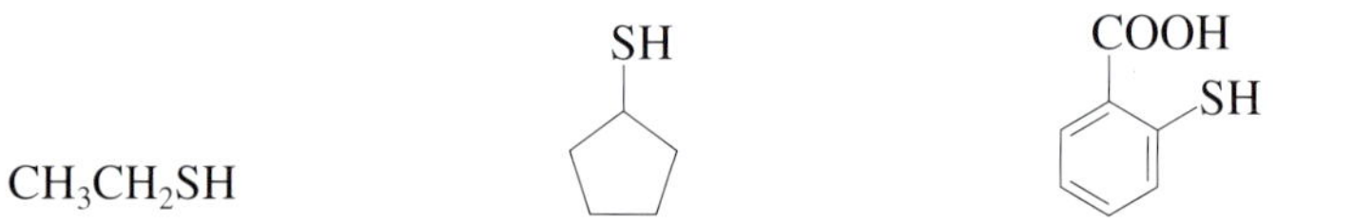

Ethanethiol Cyclopentanethiol *o*-Mercaptobenzoic acid

에터의 황 유사체는 **설파이드(sulfide)** 또는 황화물이라고 한다. 관용명을 지을 때는 에터와 마찬가지로 알킬기 또는 아릴기를 알파벳 순서로 적고 sulfide라고 하는 단어를 붙인다. RS기는 alkylthio- 또는 arylthio-, RS^-는 alkanethiolate 또는 arenethiolate라고 한다.

Diethyl sulfide Ethyl phenyl sulfide Propanethiolate

싸이올과 설파이드는 일반적으로 매우 불쾌한 냄새가 난다. 스컹크의 악취는 3-methyl-1-butanethiol과 같은 낮은 분자량의 싸이올 때문이다. 황 원자는 산소보다 전기 음성도가 작기 때문에 산소보다 약한 수소 결합을 형성한다. 이 때문에 싸이올은 알코올 유사체보다 끓는점과 녹는점이 낮다.

보통 싸이올은 할로알케인과 황화 수소 이온(HS^-)의 S_N2 반응을 통해 얻을 수 있다.

$$CH_3(CH_2)_4CH_2Br + NaSH \longrightarrow CH_3(CH_2)_4CH_2SH$$

1-Bromohexane　Sodium hydrogen sulfide　1-Hexanethiol

설파이드 화합물은 Williamson 에터 합성법과 비슷한 방법으로 alkanethiolate와 일차 또는 이차 할로알케인을 S_N2 반응시키면 얻어진다.

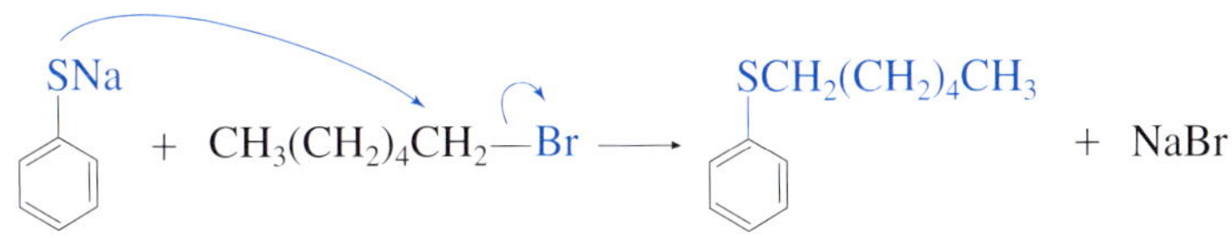

Sodium benzenethiolate　Bromohexane　Hexyl phenyl sulfide

싸이올을 I_2와 같이 온화한 산화제로 처리하면 S−S 결합을 가지고 있는 **이황화물(disulfide)**이 생성된다. 이황화물을 액체 암모니아 속에서 리튬으로 처리하면 싸이올로 환원된다.

$$CH_3CH_2CH_2SH + I_2 \longrightarrow CH_3CH_2CH_2SSCH_2CH_2CH_3 + HI$$

Propanethiol　Dipropyl disulfide

$$CH_3CH_2CH_2SSCH_2CH_2CH_3 \xrightarrow{\text{Li-액체 } NH_3} CH_3CH_2CH_2SH$$

문제 7.16 다음 화합물들의 구조를 그리시오.

(1) 3-Hexanethiol　(2) Pentyl mercaptan
(3) Methyl isopropyl sulfide　(4) Diphenyl sulfide

문제 7.17 왼쪽에서 오른쪽을 합성해 보시오.

(1) $(CH_3)_2CHCH_2CH_2Br \longrightarrow (CH_3)_2CHCH_2CH_2SH$
(2) $CH_3CH_2CH_2OH \longrightarrow (CH_3CH_2CH_2)_2S$

요약

알코올, 에터, 페놀은 물의 수소 원자 한 개 또는 두 개가 알킬 또는 아릴기로 치환된 것이다. 알코올의 O−H 결합은 전자가 산소 쪽으로 치우친 극성 공유 결합이기 때문에 수소 결합을 할 수 있다. 이 때문에 알코올은 비슷한 분자량의 다른 화합물에 비해 끓는점이 높으며 탄소 수가 적은 알코올은 물과 잘 섞인다.

알코올과 페놀은 비공유 전자를 가지고 있기 때문에 Lewis 염기로 작용하며 산성 용액에서는 **옥소늄 이온**(**oxonium ion**)을 형성한다. 또 알코올은 약산이기 때문에 강한 염기나 알카리 금속으로 처리하면 **알콕사이드 이온**(**alkoxide ion**)이 형성된다. Phenoxide 이온의 음전하는 공명에 의해 페닐기 쪽으로 비편재화될 수 있기 때문에 알코올보다 더 강한 산이다.

알켄의 수화 반응 또는 수소화붕소 첨가에 이은 산화 반응, 일차 할로알케인과 수산화 이온의 반응, 카보닐 화합물의 환원 반응을 이용하면 알코올을 쉽게 합성할 수 있다.

알코올을 탈수시키면 알켄이 생성된다. PBr_3 또는 $SOCl_2$로 처리하면 할로알케인이 얻어진다. 일차 알코올은 알데하이드를 거쳐 카복실산으로 산화되고 이차 알코올을 산화시키면 케톤이 생성된다. Phenoxide 이온은 친핵체로서 작용하며 산화되면 quinone으로 전환된다.

에터는 **Willamson 합성법**으로 얻어질 수 있으며 일반적으로 안정한 화합물들이다. 에터는 강한 산성 조건 하에서 산 분해 반응을 일으킨다.

고리형 에터인 oxacyclopropane은 각무리 때문에 반응성이 매우 크며 산 또는 염기 촉매 존재 하에서 쉽게 고리 열림 반응을 일으킨다. **크라운 에터**는 거대 고리형 에터이며 금속에 대해 독특한 선택성을 보여준다. 알코올 및 에터의 황 유사체로는 **싸이올**(**thiol**)과 **설파이드**(**sulfide**)가 있다. 이들은 일반적으로 매우 불쾌한 냄새를 가지고 있다.

읽을거리

40대 이후 우리나라 남성의 간 질환에 의한 사망률은 여성의 9배나 된다고 한다. 바이러스성 간염은 감소하고 있지만 알코올성 간 질환자가 급증하고 있기 때문이다. 우리나라는 러시아와 1, 2위를 다툴 정도의 "음주공화국"이다.

최근 경희의료원 소화기내과 이정일 교수가 지난 15년 동안 간 질환으로 병원을 찾은 환자를 분석하였다. 간 질환자 중 알코올성 간 질환자는 1986~90년 6.5%에서 91~95년 10.3%, 96~2000년 15.3%로 늘어났고, 2005년까지 20%로 증가할 전망이라고 한다. 바이러스에 의한 간 질환 발생은 선진국 수준으로 낮은 반면 술에 의한 간 손상 환자가 급격히 증가하고 있는 것이다.

술을 마시면 알코올의 10%는 위에서, 나머지는 소장에서 흡수돼 간에서 분해된다. 알코올 분해 효소에 의해 아세트알데하이드로 변한 다음 다시 아세트산을 거쳐 이산화 탄소와 물로 배출된다. 간을 구성하는 간 세포는 대략 3000억 개. 간 세포는 세포막으로 연결돼 간 세포 판을 이루고, 이것이 모여 소엽이 된다. 이 간 소엽에는 혈관, 림프관 및 담관이 거미줄처럼 분포돼 있다. 마치 아파트의 각 동이 모여 단지가 되고, 단지 사이에 작은 길이 만들진 것과 같다.

간 손상의 주범은 알코올의 중간 대사산물인 아세트알데하이드이다. 아세트알데하이드는 직접 세포막이나 세포 내 단백질을 공격한다. 단백질과 결합해 면역 반응과 염증 반응을 유도하고 콜라겐 합성을 증가시켜 간의 섬유화를 촉진시킨다. 술에 의한 간 경변은 이렇게 시작된다. 여기에다 영양 결핍까지 겹치면 세포 재생이 늦어져 간 질환은 빠르게 악화한다.

보충문제

7.18 다음 중 이차 알코올을 지적하시오.

(1) 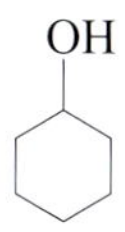

(2) $(CH_3)_3COH$

(3) 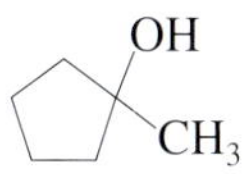

(4) 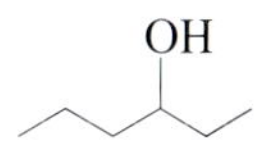

7.19 다음 화합물의 IUPAC 이름을 쓰시오.

(1) 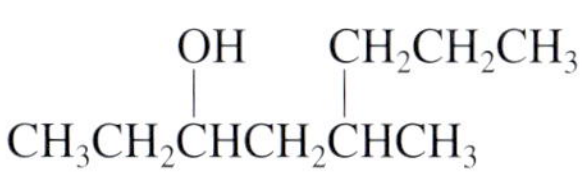

(2) 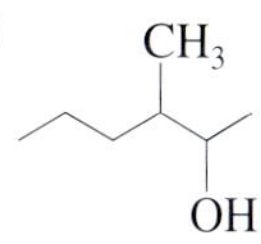

(3) 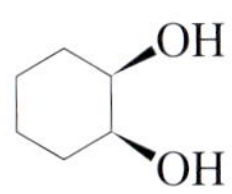

(4) 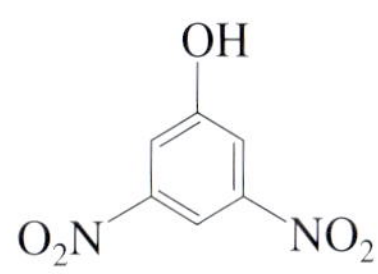

7.20 다음 화합물의 구조를 그리시오.

(1) Isopropyl alcohol
(2) 3,3-Dimethylcyclohexanol
(3) 4-Allyl-2-methoxyphenol
(4) 4-Bromo-2,3-dimethylphenol
(5) Propylene glycol
(6) *cis*-2-Buten-1-ol

7.21 다음 각 에터의 이름에는 구조식을 그리고 구조식에는 IUPAC 이름을 쓰시오.

(1) Cyclopentyl isopropyl ether
(2) 2-Ethoxycyclohexene
(3) 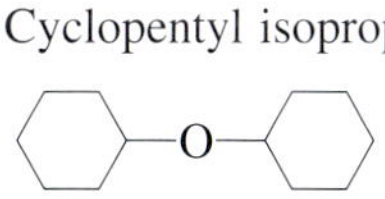
(4) 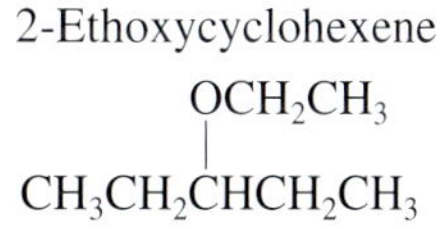

7.22 분자식이 $C_4H_{10}O$인 알코올 이성질체의 구조를 모두 그리시오.

7.23 알코올의 분자량이 증가할수록 물에 대한 용해도가 감소하는 이유를 설명하시오.

7.24 다음을 끓는점이 증가하는 순서로 나열하시오.

$CH_3CH_2CH_2OH$, $CH_3CH_2OCH_3$, $HOCH_2CH_2OH$, $CH_3CH_2CH_2CH_3$

7.25 다음 각 쌍이 하고 있는 수소 결합의 구조를 그리시오.

(1) 물의 산소와 methanol의 수소
(2) Methanol의 산소와 물의 수소
(3) Diethyl ether와 물

7.26 다음 반응식을 완결하시오.

(1) $CH_3CH_2OH + Na \longrightarrow$

(2) 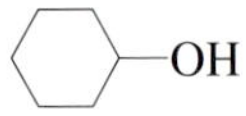 $+ \ H^+ \rightleftharpoons$

(3) $(CH_3)_3CO^-K^+ + H_2O \longrightarrow$

(4) $CH_3OH + H_2SO_4 \rightleftharpoons$

(5) $CH_3CH_2\overset{+}{O}H_2 + H_2O \rightleftharpoons$

(6) $(CH_3)_3COH + K \longrightarrow$

7.27 어떻게 하면 다음 각 알코올을 할로알케인, 알데하이드, 카복실산으로부터 얻을 수 있겠는가?

(1) $CH_3CH_2CH_2CH_2OH$

(2) 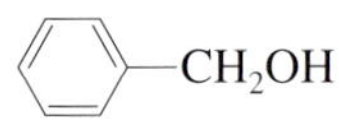

7.28 어떻게 하면 알켄으로부터 다음 알코올을 만들 수 있겠는가?

(1) 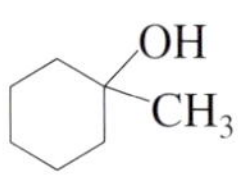

(2) 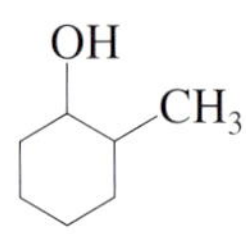

7.29 2-Pentanol을 다음 시약으로 처리했을 때 생성되는 주생성물의 구조를 그리시오.

(1) H_2SO_4

(2) $Na_2Cr_2O_7/H_2SO_4$

(3) HBr

7.30 Cyclopentanol을 다음 화합물들로 전환하시오.

(1) Cyclopentene

(2) cyclopentane

(3) Cyclopentanone

(4) Chlorocyclopentane

7.31 다음 각 알코올을 HBr로 처리했을 때 일어나는 반응 메커니즘을 제시하시오.

(1) 1,1-Dimethylethanol

(2) 1-Propanol

7.32 1-Butanol로부터 다음 각 화합물을 합성할 수 있는 시약과 실험 조건을 제시하시오.(한 단계 이상의 반응이 필요할 수도 있음)

(1) $CH_3CH_2CH_2\overset{\displaystyle O}{\overset{\|}{C}}H$

(2) $CH_3CH_2CH_2\overset{\displaystyle O}{\overset{\|}{C}}OH$

(3) $CH_3CH_2CH{=}CH_2$

(4) $CH_3CH_2\overset{\displaystyle OH}{\overset{|}{C}}HCH_3$

(5) $CH_3CH_2\overset{\displaystyle O}{\overset{\|}{C}}CH_3$

(6) $CH_3CH_2\overset{\displaystyle Br}{\overset{|}{C}}HCH_3$

(7) $CH_3CH_2\overset{\displaystyle Br}{\overset{|}{C}}H\overset{\displaystyle Br}{\overset{|}{C}}H_2$

(8) $CH_3CH_2CH_2CH_3$

7.33 (*S*)-2-Chlorobutane으로부터(*S*)-2-bromobutane을 합성하는 전략을 제시하시오.

7.34 Di-*tert*-Butyl ether는 산 촉매 존재 하에서 *tert*-Butyl alcohol과 2-methylpropene을 반응시키면 얻을 수 있다. 이 반응의 메커니즘을 제시하시오.

7.35 Tetrahydrofuran을 HBr과 반응시켰을 때 생성되는 화합물의 구조를 그리시오.

7.36 3-Buten-2-ol을 진한 HBr로 처리하면 3-bromo-1-butene과 1-bromo-2-butene이 생성된다. 메커니즘을 제시하시오.

7.37 다음 반응식을 완성하시오.

(1) 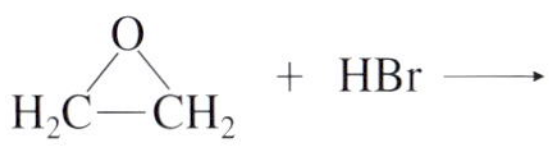

(2) 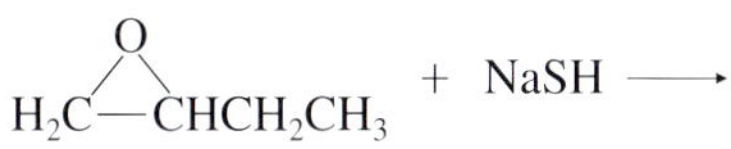

(3) 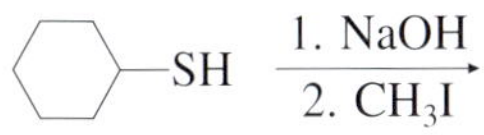

(4) $CH_3CH_2CH_2SH + I_2 \longrightarrow$

7.38 다음 평형에서는 라셈화가 일어난다. 설명하시오.

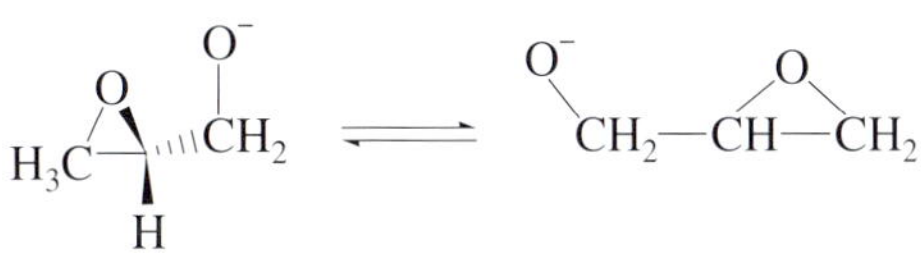

8장

알데하이드와 케톤

카보닐기(carbonyl group)는 유기 화학뿐만 아니라 생화학 및 생물학에서도 매우 중요한 작용기 중의 하나이다. 카보닐기를 가지고 있는 화합물들을 **카보닐 화합물(carbonyl compounds)**이라고 한다. 8장에서는 카보닐 화합물 중 **알데하이드(aldehyde)**와 **케톤(ketone)**의 두 가지 부류를 공부한다. 가장 간단한 알데하이드인 formaldehyde는 카보닐기의 양쪽에 두 개의 수소 원자가 결합되어 있다. 그 밖의 다른 모든 알데하이드의 카보닐기에는 한 개의 수소 원자와 한 개의 알킬기 또는 아릴기가 결합되어 있다. 케톤은 카보닐기에 두 개의 알킬 또는 아릴기가 결합되어 있다.

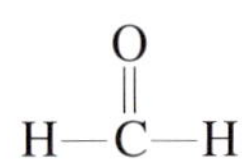

Formaldehyde

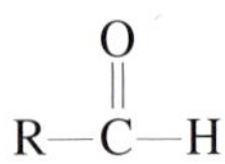 또는 RCHO

알데하이드

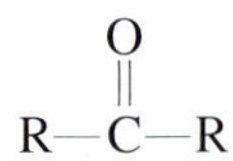 또는 RCOR (R=알킬기 또는 아릴기)

케톤

많은 알데하이드와 케톤들이 생물학적 활성을 보여주며 독특한 향기를 가지고 있다. 예를 들어 11-tetradecenal은 가문비나무 새싹을 갉아먹는 입말이 나방 유충의 성 유인 물질이다. *trans*-Cinnamaldehyde는 계피 향의 주성분이고, (+)-carvone은 박하 기름의 향기 성분이다. 식물과 동물의 단백질, 탄수화물 및 핵산에도 카보닐기가 있다. 이 장에서는 알데하이드와 케톤의 명명법, 제법 및 중요한 반응들을 공부할 것이다.

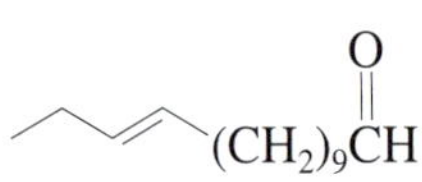

11-Tetradecenal

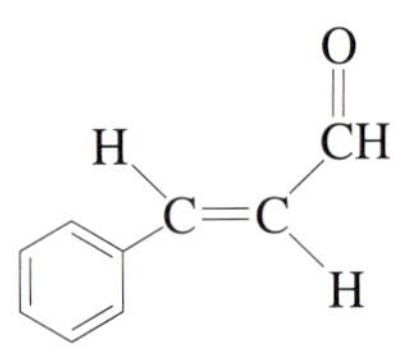

trans-Cinnamaldehyde
(*trans*-3-phenylpropenal)

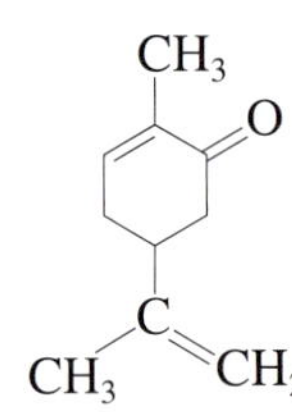

(+)-Carvone

8.1 카보닐기의 구조

카보닐기의 탄소-산소 이중 결합은 알켄의 탄소-탄소 이중 결합과 비슷한 오비탈 구조를 가지고 있다. 가장 간단한 알데하이드인 formaldehyde의 오비탈 구조를 예로 들어 카보닐기를 설명하면 다음과 같다.

Formaldehyde의 구조

카보닐기의 sp^2 혼성 탄소는 sp^2 산소 원자에 각각 한 개씩의 σ 결합과 π 결합으로 연결되어 있다. 카보닐 탄소의 세 σ 결합들은 같은 평면에서 거의 120°를 이루고 있다. 탄소와 산소를 연결하는 π 결합은 이들 σ 결합의 위와 아래에 놓여 있다. 산소 원자에 있는 두 쌍의 비공유 전자들은 산소의 sp^2 혼성 오비탈에 들어 있다. 카보닐기는 분극되어 있고 π 결합과 σ 결합 전자들은 전기 음성도가 큰 산소 원자 쪽으로 치우쳐 있으며 카보닐 탄소에는 부분 양전하가 걸려있다. 이와 같은 구조적 특징은 극성 공명 구조 또는 극성 공유 결합 구조로 나타낼 수 있다. 카보닐기의 여러 가지 반응성들은 π 결합, 분극 및 비공유 전자와 같은 구조적 특징들에 의해 결정된다.

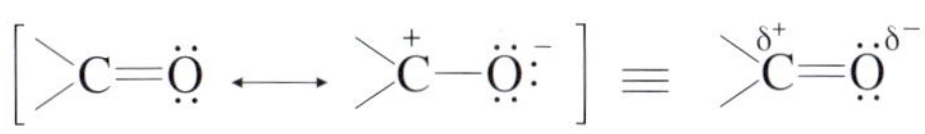

극성 공명 구조 분극된 구조

8.2 알데하이드와 케톤의 명명법

IUPAC 체계를 따라 알데하이드의 이름을 지을 때는 탄소 수가 같은 알케인의 어미 "-e"를 "-al"로 바꾸어 주면 된다. 모체 사슬은 반드시 카보닐기를 포함해야 하고 카보닐기는 사슬의 끝에 있기 때문에 언제나 1번이 된다.

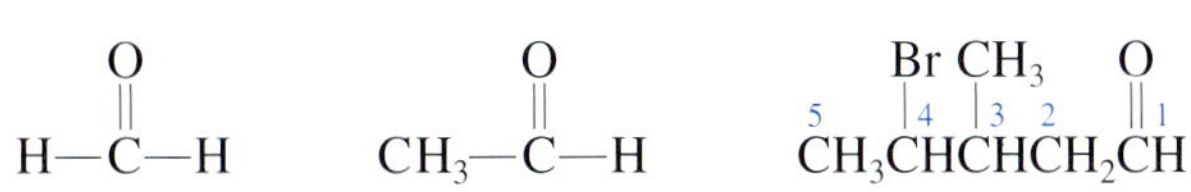

Methanal Ethanal 4-Bromo-3-methylpentanal

간단한 알데하이드는 관용명을 많이 사용하며 관용명은 대응하는 카복실산의 관용명에서 "-ic acid(또는 oic acid)"를 aldehyde로 바꾸어 주면 된다.

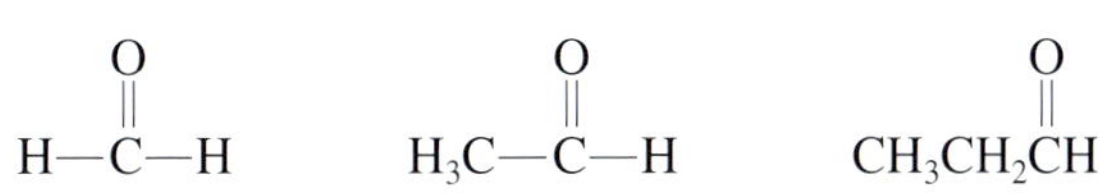

Formaldehyde Acetaldehyde Propionaldehyde

−CHO기를 formyl기라고 한다. formyl기가 고리에 결합되어 있는 알데하이드의 이름

을 지을 때는 고리 화합물의 이름에 어미인 "-carbaldehyde"를 붙여준다.

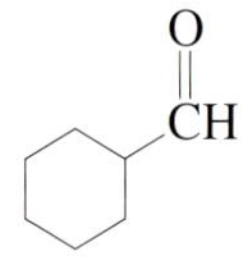

Cyclohexanecarbaldehyde

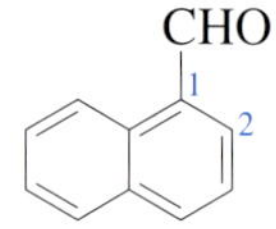

1-Naphthalenecarbaldehyde

IUPAC 체계를 따라 케톤의 이름을 지을 때는 탄소 수가 같은 알케인의 "-e"를 "-one"으로 바꾸어 준다. 모체 사슬은 카보닐기를 포함하여야 하며 카보닐기에 가까운 끝에서부터 번호를 붙인다.

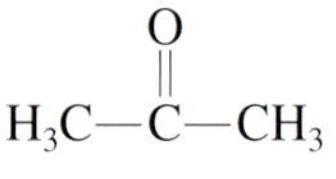

Propanone

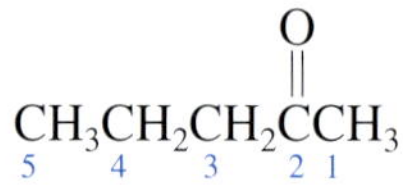

2-Pentanone

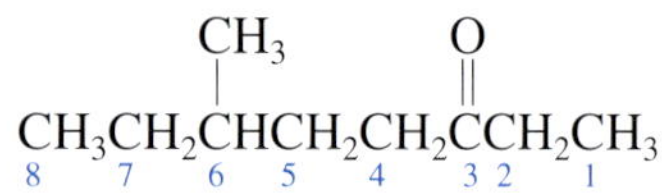

6-Methyl-3-octanone

다음과 같은 케톤은 관용명을 더 많이 부른다.

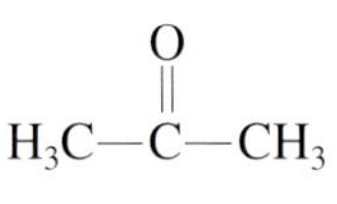

Acetone

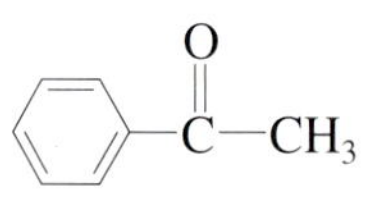

Acetophenone

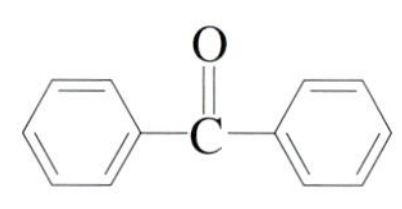

Benzophenone

카보닐기가 알킬기 또는 아릴기에 결합되어 있는 작용기를 **아실기(acyl group)**라고 하며 다음과 같은 아실기들이 있다.

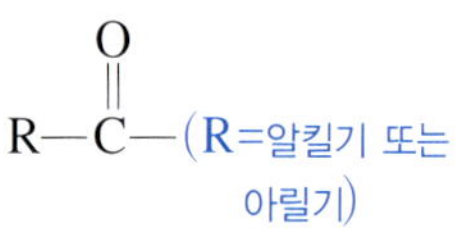

아실기(acyl)

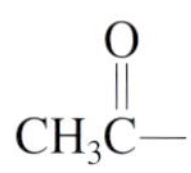

Acetyl기

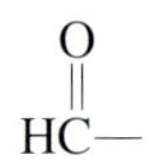

Formyl기

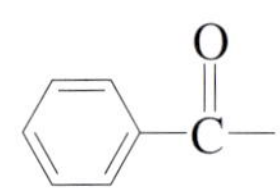

Benzoyl기

문제 8.1 다음 화합물의 IUPAC 이름을 쓰시오.

(1) 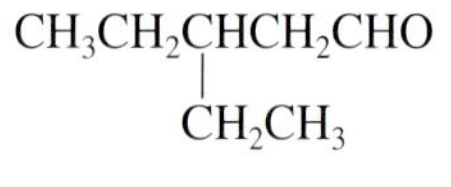

(2) 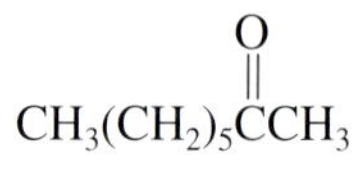

(3) 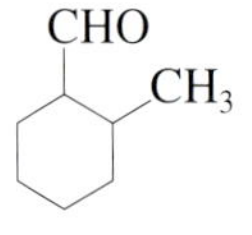

(4) 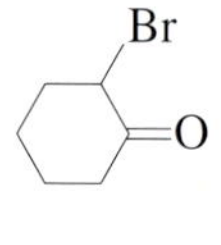

(5) 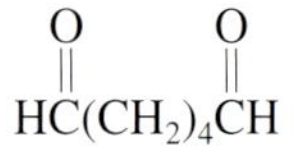

(6) $CH_3CH{=}CHCH{=}O$

문제 8.2 다음 화합물의 구조를 그리시오.

(1) Hexanal (2) *m*-Chlorobenzaldehyde
(3) Cyclopentanecarbaldehyde (4) 3-Pentyn-2-one

8.3 알데하이드 및 케톤의 제법

실험실에서 알데하이드와 케톤을 만들 때 가장 일반적으로 사용하는 방법은 알코올의 산화이다. 1차 알코올을 PCC로 처리하면 알데하이드로 산화된다(7장 7절 참고). 이차 알코올을 H_2CrO_4로 처리하면 케톤으로 산화된다.

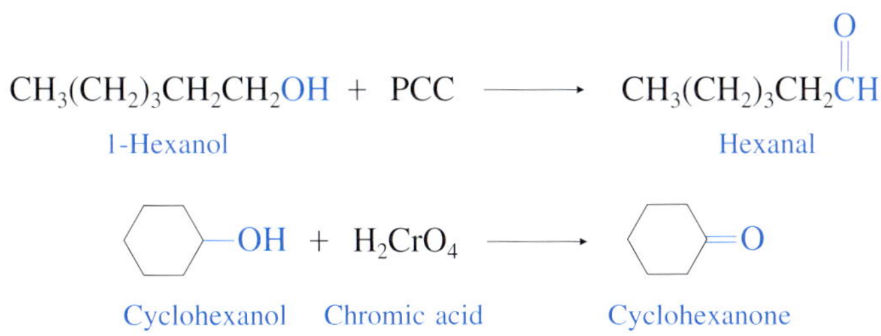

아릴 케톤은 Friedel-Crafts 아실화 반응을 이용하면 쉽게 얻을 수 있다.

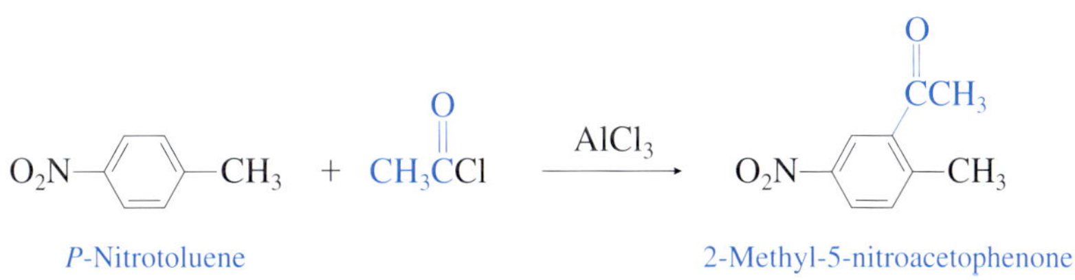

Methyl ketone은 Hg^{2+} 이온과 산으로 이루어진 촉매 존재 하에서 말단 알카인을 수화 반응시키면 쉽게 얻어진다.

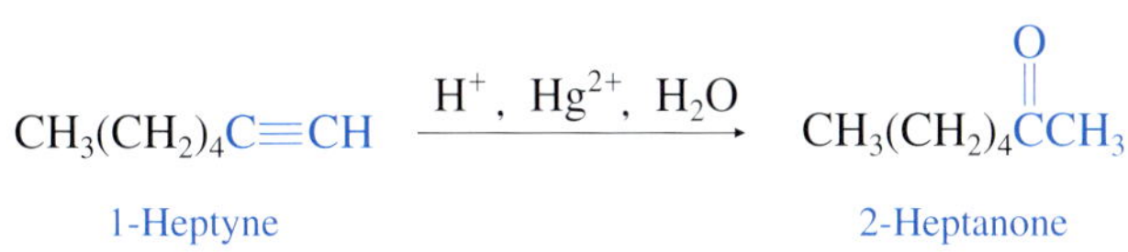

문제 8.3 다음 반응에서 생성물의 구조를 그리시오.

(1) 1-Pentanol과 PCC (2) 3-Methylcyclohexanol과 H_2CrO_4

8.4 친핵성 아실 첨가 반응

카보닐 탄소에 부분 양전하가 걸려있기 때문에 알데하이드와 케톤은 카보닐 탄소에서 친핵체의 공격을 받아 첨가 생성물을 형성하는 **친핵성 아실 첨가 반응(nucleophilic acyl addition reaction)**을 일으킨다. 친핵체가 카보닐 탄소를 공격하고 C=O 결합의 π 결합 전자는 전기 음성도가 큰 산소 쪽으로 이동하면 음이온 중간체가 형성된다. 이 중간체는 물 또는 알코올과 같은 용매나 산에 의해 양성자화된다.

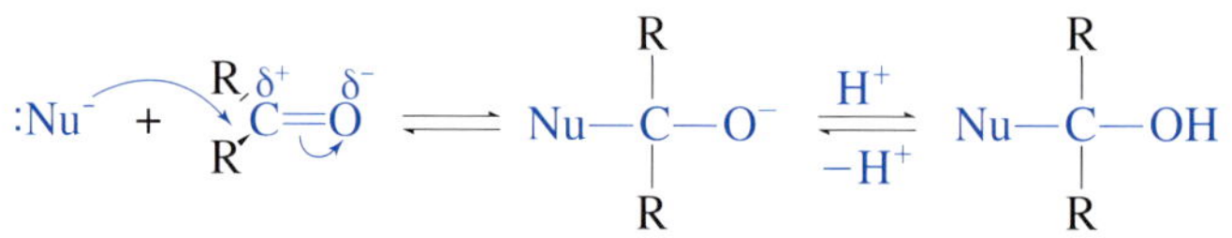

친핵체의 반응성이 작을 때는 산 촉매가 필요하다. 산이 카보닐 산소를 양성자화하면 공명 안정화된 탄소 양이온이 형성된다. 양전하 밀도가 커진 카보닐 탄소는 친핵체에 대해 크게 증가된 반응성을 보여준다.

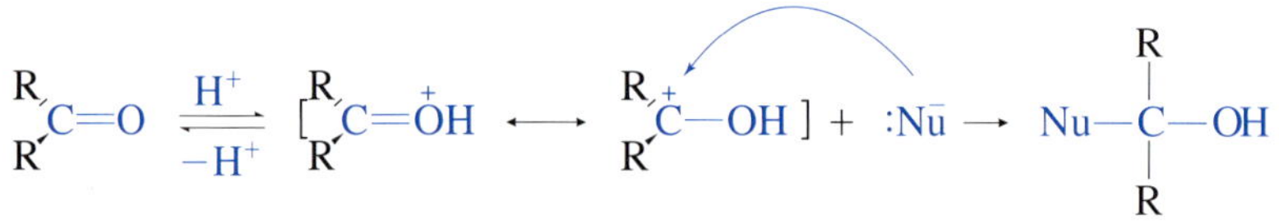

알킬기는 수소보다 전자를 주는 능력과 입체 장애가 더 크다. 카보닐기에 결합되어 있는 알킬기의 수가 증가하면 카보닐기의 양전하 밀도는 감소하고 입체 장애는 증가한다. 이 때문에 친핵체에 대한 반응성은 일반적으로 알데하이드보다 케톤이 더 작다.

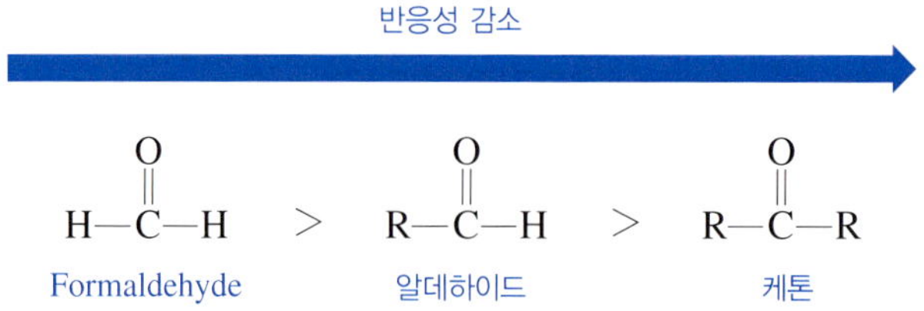

8.5 물의 첨가 반응

카보닐기에 물이 첨가되면 **같은 자리 다이올**(*gem*-diol)이라고 하는 **수화물(hydrate)**이 생성된다. 반응은 가역적으로 진행된다. 중간체의 양으로 하전된 산소로부터 양성자가 제거되고 음으로 하전된 산소가 양성자화되면 같은 자리 다이올이 형성된다.

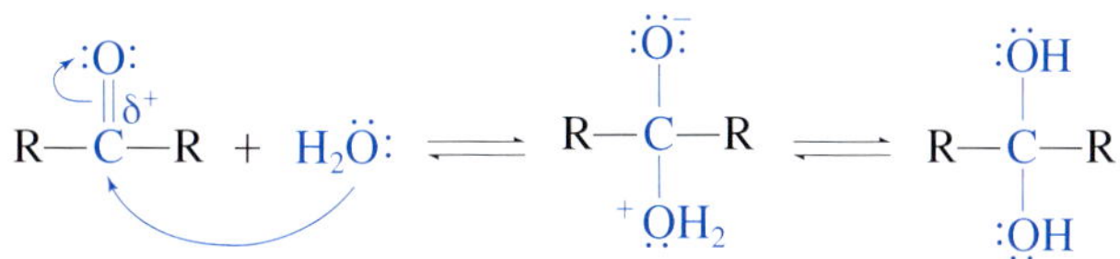

같은 자리 다이올

일반적으로 카보닐 화합물의 구조는 평형에 큰 영향을 미친다. 카보닐 탄소의 양전하 밀도가 클수록 입체 장애가 작을수록 평형은 수화물에 유리하다. 즉, 케톤보다 알데하이드의 수화물이 훨씬 더 많이 형성된다. Formaldehyde는 비교적 안정한 수화물인 formalin을 형성하지만 대부분의 수화물은 쉽게 물을 잃고 원래의 카보닐 화합물로 되돌아가기 때문에 분리할 수 없다. Acetone은 0.1% 정도만 수화물로 존재한다.

염기 또는 산 촉매가 존재하면 물의 첨가 반응 속도는 크게 증가한다. 염기 촉매는 물을 수산화 이온으로 전환시키고 산 촉매는 카보닐 탄소의 양전하 밀도를 증가시킴으로써 반응 속도를 증가시킨다. 염기 촉매 존재 하에서는 수산화 이온이 카보닐 탄소를 공격하고 hydroxyalkoxide 중간체가 형성된다. 이 중간체가 물로부터 양성자를 취하면 같은 자리 다이올이 생성되고 촉매인 수산화 이온은 재생된다.

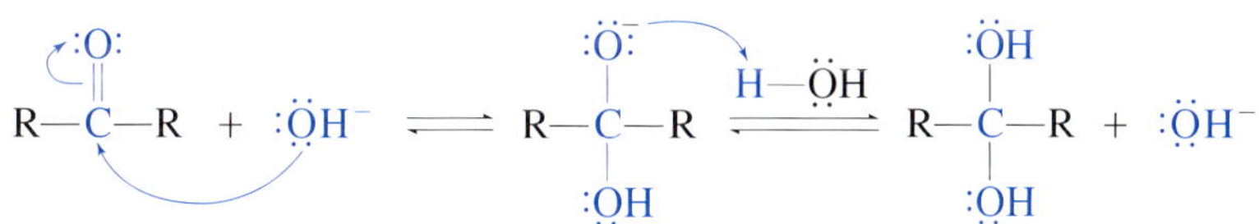

Hydroxyalkoxide
중간체

산 촉매 존재 하에서는 먼저 카보닐 산소에 양성자화가 일어난다. 물이 카보닐 탄소를 공격하면 **옥소늄 이온(oxonium ion)** 중간체가 형성된다. 양성자가 제거되면 중성인 같은 자리 다이올이 생성되고 산 촉매가 재생된다.

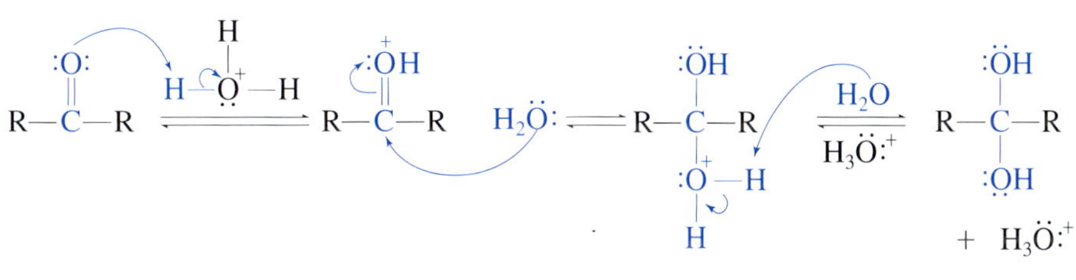

문제 8.4 다음을 물의 첨가에 대한 반응성이 증가하는 순서로 나열하시오.

(1) CH_3CHO, CCl_3CHO, $CHCl_2CHO$, CH_2ClCHO

(2) $CH_3CH_2CH_2CHO$, $CH_3CH_2CH_2COCH_3$, $CH_3CH_2CH_2COCH_2CH_2CH_3$

8.6 사이아노하이드린의 형성

사이안화 수소가 알데하이드나 케톤에 첨가되면 같은 탄소에 하이드록시기와 사이아노기가 결합되어 있는 **사이아노하이드린(cyanohydrin)**이 생성된다. 반응의 첫 단계에서는 사이안산 이온이 카보닐 탄소에 첨가된다. 옥시 음이온이 해리되지 않은 사이안화 수소로부터 양성자를 받으면 반응이 끝난다. 사이안화 수소는 독성이 매우 강한 기체이기 때문에 알데하이드 또는 케톤과 사이안산 소듐의 혼합물에 HCl을 가함으로써 플라스크 속의 용매 내에서 사이안화 수소가 발생하여 반응을 일으키도록 한다.

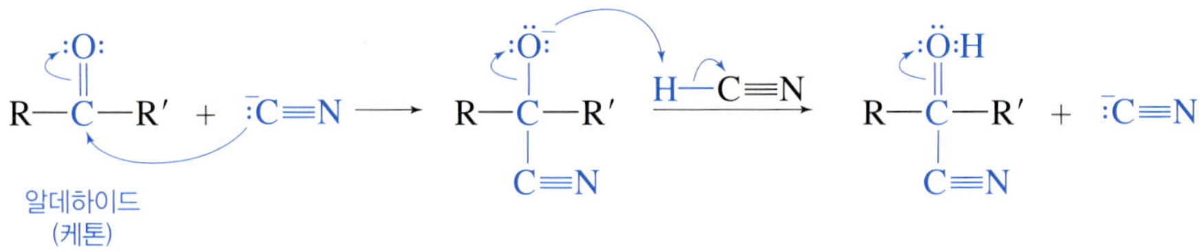

사이아노하이드린은 각각 산 촉매 존재 하의 가수 분해 반응이나 환원 반응을 통하여 α-hydroxy carboxylic acid나 탄소 수가 하나 더 많은 β-hydroxyamine으로 전환될 수 있기 때문에 유용하다.

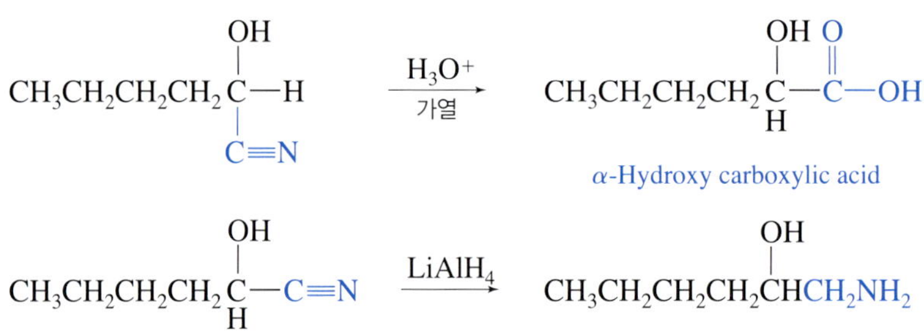

문제 8.5 탄소 수가 한 개 적은 카보닐 화합물로부터 다음 화합물을 만들어 보시오.

(1) $HOCH_2CH_2NH_2$

(2)

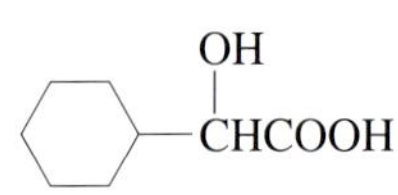

8.7 알코올 첨가 반응

물과 마찬가지로 알코올도 카보닐기에 친핵성 첨가 반응을 한다. 알데하이드에 알코올 한 분자가 첨가되면 **헤미아세탈(hemiacetal)**이 형성되고 두 분자의 알코올이 첨가되면 **아세탈(acetal)**이 생성된다. 이 반응들은 산 촉매의 작용을 받는다. 카보닐 화합물이 알데하이드 대신 케톤일 때 첨가 생성물은 **헤미케탈**(**hemiketal**)과 **케탈**(**ketal**)이다.

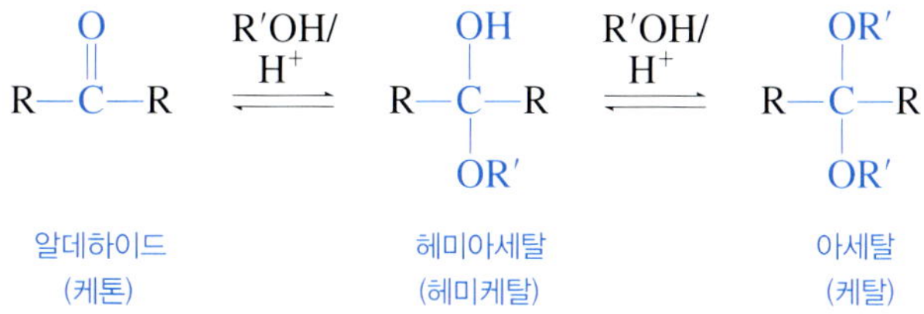

알데하이드 또는 케톤과 알코올의 반응도 전 과정이 가역적으로 진행된다. 이 반응의 메커니즘에서는 산소를 포함하고 있는 작용기들의 양성자화와 양성자 제거가 반복된다. 산 촉매 존재 하에서 일어나는 많은 카보닐 화합물의 첨가 반응들이 비슷한 메커니즘으로 진행된다.

카보닐 산소가 산에 의해 양성자화되면 카보닐 탄소에 대한 알코올의 첨가가 쉬워진다. 양성자화된 헤미아세탈로부터 양성자가 제거되면 헤미아세탈이 형성된다.

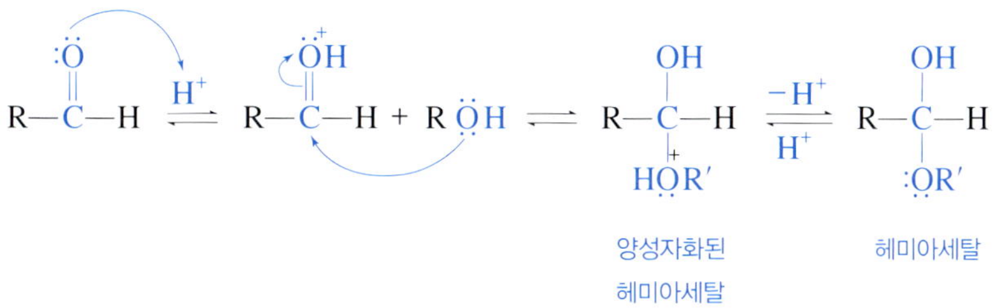

헤미아세탈의 두 산소 원자들 중 어느 한 곳이 양성자화되면 그곳으로부터 물이 제거되면서 매우 반응성이 큰 중간체가 형성된다.

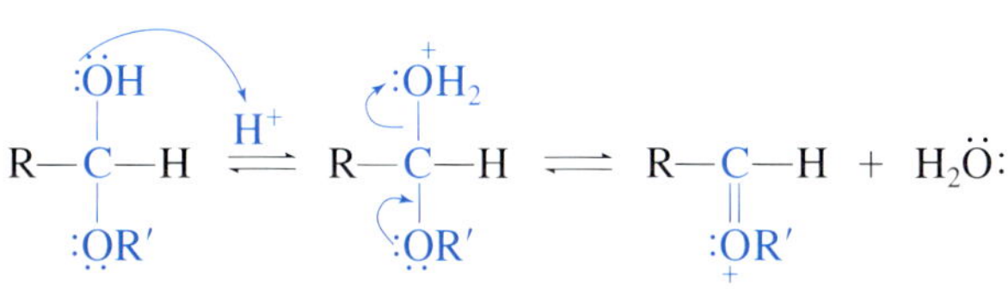

두 번째 알코올 분자가 이 중간체의 카보닐기에 첨가되고 양성자가 제거되면 아세탈이 생성된다.

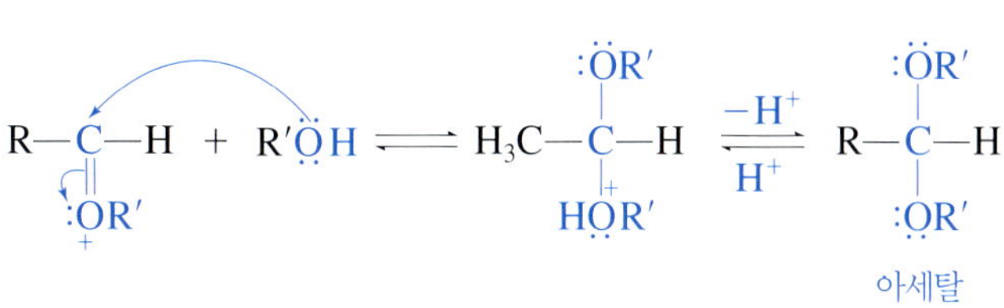

알코올 첨가 반응의 평형은 일반적으로 알데하이드에 유리하기 때문에 평형에서는 보통 다량의 알데하이드와 소량의 헤미아세탈 및 아세탈이 존재한다. 일반적으로 헤미아세탈은 분리될 수 없다. 그러나 아세탈은 산성이 아닌 용액에서는 안정하므로 분리될 수 있다. 반응 조건을 조절하면 아세탈이 형성되도록 하거나 알데하이드 쪽으로 역반응을 일으키게 할 수 있다. 아세탈을 얻으려면 과량의 알코올을 사용하거나 생성되는 물을 제거해 주면 된다. 알데하이드 쪽으로 진행되게 하려면 산 촉매 존재 하에서 과량의 물을 가해주면 된다.

만약 산이 존재하지 않는다면 다섯 원자 또는 여섯 원자 고리 구조를 가지고 있는 아세탈은 특히 안정하다.

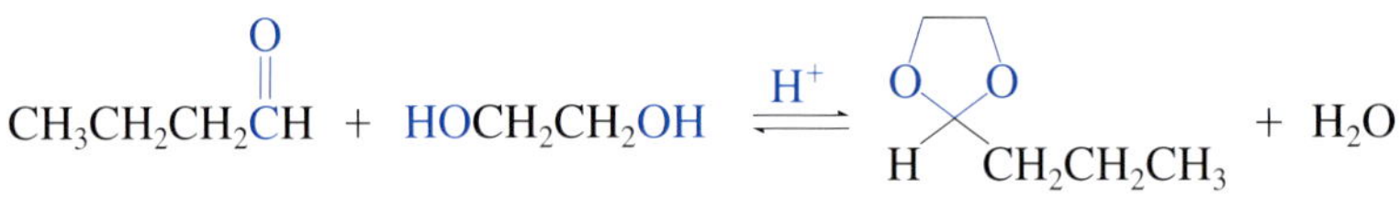

1-Butanal　　1,2-Ethanediol　　고리형 아세탈 안정함

이 때문에 다섯 또는 여섯 원자 고리형 아세탈은 염기성 조건 등에서 알데하이드 또는 케톤의 **보호기(protecting group)**로 이용된다. 예를 들어 알데하이드와 이중 결합이 동시에 존재하는 화합물에서 이중 결합만 산화시키려 할 때는 알데하이드를 고리형 아세탈로 보호하고 산화제로 처리한다. 산화가 끝난 다음 산 수용액으로 처리하면 알데하이드가 복원된다.

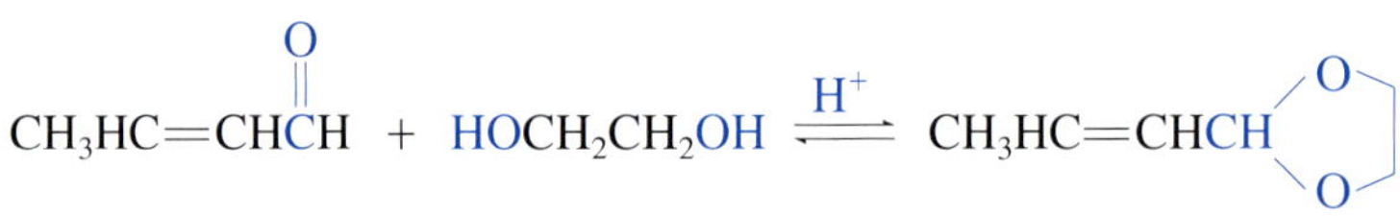

2-Butenal (crotonaldehyde)　　오쏘파라메타 아세탈로 보호된 알데하이드

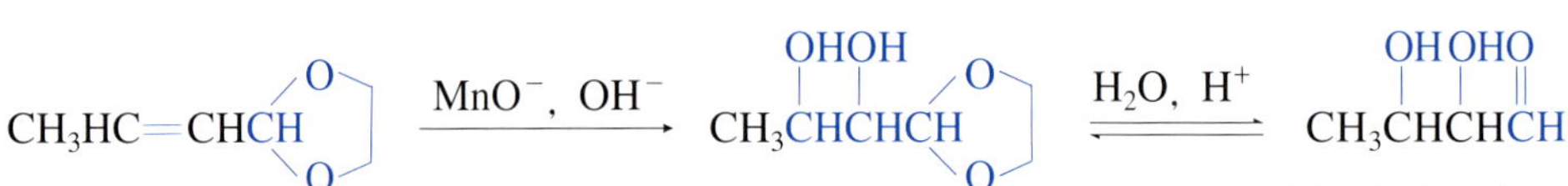

2,3-Dihydroxybutanal

문제 8.6 다음에서 헤미케탈, 헤미아세탈 및 케탈의 구조를 포함하고 있는 것을 가리시오.

(1) 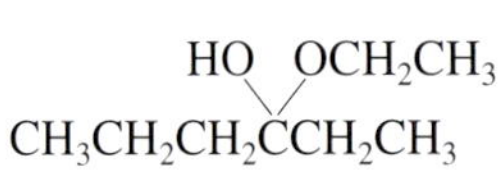

(2) 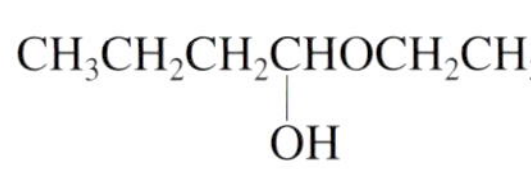

(3) 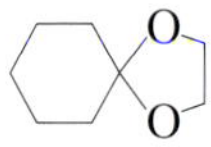

문제 8.7 문제 8.6의 화합물들이 형성되는데 필요한 알코올과 알데하이드 또는 케톤의 구조를 제시하시오.

문제 8.8 소량의 HCl 존재 하에서 일어나는 다음 반응의 메커니즘을 제시하시오.

8.8 친핵성 첨가–제거 반응

알데하이드 케톤에서 친핵성 첨가 반응이 일어난 다음 물이 제거되는 반응을 **친핵성 첨가–제거 반응(nucleophilic addition-elimination reaction)**이라고 한다. 카보닐 탄소를 공격한 원자가 비공유 전자쌍을 가지고 있고 첨가 생성물이 불안정할 때, 이 반응이 일어난다.

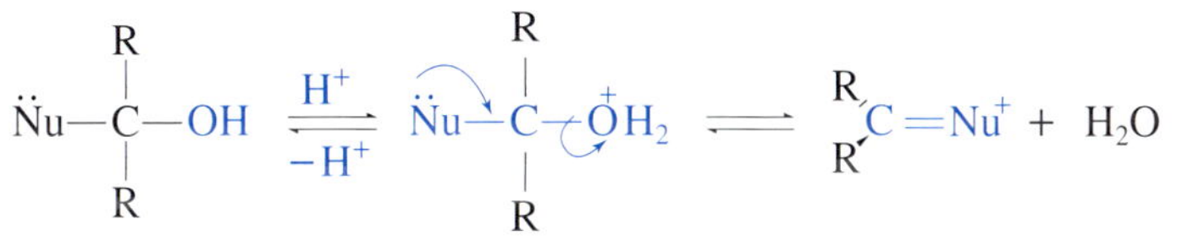

불안정

주로 암모니아나 아민 유도체들이 산 촉매 존재 하에서 이 반응을 일으킨다. 생성된 화합물을 **이민(imine)**이라고 하며 이민의 C=N 결합을 **이미노기(imino group)**라고 부른다.

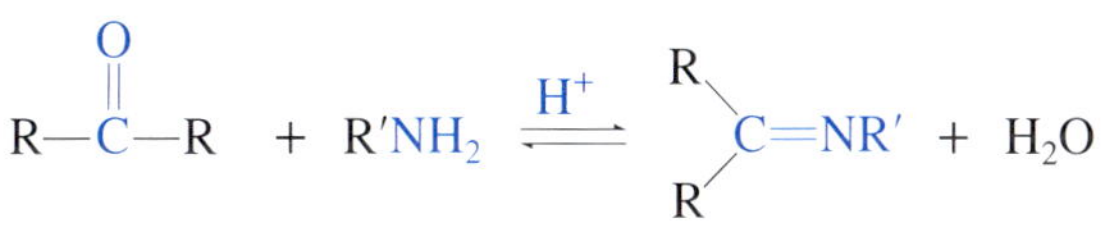

알데하이드 또는 케톤 | 암모니아 유도체 | 이민

암모니아로부터 형성된 이민은 불안정하여 분리될 수 없다. 일차 아민(RNH_2)으로부터 생성된 이민은 보다 안정하며 이것을 **Schiff 염기**라고 부른다. Hydroxylamine으로부터 얻어진 이민은 **옥심(oxime)**이라고 하고 하이드라진(hydrazine)으로부터 얻어진 이민은 **하이드라존(hydrazone)**이라고 한다.

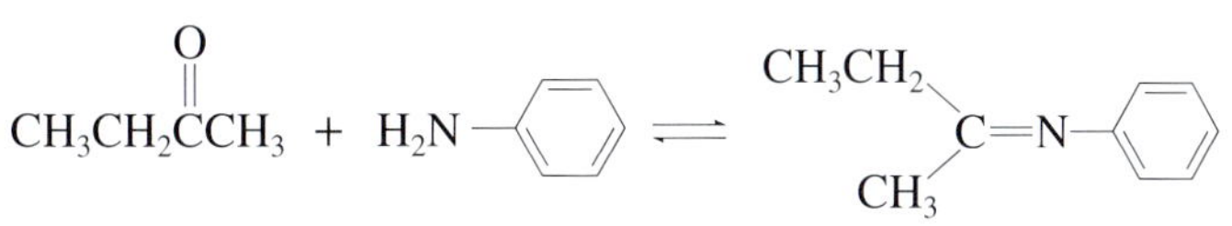

Schiff 염기

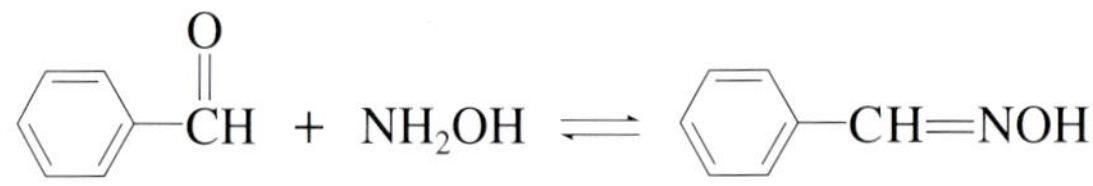

Hydroxylamine 옥심

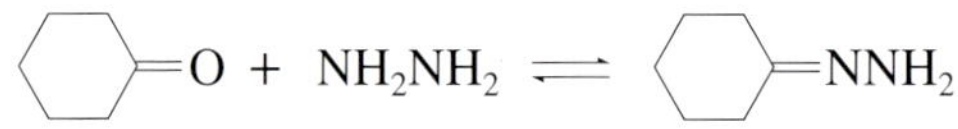

Hydrazine 하이드라존

이민 형성의 메커니즘은 두 단계로 이루어져 있다. 첫 번째 단계에서는 친핵체인 아민이 부분 양전하를 가지고 있는 카보닐 탄소에 첨가된 다음 질소 원자로부터 양성자가 제거되고 산소가 양성자를 얻는다.

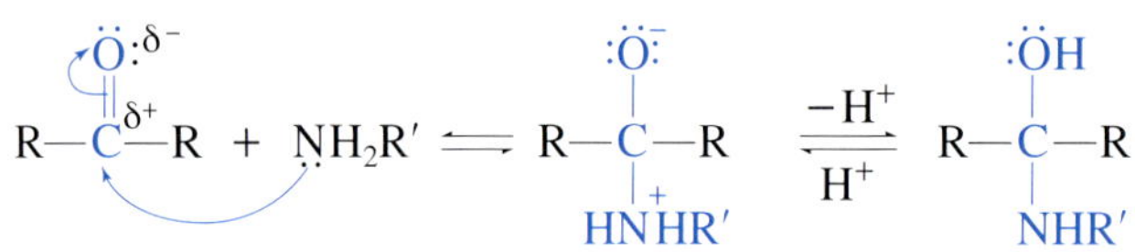

두 번째 단계에서는 OH기가 양성자화되고, 제거 단계에서 물이 제거되면 반응이 종결된다.

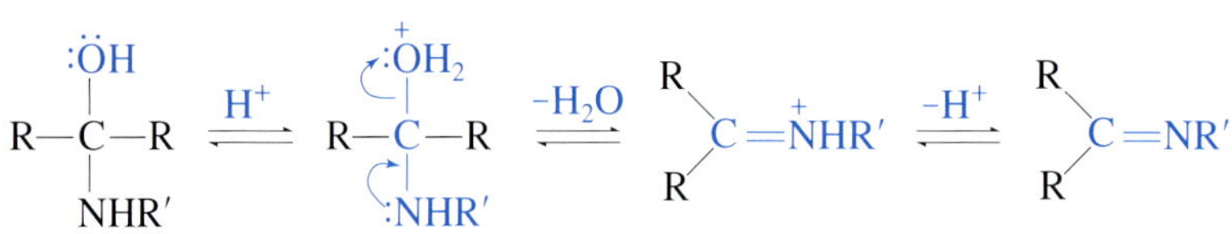

알데하이드 또는 케톤이 이차 아민 R_2NH와 반응하면 **엔아민(enamine)**이 생성된다. 엔아민은 알켄이 치환된 아민이며, 이중 결합을 의미하는 엔과 아민으로부터 만들어진 합성어이다.

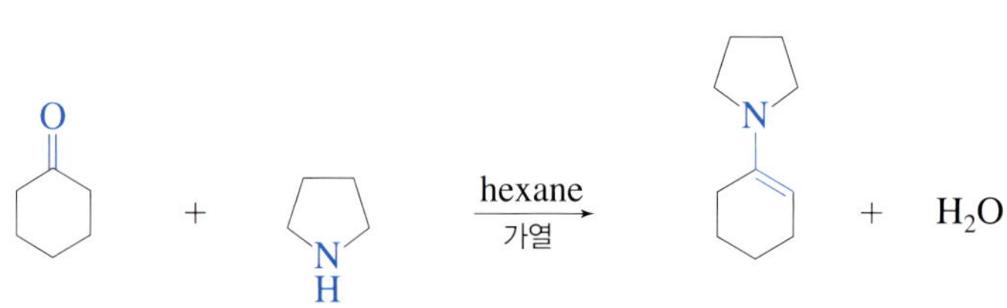

Cyclohexanone Pyrrolidine N-(1-Cyclohexenyl)pyrrolidine

엔아민 형성의 첫 단계는 이민 형성과 같은 메커니즘으로 진행된다. 아민이 일차일 때는 알데하이드 또는 케톤과 반응하여 형성된 양성자화된 이민의 질소로부터 양성자가 제거되면 중성인 이민이 형성된다. 그러나 이차 아민의 경우에는 양으로 하전된 질소에 수소가 결합되어 있지 않다. 임모늄 이온의 C=N 이중 결합의 α 위치에 있는 수소가 제거되면 안정한 중성 분자인 엔아민이 생성된다.

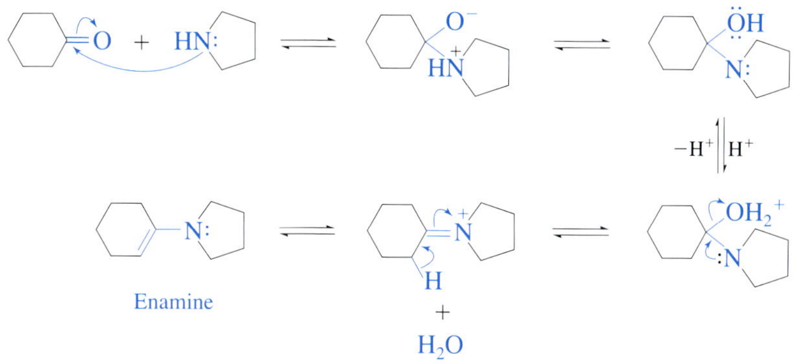

문제 8.9 Benzaldehyde와 다음의 반응식을 쓰시오.

(1) Phenylhydrazine($C_6H_5NHNH_2$) (2) *p*-Methylaniline
(3) Semicarbazide($NH_2NHCONH_2$) (4) Hydroxylamine(NH_2OH)

문제 8.10 Cyclohexanecarbaldehyde와 hydrazine사이에서 일어나는 반응 메커니즘을 제시하시오.

8.9 산화 환원 반응

케톤은 쉽게 산화되지 않지만 알데하이드를 산 촉매 존재 하에서 CrO_3과 같은 산화제로 처리하면 쉽게 카복실산으로 산화된다.

$$\underset{\text{2-Butanone}}{CH_3CH_2\overset{O}{\overset{\|}{C}}CH_3} \xrightarrow{CrO_3,\ H^+} \text{반응 안함}$$

$$\underset{\text{Pentanal}}{CH_3CH_2CH_2CH_2\overset{O}{\overset{\|}{C}}H} \xrightarrow{CrO_3,\ H^+} CH_3CH_2CH_2CH_2\overset{O}{\overset{\|}{C}}OH$$

알데하이드는 Ag^+와 같이 약한 산화제에 의해서도 쉽게 산화된다. Ag^+를 묽은 암모니아 수용액에 녹여 만든 **Tollens 시약**(은-암모니아 착물)으로 알데하이드를 처리하면 알데하이드는 카복실레이트 음이온으로 산화되고 금속 은이 생성된다. 생성된 금속 은은 유기 벽면에 은거울을 형성하기 때문에 알데하이드의 검출에 이용된다. 여러 가지 현대적인 분석법의 개발로 지금은 더 이상 Tollens 시약이 알데하이드의 검출에 이용되지 않지만 은거울을 만들 때는 이 방법이 사용된다.

$$\underset{\text{}}{\overset{\overset{\displaystyle O}{\|}}{\text{RCH}}} + \text{Ag(NH}_3)_2^+ \xrightarrow{\text{OH}^-} \overset{\overset{\displaystyle O}{\|}}{\text{RCO}^-} + \text{Ag}^0$$

Tollens 시약　　　　　　　　은거울

알데하이드와 케톤은 각각 일차, 이차 알코올로 쉽게 환원된다. 환원제로는 전이 금속 촉매 존재 하에서의 수소, 수소화붕소 소듐($NaBH_4$), 수소화알루미늄 리튬($LiAlH_4$) 등이 자주 사용된다.

$$CH_3CH_2CH_2\overset{\overset{\displaystyle O}{\|}}{C}H + H_2 \xrightarrow{\text{Pt}} CH_3CH_2CH_2CH_2OH$$

Butanal　　　　　　　　*n*-Butanol
일차 알코올

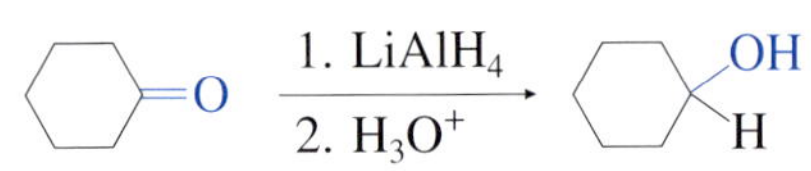

Cyclohexanone　　　　Cyclohexanol
이차 알코올

KOH와 같은 강한 염기 존재 하에서 알데하이드 또는 케톤을 하이드라진으로 처리하면 카보닐기가 메틸렌으로 환원된다($R_2C{=}O \rightarrow R_2CH_2$). **Wolff-Kishner 반응**이라고 하는 이 반응은 반응 용기 내에서 하이드라존 중간체가 형성된 다음 질소 단위가 제거되면서 알케인으로 전환된다.

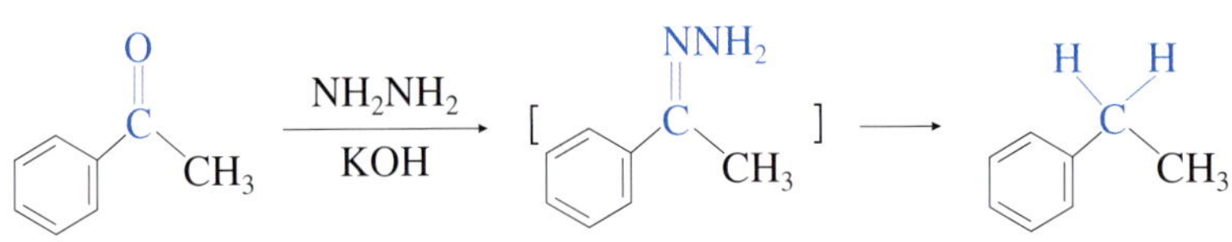

Acetophenone　　　　하이드라존　　　　Ethylbenzene

알데하이드와 케톤이 싸이올과 반응하면 각각 싸이오아세탈(thioacetal)과 싸이오케탈(thioketal)이 생성된다. 이 반응의 메커니즘은 알데하이드와 케톤에 대한 알코올의 첨가 반응과 같다.

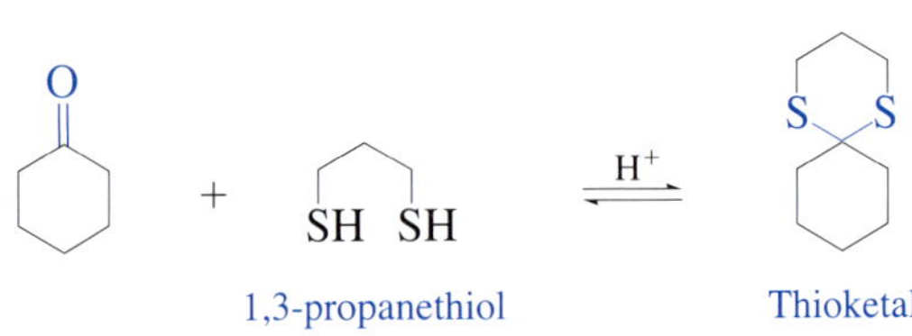

1,3-propanethiol　　　　Thioketal

싸이오아세탈과 싸이오케탈은 Raney Ni 존재 하에서 수소로 환원시키면 C−S 결합이

C−H 결합으로 전환된다. 싸이오케탈 또는 싸이오아세탈을 만든 다음 환원시키는 반응은 Clemmensen 환원(6.8절) 및 Wolf−Kishner 환원(8.9절)과 함께 카보닐기를 메틸렌기로 전환하는 매우 유용한 방법이다.

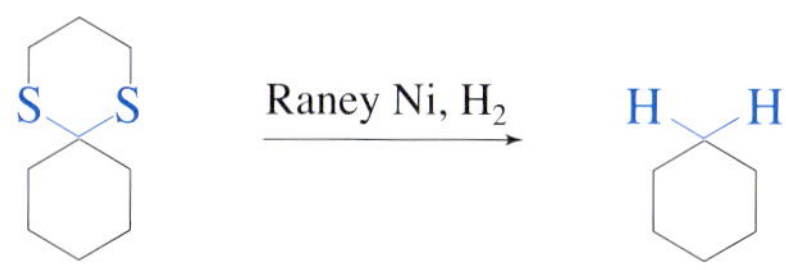

문제 8.11 다음 반응식을 완성하시오.

(1) $CH_3CH_2CH_2CH_2CHO \xrightarrow{CrO_3,\ H^+}$

(2) 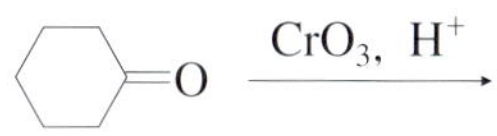

(3) 

(4) 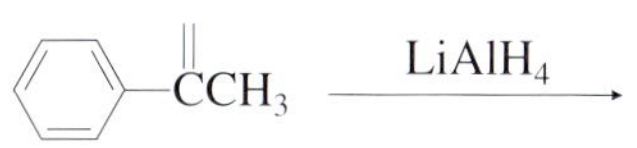

(5) $CH_3CH_2CH_2CH_2CHO \xrightarrow{H_2,\ Pd/C}$

8.10 Grignard 시약과의 반응

에터 용매에서 알킬, 아릴, 바이닐의 할로젠 화합물을 금속 마그네슘으로 처리하면 Grignard 시약이 얻어진다.

$$R{-}X \xrightarrow{\text{Ethyl ether, Mg}} \underset{\text{Grignard 시약}}{RMgX}(X = Cl,\ Br,\ I)$$

Grignard 시약이 탄소 음이온($R:^-$)처럼 작용하여 카보닐기에 친핵성 첨가되면 카보닐기는 하이드록시기로 환원된다. 반응은 카보닐 화합물에 Grignard 시약을 첨가한 뒤, 생성된 할로마그네슘 알콕사이드를 산 수용액으로 가수 분해하는 두 단계로 이루어져 있으며 비가역적으로 진행된다.

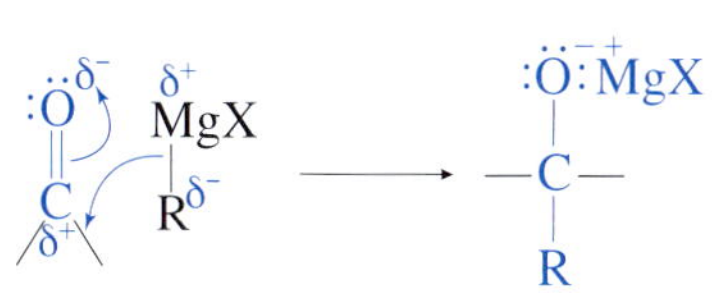

(X= Br, I)

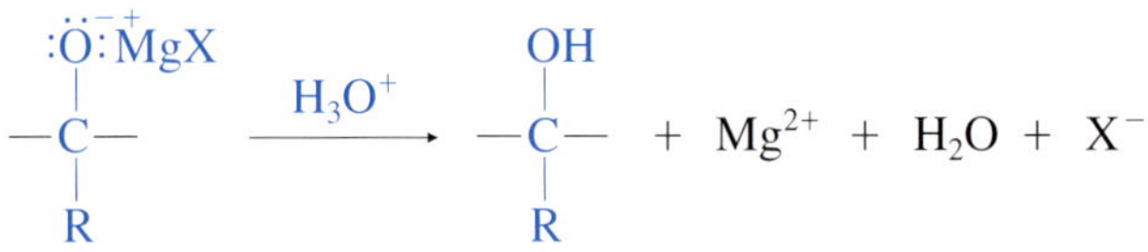

할로마그네슘
알콕사이드

Grignard 시약과 알데하이드, 케톤의 반응을 이용하면 여러 가지 알코올을 효과적으로 합성할 수 있다. 예를 들어 Grignard 시약을 formaldehyde와 반응시키면 일차 알코올이 생성된다.

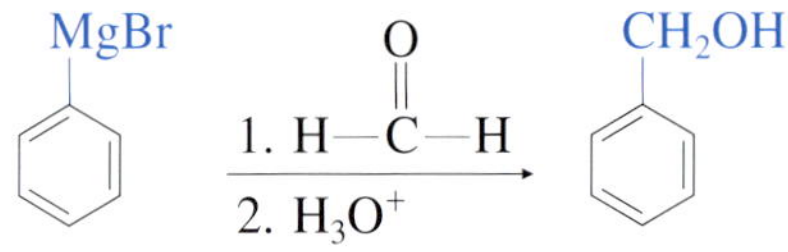

Phenylmagnesium bromide

Benzyl alcohol
일차 알코올

알데하이드와의 반응에서는 이차 알코올이 생성되고 케톤에서는 삼차 알코올이 생성된다.

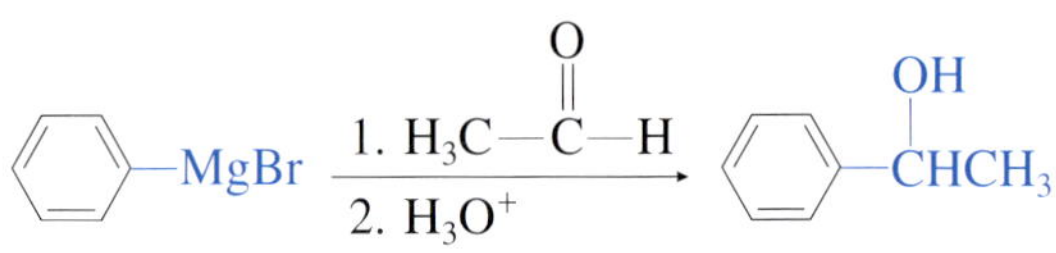

1-Phenylethanol
이차 알코올

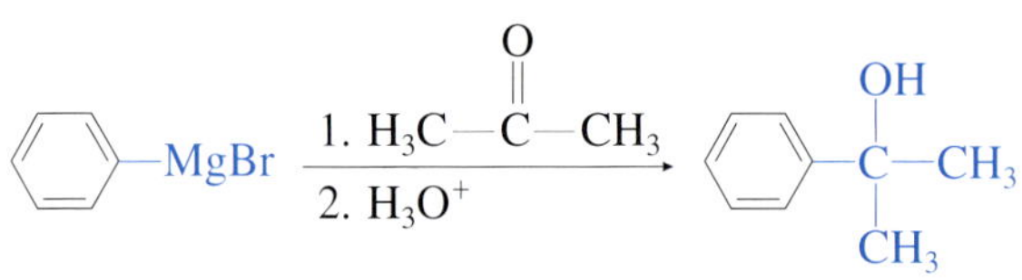

Cyclohexylmagnesium bromide

2-Phenyl-2-propanol
삼차 알코올

문제 8.12 Grignard 시약과 적당한 알데하이드로부터 2-pentanol을 합성하는 두 가지 방법을 제시하시오.

문제 8.13 Grignard 시약과 적당한 카보닐 화합물로부터 다음을 합성하시오.

(1) 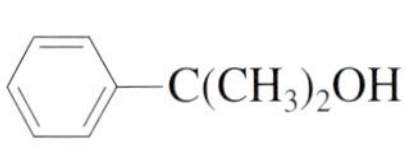

(2) 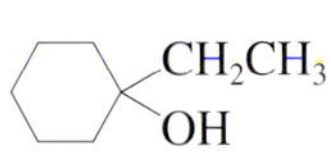

문제 8.14 다음 화합물은 Grignard 시약을 사용하는 유기 화합물의 합성에 이용할 수 없다. 이유를 설명하시오.

(1) 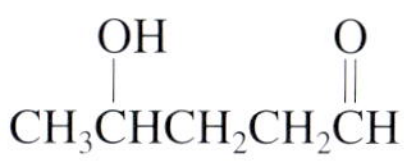

(2) 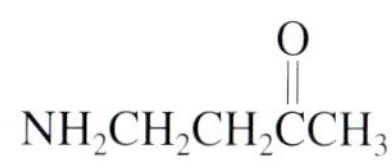

8.11 Wittig 반응

알데하이드 또는 케톤을 **Wittig 시약(phosphonium ylide)**으로 처리하면 알켄이 얻어지는데, 이것을 Wittig 반응(Wittig reaction)이라고 한다. 서로 결합되어 있는 두 원자에 반대 전하가 걸려 있는 중성 분자를 일라이드(ylide)라고 한다. ($C_6H_5P^+-CR_2^-$)와 같은 일라이드에서 양전하를 띤 인 원자와 음전하를 띤 탄소 원자는 모두 팔전자계를 이루고 있다.

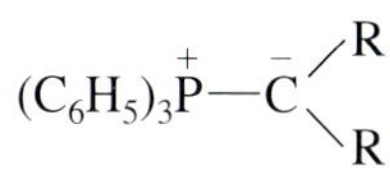

Phosphorus ylide

Wittig 반응에서는 카보닐기의 산소가 일라이드의 인 원자에 결합되어 있는 탄소와 교환된다.

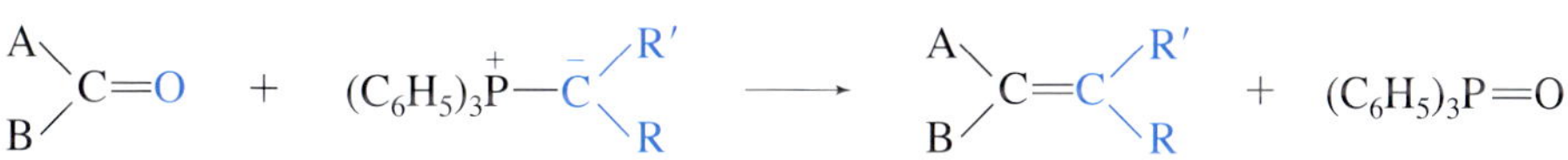

알데하이드 또는 케톤　　Triphenylphosphonium ylide　　알켄　　Triphenylphosphine oxide

Phosphonium ylide는 보통 triphenylphosphine과 할로알케인의 S_N2 반응에서 생성되는 phosphonium halide를 butyllithium(C_4H_9Li)과 같은 강염기로 처리하여 얻는다.

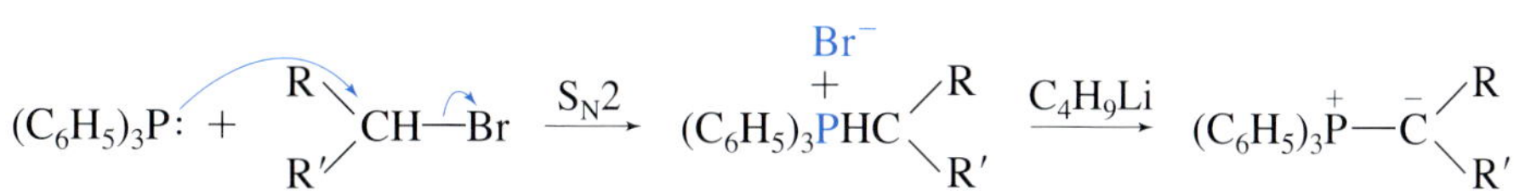

Wittig 반응에는 여러 가지 용매가 이용될 수 있지만 tetrahydrofuran(THF)과 dimethylsulfoxide(DMSO)가 많이 사용된다.

Benzaldehyde　　Methylenetriphenylphosphorane　　Styrene

Wittig 반응의 첫 단계에서는 일라이드의 음으로 하전된 탄소가 카보닐 탄소에 친핵성 첨가되어 betaine이라고 하는 쌍극성 중간체가 형성된다. Betaine의 산소 원자와 인 원자 사이에 결합이 형성되면 두 번째 고리형 중간체인 **oxaphosphatane**이 생성된다. 협동 과정에 의해 oxaphosphatane으로부터 triphenylphosphine oxide가 제거되면 알켄이 생성된다.

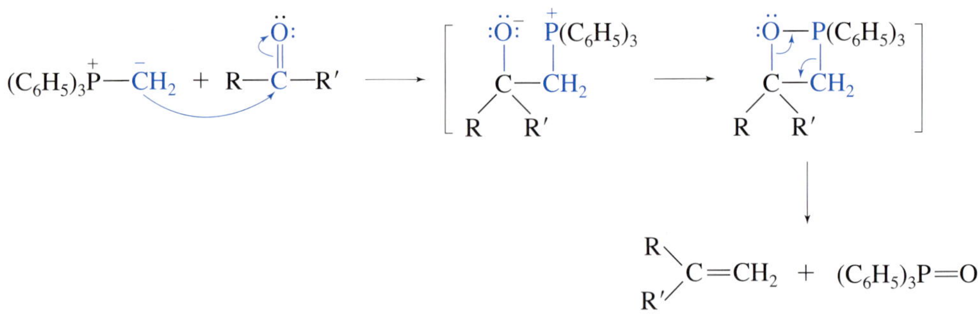

문제 8.15 다음 알켄을 합성하는 데 필요한 phosphonium ylide와 카보닐 화합물의 구조를 그리시오.

(1) $CH_3CH_2CH{=}C(CH_3)CH_2CH_3$ (2) $(C_6H_5)_2C{=}CHCH_3$

8.12 케토-엔올 토토머화

카보닐기의 바로 인접한 위치에 있는 탄소를 α-탄소라고 하고 α-탄소에 결합되어 있는 수소를 α-수소라고 한다.

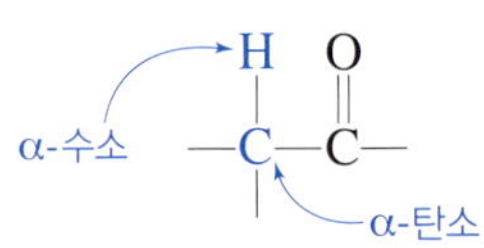

α-수소를 가지고 있는 알데하이드 또는 케톤은 엔올 이성질체와 **케토-엔올 토토머화(keto-enol tautomerism)**라고 하는 평형을 이루고 있다. 보통의 알데하이드 또는 케톤은 거의 케토 이성질체로 존재한다. 예를 들어 아세톤은 99.99%이상이 케토 이성질체이다. 엔올은 평형에서 소량으로 존재하고 분리할 수 없지만 카보닐 화합물의 화학에 매우 중요한 중간체이다.

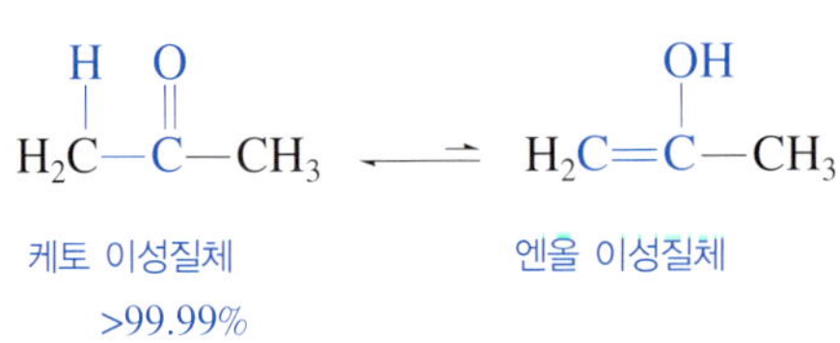

Acetone

문제 8.16 다음 화합물의 엔올형 구조를 그리시오.

(1) Cyclohexanone (2) 1,3-pentandione

문제 8.17 Phenol의 케토형 구조를 그리시오.

8.13 산 염기 촉매에 의한 엔올화

엔올화(enolization)이라고도 부르는 엔올 형성 반응은 산 또는 염기 촉매 작용을 받을 수 있다. 산 촉매 존재 하에서는 먼저 카보닐 산소에 양성자가 첨가되면 공명 혼성체로 존재하는 양이온이 형성된다. 양이온으로부터 α-수소가 제거되면 엔올이 생성된다.

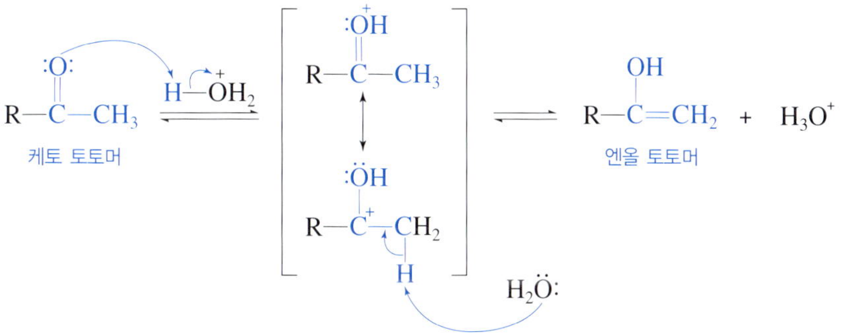

카보닐 α-수소는 보통의 sp^3 탄소에 결합되어 있는 수소보다 산성도가 크기 때문에 염기에 의해 제거될 수 있다. 카보닐 α-수소가 비교적 산성도가 큰 데는 두 가지 이유가 있다. 한 가지는 부분 양전하가 걸려있는 카보닐 탄소가 α-탄소와 수소 사이의 결합 전자를 끌어당기기 때문에 α-수소는 전자가 부족하다는 것이다.

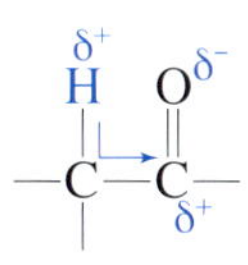

다른 한 가지 이유는 수소가 제거되어 형성된 음이온은 공명에 의해 안정화되기 때문이다. 이 음이온을 **엔올 음이온(enolate ion)**이라고 하는데 음전하는 산소 원자와 α-탄소 쪽에 분산되어 있다.

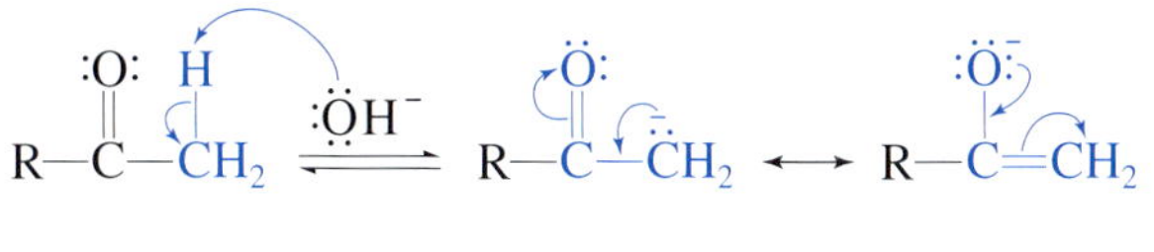

엔올 음이온의 산소 원자에 양성자가 첨가되면 엔올 토토머가 된다.

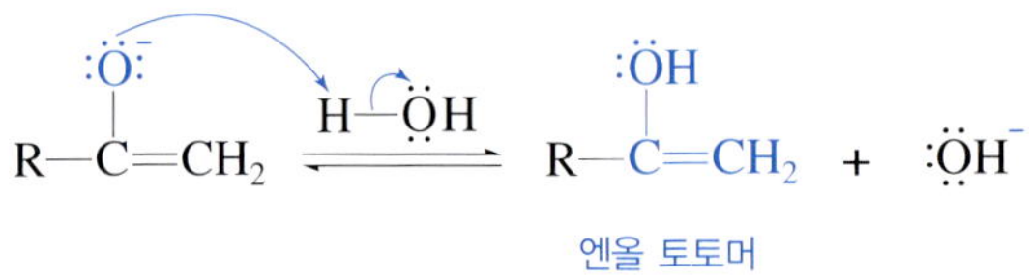

만약 엔올 음이온의 α-탄소에 양성자가 첨가되면 케토 토토머가 형성된다.

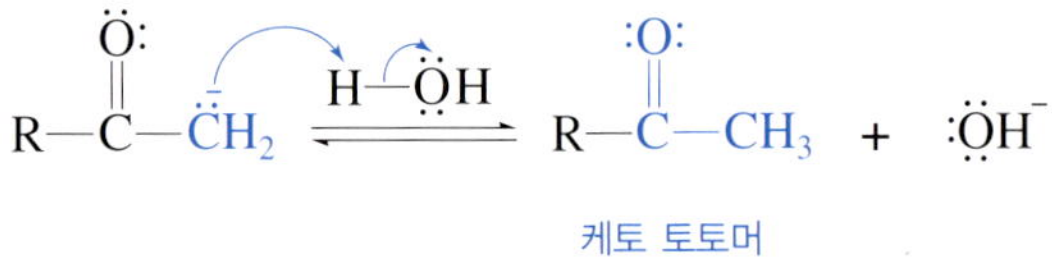

문제 8.18 다음 화합물의 엔올 음이온 구조를 그리시오.

(1)

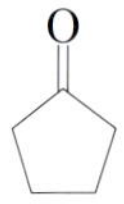

(2)

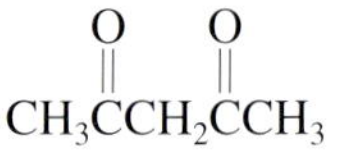

8.14 α-할로젠화 반응

알데하이드 또는 케톤이 산 촉매 존재 하에서 브롬과 같은 할로젠과 반응하면 카보닐의 α-위치에 할로젠 원자가 도입된다.

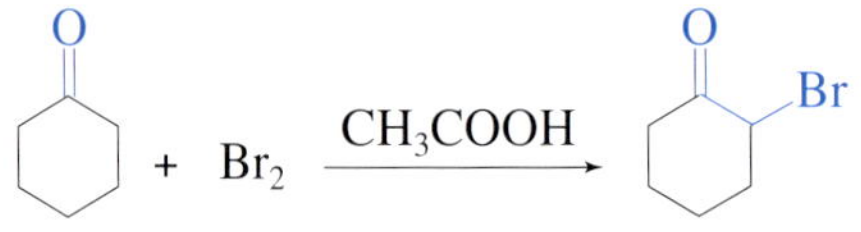

이 반응의 메커니즘은 산 촉매 존재 하에서 엔올이 형성되는 단계부터 시작된다.

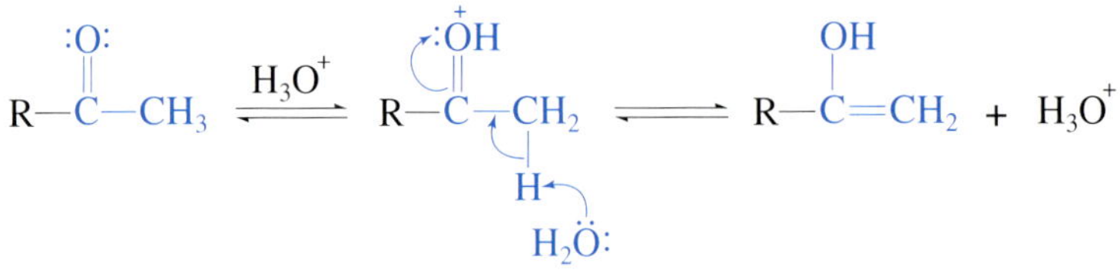

형성된 엔올의 탄소–탄소 이중 결합은 보다 안정한 탄소 양이온이 생성되도록 친전자성 첨가 반응을 일으킨다. 할로젠 원자가 α-위치에 첨가되면 카보닐 탄소에 양전하가 걸린 탄소 양이온이 형성되는데 이것은 공명 혼성에 의해 안정화되어 있다.

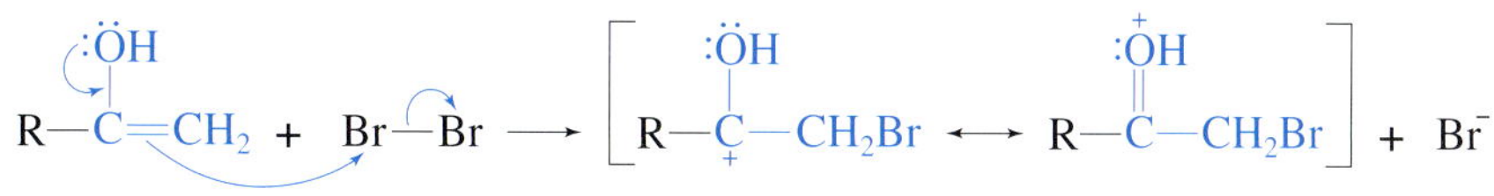

탄소 양이온으로부터 양성자가 제거되면 α-위치가 할로젠화된 케톤이 생성된다.

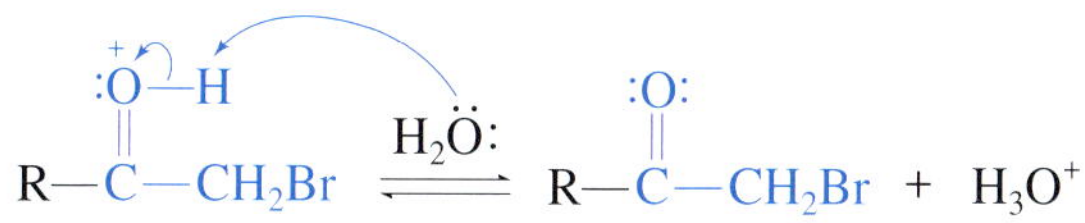

α-브로모케톤을 염기로 처리하면 유기 화합물을 합성하는 데 매우 중요한 합성 소재들인 α,β-불포화 카보닐 화합물(α,β-unsaturated carbonyl compound)이 얻어진다.

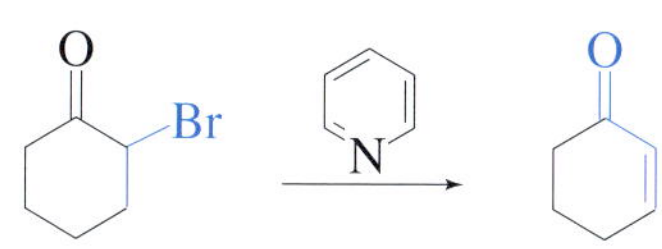

염기 촉매 존재 하의 알데하이드 또는 케톤에 과량의 브로민을 첨가하면 α-수소가 모두 브로민 원자로 교환된다. 이 반응의 첫 단계에서는 OH^- 이온에 의해 α-수소가 제거된다. 두 번째 단계에서는 엔올 음이온이 브로민을 친핵성 공격한다. 브로민 원자가 치환되면 α-수소 원자의 산성도가 더 커지기 때문에 엔올 음이온은 더 쉽게 형성되며, α-수소가 모두 브로민으로 치환될 때까지 이 두 단계의 반응은 계속된다.

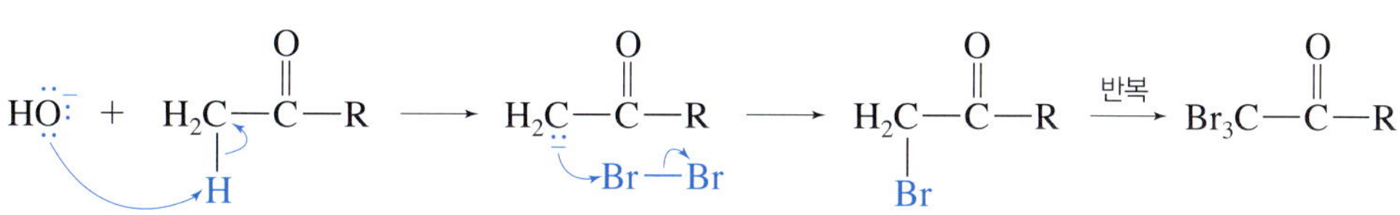

세 원자의 브로민이 치환된 케톤이 형성되면 OH^- 이온이 카보닐 탄소를 공격한다. 트라이브로모메틸 이온(CBr_3^-)은 OH^- 이온보다 약한 염기이므로 트라이브로모메틸 이온이 중간체로부터 제거된다. 이 반응은 세 원자의 염소와 아이오딘이 치환된 케톤에서도 일어나며, 생성물 중의 하나가 haloform이므로 haloform 반응(haloform reaction)이라고 한다. 즉, $CHCl_3$(chloroform), $CHBr_3$(bromoform), CHI_3(iodoform)이 habform 반응에 의해 생성될 수 있다.

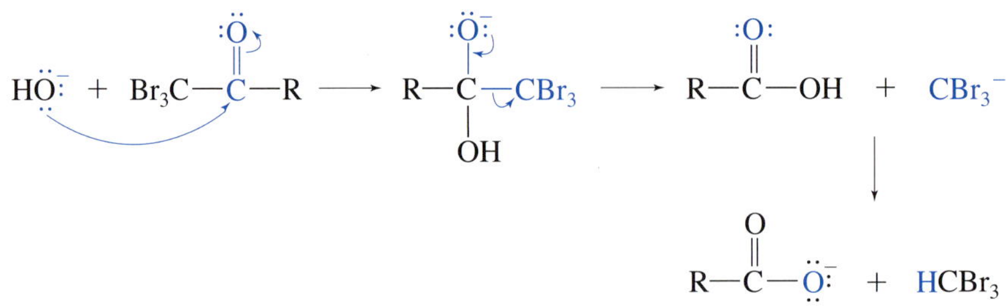

문제 8.19 다음 반응생성물의 구조를 그리시오.

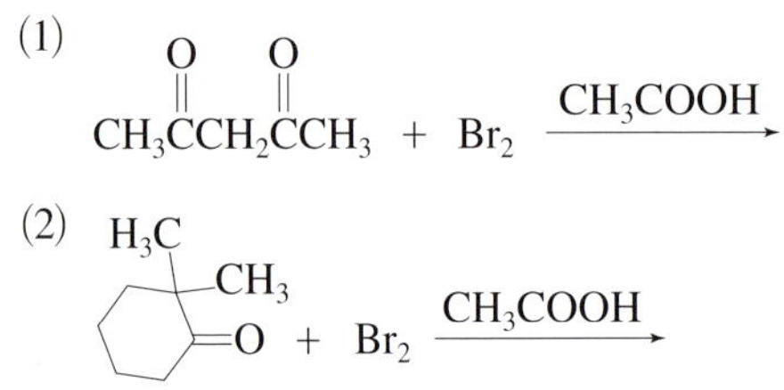

8.15 알돌 축합 반응

알데하이드를 NaOH 수용액과 같은 염기로 처리하면 두 분자의 알데하이드가 결합하여 **알돌(aldol)**이라고 하는 구조의 화합물을 생성한다. 이 반응을 **알돌 축합 반응(aldol condensation reaction)**이라고 부른다. Aldehyde와 alcohol 로부터 유래된 "aldol" 이란 단어는 생성물인 β-hydroxyaldehyde를 의미한다.

$$2CH_3\overset{\overset{\displaystyle O}{\|}}{C}H + OH^- \rightleftharpoons CH_3\overset{\overset{\displaystyle OH}{|}}{C}HCH_2\overset{\overset{\displaystyle O}{\|}}{C}H$$

Acetaldehyde → 3-Hydroxybutanal (β-hydroxyaldehyde) (알돌)

반응 메커니즘의 첫 번째 단계에서는 알데하이드로부터 낮은 농도의 엔올 음이온이 형성된다.

$$CH_3\overset{\overset{\displaystyle O}{\|}}{C}H + OH^- \rightleftharpoons \bar{C}H_2\overset{\overset{\displaystyle O}{\|}}{C}H + H_2O$$

반응은 가역적으로 진행되며 엔올 음이온이 반응 용기 내에 있는 다른 알데하이드 분자의 카보닐기에 첨가되면 알콕사이드 이온이 형성된다. 이것이 물 분자로부터 양성자를 얻으면 알돌이 생성된다.

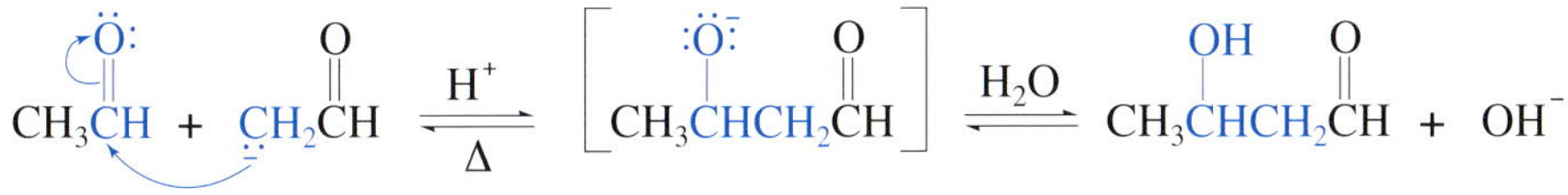

알돌 축합 반응의 생성물인 β-hydroxyaldehyde를 산 촉매 존재 하에서 가열해 주면 쉽게 물이 제거되면서 **α,β-불포화 알데하이드(α,β-unsaturated aldehyde)**가 생성된다. 물이 쉽게 제거되는 이유는 이중 결합과 카보닐기가 콘쥬게이션되어 있는 α,β-불포화 알데하이드가 β-hydroxyaldehyde보다 열역학적으로 훨씬 더 안정하기 때문이다.

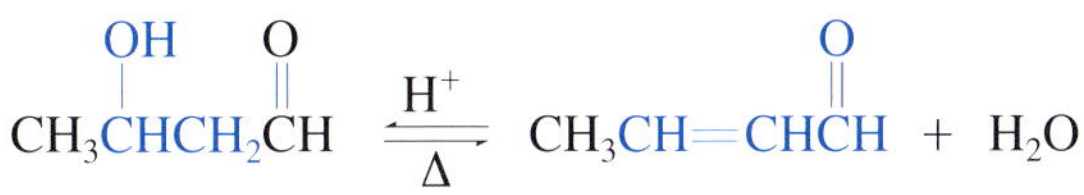

3-Hydroxybutanal　　2-Butenal (crotonaldehyde)

문제 8.20 다음에서 알돌 축합 반응을 일으킬 수 있는 알데하이드를 가리시오.

(1) 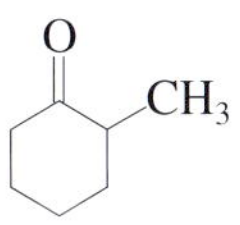

(2) $(CH_3)_3CCHO$

(3) $(CH_3)_2CHCHO$

(4) 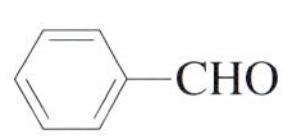

문제 8.21 알돌 축합 반응을 이용하여 3-hydroxy-2-methylpentanal을 합성해 보시오.

8.16 α,β-불포화 카보닐 화합물에 대한 친핵성 첨가 반응

알데하이드 또는 케톤의 α,β-위치에 이중 결합이 있으면 공명 혼성 때문에 카보닐 탄소와 β-탄소의 두 위치를 친핵체가 공격할 수 있다.

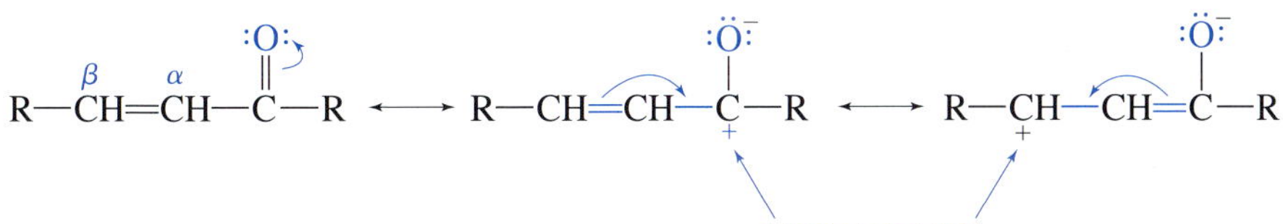

친핵체가 카보닐 탄소에 첨가되는 형태를 **1,2-첨가(1,2-addition)** 또는 **카보닐 첨가(carbonyl addition)**라고 한다.

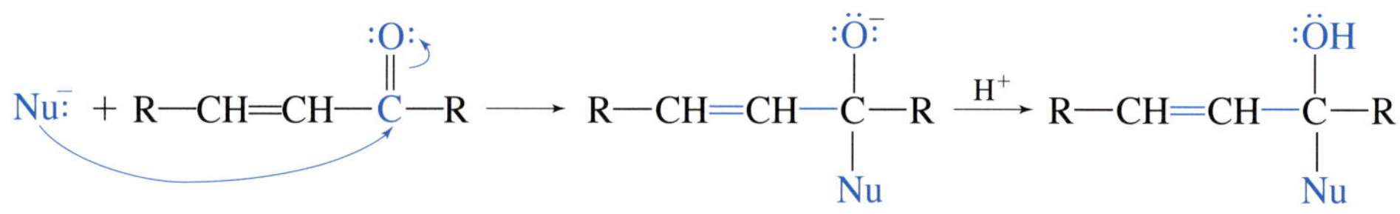

친핵체가 β-탄소에 첨가되는 형태를 **1,4-첨가(1,4-addition)** 또는 콘쥬게이트 첨가(conjugate addition)라고 한다.

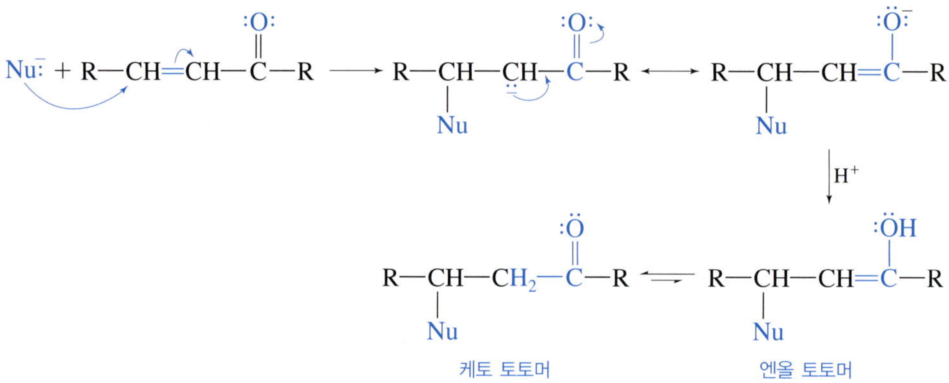

친핵체가 α,β-불포화 카보닐 화합물에 첨가될 때 1,2-첨가가 주로 일어날 것인지 1,4-첨가가 일어날 것인지는 친핵체의 반응성과 α,β-불포화 카보닐 화합물의 구조에 의해 결정된다. Grignard 시약, 유기 리튬, 수소 음이온과 같은 반응성이 높은 친핵체와 카보닐기 주변에 입체 장애가 적은 경우에는 1,2-첨가가 주로 일어난다.

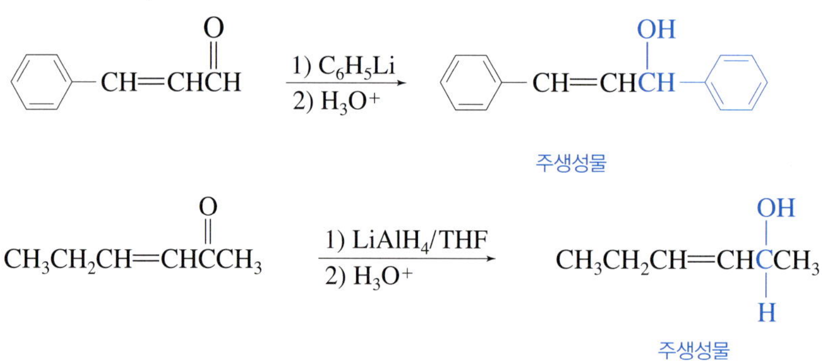

사이안산 음이온, 아민, 싸이올과 같은 반응성이 낮은 친핵체와 카보닐기 주변에 입체 장애가 큰 경우에는 1,4-첨가가 주로 일어난다.

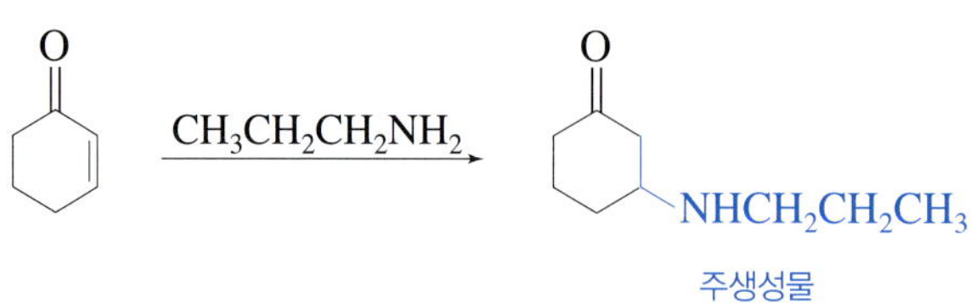

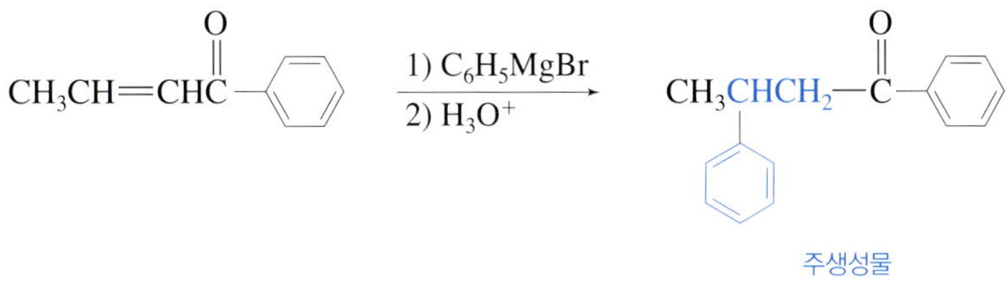

Lithium dialkylcuprate(R_2CuLi)과 α,β-불포화 카보닐 화합물의 반응에서는 1,4-첨가 생성물만 얻어진다.

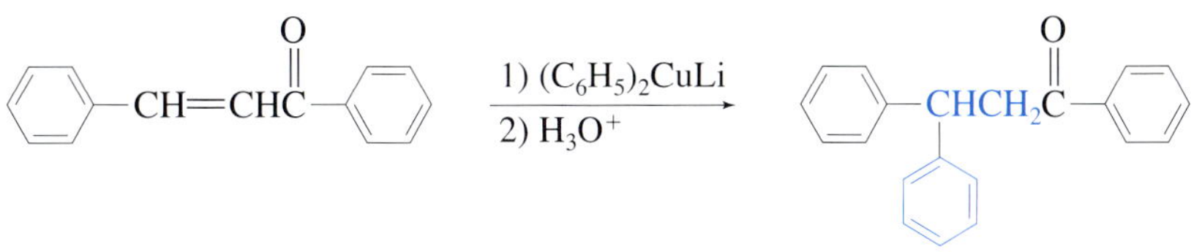

문제 8.22 다음 각 반응에서 주생성물의 구조를 그리시오.

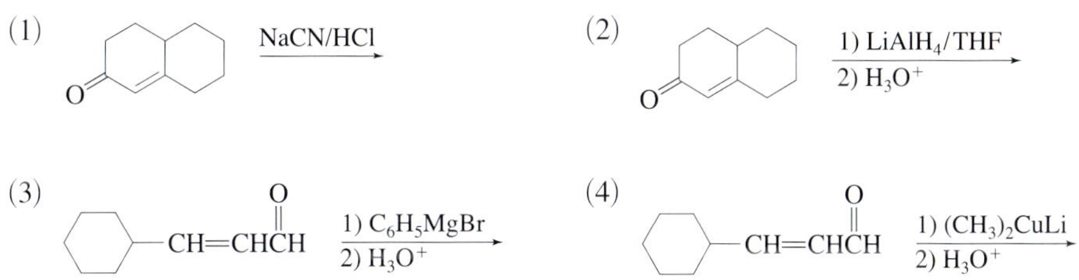

요약

알데하이드(aldehyde)는 카보닐기에 적어도 한 개의 수소와 한 개의 알킬 또는 아릴기가 결합되어 있으며 **케톤(ketone)**은 카보닐기에 두 개의 알킬 또는 아릴기가 결합되어 있다. 카보닐기의 탄소–산소 이중 결합은 알켄의 탄소–탄소 이중 결합과 비슷한 구조를 가지고 있다. 카보닐기의 sp^2 탄소는 sp^2 산소에 각각 한 개씩의 σ 결합과 π 결합으로 연결되어 있다. 카보닐기의 산소 원자에는 부분 음전하가 탄소 원자에는 부분 양전하가 걸려 있기 때문에 탄소 원자에서 친핵체의 공격을 받는다.

일반적으로 알데하이드는 1차 알코올을 케톤은 2차 알코올을 산화시켜 제조한다. 알데하이드와 케톤은 비슷한 화학적 성질을 가지고 있으며 **친핵성 아실 첨가 반응(nucleophilic acyl addition reaction)**과 **친핵성 첨가–제거반응(nucleophilic addition-elimination reaction)**을 일으킨다. 이들 반응에 대한 반응성은 알데하이드가 케톤보다 더 크다. 예를 들면 물이 첨가되면 **같은 자리 다이올(gem-diol)**이, 알코올이 첨가되면 **아세탈(acetal)** 및 **케탈(ketal)**이 생성된다.

아민이 알데하이드 또는 케톤에 첨가되면 이민(imine, $R_2C=NR'$)이 생성된다. 알데하이드 또는 케톤을 $NaBH_4$, $LiAlH_4$ 또는 Pd/C 촉매 존재 하에서 H_2로 처리하면 알코올로 환원된다. 알데하이드 또는 케톤에 Grignard 시약이 첨가되면 여러 가지 종류의 알코올이 합성될 수 있다. 하이드라진과 알데하이드 또는 케톤의 **Wolff-Kishner 반응**에서는 카보닐기가 메틸렌기로 환원된다. 알데하이드는 카복실산으로 산화되는 반면 케톤은 쉽게 산화되지 않는다.

α-수소를 가지고 있는 알데하이드와 케톤은 소량의 엔올 이성질체와 케토-엔올 토토머화(keto-enol tautomerism)라고 하는 평형을 이루고 있다. 엔올화는 산 또는 염기 촉매 작용을 받는다. 산 또는 염기 촉매 하에서 할로젠으로 알데하이드 또는 케톤을 처리하면 엔올화를 거쳐 α-할로젠화 반응이 일어난다. 염기 촉매 존재 하에서 알데하이드는 **알돌 축합(aldol condensation)** 반응을 일으킨다. 알돌 축합 반응에서 생성된 알돌은 쉽게 α,β-불포화 알데하이드로 전환된다.

읽을거리

한국 사람들이 즐겨먹는 채소 중의 하나가 고추이다. 고추는 가지과에 속하는 식물로 원산지는 아마존강 유역이다. 미 대륙을 발견한 콜럼버스를 따라 항해했던 쟌가라고 하는 사람이 멕시코 원주민들이 "아기"라고 하는 후추보다 더 맵고 빛깔이 붉은 고추 향신료를 사용하는 것을 발견하였다. 쟌가는 이것을 유럽에 붉은 후추(red pepper)라고 소개하였다. 고추는 17세기 중국과 일본을 거쳐 우리나라에 들어왔다. 고추가 김치의 양념으로 적극적으로 사용되기 시작한 것은 18세기 이후이다. 18세기 외래 채소이던 배추가 도입되면서 고추와 우리나라의 발효 식품 문화가 결합되어 김치라고 하는 독특한 식품이 발명되었다. 불과 300년이 채 못 되는 것이 김치의 역사이다.

고추의 붉은 색소 물질은 capsanthin이라고 하는 카보닐 화합물이다. 고추의 매운 맛을 내는 성분은 capsaicin이라고 하는 카보닐 화합물이다.

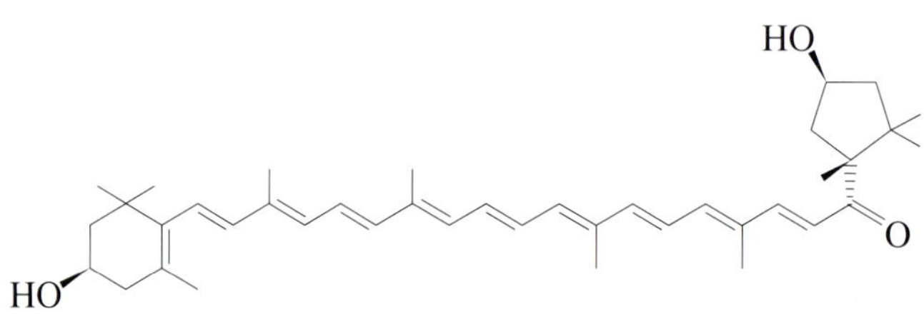

Capsanthin

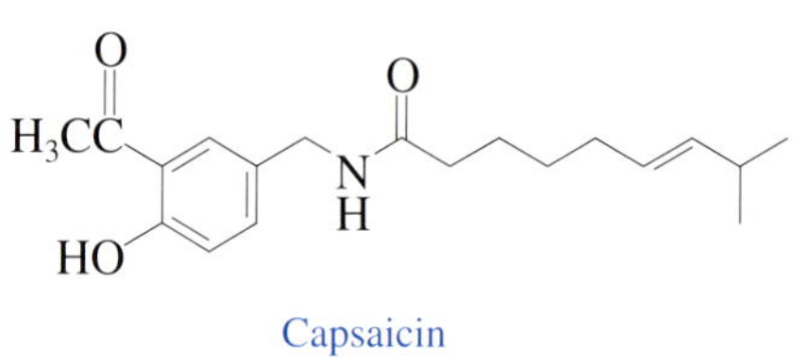

Capsaicin

Capsaicin은 고추의 약 0.2~0.4% 밖에 들어있지 않는 물질임에도 불구하고 매운 맛이 강하게 나게 해 준다. capsaicin은 과일의 태좌와 격벽에서 만들어지는데 개화 2주일 후부터 생기기 시작하여 3주일 후에 최고치에 달하는 것으로 알려져 있다. 우리나라에서 주로 재배되는 품종의 고추는 매운 성분이 다른 나라의 고추에 비해 1/3에 지나지 않지만 capsanthin, β-carotene과 같이 건강에 유익한 색소와 비타민 C의 함량은 2배 그리고 단맛 성분은 1.5배 정도 많다. 이 것은 주로 우리나라의 기후 및 토질과 관련이 있는 것으로 추정된다.

Capsaicin은 1876년 처음으로 고추에서 추출되었고 1919년 구조가 밝혀졌다. 낮은 농도의 capsaicin을 사람에게 피부에 바르면 처음에는 감각 신경의 통각 신경 세포를 흥분시키기 때문에 화끈화끈하고 따가운 통증이 유발되지만 지속적으로 발라주면 신경세포의 기능을 마비시키기 때문에 다른 화학적, 기계적, 열적 자극에 무감각한 탈감각(desensitization) 상태에 이르게 된다. 이와 같은 탈감각 현상 때문에 capsaisin은 신경병증성, 염증성 통증뿐만 아니라 소양증, 건선, 혈관 운동성 비염, 방광 기능 부전 등의 진통제로 사용된다.

(화학세계 2004년 03호에서 발췌)

보충문제

8.23 다음 화합물의 IUPAC 이름을 쓰시오.

(1)
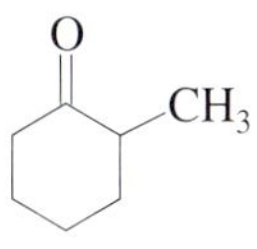

(2)
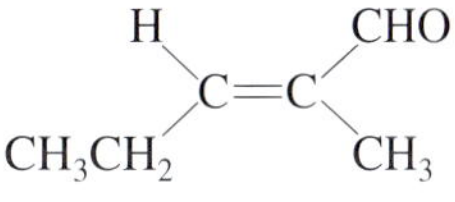

(3)
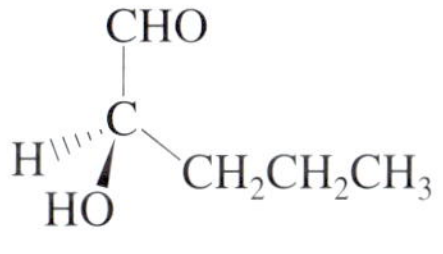

(4)

8.24 다음의 구조를 그리시오.

(1) 2-Methylpentanal
(2) 3-Hydroxybenzaldehyde
(3) Phenylethanal
(4) 2,3-Dihydroxybutanal
(5) Ethyl isopropyl ketone
(6) 2,4-Dimethylcyclohexanone
(7) Diisopropyl ketone
(8) *p*-Chlorobenzaldehyde

8.25 다음 이름들이 왜 잘못되었는가를 설명하고 올바른 IUPAC 이름을 쓰시오.

(1) Cyclopentanal
(2) 4-Pentanone
(3) 5-Nitrobenzaldehyde
(4) 4-Methylbutanal
(5) 3-Ethyl-2-butanone
(6) 1-Butanone

8.26 분자식이 $C_5H_{10}O$인 알데하이드와 케톤의 구조 7개를 그리시오. 어느 화합물이 카이랄인가?

8.27 적당한 알코올로부터 다음 카보닐 화합물을 합성하시오.

(1)
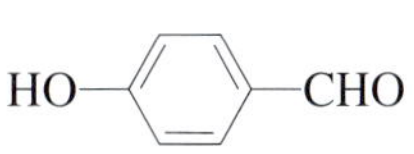

(2)
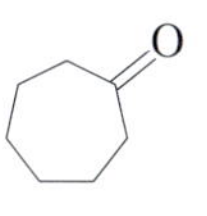

8.28 다음 반응을 이용하여 2-hexanone을 합성하시오.

(1) 알코올의 산화 (2) 알카인의 수화 반응

8.29 Friedel−Crafts 아실화 반응을 이용하여 ethyl phenyl ketone을 합성하시오.

8.30 Pentane, 1-butanol 및 butanal은 서로 비슷한 분자량을 가지고 있지만 끓는점이 다르다. 이들을 끓는점이 증가하는 순서로 배열하고 이유를 설명하시오.

8.31 다음 시약과 pentanal의 반응에서 얻어지는 생성물의 구조를 그리시오.

(1) 과량의 ethanol, HCl 기체
(2) ethylene glycol($HOCH_2CH_2OH$), H^+
(3) aniline, H^+
(4) CrO_3, H^+
(5) Tollens 시약
(6) Pt, H_2
(7) $LiAlH_4$
(8) KOH, NH_2NH_2
(9) Phenylhydrazine
(10) H^+
(11) OH^-

8.32 다음 반응을 완결하시오.

(1) 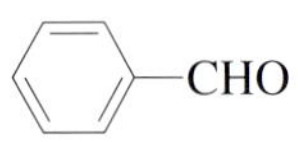 + 과량 CH_3OH ⟶

(2) 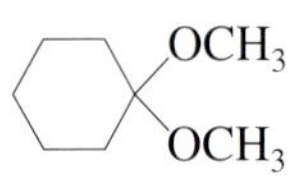 + 과량 H_2O, H^+ ⟶

(3) 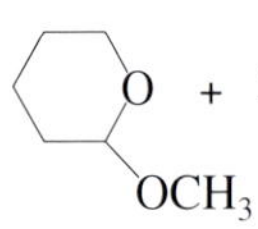 + 과량 H_2O, H^+ ⟶

8.33 다음 아세탈 또는 케탈을 합성하는 데 필요한 알코올과 카보닐 화합물을 제시하시오.

(1) 

(2) 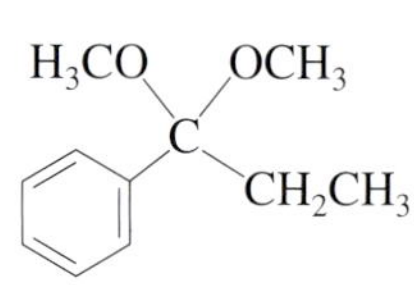

(3) 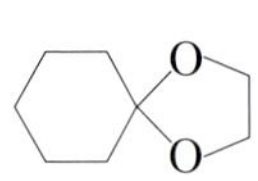

8.34 2-cyclopentenone으로부터 다음을 합성하시오(두 단계 이상일 수도 있음).

(1) cyclopentene (2) cyclopentanol
(3) 1-methylcyclopentanol (4) 1-methyl-2-cyclopenten-1-ol

8.35 다음에서 주생성물의 구조를 그리시오.

(1) 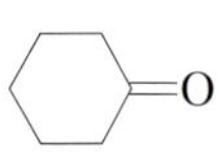 $\xrightarrow[\text{2. } H_3O^+]{\text{1. } CH_3CH_2MgBr}$

(2) 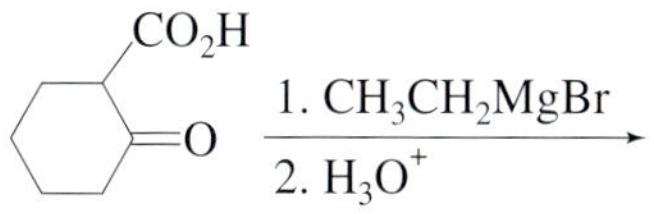

(3) HCHO $\xrightarrow[2.\ H_3O^+]{1.\ CH_3CH_2MgBr}$

(4) 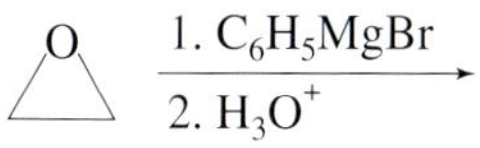

8.36 적당한 Grignard 시약을 이용하여 다음 알코올을 합성하시오.

(1) 2-Hexanol

(2) 2-Phenyl-2-butanol

(3) 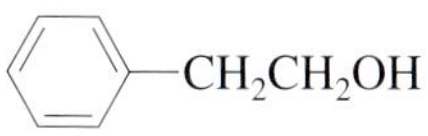

(4) 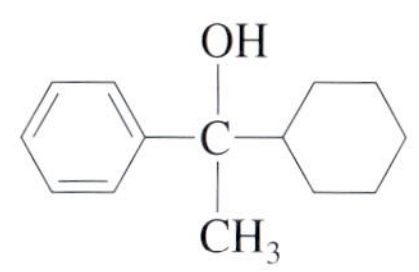

8.37 Iodobenzene으로부터 benzoic acid를 합성하시오.

8.38 산 촉매 존재 하에서 cyclohexanone과 다음 화합물이 반응했을 때 생성되는 화합물의 구조를 그리시오.

(1) 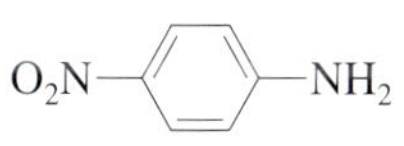

(2) NH_2NH_2

(3) NH_2OH

8.39 산 촉매 존재 하에서 5-hydroxypentanal을 ethanol로 처리하면 2-ethoxytetrahydropyran이 얻어진다. 이 반응의 메커니즘을 제시하시오.

5-Hydroxypentanal　　2-Ethoxytetrahydropyran

8.40 다음 각 화합물의 토토머화 반응식을 제시하시오.

(1) 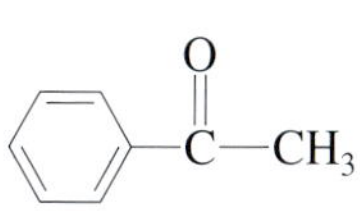

(2) 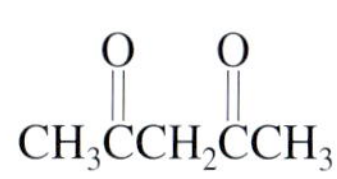

(3) 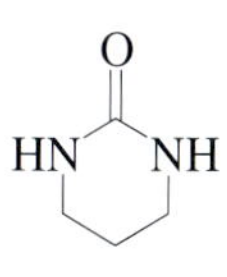

(4) 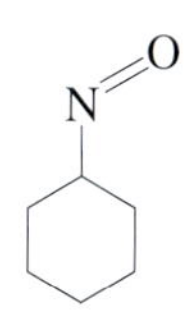

8.41 다음 평형에서 α-hydroxyaldehyde와 α-hydroxyketone의 구조를 그리시오.

α-Hydroxyaldehyde ⇌ 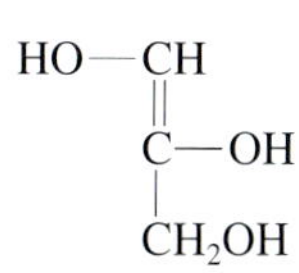 ⇌ α-Hydroxyaldehyde

8.42 Propanal의 알돌 축합 반응의 메커니즘을 제시하시오.

8.43 Acetaldehyde는 (*R*)-propanediol과 반응하여 두 개의 이성질체 아세탈을 생성한다. 이들 두 화합물의 구조를 그리시오.

8.44 다음 평형에서 평형 상수는 1보다 클 것인가 작을 것인가?

$$CF_3CHO + CH_3CH(OCH_3)_2 \rightleftharpoons CH_3CHO + CF_3CH(OCH_3)_2$$

8.45 5-Hydroxypentanal을 HCl의 메탄올 용액에 녹이면 다음 반응이 일어난다. 메커니즘을 제시하시오.

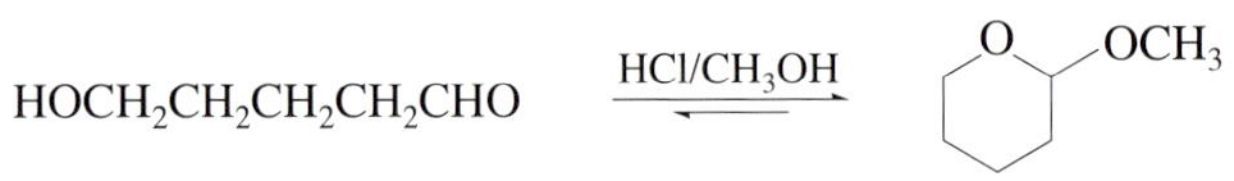

8.46 Wittig 반응을 이용하여 다음 알켄을 합성하려고 한다. 필요한 시약의 조합을 제시하시오.

(1)

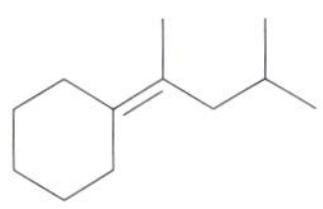

(2)

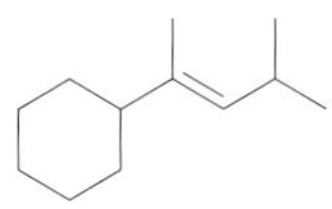

8.47 다음 도식에서 화합물 **A**~**D**의 구조를 그리시오.

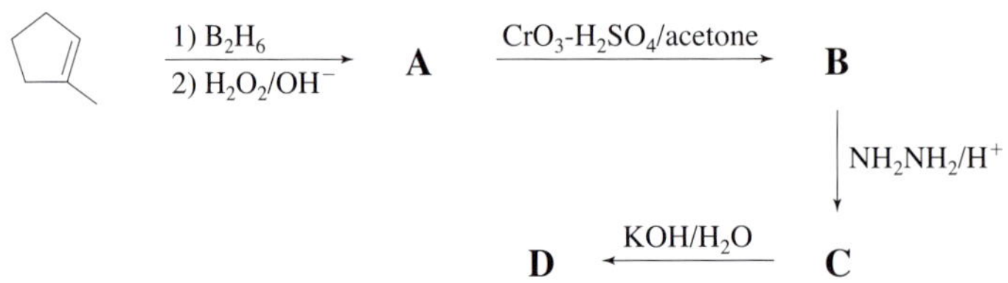

8.48 다음 반응의 메커니즘을 제시하시오.

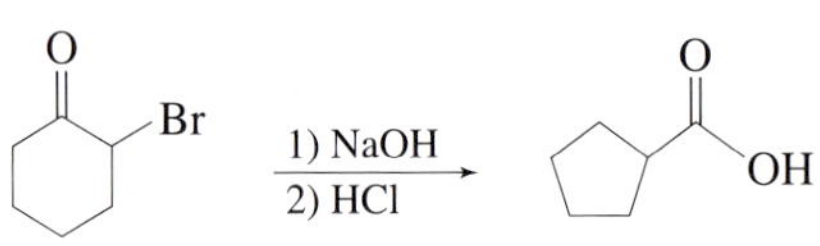

8.49 다음 도식에서 **A**~**C**의 구조를 그리시오.

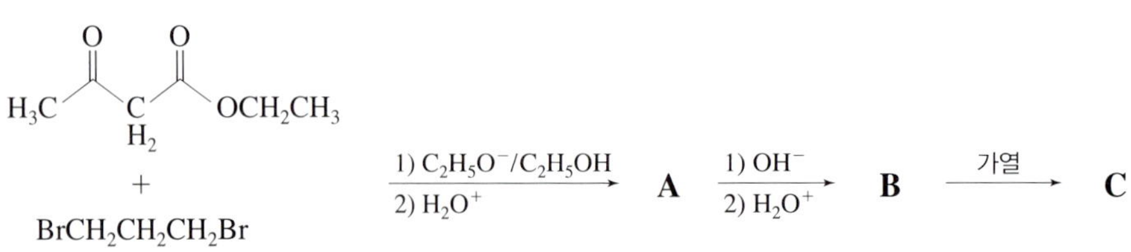

9장

카복실산과 유도체

카복실산(**carboxylic acid**)은 **카복시기**(**carboxy group**, $-\overset{:O:}{\overset{\|}{C}}-OH$)를 포함하고 있는 유기 화합물이다. 카복시기는 카보닐기와 하이드록시기를 포함하고 있기 때문에 극성이 크다. 카복실산의 반응성들 중 상당 부분은 이들 두 작용기의 상호 작용으로부터 비롯된 것이다.

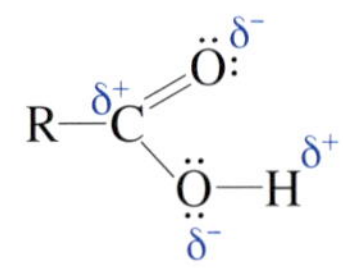

카복시기 극성 구조

카복실산은 산화성 조건 하에서 일어나는 생화학 반응의 주생성물이기 때문에 무수히 많은 카복실산 및 그 유도체들이 천연 자원에서 발견된다. 아세트산은 에탄올이 효모의 작용을 받아 산화된 것이고, 우유가 산패한 버터와 은행 열매 껍질에서 나는 냄새의 원인 물질인 butyric acid는 butanol이 산화된 것이다. 아세트산을 포함하는 여러 가지 카복실산들이 공업 화학의 원료로 사용되며 아스피린과 같은 카복실산은 잘 알려져 있는 의약품이다.

카복실산 유도체에는 **할로젠화 아실**(**acyl halide**), **카복실산 무수물**(**carboxylic acid anhydride**), **에스터**(**ester**), **아마이드**(**amide**)가 있다. 이 유도체들은 각각 다른 친핵체로 치환될 수 있는 작용기인 X(=Cl, Br, OCOR, OR, NH_2)를 가지고 있으며 카복실산으로 가수 분해될 수 있다. **나이트릴**(**nitrile**, **R−CN**) 또한 카복실산으로 가수 분해될 수 있기 때문에 카복실산 유도체로 간주한다.

9.1 카복실산과 유도체의 명명법

카복실산, RCO_2H

상당수의 카복실산들에는 IUPAC 이름보다 관용명이 더 많이 사용된다. 이 관용명들은 카복실산이 천연에서 분리되었기 때문에 그 출처를 기초로 지어진 것이다. 대표적인 카복실산과 이름의 유래를 종합하면 표 9.1과 같다.

IUPAC 규칙을 따라 카복실산의 이름을 지을 때는 알케인의 어미 -e를 -oic acid로 바꾸어 주면 된다. 치환기의 위치는 카복시기의 탄소로부터 붙여 나간 번호를 사용하여 표시한다. 관용명으로 부를 때는 카복시기의 바로 인접한 탄소로부터 그리스 문자로 치환기의 위치를 표시한다.

표 9.1 대표적인 카복실산

구조식	출처	관용명	IUPAC 이름
HCOOH	개미(라틴, formica)	formic acid	Methanoic acid
CH_3COOH	식초(라틴, acetum)	acetic acid	Ethanoic acid
CH_3CH_2COOH	우유(그리스, protos pion)	propionic acid	Propanoic acid
$CH_3(CH_2)_2COOH$	버터(라틴, butyrum)	butyric acid	Butanoic acid
$CH_3(CH_2)_3COOH$	쥐오줌풀(라틴, valere)	valeric acid	Pentanoic acid
$CH_3CH(OH)COOH$	젖당(Lactose)의 발효	lactic acid	2-hydroxypropanoic acid
$CH_3(CH_2)_4COOH$	염소(라틴, caper)	caproic acid	Hexanoic acid
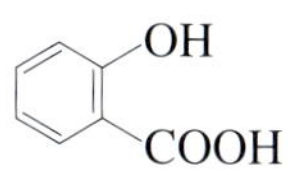	버드나무(라틴, salix)	salicylic acid	2-hydroxybenzene carboxylic acid

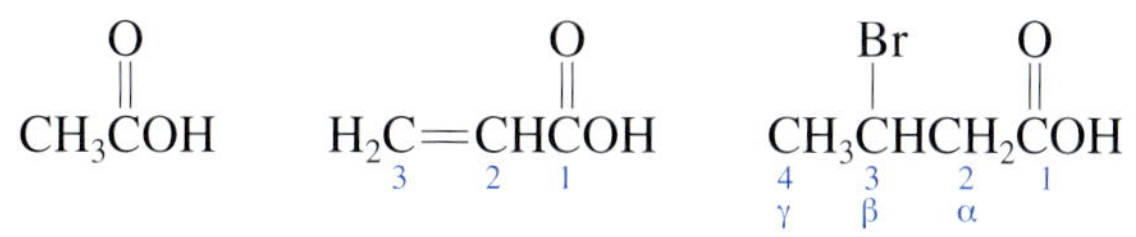

Ethanoic acid (Acetic acid)　Propenic acid (Acrylic acid)　3-Bromobutanoic acid (β-Bromobutyric acid)

고리 구조에 카복시기가 결합되어 있는 화합물은 고리 이름에 -carboxylic acid라는 어미를 붙인다.

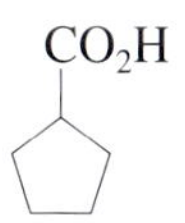

Cyclopentanecarboxylic acid

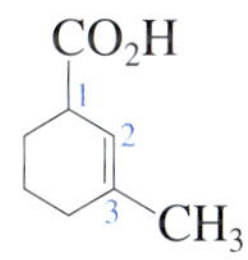

3-Methyl-2-cyclohexenecarboxylic acid

문제 9.1 다음 각각의 IUPAC 이름을 적으시오.

(1) 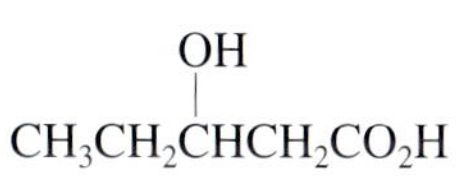

(2) $CH_3CH{=}CHCH_2CO_2H$

(3) 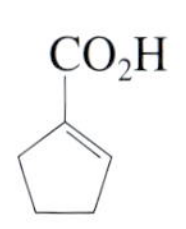

(4) 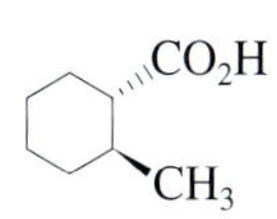

문제 9.2 다음 각 화합물의 구조를 그리시오.

(1) Formic acid
(2) 1,7-Heptandioic acid
(3) *trans*-1,2-Cyclohexanedicarboxylic acid
(4) *p*-Hydroxybenzoic acid

할로젠화 아실 화합물, RCOX

할로젠화 아실 화합물의 이름은 아실기의 이름과 할로젠 음이온의 이름으로 이루어져 있다. 카복실산의 어미 -ic acid를 -yl halide 바꾸어 준다. 고리 구조인 경우에는 -carboxylic acid를 -carbonyl halide로 바꾸어 준다.

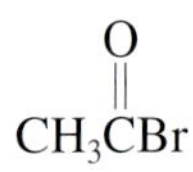

Acetyl bromide

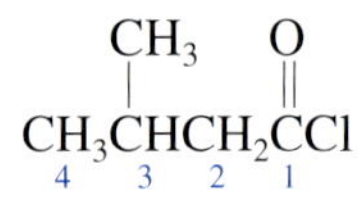

3-Methylbutanoyl chloride

Cyclopentanecarbonyl chloride

카복실산 무수물, RCO_2COR'

카복실산 무수물은 카복실산의 acid를 anhydride로 바꾸어 부른다.

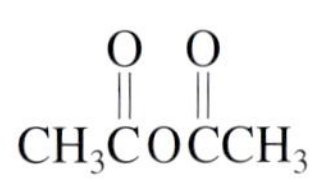

Acetic anhydride

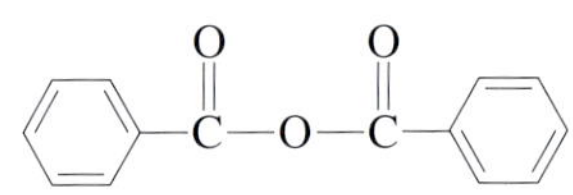

Benzoic anhydride

에스터, RCOOR′

에스터는 카복실산 염과 같은 방법으로 이름 짓는다. 즉, OR′의 알킬기 이름 다음에 해당하는 산의 -ic acid를 -ate로 바꾸어 불러준다.

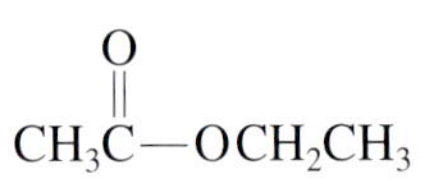

Ethyl acetate

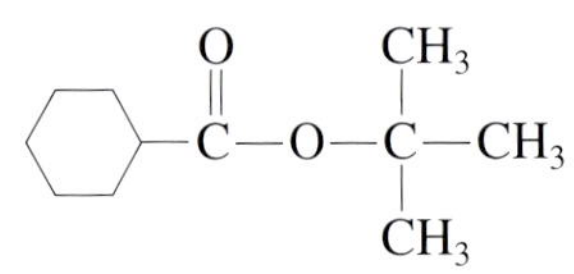

t-Butyl cyclohexanecarboxylate

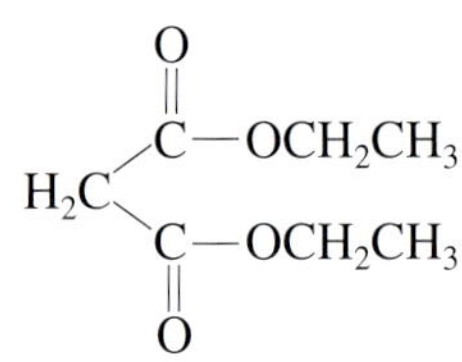

Diethyl malonate

아마이드, $RCONH_2$

질소에 치환기가 없는 간단한 아마이드의 이름을 지을 때는 산의 어미 -oic acid 또는 -ic acid를 -amide로, -carboxylic acid는 -carboxamide로 바꾸어 준다.

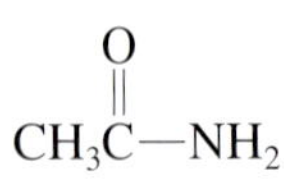

Acetamide

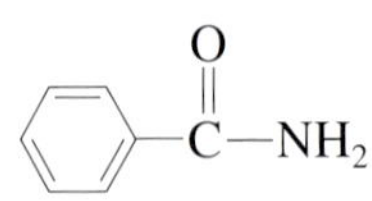

benzamide

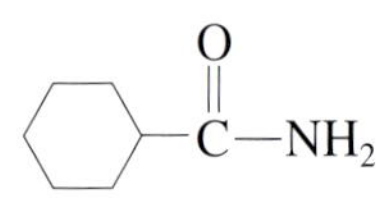

Cyclohexanecarboxamide

나이트릴, R−C≡N

사이아노기(cyano group, −C≡N)를 가지고 있는 화합물을 나이트릴이라고 한다. 나이트릴 화합물들을 IUPAC 규칙을 따라 이름 지을 때는 해당하는 알케인의 이름에 어미 -nitrile을 붙여준다. 나이트릴 화합물들의 관용명은 산의 유도체로 취급하여 짓는다. 즉, 산의 -oic acid 또는 -ic acid는 -onitrile로, -carboxylic acid는 -carbonitrile로 바꾸어 준다.

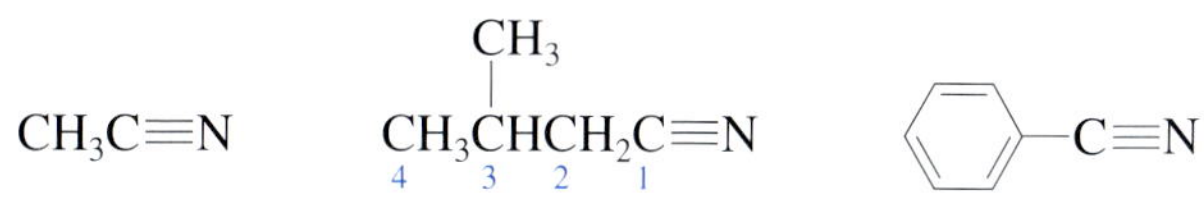

Ethanenitrile (Acetonitrile) | 3-Methylbutanenitrile | Benzenenitrile (Benzonitrile)

문제 9.3 다음 각각의 IUPAC 이름을 적으시오.

(1) $(CH_3)_2CHCH_2CH_2CH_2COCl$

(2) 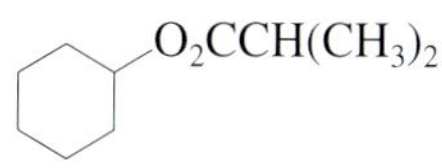

(3) 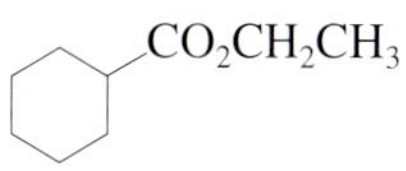

(4) 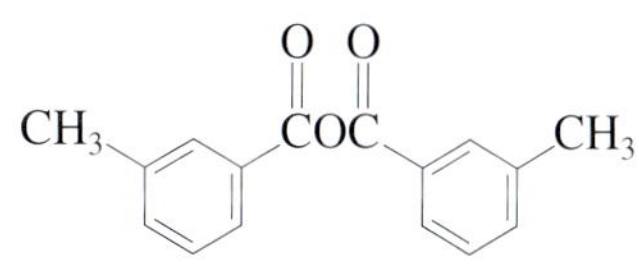

(5) 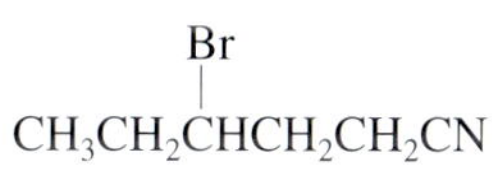

(6) 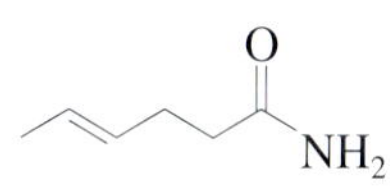

9.2 카복실산의 구조 및 성질

카복실산의 카보닐 탄소는 sp^2 혼성이다. 카보닐 탄소의 세 sp^2 혼성 오비탈은 각각 카보닐 산소, α-탄소 및 하이드록시 산소와 σ 결합을 형성하고 있다. 카보닐 탄소에 결합되어 있는 세 개의 원자는 같은 평면에 있으며 각각의 결합각은 약 120°이다. 카보닐 산소도 sp^2 혼성이다. sp^2 혼성 오비탈 중 한 개는 탄소와 σ 결합을 형성하고 있으며 다른 두 개의 sp^2 오비탈은 비공유 전자가 차지하고 있다. 남아있는 카보닐 산소의 p 오비탈은 카보닐 탄소의 p 오비탈과 겹쳐져 π 오비탈을 형성한다.

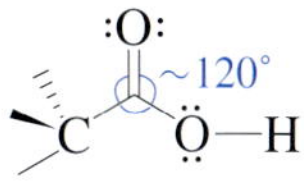

카보닐 π 오비탈은 하이드록시기의 비공유 전자쌍 중 하나와 콘쥬게이션되어 있다. 카복실산은 다음과 같이 π 계가 비편재화되어 있는 공명 혼성체이다.

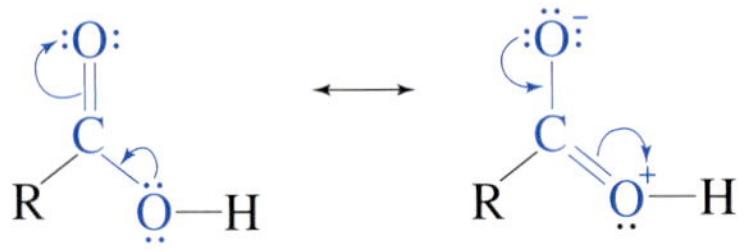

카복실산은 알코올과 마찬가지로 다른 분자들과 수소 결합을 형성한다. 기체 상태에서는 두 분자가 두 개의 강한 수소 결합을 통해 안정화되어 있는 **이합체**(**dimmer**)로 존재한다.

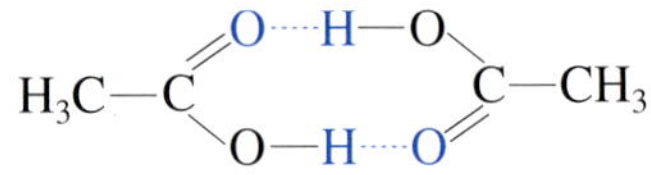

액체 상태에서는 이합체는 물론이고 더 많은 분자들이 수소 결합을 통해 응집되어 있는 집합체로 존재한다. 이 때문에 카복실산은 비슷한 분자량의 다른 화합물에 비해 끓는점과 녹는점이 높다. 예를 들어 acetic acid는 118℃에서 끓지만 chloropropane은 47℃에서 끓는다. 분자량이 작은 카복실산이 물에 잘 녹는 것도 수소 결합으로 설명된다.

9.3 카복실산의 산성도

묽은 수용액 속에서 완전히 해리하는 HCl이나 H_2SO_4와 같은 무기 산에 비해 카복실산은 약 1% 내외만 해리하는 약한 산으로 산의 특징적인 신맛을 나타낸다.

$$\mathrm{R\overset{\displaystyle O}{\overset{\|}{C}}-\ddot{O}H} + \mathrm{H_2O} \rightleftharpoons \mathrm{R\overset{\displaystyle O}{\overset{\|}{C}}-\ddot{O}:^-} + \mathrm{H_3O^+}$$

$pK_a = 0.7 \sim 5.0$ 카복실산 음이온

대표적인 산들의 이온화 상수 K_a 및 pK_a 값을 종합하면 표 9.2와 같다. 카복실산은 같은 하이드록시기를 가지고 있는 알코올보다 훨씬 작은 pK_a 값을 보여준다. 카복실산은 두 가지 구조적 특징 때문에 알코올보다 강한 산으로 작용한다. 첫 번째는 알코올의 하이드록시기는 $-CH_2-$에 결합되어 있는 반면 카복실산의 하이드록시기는 부분 양전하가 걸려 있어 전자를 강하게 끌어당기는 카보닐 탄소에 결합되어 있다. 두 번째는 알코올에서 양성자가 제거된 알콕사이드 음이온의 음전하는 산소 원자에 집중되어 있는 반면 카복실산 음이온의 음전하는 공명 현상 때문에 카복시기의 두 산소 원자에 비편재화되어 있다. 비편재화 때문에 카복실산 음이온은 알콕사이드 음이온보다 훨씬 더 안정화되고 더 많은

H^+ 이온이 해리될 수 있다.

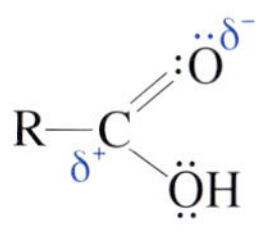

하이드록시기의 전자
카보닐 탄소 쪽으로 끌림

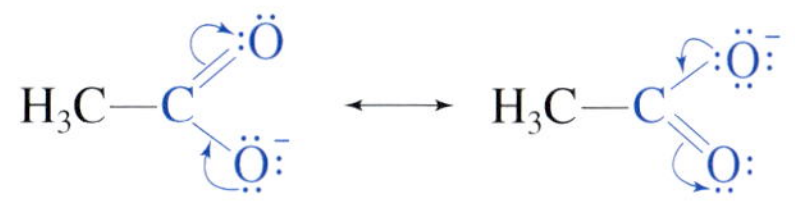

공명에 의해 두 산소 원자에
음전하 비편재, 안정화됨

표 9.2 대표적인 산들의 산성도

산의 이름	구조	이온화 상수 K_a	pK_a
Formic acid	HCOOH	2.1×10^{-4}	3.68
Acetic acid	CH_3COOH	1.8×10^{-5}	4.74
Propanoic acid	CH_3CH_2COOH	1.4×10^{-5}	4.85
Chloroacetic acid	$ClCH_2COOH$	1.5×10^{-3}	2.82
Dichloroacetic acid	$Cl_2CHCOOH$	5.0×10^{-2}	1.30
Trichloroacetic acid	Cl_3CCOOH	2.0×10^{-1}	0.70
Butanoic acid	$CH_3CH_2CH_2COOH$	1.6×10^{-5}	4.80
2-Chlorobutanoic acid	$CH_3CH_2CHClCOOH$	1.4×10^{-3}	2.85
3-Chlorobutanoic acid	$CH_3CHClCH_2COOH$	8.9×10^{-5}	4.05
4-Chlorobutanoic acid	$CH_2ClCH_2CH_2COOH$	3.0×10^{-5}	4.5
Benzoic acid	C_6H_5COOH	6.6×10^{-5}	4.18
o-Chlorobenzoic acid	*o*-Cl-C_6H_5COOH	12.5×10^{-4}	2.90
p-Chlorobenzoic acid	*p*-Cl-C_6H_5COOH	1.0×10^{-4}	4.00
p-Nitrobenzoic acid	*p*-O_2N-C_6H_5COOH	4.0×10^{-4}	3.40
Ethanol	CH_3CH_2OH	1.0×10^{-16}	16.00
Water	H_2O	1.8×10^{-16}	15.74
Hydrochloric acid	HCl	1.0×10^{7}	−7
Sulfuric acid	H_2SO_4	1.0×10^{9}	−9

9.4 카복실산의 구조가 산성도에 미치는 영향

표 9.2의 acetic acid, propanoic acid 및 butanoic acid의 pK_a 값에서 볼 수 있는 것처럼 일반적으로 카복시기에 결합되어 있는 알킬기는 카복실산의 산성도에 거의 영향을 미치지 않는다. 카복실산의 산성도는 유도 효과의 영향을 크게 받는다. 전기 음성도가 큰 치환체가 카복시기의 인접한 위치에 치환되어 있으면 해리된 카복실산 음이온의 음전하가 그 치환체 쪽으로 분산되므로 음이온이 안정화된다.

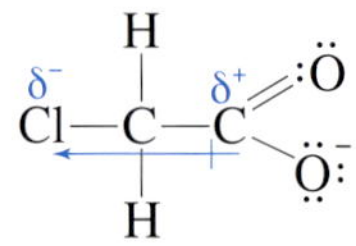

전자 끌개 염소 원자 때문에 음전하 안정화됨

음이온이 안정화될수록 음이온을 형성하는 평형 상수, 즉 산성도는 커진다. 이와 같은 효과는 전기 음성도가 큰 치환체의 수가 많을수록 카복시기에 가까울수록 커진다. 표 9.2에서 보는 것처럼 산성도의 크기는 acetic acid $<$ chloroacetic acid $<$ dichloroacetic acid $<$ trichloroacetic acid와 butanoic acid $<$ 4-chlorobutanoic acid $<$ 3-chlorobutanoic acid $<$ 2-chlorobutanoic acid 순으로 증가한다.

문제 9.4 다음을 산성도가 증가하는 순서로 나열하고 이유를 설명해 보시오.

(1) *p*-Methoxybenzoic acid, *p*-nitrobenzoic acid, *p*-chlorobenzoic acid 및 benzoic acid

(2) Chloroacetic acid, iodoacetic acid, bromoacetic acid

문제 9.5 다음 반응생성물의 구조를 그리시오.

(1) Propanoic acid + sodium ethoxide ⟶

(2) 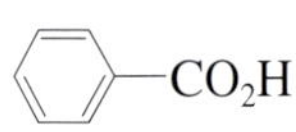 + NaOH ⟶

9.5 카복실산의 제법

간단한 카복실산인 formic acid와 acetic acid는 공업적인 방법으로 대량 생산된다. 가죽을 검게 만드는 공정과 라텍스 고무를 제조하는 데 사용되는 formic acid는 높은 온도와 압력 하에서 일산화 탄소와 수산화 소듐을 반응시킴으로써 제조된다.

$$CO + NaOH \xrightarrow[100^\circ C]{100\ psi} HCOO^-Na^+ \xrightarrow{H_3O^+} HCOOH$$

Acetic acid는 의약품, 염료, 살충제 등의 원료로 이용되는데 매년 전 세계적으로 700만 톤 이상이나 되는 막대한 양이 소비된다. Acetic acid를 대량 생산할 때는 Rh^{3+}와 I_2 촉매 존재 하에서 일산화 탄소와 methanol을 높은 온도와 압력으로 처리하는 Monsanto 공정이 이용된다.

$$CH_3OH + CO \xrightarrow[\text{Monsanto 공정}]{Rh^{3+},\ I_2,\ 30\sim 40\ atm,\ 180^\circ C} CH_3COOH$$

7장 7절과 8장 9절에서 설명했던 것처럼 일차 알코올 또는 알데하이드를 산화시키면 카복실산이 얻어진다. 산화제로는 $KMnO_4$, CrO_3 또는 HNO_3 등이 이용된다.

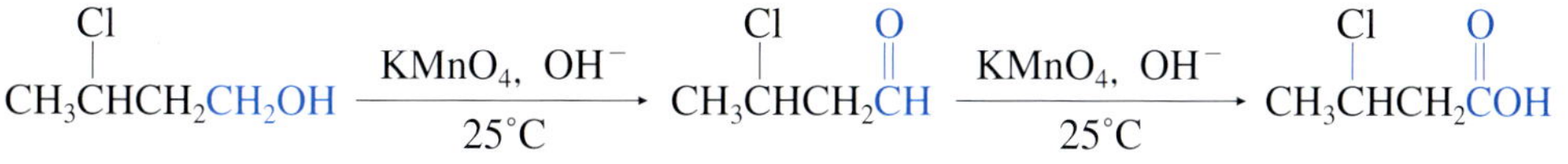

3-Chlorobutanol　　3-Chlorobutanal　　3-Chlorobutanoic acid

알킬 곁사슬을 가지고 있는 방향족 화합물을 산화제로 처리하면 방향족 고리는 안정하기 때문에 산화되지 않고 알킬 사슬만 카복시기로 산화된다. 예를 들면 폴리에스터 섬유 중의 하나인 다크론(Dacron)의 원료인 1,4-benzenedicarboxylic acid(terephthalic acid)는 *p*-xylene을 질산으로 산화시켜서 생산한다.

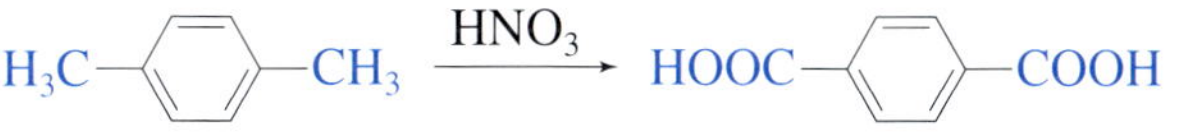

p-Xylene　　1,4-Benzenedicarboxylic acid (Terephthalic acid)

Grignard 시약은 알데하이드 또는 케톤에서와 거의 같은 메커니즘으로 이산화 탄소에 첨가될 수 있다. 생성된 카복실산 염을 산 수용액으로 처리하면 카복실산이 생성된다.

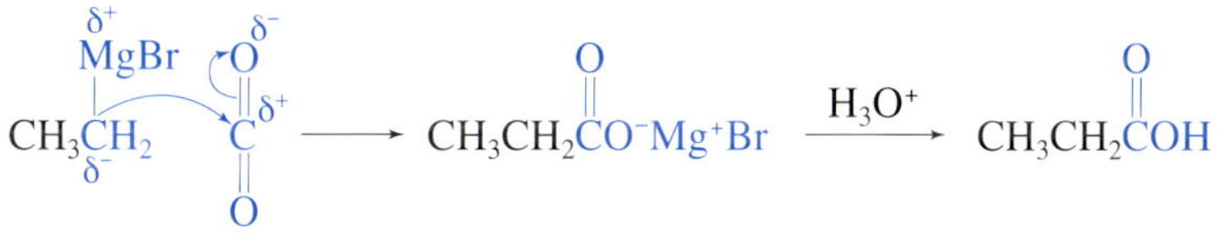

Ethyl magnesiumbromide　　Propanoic acid

나이트릴 화합물들을 산 촉매 존재 하에서 가수 분해하면 카복실산으로 전환된다.

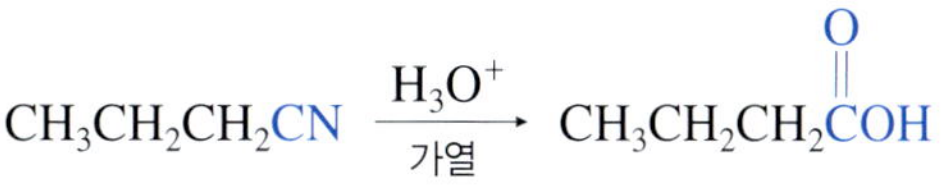

Butanenitrile (Butyl cyanide)　　Butanoic acid (Butyric acid)

문제 9.6 1-Bromo-3,5-dimethoxybenzene에서 3,5-dimethoxybenzoic acid를 합성하시오.

문제 9.7 다음 반응 생성물의 구조를 그리시오.

(1)

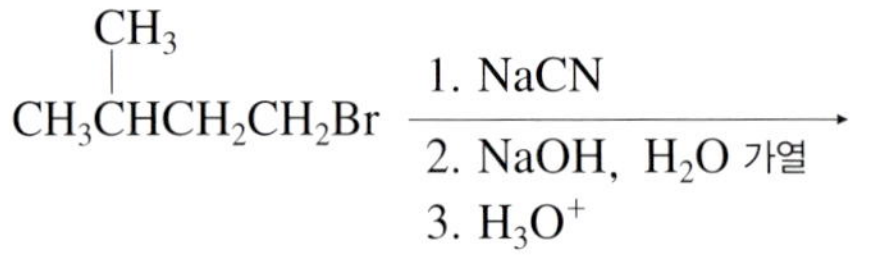

(2)

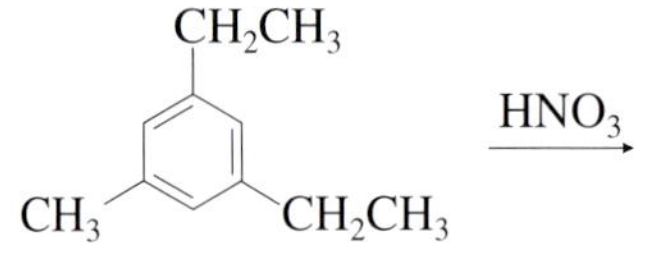

9.6 친핵성 아실 치환 반응

알데하이드와 케톤의 카보닐 탄소에는 친핵체가 첨가되는 친핵성 아실 첨가 반응을 통해 주로 사면체형 생성물이 얻어진다.

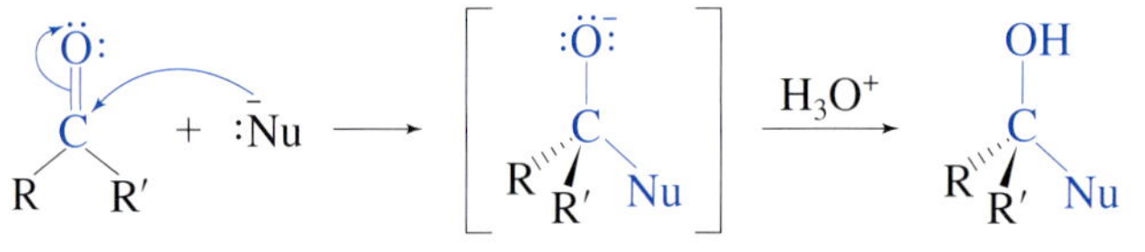

그러나 카복실산과 카복실산 유도체에서는 **친핵성 아실 치환 반응(nucleophilic acyl substitution)**이 일어난다. 이들이 일으키는 반응의 경로가 알데하이드 또는 케톤과 다른 이유에는 두 가지가 있다. 첫 번째는 아실기가 안정한 음이온으로 이탈될 수 있는 치환기 Y에 결합되어 있기 때문이다. 알데하이드와 케톤에는 이와 같은 이탈기가 없으므로 친핵성 아실 치환 반응을 하지 않는다. 두 번째 이유는 반응 메커니즘에서 친핵체가 첨가되었을 때 생성되는 **사면체형 중간체(tetrahedral intermediate)**가 불안정하기 때문이다. 메커니즘의 두 번째 단계에서 불안정한 사면체형 중간체의 산소에 있는 비공유 전자는 다시 π 결합 전자로 전환되고 Y^-가 제거되면 새로운 카복실산 유도체가 생성된다.

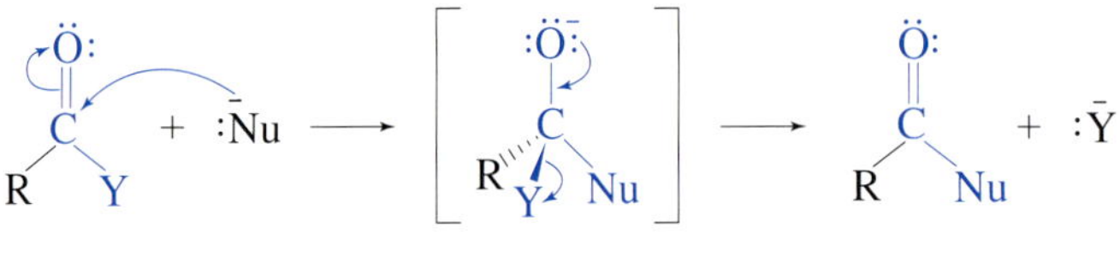

카복실산 유도체의 반응성은 Y의 전기 음성도와 밀접한 관계가 있다. Y의 전기 음성도가 클수록 카보닐 탄소의 양전하 밀도가 커지므로 친핵체에 대한 반응성이 커진다. 카복실산 유도체에서 Y의 전기 음성도는 $-NRR < -OR < -OCOR < -Cl$의 순으로 증가하기 때문에 아마이드의 반응성이 가장 작고 할로젠화 아실의 반응성이 가장 크다.

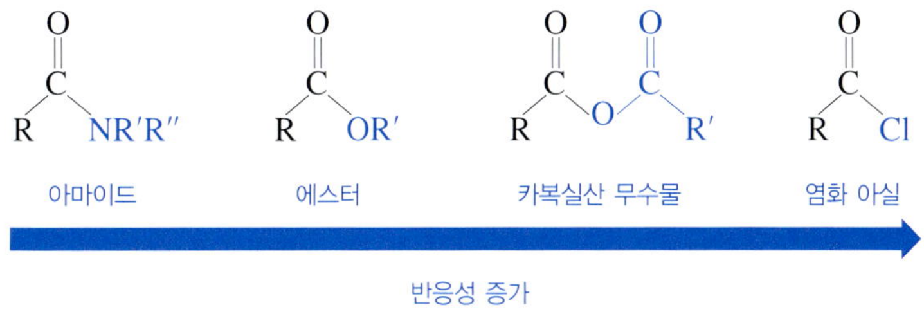

특히 아마이드의 질소 원자는 공명 현상을 통해 전자 주개로 작용하기 때문에 카보닐 탄소의 양전하 밀도가 카복실산 유도체들 중에 가장 작다. 또 카보닐 탄소–질소 결합은 공명 때문에 이중 결합으로서의 성격도 상당히 크다.

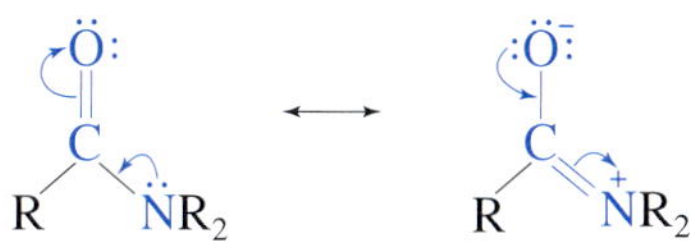

카복실산 유도체들이 보여주는 중요한 특징들 중의 하나는 반응성이 큰 유도체로부터 반응성이 더 작은 유도체로 전환시키기는 쉽지만 반응성이 작은 유도체로부터 반응성이 더 큰 유도체를 만드는 것은 쉽지 않다는 점이다. 예를 들어 카복실산 무수물로부터 에스터나 아마이드는 쉽게 만들 수 있지만 할로젠화 아실은 만들 수 없다.

문제 9.8 암모니아와 친핵성 아실 치환 반응에서 CH_3COOCH_3와 $CH_3COOCOCH_3$ 중 어느 것이 더 반응성이 큰가?

문제 9.9 Methyl trichloroacetate($CCl_3CO_2CH_3$)가 methyl acetate($CH_3CO_2CH_3$)보다 반응성이 더 큰 이유를 설명해보시오.

9.7 카복실산 염의 형성 및 환원

다른 무기 산들과 마찬가지로 카복실산도 강염기로 처리하면 빠르게 중화되면서 염을 형성한다.

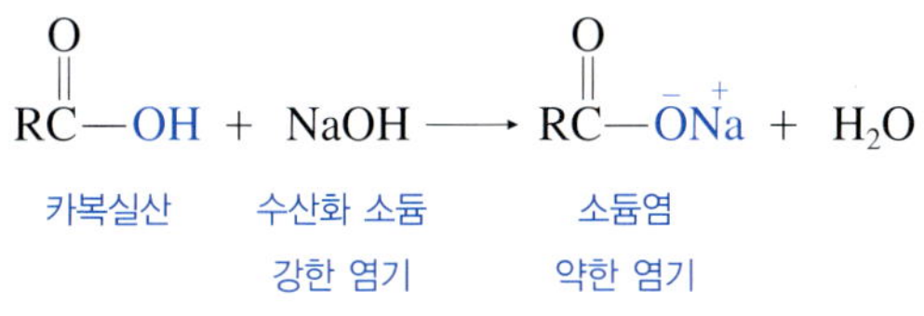

물을 증발시키면 생성된 염이 분리된다. 긴 알킬 사슬의 카복실산 염은 비누의 원료로 사용되며 이것은 16장 2절에서 자세히 설명된다. 카복실산 염의 이름을 지을 때는 금속

양이온의 이름을 먼저 부른 다음 산의 -ic acid를 -ate로 바꾸어 준다.

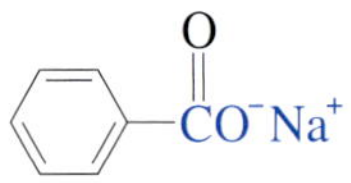

Sodium benzoate

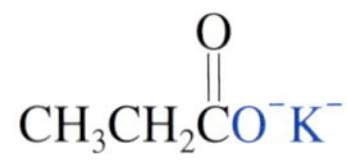

Potassium propanoate

카복실산을 에터 용매에서 강한 환원제인 $LiAlH_4$로 처리하면 일차 알코올로 환원된다.

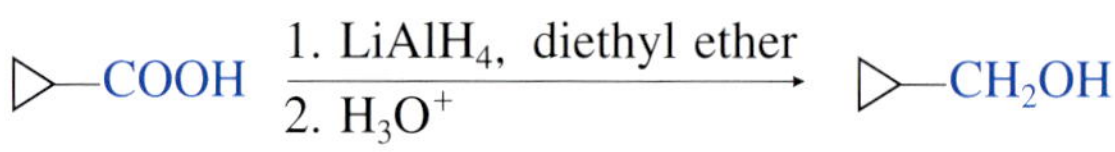

Cyclopropanecarboxylic acid → Cyclopropylmethanol

이 반응은 친핵성 아실 치환 반응의 메커니즘을 따라 진행된다. 첫 번째 단계는 $LiAlH_4$의 **수소 음이온(H^-, hydride ion)**이 카복실산의 산성 수소를 제거하는 것으로부터 시작된다. 수소 음이온은 카복실산 음이온의 카보닐 탄소에 첨가되고, 알루미늄에 배위된 산소 음이온이 치환되면 알데하이드가 형성된다. 환원 반응에 대한 반응성이 카복실산보다 훨씬 큰 알데하이드는 수소 음이온에 의해 빠르게 알콕사이드 이온으로 환원된다. 반응이 끝난 다음 산 수용액으로 뒤처리하면 알코올이 형성된다.

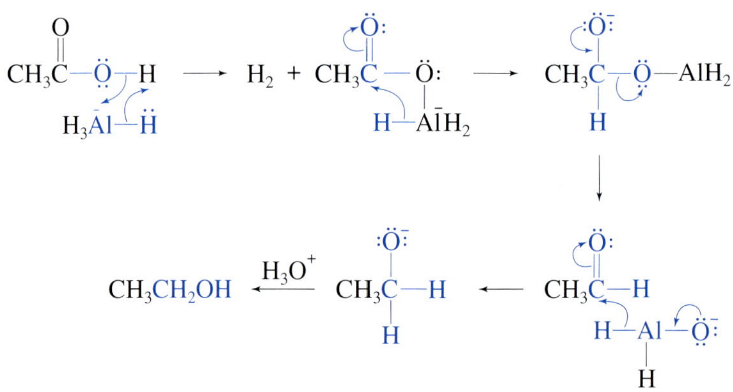

카복실산을 카복실산 유도체들로 전환시키는 것은 카복실산의 또 다른 중요한 반응이다. 이 반응들은 다음 절들에서 자세하게 설명된다.

문제 9.10 다음 각 카복실산 염의 이름을 적으시오.

(1)

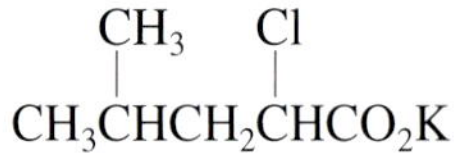

(2)

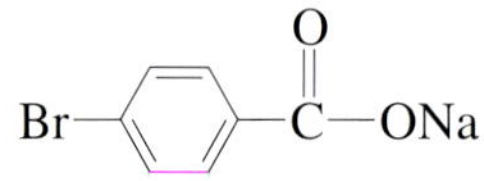

문제 9.11 Cyclohexanecarboxylic acid를 $LiAlH_4$로 처리했을 때 일어나는 환원 반응의 메커니즘을 제시하시오.

9.8 탈카복실화 반응

카보닐 탄소에 인접해 있는 카복시기를 가열하여 제거하는 반응을 **탈카복실화 반응(decarboxylation)**이라고 한다. 예를 들어 malonic acid를 150℃로 가열하면 카복시기가 제거되어 아세트산이 된다.

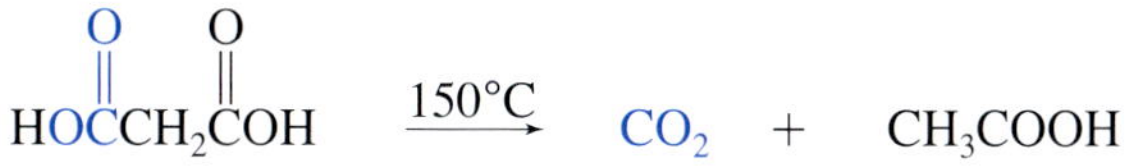

이 반응은 모든 치환된 malonic acid와 β-keto acid 유도체에서 일반적으로 일어날 수 있다. 반응 메커니즘은 4장 12절에서 공부했던 Diels–Alder 반응과 비슷한 여섯 원자 고리 전이 상태의 협동 반응으로 진행된다.

탈카복실화 반응

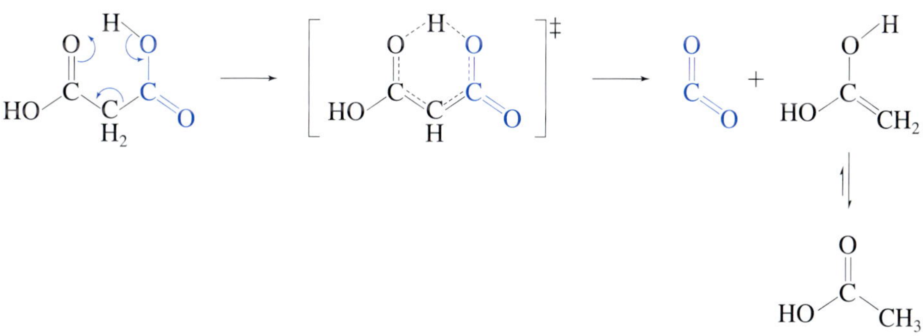

Diels–Alder 반응

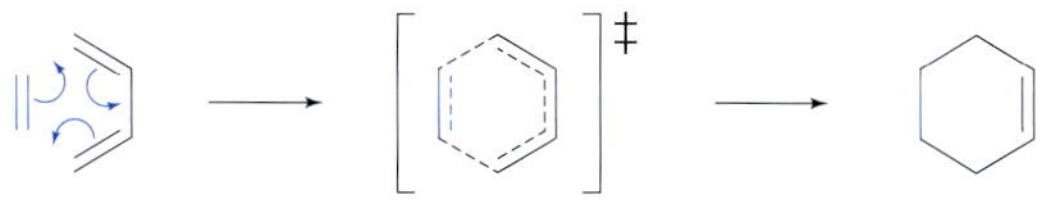

치환된 malonic acid의 탈카복실화 반응은 카복실산을 합성하는 데 일반적으로 이용되는 방법이다.

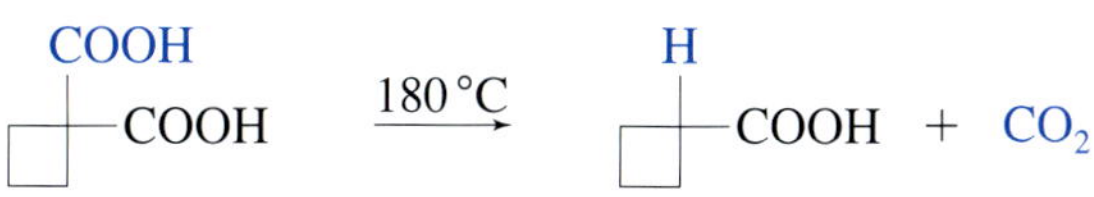

문제 9.12 다음 화합물을 가열했을 때 얻어지는 생성물의 구조를 그리시오.

(1) $(CH_3)_2C(COOH)_2$

(2) 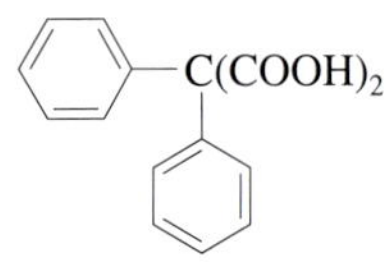

9.9 할로젠화 아실 화합물

카복실산을 $SOCl_2$ 또는 PBr_3로 처리하면 각각 염화 아실 화합물과 브로민화 아실 화합물이 얻어진다.

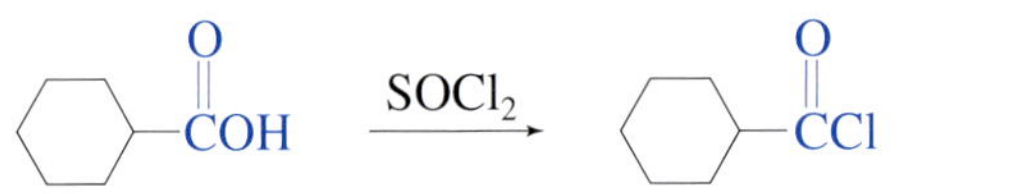

Cyclohexanecarboxylic acid　　Cyclohexanecarboxyl chloride

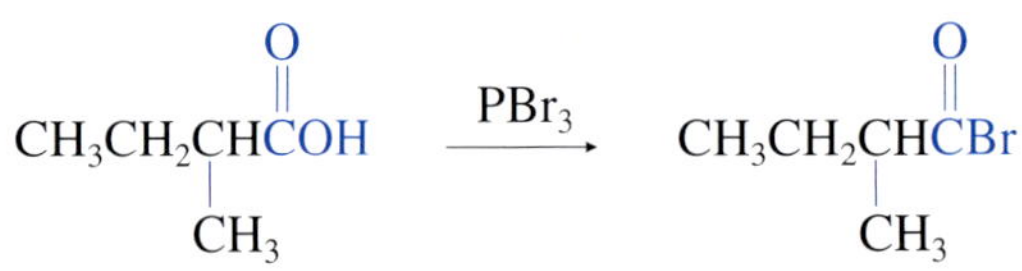

2-Methylbutanoic acid　　2-Methylbutanoyl bromide

할로젠화 아실 화합물들은 카복실산 유도체들 중 가장 반응성이 크기 때문에 쉽게 다른 유도체들로 전환된다. 반응은 친핵성 아실 치환 반응의 메커니즘으로 진행된다. 할로젠화 아실 화합물을 물로 처리하면 카복실산으로 전환되고 피리딘과 같은 염기 존재 하에서 알코올과 반응하면 에스터가 된다.

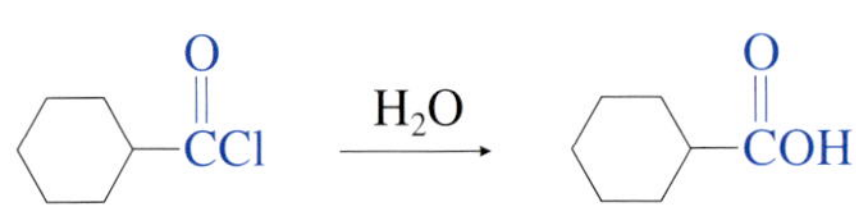

Cyclohexanecarboxyl chloride　　Cyclohexanecarboxylic acid

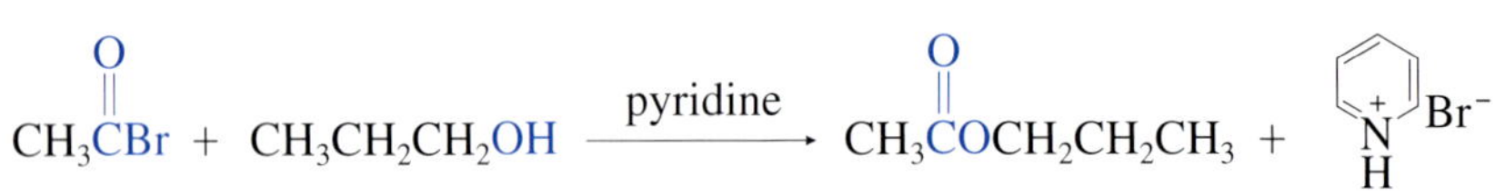

Acetyl bromide　　Propanol　　Propyl acetate　　Pyridinium bromide

또 할로젠화 아실 화합물은 암모니아 또는 아민과 빠르게 반응하여 아마이드를 형성한다.

$$CH_3CH_2CH_2\overset{O}{\overset{\|}{C}}Cl + 2NH_3 \longrightarrow CH_3CH_2CH_2\overset{O}{\overset{\|}{C}}NH_2 + NH_4Cl$$

Butanoyl chloride　　　　Butanamide

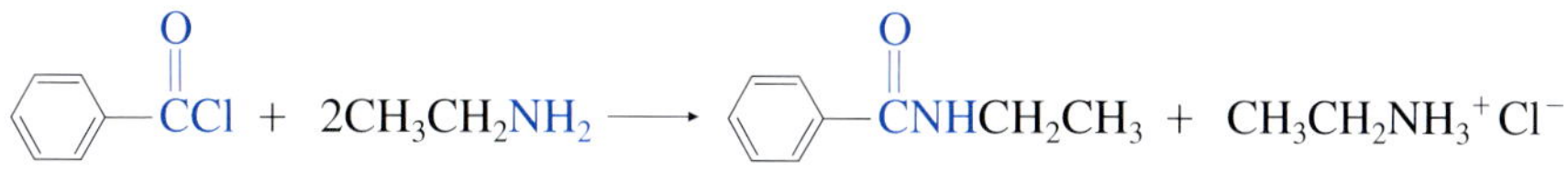

Benzoyl chloride　　　　*N*-Ethylbenzamide

문제 9.13 다음 각 할로젠화 아실을 만드는 반응식을 제시하시오.

(1) $CH_3(CH_2)_2\overset{O}{\overset{\|}{C}}Cl$

(2)

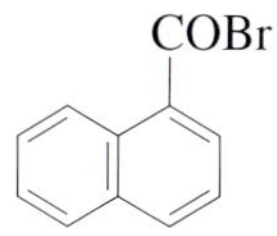

문제 9.14 할로젠화 아실로부터 다음 화합물을 합성하는 반응식을 제시하시오.

(1)

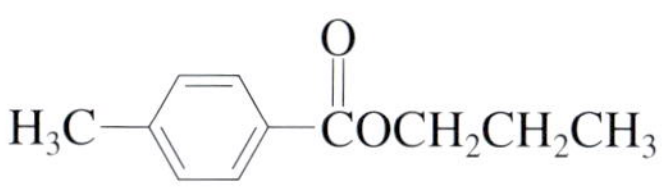

(2)

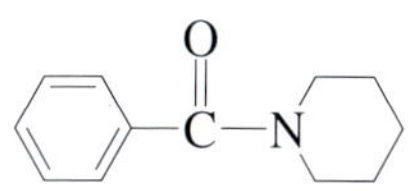

(3) $CH_3(CH_2)_4\overset{O}{\overset{\|}{C}}O\overset{O}{\overset{\|}{C}}CH_3$

9.10 카복실산 무수물

카복실산 무수물은 두 분자의 카복실산에서 물 한 분자가 제거된 형태의 구조를 가지고 있다.

$$CH_3\overset{O}{\overset{\|}{C}}OH + HO\overset{O}{\overset{\|}{C}}CH_3 \xrightarrow{-H_2O} CH_3\overset{O}{\overset{\|}{C}}O\overset{O}{\overset{\|}{C}}CH_3$$

카복실산 두 분자　　　　카복실산 무수물
물이 제거된 형태

카복실산을 할로젠화 아실로 처리하면 카복실산 무수물이 생성된다.

$$CH_3CH_2CH_2\overset{O}{\overset{\|}{C}}Cl + CH_3CH_2CH_2\overset{O}{\overset{\|}{C}}OH \xrightarrow{-HCl} CH_3CH_2CH_2\overset{O}{\overset{\|}{C}}O\overset{O}{\overset{\|}{C}}CH_2CH_2CH_3$$

Butanoyl chloride　　Butanoic acid　　　Butanoic anhydride

카복실산 무수물은 할로젠화 아실 다음으로 반응성이 큰 유도체이며 할로젠화 아실과 비슷하게 반응한다. 즉, 물과 반응하면 카복실산으로, 알코올과 반응하면 에스터로 전환된다. 예를 들면 아스피린은 salicylic acid와 acetic anhydride의 반응에서 생성된 일종의 에스터이다.

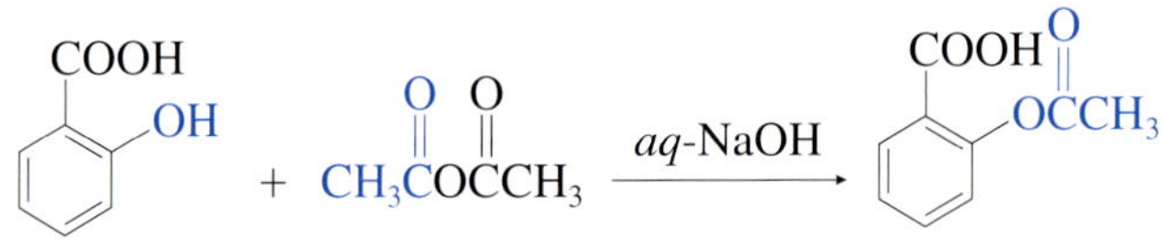

아민과의 반응에서는 아마이드가 얻어진다.

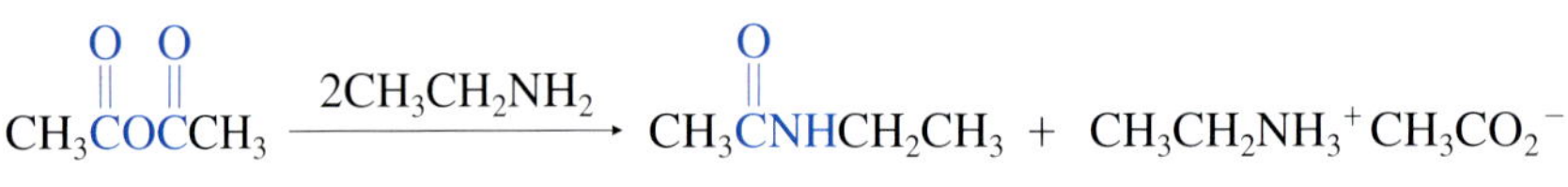

문제 9.15 다음 반응식을 완결하시오.

(1)
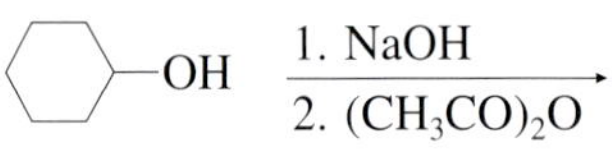

(2)

(3)
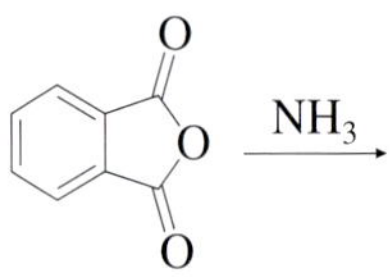

9.11 에스터

에스터는 여러 가지 다른 화합물로 전환될 수 있기 때문에 가장 유용한 유기 화합물들 중의 한 부류이다. 에스터는 합성 고분자의 원료로 사용된다. 예를 들어 합성 섬유인 Dacron은 폴리에스터이고, 에스터는 자연계에 널리 분포되어 있다. 15장 1절에서 공부하게 될 지방과 왁스는 triacyl glycerol로 분류되는 에스터이다.

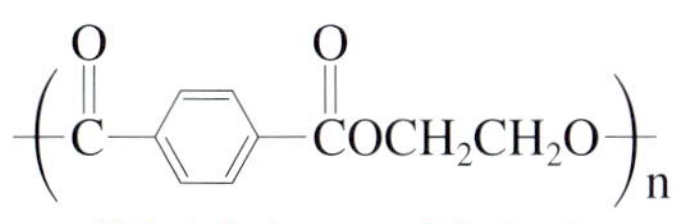

Poly(ethylene terphthalate)
Dacron

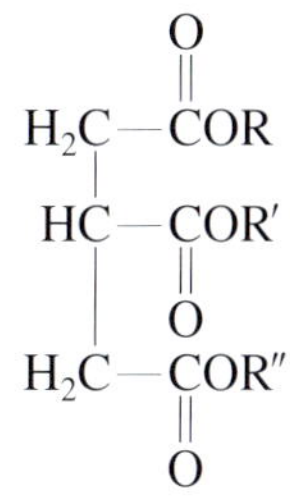

Triacyl glycerol
지방의 기본 구조

끓는점이 낮은 에스터들은 향기를 가지고 있으며 과일과 향료의 중요 성분이다. 예를 들어 ethyl butanoate는 파인애플, propyl acetate는 서양 배, methyl salicylate는 등록유의 향기 성분이다.

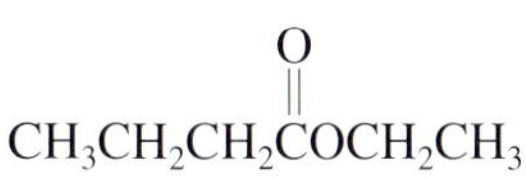

Ethyl butanoate
파인애플 향기 성분

Propyl acetate
서양 배 향기 성분

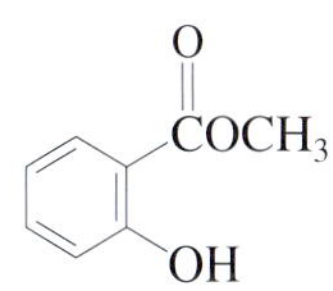

Methyl salicylate
등록유 향기 성분

또 동물들이 교신할 때 사용하는 물질인 페로몬에도 에스터가 많다. Ethyl cinnamate는 동양 잎말이 나방 수컷의 성 페로몬이고 암코끼리는 (*Z*)-7-dodecyl acetate을 발산하면서 수컷들을 유혹한다.

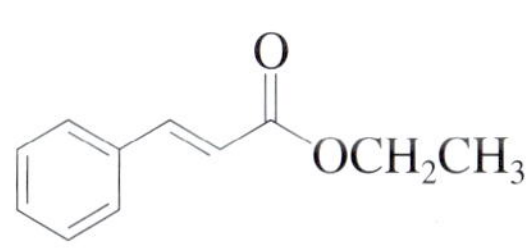

Ethyl cinnamate
동양 잎말이나방
수컷의 성 페로몬

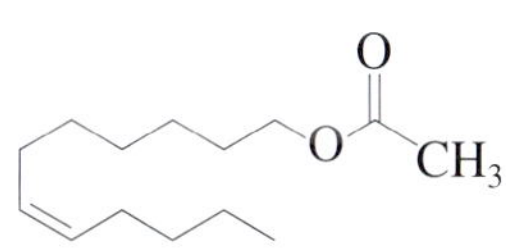

(*Z*)-7-Dodecenyl acetate
암코끼리의 성 페르몬

9.12 에스터의 합성: Fischer 에스터화 반응

카복실산을 알코올과 단순히 섞어 놓으면 아무런 반응을 일으키지 않지만 소량의 황산 또는 염산과 같은 무기 산을 첨가해 주면 에스터와 물이 생성된다. 이 반응을 **Fischer 에스터화 반응(Fischer esterification)**이라고 한다.

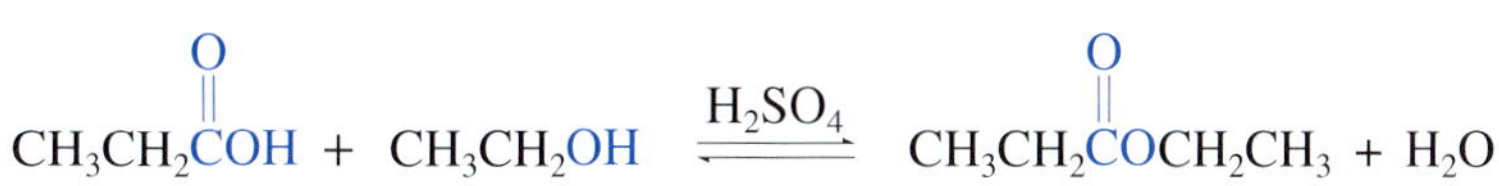

Propanoic acid　　Ethanol　　Ethyl propanoate

이 반응은 평형 과정이기 때문에 카복실산 또는 알코올 중 어느 하나를 과량으로 사용하거나 생성되는 물을 제거해 주면 높은 수득률의 에스터를 얻을 수 있다. Fischer 에스터화 반응에서 생성되는 물은 카복실산의 히드록시기와 알코올의 산소 사이에서 형성된다. 이 때문에 만약 동위 원소인 ^{18}O로 표지된 methanol과 benzoic acid를 에스터화 시킨다면 ^{18}O는 methyl benzoate에서만 확인된다. 이것은 다음과 같은 전형적인 친핵성 아실 치환 반응의 메커니즘으로 설명된다. 메커니즘의 첫 단계에서는 카보닐 산소에 양성자가 첨가된다.

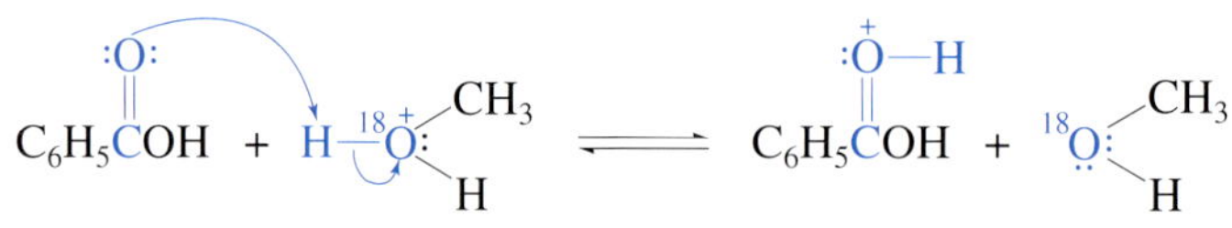

양성자가 첨가되어 양전하 밀도가 증가된 카보닐 탄소에 알코올 분자가 첨가되고 알코올이 갖고 있던 양성자가 제거되면 사면체형 중간체가 형성된다.

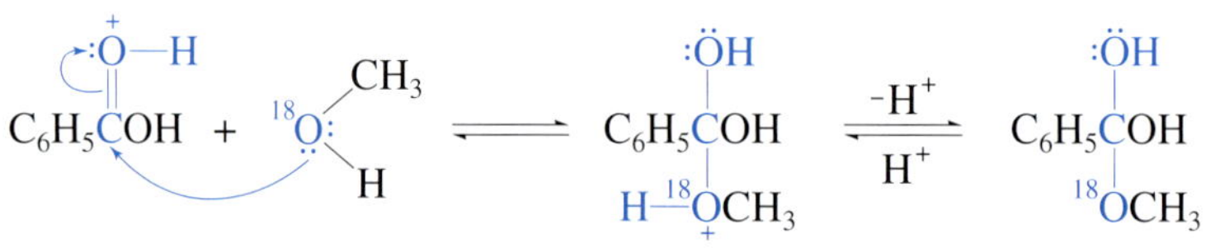

마지막 단계는 사면체형 중간체의 하이드록시 산소 중 하나에 양성자가 첨가되는 것으로 시작된다. 양성자화된 중간체에서 물이 제거되면 양성자화된 에스터가 형성되고 이것으로부터 양성자가 제거되면 중성인 에스터가 생성된다. Fischer 에스터화 반응은 이와 같은 친핵성 아실 치환 반응의 메커니즘으로 진행되기 때문에 ^{18}O는 methyl benzoate에서만 확인된다.

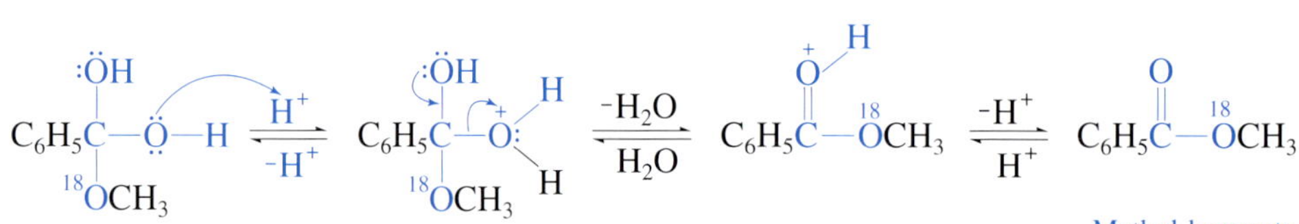

문제 9.16 Acetic acid와 ethanol로부터 ethyl acetate가 합성되는 반응의 메커니즘을 제시하시오.

9.13 락톤

하이드록시기와 카복시기가 탄소 사슬로 연결되어 있는 화합물에서 분자 내(intramolecular) 에스터화 반응이 일어나면 고리형 에스터인 **락톤(lactone)**이 생성된다. 다섯 또는 여섯 원자 고리 락톤(γ-lactone 또는 δ-lactone)이 특히 잘 만들어진다.

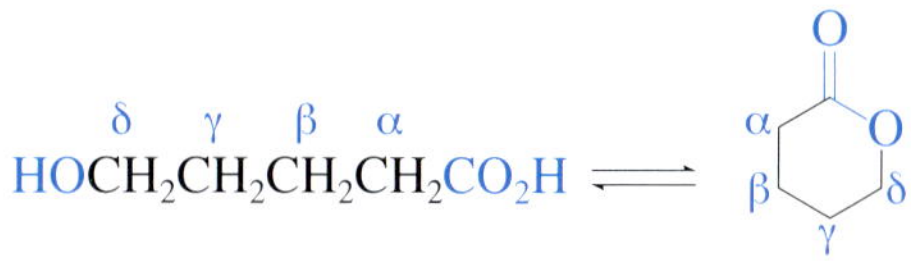

5-Hydroxypentanoic acid (δ-Hydroxyvaleric acid)　　δ-Lactone

자연계에서 발견되는 락톤에는 생물 활성 물질이나 향기 성분으로 작용하는 것들이 많다. 보통 다섯 또는 여섯 원자 고리형이 흔하지만 어떤 경우에는 거대 고리형 락톤도 발견된다. 예를 들어 여섯 원자 고리 락톤인 nepatalactone은 고양이를 흥분하게 하는 물질이고 ethyl brassylate는 수컷 사향노루의 성 페로몬 성분이다.

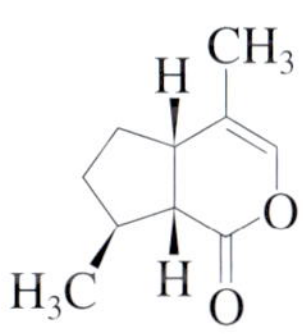

Nepatalactone

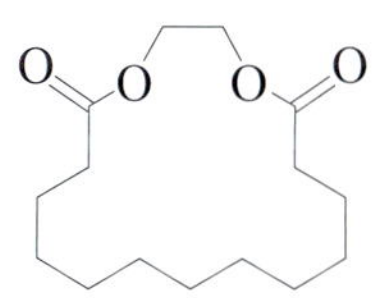

Ethylene brassylate

문제 9.17 5-Hydroxypentanoic acid로부터 δ-Lactone이 형성되는 과정의 메커니즘을 제시해 보시오.

9.14 에스터의 가수 분해와 가아민 분해

산 또는 염기 촉매 하에서 에스터가 가수 분해되면 물과 카복실산이 된다. 산 촉매 존재 하에서 일어나는 가수 분해 반응은 Fischer 에스터화 반응의 역반응이며 과량의 물을 사용하면 평형이 가수 분해되는 쪽으로 기울어진다.

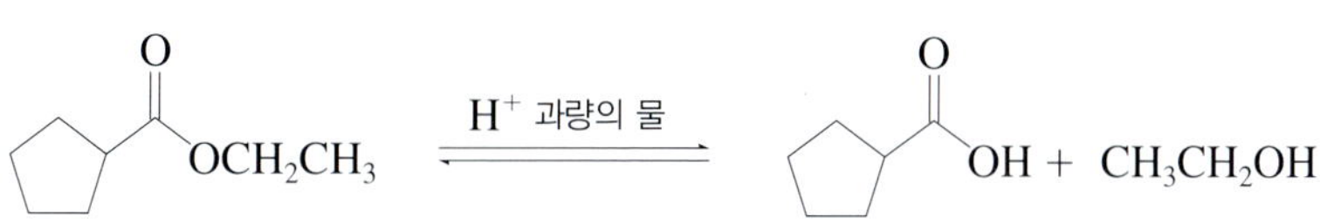

Ethyl cyclopentanecarboxylate　　Cyclopentanecarboxylic acid

염기 촉매 존재 하에서 진행되는 가수 분해 반응을 **비누화(saponification, 라틴어로 비누인 sapon에서 유래)**라고 하며 이 반응을 이용하여 동물의 지방으로부터 비누가 만들어진다(15장 2절 참고). 친핵성 아실 치환 반응의 메커니즘으로 진행되는 이 반응에서는 수산화 이온이 카보닐 탄소를 공격함으로써 시작된다. 알콕사이드 이온이 카복실산으로부터 양성자를 제거하여 카복실산 음이온과 알코올을 생성하는 마지막 단계는 비가역적으로 진행된다.

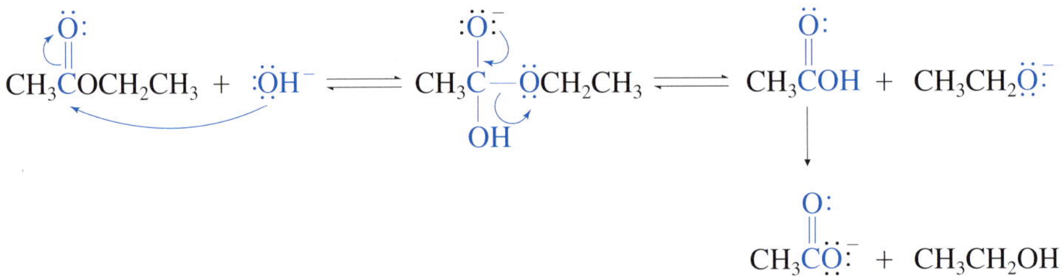

에스터를 암모니아 또는 아민으로 처리하면 아마이드가 생성된다. 할로젠화 아실을 이용하면 더 효과적으로 아마이드를 만들 수 있기 때문에 이 반응은 잘 이용하지 않는다.

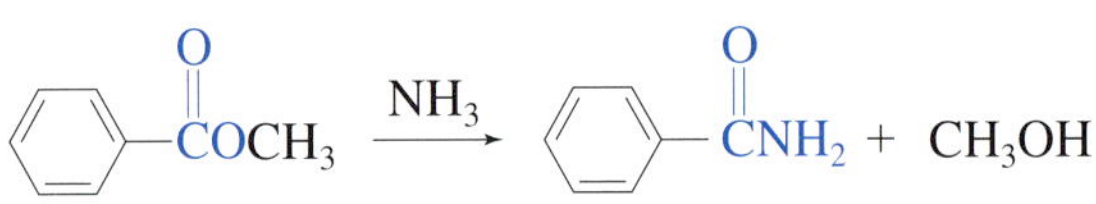

Methyl benzoate　　　　Benzamide

문제 9.18 NaOH 수용액에서 일어나는 다음 에스터의 비누화 반응식을 적으시오.

(1) 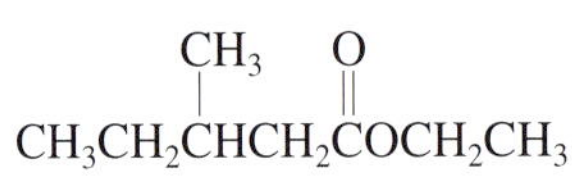

(2) 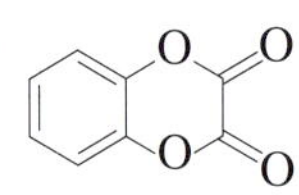

(3) Isopropyl butanoate

(4) Ethyl cyclopentanecarboxylate

문제 9.19 Isopropyl acetate를 암모니아로 처리했을 때 일어나는 반응의 메커니즘을 제시해 보시오.

9.15 에스터의 환원 반응

에터 용매에서 에스터를 $LiAlH_4$로 처리하면 일차 알코올로 환원된다.

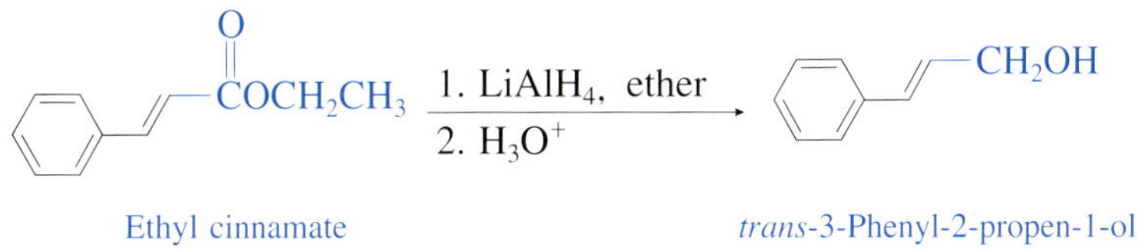

반응 메커니즘은 $LiAlH_4$에 의한 카복실산의 환원 반응과 비슷하다. $LiAlH_4$로부터 발생된 수소 음이온이 에스터의 카보닐 탄소에 첨가되는 것으로 반응이 시작되며, 중간 단계에서 알데하이드가 형성된다. 알데하이드는 빠르게 수소 음이온의 공격을 받아 알콕사이드 음이온으로 환원된다. 반응이 끝난 다음 산 수용액으로 뒤처리하면 일차 알코올이 생성된다.

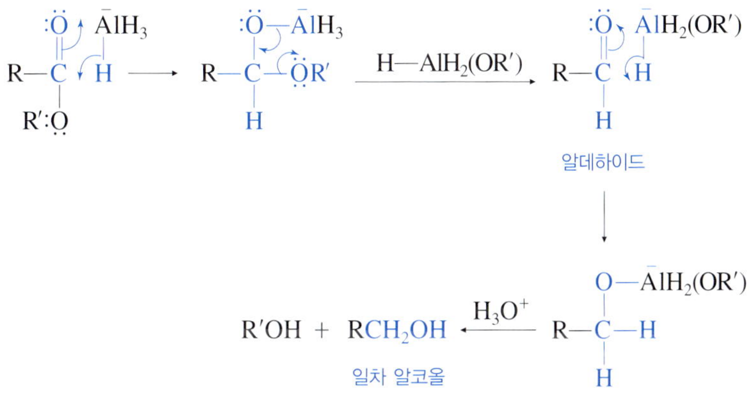

문제 9.20 다음을 $LiAlH_4$로 환원시켰을 때 얻어지는 생성물의 구조를 그리시오.

(1) Ethyl benzoate

(2) $CH_3CH_2CH(CH_3)CH_2CO_2CH_3$

(3) 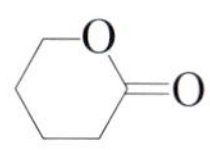

9.16 에스터와 Grignard 시약의 반응

에스터가 2당량의 Grignard 시약과 반응하면 삼차 알코올이 생성된다. 이 반응도 에스터 환원 반응의 일종이다.

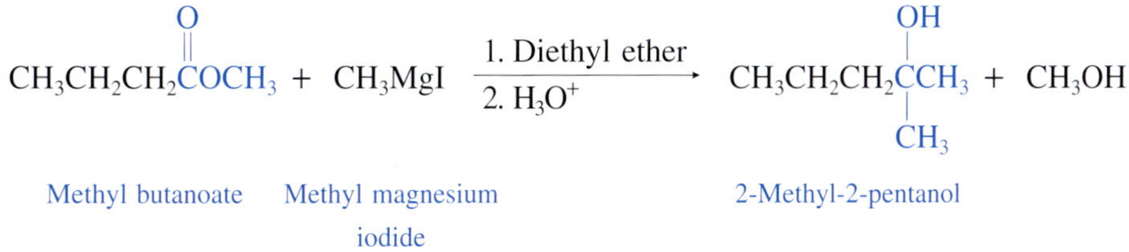

반응의 첫 단계에서 Grignard 시약이 에스터 카보닐을 공격하면 친핵성 아실 치환 반응이 일어나 케톤이 생성된다.

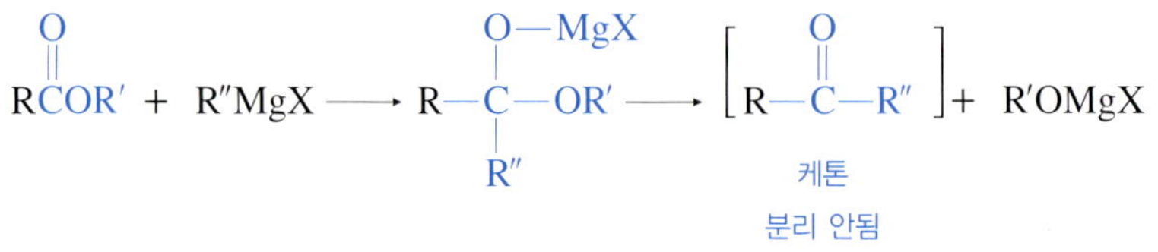

생성된 케톤은 두 번째 Grignard 시약과 빠르게 반응하기 때문에 분리할 수 없으며 삼차 알콕사이드로 전환된다. 이것을 산 수용액으로 뒤처리하면 삼차 알코올이 생성된다.

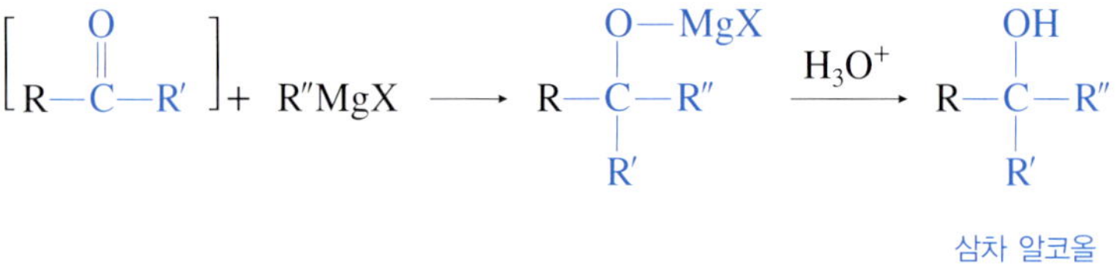

문제 9.21 적당한 에스터와 할로알케인으로부터 다음 알코올을 합성하시오.

(1) 2-Methyl-2-butanol (2) 2-Phenyl-2-propanol
(3) 1,1-Diphenylpropanol

9.17 Claisen 축합 반응

α-수소를 가지고 있는 에스터에 sodium alkoxide와 같은 염기를 소량 가하면 두 분자의 에스터가 축합되어 **β-케토에스터(β-ketoester)**가 생성되는데 이 반응을 **Claisen 축합 반응(Claisen condensation)**이라고 부른다. 예를 들면 ethyl acetate에 소량의 $NaOCH_2CH_3$를 가해주면 β-케토에스터인 ethyl acetoacetate가 생성된다.

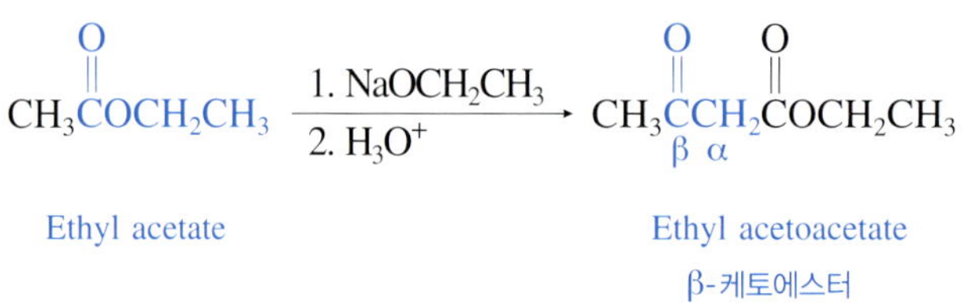

Claisen 축합 반응의 메커니즘은 염기에 의해 엔올 음이온이 생성되는 것으로부터 시작하고 전 과정이 가역적으로 진행된다. 형성된 엔올 음이온이 친핵체로 작용하여 다른 에스터 분자의 카보닐 탄소에서 친핵성 아실 치환 반응을 일으키면 β-케토에스터가 생성된다. β-케토에스터에 있는 $-CH_2-$ 수소는 두 카보닐의 α-위치에 있기 때문에 보통의 카보

닐 α-수소보다 산성도가 훨씬 크다. 이 $-CH_2-$ 수소는 염기($CH_3CH_2O^-$)에 의해 쉽게 제거된다. 생성된 β-케토엔올 음이온은 공명에 의해 안정화되므로 평형은 β-케토엔올 음이온 쪽으로 크게 기울어진다. 용액을 산성화하면 β-케토에스터가 분리될 수 있다.

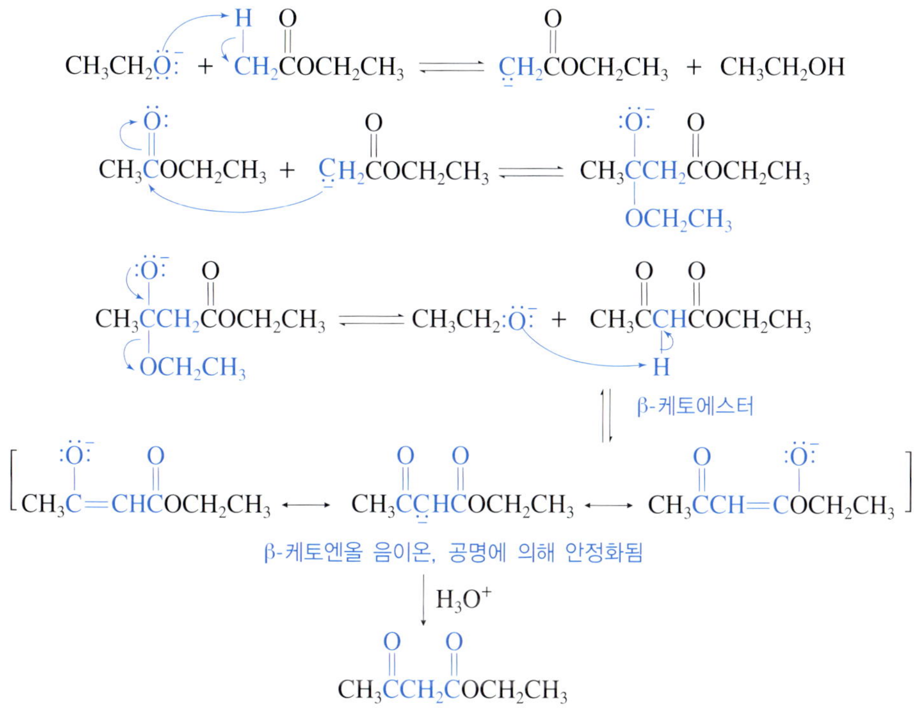

Ethyl acetoacetate
β-케토에스터

문제 9.22 다음 반응의 메커니즘을 제시해 보시오.

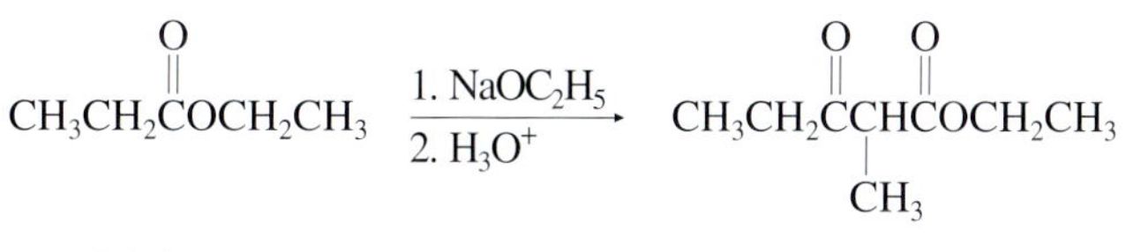

Ethyl acetate　　　　Ethyl acetoacetate

문제 9.23 다음에서 생성되는 주생성물의 구조를 그리시오.

(1) 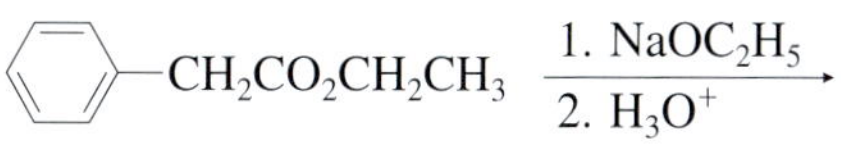

(2) 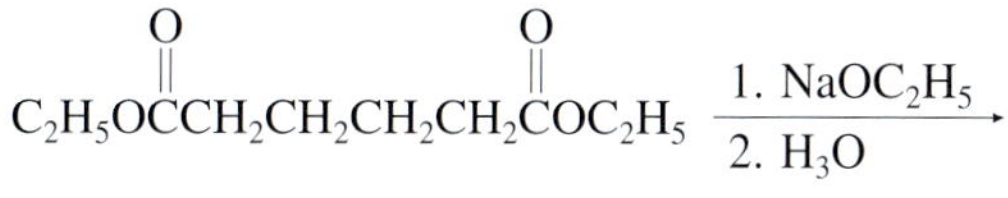

분자 내에서 일어나는 Claisen 축합 반응을 **Dieckman 축합 반응**(**Dieckman condensation**)이라고 하며, 다섯 원자 및 여섯 원자 고리를 합성하는 데 매우 유용하다. 예를 들어 diethyl hexanedioate를 toluene과 같은 용매 속에서 sodium ethoxide와 함께 가열한 다음 반응 혼합물을 산으로 처리하면 다섯 원자 고리 화합물인 ethyl 2-oxocyclopentanecarboxylate가 얻어진다.

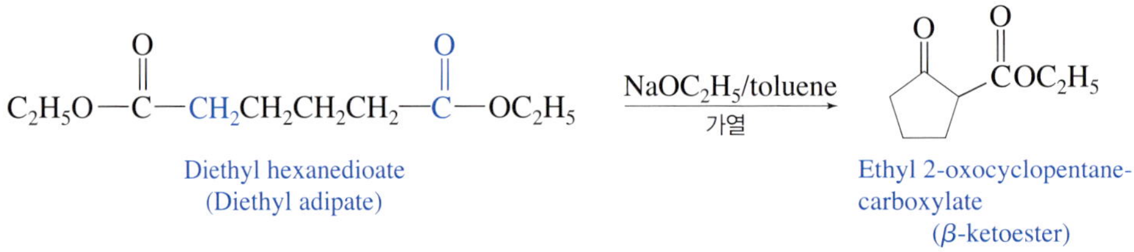

Dieckman 축합 반응의 메커니즘은 공격하는 엔올 음이온과 친전자체인 카보닐기가 같은 분자에 있다는 점을 제외하고는 Claisen 축합 반응과 동일하다. 충분한 양의 염기에 의해 β-ketoester 중간체로부터 α-수소가 제거되고 난 다음 산으로 재양성자화한다.

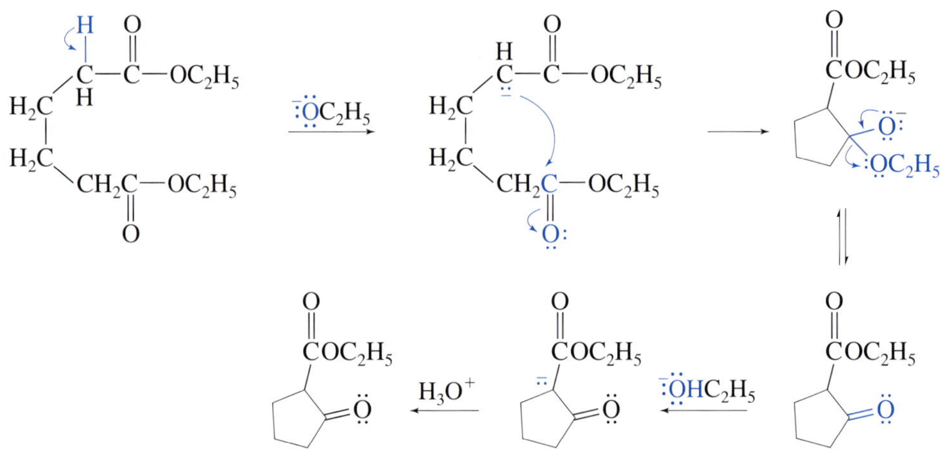

다섯 원자보다 작은 고리는 각무리 때문에 만들기 쉽지 않고, 일곱 원자보다 큰 고리는 반응 파트너인 엔올 음이온 자리와 카보닐 탄소가 서로 충돌하기 쉽지 않기 때문에 잘 만들어지지 않는다.

문제 9.24 염기 촉매 존재 하에서 diethyl heptanedioate로부터 β-ketoester가 얻어지는 반응의 메커니즘을 제시하시오.

9.18 아마이드

아마이드는 반응성이 가장 낮은 카복실산 유도체이다. 화학적으로 안정하기 때문에 생체 구성 물질로서 자연계에 널리 분포되어 있다. 아마이드기를 통해 아미노산이 반복적으로 결합한 것이 단백질이다.

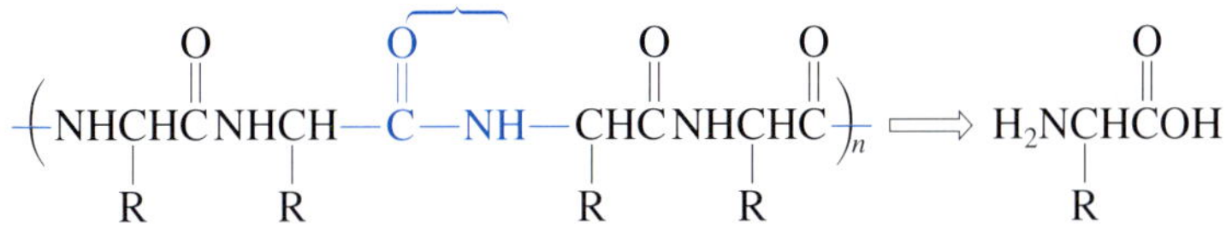

약리 작용을 보여주는 아마이드의 예로는 진통제로 사용되는 tylenol과 부정맥 치료제인 procainamide hydrochloride를 들 수 있다.

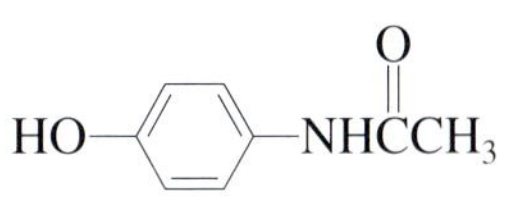

Tylenol

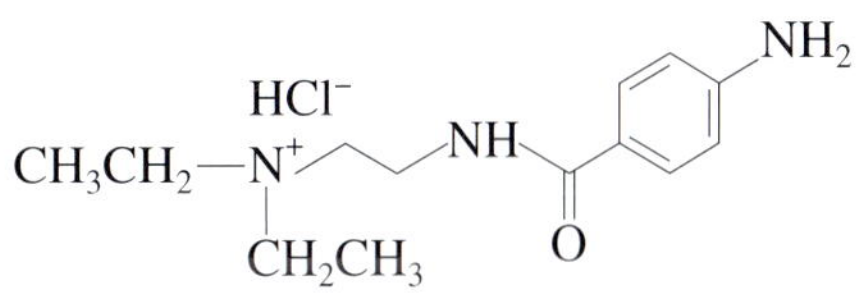

Procainamide hydrochloride

고리형 아마이드를 **락탐(lactam)**이라고 하는데 페니실린은 락탐의 일종이다.

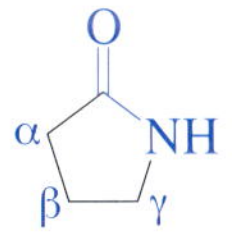

γ-Butyrolactam

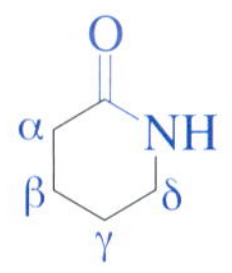

δ-Valerolactam

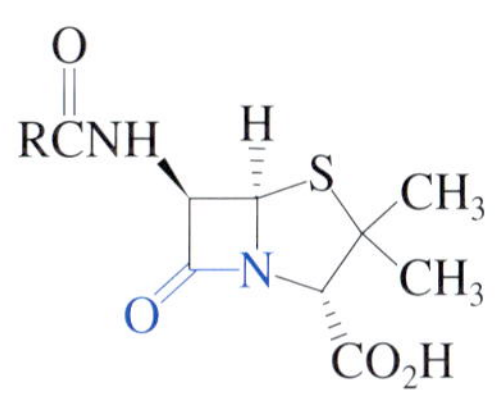

Penicillin
(일종의 β-락탐)

아마이드는 극성이 매우 크고 카복실산과 비슷한 형태로 수소 결합을 형성한다.

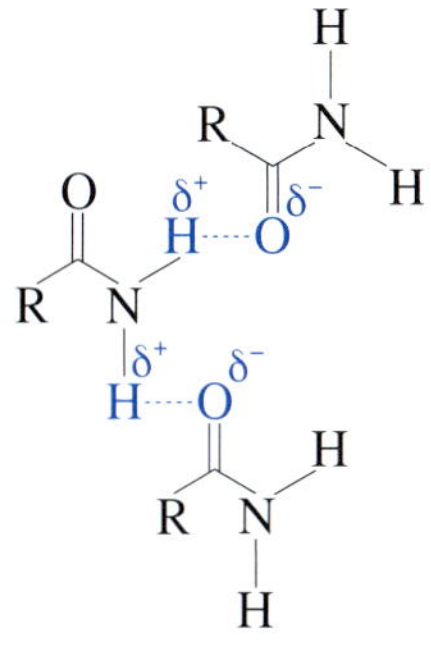

앞 절들에서 설명한 것처럼 아마이드는 할로젠화 아실, 카복실산 무수물 및 에스터로부터 얻을 수 있다. 아마이드를 산 또는 염기 수용액에서 가열하면 카복실산과 아민으로 가수 분해된다.

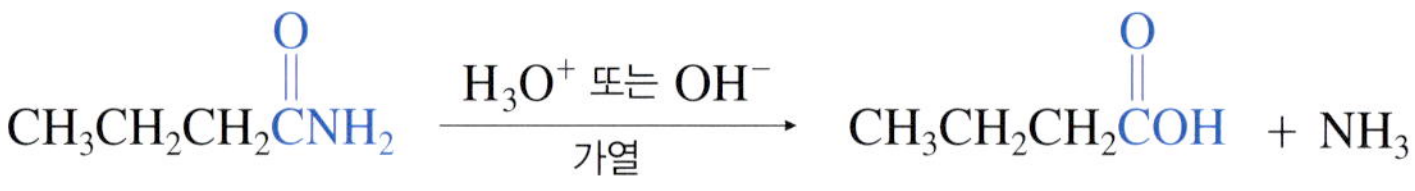

Butanamide　　　　Butanoic acid

아마이드는 산 또는 OH^- 이온 존재 하에서 가열하지 않으면 가수 분해되지 않는다. 산 촉매 존재 하에서 가수 분해될 때는 산이 카보닐 산소를 양성자화하여 친핵체의 공격에 대한 카보닐 탄소의 반응성을 높여 준다. 카보닐 탄소에 물이 첨가되면 사면체형 중간체가 형성된다. 양성자 제거와 재양성자화 단계를 거치면 질소 원자에 양전하가 걸린 사면체형 중간체가 형성된다. 이 중간체로부터 NH_3가 제거되면 최종 생성물인 카복실산이 생성된다.

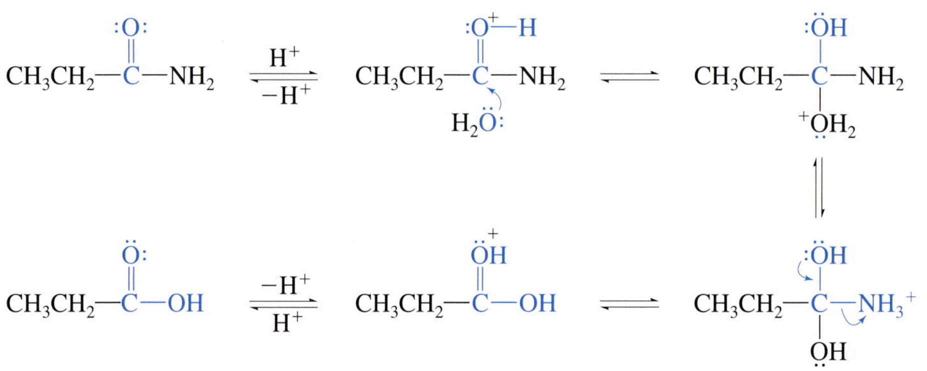

OH^- 이온 존재 하에서 아마이드의 가수 분해에서는 물 분자보다 친핵체로서의 반응성이 더 큰 OH^-가 카보닐 탄소를 공격한다. NH_2^-가 제거되면 형성된 카복실산으로부터 즉시 양성자가 제거된다. 이 단계가 비가역적이기 때문에 평형이 깨지고, 반응은 생성물 쪽으로 진행된다. OH^- 이온은 반응에서 소비되기 때문에 촉매가 아니고 반응물이다.

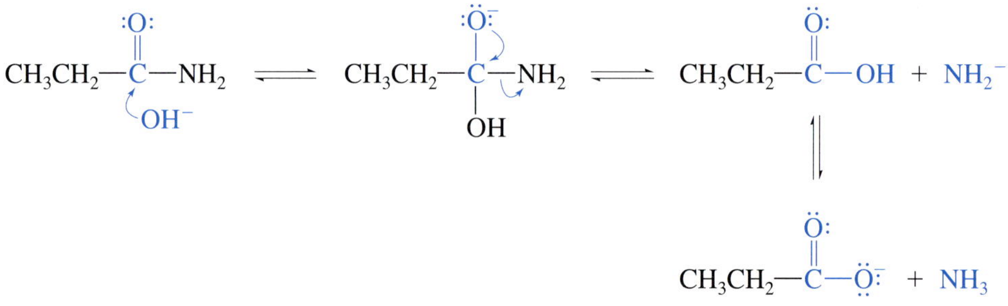

$LiAlH_4$와 같은 환원제로 처리하면 아마이드가 환원된다. 다른 카복실산 유도체들의 환원에서는 알코올이 얻어지지만 아마이드에서는 아민이 생성된다.

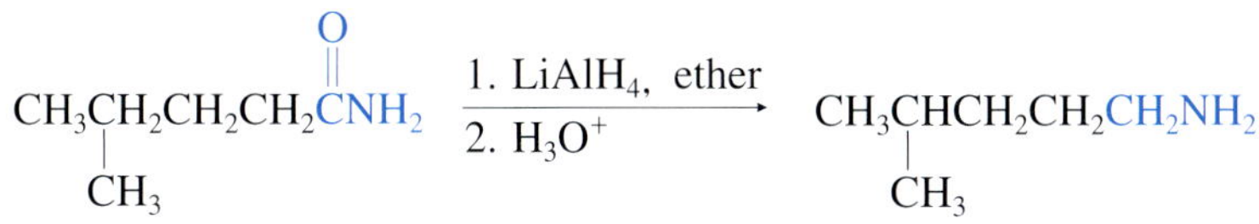

4-Methylpentanamide 4-Methylpentylamine

문제 9.25 산 촉매 존재 하에서 acetamide의 가수 분해 반응의 메커니즘을 제시하시오.

문제 9.26 Benzoic acid로부터 시작하여 benzylamine을 합성하는 반응 단계들을 적으시오.

Benzylamine

9.19 나이트릴

나이트릴 화합물들은 카복시기를 가지고 있지 않지만 사이아노기의 화학이 카복실산의 화학과 비슷하며 사이아노기의 탄소가 카복시기와 산화수가 같기 때문에 카복실산 유도체로 분류된다. 나이트릴은 보통 일차 또는 이차 할로알케인을 사이안산 음이온으로 처리하여 얻는다.

$$CH_3CH_2CH_2CH_2Br + Na^+CN^- \longrightarrow CH_3CH_2CH_2CH_2CN + NaBr$$

Bromobutane Sodium cyanide Pentanenitrile

나이트릴은 산 또는 염기 수용액에서 가열하면 카복실산으로 가수 분해된다.

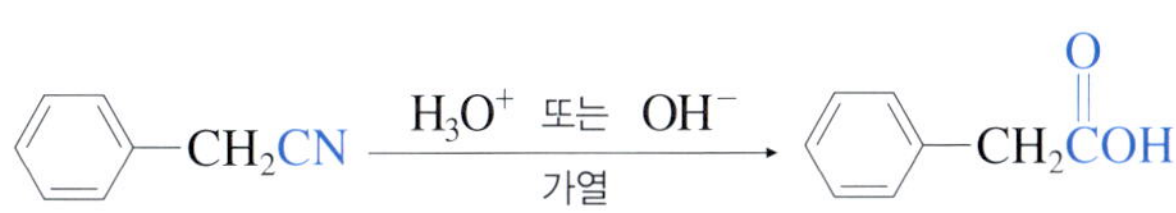

Benzyl cyanide Phenylacetic acid

나이트릴을 $LiAlH_4$와 같은 환원제로 처리하면 아민으로 환원된다.

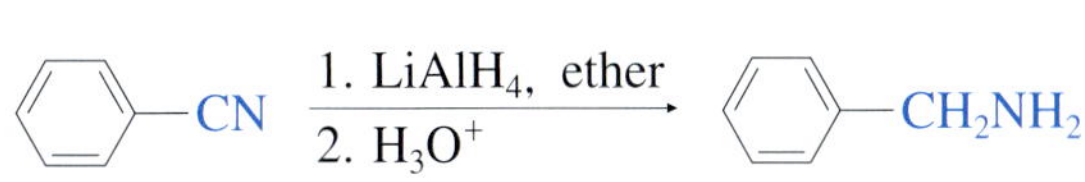

Benzenenitrile Benzylamine

나이트릴을 Grignard 시약으로 처리하면 이민 음이온이 형성되는데 이것을 산 수용액으로 가수 분해하면 케톤이 생성된다.

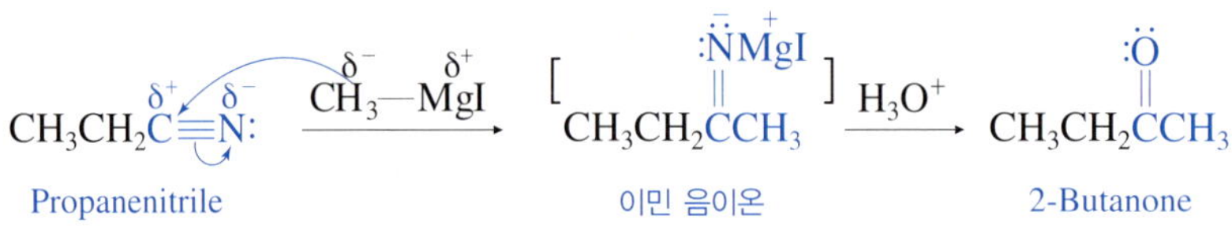

문제 9.27 나이트릴과 Grignard 반응으로부터 다음을 합성하시오.

(1) 2-Hexanone
(2) Acetophenone(methyl phenyl ketone)
(3) 3-Pentanone
(4)

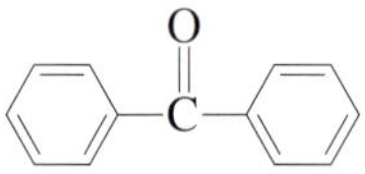

문제 9.28 왼쪽으로부터 오른쪽을 합성하시오.

(1)

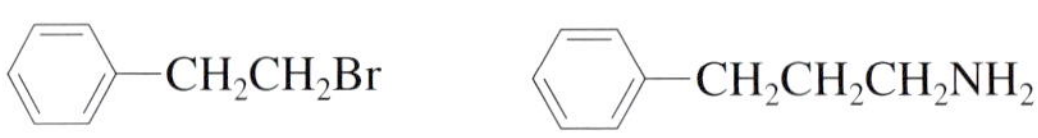

(2)

요약

카복실산(carboxylic acid)은 **카복시기(carboxy group)**를 포함하고 있는 유기 화합물이다. 카복시기는 카보닐기와 하이드록시기를 포함하고 있기 때문에 극성이 매우 크며 카복실산의 반응성은 이들 두 작용기의 상호 작용으로부터 비롯된다.

카복실산의 가장 중요한 특성은 산성도이다. 카보닐 탄소가 전자를 강하게 끌어당길 뿐만 아니라 양성자가 제거된 알콕사이드 음이온의 음전하가 공명 현상에 의해 카복시기의 두 산소 원자로 비편재화 되기 때문에 카복실산은 강한 산으로 작용한다. 카보닐기의 인접한 탄소에 전자받개가 치환되면 카복실산의 음이온이 더 안정화되기 때문에 더 큰 산성도(더 작은 pK_a 값)를 보여준다.

카복실산의 하이드록시기가 치환되면 여러 가지 카복실산 유도체가 만들어진다. 카복실산의 유도체에는 **할로젠화 아실(acyl halide)**, **카복실산 무수물(acid anhydride)**, **에스터(ester)**, **아마이드(amide)**, **나이트릴 화합물(nitrile)**이 있다. 카복실산 유도체들은 모두 **친핵성 아실 치환 반응(nucleophilic acyl substitution)**이라고 하는 형태의 반응을 일으킨다. 이 반응의 메커니즘은 카보닐 탄소에 친핵체가 첨가된 다음 이탈기가 제거되는 두 단계로 이루어져 있다.

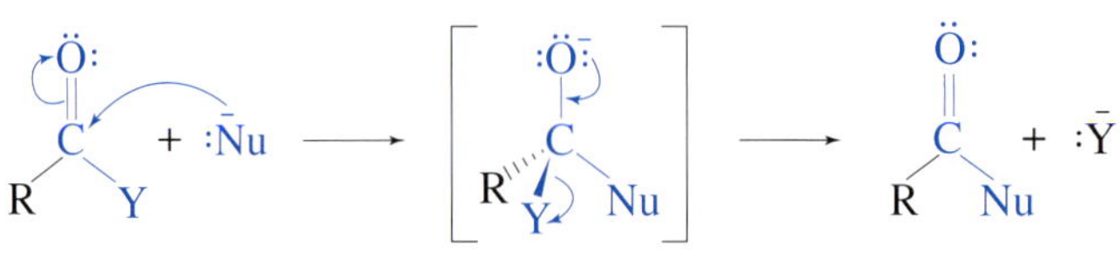

카복실산 유도체들의 반응성은 아마이드, 에스터, 카복실산 무수물, 할로젠화 아실의 순으로 증가한다. 반응성이 더 큰 카복실산 유도체는 반응성이 더 작은 유도체로 쉽게 전환될 수 있다. 카복실산, 에스터는 알코올로 환원되는 반면 아마이드와 나이트릴은 아민으로 환원된다. 에스터는 Grignard 시약과 반응하여 삼차 알코올로 전환된다.

읽을거리

생활 수준이 향상되면서 스포츠를 포함한 여러 가지 야외 활동을 즐길 수 있는 기회가 많아졌다. 야외 활동을 하면서 자외선을 받으면 피부는 스스로를 보호하기 위해 멜라닌 색소를 생산하게 되므로 얼굴이 검어진다. 자외선에 과다하게 노출되면 피부의 노화가 빨라지고 피부암에 걸릴 수도 있다. 피부 건강을 지키면서 야외 활동을 즐기려면 필연적으로 자외선에 대한 관심을 가져야 한다.

자외선은 파장의 길이에 따라 UVA(320~400 nm), UVB(290~320 nm), UVC(200~290 nm)로 구분된다. UVC는 생명체에 치명적인 자외선이지만 지구를 둘러싸고 있는 오존층에 의해 대부분 흡수된다. UVB는 피부에 화상을 일으키고 표피에 침투되면 피부암을 유발시킬 수 있는 파장이다. 파장이 긴 UVA는 피부의 깊숙한 부분까지 침투되며 피부를 검게 그을리고 색소의 침착과 콜라겐을 파괴하기 때문에 주름이 잡히게 하는 등 노화 현상을 촉진한다. UVB는 여름에 특히 강해지는 반면 UVA는 계절에 상관없이 일정한 것으로 알려져 있다.

자외선은 적도 지방과 고도가 높은 산간 지역일수록 더 강해진다. 야외에서 활동할 때는 자외선 차단제가 들어있는 화장품을 발라야 한다. 지금까지 개발되어 있는 자외선 차단 크림들은 일반적으로 UVB는 잘 막아주지만 UVA에 대해서는 효과가 작다고 한다.

자외선 차단제로 작용하는 화학 물질들은 자외선을 반사, 산란, 흡수하는 역할을 한다. 시중에서 판매하는 화장품에 포함되어 있는 UVB 차단물질로는 alkyl *p*-aminobenzoate, cinoxate 및 homosalate 등이 있다.

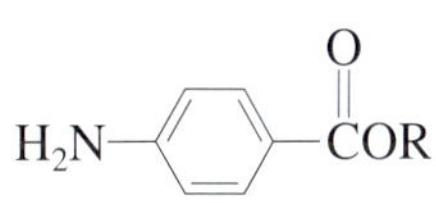

Alkyl *p*-aminobenzoate

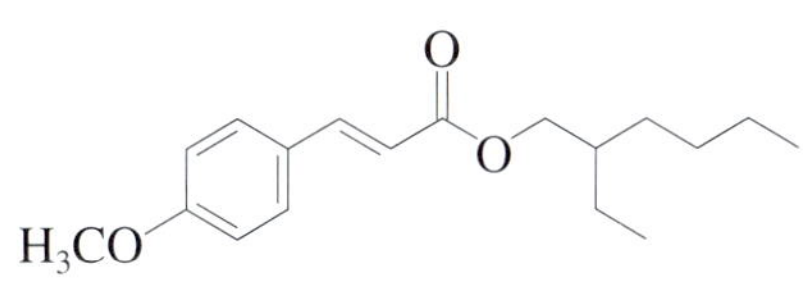

Octyl methoxycinnamate

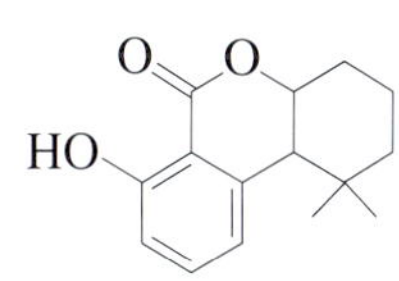

Homosalate

UVA 차단물질로는 Menthyl anthranilate 및 avobenzone 등이 사용된다.

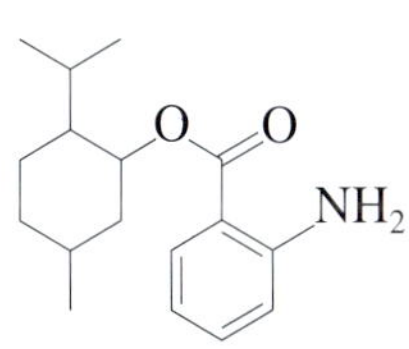

Menthyl anthranilate

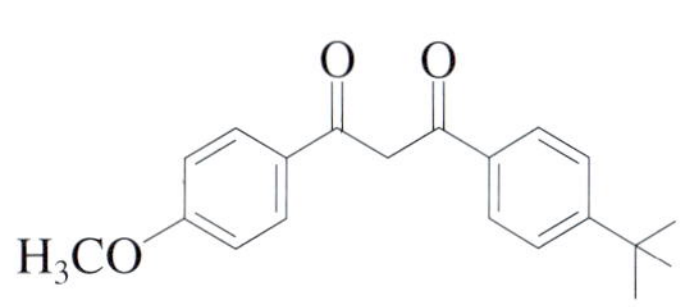

Avobenzone

햇볕으로부터 피부를 얼마나 잘 지켜주는가를 나타내는 값, 즉 "햇볕에 타서 검게 되거나 피부가 빨갛게 되는 것을 막아주는 정도"를 SPF(Sun Protection Factor)라고 한다. 자외선 차단제의 SPF 지수는 보통 2에서 52까지의 숫자로 표시되는데 이 숫자는 피부가 햇볕에 타기 시작하는 시간의 정도를 나타낸다. 즉, SPF 4의 자외선 차단 크림은 피부에 아무것도 바르지 않은 상태와 비교했을 때 피부가 화상을 입는 데 4배의 시간이 더 걸린다는 것을 의미한다. 어떤 사람이 햇빛 아래에서 피부가 타는 데 10분이 걸린다면, SPF 2의 자외선 차단 크림은 그 사람의 피부를 20분 동안 보호해 줄 수 있다는 것을 의미한다. 이 지수는 미국 식품 의원회(FDA)에서 제안한 것으로 자외선의 영향은 개인차, 피부색, 지역, 날씨, 나이 등에 따라 달라지므로 절대 수치가 아니다. SPF 15는 UVB를 약 95% 정도 차단할 수 있기 때문에 보통의 경우 이것으로 충분하게 자외선으로부터 피부를 보호할 수 있다.

그러나 자외선 차단 크림을 지나치게 사용하는 것은 좋지 않다. 자외선 차단 크림에는 여러 가지 종류의 화합물들이 포함되어 있기 때문에 독성이 있을 수 있다. 최근 들어 90%의 자외선 차단 크림에 UVB 차단 물질로 첨가되는 octyl methoxycinnamate가 독성이 있다는 증거가 발견되었다. 뿐만 아니라 자외선 차단 크림은 효과적으로 피부암을 예방하지 못한다는 연구 결과가 발표된 적도 있다.

(화학세계 2004년 05호에서 발췌)

보충문제

9.29 다음 카복실산 및 카복실산 유도체의 IUPAC 이름을 적으시오.

(1) $(CH_3)_2CHCOOH$

(2) $CH_3CHClCHBrCH_2COOH$

(3)

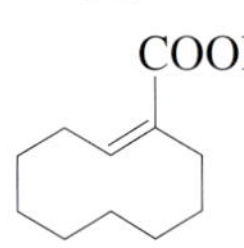

(4)

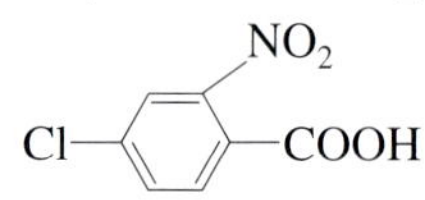

9.30 다음 카복실산의 구조를 그리시오.

(1) 4-Methylhexanoic acid

(2) 2,3-Pentanedioic acid

(3) Triphenylacetic acid

(4) *m*-Toluic acid

9.31 다음 카복실산 유도체의 IUPAC 이름을 적으시오.

(1) $(CH_3)_3CCH_2COCl$

(2) $CH_3CH(CH_3)COO^-Na^+$

(3)

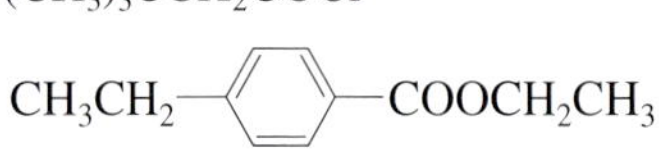

(4) $CH_3CH_2CH_2CH_2COOC_6H_5$

(5) $CH_3CH_2COOCOCH_2CH_3$

(6) $HCONH_2$

(7) $(CH_3)_2CHCH_2CONHCH_3$

(8) $CH_3CH(CH_3)CH(CH_3)CH_2CH_2CN$

9.32 다음 각각의 구조식을 그리시오.

(1) 4,5-Dichlorooctanoic acid

(2) *trans*-1,3-Cyclohexanedicarboxylic acid

(3) 2,3-Dimethylpentanamide

(4) Ethyl cyclohexanecarboxylate

(5) Phenyl butanonate
(6) Propanoic anhydride
(7) Benzonitrile
(8) 2-Bromopentanoyl bromide

9.33 다음을 끓는점이 높아지는 순서로 나열하고 이유를 설명하시오.

CH_3CH_2COOH, $CH_3CH_2CH_2CHO$, $CH_3CH_2CH_2CH_3$

9.34 Acetic acid의 끓는점은 118℃이고 ethyl acetate의 끓는점은 77℃이다. 분자량이 낮은 acetic acid의 끓는점이 더 높은 이유를 설명하시오.

9.35 다음을 산성도가 증가하는 순서로 나열하시오.

(1) $CH_3CH_2CH_2COOH$, $CH_3CHBrCH_2COOH$, $CH_3CH_2CHBrCOOH$
(2) CH_3COOH, $CH_2ClCOOH$, CCl_3COOH, $CHCl_2COOH$
(3)
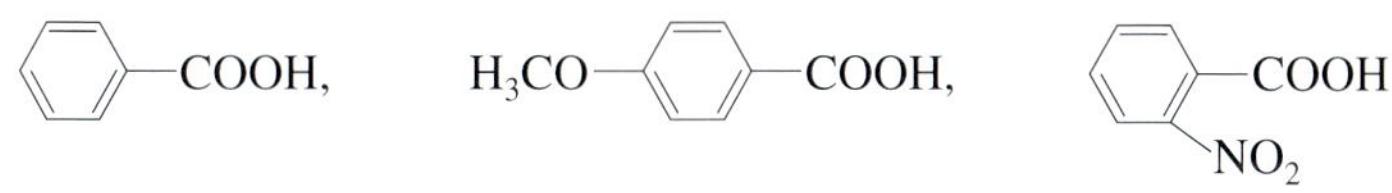

(4) Benzoic acid, Phenol, Cyclohexanol

9.36 다음 각 화합물로부터 pentanoic acid를 합성하는 반응식을 적으시오.

(1) 1-chlorobutane
(2) 1-pentanol
(3) pentanal
(4) 3-octene

9.37 왼쪽으로부터 오른쪽 카복실산을 합성하는 반응식을 적으시오(두 단계 이상의 반응이 필요할 수도 있음).

(1)
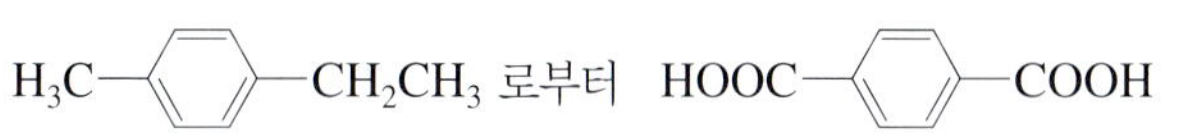

(2)
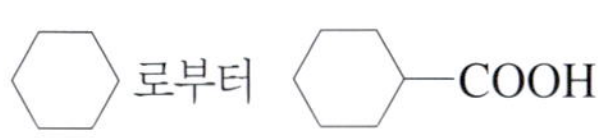

(3) $(CH_3)_3COH$로부터 $(CH_3)_3CCOOH$

(4)
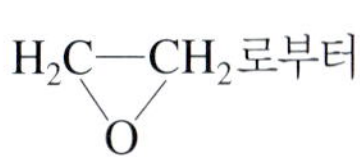

로부터 $CH_3CH_2OCH_2COOH$

(5) $BrCH_2CH_2Br$로부터 $HOOCCH_2CH_2COOH$

(6)
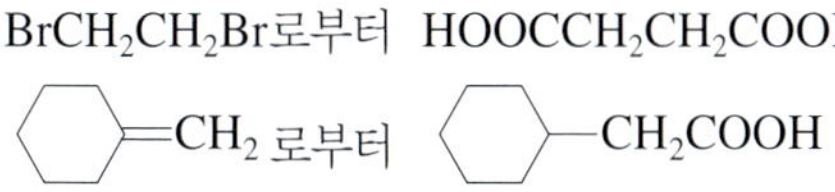

9.38 다음 각 반응에서 주생성물의 구조를 그리시오.

(1) $CH_3CH_2COOH \xrightarrow{NH_3}$
(2) $CH_3CH_2COOH \xrightarrow{LiAlH_4}$
(3) $CH_3CH_2COOH \xrightarrow{H_2,\ Pt}$
(4)
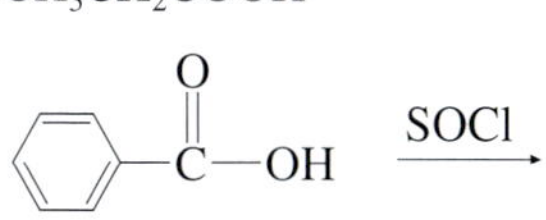

(5)

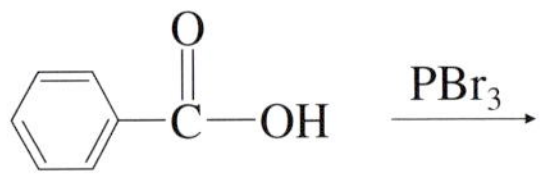

(6)

(7)

(8)

(9)

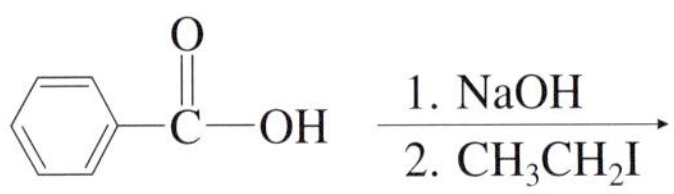

9.39 2,2-Dimethylhexanoic acid를 합성하기 위해 2-chloro-2-methylhexane을 NaCN으로 처리하고 가수 분해하였지만 원하는 생성물이 얻어지지 않았다. 문제점을 지적하시오.

9.40 (±)-2-methylbutanoic acid와 (*S*)-2-butanol을 반응시켜 에스터를 합성하였다.

(1) 얻어진 에스터의 구조를 그리시오.

(2) 에스터는 서로 거울상 이성질체인가? 부분 입체 이성질체인가?

9.41 다음 반응식을 적으시오.

(1) Butanoyl chloride의 가수 분해 반응

(2) Benzoyl chloride와 메탄올의 반응

(3) Benzoic acid와 acetic anhydride의 반응

(4) Benzoic anhydride와 암모니아의 반응

(5) benzonitrile의 가수 분해 반응

(6) Propanamide의 가수 분해 반응

9.42 다음 반응을 완결하시오.

(1) $HOOCCH_2CH_2COOH \xrightarrow{\text{가열}}$

(2)

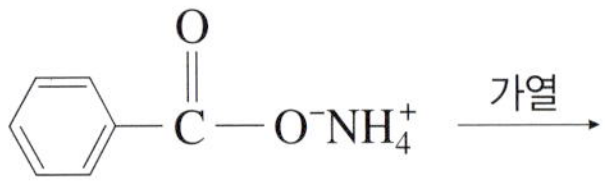

(3) $CH_3CH_2CH_2COOCH_2CH_3 \xrightarrow{LiAlH_4}$

(4) $CH_3CH_2CH_2CONH_2 \xrightarrow{LiAlH_4}$

(5) $CH_3CH_2CH_2COOCH_2CH_3 \xrightarrow[2.\ H_3O^+]{1.\ CH_3CH_2MgBr}$

(6) $CH_3CH_2CH_2CN \xrightarrow[2.\ H_3O^+]{1.\ CH_3CH_2MgBr}$

9.43 다음 각각으로부터 acetophenone(methyl phenyl ketone)을 합성하시오.

(1) Benzonitrile (2) Ethyl benzoate (3) Benzene

9.44 다음 왼쪽 화합물은 두 단계의 반응을 거쳐 오른쪽으로 전환될 수 있다. 두 단계 반응을 제시하시오.

9.45 카복실산을 $H_2{}^{18}O$에 녹여두면 카복실산의 두 산소가 모두 ^{18}O로 치환될 수 있다. 이 반응을 설명하는 메커니즘을 제시하시오.

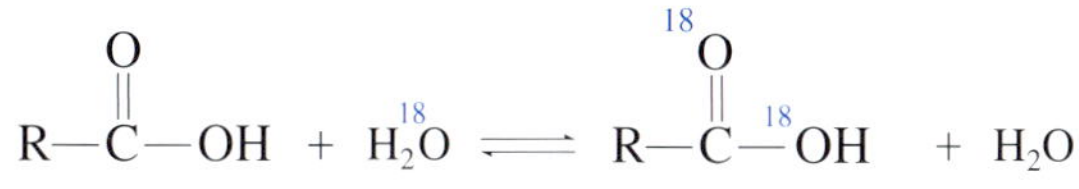

9.46 문제 9.45에서 카복실산을 $H_2{}^{18}O$ 대신 $CH_3{}^{18}OH$ 녹여 놓으면 ^{18}O은 어느 위치로 치환되어 들어가는가? 메커니즘을 이용하여 설명하시오.

9.47 다음 반응의 메커니즘을 제시하시오.

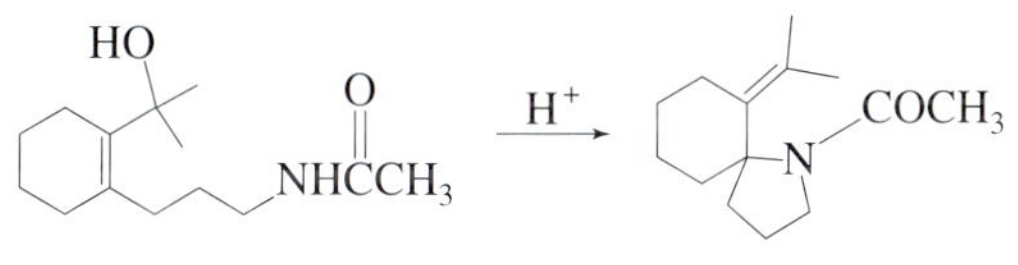

9.48 에스터를 Grignard 시약으로 처리했을 때 생성되는 케톤은 분리되지 않는다. 그러나 나이트릴 화합물을 Grignard 시약으로 처리했을 때는 케톤이 분리된다. 적당한 예를 들어 이 현상을 설명하시오.

9.49 Diethyl carbonate($CH_3CH_2OC(=O)OCH_2CH_3$)과 C_6H_5MgCl 사이의 반응에서 삼차 알코올인 triphenylmethanol이 생성되는 반응의 메커니즘을 제시하시오.

9.50 Ethyl acetate와 methylamine으로부터 *N*-methylacetamide가 생성되는 반응의 메커니즘을 제시하시오.

9.51 염기 촉매 존재 하에서 일어나는 benzonitrile(C_6H_4CN)의 가수 분해 반응 메커니즘을 제시하시오.

9.52 Benzocaine은 산 촉매 존재 하에서 4-aminobenzoic acid와 ethanol로부터 만들어진다. Benzocaine의 구조를 그리시오.

9.53 Sodium ethoxide 존재 하에서 ethyl propionate가 일으키는 Claisen 축합 반응의 메커니즘을 제시하시오.

9.54 다음 반응의 메커니즘을 제시하시오.

$$(CH_3)_3COH + CH_3CN \xrightarrow{H_3O^+} (CH_3)_3CNH\overset{O}{\overset{\|}{C}}CH_3$$

9.55 (R)-2-butanol($[\alpha]_D = -13.5°$)을 tosyl chloride로 처리하면 butyl tosylate가 생성된다. 이것을 수산화 소듐 수용액으로 처리하면 $\alpha]_D = +13.5°$의 2-butanol이 얻어진다. 이 현상을 설명하시오.

9.56 왼쪽의 화합물은 자발적으로 오른쪽으로 전환된다. 메커니즘을 제시하시오.

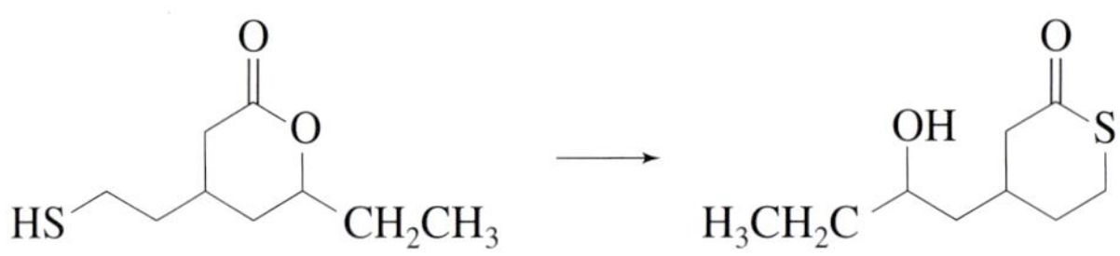

9.57 다음 두 산 무수물을 aniline으로 처리하면 오른쪽과 같은 결과가 얻어진다. 설명하시오.

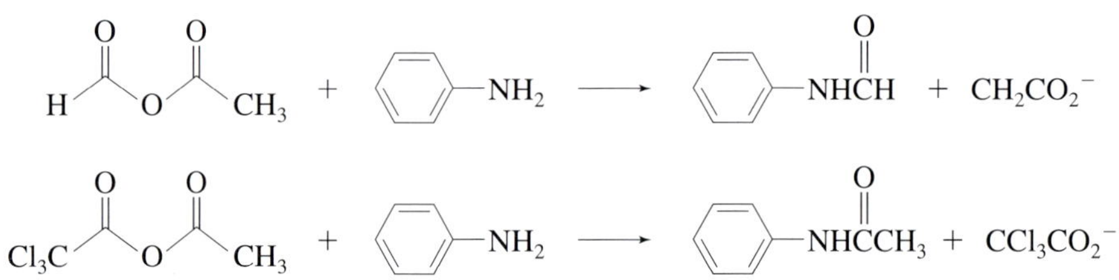

10장

아민

질소는 탄소, 수소, 산소와 함께 생명체를 구성하고 있는 중심 원소이다. 질소는 식물과 동물의 단백질, 핵산은 물론이고 많은 다른 조직에서 발견된다. 한 개 이상의 알킬 또는 아릴기가 질소에 결합되어 있는 암모니아의 유도체를 **아민(amine)**이라고 한다. 질소 원자가 알킬기에 결합되어 있으면 **알킬아민(alkylamine)**이라고 하고 방향족 고리에 결합되어 있으면 **아릴아민(arylamine)**으로 분류된다. 많은 아민들이 생물학적 활성을 가지고 있으며 의약품으로 이용된다. 예를 들어 합성 아민의 일종인 amphetamine에는 혈액의 glucose 함량을 높여줌으로써 공복감과 피로를 감소시키는 작용이 있다. 이 때문에 체중 감량을 원하는 사람들의 식욕 억제제와 피로 회복제로 사용된다. 코카 잎에서 분리되는 cocaine은 중추 신경을 흥분시킨다. 소량을 섭취했을 때는 피로감이 줄어들고 기분이 좋아지지만 오랫동안 사용하면 중독과 우울증에 빠지게 된다. 담배의 성분인 (*S*)-nicotine은 중독성 흥분제이다. 오랫동안 섭취하면 치명적인 독으로 작용한다. (*S*)-nicotine의 수용액은 살충제로 사용되기도 한다.

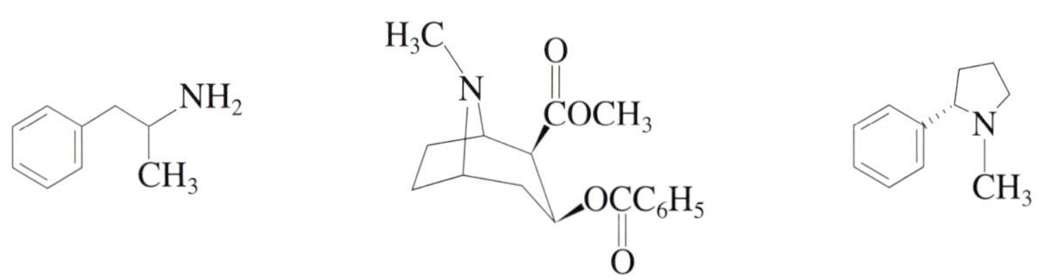

Amphetamine　　Cocane　　(*S*)-Nicotine

10.1 아민의 명명법

아민은 암모니아의 유도체로 생각할 수 있으며 질소에 결합되어 있는 알킬 또는 아릴 치환체의 수에 따라 일차, 이차, 삼차 아민으로 분류된다.

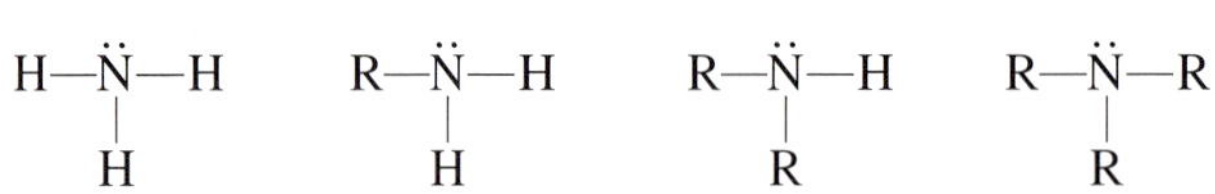

암모니아　　1차 아민　　2차 아민　　3차 아민

이것은 할로알케인 또는 알코올의 분류와 다르다. 할로알케인과 알코올의 경우에는 할로젠 원자 또는 하이드록시기가 치환되어 있는 탄소에 결합된 알킬 또는 아릴기의 수를 기초로 분류된다.

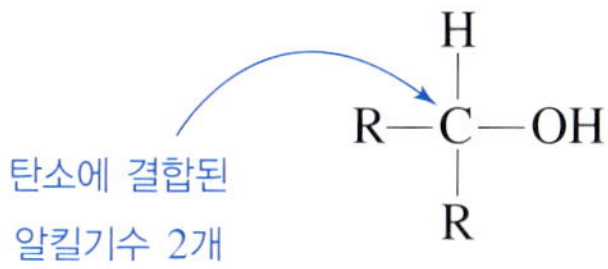

이차 알코올

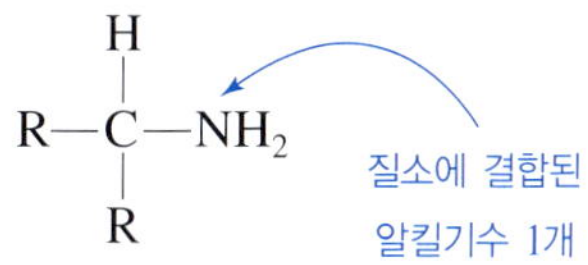

일차 아민

질소에 4개의 알킬 또는 아릴기가 결합된 양이온은 **사차 암모늄 이온**(**quaternary ammonium ion**)이라고 한다.

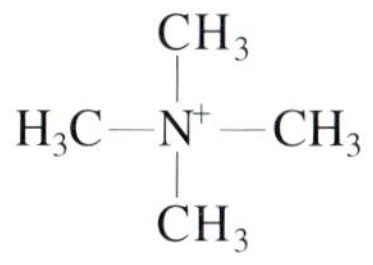

Tetramethylammonium ion
사차 암모늄 이온

아민의 이름은 몇 가지 방법으로 지을 수 있다. 간단한 아민의 IUPAC 이름은 알킬 또는 알릴기 다음에 어미 -amine을 붙여서 짓는다.

$CH_3CH_2CH_2NH_2$	$(CH_3CH_2)_2NH$	$(CH_3CH_2)_3N$
Propylamine	Diethylamine	Triethylamine

두 개 이상의 다른 알킬기가 질소에 결합되어 있을 때는 가장 큰 알킬기를 모체로 생각한다. 작은 알킬기들은 접두어로 처리해서 *N*-alkyl-로 이름을 짓는다.

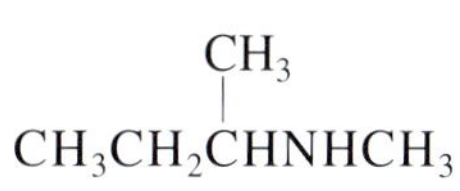

N-Methyl-2-butylamine

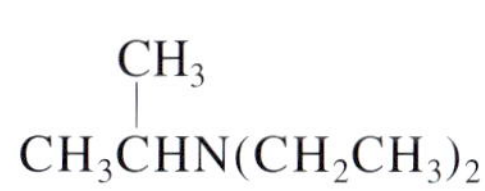

N,*N*-Diethyl-2-propylamine

Alkanamine으로 이름 짓는 보다 편하고 합리적인 방법도 있다.

$CH_3CH_2CH_2NH_2$

Propanamine

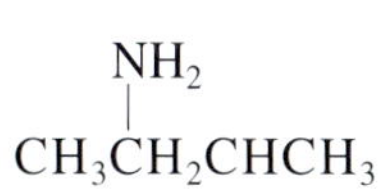

2-Butanamine

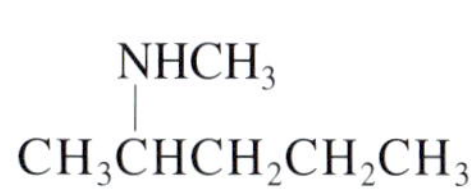

N-Methyl-2-pentanamine

다른 작용기와 함께 있을 때는 $-NH_2$를 치환체로 생각하며 amino-라고 하는 접두어로 처리한다.

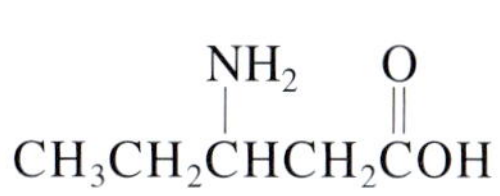

3-Aminopentanoic acid

$HOCH_2CH_2CH_2NH_2$

3-Aminopropanol

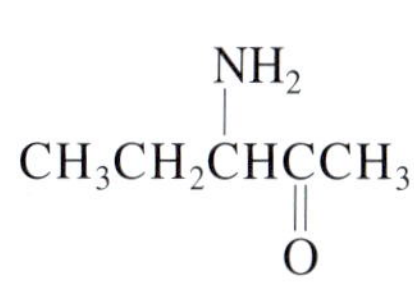

3-Amino-2-pentanone

중요한 비방향족성 헤테로 고리 아민(nonaromatic heterocyclic amine)들에는 다음과 같은 화합물들이 있다.

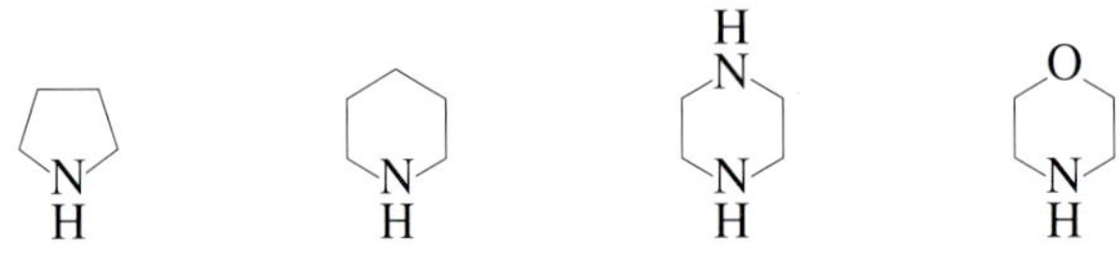

Pyrrolidine Piperidine Piperazine Morpholine

문제 10.1 다음 각 아민들의 이름을 쓰시오.

(1) $CH_3(CH_2)_4NH_2$

(2) 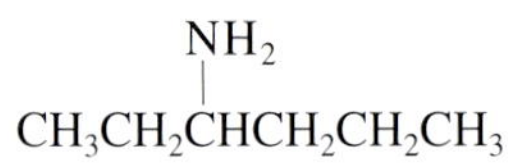

(4) 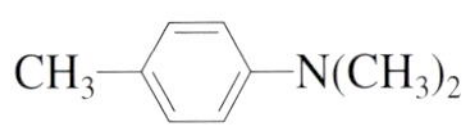

(3) 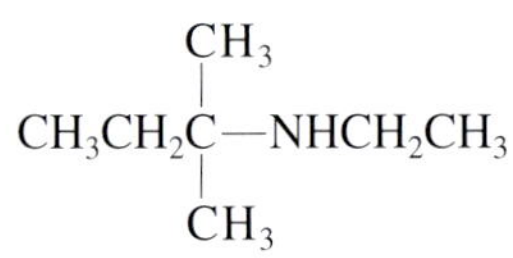

(5) 

(6) 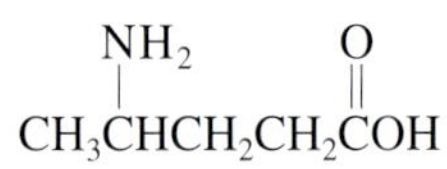

문제 10.2 다음 각 아민들의 구조를 그리시오.

(1) 2-Methyl-1-pentanamine
(2) Cyclohexylamine
(3) (*R*)-2-Butanamine
(4) *N*-Ethyl-*N*-methylaniline

10.2 구조와 물리적 성질

아민의 질소 원자에는 네 개의 sp^3 혼성 오비탈이 있다. 이들 중 세 개는 적어도 한 개 이상의 알킬 또는 아릴기 및 수소 원자에 결합되어 있고 나머지 한 개는 한 쌍의 비공유 전자를 수용하고 있다. 이 때문에 아민의 구조는 피라미드형이며 질소 원자의 세 치환체가 모두 다를 때는 카이랄이다. 그러나 아민의 거울상 이성질체들은 보통의 온도에서 반전을 통해 빠르게 상호 전환되기 때문에 분리할 수 없다. 이 반전은 sp^2 질소의 평면형 전이 상태를 거쳐서 진행된다.

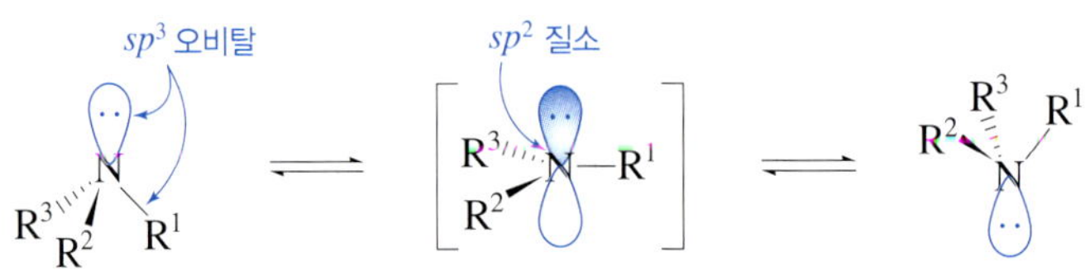

카이랄 아민 반전의
평면형 전이 상태

아민은 N−H 결합이 크게 분극되어 있기 때문에 극성이 크고 알코올과 마찬가지로 수소 결합을 형성한다. 수소 결합 때문에 아민들은 끓는점과 녹는점이 높다.

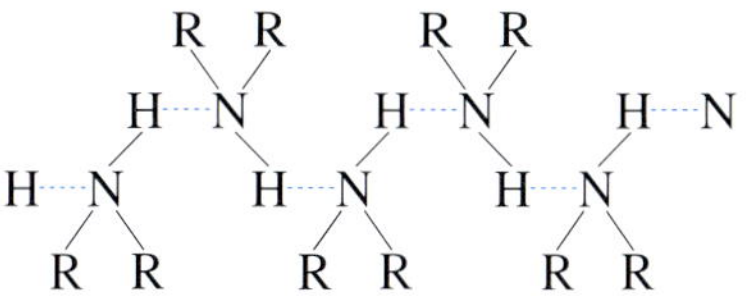

일차 및 이차 아민은 물 분자들과 N···H···O 형의 수소 결합을 형성한다. 이 때문에 탄소수가 5개 이하인 작은 아민들은 물에 녹는다. 분자량이 작은 아민들은 생선 비린내와 비슷한 독특한 냄새가 난다.

문제 10.3 삼차 아민이 분자량이 비슷한 일차 아민보다 끓는점이 낮은 이유를 설명하시오.

10.3 아민의 염기도

질소 원자에 있는 비공유 전자쌍 때문에 아민은 염기뿐만 아니라 친핵체로도 작용한다. 즉, 아민은 Lewis 염기로 작용하여 전자가 부족한 원자, 이온 또는 분자에 전자를 제공하며 극성 반응에서는 친전자체와 반응한다. 아민은 알코올, 에터 또는 물보다 훨씬 강한 염기이다. 수용액 속에서 아민은 산−염기 평형 반응을 일으키며 물 분자로부터 양성자를 받는다.

이 평형에서 아민이 양성자를 받아들이는 정도인 염기로서의 세기는 **염기도 상수 (basicity constant)** K_b로 정의된다.

$$K_b = \frac{[R_3NH^+][OH^-]}{[R_3N]}$$

$$pK_b = -\log K_b$$

여기서 물의 농도 $[H_2O]$는 K_b에 포함되어 있다. 염기로서의 세기가 증가할수록 K_b 값은 증가하고 pK_b 값은 감소한다. 즉, pK_b 값이 작을수록 더 강한 염기이다.

K_b :	10^{-10}	10^{-5}	10^{-3}
pK_b :	10	5	3

→ 염기로서의 세기 증가

대표적인 아민들의 pK_b 값을 종합하면 표 10.1과 같다. 간단한 아민들은 구조에 상관없이 3~4 정도의 pK_b 값을 보여준다. 알킬기와 같이 전자를 주는 기가 질소에 있으면 염기도가 증가된다. 알킬아민들은 암모니아보다 10배 이상 강한 염기이다. 짝산의 용매화, 입체 구조 및 전자적인 상호 작용과 같은 복잡한 효과들이 간섭하기 때문에 알킬아민들의 염기도는 서로 비슷하다.

표 10.1 대표적인 아민들의 pK_b 값

구조	이름	pK_b	염기로서의 세기
	Piperidine	2.88	강염기
$(CH_3CH_2)_2NH$	Diethylamine	3.06	↑
$(CH_3CH_2)_3N$	Triethylamine	3.21	
$CH_3CH_2NH_2$	Ethylamine	3.25	
$(CH_3)_2NH$	Dimethylamine	3.27	
CH_3NH_2	Methylamine	3.34	
$(CH_3)_3N$	Trimethylamine	4.19	
NH_3	암모니아	4.75	
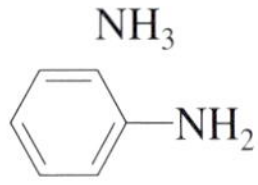	Aniline	9.37	약염기

아릴아민의 경우는 매우 다르다. 예를 들면 aniline의 염기도는 구조적으로 연관 지을 수 있는 cyclohexylamine보다 약 10^6배 약하다. Aniline은 다섯 개 공명 혼성 구조를 가지고 있다. 질소의 비공유 전자는 공명에 의해 페닐기 쪽으로 크게 비편재화되므로 산과 거의 결합할 수 없다.

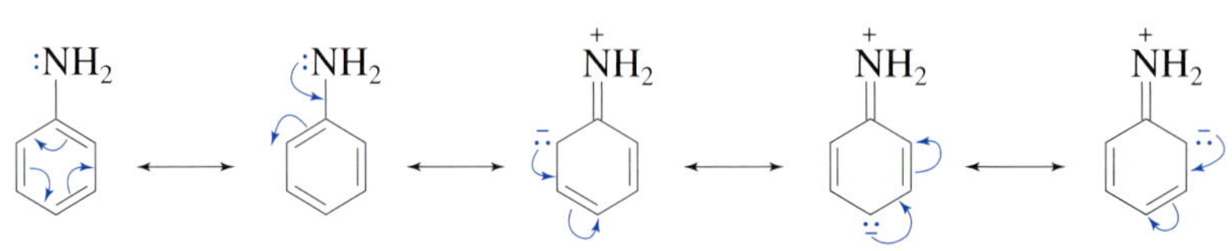

Aniline과 마찬가지로 아마이드도 공명 혼성에 의해 질소의 비공유 전자쌍이 카보닐이

기 쪽으로 비편재화되어 있기 때문에 염기도가 매우 낮다. 아마이드는 산으로 처리했을 때 염을 형성하지 않으며 수용액은 거의 중성이다.

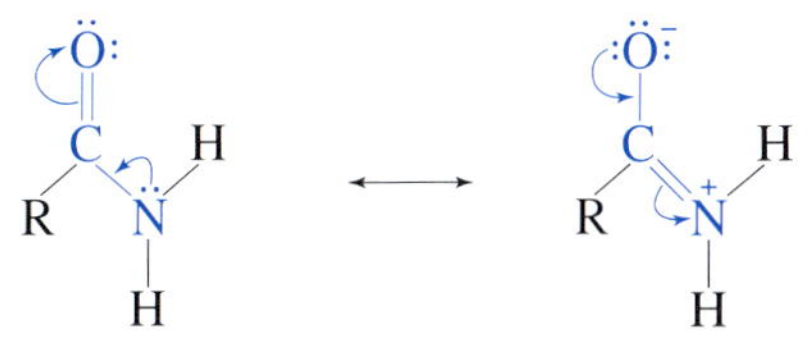

문제 10.4 다음 중 어느 것이 더 강한 염기인지 설명하시오.

(1) $CH_3CH_2NH_2$와 $CH_3CHClNH_2$ (Cl은 C에 결합)

(2) $CH_3CH_2NH_2$와 $CH_3C(=O)NH_2$

(3)

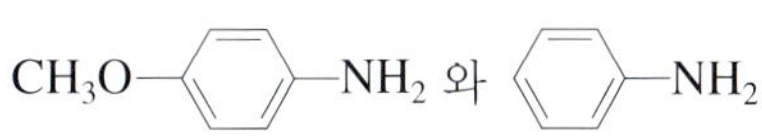

10.4 아민 염

아민과 HCl과 같은 무기산이나 카복실산이 반응하면 **아민의 염(amine salt)**을 형성한다. 아민의 염은 보통 **치환된 암모늄 염(substituted ammonium salt)**으로 이름 지으며 치환된 암모늄 양이온의 이름 다음에 산의 음이온 이름을 더하여 부른다.

$$(CH_3CH_2)_3N\!: \; + \; HCl \longrightarrow (CH_3CH_2)_3NH^+ Cl^-$$

Triethylamine → Triethylammonium chloride

$$(CH_3CH_2)_2NH \; + \; CH_3COOH \longrightarrow (CH_3CH_2)_2NH_2^+ CH_3COO^-$$

Diethylamine → Diethylammonium acetate

물에 녹지 않는 아민은 묽은 산으로 처리하여 염으로 만들면 물에 녹는다. 이와 같은 특성을 이용하면 아미노기를 포함하고 있는 화합물들을 산 수용액에 녹지 않는 다른 물질로부터 분리할 수 있다. 예를 들어 식물 조직에 함유되어 있는 아민인 알칼로이드(alkaloid)는 산 수용액을 이용해서 나무껍질 또는 잎 등으로부터 추출된다.

사차 암모늄 염은 무기 음이온을 유기 용매로 운반할 수 있기 때문에 특정한 유기 화학 반응을 촉진시키는 **상 이동 촉매(phase transfer catalyst)**로 이용될 수 있다. 예를 들어 CN^- 이온과 할로알케인의 친핵성 치환 반응을 생각해 보자. RX를 물과 섞이지 않는 유기 용매에 녹인 다음 NaCN의 수용액에 가하면 두 개의 층이 생긴다. 이때 치환 반응은 이 두 층의 표면에서만 일어날 수 있다.

$$CH_3(CH_2)_5CH_2Cl \;+\; NaCN \xrightarrow[\text{표면에서만 반응}]{\text{물 유기 용매 두 층의}} CH_3(CH_2)_5CH_2CN \;+\; NaCl$$

1-Bromoheptane (유기 용매에 용해) Sodium cyanide (물에 용해) Octanenitrile

이 혼합물에 유기 용매와 물에 모두 녹을 수 있는 사차 암모늄염 $R_4N^+X^-$을 가해주면 이것은 물과 유기 용매 속으로 드나든다. 물 층에 과량의 CN^-이온을 녹여 놓으면 $R_4N^+X^-$의 X^-가 CN^-로 교환되고 $R_4N^+X^-$보다는 주로 $R_4N^+CN^-$가 두 층을 드나들게 된다. 따라서 반응은 두 층의 표면뿐만 아니라 유기 용매에서도 일어나게 된다. 또 CN^-와 같은 친핵체는 물에 둘러 쌓여 있을 때보다 유기 용매 속에서 반응성이 훨씬 커지므로 반응은 훨씬 빠르게 진행된다.

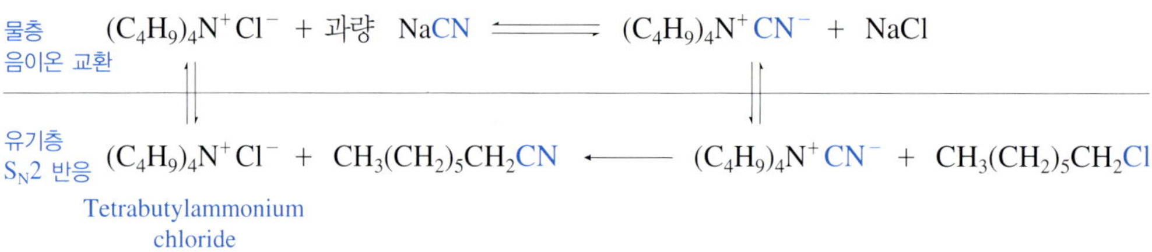

문제 10.5 다음 암모늄 염들의 이름을 쓰시오.

(1) 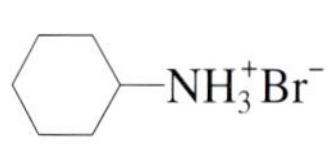

(2) $(CH_3CH_2)_4\overset{+}{N}Cl^-$ (3) $(CH_3CH_2CH_2)_2\overset{+}{N}H_2CH_3CO_2^-$

문제 10.6 다음 산염기 반응식을 완결하고 생성물의 이름을 쓰시오.

(1) $CH_3CH_2CH_2NH_2 \;+\; HBr \longrightarrow$

(2)

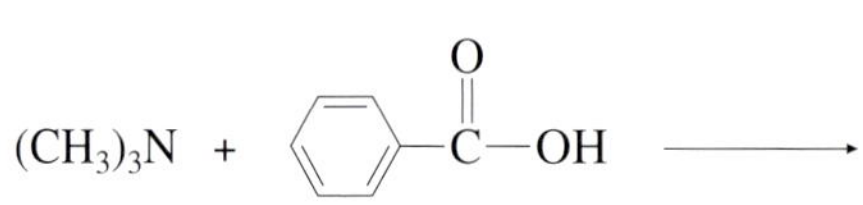

10.5 아민의 합성

아민과 할로알케인의 반응

암모니아 또는 아민은 비공유 전자를 가지고 있으므로 할로알케인과의 치환 반응에서 친핵체로 작용할 수 있다. 할로알케인을 암모니아로 처리하면 일차 아민이 얻어지고 일차 아민과 할로알케인의 반응에서는 이차 아민이, 이차 아민과의 반응에서는 삼차 아민이 얻어질 수 있다.

$$RX + NH_3 \longrightarrow RNH_3^+X^- \xrightarrow{OH^-} RNH_2 \quad \text{일차 아민}$$

$$RX + RNH_2 \longrightarrow R_2NH_2^+X^- \xrightarrow{OH^-} R_2NH \quad \text{이차 아민}$$

$$RX + R_2NH \longrightarrow R_3NH^+X^- \xrightarrow{OH^-} R_3N \quad \text{삼차 아민}$$

그러나 이 반응 생성물들은 여전히 질소 원자에 비공유 전자를 가지고 있기 때문에 자체로서 친핵체이며 할로알케인을 두고 출발 아민과 경쟁한다. 예를 들어 1-bromooctane을 암모니아와 반응시키면 비슷한 양의 octylamine 및 dioctylamine과 함께 소량의 trioctylamine과 tetraoctylammonium bromide가 생성된다. 따라서 이 방법은 아민을 합성하는 데 일반적으로 이용할 수 없다.

$$\underset{\text{1-Bromooctane}}{CH_3(CH_2)_6CH_2Br} + NH_3$$

$$\downarrow$$

$$\underset{\text{Octylamine(45\%)}}{CH_3(CH_2)_6CH_2NH_2} + \underset{\text{Dioctylamine(43\%)}}{(CH_3(CH_2)_6CH_2)_2NH} + \underset{\text{Trioctylamine(소량)}}{(CH_3(CH_2)_6CH_2)_3N} + \underset{\text{Tetraoctylammonium bromide(소량)}}{(CH_3(CH_2)_6CH_2)_4N^+Br^-}$$

문제 10.7 다음 반응에서 얻어지는 주생성물의 구조를 그리시오.

(1) 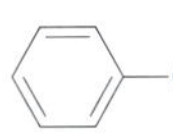 $-CH_2Br$ + 과량 $NH_3 \longrightarrow$

(2) $(CH_3CH_2)_2NH + CH_3CH_2Br \longrightarrow$

(3) 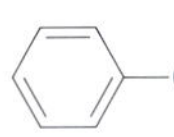 $-CH_2Br + (CH_3CH_2)_2NH \longrightarrow$

Gabriel 합성

Gabriel 합성법을 이용하면 부생성물 없이 일차 아민을 얻을 수 있다. 이 방법에서는 phthalimide를 KOH로 처리하여 포타슘 염을 만드는 단계로부터 시작한다. 친핵체로서 phthalimide 음이온과 적당한 알킬화제를 S_N2 반응시키면 치환된 phthalimide이 생성된다. 이것을 가수 분해하면 일차 아민이 얻어진다.

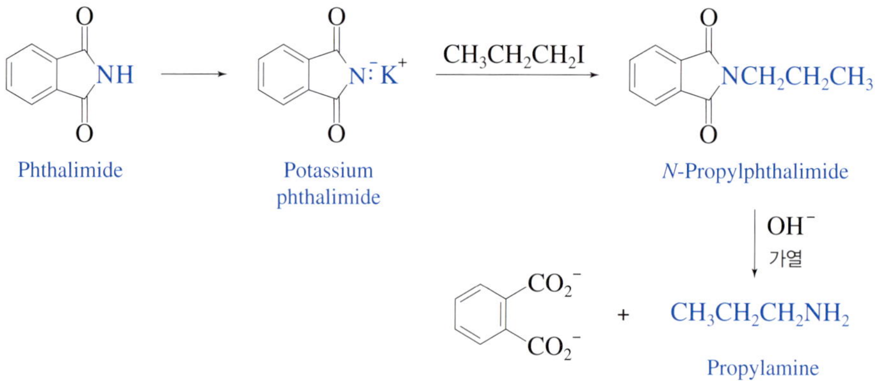

나이트릴과 아미드의 환원

할로알케인으로부터 나이트릴을 만들고 이것을 전이 금속 촉매 존재 하에서 수소로 처리하거나 $LiAlH_4$와 같은 환원제로 처리하면 아민이 얻어진다. 이 방법을 이용하면 할로알케인으로부터 탄소 수가 한 개 더 많은 아민을 합성할 수 있다.

환원제로 처리하면 아마이드도 아민으로 전환된다.

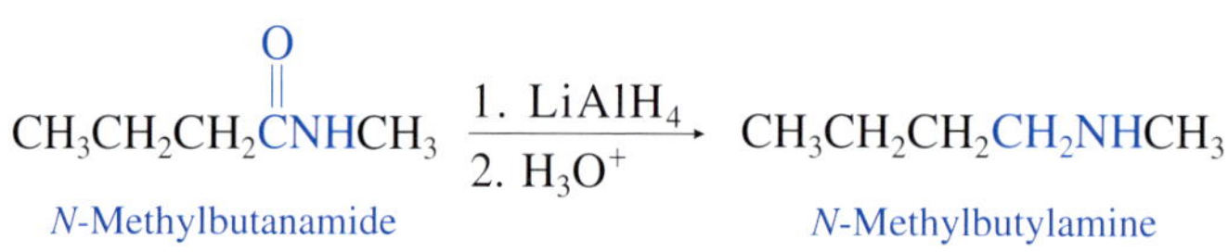

방향족 화합물을 나이트로화 하고 이것을 환원하는 방법은 방향족 아민을 합성하는 데 효과적이다. 나이트로기를 환원시킬 때는 산 수용액에서 금속 철 또는 염화 주석으로 처리하는 방법이 주로 이용된다.

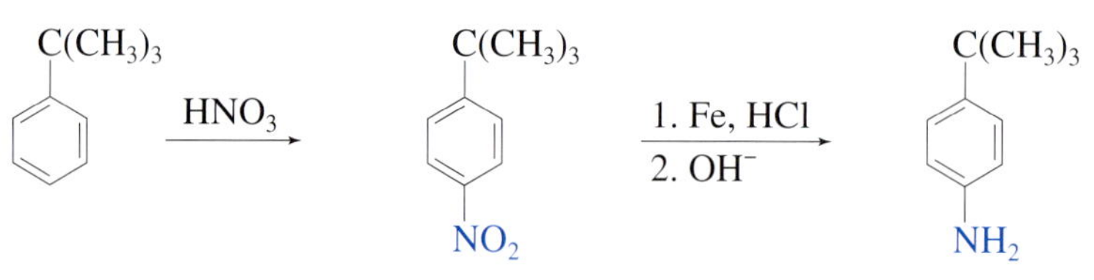

tert-Butylbenzene *p-tert*-Butylnitrobenzene *p-tert*-Butylaniline

Hofmann 자리옮김

질소 원자에 치환이 없는 아마이드를 OH^- 이온 존재 하에서 브로민으로 처리하면 Hofmann 자리옮김 반응이 일어나 아마이드 카보닐기가 제거되면서 일차 아민이 생성된다.

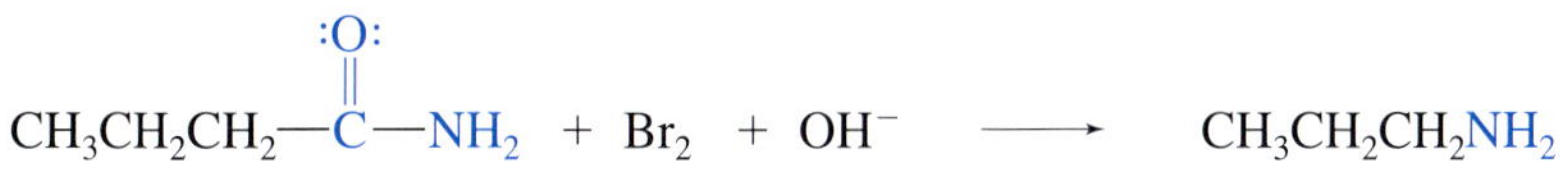

이 반응 메커니즘의 첫 단계는 염기 촉매 존재 하에서 일어나는 *N*-브로민화 반응이다. 형성된 *N*-bromoamide는 아마이드보다 산성도가 더 크기 때문에 빠르게 OH^-와 반응하여 음이온 중간체가 된다.

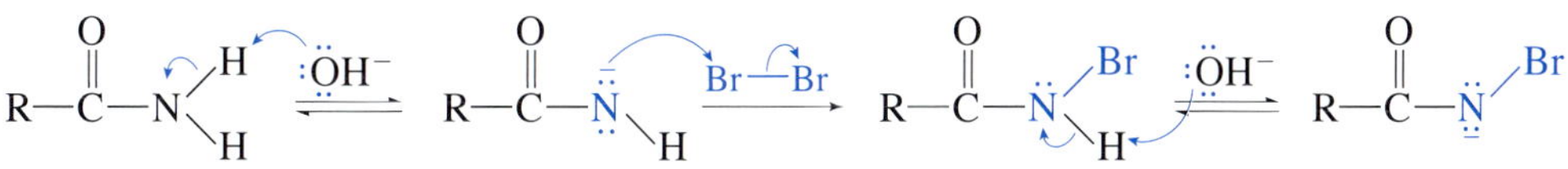

이 중간체에서 R기가 질소 쪽으로 이동하고, Br^-가 이탈되면 isocyanate가 생성된다. Isocyanate가 OH^-에 의해 가수 분해되면, carbamate 음이온이 된 다음 카복시기가 이탈되어 처음 아마이드보다 탄소 수가 한 개 적은 일차 아민이 생성된다.

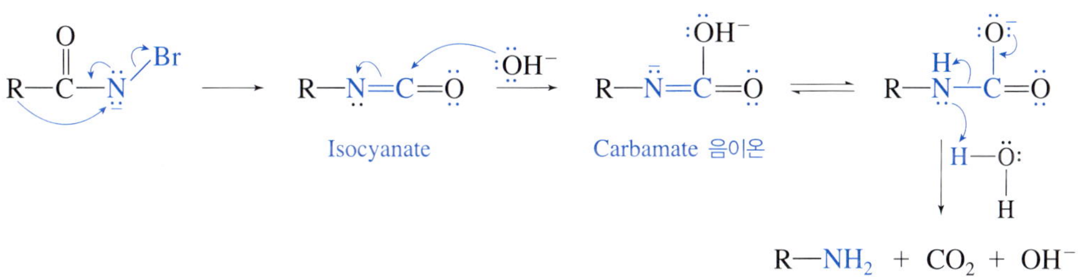

문제 10.8 Toluene을 출발 물질로 하여 친전자성 나이트로화 반응과 환원 반응을 거쳐 *p*-methylaniline을 합성하는 방법을 설명하시오.

문제 10.9 어떤 아마이드를 환원시키면 *N*-Methylcyclohexylamine이 얻어지겠는가?

문제 10.10 Bromopropane으로부터 butylamine을 합성하려고 한다. 어떻게 하면 되겠는가?

10.6 다이아조늄 염의 형성

일차 아민을 아질산(nitrous acid)으로 처리하면 **다이아조늄 이온(diazonium ion)**이 생성되는데 이 과정은 다음과 같은 몇 개의 단계를 거쳐 진행된다. 아질산은 낮은 온도의 묽은 염산에 아질산 나트륨(sodium nitrite), $NaNO_2$를 가함으로써 용기 내에서 만들어진다.

$$\underset{\text{아질산 나트륨}}{NaNO_2} + aq\text{-}HCl \xrightarrow{0°C} \underset{\text{아질산}}{HO-N=O} + NaCl$$

아질산이 양성자화되면 반응성이 매우 큰 **나이트로실 양이온(nitorsyl cation, NO^+)**이 형성된다.

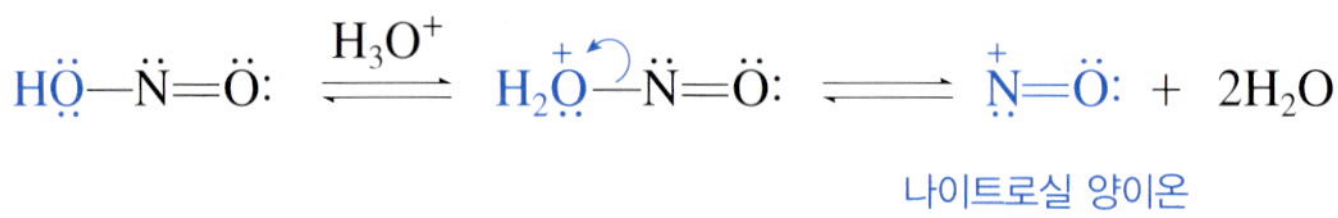

나이트로실 양이온이 아민을 공격하면 ***N*-나이트로사민(*N*-nitrosamine)**이 생성된다.

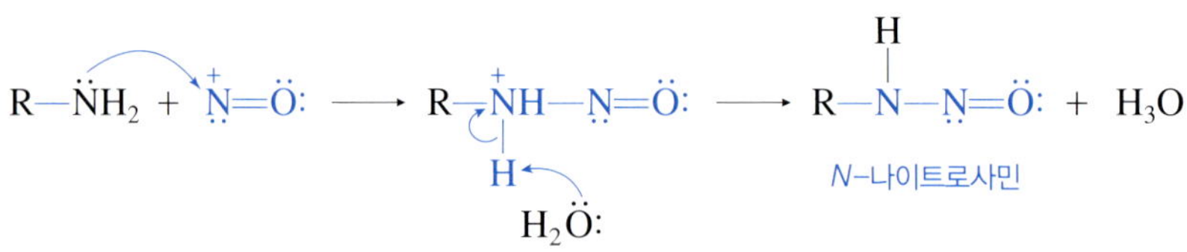

일차 아민으로부터 생성된 *N*-nitrosamine은 다이아조늄 이온으로 전환된다.

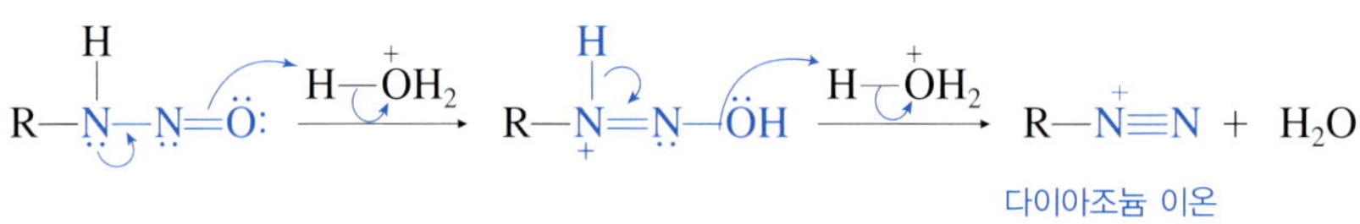

알킬 다이아조늄 염은 매우 불안정하지만 아릴 다이아조늄 염은 수용액 속에서 비교적 안정하여 몇 시간 동안 보관할 수 있다. 아릴 다이아조늄 염은 여러 가지 방향족 화합물로 전환될 수 있는 매우 중요한 중간체이다. 아릴 다이아조늄 염을 CuCl, CuBr 또는 CuCN과 함께 50~100℃로 가열하면 다이아조늄 이온의 N_2가 Cl, Br, 또는 CN으로 치환된다. 이때 Cu^+ 이온은 반응의 촉매로서 작용한다. 이 반응은 1884년 스위스의 Traugott Sandmeyer가 발견했는데 발견자의 이름을 따라 Sandmeyer 반응이라고 한다.

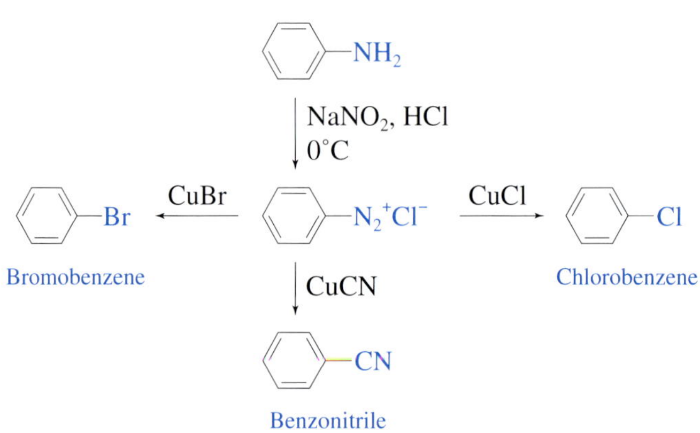

N_2를 아이오딘 또는 플루오린으로 치환할 때는 KI 또는 fluoroboric acid(HBF_4)로 처리하면 된다. 또 아릴 다이아조늄 염을 뜨거운 산 수용액으로 가열하면 N_2가 OH로, hypophosphorous acid(H_3PO_2)로 처리하면 N_2 대신 H로 치환된다.

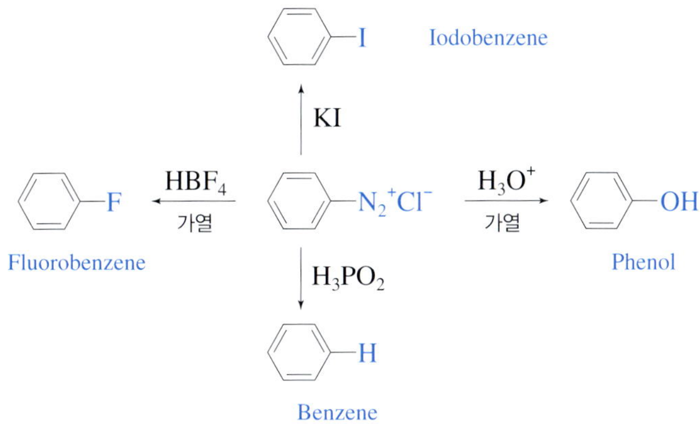

10.7 다이아조 짝지음 반응

아릴 다이아조늄 염은 1858년 J. P. Griess에 의해 발견된 직후부터 섬유를 염색하는 **아조 염료(azo dye)**를 합성하는 데 이용되었다. 아조 염료는 아릴 다이아조늄 염의 짝지음 반응을 통해 합성된다. 다이아조늄 이온은 두 질소 원자가 모두 부분 양전하를 가지고 있는 공명 혼성체이다.

이것을 하이드록시기와 같은 전자를 밀어주는 치환체에 의해 활성화되어 있는 방향족 화합물로 처리하면 **아조기(azo group, −N=N−)**를 포함하고 있는 아조 염료가 생성된다.

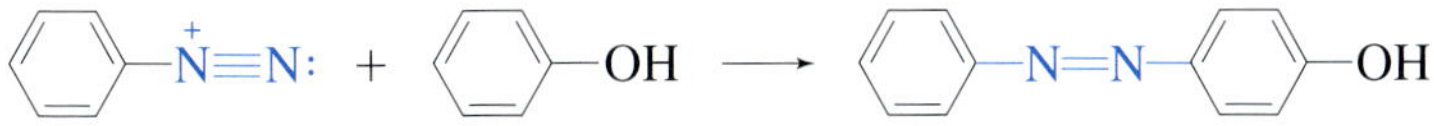

p-Hydroxyazobenzene
orange

문제 10.11 다음 반응을 완성하시오.

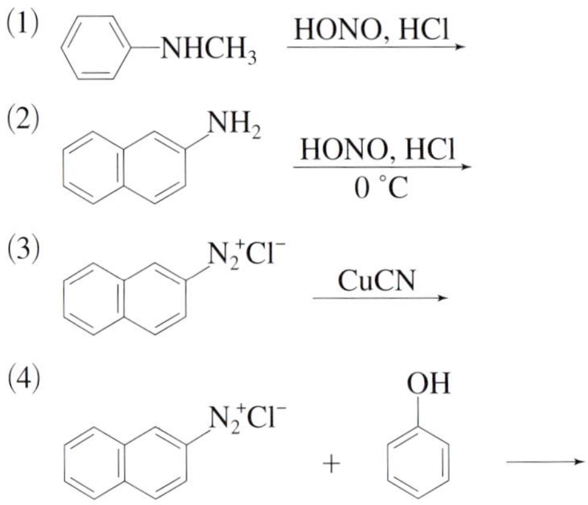

10.8 Hofmann 제거 반응

사차 암모늄 하이드록사이드를 가열하면 E2 반응이 일어나 알켄, 삼차 아민 및 물이 생성되는데, 이 반응을 **Hofmann 제거 반응(Hofmann elimination reaction)**이라고 한다.

$$CH_3CH_2CH_2CH_2-\overset{\overset{\displaystyle CH_3OH^-}{|}}{\underset{\underset{\displaystyle CH_3}{|}}{N^+}}-CH_3 \xrightarrow[\text{가열}]{} CH_3CH_2CH_2{=}CH_2 + (CH_3)_3N + H_2O$$

일반적으로 제거 반응은 Zaitsev 규칙을 따라 진행되며 보다 치환이 많은 알켄이 주생성물로 얻어진다. 그러나 Hofmann 제거 반응에서는 치환이 적은 생성물이 더 많이 얻어지는데, 이와 같은 위치 선택성을 **Hofmann 규칙(Hofmann's rule)**이라고 한다.

$$CH_3\underset{\substack{|\\ H_3C-N^+-CH_3\\ |\\ CH_3}}{C}HCH_2CH_2CH_3\ \ OH^- \xrightarrow[\text{가열}]{} \underset{\substack{\text{1-Pentene}\\ \text{주생성물}}}{CH_2{=}CHCH_2CH_2CH_3} + \underset{\substack{\text{2-Pentene}\\ \text{부생성물}}}{CH_3CH{=}CHCH_2CH_3}$$

Hofmann 규칙의 위치 선택성은 전자적 특징으로 설명할 수 있다. 할로알케인의 제거 반응에서는 염기가 수소를 제거할 때 이탈기도 동시에 제거되기 시작한다. 전이 상태가 생성물인 알켄의 구조와 비슷하기 때문에 반응의 위치 선택성을 결정하는 데에는 알켄의 안정도가 중요하다. 따라서 알킬 치환이 더 많은 알켄이 주로 생성된다. 그러나 Hofmann 반응에서는 삼차 아민은 이탈기로서의 반응성이 낮기 때문에 수소가 제거되는 정도보다 삼차 아민이 이탈되는 정도가 훨씬 낮다. 따라서 전이 상태는 알켄보다 탄소 음이온의 구조를 더 많이 닮았기 때문에 탄소 음이온의 안정도가 중요해진다. 수소가 더 많은 β-탄소(알킬 치환이 더 적은 탄소)의 수소를 제거할 때 더 안정한 탄소 음이온을 닮은 전이 상태가 이루어진다. 전자를 밀어주는 알킬기의 수가 적어지는 순서, 즉 삼차<이차<일차 순으로 탄소 음이온의 안정도가 증가한다.

문제 10.12 다음 각 화합물들을 가열했을 때 얻어지는 주생성물의 구조를 그리시오.

(1) 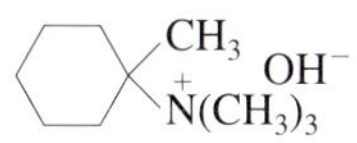

(2) 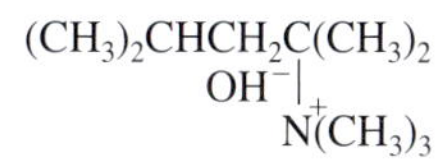

10.9 아릴아민의 친전자성 치환 반응

아릴아민에서 아미노기의 비공유 전자는 공명 혼성을 통해 아릴기 쪽으로 흩어지기 때문에 아미노기의 염기성도는 크게 감소하는 반면, 아릴기의 전자 밀도는 증가하기 때문에 친전자성 치환 반응에 대한 반응성이 크게 증가된다. 페닐 고리에 치환되어 있는 NH_2, NHR, NR_2는 *o*-, *p*- 지향이며 강한 활성화기이다. 아릴아민 자체는 반응성이 매우 크기 때문에 아미노기의 *o*-와 *p*- 위치에 있는 모든 수소를 치환시킬 수 있다.

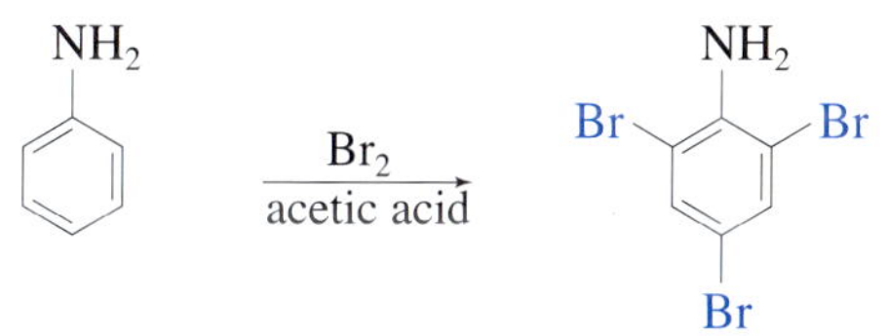

2,4,6-Tribromoaniline

아미노기를 아세트아마이드기로 아실화하여 전자 주게 능력을 감소시키면 모노할로젠화된 생성물을 얻을 수 있다. *N*-아세틸기는 가수 분해하여 아미노기로 복원시킬 수 있다.

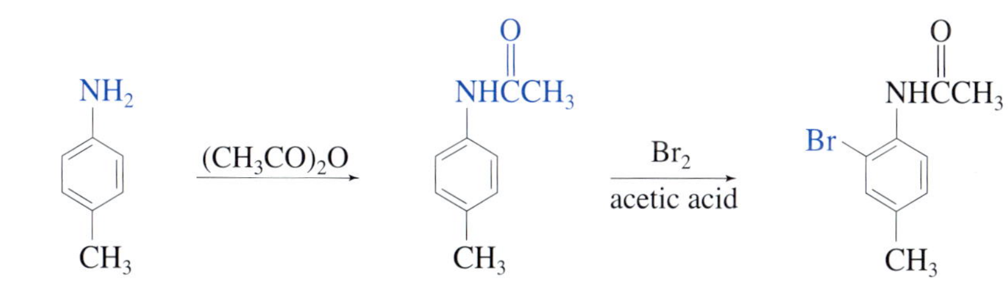

p-Methylaniline　　*p*-Methylacetoanilide　　2-Bromo-4-methylacetoanilide

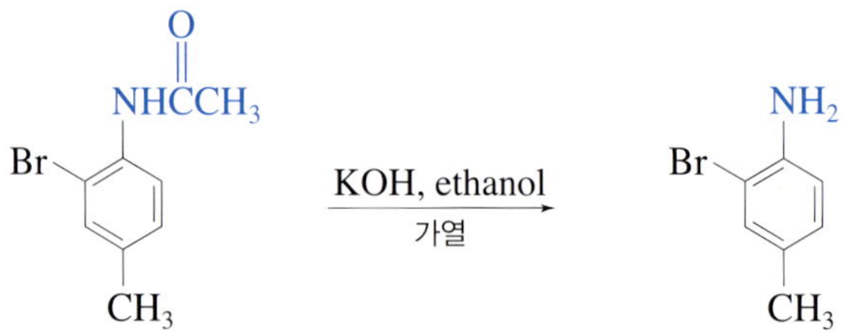

2-Bromo-4-methylaniline

질산에 의한 아미노기의 산화 때문에 아닐린은 직접 나이트로화할 수 없다. 나이트로화된 아닐린을 만들려면 acetoanilide를 나이트로화한 다음 가수 분해해야 한다.

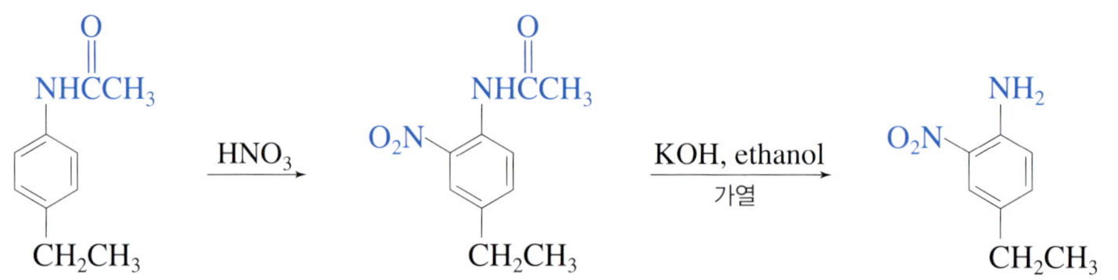

p-Ethylacetoanilide　　4-Ethyl-2-nitroacetoanilide　　4-Ethyl-2-nitroaniline

문제 10.13 적당한 시약을 사용하여 aniline으로부터 다음 화합물들을 합성하시오.

(1) *p*-Nitroaniline　(2) 2-Bromo-4-chloroaniline　(3) *p*-Aminoacetoanilide

10.10 알칼로이드

알칼로이드(alkaloid)는 질소를 포함하고 있는 천연 화합물들로서 주로 고등 식물의 조직에서 발견된다. 아민의 일종으로서 염기성이기 때문에 알칼로이드(alkali-like을 의미)라고 하는 이름이 지어졌다. 알칼로이드들은 염기성이기 때문에 식물 조직으로부터 쉽게 분리된다. 식물 조직을 산 수용액으로 처리하면 알칼로이드가 물에 녹을 수 있는 암모늄염으로 전환된다. 용액을 염기를 사용하여 중화하면 알칼로이드는 침전으로 분리된다. 담배에서 분리되는 nicotine과 같은 알칼로이드는 비교적 간단한 구조를 가지고 있다.

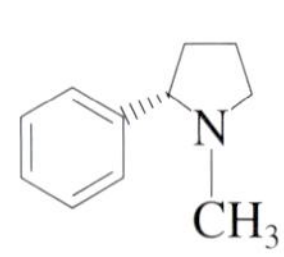

Nicotine

그러나 morphoine이나 strychnine에서 보는 것처럼 많은 알칼로이드들이 복잡한 구조를 가지고 있다.

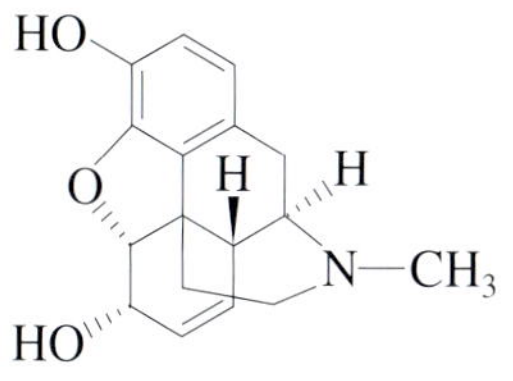

Morphine
아편에서 분리되는
중독성 진통제

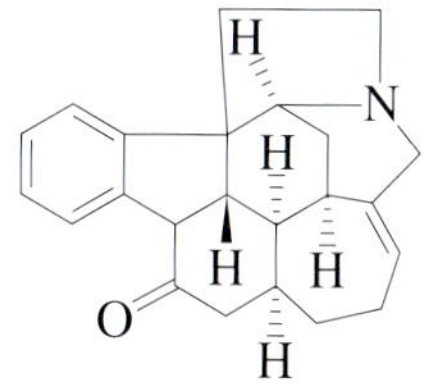

Strychnine
극도로 독성이 강한 중추신경 흥분제
쥐약, 라세미 분할제

화학자들은 알칼로이드의 생물학적 활성과 복잡한 구조에 흥미를 가졌으며 오랫동안 복잡한 알칼로이드의 구조를 규명하는 연구들이 이루어졌다. 예를 들어 strychnine은 1818년에 처음으로 분리되었지만 구조는 1946년 R. Robinson에 의해 처음으로 밝혀졌다. Robinson은 strychnine을 포함하는 알칼로이드들의 구조 규명과 합성 화학의 발전에 기여한 공로로 1947년 노벨상을 받았다.

많은 알칼로이드들이 생물학적 활성을 보여준다. morphine은 양귀비에서 분리되는 진통제이며 반복해서 사용하면 중독된다. Strychnine은 극도로 독성이 강한 중추 신경 흥분제이며 쥐약으로 사용된다. 이것은 값이 싸고 광학 활성 아민이기 때문에 라셈 분할에도 이용된다. Cocaine은 국소 마취제이지만 마약으로 남용되고 있다.

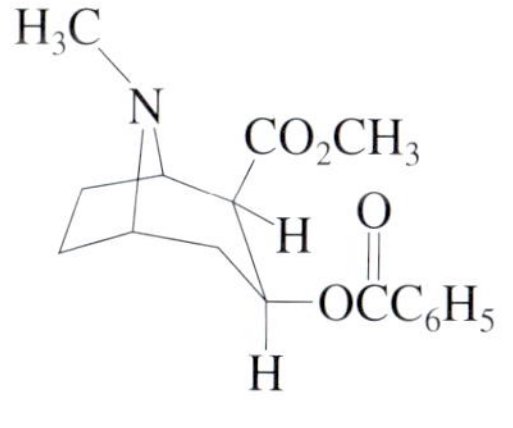

Cocaine
국소마취제
환각제

다른 재미있는 예로는 coniine을 들 수 있다. 이것은 독당근, conium maculatum이란 식물에서 분리되며 기원전 399년 그리스의 철학자인 소크라테스가 먹었던 사약의 주성분이다.

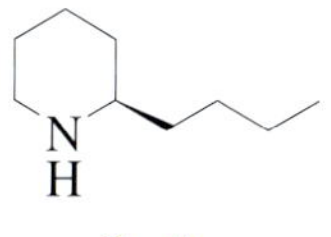

Coniine

인용된 예에서 본 것처럼 알칼로이드들은 재미있는 구조들을 가지고 있고 유용한 생물학적 활성을 보여줄 수 있기 때문에 많은 과학자들의 지속적인 관심을 끌고 있다.

요약

아민(amine)은 암모니아의 유도체이다. 아민의 질소는 sp^3 혼성 오비탈을 통하여 수소 또는 탄소와 공유 결합을 형성하고 있다. 따라서 질소에 결합된 세 원자는 사면체 탄소의 세 꼭짓점을 향하고 있으며 네 번째 꼭짓점은 비공유 전자쌍이 가리키고 있다.

아민은 질소의 비공유 전자쌍 때문에 염기성이고 친핵체로 작용한다. 일반적으로 알킬아민은 아릴아민보다 염기성이 크다. Aniline과 같은 아릴아민은 비공유 전자쌍이 방향족 고리의 π 계와 공명 혼성을 이루기 때문에 염기성도가 낮다. 아민을 무기산이나 카복실산으로 처리하면 아민 염이 형성된다. 사차 암모늄 염은 무기 음이온을 물로부터 유기 용매로 운반할 수 있기 때문에 어떤 종류의 유기 반응을 촉진시키는 **상 이동 촉매(phase transfer catalyst)**로 이용된다.

나이트릴기를 환원하거나 **Gabriel 합성법**을 이용하면 쉽게 일차 아민을 얻을 수 있으며 방향족 아민은 방향족 나이트로 화합물을 환원하여 얻는다. 질소 원자에 치환이 없는 아마이드를 OH^- 이온 존재 하에서 브로민으로 처리하면 **Hofmann 자리옮김 반응**이 일어나 아마이드 카보닐기가 제거되면서 일차 아민이 생성된다.

일차 아민을 아질산으로 처리하면 **다이아조늄 이온(diazonium ion)**이 생성된다. 알킬 다이아조늄 염은 매우 불안정하지만 아릴 다이아조늄 염은 수용액에서 보다 안정하며 **Sandmeyer 반응**을 통하여 여러 가지 방향족 화합물로 전환될 수 있다. 또 아릴 다이아조늄 염의 짝지음 반응을 이용하면 여러 가지 아조 염료를 만들 수 있다.

사차 암모늄 하이드록사이드를 가열하면 E2 반응이 일어나 알켄, 삼차 아민 및 물이 생성되는데, 이 반응을 **Hofmann 제거 반응**이라고 한다. 그러나 Hofmann 제거 반응에서는 치환이 적은 생성물이 더 많이 얻어지는데, 이와 같은 위치 선택성을 **Hofmann 규칙**이라고 한다.

아릴아민에서 아미노기의 비공유 전자는 공명 혼성을 통해 아릴기 쪽으로 흩어지기 때문에 아미노기의 염기성도는 크게 감소하는 반면, 아릴기의 전자 밀도는 증가하기 때문에 친전자성 치환 반응에 대한 반응성이 크게 증가된다. 페닐 고리에 치환되어 있는 NH_2, NHR, NR_2는 o,p-지향이며, 강한 활성화기이다.

알칼로이드는 질소를 포함하고 있는 천연 화합물들로서 주로 고등 식물의 조직에서 분리된다. 많은 알칼로이드들이 생물학적 활성을 보여준다.

읽을거리

환각 효과를 보여주는 여러 가지 알칼로이드 화합물들이 있다. 양귀비로부터 추출되는 아편의 주성분인 morphine이 가장 유명하며 morphine의 유도체인 codein과 heroin의 환각 효과와 중독성에 대해서도 잘 알려져 있다.

(−)-cathinone과 이것의 유도체인(−)-methcathinone도 환각 효과를 보여주는 알칼로이드며 아랍인들이 즐겨 사용한다.

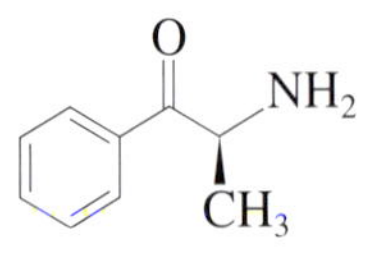

(−)-Cathinone

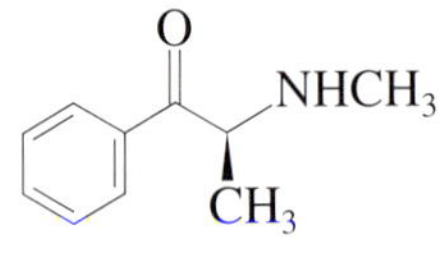

(−)-Methcathinone

이들은 전 세계적으로 문제를 일으키고 있으며 구조적으로 비슷한 amphetamine과 methamphetamine 보다 더 중독성이 크다.

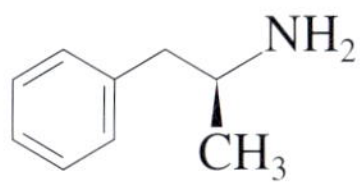

Amphetamine

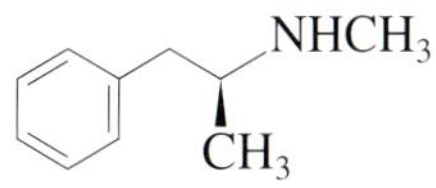

Methamphetamine

(−)-Cathinone과 (−)-methcathinone은 "카트(khat)"라고 하는 식물의 잎에 다량 함유되어 있다. Khat는 에티오피아가 원산지인 푸른 관목의 일종이다. Khat의 잎은 부드러우면서 단맛이 날 뿐만 아니라 (−)-cathinone과 (−)-methcathinone을 포함하는 몇 가지 알칼로이드 성분들 때문에 잎을 씹는 사람들을 환각과 흥분 상태에 빠지게 된다. 카트를 씹으면 말이 많아지고 공격적인 성향이 나타난다. 오래 사용하면 식욕 감퇴, 무기력증, 신경 과민과 같이 마약에서 중독자에게서 일반적으로 관찰되는 증상들이 나타난다.

중동 국가들에서 카트는 일종의 술 대용품이며 라마단 기간 중에는 피로와 배고픔을 잊기 위해 사용한다. 특히 예멘 사람들이 카트를 즐기는데 남녀 노소 할 것 없이 껌처럼 씹거나 차를 만들어 먹는다. 카트 묶음은 시장에서 쉽게 구할 수 있다. 중동 사람들은 카트를 사는 데 많은 돈을 투자한다. 예멘의 경우 카트 구입에 가족 생활비의 40% 이상을 지출하는데 전국적으로 약 20억 달러를 소비한다고 한다. 카트는 미국, 캐나다, 스웨덴 같은 나라에서는 사용이 금지되어 있으나 영국을 비롯한 여러 나라에서는 자유롭게 거래된다. 러시아에서는 80년대부터 카트의 주성분인 (−)-methcathinone이 마약으로 널리 사용되면서 사회적인 큰 사회적인 문제를 일으키고 있다.

(화학세계 2004년 03호에서 발췌)

보충문제

10.14 다음 각각의 질소 원자를 일차, 이차 및 삼차로 분류하시오.

(1) 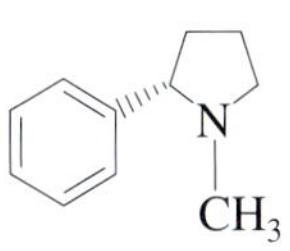

(2) 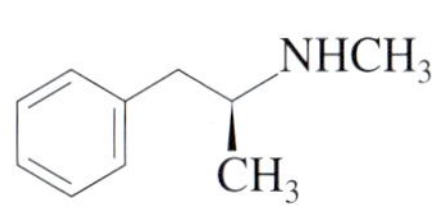

(3) 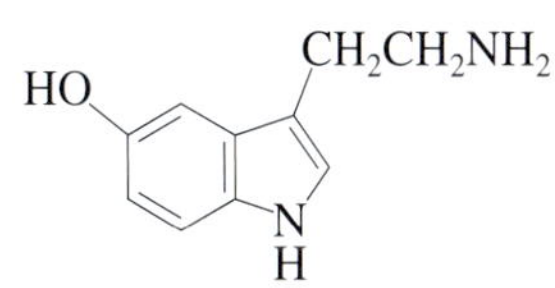

10.15 다음 각각을 IUPAC 규칙을 따라 명명하시오.

(1) 

(2) 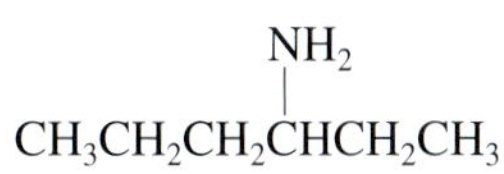

(3) 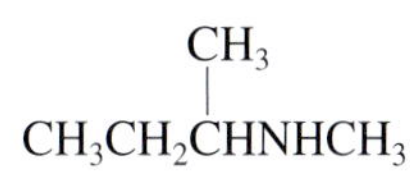

(4) 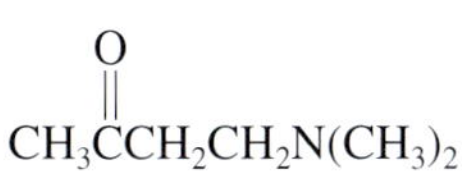

(5) 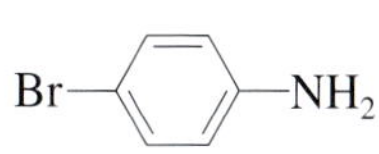

(6) 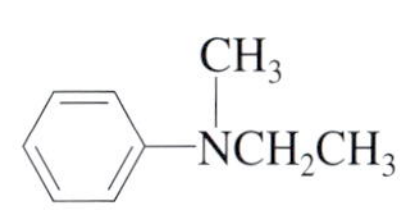

10.16 다음 각 화합물의 구조를 그리시오.

(1) *N*,*N*-Diethylaniline (2) 4-Aminobenzoic acid

(3) (*S*)-2-Butanamine (4) *cis*-3-Aminocyclohexanol

(5) *N*-Ethyl-2-phenylethylamine (6) 2-Aminoethanol

10.17 Trimethylamine(끓는점 3℃)이 dimethylamine(7℃) 보다 끓는점이 낮은 이유를 설명하시오.

10.18 다음 각각의 구조를 그리시오.

(1) 이차 아릴아민, C_7H_9N (2) 삼차 아릴아민, $C_8H_{11}N$

(3) 카이랄 일차 아민, $C_4H_{11}N$

10.19 다음 각 쌍 중 어느 것의 염기성도가 더 큰가?

(1)
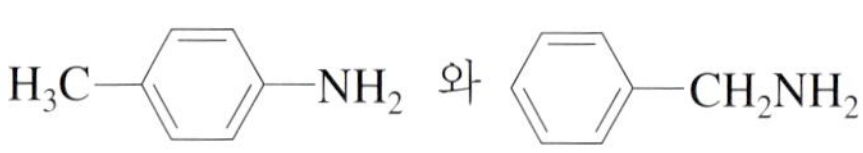

(2)
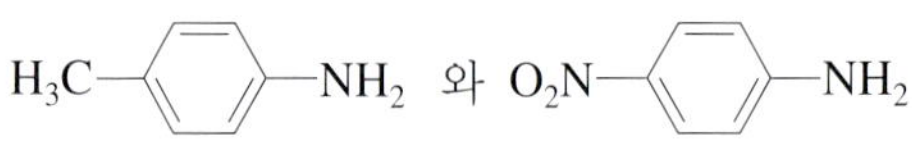

(3)

(4)
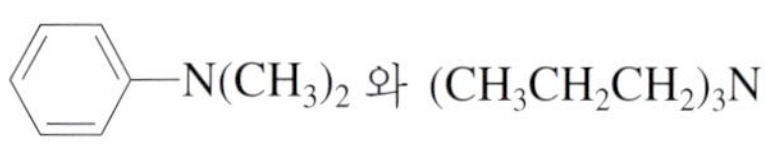

10.20 다음 산 염기 반응을 완성하시오.

(1) CH_3COOH + 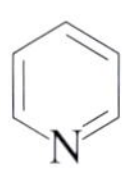 $\rightleftharpoons$

(2) 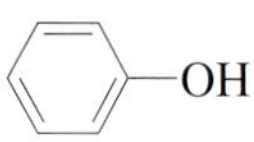 + $(CH_3CH_2CH_2)_3N$ $\rightleftharpoons$

(3) $CH_3CH_2C\equiv CH$ + $NaNH_2$ $\rightleftharpoons$

(4) 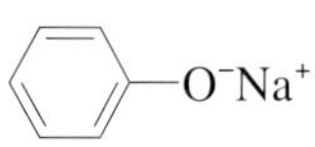 + $(CH_3CH_2)_3NH^+ Cl^-$ $\rightleftharpoons$

(5) 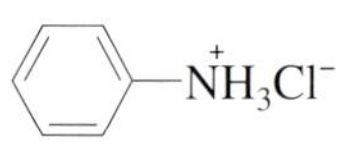 + NaOH $\rightleftharpoons$

10.21 할로젠 출발 물질로부터 다음 각각을 합성하는 방법을 제시하시오.

(1)
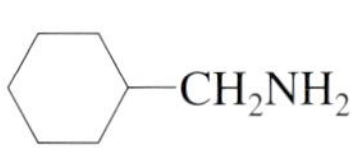

(2)
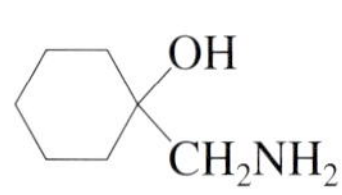

(3)
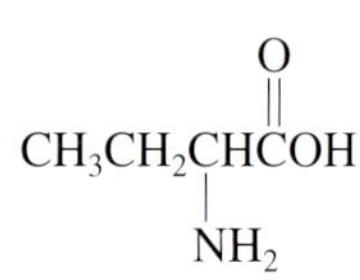

10.22 다음으로부터 1-pentanamine을 합성하시오.

(1) 다섯 개 탄소 원자의 1-bromoalkane

(2) 네 개 탄소 원자의 1-bromoalkane

10.23 다음 출발 물질로부터 benzylamine을 합성하시오.

(1) 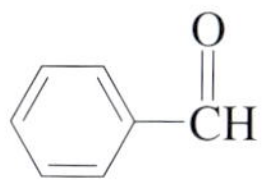

(2) 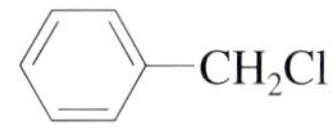

(3) 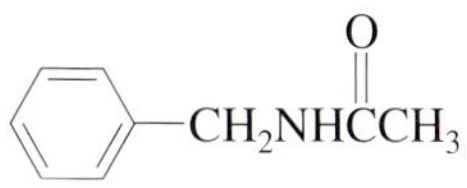

(4) 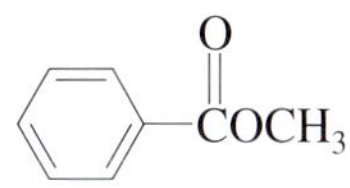

10.24 10장 1절의 piperidine과 다음 각 화합물의 반응에서 얻어지는 주생성물의 구조를 그리시오.

(1) Benzyl chloride

(2) Acetic anhydride

(3) Iodomethane

(4) HCl

(4) Phthalic anhydride

(5) i. Acetyl chloride, ii. $LiAlH_4$

(6) 차가운 아질산

10.25 다음 각 반응을 완성하시오.

(1) $(CH_3CH_2)_2NH + ClCH_2CH_2OH \xrightarrow{NaOH}$

(2) $CH_3CH_2NH_2 + CH_2{=}CHCH_2Br \longrightarrow$

(3) 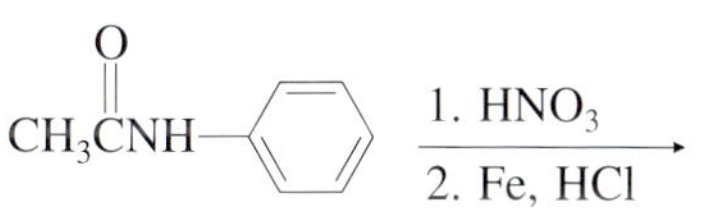

(4) 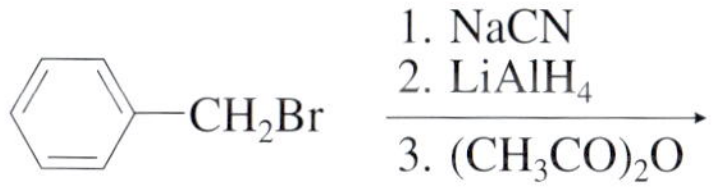

(5) 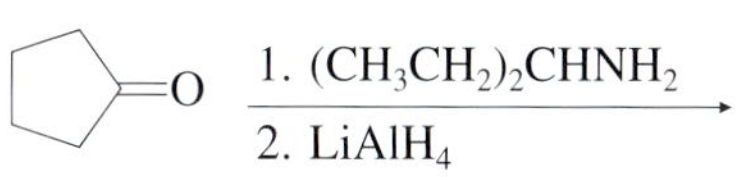

10.26 1-Phenyl-2-propanone(phenylacetone)과 methylamine으로부터 1-phenyl-*N*-methyl-2-propylammonium chloride를 합성하는 과정을 제시하시오.

10.27 4-tert-butyl-*N*-methylpiperidene을 ethylbromide와 반응시키면 사차 암모늄 염의 두 가지 이성질체가 생성된다. 두 이성질체의 구조를 그리시오.

10.28 왼쪽에서 오른쪽을 합성하시오.

(1) 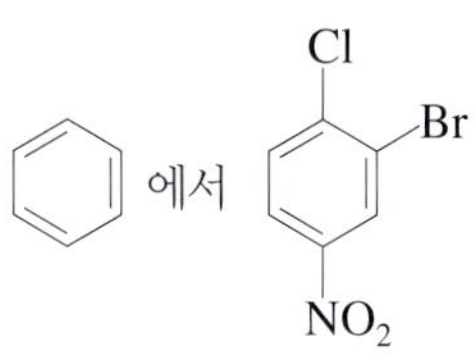

(2) 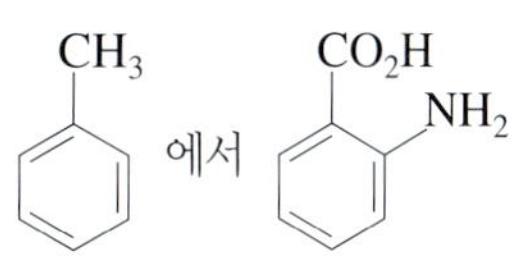

10.29 Aniline으로부터 Sandmeyer 반응을 이용하여 1,3,5-tribromobenzene을 합성하시오.

10.30 Toluene으로부터 다음을 합성하시오.

(1) 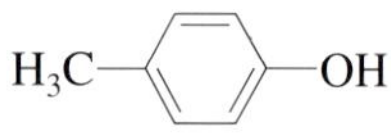

(2) 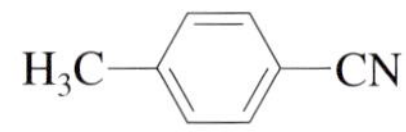

10.31 왼쪽에서 오른쪽을 합성하시오.

(1) 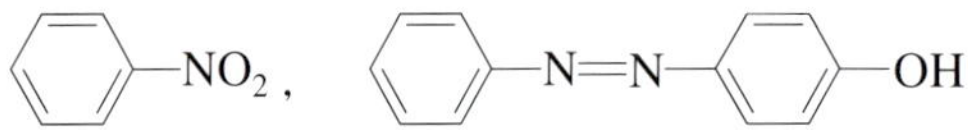

(2) 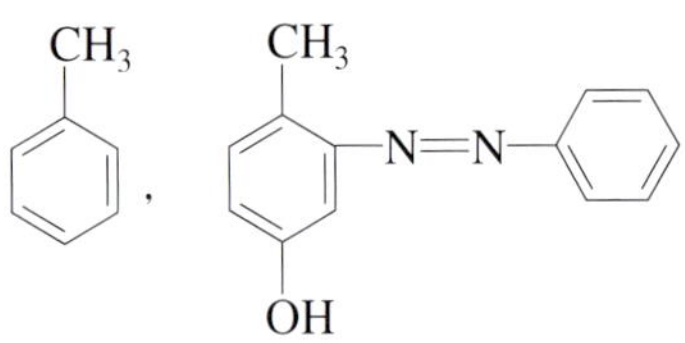

10.32 Choline은 세포막 인지질의 구성 요소이다. Trimethylamine과 ethylene oxide로부터 choline이 만들어지는 반응의 메커니즘을 제시하시오.

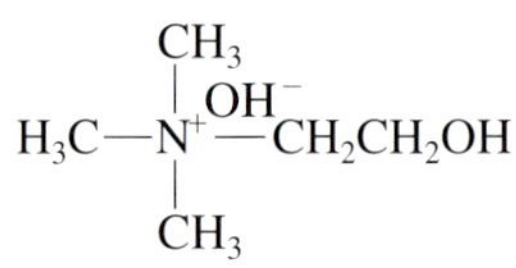

Choline

10.33 Benzene과 적당한 시약들로부터 *p*-bromotoluene을 합성하시오.

10.34 다음 전환의 메커니즘을 제시하시오.

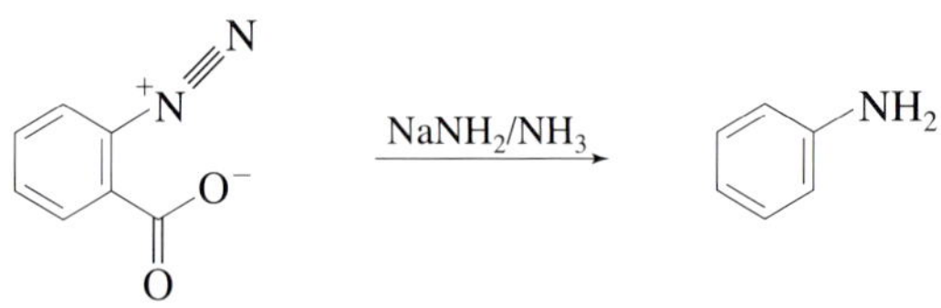

10.35 화합물 A~F의 구조를 그리시오.

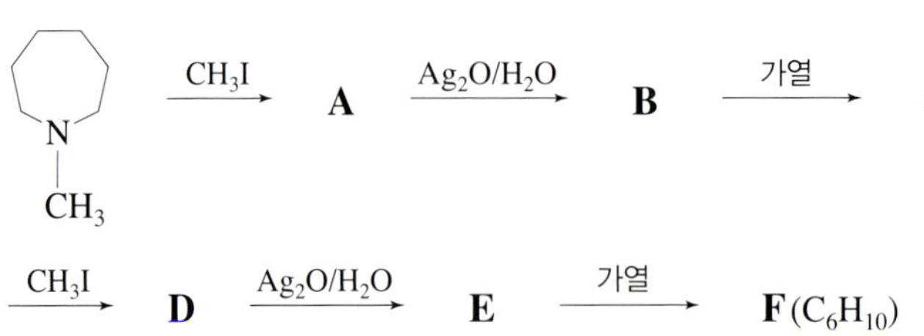

10.36 왼쪽으로부터 오른쪽을 합성하시오.

(1) 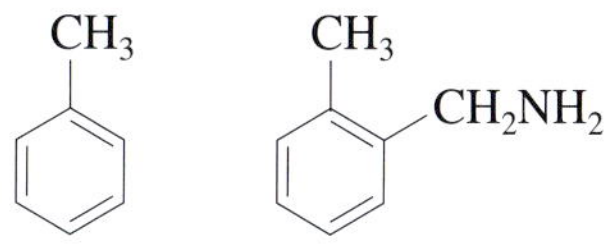

(2) 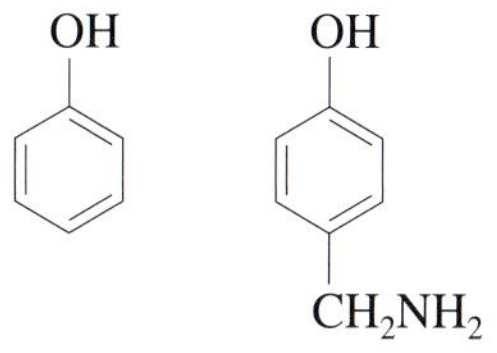

10.37 일차 아민을 합성하는 데 있어 Gabriel 합성법이 알킬화제를 일차 아민으로 처리하는 것보다 좋은 방법인 이유는 무엇인가?

11장

구조 결정과 분광법

유기 화학에서 공부해야 하는 중요한 내용 중의 하나가 화합물의 구조를 결정하는 방법이다. 구조를 결정해야 할 화합물은 반응으로부터 분리된 화합물일 수도 있고 밀매되는 불법 의약품 시료일 수도 있다. 이때는 구조를 결정할 수 있는 실마리를 쉽게 얻을 수 있다. 그러나 식물이나 동물과 같은 천연 소스로부터 분리된 화합물일 때는 구조를 규명하는 데 필요한 정보가 매우 제한된다. 수십 년 전까지만 해도 그와 같은 화합물의 구조를 결정하는 일은 매우 어려웠으며 구조를 푸는데 몇 년씩이나 걸리기도 하였다. 과거에는 화합물에 여러 가지 반응을 적용하는 방법이 일반적으로 사용되었다. 여러 가지 반응들로부터 구조와 관련된 단편적인 정보들을 수집한 다음, 조각 그림 맞추기와 같은 방법으로 구조를 밝혀나갔다.

현대 유기 화학자들은 분자가 흡수하는 빛 에너지와 분자 구조 사이의 상관 관계를 분석하는 원리인 **분광법**(**spectroscopy**)을 이용함으로써 미지 화합물의 구조를 결정한다. 이때 사용하는 장치들을 **분광기**(**spectrometer**)라고 한다. 이 장치들을 이용하면 짧은 시간 내에 미지 화합물의 구조를 규명할 수 있다.

이 장에서 우리는 먼저 **전자기 복사선**(**electromagnetic radiation**)과 분광법의 일반적인 원리를 공부할 것이다. 그런 다음 **적외선 분광법**(**infrared spectroscopy**)을 이용하여 유기 화합물이 가지고 있는 작용기를 분석하는 방법, **핵자기 공명 분광법**(**nuclear magnetic resonance spectroscopy**)을 이용하여 화합물의 탄화수소 부분을 분석하는 방법, 자외선 가시광선 분광법(ultraviolet−visible spectroscopy)을 이용하여 π-콘쥬게이션을 조사하는 요령을 공부할 것이다. 마지막 절에서는 **질량 분석법**(**mass spectroscopy**)을 이용하여 분자량과 분자식을 구하는 방법을 배울 것이다.

11.1 전자기 복사선과 분광법의 원리

빛은 파동으로서의 성질과 입자로서의 성질을 동시에 갖고 있다. 가시광선뿐만 아니라 자외선, 적외선, 마이크로파(microwave)를 포함하는 모든 빛을 파동으로 설명할 때 **전자기 복사선**(**electromagnetic radiation**)이라고 하는 표현을 사용한다. 파동으로서의 빛은 파동의 연속되는 피크와 피크 사이의 거리인 **파장**(**wavelength**, λ)으로 정의된다. 파장은 센티미터 또는 나노미터 같은 거리의 단위로 표시된다.

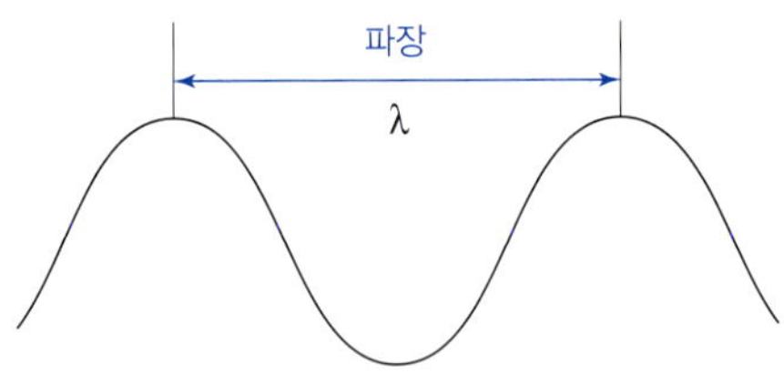

파동으로서의 빛

또한 빛은 초당 어떤 점을 지나가는 파의 수인 **진동수(frequency, ν)**로도 정의된다. 진동수는 초당 파의 수를 나타내는 s^{-1} 또는 헤르츠, Hz의 단위로 나타낸다. 빛의 속도 c는 진동수와 파장의 곱이고 **광자(photon, ε)**로 나타낸 빛 에너지(E)는 진동수와 Plank 상수(h)의 곱으로 나타내므로 다음과 같이 표현할 수 있다.

$$c = \lambda\nu, \ \mathrm{E} = h\nu = \frac{hc}{\lambda}$$

$$\text{Plank 상수} = h = 6.62 \times 10^{-34} \ \mathrm{J \cdot s} = 1.58 \times 10^{-34} \ \mathrm{cal \cdot s}$$

$$\text{빛의 속도} = c = 3 \times 10^{10} \ \mathrm{cm \cdot s^{-1}}$$

이 식에 의하면 빛 에너지는 진동수에 비례하고 파장에 반비례한다. 에너지가 가장 큰 우주선으로부터 에너지가 가장 작은 라디오파까지의 전자기 복사선들을 진동수 또는 파수의 단위로 도시하면 그림 11.1과 같다.

그림 11.1 전자기 복사선의 연속 스펙트럼

분자의 모든 상태는 어떤 에너지 준위들을 가지고 있으며 이 에너지 준위들은 **양자화(quanatized)**되어 있다. 예를 들어 $1s$ 오비탈과 $2s$ 오비탈은 양자화된 에너지 준위에 있으며 이들 사이의 중간 에너지를 가지고 있는 오비탈은 존재하지 않는다. 분자의 에너지 상태들은 양자화되어 있기 때문에 분광학적 방법으로 분자의 구조를 규명할 수 있다. 이 원리는 그림 11.2와 같이 두 가지 에너지 상태만 가지고 있는 가상적인 분자를 이용하여 설명할 수 있다. 두 에너지 상태 중 낮은 에너지 쪽을 **바닥 상태(ground state)**라고 하고 높은 에너지 상태는 **들뜬 상태(excited state)**라고 한다.

바닥 상태의 분자에 두 상태 사이의 에너지 차이와 정확하게 일치하는 전자기 복사선을 가하면 분자가 이것을 흡수하여 들뜬 상태가 된다. 두 상태 사이의 에너지와 일치하지 않는 전자기 복사선은 분자에 아무런 변화를 일으킬 수 없다. 흡수되는 에너지의 양을 파장 또는 진동수의 함수로 도시한 것을 **스펙트럼(spectrum)**이라고 한다. 스펙트럼으로부터 분자가 가지고 있는 에너지 준위들 사이의 차이에 관한 정보를 얻을 수 있다. 에너지 준위들은 분자의 구조에 의존하기 때문에 이 정보를 이용하면 분자들의 구조를 결정할 수 있다.

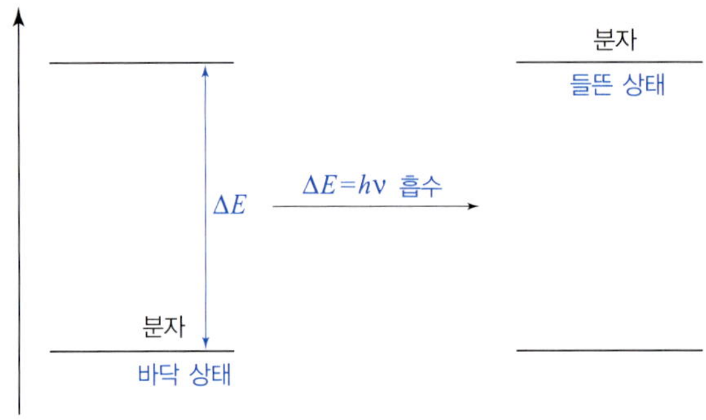

그림 11.2 가상적인 분자의 두 에너지 상태

문제 11.1 보라 빛과 빨간 빛은 파장이 각각 4×10^{-7} m와 8×10^{-7} m이다. 각각의 진동수를 계산하시오. 어느 빛의 에너지가 더 큰가?

11.2 적외선 분광법

공유 결합으로 연결되어 있는 원자 핵들은 스프링으로 연결되어 있는 공처럼 끊임없이 진동한다. 분자의 진동은 결합된 원자들 사이의 거리가 변하는 **신축 진동(stretching vibration)**과 결합 각이 변하는 **굽힘 진동(bending vibration)**의 두 가지 형태가 있다.

분자와 관련된 다른 모든 에너지와 마찬가지로 **진동 에너지(vibration energy)**도 양자화되어있다. 실온에서 분자들은 가장 낮은 진동 에너지 준위에 있다. 준위들 사이의 에너지 차이는 1~14 kcal/mol 정도이며 이것은 **적외선(infrared, IR)**의 복사 에너지 범위와 일치한다. 그러므로 분자에 적외선 에너지를 쪼여주면 바닥 상태와 어떤 들뜬 상태 사이의 에너지 차이와 일치하는 빛이 흡수되면서 분자가 높은 진동 에너지 준위로 들뜨게 된다. 흡수한 적외선 에너지는 분자 내 어떤 구조의 고유한 진동 에너지와 같으므로, 분자의 적외선 스펙트럼을 조사하면 그 분자가 어떤 작용기를 가지고 있는지를 알 수 있다. 즉, 어떤 특정한 형태의 공유 결합은 언제나 적외선 스펙트럼의 어떤 특정 위치에서 흡수 피크를 보여준다. 따라서 미지 화합물의 IR 스펙트럼을 조사하면 그 화합물이 케톤인지 알데하이드인지 또는 알코올인지를 알 수 있다.

적외선 에너지의 흡수를 측정하는 데 사용하는 장치를 **FTIR 분광계(Fourier**

transform infrared spectrometer)라고 한다. FTIR 분광계를 모형으로 도시하면 그림 11.3과 같다. 이 장치에서는 광원에서 나온 적외선이 두 개의 빛살로 분리된다. 한 빛살은 위치가 고정된 거울을 향하고 다른 한 빛살은 천천히 반복적으로 왕복하는 거울로 향한다. 두 거울에서 반사되어 나오는 빛살이 한 개의 빛살로 합쳐져서 간섭 현상이 일어나면 검출기에서 검출될 수 있는 빛살로 변조된다. 시료를 통과한 적외선 신호가 검출되고 디지털화된 다음 컴퓨터에서 Fourier-transform이라고 하는 계산을 거치게 되면 IR 스펙트럼이 만들어진다.

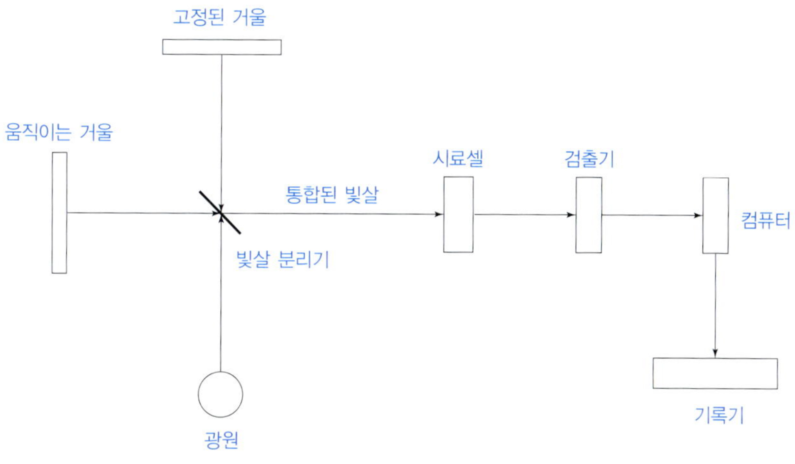

그림 11.3 FTIR 분광계의 모형도

3-Pentanone과 cyclohexanone의 IR 스펙트럼을 도시하면 그림 11.4와 같다. 스펙트럼에서 y축은 투과된 빛의 백분율(퍼센트 투과율, %T)을 나타낸다. 스펙트럼의 맨 위쪽이 100% 투과율(빛이 흡수되지 않음)을 나타낸다. 그러므로 흡수 피크는 스펙트럼의 위쪽에서 아래쪽으로 그려진다. x축에 표시되는 흡수 피크의 위치(흡수 에너지)는 파장 또는 진동수 보다 **파수**(**wavenumbers**, $\bar{\nu}$)로 나타낸다. 파수의 단위는 파장의 역수이며 cm^{-1}이다.

$$\bar{\nu} = \frac{1}{\lambda}$$

파수는 에너지에 정비례한다. 즉, 파수가 클수록 에너지가 더 높다. 대부분의 IR 스펙트럼에는 4000 cm^{-1}에서 500 cm^{-1}까지의 파수 범위가 기록된다. 그림 11.4의 두 스펙트럼에서 2900 cm^{-1}과 1700 cm^{-1} 근처에서 각각 C−H 신축 진동과 C=O 신축 진동 피크를 볼 수 있다. 두 화합물뿐만 아니라 카보닐기를 가지고 있는 모든 케톤은 1700 cm^{-1} 근처에서, 알킬 골격의 모든 C−H는 2900 cm^{-1} 근처에서 비슷한 피크를 보여준다.

Cyclohexanone과 3-pentanone의 두 스펙트럼은 낮은 파수 영역인 1500~500 cm^{-1}에서 두드러진 차이를 보여준다. 신축 진동과 굽힘 진동들이 뒤섞여서 나타나는 이 영역은 화합물이 다르면 반드시 다르게 나타난다. 사람이 다르면 지문이 다르듯이 화합물이 다르면 다르게 나타나는 이 영역을 **지문 영역(fingerprint region)**이라고 한다. 그림 11.5에 대표적인 작용기를 가지고 있는 cyclohexanol, heptanoic acid 및 aniline의 IR 스펙트럼을 도시하였으며, 표 11.1에 대표적인 작용기들의 피크 위치를 종합하였다.

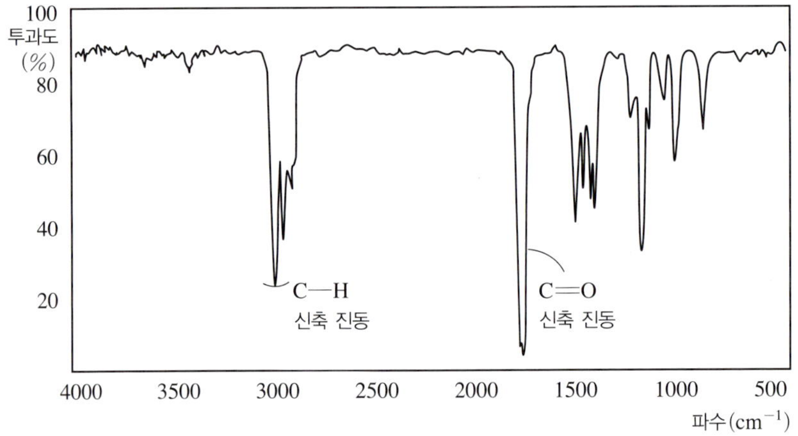

〈3-pentanone〉

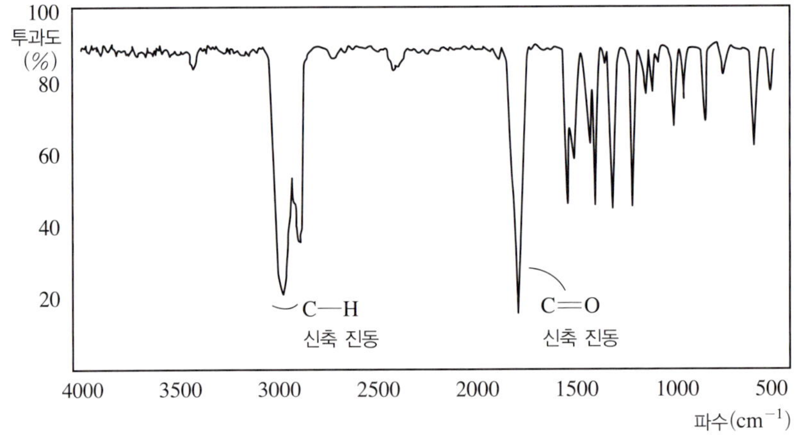

〈cyclohexanone〉

그림 11.4 3-Pentanone과 cyclohexanone과의 IR 스펙트럼

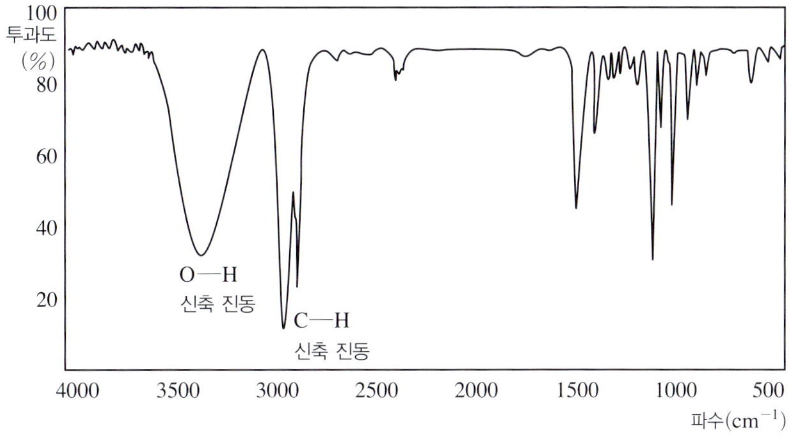

⟨cyclohexanol⟩

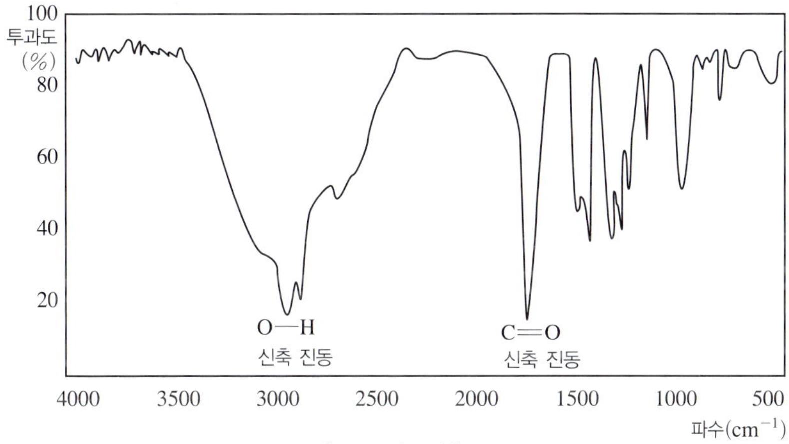

⟨heptanoic acid⟩

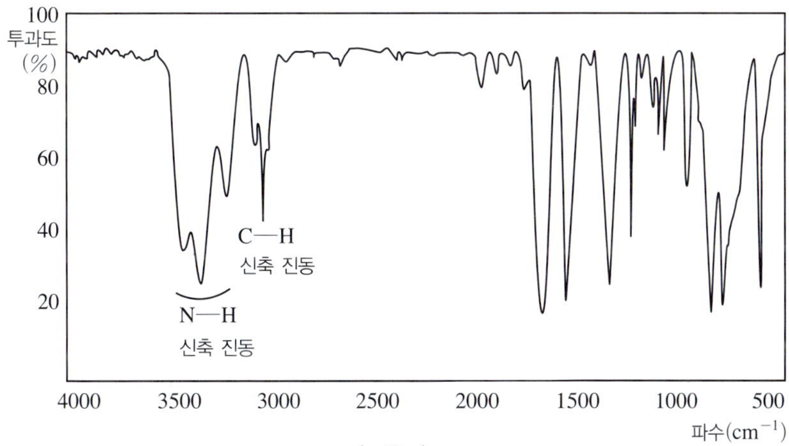

⟨aniline⟩

그림 11.5 cyclohexanol, heptanoic acid, aniline의 IR 스펙트럼

표 11.1 대표적인 작용기들의 피크 위치

작용기	파수, cm^{-1}	작용기	파수, cm^{-1}
신축 진동		—C≡C—	2100~2260
—C—H	2850~2950	—C—O	1050~1150
=C—H(알켄)	3000~3100	$—NO_2$	1540
=C—H(방향족)	3030	C—Br	500~600
≡C—H	3310~3320		
=N—H	3350~3500	굽힘 진동	
—O—H(알코올)	3200~3600	벤젠 유도체:	
—O—H(카복실산)	2500~3600	일치환	730~770, 690~710
—C=C—(알켄)	1620~1680	오쏘-이치환	735~770
—C=C—(방향족)	1600, 1500	메타-이치환	750~810, 680~730
C=O	1650~1780	파라-이치환	790~840
C=O	1650~1780	*cis*-RCH=CHR	670~730
—C≡N	2210~2260	*trans*-RCH=CHR	960~980

문제 11.2 다음 각 화합물의 작용기들은 어떤 위치에서 흡수 피크를 보여주겠는가?

(1) 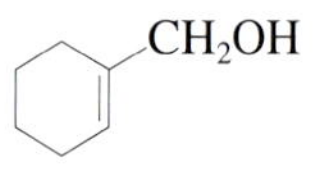

(2) 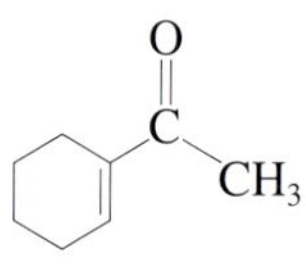

(3) 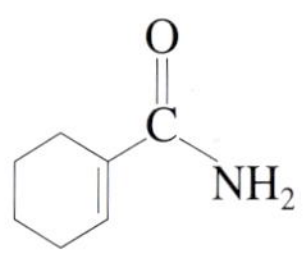

(4) $HC{\equiv}CCH_2CH_2\overset{O}{\overset{\|}{C}}OCH_3$

문제 11.3 다음 중 어떤 화합물이 그림 11.6에 주어진 스펙트럼과 가장 일치하는가?

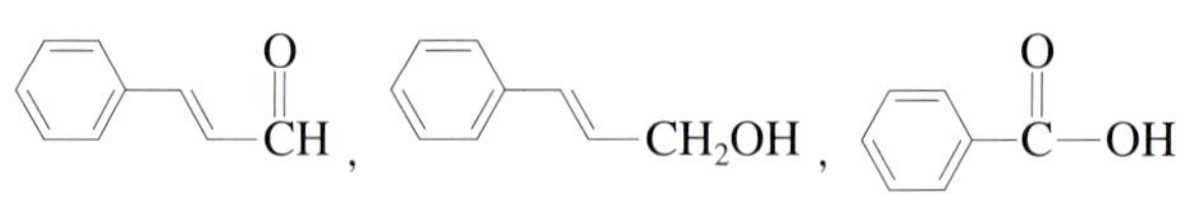

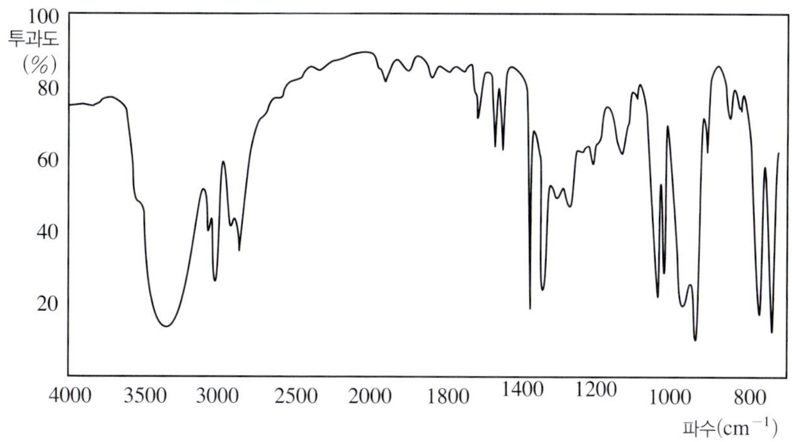

그림 11.6 문제 11.3의 미지 화합물에 대한 IR 스펙트럼

11.3 핵자기 공명 분광법

핵자기 공명 분광법(nuclear magnetic resonance spectroscopy, NMR)은 1946년 F. Bloch와 E. M. Purcell이 이끄는 두 연구팀이 각각 독립적으로 이론적인 기초를 제공하였다. 핵자기 공명 분광법을 이용하면 유기 분자들의 기본 골격인 탄화수소에 관한 정보를 얻을 수 있기 때문에 구조를 규명하는 데 가장 효과적인 방법이다. 유기 화합물의 구조를 분석할 때는 이 방법을 가장 많이 이용한다. NMR 스펙트럼을 해석하는 요령을 익히기 전에 먼저 NMR 현상이 일어나는 원리를 간단히 설명하면 다음과 같다.

^{1}H 또는 ^{13}C를 포함하는 여러 가지 원자핵들은 팽이처럼 자전하고 있다. 핵은 양전하를 가지고 있기 때문에 일종의 작은 자석처럼 행동한다. 보통 상태에서 핵들은 무질서하게 배열되어 있지만 강한 자기장을 걸어주면 한 막대 자석의 N극이 다른 자석의 S극 쪽으로 끌리어 일렬로 정렬되는 것처럼 일정한 배열만 가지게 된다. 회전하는 ^{1}H 또는 ^{13}C 핵들의 자기장은 외부에서 걸어주는 자기장의 방향과 평행(parallel)하거나 역 평행(antiparallel)하게 정렬된다. 자기장에 평행하게 되는 핵의 회전을 **α-스핀 상태(또는 스핀 $+\frac{1}{2}$)**, 역 평행하게 되는 회전을 **β-스핀 상태(또는 스핀 $-\frac{1}{2}$)**라고 한다. 막대 자석과 ^{1}H 핵의 정렬을 도시하면 그림 11.7과 같다.

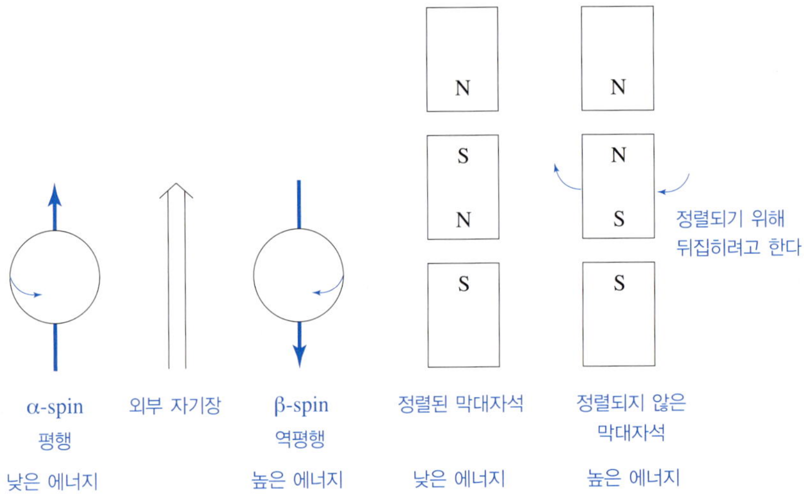

그림 11.7 막대자석과 ^{1}H 또는 ^{13}C 핵의 정렬

α-스핀 상태가 β-스핀 상태보다 에너지가 조금 낮으므로 조금 더 많이 존재한다. 여기에 두 상태 사이의 에너지 차와 똑같은 에너지를 가하면 α-스핀 상태의 핵들이 에너지를 흡수하여 β-스핀 상태의 핵으로 젖혀진다. 이와 같은 스핀 젖힘 현상을 **공명(resonance)**이라고 하고 공명이 핵에서 일어나기 때문에 **핵자기 공명(nuclear magnetic resonance)**이라고 한다. 공명에는 라디오파 영역에 속하는 에너지가 필요하며 이것을 **공명 에너지(resonance energy)**라고 한다. 공명 에너지의 크기는 외부 자기장에 비례한다. 외부 자기장이 커지면 공명 에너지 차가 커지며 β-스핀 상태의 핵 보다 α-스핀 상태의 핵 수가 더 많아진다. α-스핀 상태의 핵 수가 많을수록 더 쉽게 신호를 검출할 수 있기 때문에 최신 **핵자기 공명 분광계(NMR spectrometer)**에는 14.1 T(tesla) 정도의 강한 자기장을 발생하는 초전도 자석을 사용한다.

11.4 가림과 화학적 이동

분자 내에 있는 모든 ^{1}H 또는 ^{13}C 핵들이 동일한 진동수의 공명 에너지를 가지고 있지 않다는 사실 때문에 핵자기 공명 분광학이 구조를 결정하는데 효과적으로 사용될 수 있다. 분자 내 핵들은 전자 구름에 **가려져(shielded)** 있으며 전자 밀도는 핵에 따라 서로 조금씩 다르다. 외부에서 자기장을 걸어주면 핵 주위의 전자들은 외부 자기장과 반대 방향의 자기장이 형성되도록 핵 주위를 회전한다. 전자들이 만들어 내는 이 자기장을 **유도 자기장(induced magnetic field)**이라고 한다. 유도 자기장은 핵이 경험하는 알짜 외부 자기장을 감소시킨다. 핵을 둘러싸고 있는 전자의 밀도가 커질수록 유도 자기장의 세기도 커진다.

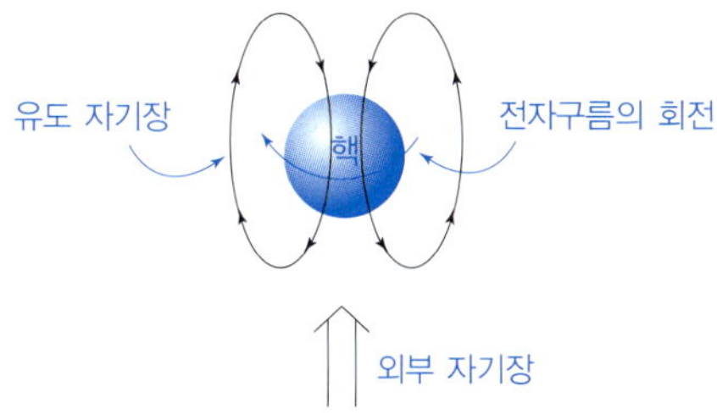

분자 내에 있는 ^{1}H 또는 ^{13}C 핵들은 조금씩 다른 화학적 환경에 놓여 있기 때문에 전자구름에 의해 조금씩 다르게 가려져 있다. 결과적으로 화학적 환경이 다른 핵들은 다른 공명 진동수에서 공명, 즉 α-스핀에서 β-스핀으로 젖혀진다. 따라서 핵들의 공명 진동수를 측정하면 분자 내의 탄소 또는 수소들의 연결 상태를 알아낼 수 있다. 핵들의 공명 진동수를 피크로 나타내는 NMR 스펙트럼에서 피크들은 각각 다른 탄소 또는 수소의 공명 진동수에 해당된다. 또 ^{1}H와 ^{13}C의 공명에는 매우 다른 진동수의 에너지가 필요하기 때문에 한 개의 분광계에서 ^{1}H와 ^{13}C의 스펙트럼을 동시에 얻을 수 없고, 각각 따로 얻어야 한다.

실제로는 핵들의 정확한 공명 진동수를 쉽게 측정할 수 없다. 대신에 분자 내 각 핵의 공명 진동수는 표준 물질의 수소가 보여주는 진동수에 대한 상대적인 값으로 측정된다. 다시 말하면 표준 물질과 화합물의 진동수 차이를 측정하여 NMR 스펙트럼의 피크로 기록한다. NMR 스펙트럼을 얻을 때는 먼저 측정하려는 화합물을 수소가 중수소로 치환된 용매($CDCl_3$, CD_3COCD_3 또는 CD_3SOCD_3)에 녹인 다음 표준 물질을 소량 첨가한다.

표준 물질로는 **tetramethylsilane(($(CH_3)_4Si$, TMS)**가 이용된다. 이 표준 물질의 수소들은 거의 대부분의 유기 화합물들보다 더 많이 가려져 있기 때문에 스펙트럼의 가장 낮은 진동수 영역에서 피크로 나타난다. TMS의 열두 개 수소는 모두 동등하기 때문에 한 개의 피크로 나타나고 이 피크가 위치의 기준점이 된다. 다른 화합물들의 피크의 위치는 TMS 피크로부터의 **화학적 이동값(chemical shift, δ)**으로 표시하고 **ppm(parts per million)**이라고 하는 단위를 사용한다. 스펙트럼에서 왼쪽을 **낮은 장(downfield)**이라고 하고 오른쪽은 **높은 장(upfield)**이라고 한다. TMS의 δ 값은 0이고 거의 대부분 유기 화합물의 수소들은 TMS보다 큰 화학적 이동값을 가지고 있다. 화학적 이동값이 큰 피크일수록 공명 진동수가 크며 피크는 스펙트럼의 낮은 장에서 나타난다. 3,3-Dimethyl-2-butanone의 ^{1}H NMR 스펙트럼을 도시하면 그림 11.8과 같다. 3,3-Dimethyl-2-butanone은 $\delta = 1.15$ ppm과 2.13 ppm에서 각각$(CH_3)_3C$기와 CH_3기의 수소 피크를 보여준다.

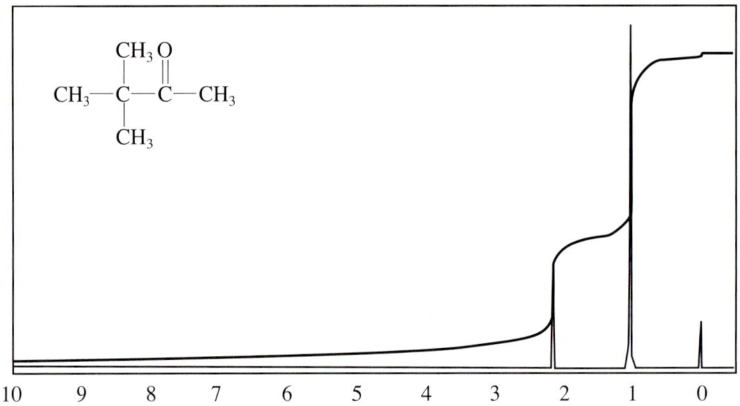

그림 11.8 3,3-Dimethyl-2-butanone의 ^{1}H NMR 스펙트럼

11.5 ^{1}H NMR의 화학적 이동과 적분

앞에서는 ^{1}H와 ^{13}C NMR 스펙트럼에 모두 적용되는 내용을 소개하였다. 여기서부터는 ^{1}H NMR을 유기 화합물의 구조 분석에 이용하는 방법을 설명한다. 여러 가지 화학적 환경에 있는 수소의 화학적 이동값을 종합하면 표 11.2와 같다. 표에서 보는 것처럼 보통 유기 화합물의 수소들은 대부분 $\delta=0$에서 10 ppm 사이에서 관찰된다. NMR 스펙트럼을 해석하기 위해서는 먼저 피크 위치와 관련된 몇 가지 기본적인 원리를 익히고 표 11.2에 종합된 정도의 기본적인 화학적 이동값을 기억해야 한다.

표 11.2에서 보는 것처럼 일반적으로 포화 탄소에 결합된 수소들이 더 높은 장에서 나타나고 불포화 탄화수소에 결합된 수소들이 더 낮은 장에서 관찰된다. 수소의 화학적 이동값은 전기 음성도의 영향을 크게 받는다. 전기 음성도가 큰 원자가 인접한 위치에 치환되어 있으면 수소 핵 주변의 전자 밀도가 작아진다. 전자 밀도가 작아지면 가림 효과가 작아지므로 화학적 이동값은 낮은 장으로 이동한다. 전기 음성도의 크기는 Br < Cl < F의 순서로 증가하므로 halomethane에서 화학적 이동값도 같은 순서로 증가(낮은 장으로 이동)한다.

전기 음성도 및 화학적 이동값 증가 →

	CH_3Br	<	CH_3Cl	<	CH_3F
할로젠 원자의 전기 음성도	2.68		3.05		4.0
메틸 수소의 δ값(ppm)	2.7		3.1		4.3

표 11.2 대표적인 수소의 화학적 이동값

수소의 유형	d(ppm)	수소의 유형	d(ppm)
C—CH_3	0.8~1.0	—N(—)—CH_3	2.1~3.0
C—CH_2(—C)	1.2~1.4	—O—CH_3	3.2~3.8
—C(—)(—)—H	1.4~1.7	FCH_3	4.3
C=C(—)—CH_3	1.6~1.9	$ClCH_3$	3.1
Ar—CH_3	2.1~2.5	$BrCH_3$	2.7
C=C(—)—CH_3	2.1~2.5	Cl_2CH_2	5.3
C=CH_2	4.5~5.0	Cl_3CH	7.3
C=CH(—)	5.2~6.0	—C(=O)—H	9.0~10.0
C≡C—H	2.4~2.7	—C(=O)—OH	10.0~13.0
Ar—H	6.6~8.0	R—OH	0.5~8.0

할로젠의 수가 증가할 때도 같은 경향을 보여준다.

염소 원자수 및 화학적 이동값 증가 ⟹

	CH_3Cl	<	CH_2Cl_2	<	$CHCl_3$
수소의 δ값(ppm)	3.05		5.30		7.27

¹H NMR 스펙트럼에서 각 피크의 면적은 그 피크에 해당하는 수소의 수에 비례한다. 피크 면적을 **적분(integration)**하면 분자 내의 화학적 환경이 다른 수소들의 상대적인 수를 계산할 수 있다. 피크 적분은 스펙트럼에 계단 형태로 기록되고 계단의 높이가 수소의 수와 비례한다. 예를 들면 그림 11.9에 도시된 4,4-dimethyl-2-pentanone의 ¹H NMR 스펙트럼에는 $\delta = 1.00$ ppm, 2.10 ppm 및 2.33 ppm의 세 피크가 있다. 이들의 적분 비는 9:3:2이므로 각각 $(CH_3)_3C$, CH_3 및 CH_2기의 수소에 해당됨을 알 수 있다.

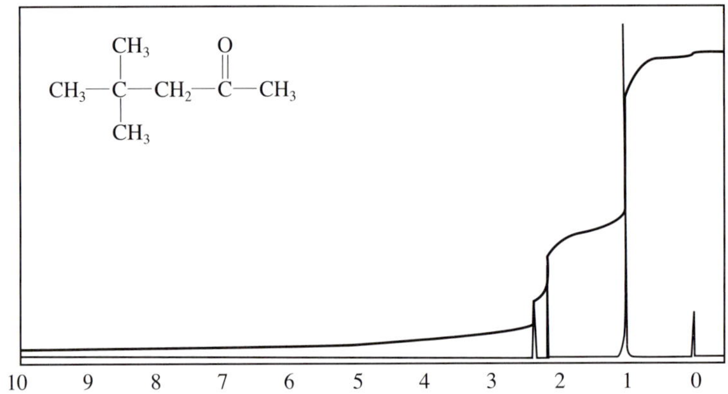

그림 11.9 4,4-dimethyl-2-pentanone의 ^{1}H NMR 스펙트럼

문제 11.4 2-Methylpropanal의 ^{1}H NMR 스펙트럼에서는 세 개의 피크가 관찰된다. 이들의 대략적인 화학적 이동값은 얼마인가?

문제 11.5 Methyl 2-methylpropanoate의 ^{1}H NMR 스펙트럼에서는 몇 개의 피크가 관찰되겠는가? 이 스펙트럼을 적분하면 피크들의 면적비는 어떻게 되겠는가? 또 각 피크들의 대략적인 화학적 이동값을 예측하시오.

11.6 ^{1}H NMR의 스핀–스핀 갈라짐

유기 화합물의 수소들은 NMR 스펙트럼에서 한 개의 피크인 **단일선(singlet)**으로 관찰될 수도 있지만 많은 경우 여러 개로 갈라진 피크를 보여준다. **스핀–스핀 갈라짐(spin-spin splitting)**이라고 하는 이 현상 때문에 어떤 수소에 대한 피크는 **이중선(doublet)**, **삼중선(triplet)**, **사중선(quertet)**뿐만 아니라 더 많은 선으로 갈라질 수 있다. 스핀–스핀 갈라짐은 수소 원자의 핵스핀(자기장)이 인접한 다른 핵의 스핀(자기장)과 **짝지음(coupling)**이라고 하는 상호 작용을 하기 때문에 일어난다. 수소 핵이 외부 자기장 속에 놓이면 외부 자기장뿐만 아니라 인접한 수소가 만들어내는 미세한 자기장도 느끼게 된다. 측정하고 있는 어떤 수소 핵이 들뜬 상태에 있을 때 인접한 탄소의 수소들은 바닥 상태 또는 들뜬 상태에 있으며 각각의 상태로 존재할 확률은 거의 비슷하다. 이때 측정하고 있는 수소의 자기장은 인접한 수소들의 두 상태에서 발생하는 자기장의 간섭을 받게 된다. 이들 간섭, 즉 짝지음이 스핀–스핀 갈라짐으로 나타난다. 스핀–스핀 갈라짐은 화학적 이동값과 함께 유기 화합물의 구조를 해석하는 데 매우 중요한 실마리가 된다.

어떤 수소의 피크가 갈라지는 정도를 **다중도(multiplicity)**라고 한다. 한 개 이상의 화학적으로 동등한 수소의 피크는 인접한 탄소의 수소 수가 n개면 n+1개의 피크로 갈라지고 피크의 면적 비는 파스칼의 삼각형으로 나타난다는 n+1 규칙으로 다중도를 설명한다.

n = 0	1
n = 1	1 : 1
n = 2	1 : 2 : 1
n = 3	1 : 3 : 3 : 1
n = 4	1 : 4 : 6 : 4 : 1
⋮	⋮

파스칼의 삼각형

그림 11.10은 ethyl acetate의 ¹H NMR 스펙트럼이다. ethyl acetate의 아세틸기의 CH_3는 인접한 탄소에 수소가 없기 때문에 단일선으로 나타난다.

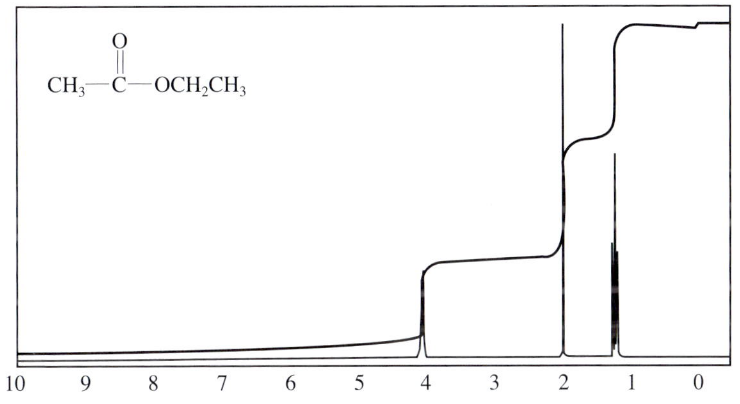

그림 11.10 ethyl acetate의 ¹H NMR 스펙트럼

에틸기의 CH_3는 인접한 탄소에 두 개의 수소(CH_2)가 있기 때문에 2+1=3의 삼중선(1:2:1의 면적비)으로 갈라진다. 에틸기의 CH_2는 인접한 위치에 세 개의 수소(CH_3)가 있기 때문에 3+1=4의 사중선(1:3:3:1의 면적비)으로 갈라진다. n+1 규칙과 피크 면적 비는 그림 11.11과 같은 간단한 도표로 설명된다. 화학적 환경이 다른 두 수소인 H_a 및 H_b가 서로 인접해 있는 구조 1을 이용하면 이중선이 나타나는 원리를 간단하게 설명할 수 있다. 즉, 외부 자기장에 의해 H_a의 신호가 발생하는 동안 H_b는 α- 또는 β-스핀 상태로 존재할 수 있다. H_b가 두 스핀 상태로 존재하는 확률은 거의 같고 H_a의 자기장에 거의 같은 정도로 영향을 미치기 때문에 같은 면적 비의 이중선으로 갈라진다. H_b의 경우도 같은 상황이기 때문에 이중선으로 갈라진다. 구조 2의 H_a 피크가 삼중선으로 관찰되는 원리는 다음과 같다. H_a의 신호가 발생하는 동안 인접한 두 개의 H_b는 세 가지 스핀 상태의 조합으

로 존재한다. 즉, 두 수소가 모두 높은 에너지인 β-스핀 상태로 있는 경우, 두 수소가 모두 낮은 에너지인 α-스핀 상태로 있는 경우, 하나는 β-스핀 상태 다른 하나는 α-스핀 상태로 있는 경우이다. 세 번째 경우에는 αβ, βα의 두 가지 조합이 가능하다. 따라서 H_a가 1∶2∶1의 경우의 수를 가지고 있는 H_b의 자기장과 상호 작용하면 1∶2∶1의 면적비를 가지고 있는 삼중선으로 나타난다. H_b는 두 가지 경우가 가능한 H_a와 상호 작용하여 1∶1의 면적 비를 가지고 있는 이중선으로 관찰된다. 구조 3에서 H_b의 스핀 조합에서 경우의 수는 1∶3∶3∶1이므로 H_a의 피크도 1∶3∶3∶1의 면적비를 가지고 있는 사중선으로 관찰된다.

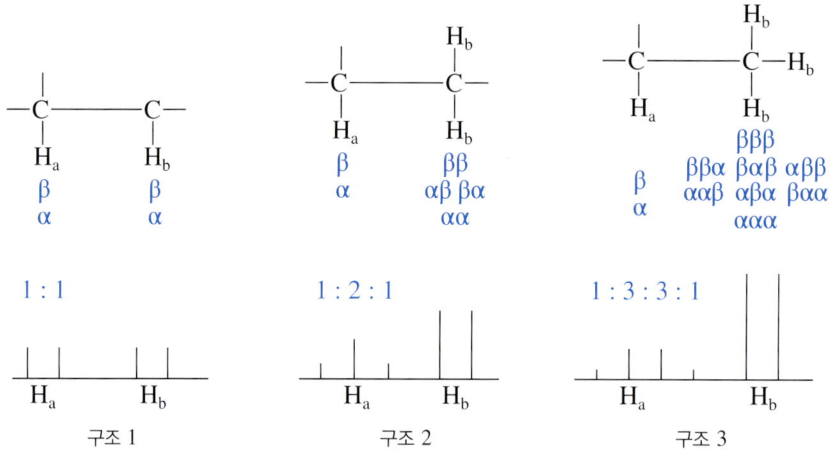

그림 11.11 스핀–스핀 갈라짐과 피크 면적 비를 설명하는 도표

갈라진 피크들 사이의 거리는 **짝지음 상수**(**coupling constant**, ***J***)라고 하며 Hz의 단위로 나타낸다. 보통 유기 화합물들에서 관찰되는 짝지음 상수 값은 0~20 Hz 정도이며 대표적 골격에서 관찰되는 짝지음 상수를 종합하면 표 11.3과 같다. 짝지음 상수 값은 짝짓는 수소들 사이의 거리 또는 분자의 기하학적 형태 등에 따라 달라진다. 일반적으로 고리가 아닌 포화 탄화수소에서 서로 인접한 수소들 사이에서 관찰되는 J 값은 7 Hz 정도이고 두 탄소 이상 떨어져 있는 수소들 사이의 J 값은 매우 작다. 서로 짝 짓는 두 양성자 무리는 동일한 J 값을 보여준다. 동등한 이웃 수소가 n개인 수소는 n + 1개 피크로 갈라지고 피크 사이의 J 값은 동일하다. 예를 들어 CH_3CH_2—기의 CH_3는 삼중선 CH_2는 사중선으로 갈라지는데 피크들 사이의 J 값은 7 Hz이다.

CH_3CH_2기의 전형적인 짝지음 형태와 상수값

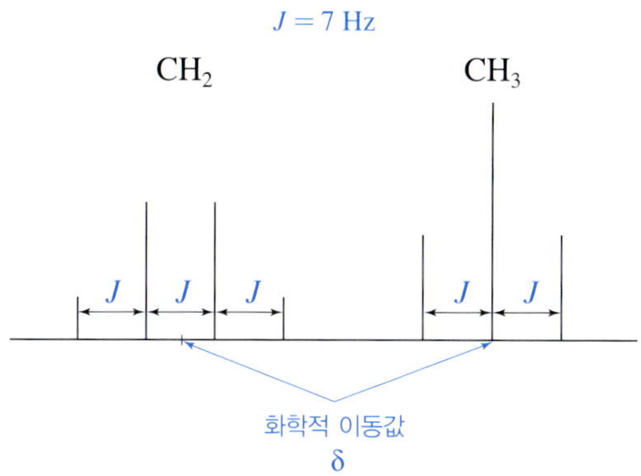

화학적으로 동등한 ¹H 수소들은 서로 짝지음을 하지 않는다. 예를 들어 $ClCH_2CH_2Cl$ 분자의 네 수소들은 서로 짝지음을 하지 않기 때문에 동일한 화학적 이동값에서 단일선으로 나타난다. 짝지음 상수값은 *cis* 및 *trans* 이중 결합과 벤젠고리의 치환 형태를 구별하는 데 유용하게 사용된다.

간단한 화합물의 ¹H NMR 스펙트럼은 단순하기 때문에 쉽게 해석할 수 있지만 분자가 커지면 스펙트럼도 복잡해진다. 복잡한 스펙트럼에서는 수소들의 피크가 심각하게 겹쳐져 있으므로 $n+1$ 규칙 등을 적용해서 구조를 분석하는 작업이 매우 어려워진다. 이와 같은 경우에는 이차원 NMR 스펙트럼과 같은 고급 기법을 이용하여야 한다.

표 11.3 대표적인 짝지음 상수 값

구조	*J*(Hz)	구조	*J*(Hz)
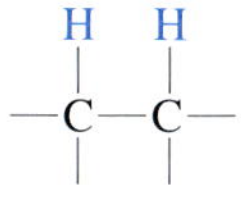	7	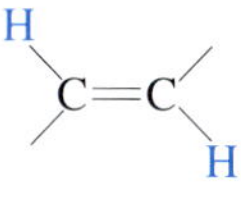	12~18
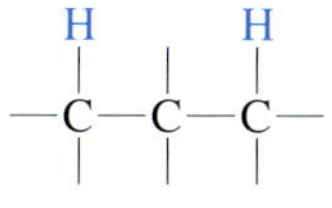	0~1	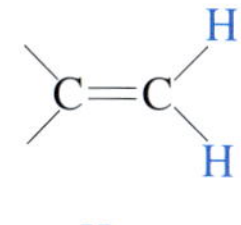	1~3
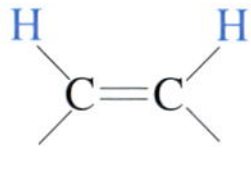	8~12	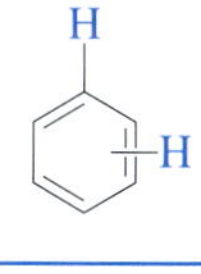	ortho : 6~9 meta : 2~3 para : 0~1

문제 11.6 표 11.2의 자료를 이용하여 CH_3CH_2Cl의 화학적 이동값과 갈라짐 양상을 설명해 보시오.

문제 11.7 다음 각 분자의 갈라짐 양상을 예측하시오.

(1) $(CH_3)_3CH$ (2) CH_3CH_2Cl (3) $(CH_3)_2CHCH_3$
(4) $BrCH_2CH_2CH_2Br$ (5) $CH_3CH_2OCH_3$ (6) $CH_3CH_2COOCH_2CH_3$

문제 11.8 분자식이 $C_3H_6Br_2$인 네 이성질체의 구조를 그리고 ^{1}H NMR 스펙트럼의 특징을 설명해 보시오.

11.7 ^{13}C NMR 분광법

^{1}H NMR 분광법에서 유기 분자의 수소에 대한 정보를 얻는 것처럼 **^{13}C NMR 분광법**에서는 탄소 골격에 관한 정보를 얻을 수 있다. 천연 탄소의 98.9%를 차지하고 있는 ^{12}C는 핵스핀을 가지고 있지 않기 때문에 NMR 신호를 얻을 수 없다. ^{13}C NMR에서는 자연 존재비가 1.1%에 지나지 않는 ^{13}C의 정보를 얻는다. 또 ^{13}C 핵의 스핀 젖힘은 수소보다 훨씬 낮은 에너지 전이이다. 이런 이유 때문에 분해능이 고도로 높은 분광계를 이용해야만 ^{13}C NMR 스펙트럼을 얻을 수 있다. 미약한 ^{13}C NMR 신호의 세기를 높이는 기법으로는 **FT NMR 분광법**이 이용된다. FT NMR 분광계를 이용하면 몇 초 정도의 짧은 시간에 ^{1}H와 ^{13}C NMR 데이터를 얻을 수 있으며 컴퓨터에 반복해서 여러 번 저장할 수 있다. 반복 저장된 데이터의 강도를 증가시킨 다음 Fourier transformation이라고 하는 계산을 거치면 NMR 스펙트럼이 얻어진다.

^{13}C의 스펙트럼은 ^{1}H 스펙트럼보다 훨씬 단순한 모양을 보여준다. 분자 내의 인접한 ^{13}C 핵들은 서로 짝지음할 수 있지만 ^{13}C 핵들이 인접해 있을 확률은 매우 적다. 이 때문에 ^{13}C−^{13}C 짝지음에 의한 피크 갈라짐 현상이 관찰되지 않는다. 또 ^{13}C 스펙트럼에서 피크 면적은 탄소 원자의 수에 비례하지 않으므로 적분하지 않는다.

^{13}C 스펙트럼에서도 TMS가 내부 표준 물질로 사용되고 화학적 이동값도 TMS로부터 낮은 장 쪽으로 기록된다. ^{13}C NMR에서 화학적 이동값은 ^{1}H NMR에서 관찰되는 이동값 보다 훨씬 크다. ^{1}H NMR에서 대부분의 수소는 0~10 ppm의 영역에서 화학적 이동값을 보여주지만 ^{13}C−흡수는 0~200 ppm에서 관찰된다. 화학적 이동값의 범위가 크기 때문에 ^{1}H NMR 에서와 같이 피크가 겹치는 현상이 훨씬 작다. ^{13}C NMR의 상대적인 화학적 이동값은 ^{1}H NMR의 화학적 이동값과 같은 경향을 보여준다. 예를 들어 TMS는 높은 장에서 알데하이드 및 케톤의 카보닐 탄소는 매우 낮은 장에서 관찰된다. 탄소 유형에 따른 ^{13}C의 화학적 이동값을 종합하면 표 11.4와 같다.

표 11.4 탄소 유형에 따른 ^{13}C의 화학적 이동값

^{13}C의 유형	화학적 이동값(δ), ppm	^{13}C의 유형	화학적 이동값(δ), ppm
$(CH_3)_4Si$	0	C—I	0~40
—CH_3	8~35	C—Br	20~60
—CH_2—	15~40	C—Cl	35~80
—CH— (with a third bond)	20~50	C—O	50~80
—C— (quaternary)	30~40	C—N	35~50
=C	100~150	—C≡N	110~125
≡C	56~90	—C(=O)—	170~210
 C	110~175		

^{13}C 스펙트럼에는 ^{13}C—^{1}H 스핀–스핀 짝지음을 보여주는 스펙트럼과 ^{13}C—^{1}H 스핀–스핀 짝지음을 보여주지 않는 양성자–짝풀림 스펙트럼(proton–decoupling spectrum)의 두 가지 기본적인 형태가 있다. 구조 분석을 할 때는 이들 두 가지 형태의 스펙트럼을 같이 이용하는 경우가 많다. 예를 들어 그림 11.12에 methyl vinyl ketone의 ^{13}C—^{1}H 스핀–스핀 짝지음 스펙트럼과 양성자–짝풀림 스펙트럼을 도시하였다. ^{13}C—^{1}H 스핀–스핀 짝지음 스펙트럼에서 탄소의 피크는 n+1 규칙을 따라 갈라진다(n은 결합된 수소 수). 오른쪽으로부터 각각 $-CH_3$, $=CH_2$, =CH 및 CO의 피크가 사중선, 삼중선, 이중선 및 단일선으로 관찰된다. 양성자–짝풀림 스펙트럼에서는 $-CH_3$, $=CH_2$, =CH 및 CO가 오른쪽으로부터 각각 단일선으로 관찰된다.

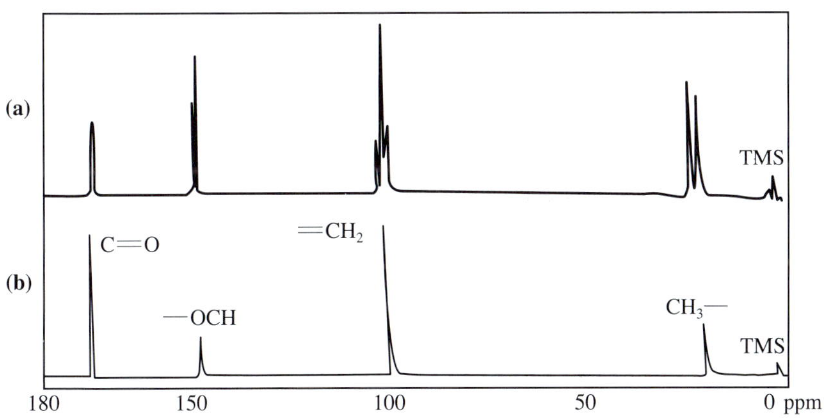

그림 11.12 methyl vinyl ketone의 ^{13}C—^{1}H 스핀–스핀 짝지음 스펙트럼(a)과 양성자–짝풀림 스펙트럼(b)

문제 11.9 다음 각 화합물에서

(1) 양성자 짝풀림 스펙트럼에서 각각 몇 개씩의 피크가 관찰되겠는가?

(2) 표 11-4의 자료를 기초로 화학적 이동값이 증가하는 순서로 탄소들을 늘어놓으시오.

a. $CH_3CH_2CH_2Br$　　b. $(CH_3)_2C{=}CH_2$　　c. $CH_2{=}CHBr$

d. $CH_3CH(Cl)CH_3$　　e. $CH_3COCH_2CH_3$　　f. $CH_3CH_2COOCH_3$

11.8 DEPT ¹³C 스펙트럼

유기 분자에는 일차, 이차, 삼차, 사차 탄소가 있다. 이들을 구별해내는 가장 분명한 방법이 DEPT(**D**istortionless **E**nhancement by **P**olarization **T**ransfer) 실험이다. DEPT 실험에서는 다소 복잡한 일련의 펄스를 ^{13}C와 ^{1}H에 적용한다. 적용된 일련의 펄스의 영향으로 각 탄소에 결합되어 있는 ^{1}H 원자의 수에 따라 ^{13}C 피크들의 상이 다르게 나타난다. 이 상들의 차이를 검출하여 도시한 것이 **DEPT ^{13}C 스펙트럼**이다. 일반적으로 DEPT 스펙트럼은 보통의 양성자 짝풀림 스펙트럼, DEPT-135 및 DEPT-90 스펙트럼으로 이루어져 있다. 그림 11.13 A는 *sec*-butylbenzene의 양성자 짝풀림 스펙트럼으로서 모든 탄소 원자의 ^{13}C이 다 관찰된다. 그림 11.13 B는 DEPT-135 스펙트럼이다. 이 스펙트럼에서

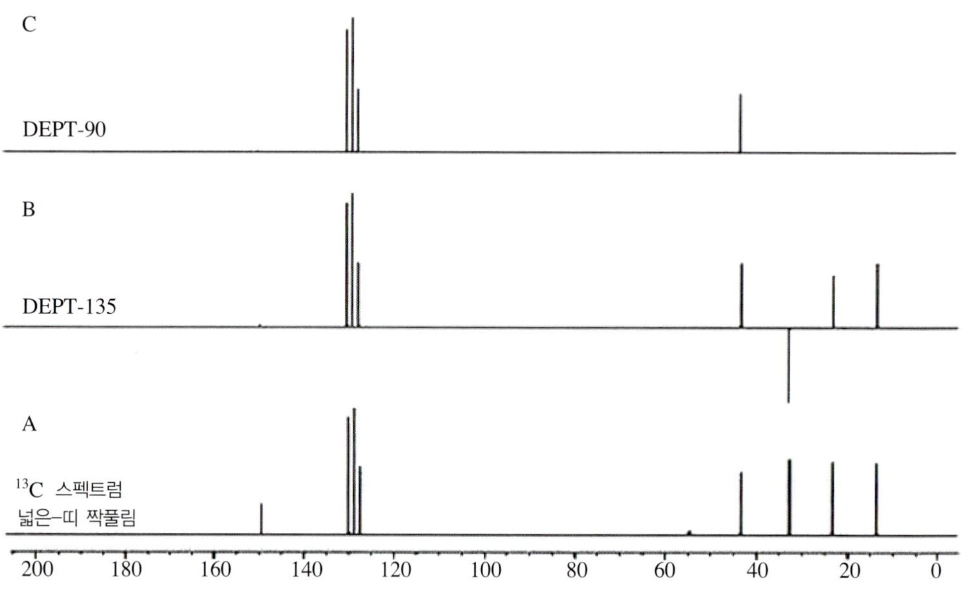

그림 11.13 *sec*-butylbenzene의 DEPT ^{13}C 스펙트럼

는 수소가 결합되어 있지 않은 사차 탄소는 관찰되지 않는다. CH_3와 CH 탄소는 + 피크로 나타나며 CH_2 탄소는 − 피크로 나타난다. 그림 11.13 C는 DEPT−90 스펙트럼이다. 여기서는 CH만 + 피크로 나타난다. 따라서 이들 세 가지 실험을 하면 모든 탄소 원자의 종류를 다 구별할 수 있다.

11.9 이차원 NMR 스펙트럼

1970년대에 **이차원 NMR** 기법이 발전하면서 NMR의 새로운 시대가 시작되었다. 2차원 NMR에서는 두 개의 진동수 축에 스펙트럼이 기록되며 신호의 세기는 3차원으로 나타난다. 여러 가지 2차원 NMR 기법을 이용하면 쉽게 분자를 구성하고 있는 원자들의 스핀−스핀 짝지음과 관련된 정보들을 수집하고 원자들의 연결 상태를 규명할 수 있다. 이들 기법을 이용하면 복잡한 유기 화합물의 구조를 보다 빠르고 효과적으로 해석할 수 있다.

이차원 NMR 중 가장 기본적인 기법이 보통 **COSY 스펙트럼**이라고 부르는 **^{1}H−^{1}H correlation spectroscopy**과 HETCOR라고 부르는 ^{13}C−^{1}H heteronuclear correlation spectroscopy이다. 이들 스펙트럼을 얻을 때는 복잡한 기계적 파라미터들을 이용해야 하지만 이 파라미터들과 2차원 NMR의 이론적인 기초는 이 책의 범위를 벗어나기 때문에 2차원 NMR 스펙트럼을 읽는 요령만 간단하게 설명하고자 한다.

그림 11.14는 2-chloropropane의 COSY 스펙트럼이다. 스펙트럼에서 화합물의 ^{1}H NMR 스펙트럼이 수평 축과 수직 축에 도시되어 있으며 화학적 이동값이 표시되어 있다. COSY 스펙트럼에는 **대각선 피크(diagonal peak)**와 **교차 피크(cross peak)**의 두 종류의 피크가 있다. 스펙트럼의 오른쪽 위쪽 모퉁이로부터 왼쪽 아래쪽 모퉁이를 연결하는 대각선상에 있는 피크들을 대각선 피크라고 하고 그 밖의 피크들을 교차 피크라고 부른다. 대각선 피크로부터 수평선과 수직선을 연장하면 각 대각선 피크들이 수평 축과 수직 축에 각각 해당하는 교차 피크들이 있음을 쉽게 알 수 있다.

2-Chloropropane의 스펙트럼에서 A로 표지되어 있는 1.5 ppm에 있는 피크로부터 왼쪽으로 수평선을 연장하면 4.2 ppm에 있는 메타인(methine) 수소에 해당하는 교차 피크 C에 도달하게 된다. 이 교차 피크로부터 수직선을 내리면 메타인 수소에 해당하는 대각선 피크 B를 만나게 된다. 메틸 수소와 메타인 수소를 상관 짓는 교차 피크 C의 존재로부터 기대했던 것처럼 메틸 수소와 메타인 수소가 서로 짝짓고 있는 것을 확인할 수 있다. 1.5 ppm의 피크 A로부터 수직선을 긋고 4.2 ppm에 있는 피크 B로부터 수평선을 오른쪽으로 그어도 마찬가지 결과를 얻게 된다. 두 선은 두 번째 대각선 피크인 D에서 만나게 된다. 이와 같은 분석 결과를 도시하면 그림 11.14와 같다.

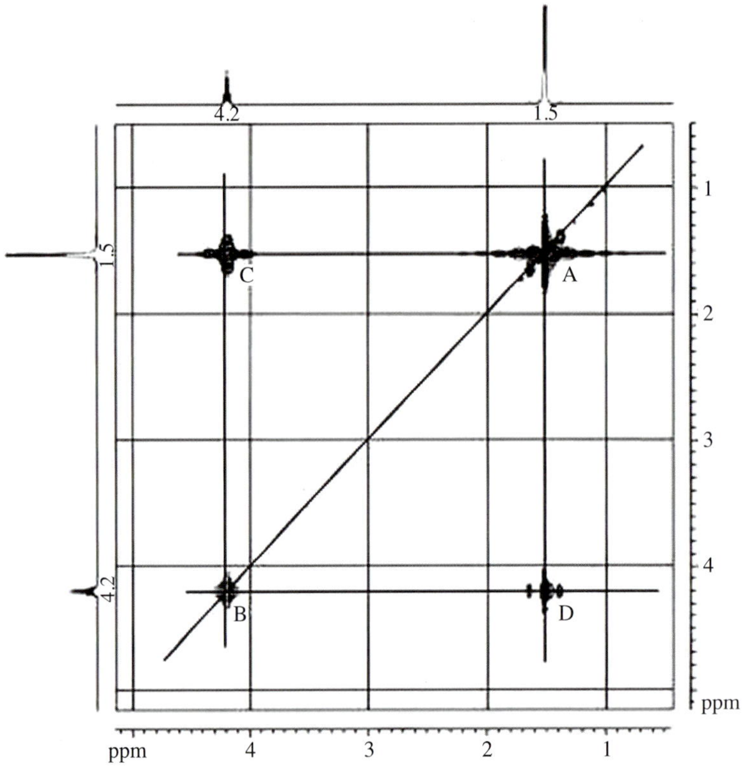

그림 11.14 2-chloropropane의 COSY 스펙트럼

그림 11.15는 2-chloropropane의 HETCOR 스펙트럼이다. HETCOR 스펙트럼에서는 한 축에는 1H 스펙트럼이, 다른 축에는 ^{13}C 스펙트럼이 도시된다. 이차원 스펙트럼에 있는 각 피크는 해당하는 수소가 결합되어 있는 탄소 원자를 나타낸다. 그림 11.15에는 ^{13}C 스펙트럼의 28.5 ppm에서 메틸 탄소에 해당하는 피크와 53.7 ppm에서 메타인 탄소에 해당하는 피크를 볼 수 있다. 수직 축에서는 1.5 ppm에서 메틸 수소와 4.2에서 메타인 수소를 볼 수 있다. ^{13}C 스펙트럼의 메틸 피크(28.5 ppm)로부터 수직선을 내리고 ^{1}H 스펙트럼의 메틸 피크(1.5 ppm)으로부터 오른쪽으로 수평선을 그으면 두 선은 이차원 스펙트럼의 피크 A에서 서로 만나게 된다. 이 교차 피크는 각각의 해당하는 탄소와 수소가 서로 결합되어 있다는 것을 의미한다. 같은 방법으로 HETCOR의 왼쪽 아래에 있는 교차 피크 B는 54.7 ppm에 있는 탄소와 4.2 ppm에 있는 칠중선의 수소가 서로 결합되어 있는 것을 나타낸다.

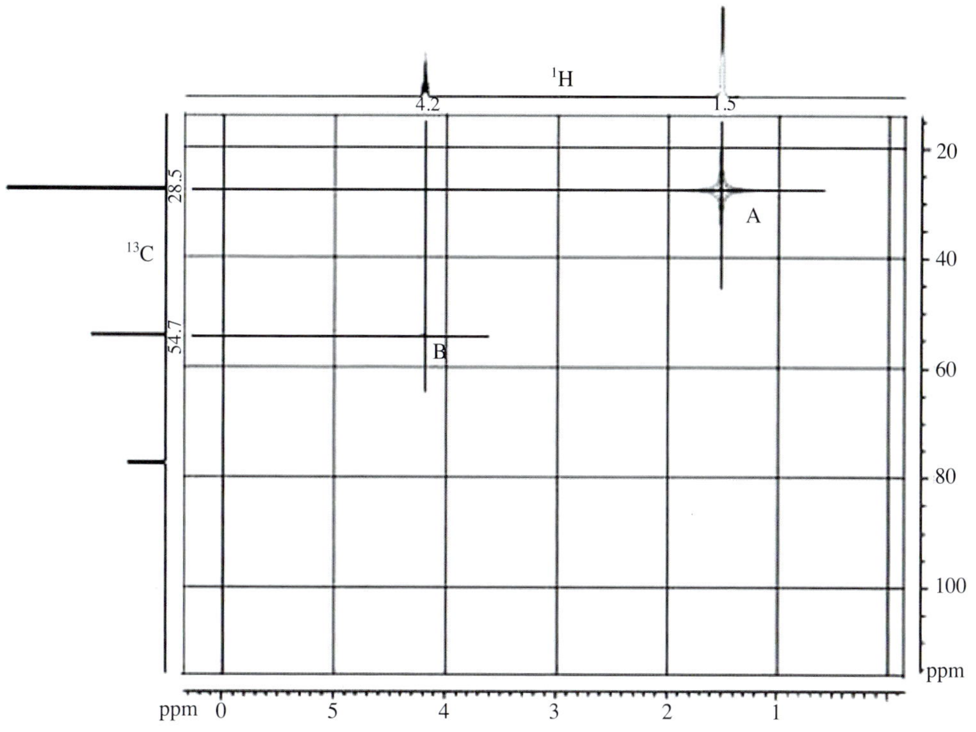

그림 11.15 2-chloropropane의 HETCOR 스펙트럼

11.10 자외선 및 가시광선 분광법

적외선보다 강한 에너지 영역이 자외선과 가시광선이다(그림 11.1 참고). 이들 영역의 에너지에는 보통 파장의 단위로써 **나노미터(nanometer, 1 nm = 10^{-9} m)**가 사용된다. 가시광선은 약 400 nm(보라)에서 800 nm(빨강)의 영역이고 자외선은 100 nm에서 400 nm 영역에 해당된다. 유기 화학에서 관심을 갖는 영역의 파장은 200 nm에서 800 nm 정도이다.

분자가 적외선을 흡수하면 공유 결합의 진동수가 증가하는 반면 자외선과 가시광선을 흡수하면 바닥 상태에 있던 π 전자가 바로 위의 에너지 준위로 **전자 들뜸(electron transition)**을 일으키게 된다. 흡수되는 가시광선 또는 자외선의 파장은 얼마나 전자 들뜸이 쉽게 일어날 수 있는가에 따라 달라진다. 전자가 들뜨기 쉬운 분자일수록 더 긴 파장의 빛을 흡수한다. 이 때문에 자외선-가시광선 분광법을 이용하면 전자의 분포 또는 π 분자 오비탈 등에 관한 정보들을 얻을 수 있다. 그림 11.16에 mesityl oxide의 자외선 스펙트럼을 도시하였다.

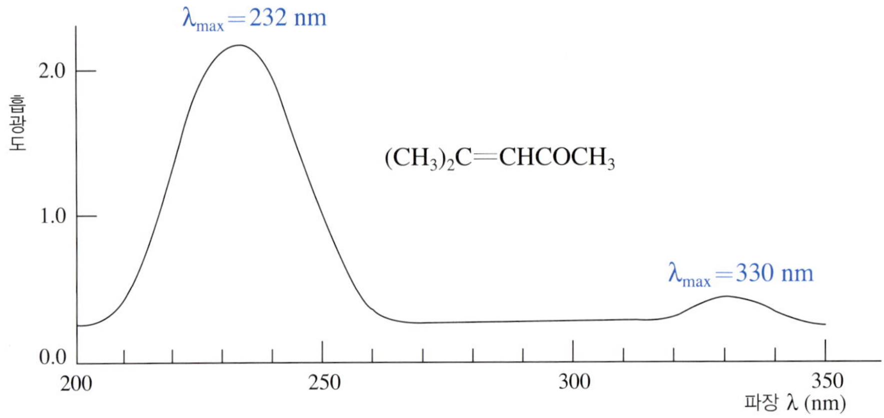

그림 11.16 mesityl oxide($(CH_3)_2C{=}CHCOCH_3$)의 자외선 스펙트럼

자외선-가시광선 스펙트럼의 피크는 폭이 넓고 수가 적다. 전자 들뜸 에너지는 피크 꼭대기의 파장에 해당된다. 이것을 최대 흡수 파장이라고 하고 λ_{max}로 나타낸다. Mesityl oxide의 π 전자가 들뜰 때 흡수하는 에너지는 $\lambda_{max} = 230$ nm이다. λ_{max} 값은 표 11.5에 종합된 것처럼 π 분자 오비탈의 콘쥬게이션 폭이 길어질수록 작아진다. 피크의 강도는 빛을 흡수하는 분자의 수와 구조에 따라 달라진다. 시료에 흡수된 빛의 강도를 흡광도라고 하며 다음과 같은 식으로 나타낸다.

$$A = \varepsilon cl$$

이 식에서 ε는 **흡광 계수(extinction coefficient)**, c는 시료의 농도(mole/L) 그리고 l은 빛이 시료를 통과하는 길이를 나타낸다. 흡광 계수는 빛을 흡수하는 분자의 구조에 따라 달라지는 상수이다.

표 11.5 전자 들뜸에 미치는 콘쥬게이션 효과

화합물	λ_{max}(nm)	ε
Ethylene $CH_2{=}CH_2$	175	15,000
1,3-butadiene $CH_2{=}CHCH{=}CH_2$	217	21,000
1,3,5-hexatriene $CH_2{=}CHCH{=}CHCH{=}CH_2$	258	35,000
β-carotene(11 double bond)	465	125,000

문제 11.10 1,4-Pentadiene과 1,3-Pentadiene은 서로 이성질체이다. UV 스펙트럼 상에서 어떤 특징을 보여주겠는가?

문제 11.11 2,5-Dimethyl-2,4-hexadiene을 methanol에 녹인 용액의 흡광 계수는 13,100 M^{-1} cm^{-1}이다. 흡광도가 1.6이 되려면 이 화합물의 methanol 용액 농도는 얼마가 되어야 하는가?

11.11 질량 분석법

앞 절들에서는 분자가 흡수한 전자기 복사선의 에너지를 분석하는 분광법들을 소개하였다. **질량 분석법(mass spectroscopy)**은 이들과 다른 원리를 이용한다. 질량 분석법에서는 분자에 강한 에너지의 전자를 조사했을 때 일어나는 변화들을 분석한다. 분자에 70 eV(1610 kcal/mol) 정도의 강한 에너지를 가지고 있는 전자를 쪼여주면 분자의 전자 하나가 방출되면서 **분자 이온(molecular ion, $M^{+\cdot}$)** 또는 **어미 이온**이 생성된다. 이것은 짝짓지 않은 전자와 양이온을 가지고 있기 때문에 **라디칼 양이온(radical cation)**이라고 부른다.

$$A{:}B \; + \; e^- \longrightarrow A^{+\cdot}B \; + \; e^-$$

분자 이온(어미 이온)

분자 이온들 중의 일부는 전기적으로 중성인 토막으로 분해된다.

$$A^{+\cdot}B \longrightarrow A^+ \; + \; B\cdot$$

양이온 라디칼　　양이온　　라디칼

분자 이온과 양이온 토막들은 질량 대 전하의 비(m/z)로 분리되어 검출되며 이들의 분포를 나타낸 것이 **질량 스펙트럼(mass spectrum)**이다. 전하는 항상 1이므로 분자 이온의 m/z는 그 분자의 질량 값과 같다. 또 분자 구조에 따라 특징적인 조각내기 양상을 보여주기 때문에 질량 스펙트럼은 구조를 분석하는 데 유용하게 이용된다. 질량 스펙트럼에서는 이온들의 상대적인 강도를 막대 그래프로 보여주고 있다. 가장 강한 피크를 **기본 피크(base peak)**라고 하고 이것의 상대 강도를 100으로 한다. 그림 11.17에 *o*-xylene의 질량 스펙트럼을 도시하였다.

이 스펙트럼에서 기본 피크는 m/z = 91인데 이것은 다음과 같은 조각내기 반응에서 생성된 $C_7H_7^+$에 해당된다.

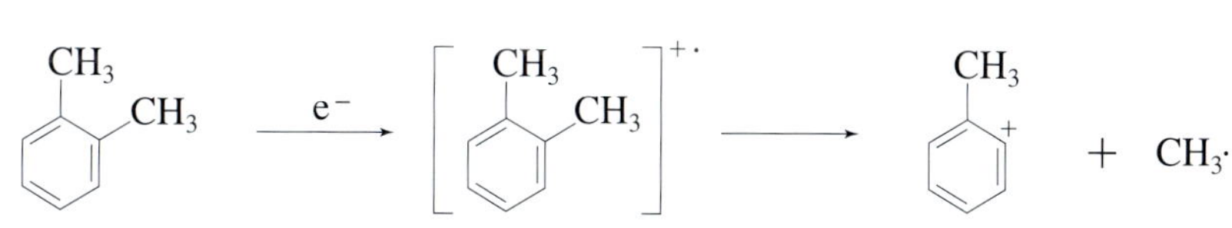

m/z = 106　　m/z = 91

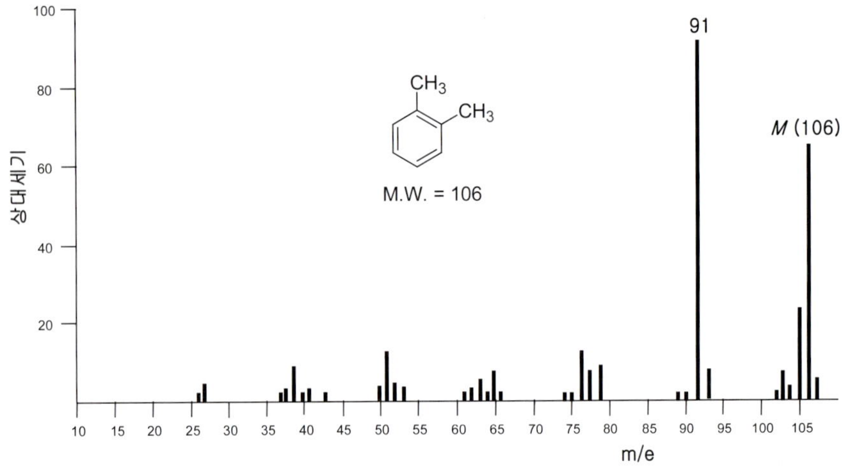

그림 11.17 *o*-xylene의 질량 스펙트럼

$M^{+\cdot}$가 106인 *o*-xylene의 질량 스펙트럼에서 관찰되는 m/z = 107처럼 종종 분자량보다 1 또는 2 큰 피크가 관찰된다. 이것은 ^{13}C 동위 원소 때문에 나타나는 것이다. 탄소 원자는 98.9%의 ^{12}C와 1.1%의 ^{13}C가 있기 때문에 $[M+1]^{+\cdot}$에서 피크가 관찰된다. 동위 원소 피크는 화합물의 구조를 확인하는 데 이용할 수 있다. 예를 들어 다섯 탄소 원자를 포함하고 있는 화합물은 M+1의 상대 존재비가 5×1.1% = 5.5%이어야 한다. 이것은 M과 M+1의 상대적인 세기를 안다면 화합물의 탄소 원자의 수를 계산할 수 있다는 점을 의미한다.

$$\text{탄소 원자의 수} = \frac{(\text{M+1 봉우리의 상대 세기})}{0.011 \times (\text{M 봉우리의 상대 세기})}$$

유기 화합물에서 일반적으로 발견되는 몇 가지 동위 원소의 존재비를 요약하면 표 11.6과 같다.

표에서 알 수 있는 것처럼 화합물의 탄소 원자수를 계산하는 데 M+1 피크가 이용될 수 있는 이유는 H와 O의 M+1의 크기가 매우 작기 때문이다. 이 공식은 ^{13}N의 자연 존재비가 상당히 크기 때문에 질소를 포함하고 있는 화합물의 탄소 원자수를 계산하는 데는 이용할 수 없다. 대부분 M+2 피크는 M+1 피크보다 작다. M+2 피크가 크면 화합물에 염소나 브로민이 있다는 것을 나타낸다. 표 11.6에서 알 수 있는 것처럼 M+2 피크가 M 피크의 1/3이면 한 개의 염소 원자가 있다는 것을 의미한다. M과 M+2 피크가 거의 동일하다면 화합물이 한 개의 브로민 원자를 포함하고 있다는 것을 나타낸다. 즉, Br에는 ^{79}Br과 ^{81}Br의 두 동위 원소가 각각 50%의 비로 존재하기 때문에 브롬원자 한 개를 가지고 있는 분자의 질량 스펙트럼에서는 M/M+2가 1:1의 비로 관찰된다. 예를 들어 bromoethane의 질량 스펙트럼을 그림 11.18에 도시하였다.

표 11.6 유기 화합물에서 일반적으로 관찰되는 동위 원소들의 자연 존재비

원소	자연 존재비		
Carbon	^{12}C	^{13}C	
	98.89%	1.11%	
Oxygen	^{16}O	^{17}O	^{18}O
	99.76%	0.37%	0.204%
Nitrogen	^{14}N	^{15}N	
	99.63%	0.37%	
Hydrogen	^{1}H	^{2}H	
	99.99%	0.01%	
Fluorine	^{19}F		
	100%		
Chlorine	^{35}Cl		^{37}Cl
	75.77%		24.23%
Bromine	^{79}Br		^{81}Br
	50.69%		49.31%
Iodine	^{127}I		
	100%		

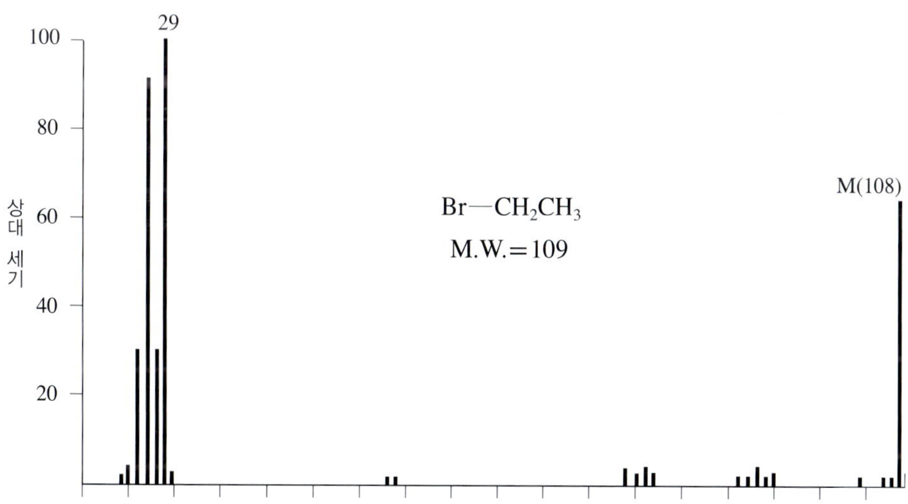

그림 11.18 Bromoethane의 질량 스펙트럼

최근에 개발된 **보조 레이저 탈착 이온화법(matrix assisted laser desorption ionization, MALDI)**과 **전자 분무형 이온화법(Electrospray ionization, ESI)**을 이용하면 단백질과 같은 거대 분자들이나 지나치게 극성이 커서 기체 상태의 이온으로 전환하기 어려운 화합물들의 질량을 측정할 수 있다. MALDI와 ESI는 DNA와 약물의 상호 작용 등 여러 가지 생명 공학과 관련된 첨단 연구에 매우 유용하게 이용되고 있다.

문제 11.12 어떤 알케인의 $M^{\dagger}$ 피크가 m/z 72에서 나타났다. 이 화합물의 분자식을 쓰시오.

문제 11.13 어떤 bromoalkane이 m/z 136과 m/z 138에서 같은 크기의 어미 피크를 보여주었다. 이 화합물의 분자식을 쓰시오.

요약

분자가 흡수하는 빛 에너지와 분자 구조 사이의 상관 관계를 분석하는 **분광법**을 이용하면 유기 화합물의 구조를 분석할 수 있다. 유기 화합물의 구조를 분석할 때는 **적외선 분광법(infrared spectroscopy)**, **핵자기공명 분광법(nuclear magnetic resonance spectroscopy)**, **자외선 가시광선 분광법(ultraviolet-visible spectroscopy)**, **질량 분석법(mass spectroscopy)**이 주로 이용된다.

유기 분자에 **적외선(IR)**을 쪼여주면 결합들의 신축 진동 및 굽힘 진동에 해당하는 진동수의 에너지를 흡수한다. 이 에너지를 분석하면 분자의 작용기에 관한 정보를 얻을 수 있다. 즉, 적외선 중에서 어떤 파수의 에너지가 흡수되는지를 보면 분자에 어떤 작용기가 있는지를 알 수 있다. 예를 들어 탄소-탄소 이중 결합은 1620~1680 cm^{-1} 범위에서 흡수 피크를 보여주고 케톤과 카보닐기의 흡수 피크는 1720 cm^{-1} 근처에서 관찰된다.

핵자기 공명 분광법을 이용하면 유기 분자들의 기본 골격인 탄화수소에 관한 정보를 얻을 수 있기 때문에 구조를 규명하는 데 가장 효과적인 방법이다. ^{1}H와 ^{13}C가 외부 자기장 속에 놓이면 핵스핀이 외부 자기장과 평행(α-스핀)하거나 역평행(β-스핀)하게 배열된다. 라디오파의 범위에 해당하는 에너지를 쪼여주면 핵스핀이 α-스핀 상태에서 β-스핀 상태로 젖혀지게 된다. 이 현상을 핵자기 공명이라고 한다. 핵자기 공명을 일으키는 에너지를 검출하여 증폭하면 **핵자기 공명 스펙트럼(NMR spectrum)**이 얻어진다. ^{1}H NMR 스펙트럼을 이용하여 구조를 규명할 때는 **화학적 이동값**(δ), **스핀-스핀 갈라짐**, **적분** 및 **짝지음 상수값**이 분석된다. ^{13}C NMR 스펙트럼을 이용하면 탄소 골격에 관한 정보를 얻을 수 있다.

자외선 가시광선 분광법에서는 전자의 들뜸, π 분자 오비탈과 관련된 정보를 얻을 수 있다. 질량 분석법을 이용하면 분자의 질량을 쉽게 알 수 있으며 질량 분석 스펙트럼에서 조각내기 양상을 분석하면 분자 구조에 관한 정보도 얻어낼 수 있다.

읽을거리

NMR 현상은 1946년 Bloch의 연구팀과 Purcell의 연구 팀에 의해 각각 독립적으로 발견되고 설명되었다. 이 현상은 1960년대에 유기 화합물의 구조를 밝히는 가장 중요한 수단 중의 하나로 자리를 잡았다.

1970년대 NMR을 이용하여 몸이 여러 부위를 영상화 하면 효과적으로 질병을 진단할 수 있다는 사실이 인식되었다. 사람의 몸은 NMR 현상을 일으킬 수 있는 몇 가지 핵들을 포함하고 있다. 이들 중에서 물, 트리글리세라이드, 인지질을 구성하고 있는 중요한 원소인 수소는 가장 유용한 NMR 신호를 낼 수 있다. NMR 현상에서 이완 시간이라고 부르는 특징적인 시간은 들뜬 상태의 핵이 에너지를 버리고 바닥 상태로 돌아가는 데 필요한 시간이다. 1971년 암세포 속에 있는 물의 이완 속도는 정상세포의 물이 이완되는 속도보다 훨씬 느리다는 사실이 발견되었다. 만약 인체를 구성하고 있는 물의 이완 영상을 얻을 수 있다면 초기단계에서 암을 진단할 수 있을 것이라는 생각들을 하였다. 그 후, 연구들을 통해 이 방법이 실용화되었으며 많은 암 조직들이 진단되었다.

"핵자기 공명"이라고 하는 용어는 사람들에게 마치 방사성 물질과 관련이 있는 것처럼 오해할 수 있기 때문에 의료에 종사하는 사람들이 이 기술을 **자기 공명 영상**(**magnetic resonance imaging, MRI**)이라고 불렀다. MRI와 X-선은 여러 가지 면에서 서로 상보적이다. 뼈의 딱딱한 바깥쪽 층은 MRI에는 보이지 않지만 X-선 이미지에서는 매우 잘 보인다. 반면 부드러운 조직에서의 어떤 변화는 X-선에는 거의 관찰되지 않지만 MRI에서는 잘 보인다. MRI를 촬영은 보통 10분 이내에 끝난다. 데이터는 신체의 각 부분을 여러 구간으로 나눈 평면 영상으로 얻어지거나 3차원 영상으로 얻어진다. 아래 그림은 사람의 뇌종양 사진이다. 뇌의 중심부에 커다란 종양덩어리가 크게 관찰된다.

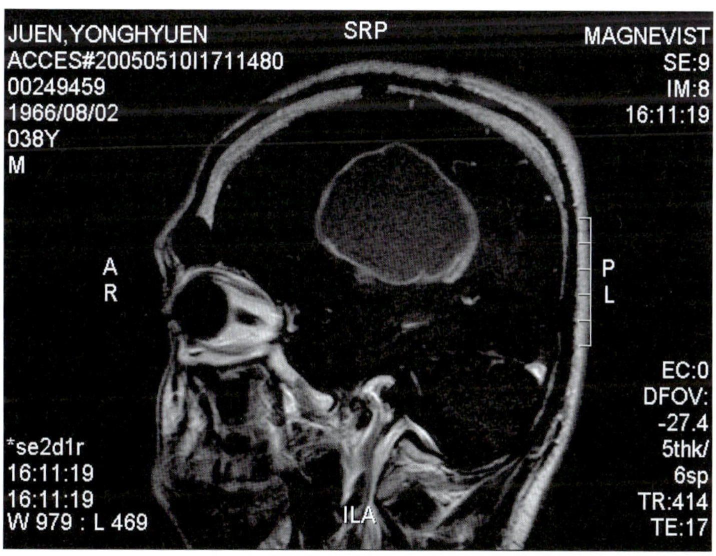

NMR을 이용하면 오줌, 혈장, 뇌척수액, 눈의 점액과 같은 체액들을 몸 속에 그대로 둔 채 조사할 수 있다. NMR은 식품의 질을 평가하는 데도 이용되고 식물 종자의 발아 연구에도 이용된다. 건축 공학에서는 목재의 내부 수분의 농도와 분포를 평가하는 데도 이용된다. 그밖에 NMR

은 생물학과 의학의 헤아릴 수 없이 많은 연구에 이용되고 있다. NMR 현상이 처음 발견되었을 때는 이것이 인류에게 어떤 영향을 미칠지 미처 몰랐지만 시간이 지날수록 인류 역사상 이보다 더 유익한 과학 기술은 없었다는 사실이 밝혀지고 있다. 앞으로 NMR은 어떤 가능성을 더 보여줄지 모를 정도로 놀라운 현상이다.

보충문제

11.14 다음 각 화합물은 IR 스펙트럼에서 어느 위치에서 특징적인 흡수 피크를 보여주어야 하는가?

(1) $H_2C{=}CH\overset{O}{\overset{\|}{C}}CH_3$

(2) 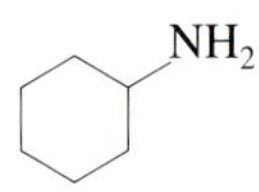

(3) 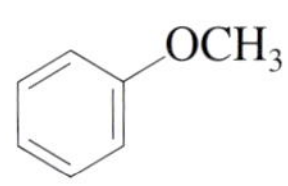

(4) $CH_3CH_2CH_2C{\equiv}CH$

(5) $CH_3CH_2CH_2OH$

(6) 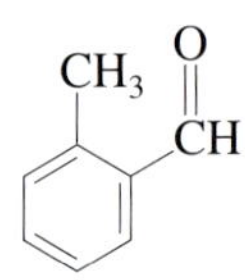

11.15 IR 스펙트럼을 이용하여 다음 각 쌍을 구별하는 방법을 설명하시오.

(1) $CH_3CH_2CH{=}CH_2$와 $CH_3CH_2C{\equiv}CH$

(2) $(CH_3)_3COH$와 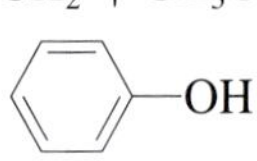

(3) $CH_3CH_2CH_2\overset{O}{\overset{\|}{C}}H$ 와 $CH_3CH_2\overset{O}{\overset{\|}{C}}CH_3$

(4) $CH_3CH_2CH_2CH_2NH_2$와 $CH_3CH_2NHCH_2CH_3$

11.16 다음 각 IR 스펙트럼에 적합한 구조를 가리시오.

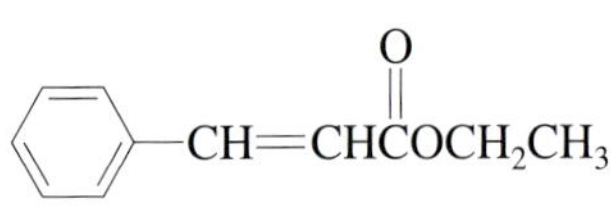

A

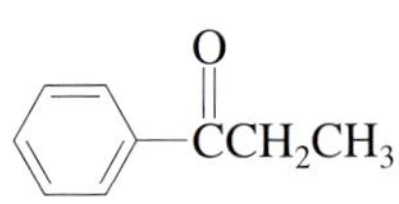

B

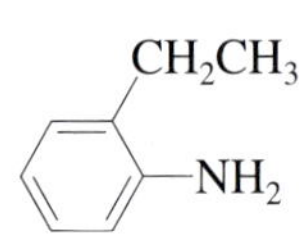

C

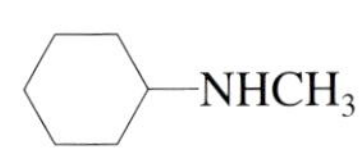

D

(1)

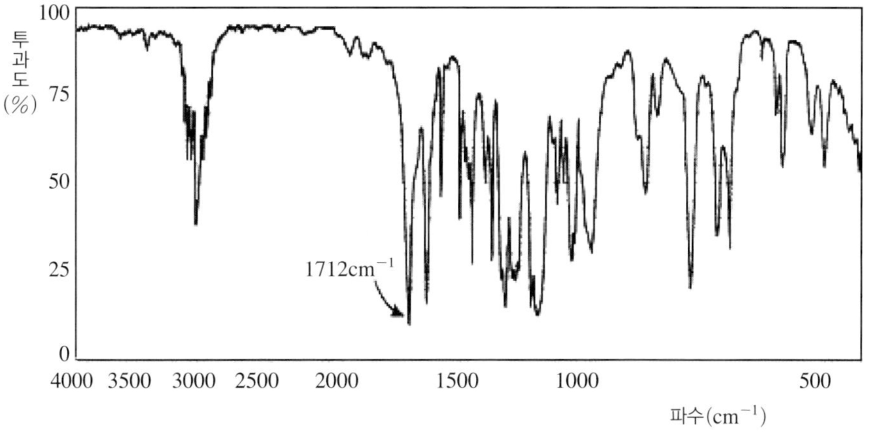
100
75
50
25
0
투과도 (%)
1712cm^{-1}
4000 3500 3000 2500 2000 1500 1000 500
파수(cm^{-1})

(2)

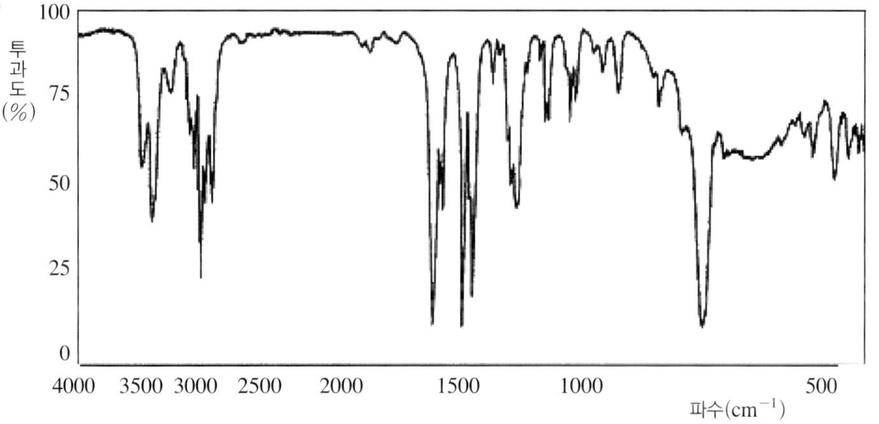
100
75
50
25
0
투과도 (%)
4000 3500 3000 2500 2000 1500 1000 500
파수(cm^{-1})

(3)

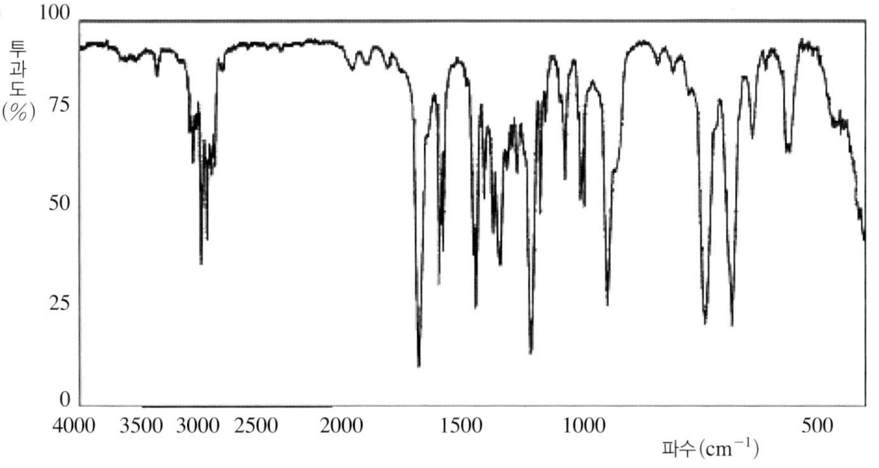
100
75
50
25
0
투과도 (%)
4000 3500 3000 2500 2000 1500 1000 500
파수(cm^{-1})

(4)

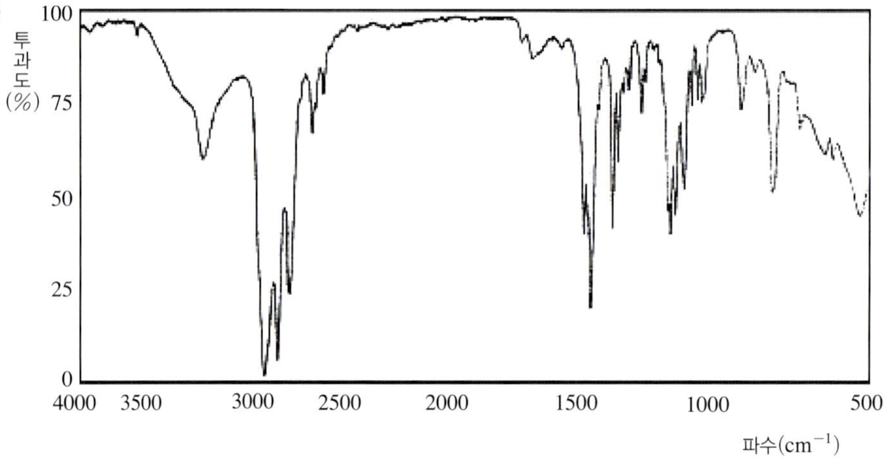

11.17 C−O 신축 진동 피크는 1100 cm^{-1}에서 관찰되고 C=O 신축 진동 피크는 1700 cm^{-1}에서 나타난다. 어느 피크의 에너지가 더 큰가?

11.18 다음 각각에서 지시된 수소중 어느 쪽의 화학적 이동값이 더 큰가?

(1)

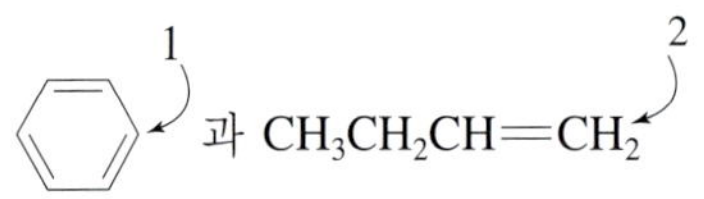

(2)

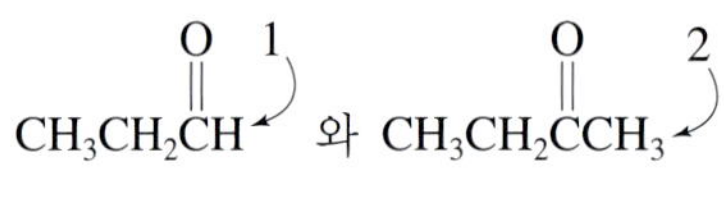

(3)

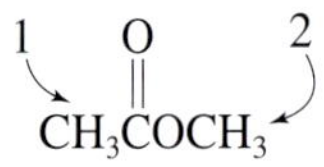

(4)

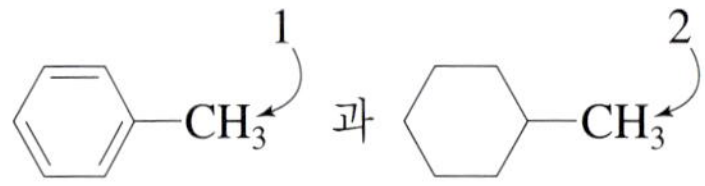

11.19 다음 각 화합물에서 화학적으로 동등한 양성자는 몇 종류인가? NMR 스펙트럼에서 이들의 상대적인 적분비는 어떻게 나타나는가?

(1) $CH_3CH_2OCH_2CH_3$

(2) $(CH_3CH_2)_2CHCH_2Cl$

(3)

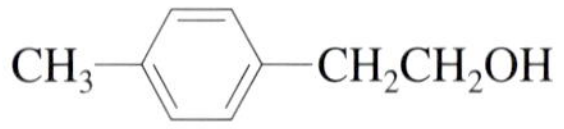

11.20 다음 각각에서 밑줄 친 수소와 화학적으로 동등한 수소를 찾으시오.

(1)

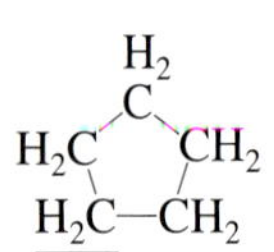

(2) 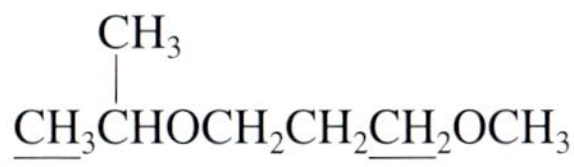

(3) 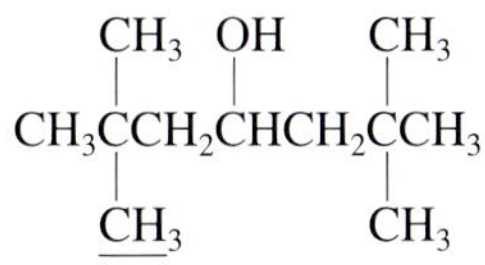

11.21 다음 화합물들은 모두 ^{1}H NMR 스펙트럼에서 한 개의 피크만 보여준다. 피크의 화학적 이동값이 증가하는 순서로 나열하시오.

$(CH_3)_4Si$, $CH_2{=}CH_2$, CH_3COCH_3, CH_4, $CHCl_3$, cyclohexane

11.22 $n+1$ 규칙을 기초로 다음 각각에서 지시된 수소의 다중도를 예측하시오.

(1) $CH_3\underline{CH_2}CH_3$ (2) 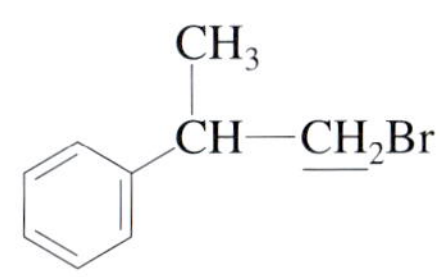 (3) 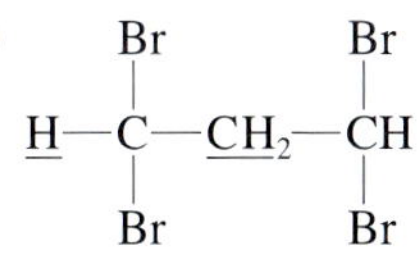

11.23 다음 중 어느 화합물의 ^{1}H NMR 스펙트럼이 면적비 3:1인 두개의 피크를 보여주겠는가?

(1) $CH_2{=}CHCH_3$ (2) $CH_3CH_2CH_2CH_3$
(3) $CH_3CH_2CH_3$ (4) $CH_2{=}C(CH_3)_2$

11.24 다음 각 화합물의 ^{1}H NMR 스펙트럼에서 화학적으로 동등한 수소들이 스핀-스핀 짝지음을 통해 발생하는 다중도와 피크 면적비를 적으시오.

(1) $CH_3CH_2COCH_2CH_3$ (2) $CH_3OCH_2OCH_3$
(3) Br_2CHCH_2Br (4) 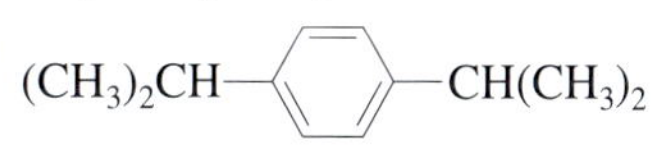

11.25 다음 각 화합물의 ^{1}H NMR 스펙트럼을 화학적 이동값, 갈라짐 양상 및 피크 면적비가 적합하도록 스케치하시오.

(1) $BrCH_2CH_3$ (2) $CH_3CHClCHClCH_3$
(3) $(CH_3)_2CHBr$

11.26 다음 각 화합물의 구조를 제시하시오.

(1) C_4H_9Cl; δ 3.35(이중선, 2H), 2.00(다중선, 1H), 1.00(이중선, 6).
(2) $C_3H_6Br_2$; δ 3.60(삼중선, 4H), 2,40(오중선, 2H).
(3) $C_4H_{10}O$; IR, 3330 cm^{-1}, broad; δ 3.30(이중선, 2H), 2.40(단일선, 1H), 1.70(다중선, 1H), 0.90(이중선, 6H).

11.27 분자식이 $C_5H_{12}O$인 알코올의 ^{1}H NMR 스펙트럼에서 다음의 피크가 관찰되었다: 한 개의 단일선(면적비 1); 두 개의 이중선(면적비 3과 6); 두개의 다중선(두 피크의 면적비 모두

1). 이 알코올을 HBr로 처리하면 분자식 $C_5H_{11}Br$인 브로모알케인으로 전환된다. 이것의 ^1H NMR 스펙트럼에서는 한 개의 단일선(면적비 6), 한 개의 삼중선(면적비 3), 한 개의 사중선(면적비 2)이 나타난다. 알코올과 브로모알케인의 구조를 그리시오.

11.28 분자식이 C_4H_7NO인 화합물은 IR 스펙트럼에서 3000 cm^{-1} 부근의 비교적 강한 피크와 2240 cm^{-1} 부근의 비교적 약한 피크를 보여준다. 이 화합물의 ^1H NMR 스펙트럼에서는 δ 2.60에서 삼중선, δ 3.30에서 단일선 δ 3.50에서 삼중선을 보여준다. 이 피크들의 면적비는 삼중선이 2이고 단일선과 두번째 삼중선의 합이 5이다. 이 화합물의 구조를 제시하시오.

11.29 분자식 $C_5H_{10}O_2$인 화합물의 IR 스펙트럼에서는 1750 cm^{-1}에서 강한 흡수 피크가 관찰된다. ^1H NMR 스펙트럼에서는 δ 1.20에서 이중선, δ 2.00에서 단일선, δ 4.95에서 칠중선이 관찰되고 이들의 면적비는 6∶3∶1이다. 이 화합물의 구조를 제시하시오.

11.30 다음 이성질체의 구조를 각각 ^1H NMR 스펙트럼과 UV 스펙트럼을 사용하여 구별하는 법을 설명하시오.

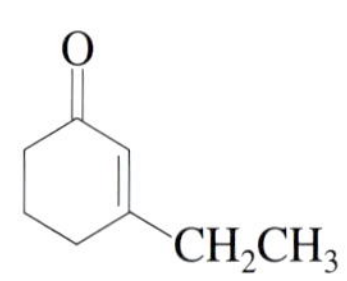

A

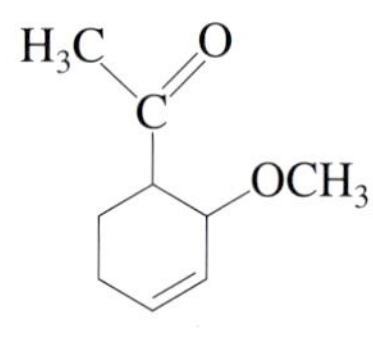

B

11.31 다음 각각의 m/z 값은 얼마인가?

(1) $[CH_3CH_3]^{+\cdot}$ (2) $[(CH_3)_2CH]^{+\cdot}$ (3) $[H_2O]^{+\cdot}$

11.32 다음 각 화합물의 분자 이온에 관한 m/z 값을 계산하시오.

(1) 2,3-Dimethylpentane (2) *m*-Bromophenol (3) Isopropyl alcohol

11.33 다음은 분자식이 C_3H_6O인 화합물의 ^1H NMR과 IR 스펙트럼이다. 이 화합물의 구조를 제시하시오.

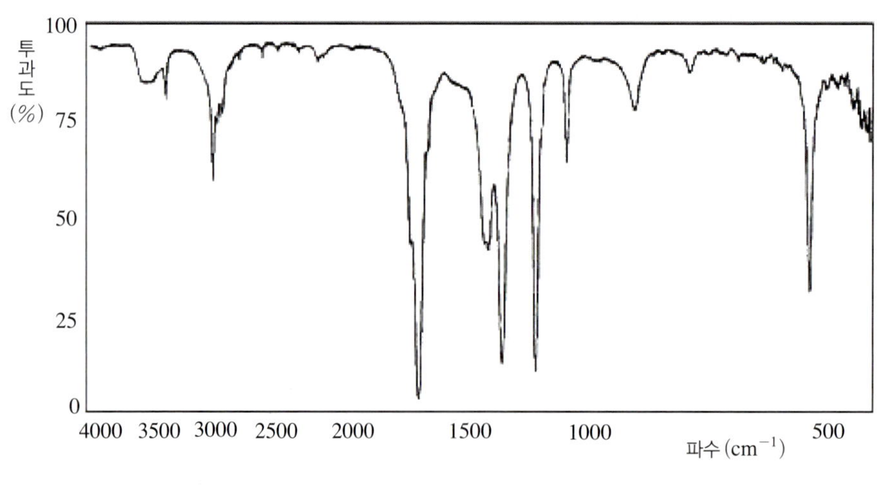

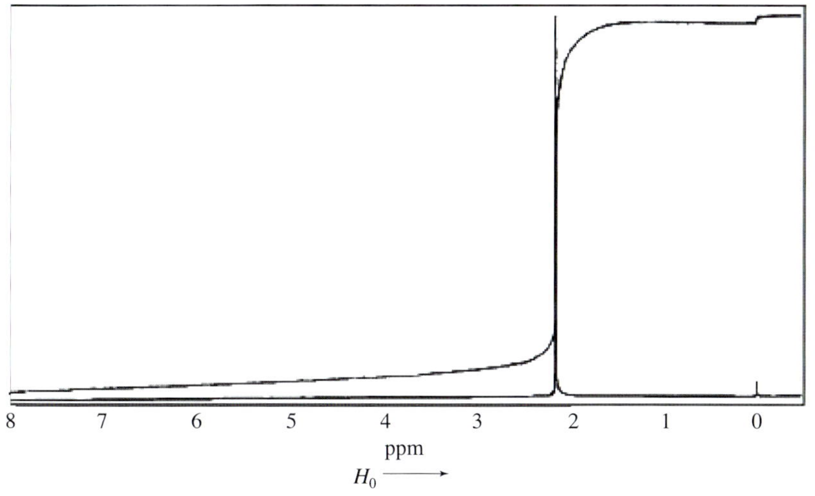

11.34 다음은 분자식이 $C_5H_{12}O_2$인 화합물의 ^1H NMR과 IR 스펙트럼이다. 이 화합물의 구조를 제시하시오.

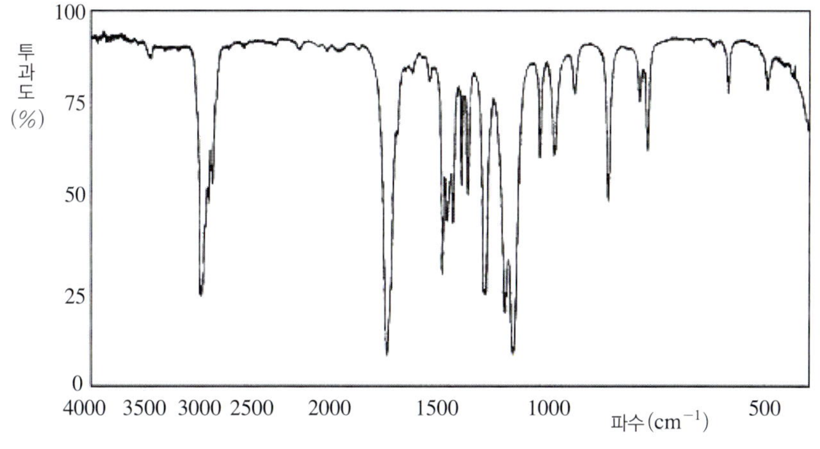

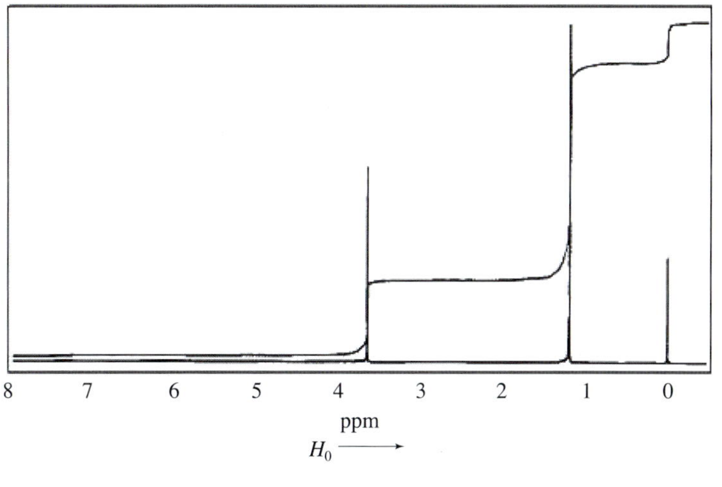

12장

유기 고분자 화학

고분자(**polymer**)는 **단위체**(**monomer**)라고 하는 작은 반복 단위가 연결되어 만들어진 거대 분자이다. 단위체를 연결하는 과정을 **중합 반응**(**polymerization reaction**)이라고 한다. 고분자는 크게 **생체 고분자**(**biopolymer**)와 **합성 고분자**(**synthetic polymer**)의 두 부류로 나눌 수 있다. 생체 고분자의 예로는 탄수화물, 단백질, DNA 및 RNA를 들 수 있으며 이들은 다음 장들에서 설명될 것이다. 이 장에서는 합성 고분자들만 소개한다.

최초의 합성 고분자는 1838년 우연히 발견된 vinyl chloride의 고분자였다. 또한 화학자가 테이블에 엎지른 화학 물질을 아내의 면 앞치마로 닦은 후에, 면 앞치마가 면이 아닌 특성을 갖는 것을 알게 되면서 nitrocellulose가 발견되었다. 이 물질은 1891년 파리 전람회에 소개되었으며 마치 광선을 방출하는 것처럼 반짝였기 때문에 rayon이라는 이름을 붙였다.

합성 고무는 1917년 독일의 화학자들에 의해 처음으로 만들어졌다. 이와 같은 일련의 발견들을 시작으로 단위체들을 결합시켜 연속 사슬을 만들려는 노력이 오랫동안 활발하게 이루어졌다. 150년이 채 지나기도 전에 옷, 각종 기구, 운송 수단, 포장용 바이닐, 장난감, 페인트, 합판, 타이어 등 무수히 많은 고분자 물질들이 우리의 일상 생활에 이용되고 있다. 현대 사회에서 이용되는 화학 물질들 중 합성 고분자보다 더 중요한 부류는 없다.

고분자 화학자들은 금속, 유리 세라믹, 나무, 종이 등을 대체할 새로운 물질들을 탐색하고 있으며 인간의 필요에 부합되도록 고안된 성질을 가지고 있는 새로운 고분자들을 만들려는 노력이 끊임없이 이어지고 있다. 최근에는 전기가 통할 수 있는 플라스틱인 전도성 고분자, 전기를 걸어주었을 때 강한 빛을 발산하는 고분자, 트랜지스터 특성을 가지고 있는 고분자들이 발견되고 있다. 머지않은 장래에 이 고분자들이 실용화되면 인류 문화에 커다란 혁명이 일어나게 될 것이다.

12.1 고분자의 분류

보통의 유기 분자보다 훨씬 큰 10,000 g/mol에서 1,000,000 g/mol 이상의 분자량을 가지고 있는 고분자는 선형, 가지달린형, 빗형, 사다리형, 별형 교차 결합된 그물형 등 여러 가지 구조를 가질 수 있다.

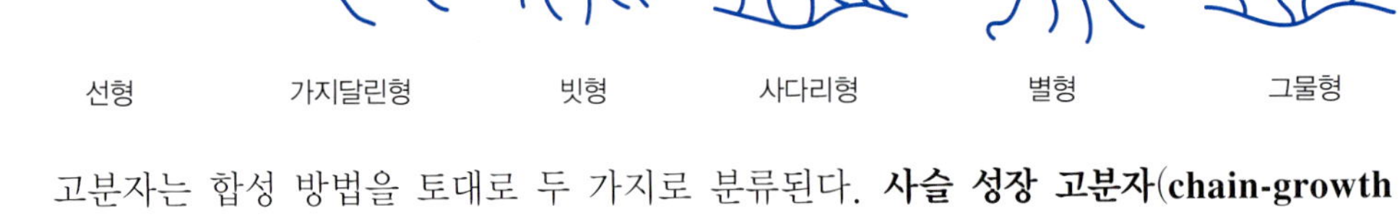

고분자는 합성 방법을 토대로 두 가지로 분류된다. **사슬 성장 고분자**(**chain-growth**

polymer) 또는 **첨가 고분자(addition polymer)**는 성장하는 사슬의 끝에 단위체가 첨가됨으로써 합성된다. 이때 사슬의 끝은 라디칼, 양이온 또는 음이온이기 때문에 중합 반응에 대한 반응성이 매우 크다. 폴리에틸렌, 폴리스타이렌, 스타이로폼 및 칫솔대 등은 사슬 성장 고분자의 예들이다.

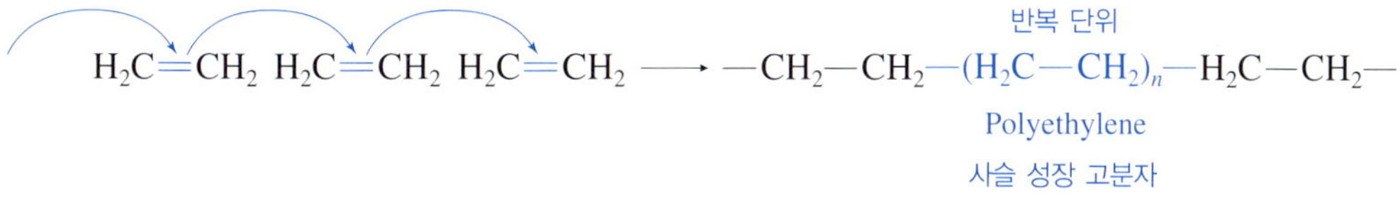

단계 성장 고분자(step-growth polymer) 또는 **축합 고분자(condensation polymer)**는 물이나 알코올 같은 작은 분자가 제거되면서 단위체들이 서로 연결된 고분자이다. 단계 성장 고분자에서는 보통 두 개 이상의 작용기를 가지고 있는 두 종류의 단위체가 교대로 연결되면서 고분자 골격을 형성한다. 단계 성장 고분자의 대표적인 예로는 Dacron이라고 하는 상품명을 가진 폴리에스터의 일종인 poly(ethylene terephthalate), 즉 PET를 들 수 있다.

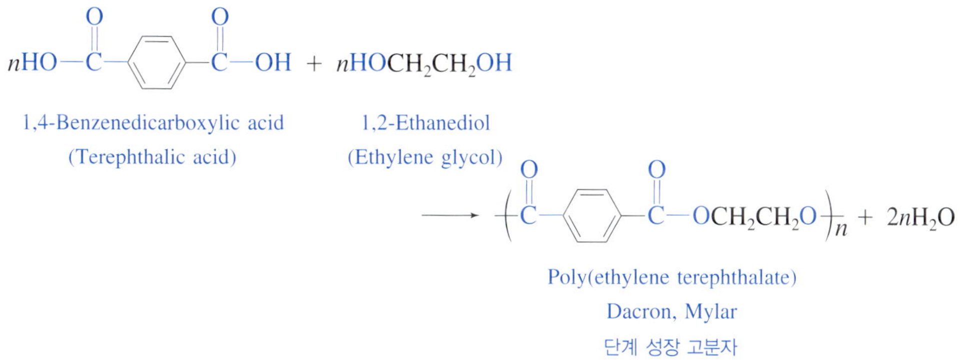

Dacron은 주름이나 구김살이 잘 안 생기는 섬유이다. 느낌이 거칠기 때문에 목화 또는 양모와 같은 천연 섬유와 함께 사용된다. 이것은 또 Mylar라고 하는 자기 기록 테이프나 음료수의 재생 가능한 용기의 원료로도 사용된다.

문제 12.1 다음 구조에서 고분자의 반복 단위를 지적하고 괄호와 아래 첨자 n을 사용하여 구조를 다시 그리시오.

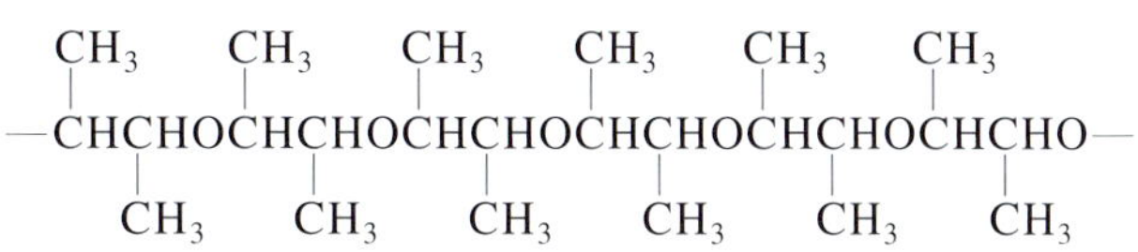

12.2 고분자의 명명과 분자량

고분자의 구조는 단위체(반복 단위), 괄호 및 단위체의 평균 수를 나타내는 n을 사용하여 나타낸다. 단위체 이름이 한 단어일 때 고분자의 이름은 간단히 접두어인 poly-를 단위체 이름에 붙여 부르고, 단위체 이름이 두 단어일 때는 두 단어를 괄호 속에 넣고 앞에 접두어 poly-를 붙인다. 예를 들면 polystyrene과 poly(vinyl acetate)는 단위체인 styrene과 vinyl acetate의 고분자 이름이다.

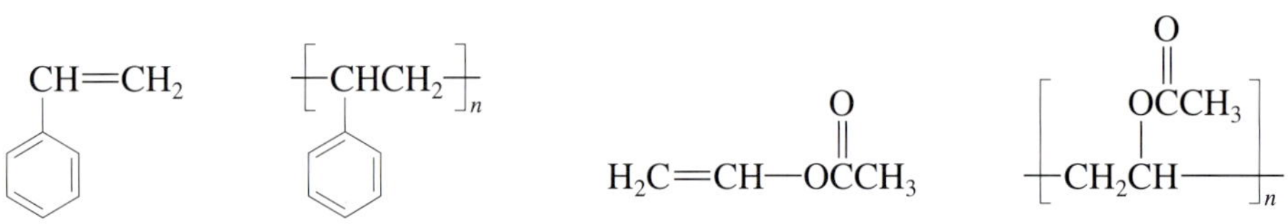

Styrene Polystyrene Vinyl acetate Poly(vinyl acetate)

Polyethylene과 polytetrafluoroethylene과 같은 대칭인 단위체 단위로부터 형성된 고분자는 반복 단위가 $-CH_2-$와 $-CF_2-$이지만, 이들이 ethylene($CH_2{=}CH_2$)과 tetrafluoroethylene($CF_2{=}CF_2$)으로부터 만들어졌기 때문에 $-(CH_2CH_2)_n-$와 $-(CF_2CF_2)_n-$로 표시한다.

고분자의 물리 화학적 성질은 분자량의 영향을 크게 받는다. 그러므로 어떤 고분자의 분자량을 아는 것은 고분자의 성질을 이해하는 데 매우 중요하다. 고분자는 모두 여러 가지 분자량을 가지고 있는 혼합물이다. 고분자 화학에서 분자량을 나타낼 때는 **수 평균 분자량(number average molecular weight)**과 **무게 평균 분자량(weight average molecular weight)**의 두 가지를 사용한다. 수 평균 분자량(M_n)은 n개 고분자의 분자량을 측정하고, 이들의 합을 n으로 나눈 값이다. 무게 평균 분자량 (M_w)는 어떤 특정 길이를 가지고 있는 각 고분자의 전체 무게를 측정하고, 이 무게들을 합한 다음 시료의 전체 무게로 나눈 값으로 나타낸다. 일반적으로 M_w는 M_n값보다 더 크다. M_w와 M_n은 둘 다 고분자의 물리 화학적 성질을 평가하는 데 중요하며, M_w/M_n는 분자량 분포를 나타내는데, 이 값이 클수록 측정한 시료의 분자량 분포가 넓음을 의미한다.

12.3 라디칼 사슬 성장 중합

사슬 성장 중합에는 단위체로 ethylene 유도체가 일반적으로 사용된다. ethylene 유도체의 사슬 성장 중합에 의해 생산되는 고분자를 **바이닐 고분자(vinyl polymer)**라고 부른다. 사슬 성장 중합에 의해 합성되는 대표적인 고분자들을 종합하면 표 12.1과 같다.

표 12.1 사슬 성장 중합에 의해 합성되는 대표적인 바이닐 고분자

고분자 이름	구조식	용도
Polyethylene	$-(CH_2-CH_2)_n-$	전선, 필름 장난감, 병
Polyvinyl chloride	$-(CH_2-CH(Cl))_n-$	파이프, 필름, 바닥타일
Polypropylene	$-(CH_2-CH(CH_3))_n-$	카페트, 자동차부품, 가구
Polystyrene	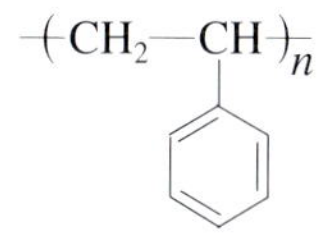	스티로폼, 장난감, 오락시설, 1회용 포장지, 단열재
Polytetrafluoroethylene (Tefron)	$-(CF_2-CF_2)_n-$	절연체, 가재도구의 칠
Polyacrylonitrile (Orlon, Acrilan)	$-(CH_2-CH(CN))_n-$	스웨트 등의 옷감, 담요, 양탄자,
Polymethyl methacrylate (Plexiglas, Lucite)	$-(CH_2-C(CH_3)(C(=O)OCH_3))_n-$	단단하고 투명한 물체의 원료 천장에 내는 채광창
Polyvinyl acetate	$-(CH_2-CH(OC(=O)CH_3))_n-$	접착제, 페인트

라디칼 사슬 성장 중합에는 **개시제(initiator)**가 필요하다. 비교적 약한 결합인 산소-산소 사이의 단일 결합을 가지고 있는 peroxide가 개시제로 많이 이용된다. 개시제인 peroxide가 열 또는 빛 에너지를 받아 라디칼로 균일 분해되면 라디칼이 단위체의 이중 결합에 첨가되면서 새로운 라디칼을 만들어 낸다. 이 단계를 **사슬 개시 단계(chain initiation step)**라고 한다. 라디칼은 입체 장애 때문에 단위체의 치환이 없는 쪽 탄소인 CH_2에 첨가된다.

사슬 개시 단계

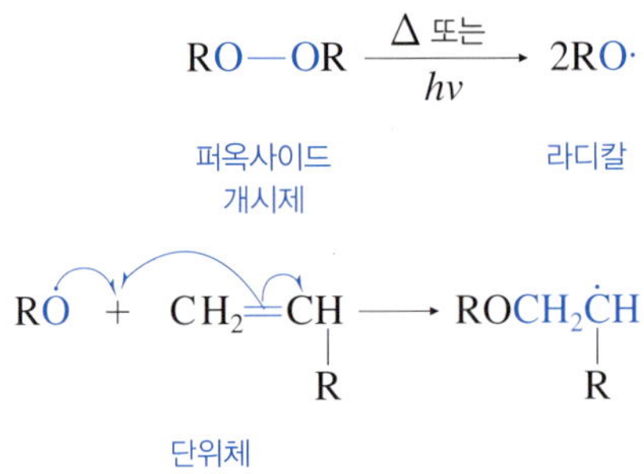

생성된 라디칼은 다른 단위체를 반복적으로 공격한다. 가장 최근 단위가 첨가된 사슬의 끝이 짝짓지 않은 전자가 놓이는 라디칼 자리이며 반복 공격의 위치가 된다. 이 단계를 **사슬 전파 단계(chain propagation step)**라고 한다.

사슬 전파 단계

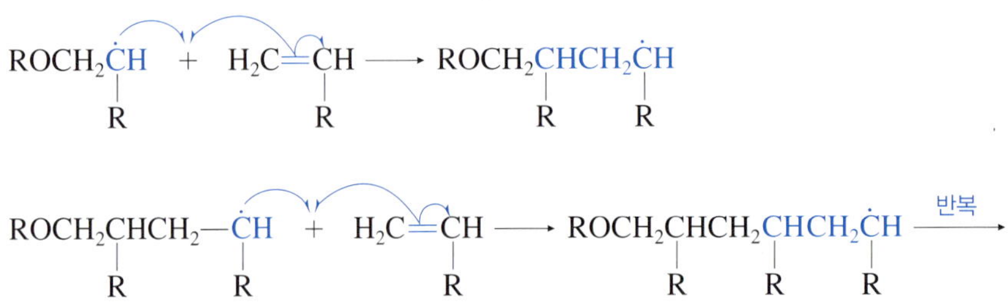

치환된 ethylene의 라디칼 사슬 성장 중합에서는 치환기가 있는 라디칼 자리가 치환이 없는 탄소를 공격하기 때문에 치환기가 탄소 원자에 하나씩 건너 붙어있는 **머리–꼬리 방식(head-to-tail manner)**으로 사슬이 성장해 나간다.

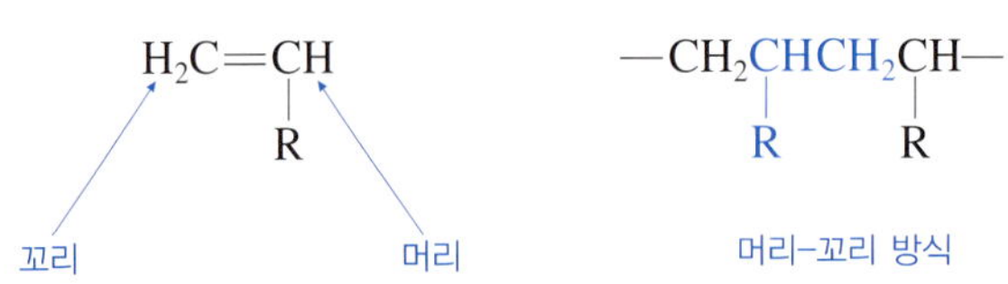

수백 또는 수천 개의 단위체가 연결되면서 고분자가 성장되다가 라디칼 자리가 소실되면 사슬 반응이 종결된다. **사슬 종결 단계(chain terminating step)**는 주로 **라디칼 짝지음(radical coupling)**이나, 한 사슬은 알켄으로 산화되고 다른 사슬은 알케인으로 환원되는 **라디칼 불균등화(radical disproportionation)**를 통해서 일어난다.

사슬 종결 단계

라디칼 짝지음

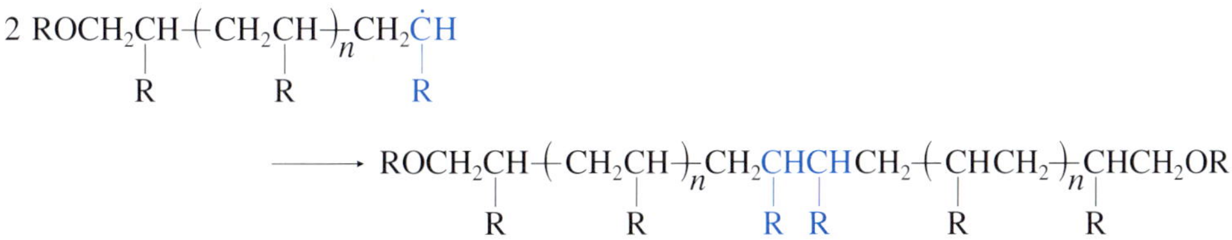

라디칼 불균등화

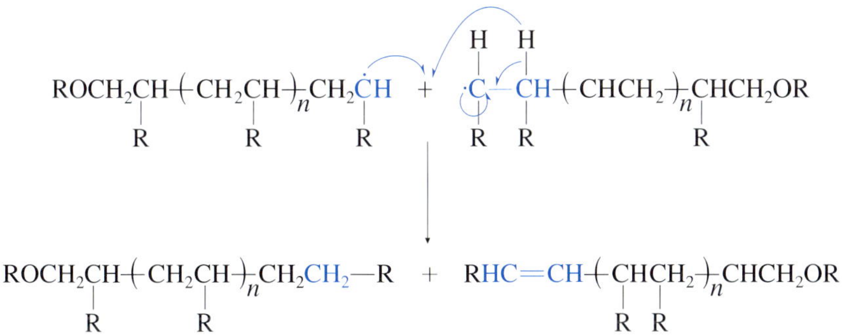

싸이올(RSH)과 같은 **사슬 종결제(chain terminator)**를 첨가하면 인위적으로 반응을 종결시킬 수도 있다. 이 방법은 고분자의 길이를 조절할 때 자주 이용된다. 싸이올은 라디칼 자리에 수소 원자를 제공한다. 생성된 티일 라디칼(Thiyl radical; RS·)은 이황화물(disulfide)로 이합체화(dimerization)된다.

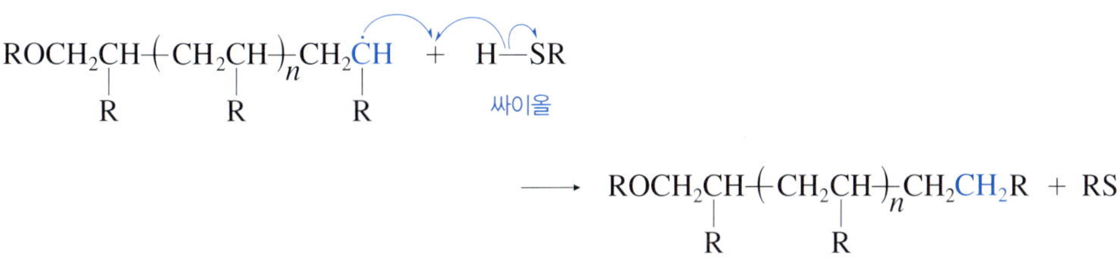

$$2RS\cdot \xrightarrow{\text{이합체화}} RSSR$$

이황화물

성장하고 있는 고분자의 라디칼 자리는 다른 고분자 사슬의 수소를 탈취할 수 있다. 이 반응에서 한 고분자 사슬의 사슬 반응은 종결되지만 수소를 탈취당한 사슬은 **가지 달린 고분자(branching polymer)**로 성장해 나간다.

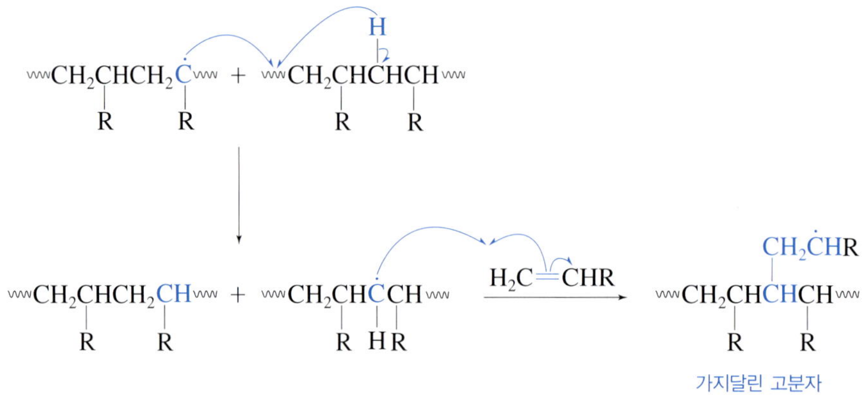

가지는 고분자의 물리적 특성에 큰 영향을 미친다. 가지 없는 선형 고분자는 촘촘하게 쌓일 수 있기 때문에 인공관절 등의 원료로 사용되는 비교적 딱딱한 플라스틱이 되는 반면, 가지 달린 고분자는 부드러운 특성을 가지고 있으므로 플라스틱 가방 등의 원료로 사용된다.

문제 12.2 다음 각 단위체의 구조를 그리고 머리와 꼬리를 지적하시오.

(1) Styrene (2) Propylene
(3) Vinyl acetate (4) Acrylonitrile

문제 12.3 다음 고분자의 구조를 단위체 3개를 포함하도록 그리시오.

(1) Polystyrene (2) Polyacrylonitrile
(3) Polyvinyl acetate (4) Polypropylene

12.4 양이온성 사슬 성장 중합

양이온성 사슬 성장 중합에서는 BF_3 또는 $AlCl_3$와 같은 Lewis 산이 개시제로 사용된다. 알켄의 이중 결합에 개시제가 친전자성 첨가 반응을 하면 양이온이 생성된다.

사슬 개시 단계

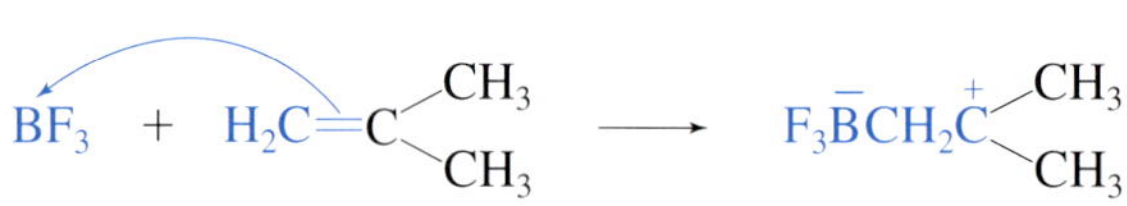

사슬 개시 단계에서 형성된 양이온은 제2의 단위체에 첨가된다. 비대칭 알켄에 대한 첨가 반응은 Markovnikov의 규칙을 따르기 때문에 양전하가 놓이는 자리는 항상 자라나는

사슬의 끝이 된다. 사슬 전파 단계의 첨가 반응이 반복되면 고분자가 만들어진다.

사슬 전파 단계

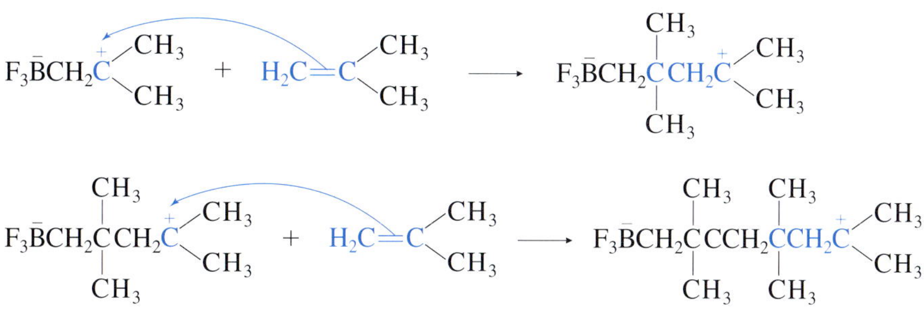

성장된 사슬에서 양으로 하전된 탄소의 인접한 위치에서 양성자가 제거되어 이중 결합이 형성되거나 친핵체가 첨가되면 양이온성 중합은 종결된다.

사슬 종결 단계

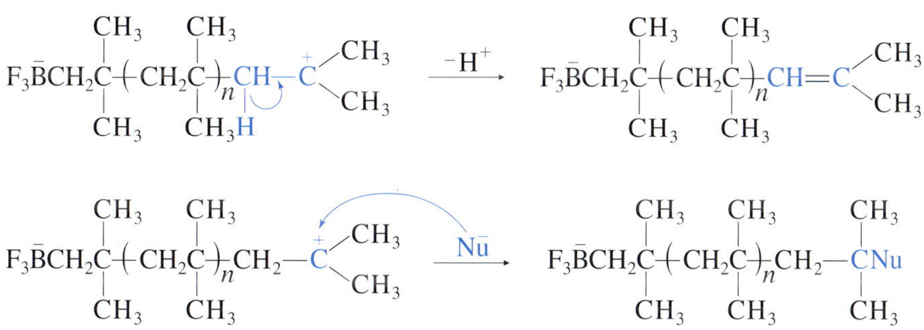

양이온 메커니즘으로 중합되는 단위체의 예로는 isobutylene, vinyl acetate 또는 styrene 등과 같이 양전하가 놓이게 되는 자리에 전자 주개가 치환된 단위체들이 있다.

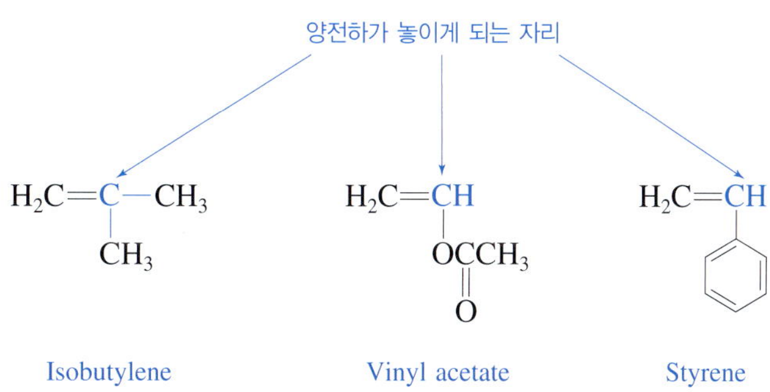

양이온 중합을 이용하여 만들어진 대표적인 고분자의 예로는 시판되는 polyisobutylene을 들 수 있다. 이것은 윤활유의 첨가제, 압력에 민감한 테이프의 접착제 또는 자전거의

내부 튜브를 만드는 데 이용된다.

문제 12.4 Vinyl acetate를 Lewis 산인 BF_3로 처리하면 polyvinyl acetate가 생성된다. 이때 일어나는 중합 반응에서 사슬 개시, 사슬 전파 및 사슬 종결 단계의 메커니즘을 제시하시오.

문제 12.5 2-Phenyl-2-propanol과 황산을 개시제로 이용하여 일어나는 ethyl vinyl ether의 중합 반응의 사슬 개시, 사슬 전파 및 사슬 종결 단계 메커니즘을 제시하시오.

12.5 음이온성 사슬 성장 중합

공명 혼성을 통해 강한 전자 받개로 작용하는 치환체로 치환된 알켄은 음이온성 사슬 성장 메커니즘을 통해 중합될 수 있다. Sodium amide 또는 butyllithium과 같은 강한 친핵체가 개시제로 사용된다.

사슬 개시 단계

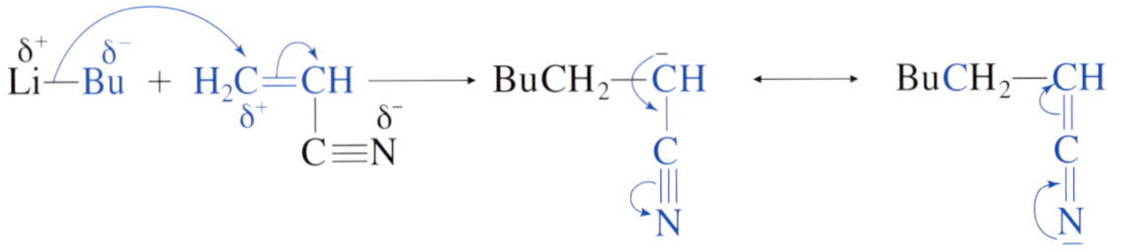

사슬 전파 단계에서는 탄소 음이온 중간체의 반복적인 첨가가 일어나 고분자가 성장된다.

사슬 전파 단계

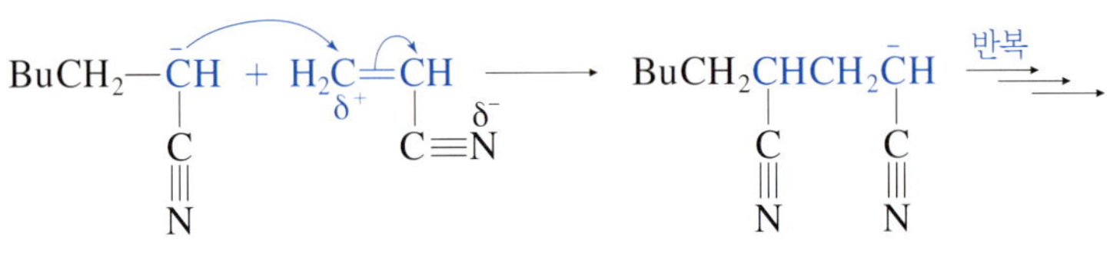

양성자 등의 탄소 음이온과 반응할 수 있는 화학종을 첨가하면 중합이 종결된다.

사슬 종결 단계

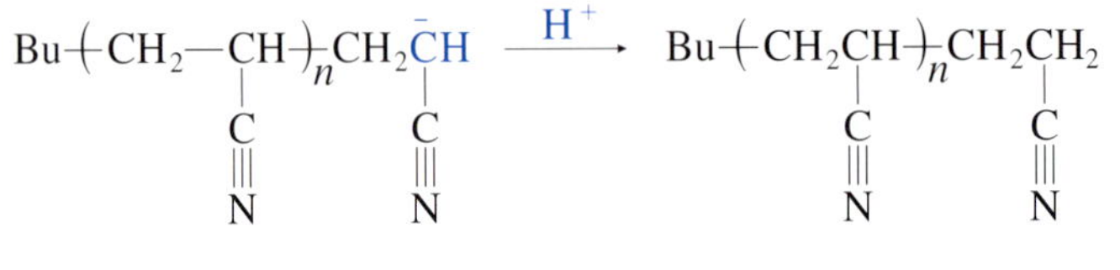

음이온성 사슬 성장 중합을 위한 단위체의 예로는 acrylonitrile, methyl methacrylate 또는 α-cyanoacrylate 등을 들 수 있다.

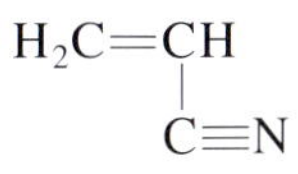
Acrylonitrile

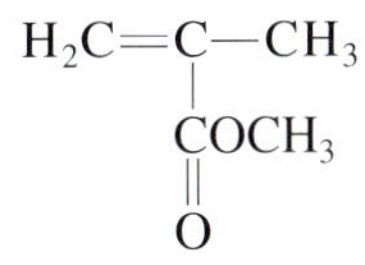
Methyl methacrylate

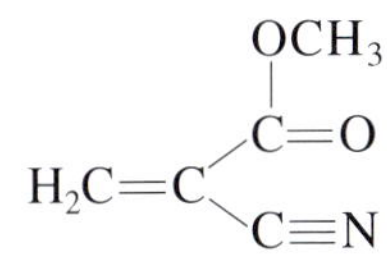
Methyl α-cyanoacrylate

Super Glue는 α-cyanoacrylate의 음이온성 사슬 성장 중합에 의해 얻어지는 고분자이다.

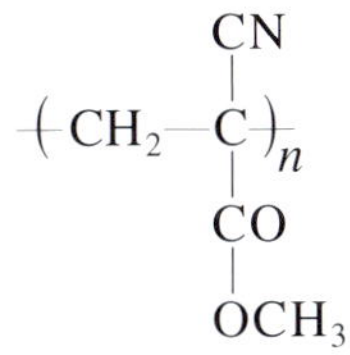
Super Glue

문제 12.6 Methyl α-cyanoacrylate를 butyl lithium으로 처리하였을 때 Super Glue가 생성되는 중합 반응에서 사슬 개시, 사슬 전파, 사슬 종결 단계의 메커니즘을 제시하시오.

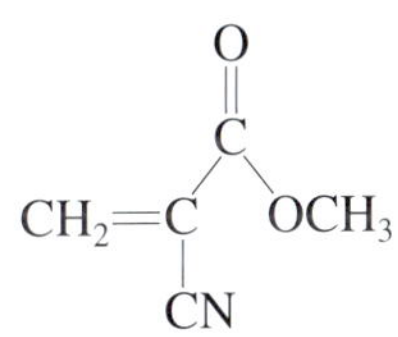
Methyl α-cyanoacrylate

문제 12.7 문제 12.6에서 생성된 음이온 중간체가 어떻게 안정화되는가를 공명 혼성으로 설명하시오.

12.6 고분자의 구조와 입체 화학

한 개의 치환체를 가지고 있는 이중 결합이 머리-꼬리 방식으로 중합 되면 세 가지 종류의 입체적인 형태를 가질 수 있다. 새로 형성된 카이랄 중심의 치환체가 모두 사슬의 같은 쪽에 있는 고분자는 **동일 배열 고분자(isotactic polymer)**라고 한다. 카이랄 중심의 치환체가 사슬의 양쪽에 교대로 배열되어 있는 고분자는 **규칙 배열 고분자(syndiotactic polymer)**라고 하고 치환체가 불규칙하게 배열되어 있는 고분자는 **무규칙 배열 고분자(atactic polymer)**라고 부른다.

동일 배열 고분자

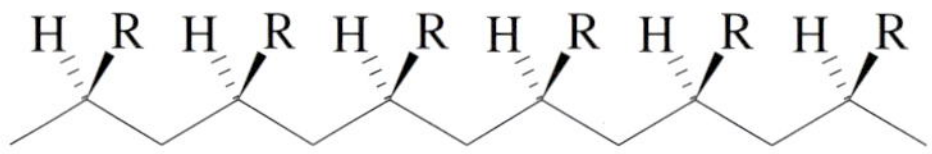

교대 배열 고분자

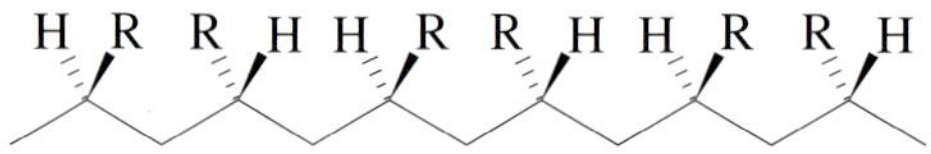

무규칙 배열 고분자

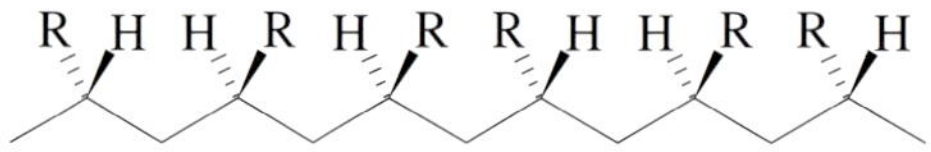

동일한 단위체에서 합성된 고분자라도 입체 배열이 다르면 물리적 성질이 크게 달라진다. 규칙적으로 쌓일 수 있는 동일 배열 고분자 또는 규칙 배열 고분자는 결정성이 크기 때문에 밀도가 크고 인장 강도(tensile strength) 또는 경도(hardness)도 크다. 이 고분자들은 자동차 내장제, 가구류, 배터리 케이스, 사발, 냉장고 등의 원료로 이용된다. 혼성 배열 고분자는 불규칙적으로 쌓이기 때문에 밀도와 경도가 낮고 부드러운 물성을 보여준다.

동일 배열 고분자와 규칙 배열 고분자를 합성할 때는 **Ziegler−Natta 촉매**를 사용한다. Ziegler−Natta 촉매는 유기 알루미늄과 티타늄 착물로 이루어져 있다. 반응 메커니즘에서는 단위체가 먼저 티타늄 금속과 착물을 형성한 다음 성장하는 고분자 사슬의 끝과 티타늄 금속 사이에 삽입되는 과정이 반복된다. 티타늄 금속에 배위되어 있는 리간드들의 특징적인 입체 배열이 고분자의 입체 구조를 결정짓는다.

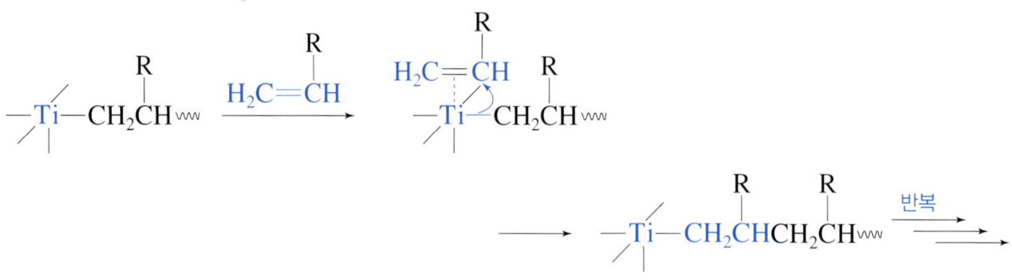

문제 12.8 동일 배열 Polystyrene 사슬의 분절을 그리시오.

문제 12.9 규칙 배열 polystyrene과 무규칙 배열 polystyrene의 분절을 그리시오.

12.7 합성 고무

천연 고무는 평균 5000개 정도의 isoprene(2-methyl-1,3-butadiene) 단위체가 연결되어 있는 고분자이다.

Isoprene
(2-methyl-1,3-butadiene) 단위들

cis-Poly(2-methyl-1,3-butadiene)
천연고무

천연 고무는 방수 능력 및 탄성과 같은 유용한 성질을 가지고 있지만 바람직하지 못한 특성들도 있다. 예를 들면 끈적거리고 냄새가 날 뿐만 아니라 온도가 높으면 물러지고 낮으면 딱딱해진다. 이와 같은 단점은 황과 함께 가열하는 **가황(volcanization)**처리를 함으로서 개선될 수 있다. 황과 함께 가열하면 고분자 사슬들 사이에서 이황화 결합을 통한 **교차 결합(cross-linking)**들이 형성된다. 이것은 분자들을 함께 묶어 줌으로써 고무의 강도를 증가시키기 때문에 당겼을 때 끊어지는 것을 방지할 뿐만 아니라 놓았을 때 원상태로 돌아가는 '기억'으로 작용한다.

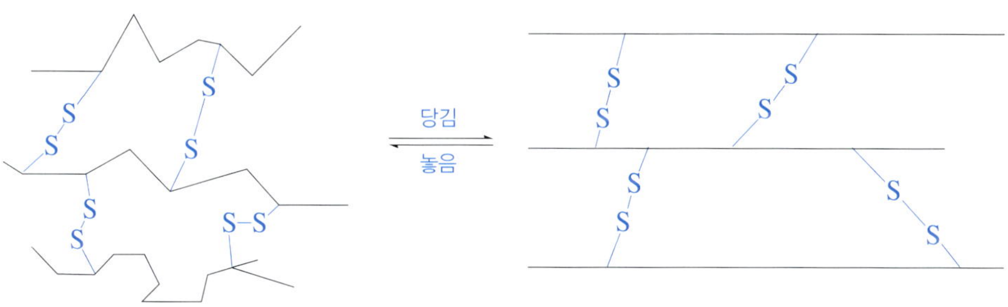

Isoprene 이외의 1,3-butadiene 유도체를 단위체로 사용하여 중합하면 여러 가지 독특한 성질을 가지고 있는 **합성 고무(synthetic rubber)**가 얻어진다. 고분자 사슬에 있는 이중 결합의 입체 구조를 조절하기 위해 중합은 주로 Ziegler–Natta 촉매의 존재 하에서 실시된다. 합성 고무의 대표적인 예로는 구두의 밑창 또는 타이어의 원료인 neoprene을 들 수 있다.

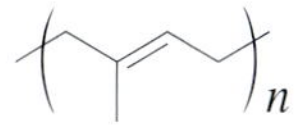

Neoprene

두 가지 이상의 단위체의 혼합물을 중합하여 얻은 합성 고무도 있다. SBR(styrene–butadiene rubber)은 styrene과 1,3-butadiene의 혼합물을 라디칼 사슬 성장 중합하여 얻는 합성 고무이다. SBR은 자동차 타이어의 질긴 실 성분으로 사용되며 연간 생산량은 천연 고무의 2배 이상에 달한다.

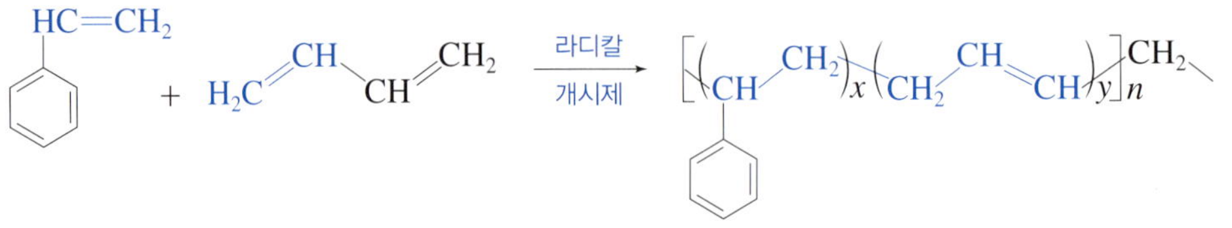

SBR
합성 고무

문제 12.10 1,4-첨가를 통해 생성된 Poly(1,3-butadiene) 고분자의 이중 결합 구조가 *Z*-형태인 구조와 *E*-형태인 구조를 그리시오.

문제 12.11 Styrene과 2,3-dimethyl-1,3-butadiene의 혼합물을 라디칼 사슬 성장시켰을 때 얻어지는 고분자의 구조를 그리시오.

12.8 혼성 고분자

한 가지 단위체로부터 얻어진 고분자는 **동종 고분자(homopolymer)**라고 하는 반면 두 종류 이상의 단위체로부터 형성된 고분자는 **혼성 고분자(copolymer)**라고 부른다. 혼성 고분자에서 사용된 단위체들의 비가 달라지면 물리적 성질이 매우 다른 고분자가 생성된다. 많은 합성 고분자들이 혼성 고분자다.

혼성 고분자에는 네 가지 형태가 있다. **교대 혼성 고분자(alternating copolymer)**는 두 단위체가 교대로 배치되어 있다. **구역 혼성 고분자(block copolymer)**는 각 단위체들이 구역을 이루고 있으며 **불규칙 혼성 고분자(random copolymer)**는 단위체들이 무질서하게 배열되어 있다. **접붙은 혼성 고분자(graft copolymer)**는 한 종류의 단위체로 이루어진 고분자 사슬에 다른 종류의 단위체로 이루어진 가지가 연결되어 있는 구조를 보여준다. 이와 같은 형태를 토대로 혼성 고분자들의 구조를 다양하게 설계하면 여러 가지 독특한 성질을 가지고 있는 고분자들을 얻을 수 있다.

교대 혼성 고분자 구역 혼성 고분자 불규칙 혼성 고분자 접붙은 혼성 고분자

문제 12.12 Propylene과 ethyl vinyl ether 사이에서 형성된 교대 혼성 고분자의 구조를 그리시오.

12.9 단계 성장 중합

단계 성장 고분자는 두 개의 작용기를 가지고 있는 **이작용기 분자(bifunctional molecule)**들 사이의 반응에서 합성된다. 작용기들이 반응하면 물 또는 알코올과 같은 작은 분자들이 제거된다. 두 가지 형태의 단계 성장 중합이 있다.

한 형태는 A—B 형의 단위체가 **자가 축합(self-condensation)**하여 $-(A-B)_n-$형의 고분자가 생성되는 반응이다. 대표적인 예로는 Nylon-6를 들 수 있다. Caprolactam의 부분적인 가수 분해에 의해 용기 내에서 생성된 6-aminohexanoic acid를 가열하면 한 단위체의 카복시기가 다른 단위체의 아미노기와 반응한다. 물 분자가 제거되고 아마이드기가 형성되는 과정이 반복되면 일종의 polyamide인 Nylon-6가 생성된다.

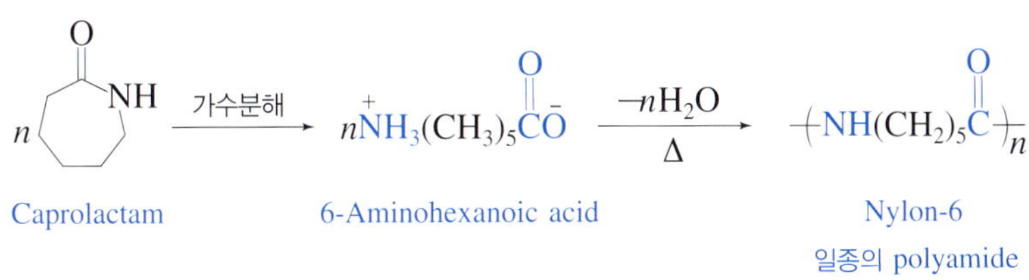

다른 한 가지 형태는 A—A와 B—B 형의 단위체들이 반응하여 $-(A-A-B-B)_n-$형의 고분자가 생성되는 반응이다. 예로는 Nylon 66을 들 수 있다. Hexanedioic acid와 1,6-hexanediamine의 ethanol 용액을 밀폐된 용기에 넣고 가열하면 카복시기와 아미노기 사이에서 아마이드기가 반복적으로 형성되면서 Nylon 66이 생성된다.

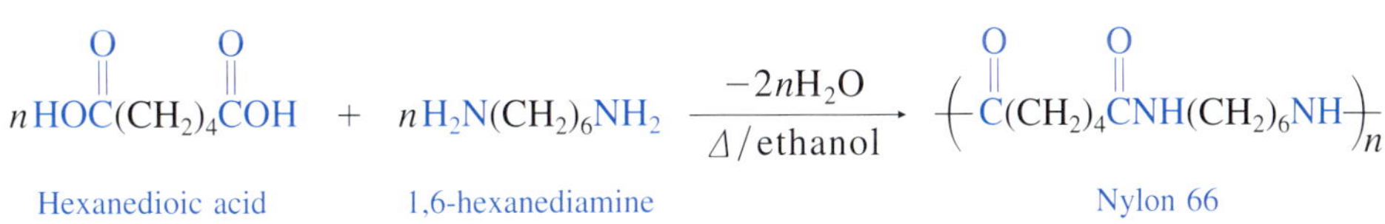

단계 성장 중합에 의해 합성되는 대표적인 고분자들을 종합하면 표 12.2와 같다.

문제 12.13 단계 성장 고분자인 표 12.2의 Lexan을 합성하려면 어떤 단위체를 사용해야 되겠는가? 단위체의 구조를 그려보시오.

문제 12.14 아라미드 섬유의 일종인 표 12.2의 Kevlar를 합성하는 데 필요한 단위체의 구조를 그려보시오.

표 12.2 단계 성장 중합에 의해 합성되는 대표적인 고분자들

고분자 이름	구조	용도
poly(ethylene terephthalate), Dacron, polyester의 일종	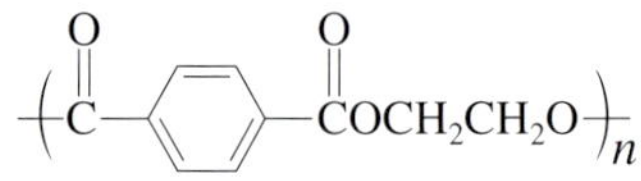	음료수병, 섬유, 타이어코드
Kevlar, aramid의 일종	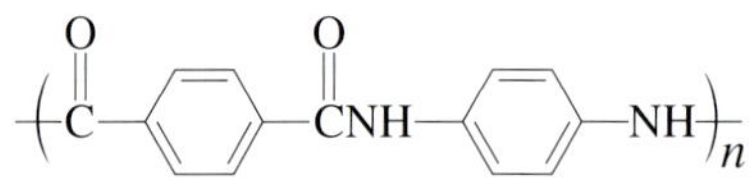	헬멧, 방화복, 방탄조끼
Lexan, polycarbonate의 일종	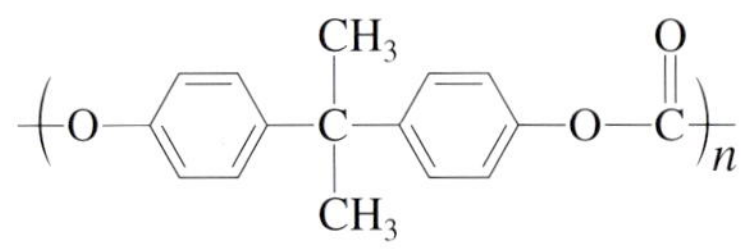	방탄유리, 교통신호등의 유리
Epoxy resin	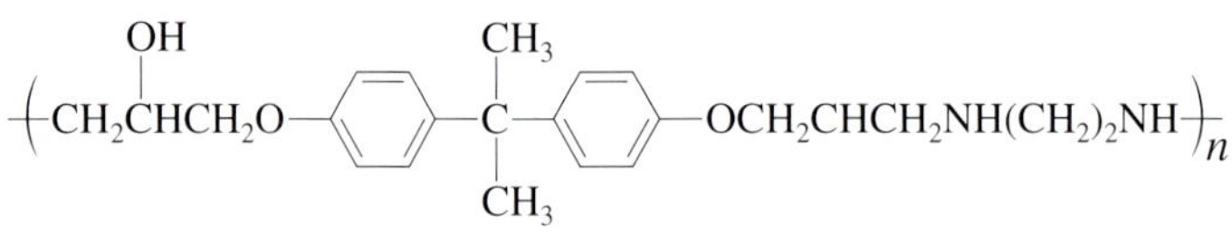	접착제
Polyurethane	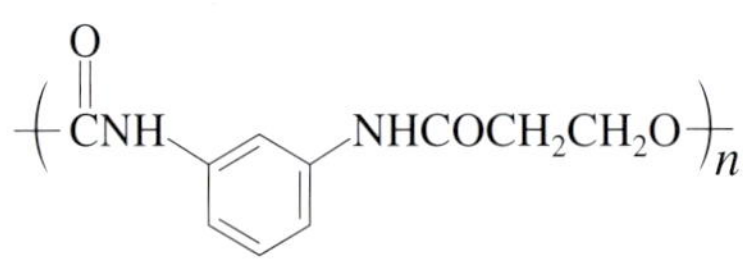	절연체, 욕조, 스판덱스
Urea-fomaldehyde polymer	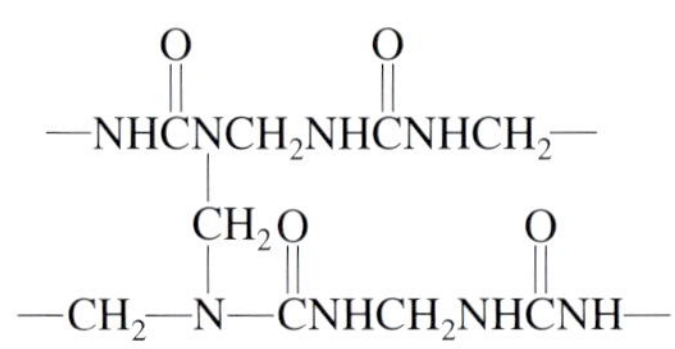	주방용품, 호마이카판, 접착제

12.10 고분자의 물리적 성질

작은 유기 분자와 마찬가지로 고분자도 고체로 석출될 때나 가열해 녹였다 식힐 때 결정화되려는 경향이 있다. 그러나 복잡하고 불규칙적인 구조 또는 느린 확산 속도와 같은 요인들이 결정화되려는 경향을 방해한다. 이 때문에 고체 상태의 고분자는 **결정성 영역**(**crystalline domain**)과 **비결정성 영역**(**amorphous domain**)을 모두 가지고 있다. 결정성 영역과 비결정성 영역의 상대적인 양은 고분자의 종류나 가공하는 방법 등에 따라 달라진다.

고분자는 사슬이 배열되는 방법에 따라 물리적 성질이 달라지며 이것을 기초로 분류하기도 한다. **열가소성 고분자**(**thermoplastic polymer**)는 결정성 영역과 비결정성 영역을 모두 가지고 있는 고분자이다. 이와 같은 고분자는 보통 온도에서는 딱딱하지만 가열하면 사슬들이 서로 미끄러질 수 있기 때문에 부드러워진다. 장난감, 빗, 전화상자 등 우리가 일상적으로 접하는 고분자들은 열가소성 고분자에 속한다.

고분자 사슬에 교차 결합이 형성되면 강하고 딱딱한 성질을 갖게 된다. 사슬들이 교차 결합을 하고 있는 고분자를 **열경화성 고분자(thermosetting polymer)**라고 한다. 교차 결합이 일어나 열경화성 고분자가 되면 원래 상태로 되돌릴 수도, 용매나 열을 가하여 녹일 수도 없다. Bakelite는 phenol과 formaldehyde를 가열하여 만든 열경화성 고분자이다. 이것은 phenol의 하이드록시기에 대해 오쏘 및 파라 위치가 methylene으로 교차 결합되어 있다. Bakelite는 자동차 핸들과 같은 주형 제품이나 높은 온도에 잘 견뎌야 하는 미사일의 노스 콘(nose cone) 등을 만드는 데 사용된다.

고분자를 보다 유연하게 하려면 **가소제(plasticizer)**를 가해 주어야 한다. 가소제는 고분자 사슬을 서로 잘 미끄러지게 한다. 가소제로는 일반적으로 dibutyl phthalate가 사용된다. 보통 바삭바삭하여 부서지기 쉬운 고분자인 polyvinyl chloride에 가소제를 가하면 비옷, 샤워 커튼 또는 정원의 호스 등으로 사용될 수 있다.

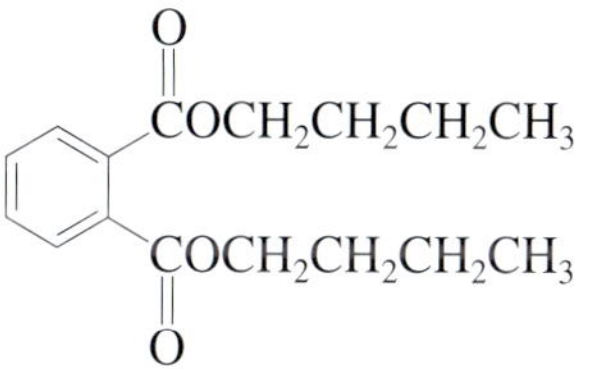

Dibutyl phthalate 가소제

비결정성이 큰 고분자를 종종 **유리질 고분자(glassy polymer)**라고 한다. 이 고분자들은 빛을 산란시키는 결정성 영역이 없기 때문에 투명한 물질이다. 유리질 고분자는 가열하면 딱딱한 유리 형태로부터 부드럽고 유연해져서 고무와 같은 상태로 전환된다. 이와 같은 전이가 일어나는 온도를 **유리 전이 온도(glass transition temperature**, T_g)라고 한다. 예를 들면 비결정 polystyrene의 T_g는 100℃이다. 실온에서 polystyrene은 컵, 충격 방지용 폼, 테이프 얼레 등으로 사용된다.

힘을 가하면 모양이 변했다가 힘을 제거하면 원래 모양으로 돌아가는 고분자 물질을 **탄성 고분자(elastomer)**라고 한다. 탄성 고분자로 거동하기 위해서는 T_g 값이 낮아야 한다. 온도가 T_g 값보다 더 낮으면 그 물질은 딱딱한 유리질 고체로 전환되고 탄성은 소실된다.

요약

단위체(**monomer**)라고 하는 작은 반복 단위가 연결되어 만들어진 거대 분자를 **고분자**(**polymer**)라고 한다.

고분자는 합성 방법에 따라 **사슬 성장 고분자**(**chain-growth polymer**)와 **단계 성장 고분자**(**step-growth polymer**)로 분류된다. 사슬 성장 고분자는 단위체가 연속적으로 첨가됨으로써 합성된다. 라디칼, 양이온 또는 음이온 메커니즘으로 진행되고 메커니즘은 **사슬 개시 단계**, **사슬 전파 단계**, **사슬 종결 단계**의 세 단계로 이루어져 있다. 단계 성장 고분자는 물이나 알코올과 같은 작은 분자가 제거되면서 단위체들이 서로 연결된 고분자이다.

한 개의 치환체를 가지고 있는 이중 결합이 **머리-꼬리 방식**으로 중합되면 **동일 배열 고분자**(**isotactic polymer**), **규칙 배열 고분자**(**syndiotactic polymer**), **무규칙 배열 고분자**(**atactic polymer**)가 얻어진다.

천연 고무는 isoprene 단위체가 연결된 고분자 물질이다. 천연 고무는 바람직한 물리적 특성을 갖도록 하기 위해 **가황** 처리를 한다. 합성 고무는 1,3-butadiene 유도체를 중합하여 얻으며 두 가지 이상의 단위체의 혼합물을 중합한 합성 고무도 사용된다.

한 가지 이상의 단위체로부터 얻어진 고분자는 **동종 고분자**(**homopolymer**)라고 하고 두 종류 이상의 단위체로부터 합성된 고분자는 **혼성 고분자**(**copolymer**)라고 한다. 혼성 고분자에는 **교대 혼성 고분자**(**alternating copolymer**), **구역 혼성 고분자**(**block copolymer**), **불규칙 혼성 고분자**(**random copolymer**)가 있다.

고분자는 물리적 성질에 따라 **열가소성 고분자**(**thermoplastic polymer**)와 **열경화성 고분자**(**thermosetting polymer**)로 나누어진다. 열가소성 고분자는 결정성과 비결정성을 모두 가지고 있는 고분자이다. 열경화성 고분자는 교차 결합 때문에 고분자가 만들어지면 용매나 열을 가하여 녹일 수 없다. 고분자를 유연하게 하기 위해 **가소제**(**plasticizer**)를 가한다.

읽을거리

최초의 합성 고분자인 rayon이 발견된 이래 엄청난 양의 고분자 물질이 합성되었다. 가공하기 쉽고, 가격이 쌀 뿐만 아니라 물성이 다양하기 때문에 여러 가지 용도로 이용되고 있다. 사용한 다음의 고분자 물질은 쉽게 분해되지 않기 때문에 매립하거나 소각하는 방법으로 처리하였다. 그러나 매립할 경우 고분자 물질은 지구에 화석처럼 축적되며 토양을 중심으로 자연을 심각하게 오염시킨다. 소각 처리할 경우에는 비용이 많이 드는 것은 물론이고 오염과 관련된 문제는 더 심각해진다. 예를 들면 acryl nitrate를 포함하고 있는 플라스틱과 나일론에서는 맹독성 기체인 hydrogen cyanide가 발생된다. PVC와 같은 플라스틱들이 불완전 연소될 때는 지금까지 알려져 있는 화학 물질들 중 가장 위험한 부류인 다이옥신이 발생한다.

플라스틱 쓰레기와 관련된 문제들을 해결하기 위한 여러 가지 방안들이 알려져 있다. 그중 한 가지 방법은 생분해성 고분자와 같이 미생물에 의해 쉽게 분해되는 플라스틱을 개발하는 것이다. 1980년 대 영국의 Monsanto 사에서는 *Ralstonia eutropha*라고 하는 미생물을 이용하여 poly(3-hydroxybutyrate-co-3-hydroxyvalerate)라고 하는 혼성 폴리에스터를 합성하였다. 생분해성 고분자의 첫 번째 사례인 이 물질 이후 미생물 폴리에스터인 poly(hydroxycarboxylate)에 관한 연구가 국내외적으로 매우 활발하게 이루어지고 있다.

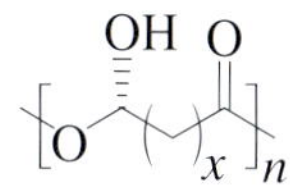

x=2, 3, ⋯
Poly(hydroxycarboxylate)

폴리에스터를 합성할 수 있는 미생물에는 *Ralstonia eutropha*를 포함한 10여 종이 알려져 있다. 지금까지 미생물을 이용하여 100 여 종의 카이랄인 단위체로부터 폴리에스터를 합성하는 연구가 이루어져 있다.

카복실산 단위체들의 하이드록시기가 치환된 위치의 입체 배열은 모두 D-형이기 때문에 고분자들은 광학 및 생물활성을 가지게 된다. 단위체의 구조를 적당하게 조절하면 독특한 열적, 광학적 유전체적 성질들을 가질 수 있기 때문에 디지털 액정, 영상 디스플레이어, 광필터, 유전체 재료 등의 다양한 분야에 이용될 수 있다.

미생물학적 방법으로 합성된 폴리에스터들은 토양 미생물에 의해 쉽게 분해된다. 이들 폴리에스터들을 분해할 수 있는 대표적인 미생물로는 *Pseudomonas lemoignei*, *alcaligenes feacalis*, *Comamonas sp* 등이 있다. 생분해성 고분자의 응용성이 어느 정도 될지는 아직 기다려 보아야겠지만 환경 오염과 관련된 문제에 효과적으로 대처하기 위해서는 이와 같은 물질들이 지속적으로 개발되어야 할 것이다.

보충문제

12.15 다음 단위체로부터 얻어지는 사합체(tetramer)의 구조를 그리시오.

12.16 다음에서 양이온성 사슬 성장 중합의 반응성이 큰 단위체를 고르시오.

(1) $CH_3C(=O)CH_2CH_2N(CH_3)_2$

(2) 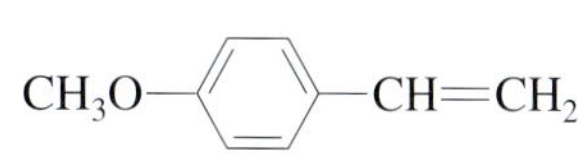

(3) $CH_2{=}CHCOOH$

(4) $CH_2{=}CHCH_3$

(5) $CH_2{=}CHOCH_3$

(6) 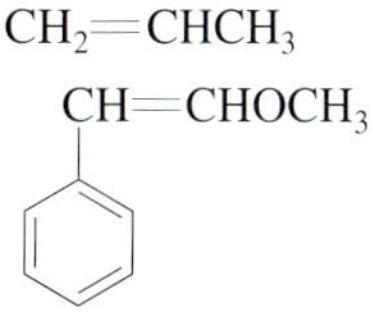

12.17 다음 고분자를 합성할 때 사용되어야 하는 단위체의 구조를 그리시오.

(1) $-\!\!\left(CH_2\underset{\displaystyle CH_2CH_3}{\underset{|}{C}H}\right)\!\!-_n$

(2) $-\!\!\left(CH_2\underset{\displaystyle R}{\underset{|}{C}}HO\right)\!\!-_n$

(3) 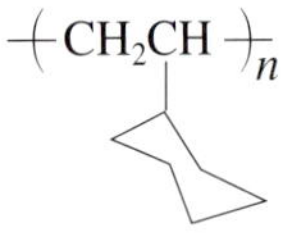

(4) 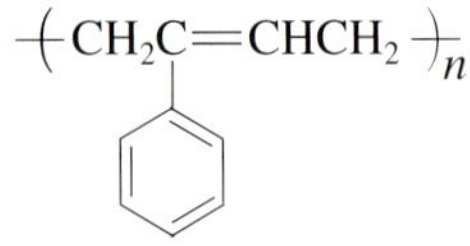

12.18 2-치환된 1,3-butylene의 라디칼 사슬 성장 중합에서 얻어진 고분자의 입체 배열은 동일 배열이나 규칙 배열 또는 무규칙 배열도 아니다. 이유를 설명하시오.

12.19 다음 각 사슬 성장 중합 반응에서 얻어지는 고분자의 구조를 그리시오.

(1) 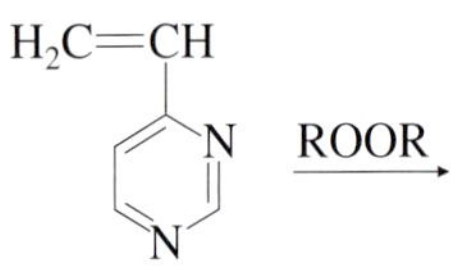

(2) 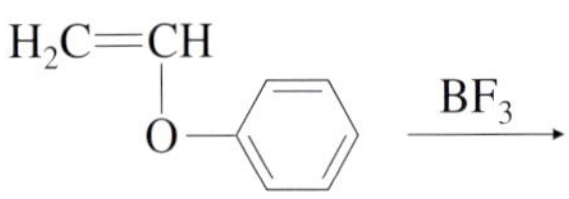

(3) 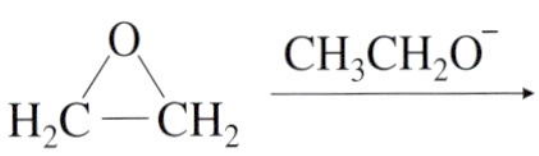

(4) $H_2C{=}CHCN \xrightarrow{BuLi}$

(5) $NH_3^+CH_2(CH_2)_2CH_2COO^- \xrightarrow[\Delta]{C_2H_5OH}$

12.20 Poly(vinyl alcohol)은 poly(vinyl acetate)를 라디칼 사슬 성장 중합 반응을 통해 합성한 다음 NaOH의 알코올 용액에서 가열함으로써 얻는다. Poly(vinyl alcohol)을 제조하는 전 과정의 메커니즘을 제시하시오.

12.21 Styrene을 peroxide로 처리하면 polystyrene이 얻어진다. 여기에 소량의 1,3-butadiene을 첨가하면 보다 강하고 딱딱한 고분자가 얻어진다. 이때 생성되는 고분자의 부분 구조를 그리시오.

12.22 동일 배열, 규칙 배열 및 무규칙 배열 poly(vinyl acetate)의 5-단위사슬의 구조를 그리시오.

12.23 Neoprene은 공업용 호스, 벨트, 구두 밑창 등의 소재로 사용된다. 이 고분자는 2-chloro-1,3-butadiene의 1,4-첨가 반응으로 생성된다. Neoprene의 구조를 그리시오.

12.24 Styrene과 1,3-butadiene의 교대 혼성 고분자의 구조를 그리시오.

12.25 γ-butyrolactone의 음이온성 중합 반응에서 얻어지는 고분자의 구조를 그리시오.

12.26 poly(methyl vinyl ether)의 양이온성 사슬 중합 반응은 머리-꼬리 양상으로 진행되어야 한다. 설명하시오.

12.27 다음의 단계 성장 중합 반응에서 얻어지는 고분자의 구조를 그리시오.

(1)
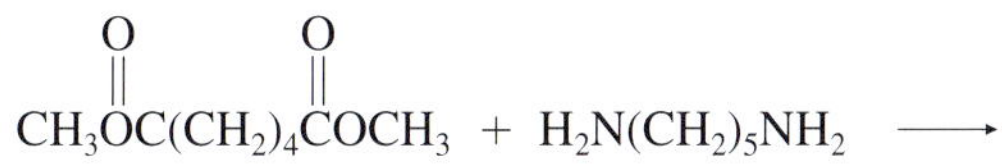

(2)
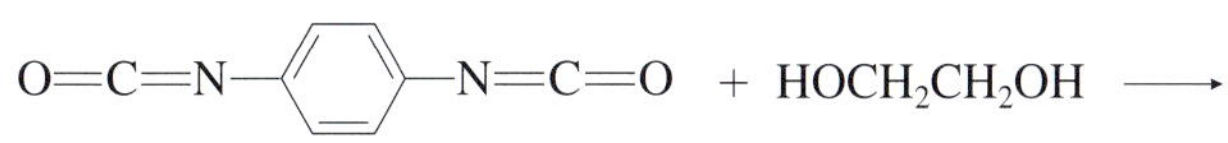

(3)
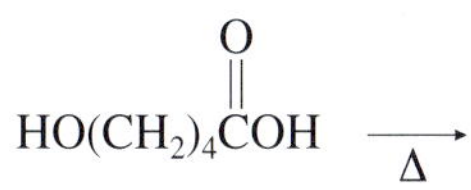

(4)
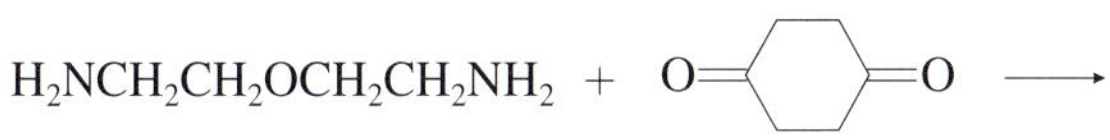

(5)
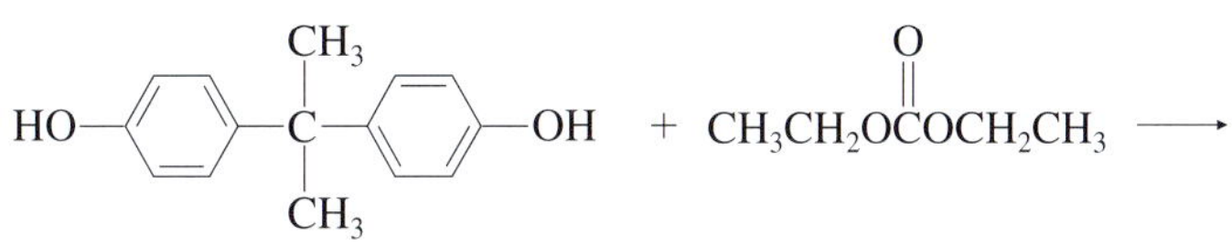

12.28 다음의 단계 성장 고분자의 합성에 필요한 단위체의 구조를 그리시오.

(1)
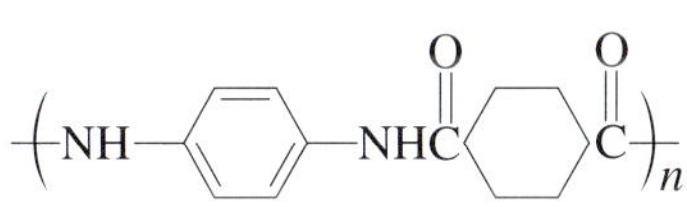

(2)
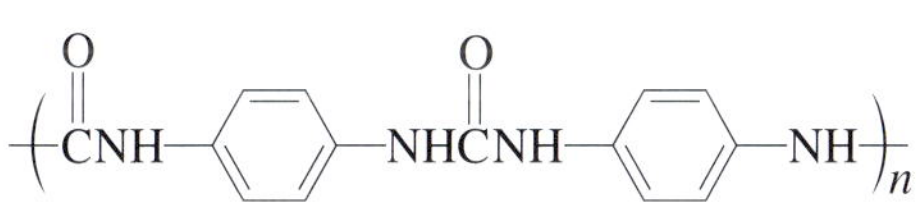

12.29 Urea와 formaldehyde 사이에서 교차 결합 고분자인 urea-formaldehyde 고분자가 생성되는 반응의 메커니즘을 제시하시오.

12.30 나일론 66을 만드는 원료인 1,6-hexanediamine은, 1,3-butadiene에 염소를 1,4-첨가하는 단계로부터 시작된다. 나머지 단계를 제시하시오.

12.31 문제 12.30을 참고로 하여 나일론 66의 다른 한 원료인 hexanedioic acid(adipic acid)를 1,3-butadiene으로부터 만드는 방법을 제시하시오.

12.32 Phthalic anhydride와 1,2,3-propanetriol을 가열하면 일차 알코올에서 에스터화 반응이 위치 선택적으로 일어나 비결정인 폴리에스터가 생성된다. 이 폴리에스터의 구조를 그리시오.

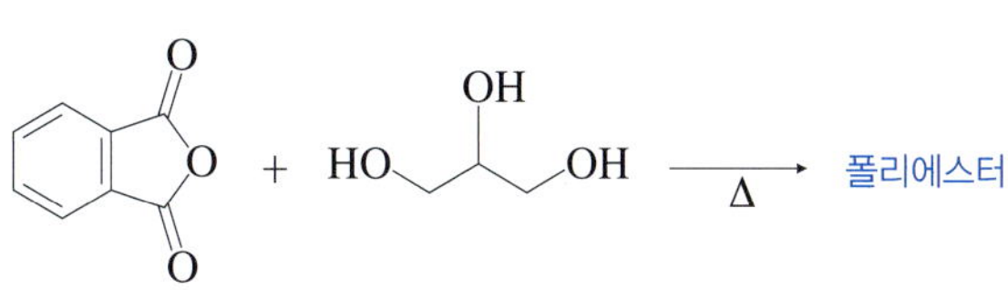

Phthalic anhydride 1,2,3-Propantriol

12.33 문제 12.32의 폴리에스터에 0.5 몰의 phthalic anhydride를 가하고 가열하면 glyptal이라고 하는 딱딱하고 녹지않는 열경화성 고분자가 형성된다. Glyptal의 구조를 그리시오.

12.34 Phenol과 formaldehyde를 산촉매 존재 하에서 가열하면 bakelite라고 하는 교차 결합 고분자가 형성된다. *p*-methylphenol과 formaldehyde사이에서는 교차 결합이 일어나겠는가? 이 고분자의 구조를 그리시오.

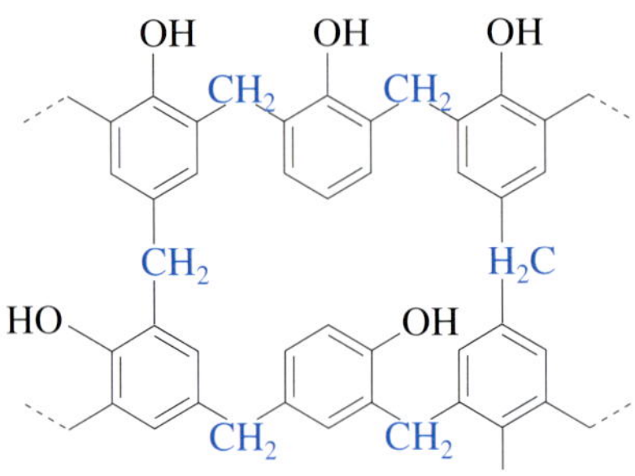

Bakelite의 부분 구조

13장

탄수화물

탄수화물(**carbohydrates**)은 식물의 **광합성**(**photosynthesis**)을 통해서 얻어진다. 이들은 식물 건조 중량의 75% 이상을 차지하고 있을 만큼 식물 세계에 가장 분포가 많이 되어 있는 부류의 화합물들이다. 탄수화물은 모든 생명체의 중요 조성이며 여러 가지 다양한 작용을 한다. 글루코스, 전분 및 글리코젠과 같은 탄수화물은 화학 에너지 저장소로 작용한다. 식물은 물론이고 동물도 대사에 필요한 많은 비율의 에너지를 탄수화물에서 얻는다. 셀룰로스는 식물의 구조를 지탱하는 성분이고 chitin은 갑각류의 껍질로 이용된다. 산성 다당류는 동물의 연결 조직으로 이용되며 D-ribose 및 2-deoxy-D-ribose는 핵산의 필수 성분이다.

탄수화물은 "탄소의 수화물"이라고 하는 의미를 가지고 있다. 많은 탄수화물의 일반식이 $C_n(H_2O)_n$이기 때문에 그와 같은 이름이 사용되었다. 뒤에 이 화합물들이 물 분자를 포함하고 있는 수화물이 아니라는 사실이 알려졌으며 모든 탄수화물이 이 일반식을 가지고 있지도 않다는 사실도 밝혀졌다. 이 일반식 보다 산소 원자의 수가 작은 경우도 있고 산소 원자가 더 많은 분자도 있지만 탄수화물이라는 용어는 그대로 사용되고 있다.

분자 수준에서 보면 대부분의 탄수화물은 글루코스와 같은 polyhydroxyaldehyde, fructose와 같은 polyhydroxyketone 또는 sucrose와 같이 가수 분해했을 때 polyhydroxyaldehyde나 polyhydroxyketone이 될 수 있는 화합물들이다. 탄수화물은 또 종종 **당**(**saccharide**, 라틴어로 설탕을 의미하는 saccharum에서 유래)이라고 부르기도 한다. 이 장에서는 탄수화물의 입체 화학, 화학 반응과 탄수화물을 기본으로 이루어진 거대 분자들에 관한 공부를 할 것이다.

13.1 탄수화물의 분류

탄수화물은 **단당류**(**monosaccharide**), **이당류**(**disaccharide**), **소당류**(**oligosaccharide**), **다당류**(**polysaccharide**)로 분류된다. 단당류는 더 작은 분자로 가수 분해되지 않는 탄수화물이며 약 200 종이 알려져 있다. 이당류는 두 개의 단당류가, 소당류는 세 개 내지 열 개의 단당류가 연결되어 있다. 다당류는 열 개 이상의 단당류로 이루어져 있다. 이당류, 소당류, 다당류는 모두 가수 분해하면 단당류로 전환된다.

$$\text{-(M)-}_n \xrightarrow{\text{가수 분해}} n\text{M}$$

이당류, 소당류 또는 다당류 → 단당류

단당류는 폼일 또는 케토 카보닐기 중 하나를 가지고 있다. 폼일기를 가지고 있는 단당류는 **aldose**로, 케토 카보닐기를 가지고 있는 것은 **ketose**로 분류된다. 폼일기는 언제나 탄소 사슬의 한쪽 끝에 있고 케토 카보닐기는 사슬의 끝에서 두 번째 탄소에 있다. 사슬의 다른 쪽 끝은 $-CH_2OH$로 이루어져 있다. 카보닐기와 $-CH_2OH$ 사이에 있는 모든 탄소에는 하이드록시기가 치환되어 있다.

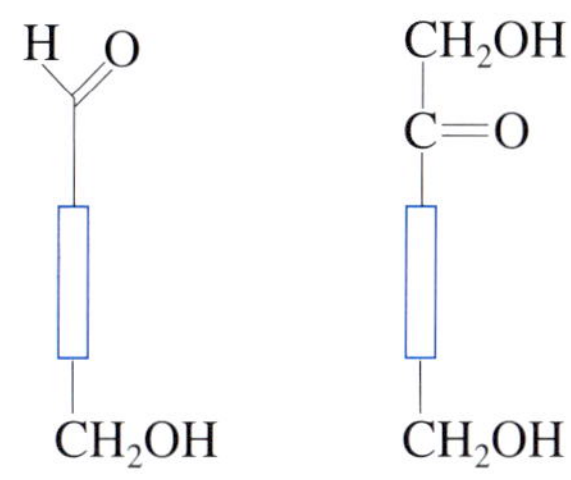

Aldose　　Ketose

Aldose와 ketose는 사슬에 포함된 탄소의 수에 따라 tri-, tetr-, pent-, hex- 또는 hept-의 접미어를 사용하여 더 세분된다. 예를 들어 세 개의 탄소 원자를 가지고 있는 glyceraldehyde는 aldotriose이고, 여섯 개의 탄소 원자로 이루어져 있는 glucose는 aldohexose이다. 여섯 탄소 원자로 이루어진 케톤인 fructose는 ketohexose이고, 다섯 개 탄소 원자로 이루어진 ribose는 aldopentose이다. 자연계에 분포되어 있는 대부분의 단당류는 다섯 또는 여섯 탄소 원자의 aldopentose 또는 aldohexose이다.

문제 13.1 다음 단당류를 분류하시오.

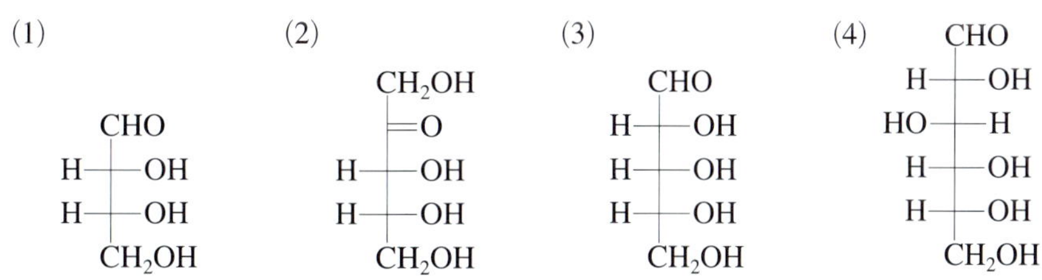

Erythrose　Rubulose　Ribose　Glucose

13.2 단당류의 입체 화학

입체 화학적 배열을 나타내는 데는 *R*, *S* 절대 배열이 가장 폭 넓게 이용되고 있지만 탄수화물에는 1891년 Emil Fischer가 제안했던 Fischer 투영도의 D, L 배열이 더 일반적으로 사용된다. Glyceraldehyde에는 한 개의 카이랄 탄소 C(2)가 있기 때문에 2개의 거울상 이성질체가 존재한다. Glyceraldehyde의 폼일기를 위쪽에 두고 탄소 사슬이 수직선이 되도록 Fischer 투영도를 그렸을 때 하이드록시기가 오른쪽에 있는 것을 **D-glyceraldehyde**라고 하고 하이드록시기가 왼쪽에 있는 것은 **L-glyceraldehyde**라고 정의하였다.

1952년 X-선 결정 구조로부터 D-배열은 (+)-glyceraldehyde로, L-배열은 (−)-glyceraldehyde로 밝혀졌다.

D-(+)-Glyceraldehyde $[\alpha]_D = +13.5°$ L-(−)-Glyceraldehyde $[\alpha]_D = -13.5°$

이와 같은 D, L 배열은 다른 탄수화물 분자에도 확대 적용된다. 카보닐기를 수직선의 위쪽에 가도록 단당류의 Fischer 투영도를 그렸을 때 카보닐기로부터 가장 멀리 떨어져 있는 카이랄 탄소의 하이드록시기가 오른쪽에 있으면 **D-당**이고 왼쪽에 있으면 **L-당**이다.

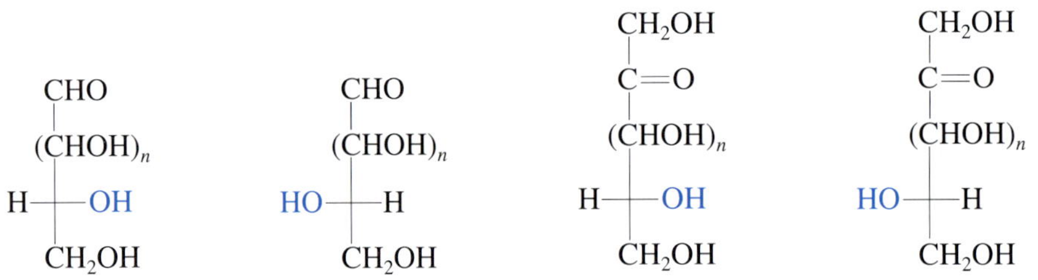

D-Aldose L-Aldose D-Ketose L-Ketose

D와 L은 절대 배열 *R* 및 *S*와 마찬가지로 평면 편광의 회전 방향과는 관계가 없고 카이랄 탄소의 공간적 배열만 나타낸다. 천연에서 발견되는 모든 단당류는 카보닐기에서 가장 멀리 떨어져 있는 카이랄 탄소의 하이드록시기가 Fischer 투영도의 오른쪽에 있는 D-당이다. D-aldose 이성질체들의 입체적 배열의 상관 관계를 도시하면 그림 13.1과 같다.

Aldotetrose에는 두 개의 카이랄 탄소가 있으므로 거울상 이성질체의 두 D/L 쌍인 네 개의 입체 이성질체가 존재할 수 있지만 자연계에서는 두 개의 D-aldotetrose만 발견된다. 이들의 Fischer 투영도를 그렸을 때 C(2) 및 C(3)에 결합되어 있는 두 하이드록시기가 모두 수직선의 오른쪽에 있는 것은 D-erythrose이고 하이드록시기가 서로 반대편에 있는 것은 D-threose이다. D-aldopentose에는 네 개의 입체 이성질체가 있다. 이들 중 D-ribose는 RNA(리보핵산, ribonucleic acid)의 구성 성분이다. D-arabinose는 여러 가지 식물에 포함되어 있으며 D-xylose는 목질부에서 발견된다. D-aldohexose에는 여덟 개의 입체 이성질체가 있다. 이들 중 전분과 섬유의 구성 성분인 D-glucose와 검 및 식물 pectin의 성분인 D-galactose 및 D-mannose가 자연에 가장 폭넓게 분포되어 있으며 소량의

D-talose가 발견되고 있다. 여러 개의 카이랄 탄소를 가지고 있는 단당류에서 한 개 카이랄 탄소의 입체 배열만 다른 한 쌍의 입체 이성질체를 특히 **에피머(epimer)**라고 한다. 예를 들어 D-glucose와 D-mannose는 C(2) 탄소에서의 입체 배열만 다른 한 쌍의 에피머이다.

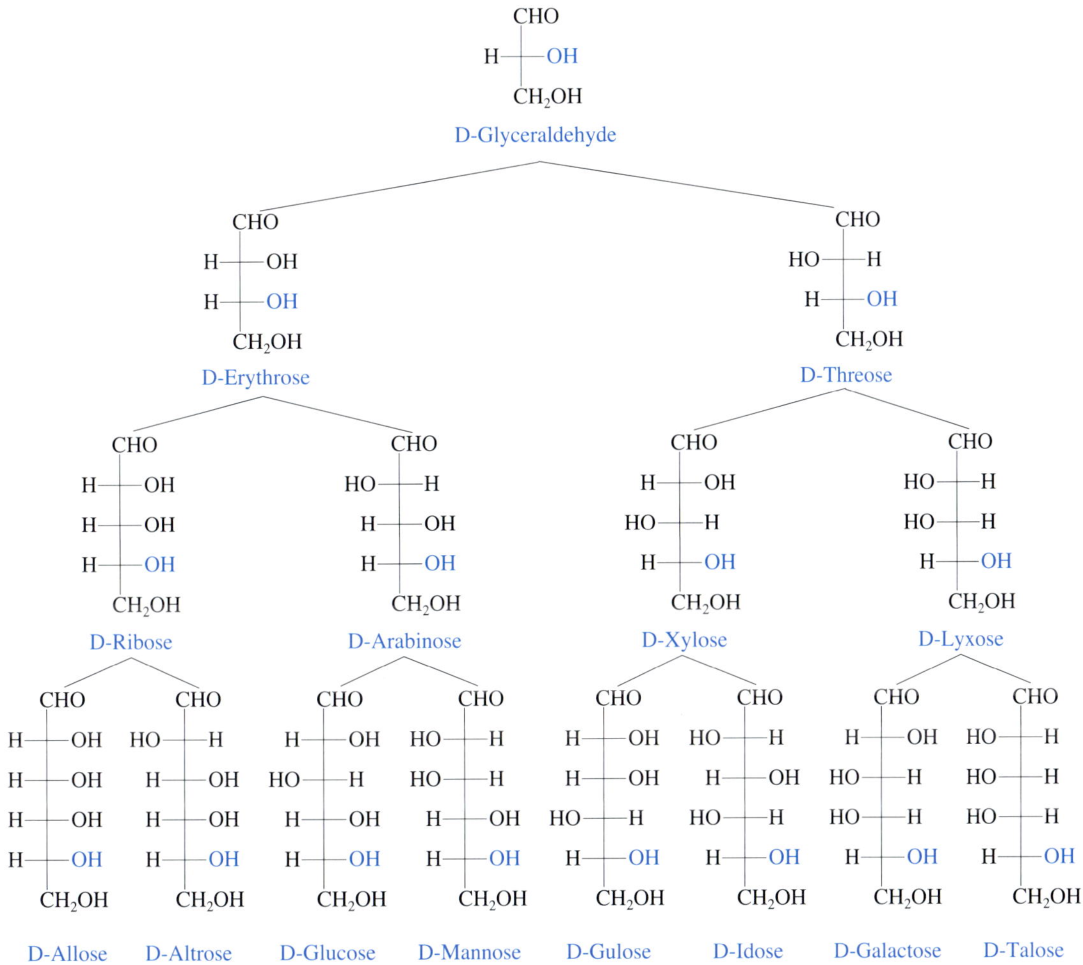

그림 13.1 D-aldose 이성질체들의 입체적 배열

문제 13.2 D-threose의 Fischer 투영도를 3차원 톱질대 구조와 쐐기–점선 구조식으로 바꾸어 그리시오.

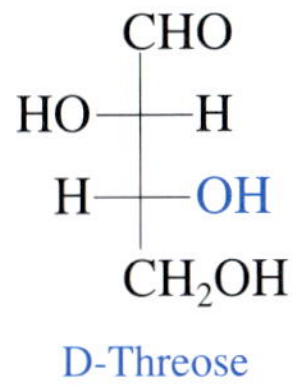

문제 13.3 D-Aldohexose에는 모두 몇 개의 입체 이성질체가 가능한가?

문제 13.4 문제 13.1에 있는 분자들의 입체 배열이 D인지 L인지 지적하시오.

문제 13.5 D-Hexose에서 C(4)의 입체 배열이 에피머의 관계에 있는 것들을 지적하시오.

13.3 단당류의 고리 구조

8장에서 보았던 것처럼 알데하이드 또는 케톤이 알코올과 반응하면 가역적으로 헤미아세탈이 형성된다. 특히 하이드록시기와 카보닐기가 같은 분자에 포함되어 있고 다섯 또는 여섯 원자 고리를 형성할 수 있을 때는 평형이 헤미아세탈이 형성되는 쪽으로 크게 기울어진다. 예를 들어 4-hydroxypentanal은 평형이 거의 다섯 원자 고리 헤미아세탈을 형성하는 쪽으로 기울어져 있다. Pentose 또는 hexose와 같은 단당류는 거의 다섯 또는 여섯 원자 고리 헤미아세탈로 존재하고 극히 일부만 열린 사슬 구조를 보여준다.

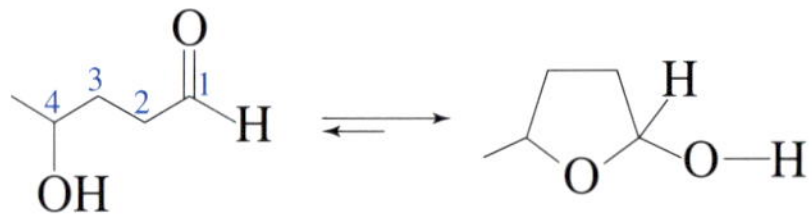

단당류의 고리 구조는 보통 고안자인 영국의 화학자 Walter N. Haworth의 이름을 딴 **Haworth 투영도**로 그릴 때가 많다. Haworth 투영도에서 다섯 원자 또는 여섯 원자 고리 헤미아세탈은 지면에 수직으로 놓인 평면 오각형이나 육각형으로 나타낸다. 고리 탄소에 결합된 치환기는 고리 평면의 위 또는 아래에 놓이도록 그린다. 예를 들어 D-글루코스에서는 폼일기와 C(5)에 있는 하이드록시기 사이에서 헤미아세탈이 형성된다. 이것의 Haworth 투영도를 그릴 때는 먼저 D-glucose의 Fischer 투영도를 C(6)와 폼일기가 서로 가깝게 오도록 구부려 준다. C(5)의 입체 배열이 흐트러지지 않도록 조심하면서 C(4)−C(5) 결합을 시계 반대 방향으로 돌려주면 C(5)의 하이드록시기가 폼일기와 반응하기 적당한 위치에 놓이게 된다. 이때 CH_2OH는 여섯 원자 고리 평면의 위쪽으로 가고 C(5)에 있는 수소는 고리 평면의 아래쪽으로 간다. C(5)의 하이드록시기와 폼일기 사이에서 헤미아세탈 형성 반응이 일어나면 여섯 원자 고리 D-glucose가 생성된다.

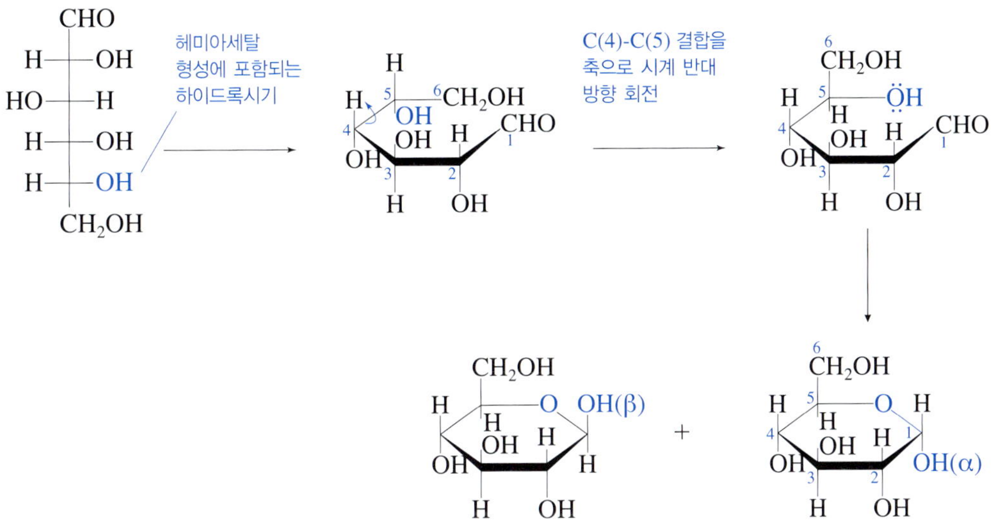

D-glucose의 Fischer 투영도에서 수직선의 왼쪽에 있던 C(3)의 하이드록시기는 Haworth 투영도에서 고리 평면의 위쪽에 그려지고 오른쪽에 있던 C(2)와 C(4)의 하이드록시기는 평면의 아래쪽에 그려진다. D-당류에서 $-CH_2OH$는 언제나 고리 평면의 위쪽에 그려진다. 열린 사슬형의 당분자에서 C(1)은 카이랄 탄소가 아니지만 헤미아세탈 고리를 형성하면 C(1)은 카이랄 탄소가 된다. 새로 생성되는 이 카이랄 탄소를 **아노머 탄소**(**anomeric carbon**)이라고 한다. 이 탄소에는 두 개의 입체 배열이 가능하므로 한 쌍의 고리형 헤미아세탈이 생성된다. 아노머 탄소의 배열만 다른 한 쌍의 단당류 분자를 **아노머**(**anomer**)라고 한다. C(1)의 하이드록시기가 $-CH_2OH$와 같은 쪽(위쪽)에 있는 아노머는 β-아노머라고 하고 $-CH_2OH$와 반대편인 아래쪽에 있는 것은 α-아노머라고 부른다.

탄수화물의 다섯 원자 고리 헤미아세탈은 furan의 이름을 따서 **furanose**라고 하고 여섯 원자 고리 헤미아세탈은 pyran의 이름을 따서 **pyranose**라고 한다. Glucose의 α 또는 β 형은 여섯 원자 고리 헤미아세탈이기 때문에 **α-D-glucopyranose** 또는 **β-D-glucopyranose**로 부르기도 한다.

α-D-glucose의 고유 광회전도 $[\alpha]_D$는 +112.2°이고 β-D-glucose의 고유 광회전도 $[\alpha]_D$는 +18.7°이다. α- 또는 β-D-glucose의 순수한 결정을 물에 녹여주면 α 및 β 형의 두 아노머와 열린-사슬 구조 사이에서 평형이 형성된다. 갓 만들어진 용액의 고유 광회전도는 평형 혼합물의 광학 활성을 나타내는 값인 $[\alpha]_D$ = +52.5°에 도달할 때까지 천천히 변한다. 고리 열림 반응과 헤미아세탈 고리 형성 반응이 평형에 도달할 때까지 고유 광회전도

가 천천히 변하는 현상을 **변광 회전(mutarotation)**이라고 한다.

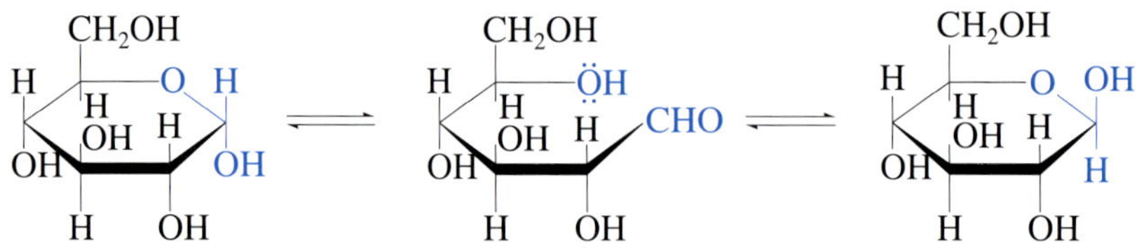

α-D-Glucose(35.5%) $[\alpha]_D = +112.2°$ | 열린 사슬형 D-Glucose (0.003%) | β-D-Glucose(64.5%) $[\alpha]_D = +18.7°$

Aldopentose들도 헤미아세탈 고리를 형성한다. 예로는 α-D-ribose와 β-2-deoxy-D-ribose를 들 수 있다.

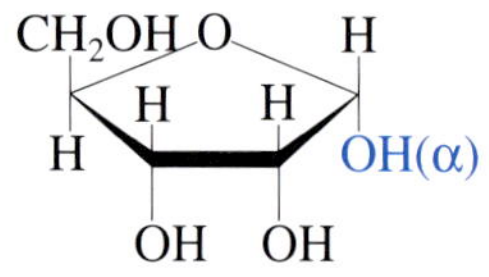

α-D-Ribose
(α-D-ribofuranose)

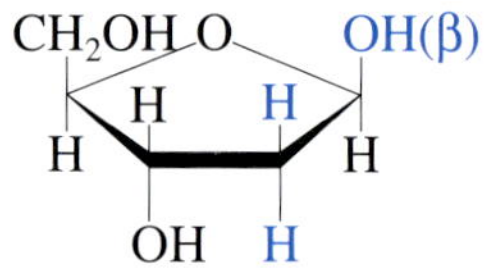

β-2-Deoxy-D-ribose
(β-2-deoxy-D-ribofuranose)

문제 13.6 α-D-Mannose의 Haworth 투영도를 그리시오.

문제 13.7 β-D-Arabinose의 Haworth 투영도를 그리시오.

문제 13.8 순수한 α-D-glucose를 수용액에 일정시간 녹였다 측정한 고유광 회전도가 +50.0°였을 때 α-와 β-아노머의 백분율을 계산하시오.

13.4 Pyranose의 형태

다섯 원자 고리는 furanose의 Haworth 투영도처럼 평면형에 가깝지만 여섯 원자 고리는 의자 형태를 보여준다. X-선 결정 구조에 의하면 α-D-glucopyranose 및 β-D-glucopyranose도 의자 형태로 존재한다. Haworth 투영도에서 평면의 위쪽으로 그려지는 치환체는 의자 형태에서도 위쪽을 향하고 있고 아래쪽에 그려지는 치환체는 아래쪽을 향하고 있다. β-D-glucose의 경우 수소를 제외한 모든 치환체는 수평 방향을 향하고 있다. 이 때문에 β-D-glucose는 pyranose들 중에서 가장 안정하고 단당류들 중에서 자연계에 가장 많이 분포되어 있다. α-D-glucose는 아노머 탄소의 하이드록시기가 수직 방향을 향하고 있다.

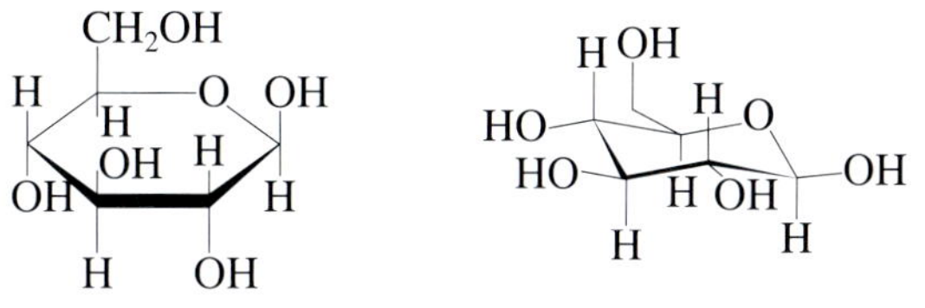

β-D-Glucose

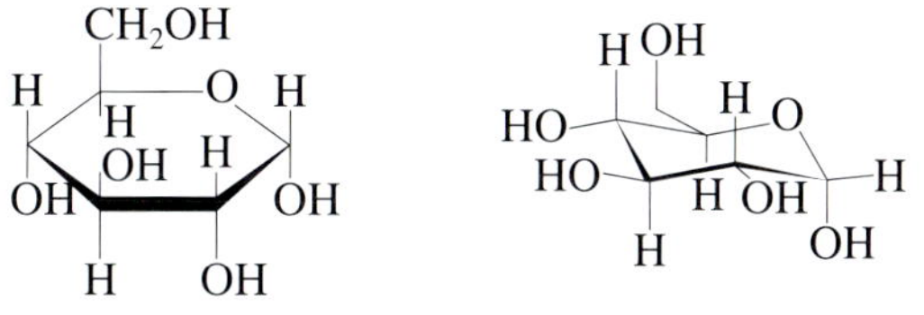

α-D-Glucose

문제 13.9 α-D-Idose와 β-D-Talose의 보다 안정한 의자 형태를 그리시오.

13.5 중요한 단당류

오탄당

오탄당은 주로 다당류 또는 핵산의 구성 성분으로 존재하고 극히 적은 양이 유리 상태로 분포되어 있다. 오탄당으로 이루어진 다당류들은 초식 동물에게는 중요한 먹이가 될 수 있지만 사람은 이것을 소화하지 못한다. 중요한 오탄당인 α-D-ribose와 β-2-deoxy-D-ribose는 핵산의 구성 요소이다.

D-glucose

D-glucose는 포도에서 처음 발견되었기 때문에 포도당이라고 부른다. 유리 상태의 glucose는 과일에 다량 포함되어 있으며 식물의 잎이나 줄기에도 분포되어 있다. Glucose는 포유 동물의 대사에 가장 중요한 단당류이며 탄수화물 대사의 마지막 생성물이다. 건강을 유지하기 위해서는 적당량의 혈중 glucose 농도가 필수적이다.

D-galactose

Galactose는 자연계에서 유리 상태로는 발견되지 않으며 이당류인 lactose 또는 다당류로서 한천의 주성분인 galactan, pectin과 아라비아 검의 구성 요소이다. Galactose는 glucose와 C(4) 하이드록시기의 공간적인 배향만 다르다. Galactose는 체내에서 glucose로 전환된 다음 에너지원으로 이용된다. 또한 이것은 Glucose로부터 생합성된 다음 우유의 lactose와 뇌 조직에 필요한 화합물로 전환된다.

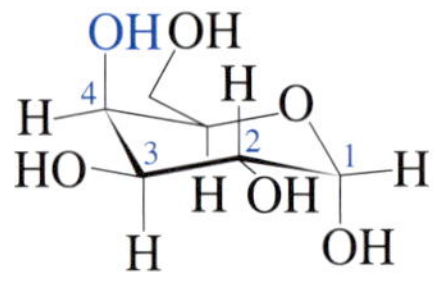

α-D-Galactose

D-fructose

Fructose는 과당(fruit sugar) 또는 좌선성의 당이라는 뜻으로 levulose라고 부르기도 한다. Fructose는 과일과 벌꿀 등에 유리 상태로 포함되어 있다. 설탕과 같은 이당류와 돼지감자에 많이 들어있는 다당류인 inuline의 구성 요소로도 존재한다. Fructose는 ketohexose이다. 유리 상태에서는 보다 안정한 형태인 D-fructopyranose로 존재하지만 sucrose 또는 inulin에서는 보다 덜 안정한 D-fructofuranose의 형태로 존재한다.

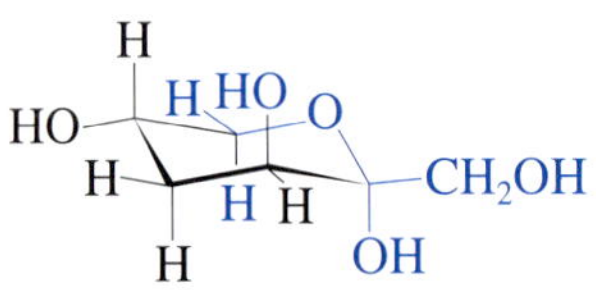

α-D-Fructopyranose

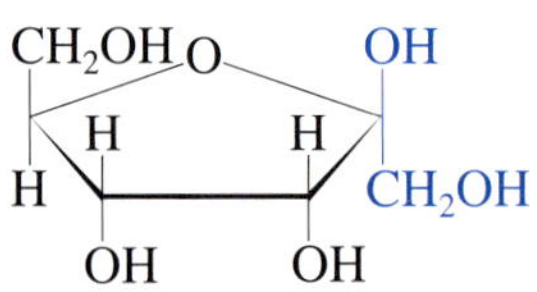

β-D-Fructofuranose

문제 13.10 D-Glucose는 대부분 pyranose의 형태로 존재하지만 furanose의 형태로도 존재한다. α-D-glucofuranose의 Haworth 투영도를 그리시오.

13.6 단당류의 반응

배당체(아세탈)의 형성

헤미아세탈이 알코올과 반응하면 물을 잃고 같은 탄소에 두 개의 −OR기를 가지고 있는 화합물인 아세탈을 형성한다(8장 7절 참고). glucose와 다른 단당류들도 고리형 헤미아세탈이기 때문에 알코올과 반응하여 아세탈을 형성한다. 이때의 생성물들을 **배당체**(**glycoside**)라고 하고 알코올과 산소 사이의 결합을 **배당체 결합**(**glycosidic bond**)이라고 부른다. 배당체의 이름을 지을 때는 산소에 결합된 알킬 또는 아릴기의 이름을 먼저 나열한 다음 탄수화물 이름의 마지막 -e를 -ide로 바꾸어 준다. 예를 들어 β-D-glucose에서 유래된 methyl 배당체의 이름은 methyl β-D-glucoside 또는 methyl β-D-glucopyranoside

이다.

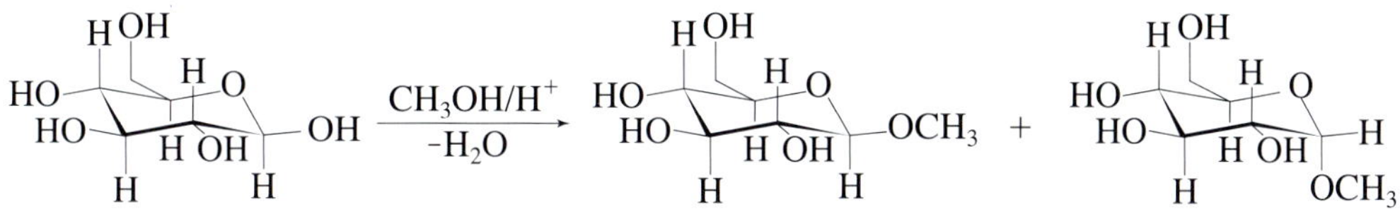

β-D-Glucose

Methyl β-D-glucoside (methyl β-D-glucopyranoside)

Methyl α-D-glucoside (methyl α-D-glucopyranoside)

배당체는 보통의 아세탈과 마찬가지로 중성 또는 염기성 수용액 속에서 안정하다. 배당체 결합은 천연 화합물의 −OH기가 불필요한 화학 반응을 하지 못하도록 보호하는 역할을 한다. 소당류나 다당류와 같이 보다 큰 탄수화물에서 단당류는 배당체 결합에 의해 서로 연결되어 있다. 예를 들어 이당류는 한 단당류의 아노머 탄소에 있는 하이드록시기와 다른 단당류의 하이드록시기의 반응에서 형성된다.

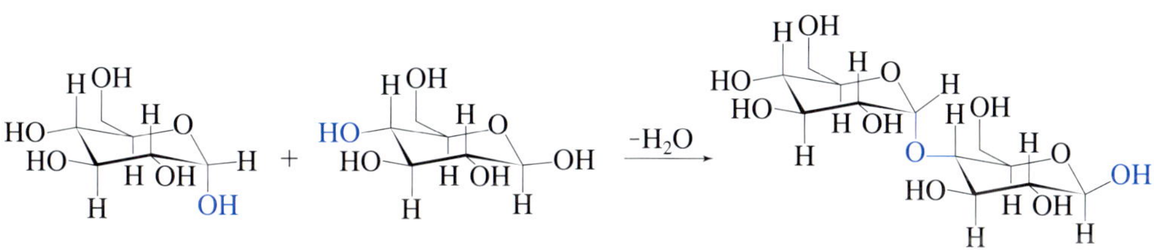

α-D-Glucose

β-D-Glucose

Maltose
4-O-(α-D-Glucosyl)-(β-D-glucose)

문제 13.11 HCl 존재 하에서 D-galactose를 methanol로 처리했을 때 얻어지는 α- 및 β-methyl pyranoside의 구조를 그리시오.

문제 13.12 β-D-Ribofuranose를 과량의 acetic anhydride로 처리했을 때 얻어지는 생성물의 구조를 그리시오.

엔올화 및 레트로알돌 분해 반응

탄수화물은 여러 가지 이성질화와 분해 반응을 일으킨다. 예를 들어 glucose, fructose 및 mannose 중 어느 하나를 OH^-로 처리하면 엔올화를 거쳐 이 탄수화물들 사이의 평형이 이루어진다.

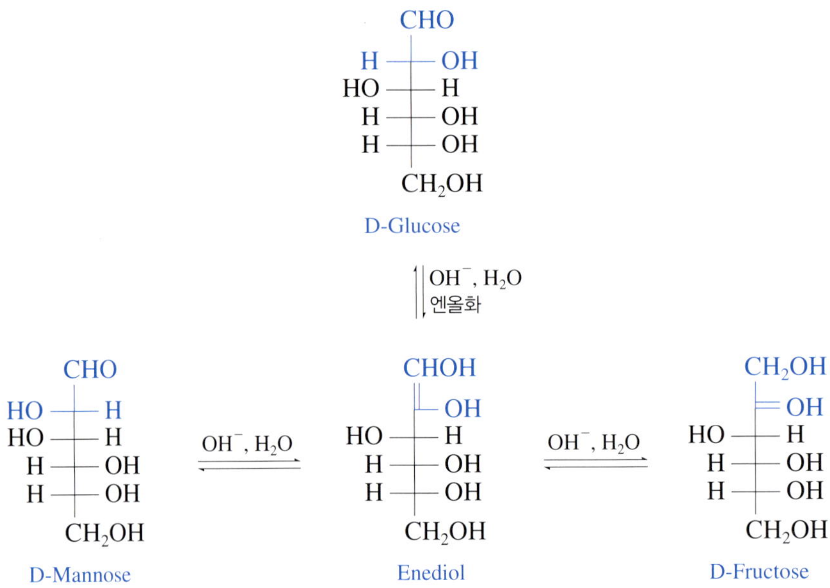

D-Fructose 1,6-diphosphate에 aldolase 효소가 작용하면 **레트로-알돌 분해 반응** (**retro-aldol degradation**)이 일어나 dihydroxyacetone phosphate와 D-glyceraldehyde 3-phosphate로 분해된다.

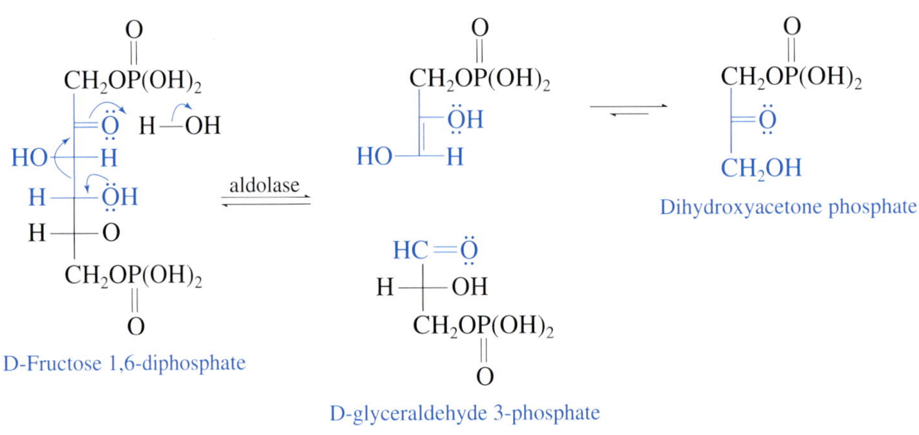

환원제와의 반응

단당류의 카보닐기는 전이 금속 촉매 존재 하의 수소나 $NaBH_4$와 같은 여러 가지 환원제에 의해 하이드록시기로 환원된다. 환원 생성물의 일반적인 이름은 **alditol**이라고 한다. Alditol은 카보닐기가 없기 때문에 고리형 헤미아세탈을 형성하지 못하고 열린 사슬 형태로 존재한다. Alditol은 단당류의 어미 -ose 대신에 -itol을 사용하여 이름을 짓는다. D-Glucose을 환원하면 D-glucitol이 생성된다. 이 화합물은 D-solbitol로 더 많이 불리며 딸기, 체리, 사과, 배와 같은 식물 세계에 폭넓게 분포되어 있다. 감미료나 설탕 대용물로 이용되며 캔디의 제조 등에 사용된다.

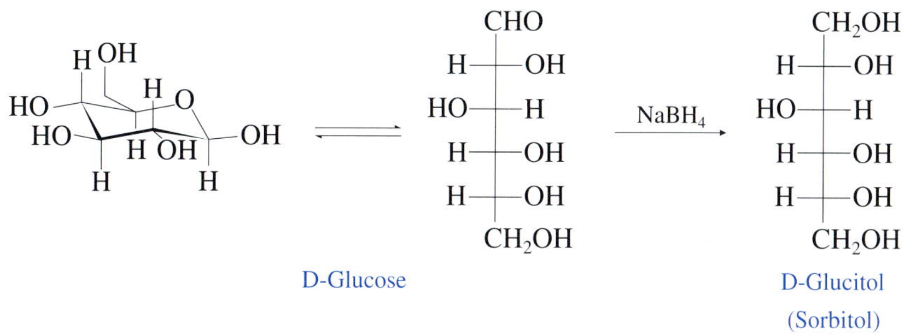

문제 13.13 D-Galactose를 $NaBH_4$로 환원한 다음 물로 처리하면 D-galacitol이 얻어진다. 이 화합물의 구조를 그리시오.

문제 13.14 D-Glucose를 $NaBH_4$로 환원하면 광학 활성인 생성물이 얻어지지만 D-allose에서는 광학 비활성인 생성물이 얻어진다. 설명하시오.

산화제와의 반응

aldose의 폼일기는 쉽게 카복시기로 산화되며 이때 생성되는 화합물의 일반적인 이름은 **aldonic acid**라고 한다. Aldonic acid는 단당류의 어미 -se 대신에 -nic acid을 사용하여 이름을 짓는다. 예를 들어 D-glucose의 산화 생성물은 D-gluconic acid이다. D-gluconic acid는 동물과 식물 세계에 폭 넓게 분포되어 있다. 사람의 몸에서는 관절에 분포한 산성 다당류의 중요한 성분이며 외부에서 들어온 페놀이나 알코올의 독성을 제거한다. 간에서 이 화합물들은 gluconic acid의 배당체로 전환된 다음 소변으로 배출된다.

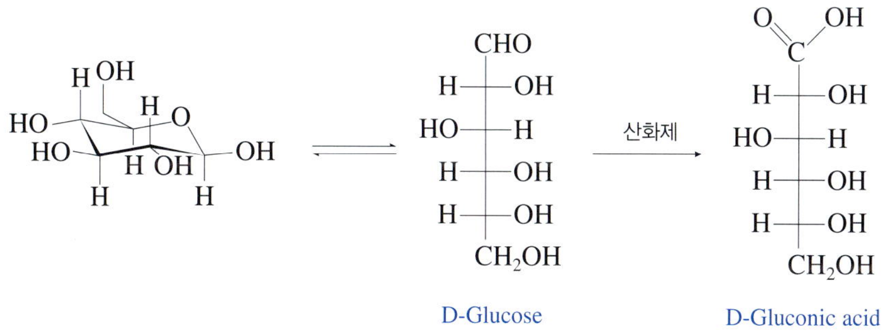

$CuSO_4$와 sodium citrate의 혼합 용액인 **Benedict 시약**이나 $CuSO_4$와 sodium tartarate의 혼합 용액인 **Fehling 시약**으로 aldose를 처리하면 Cu_2O의 빨간색 침전이 형성된다.

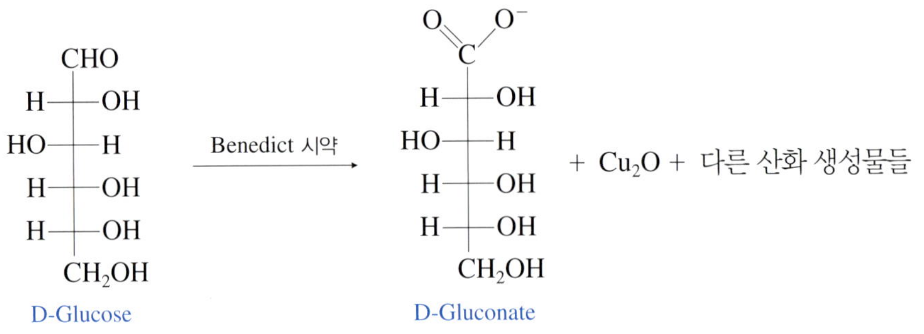

또 Ag^+의 암모니아 수용액인 **Tollens 시약**으로 환원하면 금속 은이 생성되어 플라스크나 시험관 벽에 은 거울을 형성한다. 이들 세 가지 반응에 양성인 당류를 환원당이라고 하며 aldose를 검출하는데 이용된다. 당뇨병의 자기진단 약은 Benedict 시약이며 오줌 속에 녹아있는 0.1% 농도의 포도당까지도 검출할 수 있다.

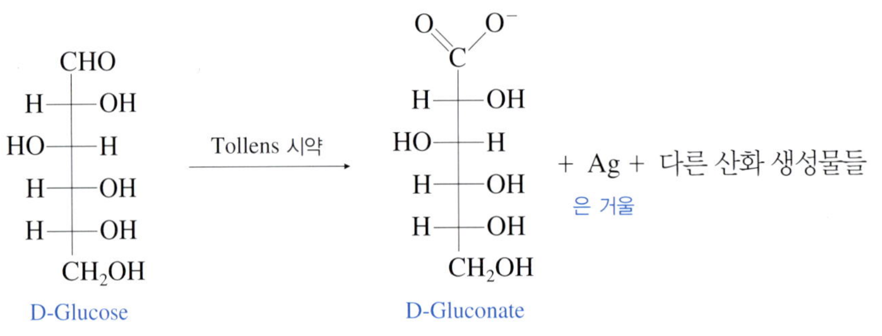

문제 13.15 D-Mannose를 Fehling 시약으로 처리하면 D-mannoic acid가 얻어진다. 이 화합물의 구조를 그리시오.

문제 13.16 다음 중 어떤 화합물이 Benedict 시약에 양성반응을 보이겠는가?

(1) D-Galacitol (2) L-Arabinose (3) 1,3-Dihydroxyacetone
(4) D-fructofuranose (5) Lactose

13.7 이당류

자연계에 분포되어 있는 대부분의 탄수화물은 두 개 이상의 단당류 단위를 포함하고 있다. 이당류는 가수 분해에 의해 두 개 이상의 단당류 분자를 생성하는 탄수화물이다. 이당류에서 두 개의 당분자는 한 단위의 아노머 탄소와 다른 단위의 하이드록시기 사이의 배당체 결합에 의해 서로 연결되어 있다. 한 당분자의 C(1)과 다른 당분자의 C(4) 사이에서 형성된 배당체 결합인 1,4′-연결이 가장 일반적이다. 중요한 이당류에는 sucrose, maltose, cellobiose, lactose가 있다.

Sucrose

Sucrose(설탕)는 생물 세계에 가장 풍부한 이당류이다. Sucrose에서 α-D-glucose의 C(1)은 **1,2-α-배당체 결합**에 의해 D-fructose의 C(2)에 연결되어 있다. D-glucose와 D-fructose 둘 다 아노머 탄소가 배당체 결합을 형성하는 데 사용되기 때문에 어느 쪽도 열린 사슬 구조와 평형을 이루지 않으며 비환원당이다.

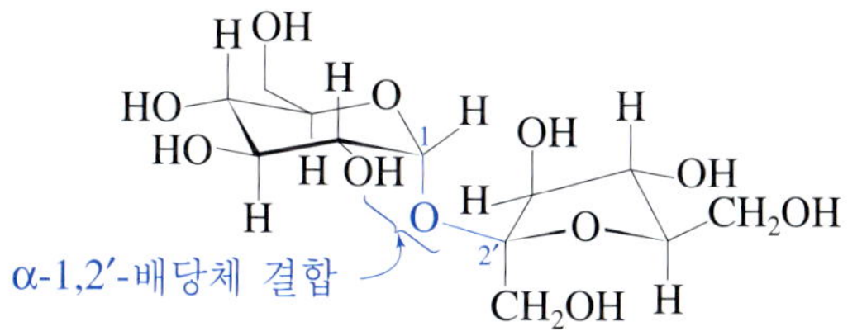

Sucrose

Maltose

Maltose(맥아당)는 싹튼 보리 또는 곡식에 많이 포함되어 있다. Maltose는 한 α-D-glucose 분자의 C(1) 하이드록시기가 다른 한 β-D-glucose 분자의 C(4) 탄소에 연결된 **1,4′-α-배당체 결합**을 하고 있다.

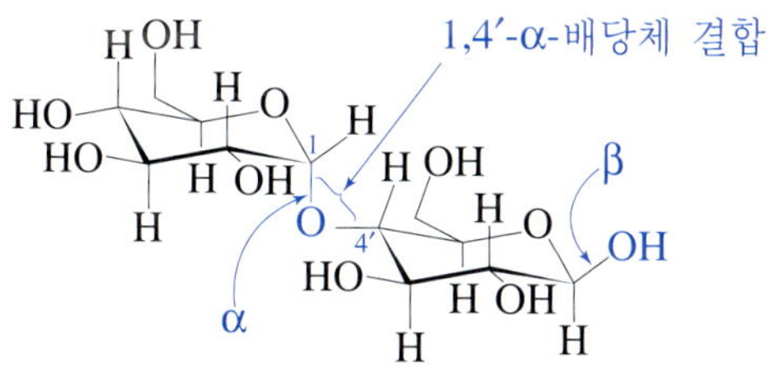

Maltose

Cellobiose

Cellulose를 부분적으로 가수 분해하면 맥아당의 입체 이성질체인 cellobiose가 생성된다. Cellobiose를 더 가수 분해하면 D-glucose가 얻어진다. 한 β-D-glucose 분자의 C(1) 하이드록시기가 다른 한 β-D-glucose 분자의 C(4) 탄소에 연결된 **1,4′-β-배당체 결합**을 하고 있다. 맥아당에서 한 glucose 분자의 C(1)은 α-배열을 하고 있고 다른 glucose 분자는 β-배열인 반면 cellobios는 두 glucose 분자가 모두 β-배열이다.

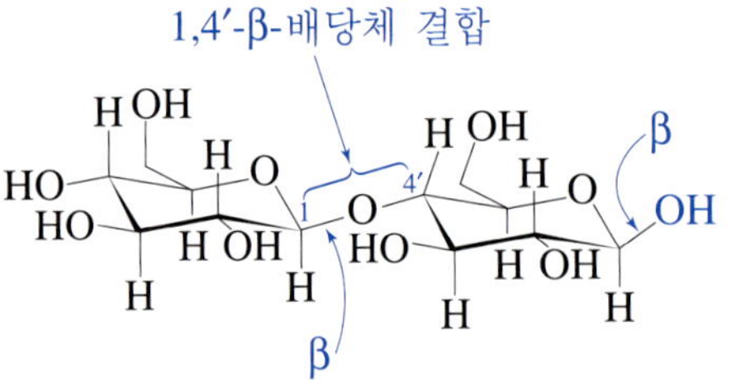

Cellobiose

Lactose

Lactose는 우유에 포함되어 있는 이당류이다. Lactose는 사람 젖과 우유의 5% 이상을 차지하고 있다. 이것의 구조는 D-galactose가 1,4′-β-배당체 결합에 의해 D-glucose의 C(4)에 연결되어 있다. Lactose를 가수 분해하는 효소인 lactase는 어린 포유 동물의 장에서 왕성하게 분비된다. 성인이 되면 lactase의 농도가 크게 감소하기 때문에 우유와 유제품을 잘 소화시키지 못한다. 소화되지 않은 lactose의 발효 때문에 장에 장애가 나타나는데 이러한 상태를 lactose 과민 반응이라고 한다. 이와 같은 장애를 겪는 사람에게는 미리 lactase(lactose 분해 효소)로 처리된 우유나 치즈 같은 발효된 유제품이 도움이 된다.

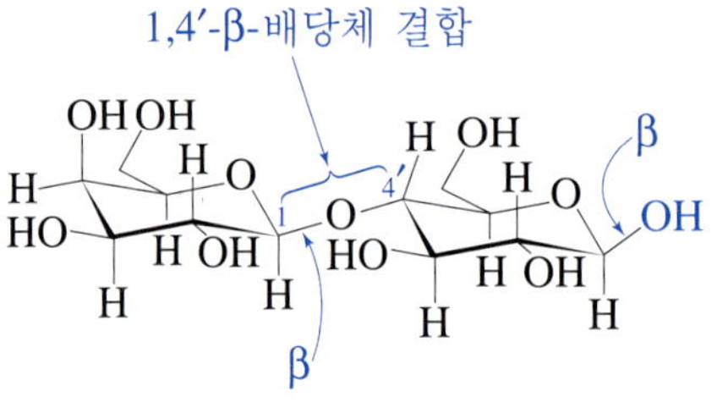

Lactose

문제 13.17 Maltose를 다음 시약으로 처리했을 때 얻어지는 생성물의 구조를 그리시오.

(1) $NaBH_4$ (2) 과량의 acetic anhydride

(3) methanol/HCl

문제 13.18 설탕을 Fehling 시약으로 처리하면 어떻게 되겠는가?

13.8 다당류

다당류는 서로 배당체 결합으로 연결되어 있는 많은 단당류들로 이루어져 있다. 가장 일반적인 다당류에는 녹말(starch), 셀룰로스(cellulose), 글리코젠(glycogen)이 있다.

녹말

녹말은 식물의 에너지 저장을 위해 사용된다. 동물에 필요한 에너지도 녹말의 형태로 제공된다. 녹말에는 **amylose**와 **amylopectin**의 두 종류가 있다. 녹말의 약 20~25%는 amylose이고 75~80%는 amylopectin이다. Amylose는 수백 개의 D-glucose가 1,4′-α-배당체 결합으로 연결되어 있는 연속 사슬 구조를 보여준다.

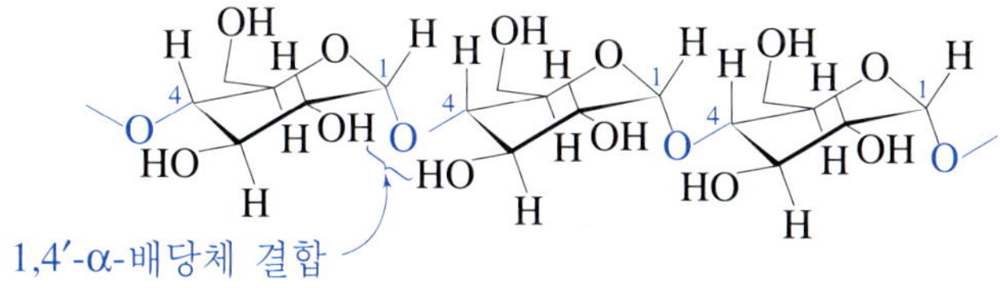

Amylose의 부분 구조

Amylopectin은 한 분자에 약 300~10,000 개의 D-glucose들이 1,4′-α-배당체 결합으로 연결되어 있지만 약 25~30개 D-glucose 단위마다 곁가지가 달려있다. 곁가지는 주사슬 D-glucose의 C(6) 탄소에 다른 D-glucose의 C(1) 하이드록시기가 1,6′-α-배당체 결합으로 연결되어 있다. 이 곁가지 때문에 녹말 가루를 물에 녹이면 부풀어 올라 콜로이드를 형성한다.

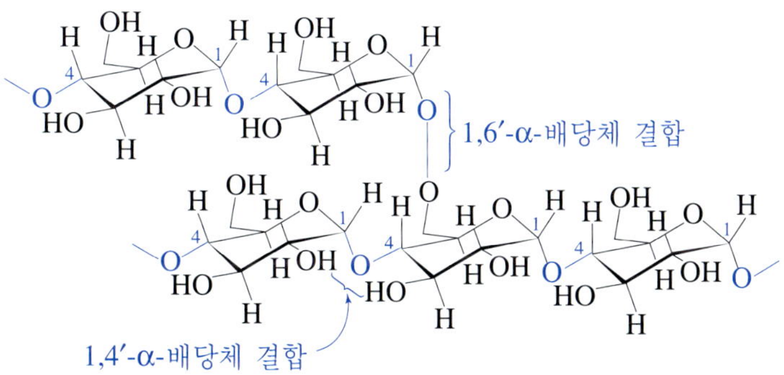

Amylopectin의 부분 구조

글라이코젠

글라이코젠은 동물의 에너지 저장형 탄수화물이다. 글라이코젠은 1,4′-α-배당체 결합과

1,6′-α-배당체 결합에 의해 10^6개의 glucose 단위가 연결되어 있는 다당류이다. 아밀로펙틴과 구조가 비슷하지만 곁가지가 더 많으며 10개 정도의 glucose 단위마다 가지가 나있다. 영양 상태가 좋은 성인의 몸에는 모두 약 350 g의 글라이코젠이 간과 근육에 거의 같은 양으로 나누어 저장되어 있다. 에너지가 필요할 때 저장되어 있던 글라이코젠의 많은 가지들의 끝으로부터 분리된 glucose들이 혈액으로 공급된다.

셀룰로스

셀룰로스는 가장 폭 넓게 분포되어 있는 식물 골격의 다당류 성분이다. 나무의 세포벽을 구성하고 있는 물질의 절반 이상이 셀룰로스다. 면(cotton)은 거의 순수한 셀룰로스이다. 지구 상의 식물은 광합성을 통해 매년 약 10^9톤의 셀룰로스를 생산한다. 셀룰로스는 1,4′-β-배당체 결합에 의해 glucose 단위가 선형으로 연결된 다당류이다. 셀룰로스의 평균 분자량은 400,000 g/mol인데 이것은 약 2200개의 glucose 단위에 해당된다. 이 선형 고분자들의 하이드록시기들은 인접해 있는 다른 사슬들의 하이드록시기와 무수히 많은 수소 결합을 함으로써 미세 섬유를 형성한다. 이 섬유들은 매우 큰 물리적 강도를 가지고 있으며 중심 축 주위를 시계 반대 방향의 나선 모양으로 감겨 있다.

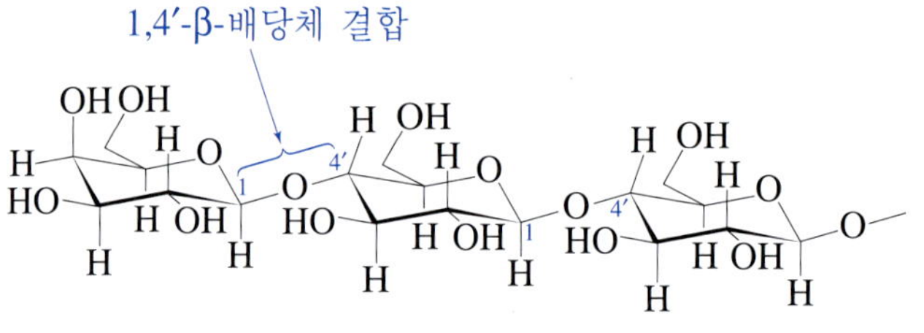

셀룰로스의 부분 구조

모든 젖먹이 동물들은 1,4′-α-배당체 결합을 가수 분해하여 D-glucose를 만드는 효소인 α-glucosidase는 가지고 있지만 1,4′-β-배당체 결합을 가수 분해하는 효소인 β-glucosidase가 없다. 이 때문에 젖먹이 동물은 셀룰로스를 먹어도 필요한 D-glucose를 얻을 수 없다. 초식 동물들은 소화관 속에 β-glucosidase를 가지고 있는 박테리아들이 살고 있기 때문에 풀과 같은 식물을 소화할 수 있다. 흰개미들도 창자 속에 이들 박테리아가 있기 때문에 나무의 셀룰로스를 먹고 살 수 있다.

13.9 탄수화물을 포함하는 그 밖의 화합물

아미노당

한 개의 하이드록시기 대신에 아미노기가 있는 부류의 당을 아미노당(amino sugar)이라고 한다. 자연계에는 주로 D-glucosamine, D-mannosamine 및 D-galactosamine이 분포되어 있다. D-glucosamine의 유도체인 *N*-acetyl-D-glucose은 연골의 중요한 성분이다. 이것은 또 게나 새우와 같은 갑각류의 껍질인 키틴을 구성하고 있는 성분 중의 하나이다. 어떤 아미노당들은 항생 물질로도 작용한다.

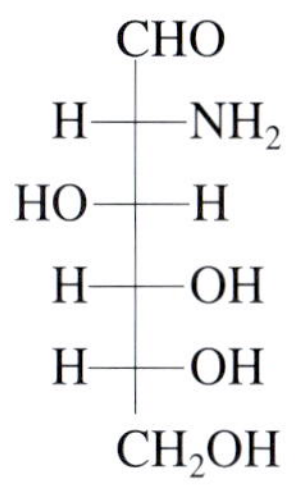

D-Glucosamine

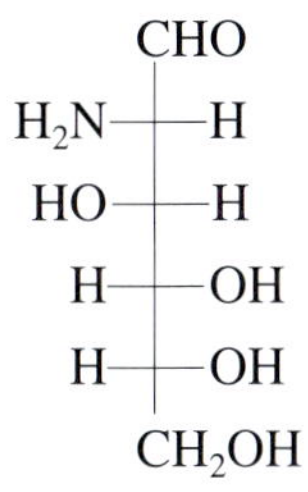

D-Mannosamine

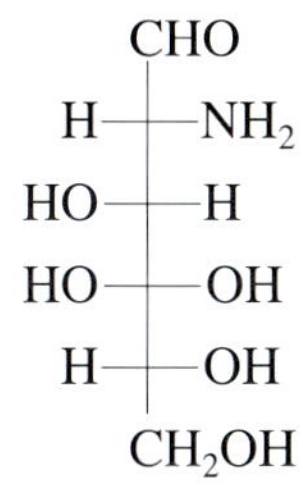

D-Galactosaminne

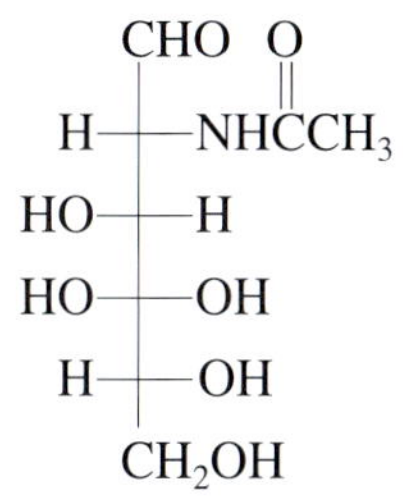

N-Acetyl-D-glucosamine

헤파린

헤파린(heparin)은 몇 가지 다른 단당류로 이루어져 있는데 그들 중 많은 것들이 sulfate기를 가지고 있다. 헤파린은 혈액 응고 방지제로 이용된다. 이것은 혈액 응고 요소인 antithrombin III에 강하게 결합하여 핏덩어리가 형성되는 것을 방지하기 때문에 외과 수술이나 심각한 상처를 입었을 때 응고를 막을 목적으로 사용된다.

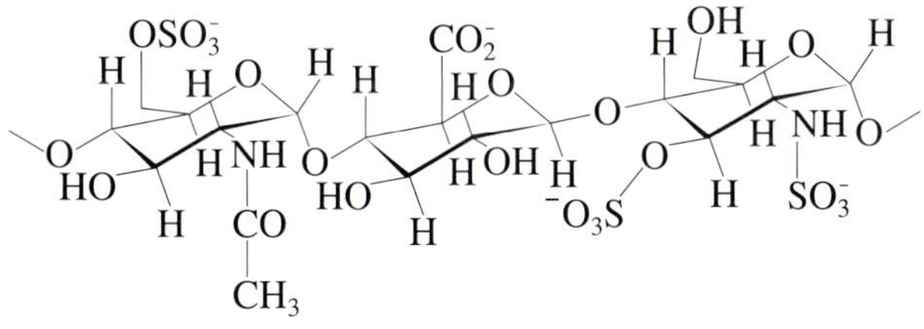

헤파린의 부분 구조

뉴클레오사이드

DNA(deoxyribonucleic acid)의 기본 단위인 뉴클레오사이드(nucleoside)는 당과 염기로 이루어져 있다. 당인 2-deoxyribose의 아노머 탄소에 염기인 헤테로 고리의 질소 원자가 β-방향으로 결합되어 있다. 한 뉴클레오사이드에 있는 2-deoxyribose의 C(3)와 다른 2-deoxyribose의 C(5)가 phosphate에 의해 연결되면 DNA 사슬이 된다.

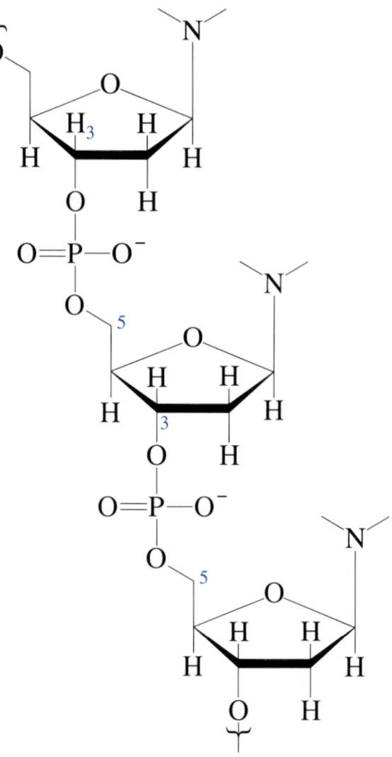

2-Deoxyribose를 포함하고
있는 DNA 부분 구조

펙틴

여러 가지 과일이나 딸기에 들어있으면서 젤리가 형성될 수 있게 하는 화합물인 **펙틴**(**pectin**)은 D-galacturonic acid가 1,4′-α-배당체 결합으로 연결되어 있는 선형 다당류이다.

D-galacturonic acid는 D-galactose의 C(5) 탄소의 $-CH_2OH$기가 카복시기로 변형된 화합물이다.

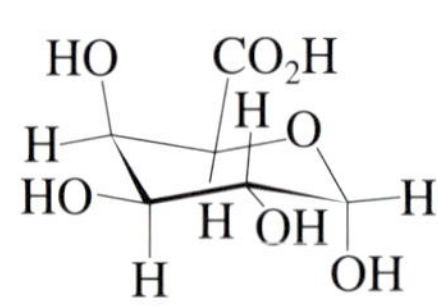

α-D-Galacturonic acid

요약

탄수화물은 여러 개의 하이드록시기를 가지고 있는 알데하이드 또는 케톤이다. 탄수화물은 주로 포함된 탄소 수와 카보닐기의 종류에 따라 분류된다. 예를 들어 glucose 분자는 여섯 개 탄소를 가지고 있는 알데하이드이므로 **aldohexose**로 분류된다. 단당류는 카보닐기를 위쪽 끝에 가도록 Fischer 투영도를 그렸을 때 카보닐기로부터 가장 멀리 떨어져 있는 카이랄 탄소의 하이드록시기가 오른쪽에 있으면 **D-당**이고 왼쪽에 있으면 **L-당**으로 분류된다. 천연에서 발견되는 당 분자는 D-당이다.

오탄당 이상의 단당류는 주로 고리형 헤미아세탈 구조로 존재하며 다섯 원자 고리 헤미아세탈은 furanose라고 하고 여섯 원자 고리 헤미아세탈은 pyranose라고 한다. 헤미아세탈 구조에서 아노머 자리의 하이드록시기가 $-CH_2OH$와 같은 쪽에 있으면 **β-아노머(β-anomer)**라고 하고 반대쪽에 있으면 **α-아노머**라고 부른다. Furanose 또는 pyranose의 입체 구조는 Haworth 투영도 또는 의자 형태로 나타난다. Fischer 투영도에서 오른쪽에 있는 원자 또는 원자단은 Haworth 투영도의 아래쪽을 향하도록 그려진다.

α-D-Hexose 또는 β-D-hexose 등을 물에 녹이면 열린 사슬형 D-hexose 중간체를 거치는 평형이 이루어지면서 고유광 회전도가 변하는데 이것을 **변광 회전(mutarotation)**이라고 한다.

단당류는 알코올과 카보닐에서 일반적으로 관찰되는 반응들을 일으킨다. 환원제로 처리하면 알데하이드기가 환원되어 **alditol**이 얻어진다. 산화반응에서는 알데하이드기가 산화되어 **aldonic acid**가 된다. 산 촉매 존재 하에서는 알코올과 함께 **배당체**를 형성한다.

1,4′-α- 또는 **1,4′-β-배당체 결합**을 통해 두 개의 glucose가 결합하면 각각 maltose 또는 cellobios와 같은 이당류가 형성된다. 다당류에는 **셀룰로스**, **녹말** 또는 **glycogen** 등이 있는데 이들은 생명체를 지탱하는 구조 물질 또는 에너지를 저장하는 수단으로 이용된다.

읽을거리

다당류의 아노머 탄소가 단백질의 하이드록시기 또는 아미노기에 결합되어 있는 단백질 부류를 glycoprotein이라고 한다. 세포막의 단백질에는 여러 가지 비율로 짧은 다당류 사슬이 연결되어 있다. 어떤 경우에는 탄수화물이 전체 무게의 1%만 차지하고 있고 또 어떤 경우에는 80% 만큼의 많은 탄수화물을 포함하고 있다. Glycoprotein의 예로는 콜라젠, 점액성 분비물에서 발견되는 단백질, immunoglobulins, 난소 호르몬, 갑상선 호르몬, 인터페론, 혈장 단백질 등을 들 수 있다.

최근 탄수화물이 생물학적 상호 작용에서 정보와 관련된 어떤 역할을 한다는 사실이 밝혀졌다. Glycoprotein의 다당류 사슬은 호르몬이나 세포막을 지나 세포 속으로 들어오는 이물질들이 발생하는 신호를 전달하는 수용체로 작용하며 세포들이 서로를 인식하는 방법을 제공한다. 또 세포막의 어떤 탄수화물은 다른 세포, 바이러스 또는 독성 물질의 결합 위치로도 작용한다. 외부에서 들어온 침입자는 세포벽 glycoprotein의 끝에 있는 특수한 탄수화물 배열의 순서를 인식한다. 예를 들어 독감 바이러스는 세포 표면에 있는 수용체인 *N*-acetylgalactosamine과 *N*-acetylneuraminic acid의 이당류로 끝나는 glycoprotein을 인식하고 여기에 부착된다. 호스트 세포의 표면에 침입자가 부착되는 것이 감염의 첫 단계이기 때문에 선택적으로 이 호스트-게스트 상호 작용을 방해하면 질병에 감염되는 것을 피할 수 있다.

탄수화물의 정보와 관련된 역할은 사람의 혈액에서도 관찰된다. A, B, O와 같은 혈액형은 적혈구 외벽에 있는 glycoprotein에 결합된 당의 성질에 의해 결정된다. 각 형의 혈액은 서로 구조가 다른 탄수화물과 결합되어 있다. AB형은 A형과 B형의 탄소화물 구조를 모두 가지고 있다. 혈액형의 양립성은 항원–항체 상호 작용에 의해 지배된다. 적혈구 세포표면의 glycoprotein이 항원이다. 인체의 항체는 말단 당 단위에 의해 작용하는 항원을 인식한다. 혈액은 제공자와 수혜자의 탄수화물 부분이 양립할 수 없으면 적혈구를 외부 물질로 생각해 덩어리지게 하므로 수혈될 수 없다. 적혈구에 결합되어 있는 탄수화물의 성질로부터 왜 A형인 사람의 면역계가 B형의 피를 외부 물질로 인식하는가의 이유가 분명해진다. O형 피의 탄수화물은 A, B, AB형에서도 공통적으로 있기 때문에 A, B AB형 피를 가지고 있는 사람들의 면역계는 O형 피를 외부 물질로 인식하지 않는다. 즉, 누구든 O형의 피는 다 받을 수 있고 AB형의 피를 가지고 있는 사람은 O형뿐만 아니라 A 및 B까지도 다 받을 수 있다.

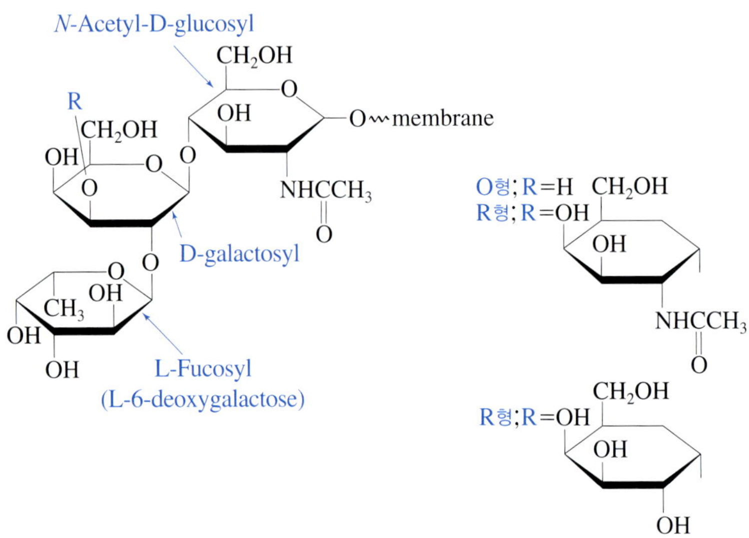

보충문제

13.19 다음 단당류 분자를 분류하고(예, aldohexose) D-당인지 L-당인지를 지적하시오.

(1)

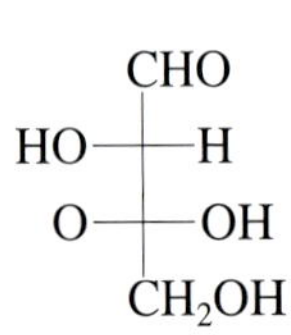

(2)

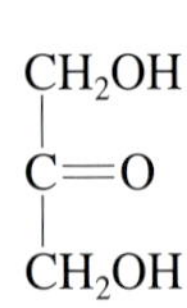

(3)

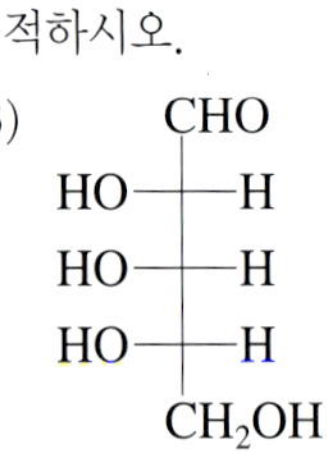

13.20 D-Erythrose의 Newman 투영도를 그리시오.

13.21 다음 각 당분자들에 있는 입체 중심의 절대 배열을 지적하시오.

(1) D-Galactose (2) D-Ribose (3) L-Xylose

13.22 다음 각 단당류 분자가 고리화 되어 여섯 원자 고리 α-아노머가 형성되는 과정을 반응식으로 나타내시오(Haworth 투영도 사용).

(1)

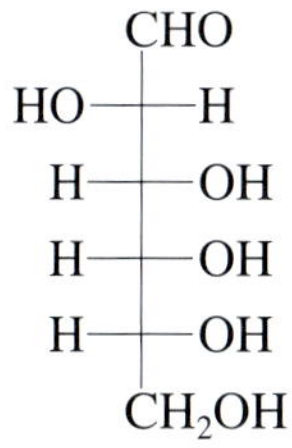

(2)

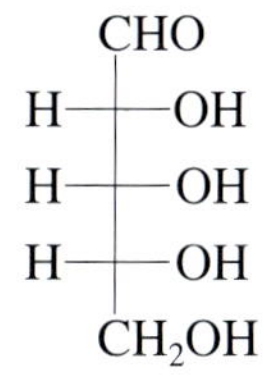

13.23 다음 각각을 열린 사슬 구조의 Fischer 투영도로 그리시오.

(1)

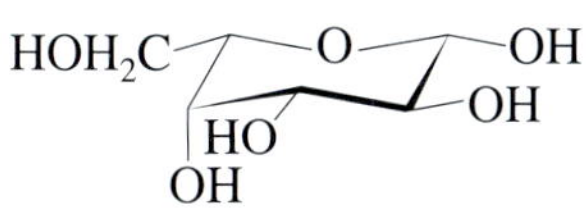

(2)

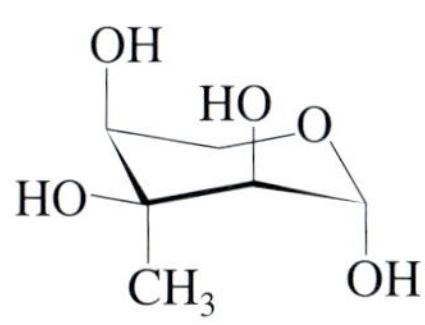

(3)

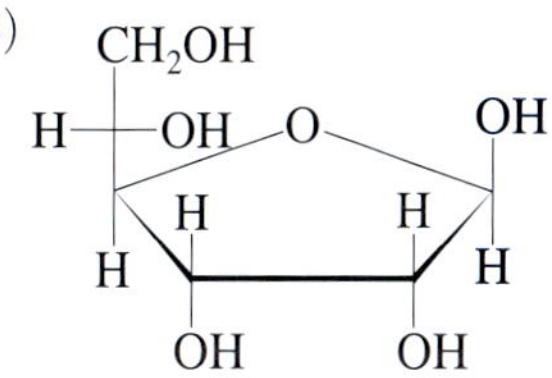

13.24 다음 각각을 Haworth 투영도로 그리시오.

(1)

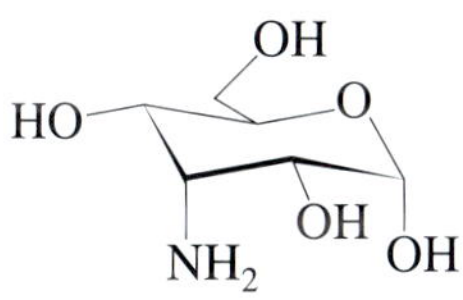

(2)

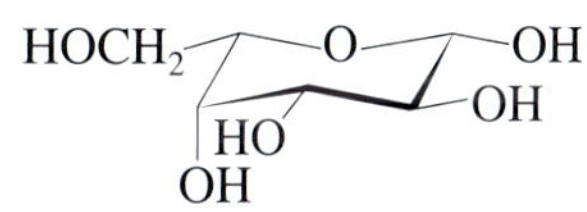

(3) β-D-Altropyranose (4) β-D-Glucopyranose

13.25 Haworth 투영도를 사용하여 다음 각각의 반응식을 쓰시오.

(1) 수용액에서 순수한 β-D-arabinofuranose의 변광 회전

(2) β-D-fructofuranose에서 β-D-fructopyranose로의 전환

(2) β-maltose의 변광 회전

13.26 순수한 α-와 β-D-fructofuranose의 고유 광회전도는 +21°와 −133°이다. 두 이성질체는 평형 용액에서 −92°의 고유 광회전도를 보여준다. 평형에서 두 이성질체의 농도비를 계산하시오.

13.27 Haworth 투영도를 사용하여 다음 반응을 완결하시오.

(1) D-Glucose + $(CH_3)_2CHOH$ ⟶

(2) D-Galactose + CH_3CH_2OH ⟶

13.28 D-Mannose를 다음 각각의 시약으로 처리했을 때 얻어지는 생성물의 구조를 그리시오.

(1) $NaBH_4$ (2) CH_3CH_2OH/H^+

(3) CH_3COCl/pyridine (4) $PhNH_2/H^+$

13.29 D-Erythrose와 D-threose를 질산으로 산화시키면 각각 광학 활성인 tartaric acid와 광학 비활성인 tartaric acid가 생성된다. 어느 것에서 광학 비활성인 tartaric acid를 생성되겠는가? 이유를 설명하시오.

13.30 D-Aldohexose 입체 이성질체 여덟 개를 $NaBH_4$로 처리하면 어느 것에서 광학 비활성인 alditol을 생성되겠는가? 설명하시오.

13.31 D-Aldohexose 입체 이성질체 여덟 개를 질산으로 처리하면 알데하이드 카보닐과 말단 $-CH_2OH$가 산화된 이중 카복실산인 aldaric acid가 생성된다. 이 중 어느 것에서 자신의 L-거울상 이성질체와 동일한 aldaric acid가 생성되는지를 설명하시오.

13.32 D-Galactose를 질산으로 산화시키면 광학 비활성인 galactaric acid가 생성된다. 이 생성물의 입체구조를 그리시오.

13.33 다음 각 이당류의 가수 분해 반응 메커니즘을 제시하시오.

(1) Maltose (2) Sucrose

13.34 Sucrose를 다음 시약으로 처리했을 때 생성되는 화합물의 구조를 그리시오.

(1) Ethanol/H^+ (2) Tollen's 시약

(3) Acetic anhydride (4) NH_2OH/H^+

13.35 Sucrose는 비환원당이지만 maltose는 환원당인 이유를 설명하시오.

13.36 다음은 *N*-acetyl-D-glucosamine의 Fischer 투영도이다. 이 화합물의 α-pyranose를 의자 형태로 그리시오.

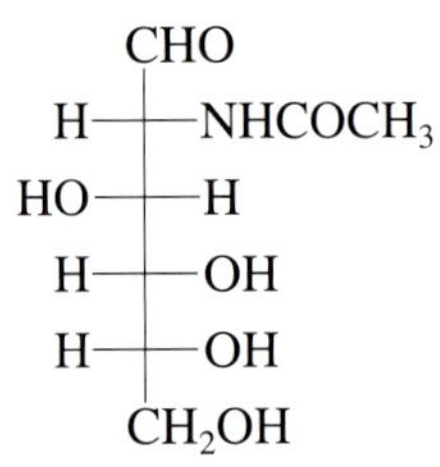

N-Acethyl-D-glycosamine

13.37 Pectic acid는 과일이나 딸기로부터 젤리를 형성하도록 하는 pectin의 주성분이다. Pectic acid는 pyranose 형태의 D-galacturonic acid가 α-1,4′-배당체 결합으로 연결된 고분자이다. 이것의 구조를 그리시오.

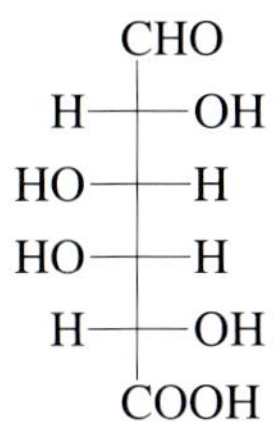

D-Galacturonic acid

13.38 D-aldopentose에는 네 가지 이성질체가 있다(그림 13.1). 이들 각각을 환원제로 환원시켰을 때 광학 활성인 alditol을 생성하는 것은 무엇이고, 광학 비활성인 alditol을 생성하는 것은 무엇인가?

13.39 Glycosidic 결합과 glucosidic 결합 사이에는 어떤 차이가 있는가?

13.40 D-mannose의 α-와 β-아노머의 고유 광회전도는 각각 $[\alpha]_D = +29.3$과 $[\alpha]_D = 217.0$이다. 수용액 속에서 변광 회전하여 평형 값이 $[\alpha]_D = +14.2$에 도달했다면 평형에서 각 아노머의 비율은 얼마인가?

13.41 D-glucose, D-mannose, D-fructose가 당량의 phenylhydrazine과 반응하면 동일한 노란색 결정 osazone이 생성된다. 메커니즘을 제시하고, 각 osazone들의 구조를 그리시오.

14장

단백질

단백질(**protein**)은 **아미노산**(**amino acid**)의 고분자이며 세포의 구조와 작용의 모든 면에 있어서 매우 중요한 역할을 한다. 단백질을 구성하고 있는 모든 아미노산은 카복시기의 α 위치에 아미노기를 가지고 있는 α-아미노산이다. 아미노산의 일반식에서 치환체 R−은 탄화수소나 작용기일 수도 있다.

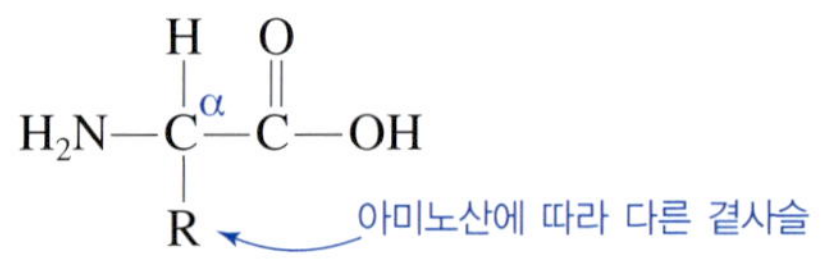

α-아미노산

두 개 이상의 아미노산은 **펩타이드 결합**(**peptide bond**)으로 알려져 있는 일종의 아마이드 결합으로 연결될 수 있다. 한 아미노산의 $-NH_2$기와 다른 아미노산의 −COOH 사이에서 펩타이드 결합이 이루어지면 다이펩타이드(dipeptide)가 형성된다. 예를 들면 다음은 alanine과 serine 사이에서 형성된 다이펩타이드이다.

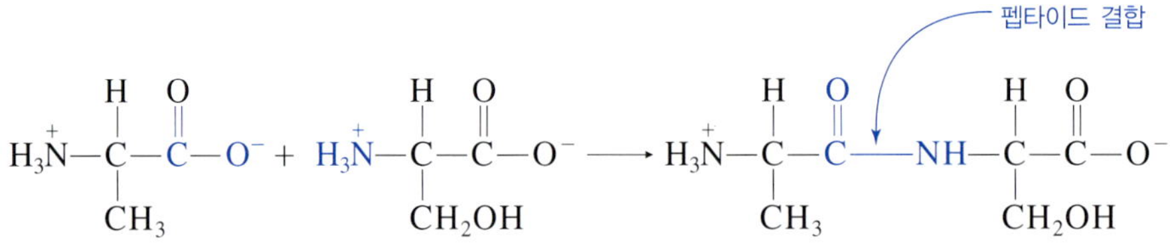

세 개의 아미노산 분자가 두 개의 펩타이드 결합으로 연결되면 트라이펩타이드(tripeptide), 네 개의 아미노산 분자가 연결되면 테트라펩타이드(tetrapeptide) 등이 된다. 10~50개 사이의 아미노산 분자로 이루어진 사슬형 화합물을 **폴리펩타이드**(**polypeptide**)라고 한다. 50~4000개의 아미노산 분자로 이루어진 고분자 사슬을 일반적으로 단백질이라고 한다.

생명체에서 발견되는 대부분의 단백질은 100~300개의 아미노산 분자로 이루어져 있다. 약 20여 종의 아미노산 성분이 단백질을 구성하고 있다. 단백질은 한 개의 폴리펩타이드 사슬일 수도 있고 몇 개의 사슬이 회합되어 있을 수도 있다. 단백질과 펩타이드는 생물학적 계에서 매우 중요한 역할을 한다. 동물의 건조 중량의 약 50%를 차지하고 있는 단백질은 생체 기관들을 외부 환경으로부터 보호하고 생물학적 구조를 지탱할 뿐만 아니라 여러 가지 생명 현상에 중요한 역할을 한다. 예를 들어 구조 단백질인 keratin은 머리카락, 뿔, 깃털, 피부의 질긴 바깥 부분을 구성하고 있다. Collagen은 관절의 중요 성분이다. 뱀독이나 식물의 독은 외부의 적으로부터 자신을 보호하는 단백질이다. 효소와 같은 단백질은 생명체 내에서 일어나는 거의 모든 반응에서 촉매 작용을 한다. 단백질은 또 근육의 이완과 수축 같은 많은 생리 작용에도 관여한다.

이 장에서는 단백질의 구성단위인 아미노산과 펩타이드의 구조와 화학에 관한 중요한 사실들을 소개한 다음 이들을 기초로 단백질의 화학을 공부할 것이다.

14.1 아미노산

생명체의 단백질을 구성하고 있는 20종의 아미노산을 종합하면 표 14.1과 같다. 이들 중 19개 아미노산은 α-탄소에 결합되어 있는 곁사슬인 R− 부분만 다르다. 나머지 한 아미노산은 2차 아민인 proline으로, 질소 원자와 α-탄소가 다섯 원자 고리를 형성하고 있다. 표 14.1에서 보는 것처럼 각 아미노산은 세 개의 알파벳으로 구성되어 있는 약어로 표시된다. 예를 들어 alanine은 Ala, glycine은 Gly 그리고 proline은 Pro로 표기한다.

20개 아미노산은 곁사슬의 구조적 특성에 따라 중성, 산성 및 염기성 아미노산으로 분류된다. 15개의 중성 아미노산은 다시 비극성 아미노산과, 곁사슬에 하이드록시기 또는 아마이드기와 같은 극성기를 가지고 있는 극성 아미노산으로 나누어진다. 사람의 체내에서 합성할 수 없거나 적어도 충분한 양으로 합성할 수 없기 때문에 음식물로부터 섭취해야 하는 10개의 아미노산을 **필수 아미노산(essential amino acid)**이라고 한다. 표 14.1에서 필수 아미노산에는 *표가 되어 있다. 모든 단백질이 같은 아미노산을 포함하고 있는 것은 아니다. 예를 들어 콩의 단백질은 methionine이 부족하고 밀의 단백질은 lysine이 부족하다. 보통 식품들은 한 가지 이상의 필수 아미노산이 부족하기 때문에 균형 있는 식사를 통하여 단백질을 섭취하여야 한다.

Glycine을 제외한 19개 아미노산의 α-탄소는 카이랄 중심이다. 고등 생물에서 발견되는 중요 아미노산 중 cysteine만 *R* 배열이고 나머지는 모두 *S* 배열이다. 아미노산의 카이랄 탄소는 보통 절대 배열로 표시하지 않고 Fischer 투영계의 D 및 L 기호가 사용된다. 카복시기를 수직선의 위쪽에, 곁사슬(R)을 아래쪽에 놓이도록 Fischer 투영도를 그렸을 때 아미노기가 수평선의 오른쪽에 있으면 D-아미노산이고 왼쪽에 있으면 L-아미노산이다. 천연 아미노산은 거의 대부분 L-배열을 가지고 있다. 어떤 펩타이드 항생 물질과 박테리아의 세포벽에서 D-아미노산이 관찰되고 있지만 단백질에서는 발견되지 않고 있다.

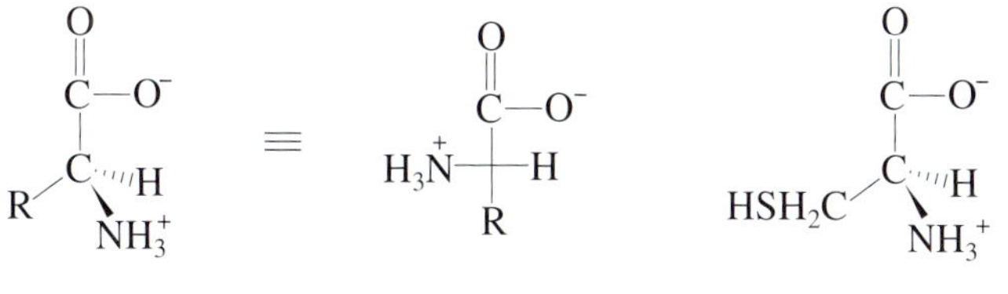

L-아미노산　　　(*R*)-Cysteine(L-cysteine)

표 14.1 사람의 몸에서 발견되는 아미노산

이름	약어	R의 구조	등전점	pK_1(COOH)	$pK_2(NH_3^+)$
비극성 아미노산					
Glycine	Gly	H	5.97	2.34	9.60
Alanine	Ala	CH_3	6.00	2.34	9.69
Valine*	Val	$CH(CH_3)_2$	5.96	2.32	9.62
Leucine*	Leu	$CH_2CH(CH_3)_2$	5.98	2.36	9.60
Isoleucine*	Ile	$CH(CH_3)CH_2CH_3$	6.02	2.36	9.60
Proline	Pro	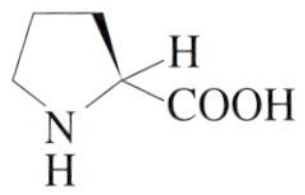 (완전한 구조)	6.30	1.99	10.60
Phenylalanine*	Phe	$CH_2C_6H_5$	5.48	1.83	9.13
Tryptophan*	Trp	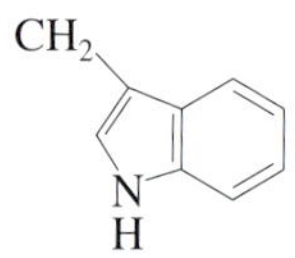	5.89	2.83	9.39
극성 아미노산					
Tyrosine	Tyr	$CH_2C_6H_5OH$(p)	5.66	2.20	9.11
Serine	Ser	CH_2OH	5.68	2.21	9.15
Threonine*	Thr	$CH(CH_3)OH$	5.60	2.09	9.10
Cysteine	Cys	CH_2SH	5.07	1.96	10.28
Methionine*	Met	$CH_2CH_2SCH_3$	5.74	2.28	9.21
Asparagines	Asn	CH_2CONH_2	5.41	2.02	8.80
glutamine	Gln	$CH_2CH_2CONH_2$	5.65	2.17	9.13
산성 아미노산					
Aspartic acid	Asp	CH_2COOH	2.77	1.88	9.60
Glutamic acid	Glu	CH_2CH_2COOH	3.22	2.19	9.67
염기성 아미노산					
Arginine*	Arg	$CH_2CH_2CH_2NHC(=NH)NH_2$	10.76	2.17	9.04
Lysine*	Lys	$CH_2CH_2CH_2CH_2NH_2$	9.74	2.18	8.95
Histidine*	Hys	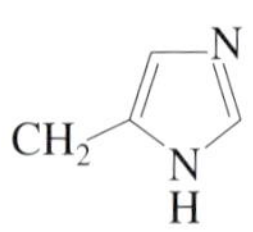	9.74	2.18	8.95

문제 14.1 표 14.1에서 한 개 이상의 카이랄 탄소를 가지고 있는 아미노산을 지적하시오.

문제 14.2 L-Valine의 3차원 구조를 그리시오.

14.2 아미노산의 산-염기 성질

아미노산은 산성 작용기인 $-COOH$와 염기성 작용기인 $-NH_2$기를 동시에 가지고 있다. 이 두 작용기는 분자 내 산-염기 반응을 할 수 있다. 즉, 양성자가 $-COOH$기로부터 $-NH_2$기로 이동하여 쌍극성 이온을 형성하는데 이 이온은 한 개의 양전하와 한 개의 음전하를 가지고 있기 때문에 전기적으로 중성이다. 이 쌍극성 이온을 **쯔비터 이온(zwitterion)**이라고 한다. 아미노산은 쯔비터 이온으로 존재하기 때문에 결정의 형태로 존재하고 200℃ 이상의 높은 녹는점을 보여준다. 또 물에는 매우 잘 녹지만 유기 용매에는 거의 녹지 않는다.

수용액에서 아미노산의 구조는 pH에 따라 달라진다. 산성 용액에서 카복시기는 양성자화되고 아미노기는 암모늄 이온으로 존재한다. 중성에 가까운 pH가 되면 쯔비터 이온 구조가 된다. 염기성 용액에서는 아미노기의 양성자가 제거되기 때문에 음이온 구조를 가지게 된다.

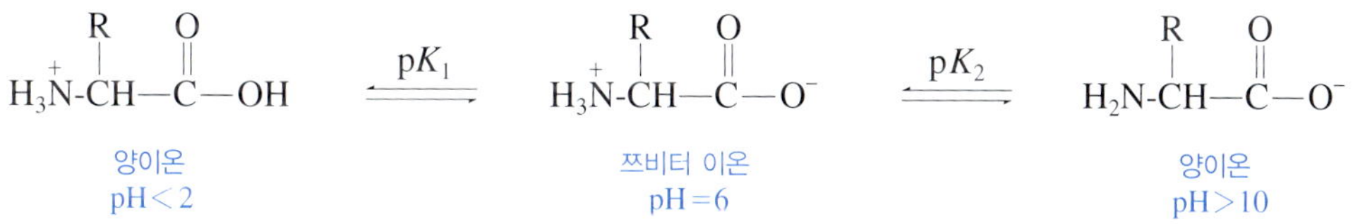

아미노산이 알짜 전하를 가지고 있지 않은 pH를 **등전점(isoelectronic point, p*I*)**라고 한다. 등전점에서 아미노산은 음전하 양이 양전하 양과 정확하게 균형을 이루어 중성의 쯔비터 이온으로 존재한다.

$$pI(\text{등전점}) = \text{알짜 전하가 없는 pH}$$

표 14.1에 아미노산들의 p*I* 값이 종합되어 있다. 각 아미노산들에는 두 개의 pK_a 값이 있다. 2~3 근처의 pK_a 값은 카복시기에서 양성자가 떨어져 나가는 평형에 해당되고 9~10 근처의 값은 암모늄 이온에서 양성자가 제거되는 평형에 해당된다. pI 값은 값은 두 pK_1 와 pK_2의 중간 값이며 pH 5.0~6.5의 범위에 속한다. 두 개의 카복시기와 한 개의 아미노기를 가지고 있는 아미노산인 aspartic acid와 glutamic aicd에서는 여분의 $-COOH$기의 해리를 억제해야 하므로 낮은 p*I* 값을 보여준다. 예를 들어 aspartic acid의 p*I* 값

은 2.77이다. 염기성 곁사슬을 가지고 있는 아미노산들인 arginine, histidine 및 lysine에서는 여분의 염기성 질소에 양성자가 첨가되는 것을 억제해야 하므로 더 높은 p*I* 값을 보여준다. 예를 들어 lysine의 p*I* 값은 9.74이다.

p*I* 값을 이용하여 아미노산들의 혼합물로부터 순수한 성분의 아미노산을 분리하는 방법을 **전기 영동(electrophoresis)**이라고 한다. 긴 종이 띠나 젤의 중심에 아미노산 혼합물을 놓고 적당한 pH를 가지고 있는 완충 용액으로 적셔준다. 그 다음 띠의 말단에 전극을 연결하고 전기장을 가하면 알짜 음의 전하를 가지고 있는 아미노산은 천천히 양극으로 이동하고 알짜 양 전하의 아미노산은 천천히 음극으로 이동한다. 아미노산들의 이동 속도는 등전점과 완충 용액의 pH의 함수이므로 여러 가지 아미노산들을 분리할 수 있다.

문제 14.3 Phenylalanine의 쯔비터 이온 구조를 그리시오.

문제 14.4 수용액의 pH를 1에서 9, 9에서 13으로 올렸을 때 가장 많이 존재하는 aspartic acid의 구조를 그리시오.

문제 14.5 다음 아미노산의 구조를 그리시오.

(1) pH = 2에서 lysine (2) pH = 4에서 isoleucine

(3) pH = 3에서 tyrosine

14.3 아미노산의 합성

19세기에 이용되었던 아미노산 합성법은 α-halocarboxylic acid를 암모니아수로 처리하는 친핵성 치환 반응이었다.

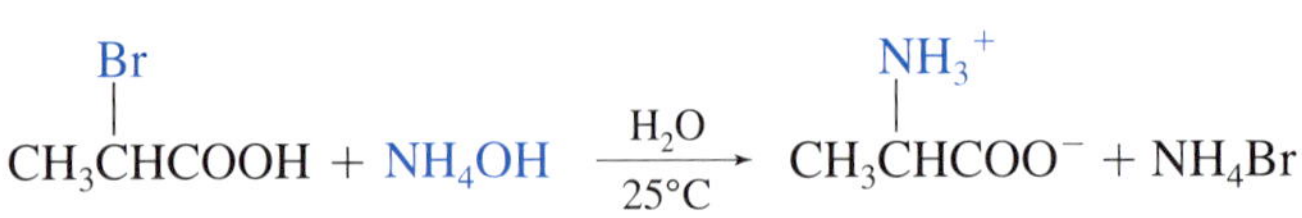

Strecker 아미노산의 합성법에서는 알데하이드를 염화 암모늄과 사이안화 소듐으로 처리하여 α-amino nitrile을 만들고, 이것을 가수 분해하여 아미노산을 얻는다.

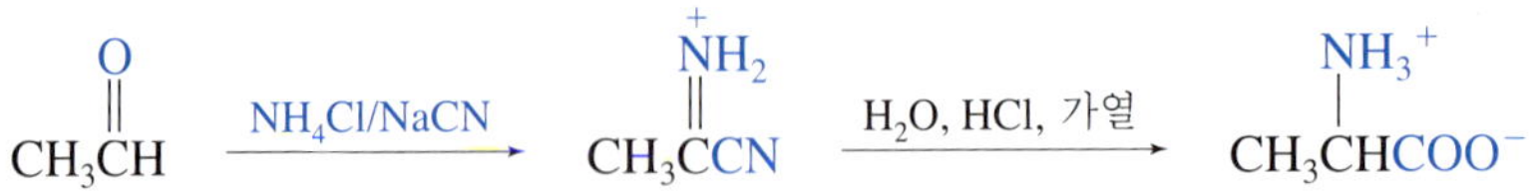

α-아미노산을 합성하는 특히 유용한 방법은 diethyl bromomalonate와 potasium phtalate로부터 시작하는 방법이다.

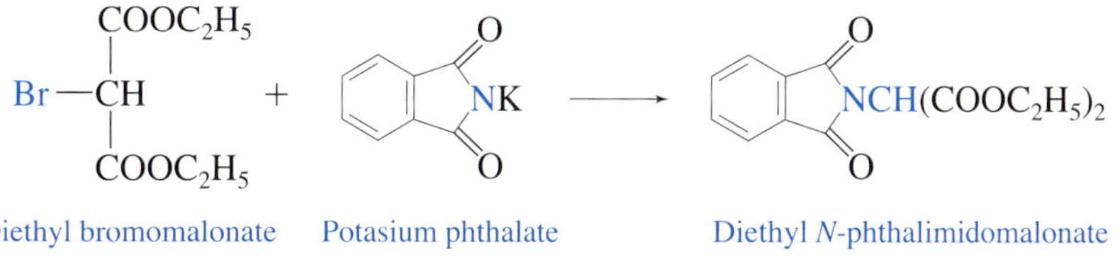

Diethyl *N*-phthalimidomalonate를 알킬화하고 높은 온도에서 가수 분해하면 에스터 가수 분해와 카보닐 이탈 반응이 일어나 α-아미노산이 생성된다.

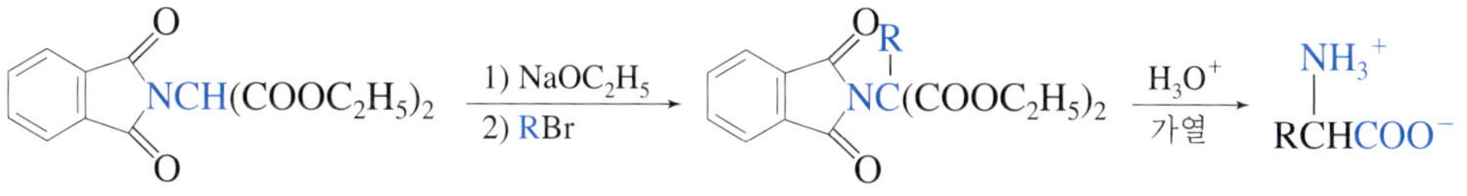

이들 세 가지 방법으로 얻어진 α-아미노산은 라셈 혼합물이므로 적당한 방법으로 분리해야 한다.

펩타이드를 합성할 때는 일반적으로 아미노기와 카복시기를 보호기로 보호한 다음 펩타이드 결합을 만드는 전략을 이용한다. 카복시기는 보통 벤질 에스터로 전환시켜 보호한다. 벤젠 설폰산 촉매 존재 하에서 아미노산을 benzyl alcohol로 처리하면 쉽게 벤질 에스터가 얻어진다.

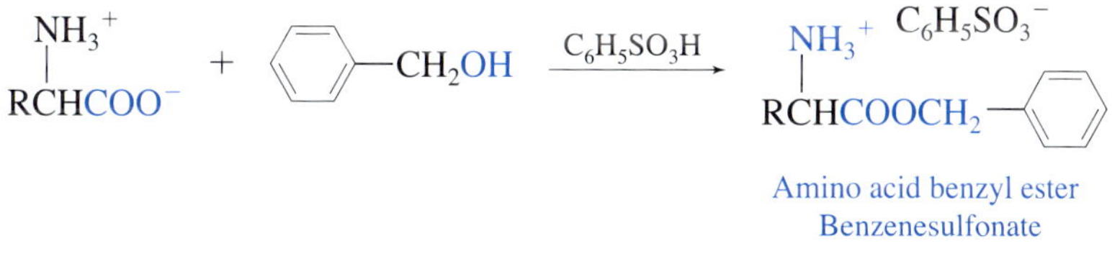

아미노기는 benzyloxycarbonyl기로 보호될 수 있다. Benzyloxycarbonyl기는 아미노산을 benzyl chloroformate로 처리하면 얻어진다.

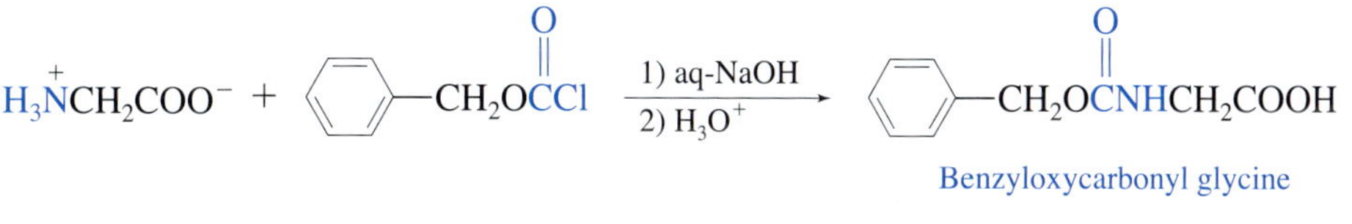

예를 들면 threonylalanin(Thr−Ala)를 합성하려면 benzyloxycarbonylthreonine과 alanine benzyl ester를 커플링 보조제인 dicyclohexylcarbodiimide(DCC) 존재 하에서 반응시켜 펩타이드 결합을 만들고 수소화 반응을 통해 보호기를 제거하는 전략을 이용한다.

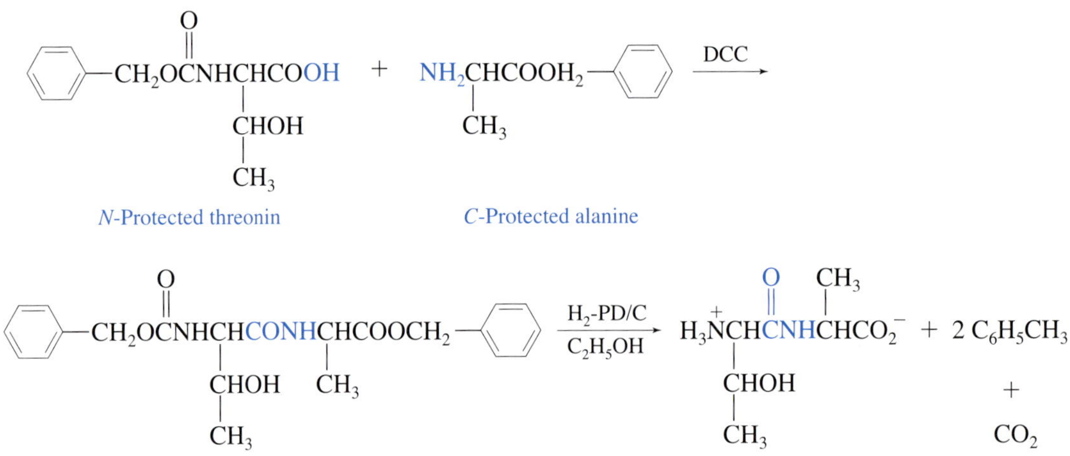

N-Protected threonin *C*-Protected alanine

Thr-Ala

14.4 아미노산의 반응

아미노산은 아미노기와 카복시기를 가지고 있기 때문에 카복실산과 아민에 특징적인 반응들을 할 수 있다. 아미노산은 카복실산의 대표적 반응인 에스터화 반응을 한다.

$$\overset{+}{\mathrm{N}}\mathrm{H_3}\overset{\mathrm{R}}{\overset{|}{\mathrm{C}}}\mathrm{H}\overset{\mathrm{O}}{\overset{\|}{\mathrm{C}}}\mathrm{-O^-} + \mathrm{CH_3CH_2OH} \xrightarrow{\mathrm{H^+}/\text{가열}} \overset{+}{\mathrm{N}}\mathrm{H_3}\overset{\mathrm{R}}{\overset{|}{\mathrm{C}}}\mathrm{H}\overset{\mathrm{O}}{\overset{\|}{\mathrm{C}}}\mathrm{OCH_2CH_3}$$

아미노기에서는 아실화 반응이 일어난다.

$$\overset{+}{\mathrm{N}}\mathrm{H_3}\overset{\mathrm{R}}{\overset{|}{\mathrm{C}}}\mathrm{H}\overset{\mathrm{O}}{\overset{\|}{\mathrm{C}}}\mathrm{-O^-} + \mathrm{CH_3}\overset{\mathrm{O}}{\overset{\|}{\mathrm{C}}}\mathrm{O}\overset{\mathrm{O}}{\overset{\|}{\mathrm{C}}}\mathrm{CH_3} \longrightarrow \mathrm{CH_3}\overset{\mathrm{O}}{\overset{\|}{\mathrm{C}}}\mathrm{NH}\overset{\mathrm{R}}{\overset{|}{\mathrm{C}}}\mathrm{H-}\overset{\mathrm{O}}{\overset{\|}{\mathrm{C}}}\mathrm{-O^-}$$

아미노산을 ninhydrin으로 처리하면 보라색 색소가 형성되는데 색깔의 세기는 아미노산의 농도에 비례한다. 이 반응은 아미노산을 검출하고 농도를 결정하는 데 유용하게 이용된다.

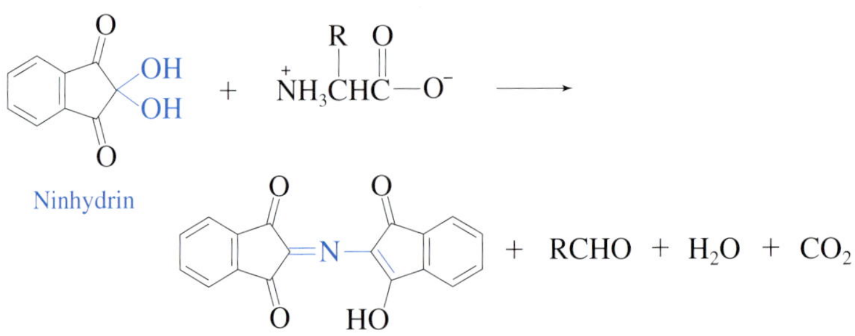

Ninhydrin

보라색 색소

문제 14.6 다음 반응식을 완성하시오.

(1) Phenylalanine + $CH_3CH_2OH \xrightarrow{H_2SO_4}$

(2) Tryptophan + $CH_3COOCOCH_3 \longrightarrow$

문제 14.7 Alanine과 ninhydrin의 반응식을 적으시오.

14.5 펩타이드와 이황화 결합

아미노산의 가장 중요한 생화학적 반응은 펩타이드 결합을 통해 펩타이드와 단백질을 형성하는 것이다. 펩타이드는 헤아릴 수 없이 많은 생명 현상에 관여한다. 몇 가지 예를 들면 노나펩타이드 호르몬인 oxytocin은 출산을 앞둔 산모의 모유 분비를 촉진시키고 자궁을 수축시킨다. 두 개의 펩타이드 사슬로 이루어져 있는 인슐린은 췌장에서 생성되는 호르몬이다. 이것은 glucose 대사를 제어함으로써 혈액 속의 glucose 함량을 조절한다. 또 펜타펩타이드의 일종인 enkephalin은 사람의 몸에서 합성된 다음 어떤 뇌세포의 수용체에 결합함으로써 통증을 억제한다.

펩타이드의 구조는 아미노기(NH_3^+ 또는 NH_2)를 왼쪽에, 카복시기(CO_2^- 또는 COOH)를 오른쪽에 놓이도록 그린다. 펩타이드의 왼쪽과 오른쪽 끝을 각각 ***N*-말단**(또는 아미노 말단) 및 ***C*-말단**(**카복시 말단**)이라고 부른다.

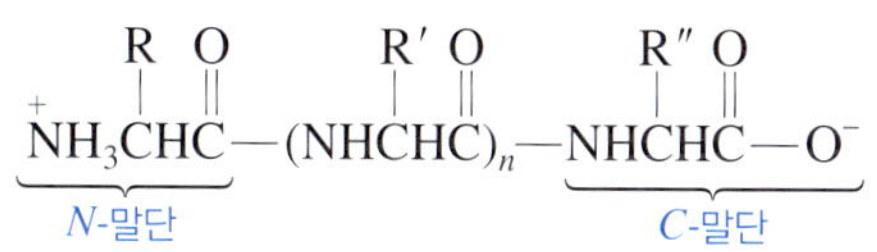

펩타이드에서 아미노산이 연결되어 있는 순서를 아미노산 **서열**(**sequence**)이라고 한다. 펩타이드를 Kekulé 구조로 나타내면 불편하기 때문에 종종 기호로 표시한다. 즉, 아미노산 서열을 나타낼 때는 각 아미노산을 세 개의 알파벳으로 이루어진 기호로 표시하고 이들을 하이픈(-)으로 연결한다. 펩타이드에서 각 성분 아미노산들을 아미노산 **잔기**(**residue**)라고 부른다.

펩타이드와 단백질의 구조와 화학은 놀라울 정도로 복잡하고 정교하다. 표 14.1에 있는 20개의 아미노산으로 다이펩타이드는 20^2개, 트라이펩타이드는 20^3개, 20개의 아미노산을 모두 포함하는 펩타이드는 20^{20}개가 있을 수 있다. 우주에 있는 진체 원자의 수를 10^{80}개로 추정한다. 만약 100개의 아미노산으로 단백질을 만든다면 20^{100}가지가 되므로 우주 전체 원자 수보다 더 많은 단백질을 만들 수 있다는 놀라운 계산이 된다.

펩타이드와 단백질의 공유 결합에는 펩타이드 결합과 함께 **이황화 결합(disulfide bond)**이 있다. Cysteine은 싸이올(HS−)기를 가지고 있다. 단백질 사슬에 있는 두 개의 cysteine 잔기가 산화되면 이황화 결합을 통해 연결된다. 이황화 결합은 가까운 곳에 위치한 cysteine 잔기들을 연결함으로써 단백질의 전체 모양에 기여한다.

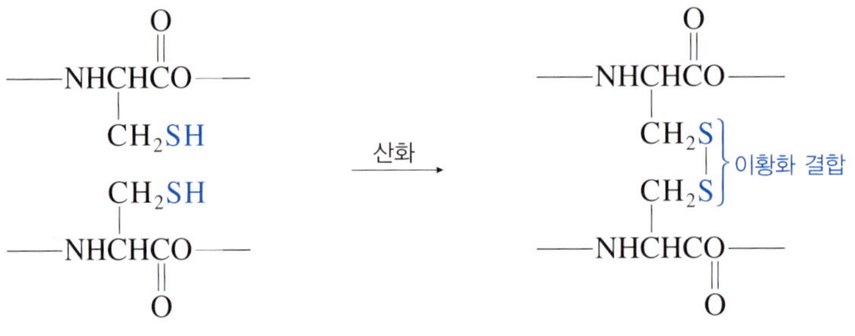

문제 14.8 Gly−Ala의 전체 구조를 그리시오.

문제 14.9 Leucine, tyrosine 및 proline으로 이루어진 트라이펩타이드를 모두 열거하시오.

문제 14.10 Rro−Ser−Val−Gly의 전체 구조를 그리고 펩타이드 결합이 있는 곳을 지적하시오.

14.6 아미노산의 분석

펩타이드 구조를 결정하기 위해서는 먼저 성분 아미노산들을 분석해야 한다. 펩타이드는 펩타이드 결합과 이황화 결합을 통해 서로 연결되어 있다. 펩타이드를 환원제로 처리하면 이황화 결합이 분해된다. 이것을 6*N* HCl 용액에서 24 시간 동안 110℃로 가열하면 성분 아미노산들로 가수 분해된다. 이렇게 얻은 아미노산 혼합물은 산−염기 성질을 이용하여 분리하는 장치인 아미노산 자동 분석기로 분리된다. 아미노산을 선택적으로 흡착할 수 있는 특수한 흡착제로 채워진 유리관의 위쪽 끝에다 완전히 가수 분해된 몇 mg의 아미노산 혼합물을 놓고 pH를 알고 있는 여러 가지 완충 용액을 흘려준다. 아미노산들은 구조에 따라 각각 다른 속도로 유리관 속을 통과하기 때문에 분리된다. 유리관을 통과하는 물질은 유리관 끝에서 ninhydrin과 반응하여 보라색 색소를 형성한다. 색깔의 세기는 유출액 부피의 함수로서 전기적으로 피크의 형태로 기록된다. 피크가 관찰되는 시간을 표준 시료와 비교하면 각 아미노산의 정체를 확인할 수 있으며 피크의 면적으로부터 상대적인 양도 측정할 수 있다. 그림 14.1에 표준 시료를 사용하여 아미노산 자동 분석기에서 얻은 결과 중의 하나를 소개하였다.

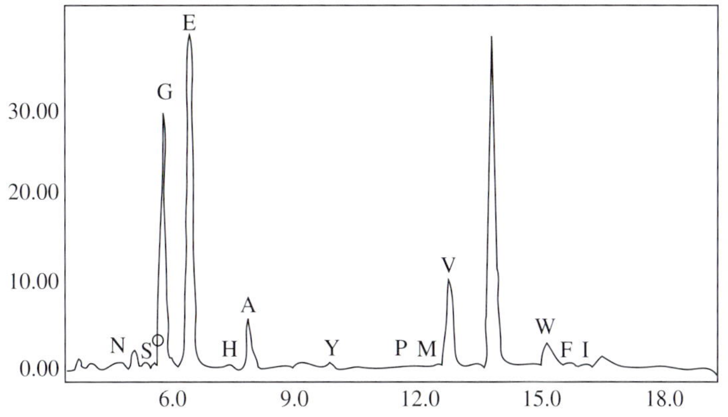

그림 14.1 아기장대(*Arabidopsis thaliana*)에서 분리된 단백질 2-Cys peroxiredoxin의 아미노산 분석 결과

문제 14.11 부분적으로 가수 분해했을 때 다음의 트라이펩타이드를 생성하는 펩타이드의 구조는 무엇인가?

Gly−Gly−Arg, Glu−Arg−Gly, Arg−Gly−Phe

14.7 아미노산 서열 결정

펩타이드에서 아미노산의 조성과 함량을 알고 나면 아미노산 서열을 조사하게 된다. 여러 가지 화학적인 방법이 알려져 있다. 이 방법들은 모두 *N*-말단 아미노산의 아미노기가 친핵체로 작용할 수 있다는 특징을 이용한다. 펩타이드 사슬의 안쪽에 있는 아미노산들과 *C*-말단 아미노산들의 α-아미노기들은 모두 펩타이드 결합에 참여하고 있으므로 친핵체로서의 반응성이 매우 낮다.

펩타이드 또는 단백질의 서열을 결정할 때는 주로 **Edman 분해법**을 이용한다. 이 방법에서는 사슬의 *N*-말단으로부터 아미노산을 1개씩 연속적으로 떼어 낸다. 수십 개의 아미노산 서열을 연속적으로 결정하는 자동 Edman 단백질 서열 결정기(protein sequenator)가 시판되고 있다.

Edman 시약인 phenyl isothiocyanate로 펩타이드를 처리하면 *N*-말단 아미노기와 반응하여 thiourea 유도체가 형성된다. 약산성 조건 하에서 thiourea 치환된 *N*-말단 아미노산은 phenylthiohydantoin(PTH)의 형태로 분리된다. 아미노산들은 서로 다른 치환체(R)를 가지고 있기 때문에 아미노산들은 각각 다른 구조의 PTH를 형성한다. PTH들은 크로마토그래피를 통해 표준 물질과 비교 · 확인된다.

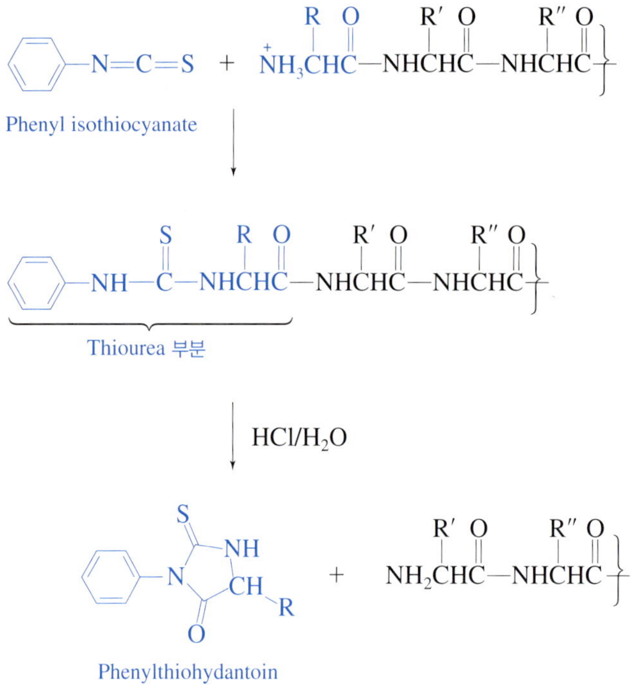

큰 펩타이드 사슬들은 먼저 부분적으로 작은 조각으로 가수 분해하고 각 조각들의 서열을 Edman 방법으로 결정한 다음 조각들을 짜 맞춘다. 산 촉매 존재 하에서의 가수 분해에서는 무작위로 잘라진 작은 조각들이 얻어진다. **Endopeptidase**라고 하는 효소들은 어떤 특수한 펩타이드 결합의 가수 분해를 촉진시킨다. 여기에 속하는 효소들에는 trypsin 및 chymotrypsin 등이 있다. 예를 들어 trypsin은 염기성 아미노산인 arginine과 lysine의 카복시기 쪽 펩타이드 결합을 절단한다.

Tyr − Ala − Lys ↑ Ile − Phe − Arg ↑ Val − Trp − Lys ↑ Leu − His

Trypsin에 의한 절단 위치

Chymotrypsin은 여섯 원자 방향족 고리를 가지고 있는 아미노산인 phenylalanine, tyrosine 및 tryptophane의 카복시기 쪽 결합을 가수 분해한다.

Tyr ↑ Ala − Lys − Ile − Phe ↑ Arg − Val − Trp ↑ Lys − Leu − His

Chymotrypain에 의한 절단 위치

Edman 분해법과 endopeptidase를 사용하는 가수 분해 법을 조합하면 400개 이상의 아미노산으로 이루어진 복잡한 단백질의 서열도 결정해 낼 수 있다.

문제 14.12 Agr, Gly, Leu 및 세 분자의 Pro로 이루어진 헥사펩타이드는 *N*-말단과 *C*-말단에 Pro가 있다. 가수 분해 생성물이 Gly–Pro–Arg, Arg–Pro, Pro–Leu–Gly라면 이 펩타이드의 전체 구조는 무엇인가?

문제 14.13 테트라펩타이드인 Phe–Val–Gly–Ser에 Edman 분해를 두 번 적용했을 때 생성되는 phenylhydantoin의 구조를 그리시오.

문제 14.14 다음 펩타이드를 Chymotrypsin으로 처리했을 때 형성되는 아미노산 또는 펩타이드의 구조를 제시하시오.

Try–Ala–Val–Leu

14.8 단백질 일차 및 이차 구조

단백질 분자는 몇 가지 수준의 구조를 보여준다. 단백질 **일차 구조(primary structure)**는 가장 기본적인 수준의 구조로서 사슬 내의 아미노산 서열과 모든 이황화물 다리의 위치를 설명한다. 단백질 골격의 작은 조각이 접혀서 보여주는 규칙적인 공간 배열을 단백질 **이차 구조(secondary structure)**라고 한다. 펩타이드 사슬은 가장 안정한 구조를 이루기 위해 기하학적 반복 구조 내에서 접히려는 경향을 보여주는데 여기에는 세 가지 중요한 인자가 기여한다. 첫째, 펩타이드 결합은 상당한 정도의 이중 결합의 성격을 가지고 있기 때문에 평면 구조이다. 둘째, 한 아미노산 잔기의 아마이드 수소와 다른 아미노산 잔기의 카보닐 산소 사이에서 이루어지는 수소 결합의 수를 최대화하려고 한다. 셋째, 입체 장애와 같은 전하 사이에서 일어나는 정전기적 반발을 최소화하기 위해 인접한 곁사슬 R 사이에 특정 거리를 두려고 한다. 이들 인자 때문에 단백질의 이차 구조에는 **α-나선 구조(α-Helix)**와 **β-병풍 구조(β-Sheet)**의 두 반복 양상이 나타난다. α-나선 구조를 도시하면 그림 14.2와 같다.

아미노산들은 모두 L-배열을 가지고 있기 때문에 α-나선 구조에서 단백질 사슬은 분자의 종축을 따라 오른쪽으로 감겨 있다. 나선이 한 바퀴 돌아서 제자리로 올 때까지의 거리는 5.4 Å이고 그 사이에는 3.6개의 아미노산 잔기가 포함되어 있다. 펩타이드 질소에 결합되어 있는 각각의 수소는 네 번째로 연결되어 있는 아미노산 잔기의 카보닐 산소와 수소 결합을 형성하고 있다. 모든 수소 결합은 나선의 종축 방향으로 배열되어 있으며 아미노산 잔기당 한 개씩 형성되어 있는 수소 결합 때문에 α-나선 구조가 크게 강화된다. 또한 각 아미노산 잔기의 곁사슬 R은 바깥쪽을 향하고 있기 때문에 나선의 내부가 일정한 형태를 유지한다. α-나선 구조는 많은 종류의 단백질에서 발견되며 손 · 발톱, 근육, 머

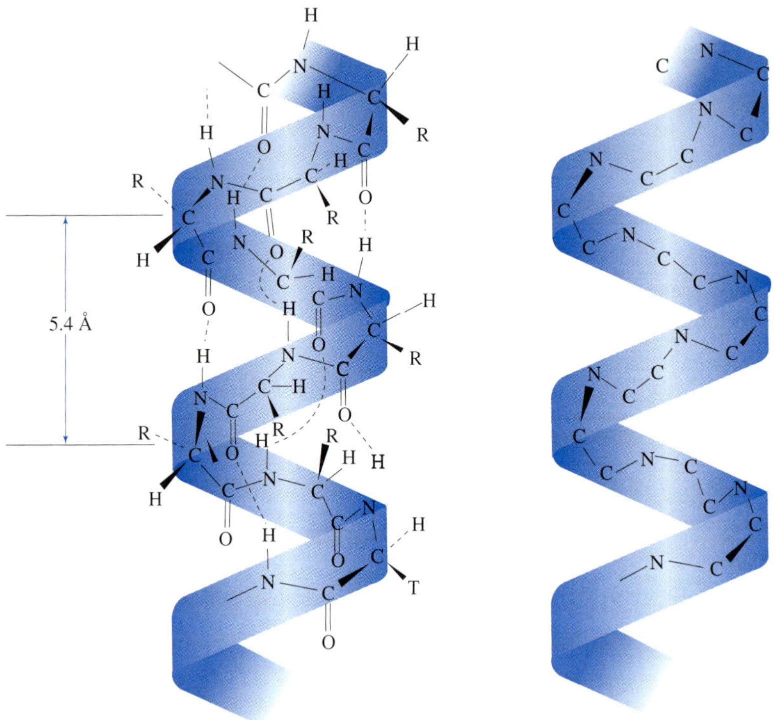

그림 14.2 α-나선 구조

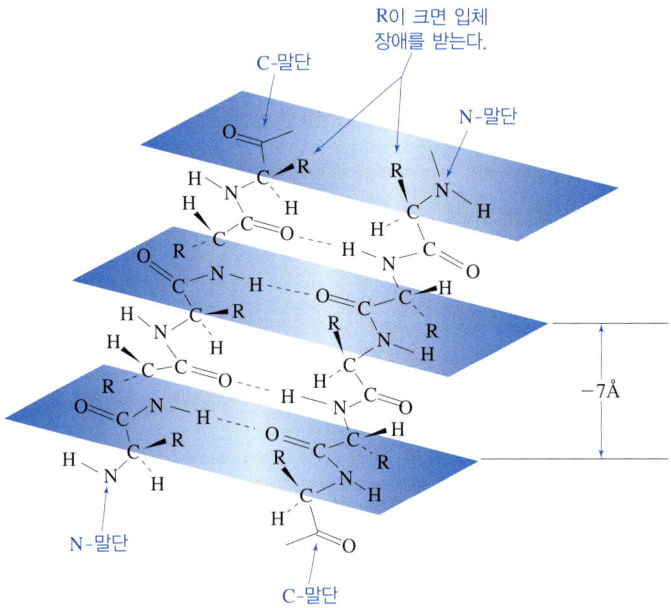

그림 14.3 β-병풍 구조

리털과 양털을 구성하고 있는 구조 단백질에는 α-나선 구조의 함량이 높다. 곱슬곱슬한 틀을 잡아당길 때는 이 나선 영역의 수소 결합이 깨어지면서 펼쳐진다.

β-병풍 구조를 도시하면 그림 14.3과 같다. β-병풍 구조는 곁사슬 R의 크기가 작은 아미노산의 함량이 많은 단백질에서 주로 관찰된다. 섬유인 비단의 구조 단백질은 거의 완벽한 β-병풍 구조를 보여준다. 이것은 36%의 glycine(R=H)과 22%의 alanine(R=CH_3)로 이루어져 있다. 이 구조에서는 인접한 단백질 사슬이 서로 반대 방향으로 나란히 배열되어서 사슬 사이의 수소 결합을 형성하고 있다. 각 사슬에 포함되어 있는 곁사슬 R은 교대로 병풍면의 위와 아래를 향하고 있다. R이 크면 인접한 사슬의 R과의 사이에서 입체 장애가 생기기 때문에 β-병풍 구조를 형성할 수 없다.

14.9 단백질 삼차 및 사차 구조

단백질 사슬들은 구조적 안정도를 최대화하기 위해 자발적으로 접히고 둘둘 말리려는 경향을 가지고 있다. 단백질 사슬들이 접히고 말려있는 모양을 단백질의 **삼차 구조(tertiary structure)**라고 한다. 삼차 구조는 단백질의 물리적 성질은 물론이고 생물학적 작용에 결정적인 영향을 미친다.

삼차 구조를 형성하는 데는 공유 결합성 및 비공유 결합성 상호 작용이 모두 관여한다. 삼차 구조에 기여하는 공유 결합성 상호 작용의 한 예로는 단백질 사슬의 먼 거리에 있는 두 개의 cysteine 잔기 사이에서 형성되는 이황화물 다리를 들 수 있다. Arginine 또는 threonine과 같이 곁사슬 R에 포함된 −NH나 −OH는 이차 구조에서 설명했던 것과는 다른 형태의 수소 결합을 할 수 있으며 이 수소 결합은 삼차 구조에 기여한다.

반대 하전을 가지고 있는 곁사슬 R들 사이에서는 정전기적인 인력에 의한 **염다리(salt bridge)**가 형성된다. Leucine 또는 phenylalanine과 같은 중성 아미노산들은 소수성의 탄화수소 곁사슬인 R들을 가지고 있다. 이들은 van der Waals 인력을 통해 단백질 내부에 모여 왁스 성질의 핵을 형성한다. 이와는 대조적으로 산성 또는 염기성 아미노산들의 전하를 띤 R 곁사슬들은 단백질의 외부에서 물에 의해 용매화된다.

헤모글로빈의 일종인 Myoglobin은 삼차 구조를 보여주는 대표적인 구형 단백질이다. 근육 속에서 myoglobin은 에너지를 필요로 할 때 즉시 사용할 수 있도록 산소를 저장하고 있다. Myoglobin의 153개 아미노산 잔기는 여덟 개의 α-나선 조각에 배열되어 있다. α-나선 조각들은 친수성 아미노산 잔기들이 삼차 구조의 바깥 쪽을 향하도록 고리모양을 이루면서 서로 연결되어 있다. Myoglobin의 구형 구조를 도시하면 그림 14.4와 같다.

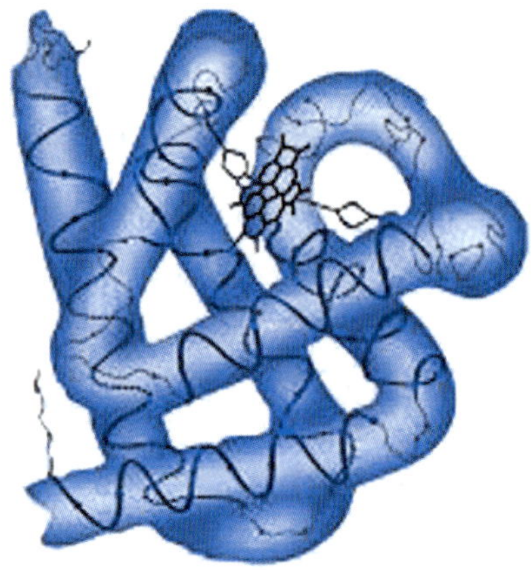

그림 14.4 Myoglobin의 구형 구조

삼차 구조를 이루고 있는 여러 개의 단백질이 서로 엉켜서 이루어진 거대한 집합 구조는 **사차 구조(quaternary structure)**라고 한다. 단백질 사차 구조의 윤곽을 도시하면 그림 14.5와 같다. 사차 구조를 이루고 있는 단백질의 대표적인 예로는 hemoglobin과 collagen을 들 수 있다.

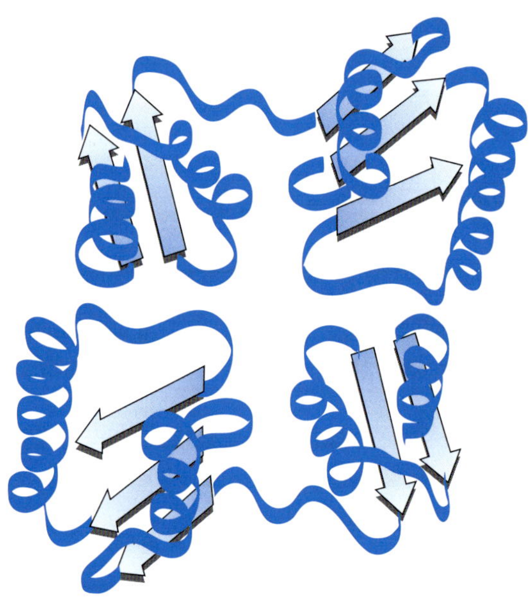

그림 14.5 Hemoglobin 등의 거대 집합 구조인 사차 구조

Hemoglobin은 주로 van der Waals 인력을 통해 삼차 구조를 이루고 있는 네 개의 폴리펩타이드와 네 개의 heme을 포함하고 있다.

Collagen은 젖먹이 동물 단백질의 30% 이상을 차지하고 있다. Collagen은 피부, 뼈 혈구, 관절의 중요 성분이다. Collagen은 각각 약 1000개의 아미노산 잔기로 이루어져 있으며 삼차 구조를 가지고 있는 세 개의 단백질이 서로 감겨 있다.

요약

단백질은 α-아미노산들이 **펩타이드 결합**으로 연결되어 있는 생체 고분자이다. 인체를 구성하고 있는 단백질은 20종의 α-아미노산으로 이루어져 있으며 이들 중 10개의 **필수 아미노산**은 음식물을 통해 섭취하여야 한다. Glycine을 제외한 모든 아미노산들은 L−배열을 가지고 있다. 아미노산이 중성의 **쯔비터 이온** 구조로 존재하기 때문에 알짜 전하를 가지고 있지 않은 pH를 **등전점(p*I*)**이라고 한다.

α-아미노산은 카복실산과 아민에 전형적인 반응들을 할 수 있다. Cysteine의 싸이올기가 산화되면 **이황화 결합**이 형성된다.

펩타이드 또는 단백질에서 아미노산이 연결되어 있는 순서를 **아미노산 서열**이라고 한다. 펩타이드 구조를 그릴 때는 아미노기를 왼쪽 끝에 그리고 카복시기를 오른쪽 끝에 놓이도록 그리고 펩타이드의 왼쪽 끝은 ***N*-말단**이라고 하고 오른쪽 끝은 ***C*-말단**이라고 한다.

단백질 또는 펩타이드의 구조를 결정할 때는 먼저 환원제로 처리하여 이황화 결합을 분해하고 가수 분해한 다음 α-아미노산들을 분리하여 조성과 함량을 결정한다. 다음 단계에서 펩타이드의 아미노산 서열을 결정한다. Phenyl isothiocyanate를 사용하여 펩타이드의 *N*-말단 잔기를 한 개씩 연속적으로 분리해 내고 그 유도체를 확인하는 **Edman 분해법**이 널리 이용된다.

단백질 이차 구조에는 **α-나선 구조**와 **β-병풍 구조**가 있다. 단백질들이 말려 있는 모양을 단백질 삼차 구조라고 한다.

읽을거리

세포에서 이루어지는 대부분의 일들은 단백질이 수행한다. 단백질을 만드는 정보는 유전자에 암호화되어 있다. 인간 유전체의 비밀을 밝히고자 하는 연구들은 주로 이 유전체에 암호화되어 있는 단백질들을 알아내기 위한 것이다. 생명 현상이라는 것은 이들 단백질이 하는 일들을 종합적으로 표현한 것이다. 단백질은 세포 내에서 만들어지지만 세포질 외의 다른 장소에서 기능을 수행한다. 어떤 단백질은 세포 바깥에서 일을 수행하고 어떤 단백질은 핵, 엽록소, 마이토콘드리아에서 일을 수행한다.

따라서 이들 단백질은 세포질에서 합성된 다음 여러 가지 방법을 통해 이들 장소로 이동하여야 한다. 이 단백질들은 세포질로부터 세포 내의 여러 장소로 옮기는 방법은 마치 우리가 편지를 보낼 때 편지에 주소를 쓰고 집배원이 주소를 읽은 다음 알맞은 주소로 정확하게 보내는 것과 비슷하다. 이동될 단백질에는 보내질 장소에 대한 주소가 기록되어 있다. 엽록체로 이동되는 대표적인 단백질인 rubisco의 앞부분에는 주소에 해당하는 엽록체 이동 신호 부위(transit peptide)가 있다. 이것은 rubisco가 엽록체로 이동된 다음에는 잘려 없어진다.

핵으로 이동되는 단백질의 중간에 있는 핵 이동 신호 부위는 엽록체 이동 신호 부위와 달리 핵 속으로 이동된 다음에도 잘려나가지 않고 남아있다. 세포 내에는 이 주소들을 읽고 이들 단백질을 이동시키는 역할을 하는 또 다른 단백질들이 존재한다. 받아들이는 장소에서는 이들을 받아들일 것인지 아닌지를 확인하는 단백질들도 있다. 예를 들어 엽록체로 단백질이 이동될 때는 엽록체의 막에 수용체라고 하는 단백질 군이 엽록체 이동 신호 부위를 인식하고 받아들인다. 핵으로 이동되는 단백질에는 세포질에 핵 이동 신호 부위를 인식하는 핵 이동 수용체가 있으며 이들이 세포질에서 핵으로 이동되는 단백질을 수송한다.

보충문제

14.15 다음 각 기호가 나타내는 아미노산의 이름과 쯔비터 이온 구조를 제시하시오.
(1) Gly (2) Asp (3) Ala (4) Trp

14.16 다음 아미노산의 Fischer 투영도를 그리시오.
(1) L-Tyrosine (2) L-isoleucine (3) D-Cysteine

14.17 다음 각 아미노산의 쯔비터 이온 구조를 그리시오.
(1) Proline (2) Tryptophan (3) Serine

14.18 쯔비터 이온 구조인 Alanine이 다음과 반응했을 때 생성되는 구조를 그리시오.
(1) 1당량 HCl (2) 1당량 NaOH

14.19 다음 아미노산에 1몰의 양성자를 첨가하면 어떻게 구조가 변하겠는가?

(1) $^{-}O_2CCH_2\overset{NH_3^+}{\overset{|}{C}}HCO_2^-$

(2) $H_2NCH_2(CH_2)_3\overset{NH_2}{\overset{|}{C}}HCO_2^-$

14.20 다음 pH에서 가장 많이 존재하는 aspartic acid의 구조를 그리시오.
(1) pH 1.2 (2) pH 2.7 (3) pH 6.0 (4) pH 12.0

14.21 pH 1에서 histidine의 가장 많이 존재하는 구조를 그리고 이때 imidazole 고리가 가지고 있는 양전하가 어떻게 비편재화되는지를 공명 구조를 이용하여 설명하시오.

14.22 pH 5에서 histidine, serine 및 methionine이 전기 영동 장치에서 이동하는 방향을 지적하시오.

14.23 다음 각 시약으로 valine을 처리했을 때 생성되는 화합물의 구조를 그리시오.
(1) NaOH 수용액 (2) Acetic anhydride (3) Di-*tert*-Butyl dicarbonate

14.24 Methionine을 ninhydrine으로 처리했을 때 일어나는 반응식을 적으시오.

14.25 다음 각 펩타이드의 구조를 그리시오.
(1) Valylalanine (2) Tyrosyltriptophan (3) Histidyllysylglycine

14.26 다음 각 펩타이드의 가수 분해 반응 메커니즘을 제시하시오.
(1) Valyltryptophan (2) Valylserine

14.27 Threonine에는 두 개의 카이랄 중심이 있다. 이 화합물의 부분 입체 이성질체들 중 한 개의 Fischer 투영도를 그리시오.

14.28 Ala-Tyr-His로 이루어진 펩타이드를 1차, 2차 Edman 분해했을 때 얻어지는 phenylthiohydantoin의 구조를 그리시오.

14.29 다음 polypeptide를 trypsin 또는 chymotripsin으로 처리했을 때 얻어지는 펩타이드의 구조를 적으시오.

Phe−Leu−Lys−Met−Asp−Gly−Tyr−Gly−Arg−Pro−Val−Ile−Tyr

14.30 단백질의 α-나선 구조에는 proline이 포함되지 않는다. 설명하시오.

14.31 Aspartame은 NutraSweet 또는 GreenSweet라고 하는 상품명으로 판매되는 설탕 대체물질이다. 이것은 Asp−Phe−OCH_3의 구조를 가지고 있는 다이펩타이드의 메틸 에스터이다. 생리 pH 7.6에서 가장 많이 존재하는 aspartame의 구조를 그리시오.

14.32 단백질의 일차 구조는 무엇을 의미하는가?

14.33 다음은 단백질 일차, 이차, 삼차 및 사차 구조 중 어느 것과 관계가 있는가?
(1) Phe−Val 곁사슬의 상호 작용 (2) 사슬 내부의 수소 결합
(3) 염다리 (4) 이황화물 다리

15장

지방질과 핵산

지방질(lipid)에는 지방, 왁스, 스테로이드, 프로스타글란딘, 터펜 등이 있다. 지방질은 생체 내에서 에너지 저장, 세포막의 구성 성분 및 화학적 전령의 세 가지 중요한 역할을 한다. 탄수화물을 태우면 약 4 kcal/mol의 에너지가 발생하는 반면 지방질을 태우면 약 9 kcal/mol의 에너지가 생산된다. 식물이 에너지원으로 사용하는 탄수화물 보다 훨씬 경제적이기 때문에 동물은 탄수화물과 함께 지방질을 에너지원으로 이용한다. 세포 안팎의 환경을 다르게 유지하기 위해 세포막은 물에 녹지 않아야 한다. 물을 싫어하는 성질인 **소수성(hydrophobicity)**을 가지고 있는 지방질은 세포막의 중요한 구성 요소이다. 스테로이드 호르몬과 같은 지방질은 인체의 한 부분으로부터 다른 부분으로 신호를 전달하는 화학적 전령으로 작용하고 prostaglandin은 호르몬 반응을 중개한다.

19세기 말엽 생물학자들은 유전 정보가 한 세대로부터 다음 세대로 전달되는 현상은 세포핵 내부의 **염색체(chromosome)**와 관계가 있다고 믿었다. 생물의 특징을 결정하는 어떤 정보가 염색체 내의 유전자(gene)에 있다고 생각하였다.

핵은 주로 **핵산(Nucleic acid)**으로 이루어져 있다. 핵산에는 **데옥시리보핵산(deoxyribonucleic acid, DNA)**과 **리보핵산(ribonucleic acid, RNA)**의 두 가지가 있다. 핵산이 유전 정보를 운반한다는 사실은 1944년에 발견되었으며 1953년 Watson과 Crick에 의해 처음으로 DNA가 이중 나선 구조를 가지고 있다는 사실이 밝혀졌다. 대부분의 생명체에서는 DNA에 저장된 유전 정보가 RNA로 전사된다. 그런 다음 이 정보는 세포의 구조와 작용에 필요한 모든 단백질의 합성을 위해 복사될 수 있다. 단백질의 생합성, 세포 작용의 유지 및 조절과 관련된 유전 정보의 전달을 분자 수준에서 규명한 것은 인류가 이룩한 가장 위대한 업적 중의 하나이다.

이 장에서는 지방질의 종류와 그들의 이용 및 생물학적 활성을 공부한다. 또 핵산의 구조와 유전 정보가 DNA 분자에 저장되는 방법, 리보핵산의 작용 및 단백질의 일차 구조가 어떻게 결정되는가에 대해서 공부한다.

15.1 지방, 기름 및 왁스

천연 지방질 중에는 **지방(fat)**과 **기름(oil)**이 가장 많이 분포되어 있다. 상온에서 버터나 돼지 비계와 같은 지방은 고체이고 올리브나 콩과 같은 식물의 기름은 액체로서 보이는 형태는 다르지만 구조는 서로 밀접한 관계가 있다. 모든 지방과 기름은 glycerol(1,2,3-propanetriol)과 지방산(fatty acid)이라고 하는 긴 사슬 카복실산의 **삼중 에스터(triester)**이다. 이 에스터를 **triglyceride**라고 부른다.

천연 지방산은 acetylcoenzyme A의 두 개 탄소로 이루어진 아세틸기로부터 생합성되기 때문에 모두 짝수 개의 탄소를 가지고 있으며 곁가지가 없다.

$$CH_3\overset{\overset{\large O}{\|}}{C}SCoA \xrightarrow{\text{여러 단계}} \text{탄소수 짝수의 지방산}$$

천연에는 약 40개의 지방산이 존재한다. 대표적인 지방산들을 종합하면 표 15.1과 같다.

표 15.1 대표적인 지방산

보통이름	탄소수	구조	녹는점/℃
포화			
Lauric acid	12	$CH_3(CH_2)_{10}COOH$	44
Myristic acid	14	$CH_3(CH_2)_{12}COOH$	58
Palmitic acid	16	$CH_3(CH_2)_{14}COOH$	63
Stearic acid	18	$CH_3(CH_2)_{16}COOH$	70
Arachidic acid	20	$CH_3(CH_2)_{18}COOH$	75
불포화			
Palmitoleic acid	16	*cis*-$CH_3(CH_2)_5CH{=}CH(CH_2)_7COOH$	32
Oleic acid	18	*cis*-$CH_3(CH_2)_7CH{=}CH(CH_2)_7COOH$	4
Linoleic acid		*cis,cis*-$CH_3(CH_2)_4CH{=}CHCH_2CH{=}CH(CH_2)_7COOH$	−5
Linolenic acid	18	All *cis*-$CH_3CH_2(CH{=}CHCH_2)_3(CH_2)_6COOH$	−11

지방산은 **포화 지방산(saturated fatty acid)**과 **불포화 지방산(unsaturated fatty acid)**으로 분류된다. 포화 지방산은 탄화수소 골격이 단일 결합으로만 이루어져 있고 불포화 지방산은 적어도 한 개 이상의 탄소–탄소 이중 결합을 가지고 있다. 불포화 지방산인 linoleic acid와 linolenic acid는 인체에서 생합성될 수 없기 때문에 음식물로 섭취해야 하는 **필수 지방산**이다. 어린이가 이들 지방산이 부족한 음식을 먹으면 성장이 지연되고 심각한 피부 장애가 발생한다.

포화 지방산은 분자 사이에서 작용하는 van der Waals 인력 때문에 분자량이 증가하면 녹는점 및 끓는점이 증가한다. 불포화 지방산의 이중 결합들은 모두 *cis*-배열을 하고 있기 때문에 분자가 굽어있다. 이 때문에 고체 상태에서 포화 지방산처럼 분자들이 촘촘하게 포개어지지 못한다. 결과로서 불포화 지방산의 분자 사이에서 작용하는 인력은 비슷한 분자량의 포화 지방산에서보다 적으므로 녹는점이 낮다. 표 15.1은 불포화 지방산의 녹는점이 분자 내 이중 결합 수가 증가할수록 감소하는 것을 보여준다.

불포화 지방산을 전이 금속 촉매 존재 하에서 수소화하면 포화 지방산이 얻어진다. 이 반응을 **경화(hardening)**라고 한다. 불포화 지방산이 많은 콩 또는 올리브유와 같은 기름을 수소화하면 마가린과 같은 요리용 고체 기름이 얻어진다.

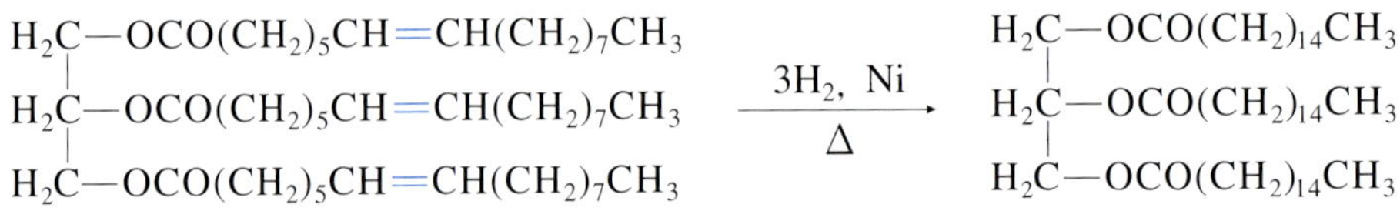

간단한 천연 지방산 에스터를 **왁스(wax)**라고 한다. 왁스는 긴 사슬 알코올 에스터인 지방산들의 혼합물이다. 산의 골격은 16~36개의 짝수 개 탄소로 이루어져 있으며 알코올 부분은 24~36개 탄소로 이루어져 있다. 왁스는 벌꿀 속에 많이 들어 있으며 대부분의 과일, 딸기 또는 잎의 표면에 얇게 퍼져 수분을 증발을 막아내는 보호막으로 작용한다. 물새도 깃털 표면에 방수용 왁스를 가지고 있다.

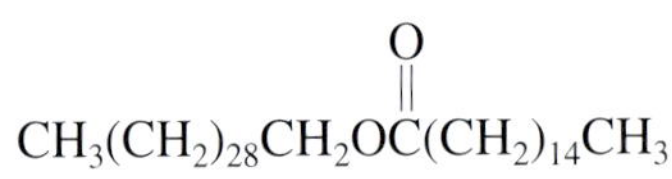

Triacontyl hexadecanoate
벌꿀의 성분

문제 15.1 이중 결합의 입체 배열이 모두 나타나도록 linoleic acid의 구조를 그리시오.

문제 15.2 단순 triglyceride인 glyceryl trilaurate의 구조를 그리시오.

15.2 비누

과량의 NaOH 존재 하에서 지방이나 기름을 가수 분해하면 glycerol과 지방산의 소듐염이 형성되는데 이것이 **비누(soap)**이다.

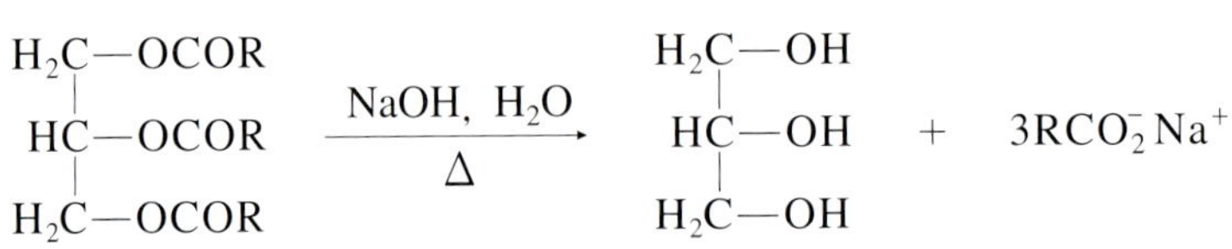

Triglyceride　　Glycerol　　Sodium carboxylate
비누

비누는 수천 년 전 고대 이집트인들에 의해 발견되었다. Julius Cesar가 Teutonic 족의 비누 만드는 법을 배워 로마에 전수했다. 중세를 거치는 동안 잊혀 있다가 르네상스 시대에 다시 비누를 만들기 시작했다. 18세기 이전에는 비누가 주로 의학용으로 사용되는 귀한 물건이었다. 비누 분자는 **친수성(hydrophilic**, 물을 좋아하는 성질)인 머리와 소수성(hydrophobic, 물을 싫어하는 성질)인 꼬리로 이루어져 있다. 머리인 분자의 −COO− 끝은 이온성이기 때문에 물과 잘 섞일 수 있고 꼬리인 긴 사슬 탄화수소 부분은 물에는 녹지 않고 유기 화합물 또는 때와 잘 섞인다.

약 50~150개 비누 분자의 꼬리들은 안쪽으로 모여 있고 음전하를 띤 머리들은 바깥 쪽 물을 향하고 있는 상태로 덩어리져 있는데 이것을 **마이셀(micelle)**이라고 한다. 이와 같은 구조 때문에 비누 분자는 물에 녹은 것이 아니라 콜로이드 상태로 퍼져있다.

비누는 기름기 있는 때를 녹여낸다. 때는 일반적으로 비극성이며 물에 잘 녹지 않는다. 비누와 때가 서로 가까워지면 마이셀의 안쪽에 있는 꼬리 부분이 때를 둘러싸 새로운 마이셀을 형성한다. 이 새로운 마이셀은 물이 움직일 때 세탁물로부터 떨어져 나오게 된다.

비누 마이셀　　　　때를 둘러싸고 있는 마이셀

우리가 보는 덩어리 비누나 가루 비누는 지방산의 소듐염이다. 액체 비누는 일반적으로 지방산의 포타슘염이다. 비누는 Ca^{2+} 및 Mg^{2+} 이온을 포함하고 있는 센물(hard water)에서는 침전으로 가라앉는다. 이 때문에 비누를 경수에서 사용하면 세탁물이나 욕조에 얼룩이나 찌꺼기로 남게 된다.

$$RCO_2^- \; + \; Ca^{2+} \longrightarrow \underset{\text{침전}}{(RCO_2)_2Ca\downarrow}$$

이와 같은 단점을 개선하기 위해 개발된 것이 긴 탄화수소 사슬을 가지고 있는 설폰산 소듐(sodium sulfate)과 같은 합성 세제이다. 합성 세제는 센물 속에서 금속 이온들과 함께 기분 나쁜 찌꺼기를 형성하지 않는다.

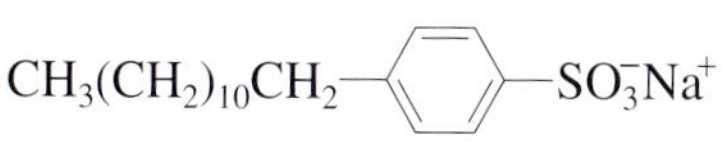

Sodium-*p*-dodecylbenzenesulfonate

$CH_3(CH_2)_{11}OSO_3^-Na^+$

Sodium dodecylsulfate

비눗물은 표면 장력이 낮기 때문에 보통의 물보다 적시는 능력이 훨씬 크다. 이와 같은 성질 때문에 비누와 합성 세제를 **계면 활성제(surfactant)**라고 한다. 계면 활성제는 물의 표면에서 물 분자들의 수소 결합을 방해함으로써 물의 표면 장력을 감소시킨다. 계면 활성제는 머리의 성질에 따라 음이온성, 양이온성, 중성으로 분류된다. 카복실산 음이온을 가지고 있는 비누는 음이온 계면 활성제이다. 항생제인 *N*-benzyl quaternary ammonium chloride는 양이온성 계면 활성제이다. 중성 계면 활성제는 친수성 극성기의 수소가 물과 수소 결합을 형성하며, 합성 섬유를 세탁하는 데 효과가 있다.

$CH_3(CH_2)_{16}CO_2^- Na^+$

음이온 계면 활성제

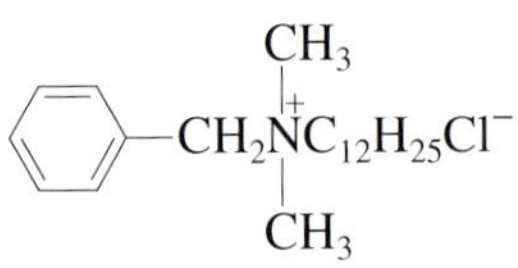

음이온 계면 활성제

$R-\overset{O}{\overset{\|}{C}}-(CH_2CH_2O)_n-CH_2CH_2ON$

중성 계면 활성제

문제 15.3 Glyceryl monooleate dilaurate가 NaOH 수용액에서 가수 분해될 때의 메커니즘을 제시하시오.

문제 15.4 S_N2 반응을 이용하여 위의 양이온 계면 활성제를 합성하는 방법을 제시하시오.

15.3 인지질

인지질(phospholipid)에는 **phosphoglyceride**와 **sphingolipid**의 두 가지 종류가 있다. Phosphoglyceride는 glycerol 3-phosphate의 삼중 에스터이며 세포막의 가장 중요한 성분이다. Glycerol의 세 −OH기 중 둘은 지방산과 에스터 결합을 하고 있으며 두 개의 소수성 꼬리로 작용한다. Glycerol의 C(1)에 결합되어 있는 지방산의 아실기는 보통 포화되어 있는 반면 C(2)에는 불포화 아실기가 결합되어 있다. Phosphoglyceride의 세 번째 위치는 인산 에스터이다. 이 인산 골격은 또 다른 알코올과 에스터를 형성하고 있다. 이 알코올이 사차 암모늄 화합물인 choline이면 phosphatidylcholine(일반명 lecithin)이라고 부른다.

Phosphoglyceride의 또 다른 예인 phosphatidylethanolamine(일반명 cephalin)은 choline 대신 ethanolamine을 포함하고 있다.

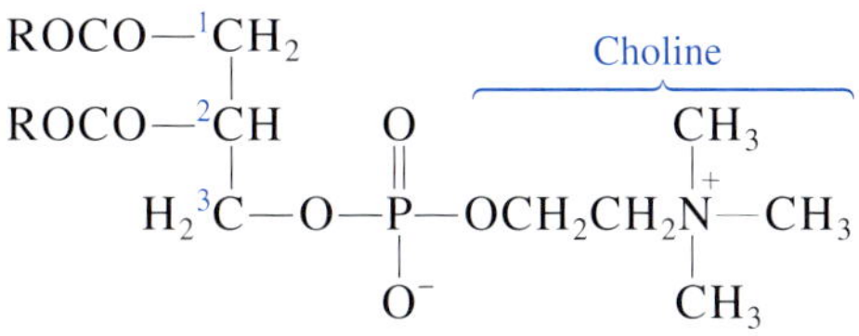

Phosphatidylcholine(Lecithin)

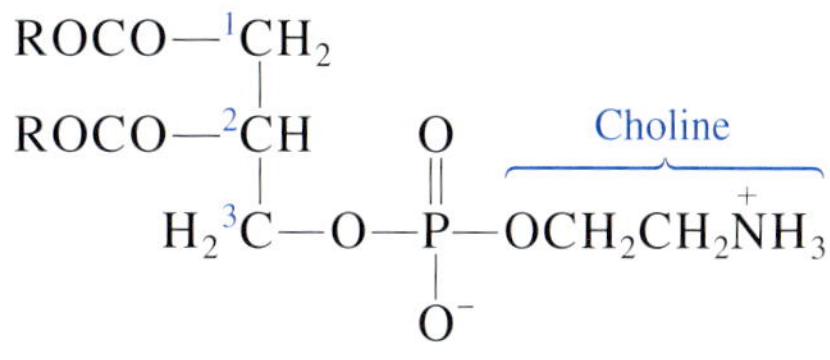

Phosphatidylethanolamine(Cephalin)

Lecithin과 cephalin은 주로 뇌, 신경 세포 동물의 간, 달걀 노른자위, 이스트, 콩 등에 들어있다. Lecithin은 식품 유화제로 사용된다. 마요네즈와 같은 식품에 첨가하면 물과 지방 성분이 분리되는 것을 막아준다. Lecithin은 음전하를 띤 인산기와 양전하가 놓여있는 choline으로 이루어져 있다. 이 전하를 띤 부분은 강한 친수성의 머리로 작용하는 반면 분자의 나머지 부분은 소수성이다. 그림 15.1에서 보는 것처럼 lecithin과 같은 인지질이 약 50 Å 두께의 **지질 두겹층(lipid bilayer)**의 일부가 되면 소수성인 꼬리는 두겹층의 안쪽을 향하고 친수성인 머리는 세포막의 안쪽 표면과 바깥쪽 표면에 배열된다.

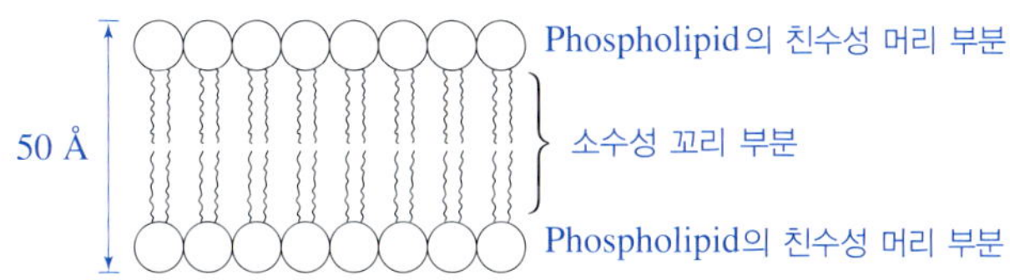

그림 15.1 세포막을 구성하고 있는 phospholipid의 두겹층

Sphingolipid는 sphingosine의 유도체들이다. Spingolipid의 일종인 spingomyelin은 sphingosine의 아미노기에 긴 사슬 지방산이 아마이드 결합으로 연결되어 있고 사슬의 끝에 있는 하이드록시기에는 phosphorylcholine이 에스터 결합으로 연결된 구조를 보여준다. Sphingomyelin은 신경 섬유 껍질의 중요한 성분이며 뇌 조직에 다량으로 존재한다. 뇌의 미엘린에 sphingomyelin과 인지질이 부족하면 복합성 경화증이 생긴다.

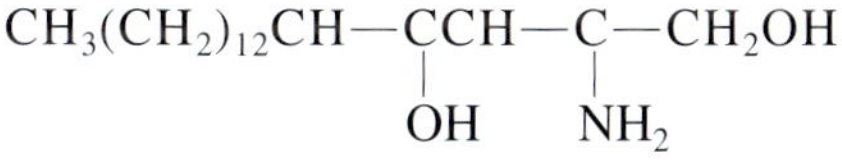

Sphingosine

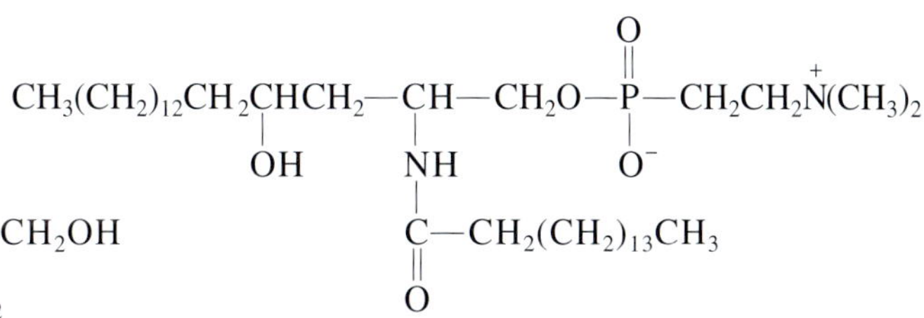

Sphingomyelin(sphingolipid)

15.4 스테로이드

세 번째로 중요한 부류의 지방질이 **스테로이드(steroid)**이다. 스테로이드는 네 개의 고리가 *trans*로 접합된 구조를 가지고 있다. 네 개의 고리는 아래 쪽으로부터 A, B, C 및 D로 표시되며 탄소 원자의 위치 번호는 고리 A로부터 시작된다. 고리 D는 다섯 원자 고리이다. A, B 및 C의 여섯 원자 고리는 입체적으로 가장 안정한 의자 형태로 고정되어 있기 때문에 고리 뒤집기를 일으키지 않는다. C(10)과 C(13)에는 메틸기가 결합되어 있고 C(17)에는 여러 가지 구조의 곁사슬들이 연결될 수 있다.

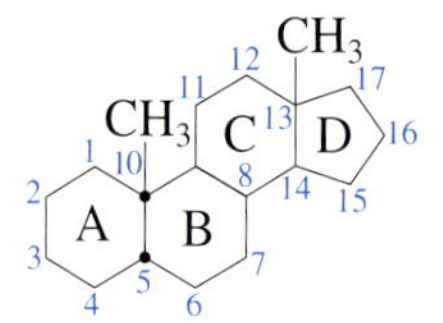

스테로이드 기본 구조

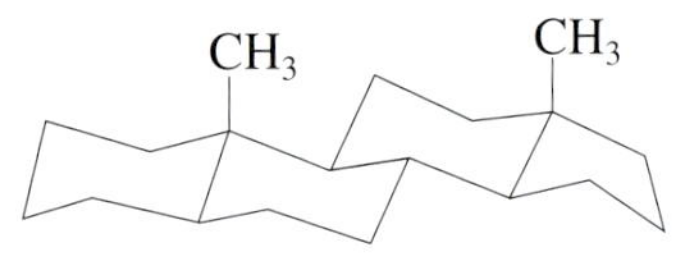

의자 형태로 표시한
스테로이드 입체 구조

사람의 몸에 가장 많으며 가장 중요한 스테로이드 계열 화합물이 **콜레스테롤(cholesterol)**이다. 콜레스테롤은 모든 동물 세포의 원형질막 구성 성분이다. 이것은 또 성 호르몬, 부신피질 호르몬 및 담즙산과 같은 다른 스테로이드 화합물을 생합성하는 원료로 이용된다. 혈중 콜레스테롤 농도와 동맥경화증과 같은 질병 사이의 관련성 때문에 많은 사람들은 콜레스테롤을 꺼려하고 독성 물질로 생각한다. 그러나 콜레스테롤은 독이 아니라 사람의 생명 현상에 필수적인 화합물이다. 콜레스테롤은 음식으로 섭취하지 않아도 우리가 필요로 하는 양만큼 간에서 생합성되며 몸 속에 있는 콜레스테롤의 양은 평균 170 g 정도이다.

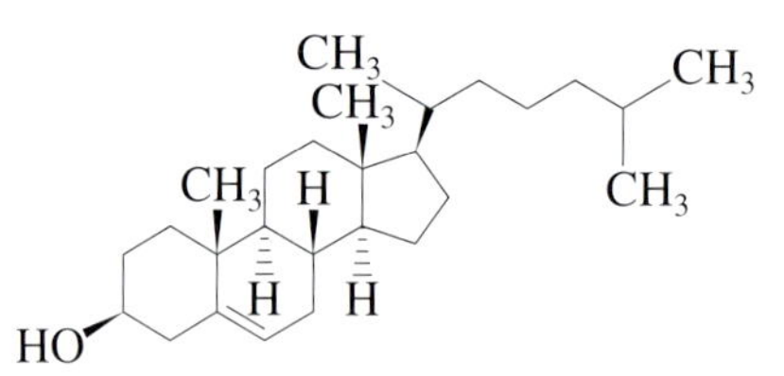

콜레스테롤

호르몬(Hormone)은 내분비선에서 생합성되어 혈액을 따라 목표 조직으로 전달된 다음 어떤 생물학적 과정을 자극하거나 지지하는 화학적 전령으로 작용한다. 부신피질에서 생성되는 부신피질 호르몬은 작용 메커니즘에 따라 **mineralocorticoid**와 **glucocorticoid**의 두 가지로 부류로 나누어진다. Mineralocorticoid류는 주로 Na^+와 K^+의 농도를 조절하며 glucocorticoid류는 탄수화물 대사를 조절한다. 가장 중요한 mineralocorticoid인 **aldosterone**은 신장의 세관에서 Na^+와 Cl^-는 재흡수시키고 K^+는 배출시킨다.

Glucocorticoid인 cortisol은 체내에서 glucose와 glycogen의 농도를 조절한다.

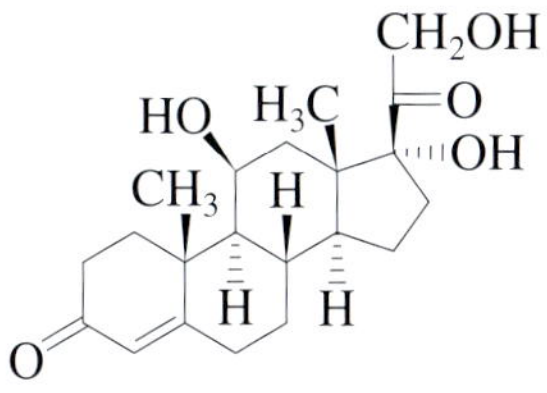

Cortisol

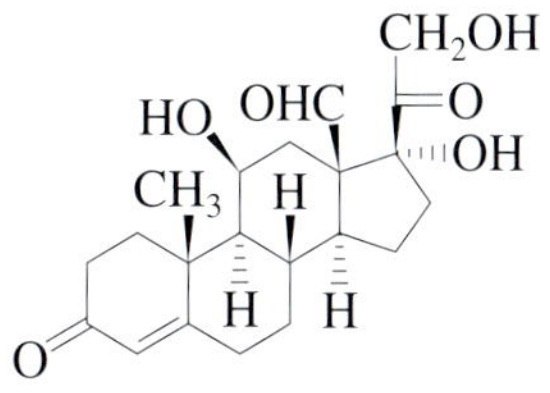

Aldosterone

남자의 고환에서 생합성되는 testosterone은 가장 중요한 남성호르몬이다. 이것은 남자의 생식기의 성장을 촉진시킨다. 사춘기가 되면 testosterone의 분비가 증가되며 굵은 목소리와 체모와 같은 이차 성징이 나타나게 한다. 이것은 근육을 강화시키기 때문에 운동선수나 경주마에 불법적으로 사용되기도 한다. 장기간 투여하면 성 기능 장애 또는 간암과 같은 심각한 부작용이 초래된다.

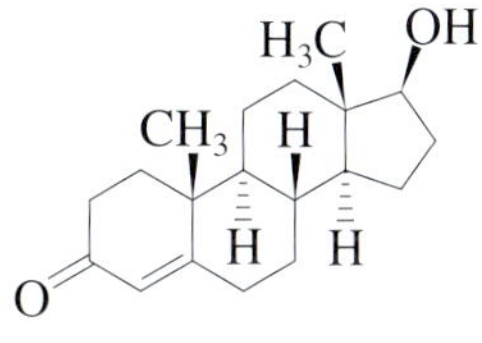

Testosterone

Estradiol은 가장 중요한 여성 호르몬이며 난소에서 분비된다. 여성의 이차 성징을 나타나게 하고 여성의 생리 주기를 조절하는데 매우 중요한 역할을 한다. Progestrone은 자궁에 수정된 난자가 착상되어 임신을 유지시키고 이 기간 중에 이상 배란이 되지 않게 한다.

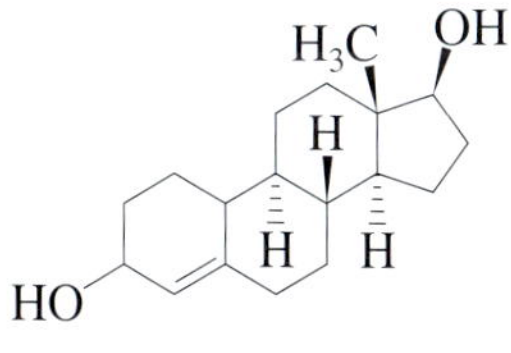

Estradiol

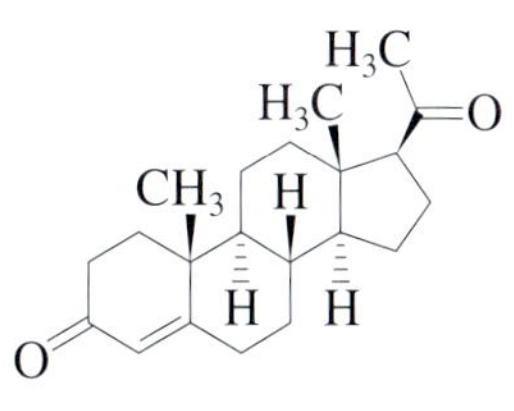

Progesterone

15.5 터펜

식물조직을 분쇄한 다음 물과 함께 증류하면 물에 녹지 않으면서 식물에 고유한 향기를 발산하는 **정유**(**essential oil**)가 얻어진다. 정유의 향기 성분들을 **터펜**(**terpene**)이라고 한다. 터펜 중의 어떤 것들은 하이드록시기나 카보닐기를 가지고 있는데 산소 원자를 포함하고 있는 이 터펜들은 **터페노이드(terpenoid)**라고 부르기도 한다. 터펜은 수천 년 동안 식품 향료, 향수 또는 의약품으로 이용되어 왔다. 터펜은 **아이소프렌(isoprene)** 단위가 **머리-꼬리(head-to-tail)**형으로 연결된 구조를 보여준다. 아이소프렌 분자의 메틸 치환된 부분을 '머리'라고 하고 가지가 없는 부분은 '꼬리'리고 한다. 머리-꼬리 형으로 아이소프렌들이 연결되어 터펜 분자가 만들어지는 것을 **'아이소프렌의 규칙'**이라고 한다.

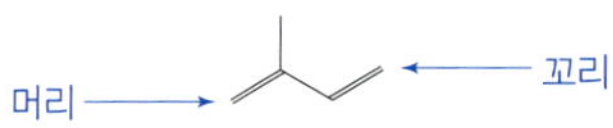

Isoprene(2-methyl-1,3-butadiene)

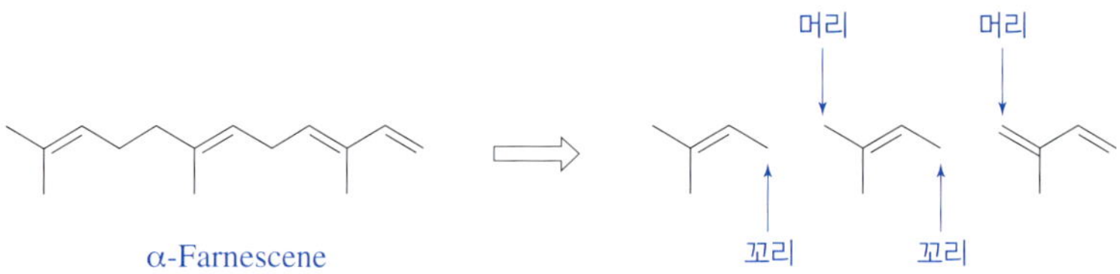

α-Farnescene

터펜은 탄소의 수에 따라 분류된다. 두 개의 아이소프렌 단위로 이루어져 있기 때문에 10개의 탄소 원자를 가지고 있는 터펜은 **monoterpene**으로 분류된다. 식물에서 발견되는 많은 향기 성분에는 monoterpene과 **sesquiterpene(15개 탄소)**이 많다. **Diterpene(20개 탄소)**, **triterpene(30개 탄소)** 및 **tetraterpene(40개 탄소)**들 중 많은 것들이 생물학적으로 중요한 역할을 한다.

문제 15.5 다음 menthol과 β-pinene에서 아이소프렌 단위들이 연결된 위치와 머리와 꼬리 부분을 지적해 보시오.

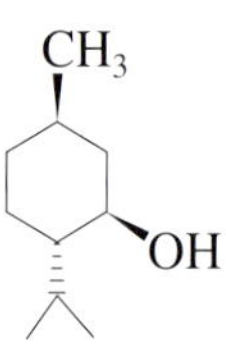

Menthol

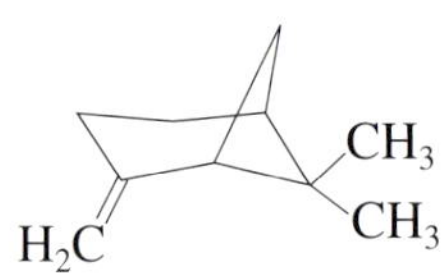

β-Pinene

15.6 에이코사노이드

에이코사노이드(eicosanoid)는 탄소 수 20개의 불포화 지방산이다. 이들은 생합성된 조직의 근처에서 작용하는 화학적 전령으로 작용한다. **Prostaglandin**과 **leukotriene**은 구조가 다른 두 종류의 에이코사노이드이다. Prostaglandin은 모두 다섯 원자 고리를 가지고 있지만 leukotriene에는 고리 구조가 없다. Prostaglandin과 leukotriene은 탄소 수 20개의 불포화 지방산인 arachidonic acid로부터 생합성된다. Arachidonic acid는 필수 지방산 중의 하나인 linolenic acid로부터 만들어진다.

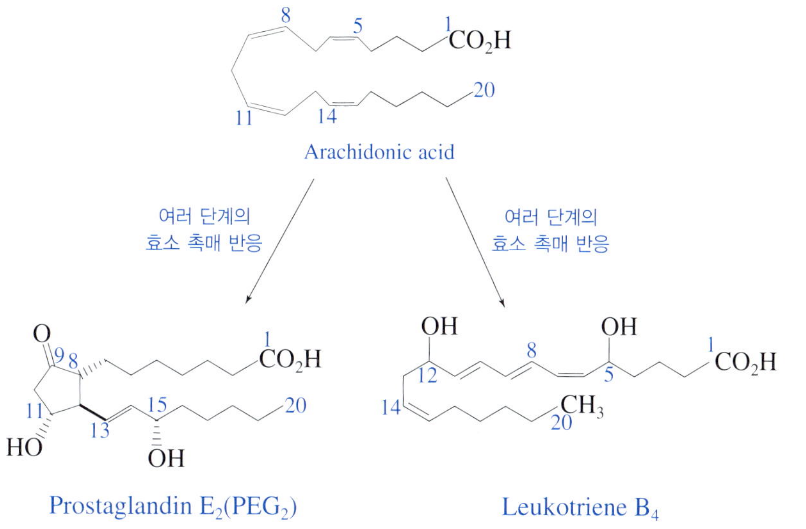

Prostaglandin은 임상에 폭넓게 이용될 가능성 때문에 깊이 연구되었다. 수십 종의 prostaglandin이 알려져 있다. Prostaglandin은 거의 모든 인체 조직에서 발견되며 폐, 간, 자궁 및 다른 여러 조직에서 생합성된다. Prostaglandin은 호르몬과 마찬가지로 매우 낮은 농도에서 생물학적인 활성을 보여주며 지방의 대사, 심장박동, 혈압, 혈액의 응고, 발열, 통증, 수면 사이클과 같은 여러 가지 생리학적 반응을 조절한다.

아스피린은 prostaglandin 합성에 관여하는 효소를 저해하기 때문에 해열 작용이 있다. 아스피린은 arachidonic acid를 prostaglandin으로 전환시키는 첫 단계에서 촉매 작용을 하는 효소의 serine 곁사슬에 자신의 아세틸기를 전달함으로써 효소를 비가역적으로 저해한다. 또한 아스피린은 혈액 응고와 관련된 thromboxane과 prostacyclin이라는 물질의 생합성에 관여하는 효소도 저해하기 때문에 혈전으로 야기되는 심장 질환도 예방해 준다.

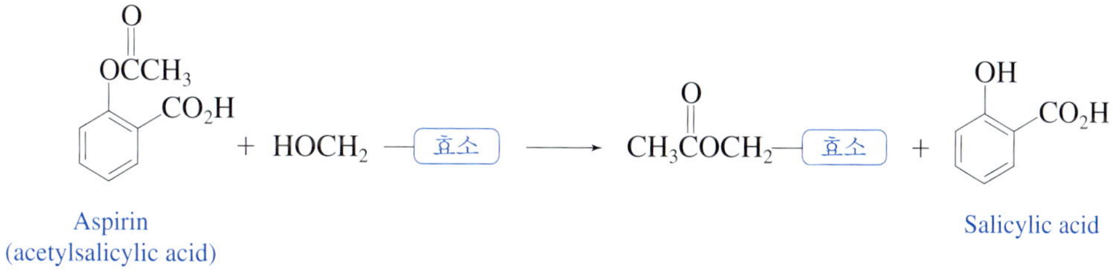

Leukotriene은 주로 백혈구(leukocyte)에 있지만 인체의 다른 조직에서도 발견된다. 이들은 특히 허파에서 근육의 오래 지속되는 수축에 관여하며 천식, 심각한 알레르기 반응

또는 염증을 일으킨다. 실제로 이들은 히스타민보다 100배 정도 강하다. Plastaglandin과 leukotriene이 염증을 일으키고 열을 내게 하기 때문에 인체에서 이들의 생산을 억제하는 것은 의학적으로 중요한 의미를 가지고 있다. Leukotriene의 작용을 억제하는 한 가지 방법은 인체 내의 leukotriene 수용체를 저해하는 것이다. Accolate라는 이름으로 시판되고 있는 약품은 이 수용체를 저해하며 주기적인 천식을 치료하는 데 사용된다.

15.7 핵산의 조성

탄수화물이나 단백질과 마찬가지로 **핵산(nucleic acid)**도 고분자이다. 탄수화물은 polysaccharide, 단백질은 polypeptide이고 핵산은 **polynucleotide**이다. **뉴클레오타이드(nucleotide)**는 질소-헤테로 고리인 염기, 당, 인산 이온의 세 부분으로 구성되어 있다.

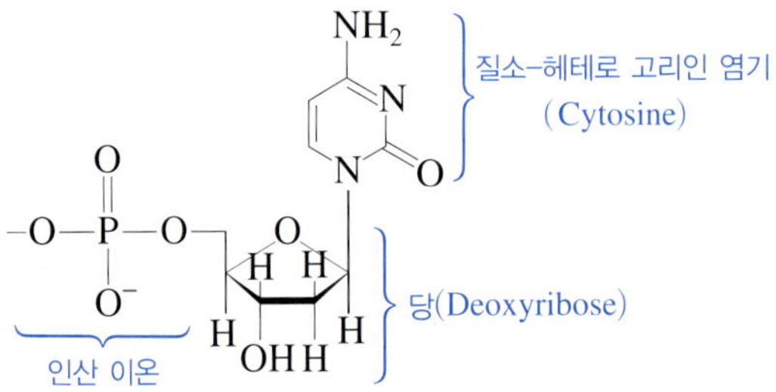

DNA와 RNA에는 다섯 종류의 염기가 있다. Uracil(U), cytosine(C), thymine(T)은 pyrimidine 염기로 분류되고 adenine(A), guanine(G)은 purine 염기로 분류된다. Adenine, guanine 및 cytosine은 DNA와 RNA에 모두 들어있다. Thymine은 DNA 분자에만 있고 uracil은 RNA 분자에만 존재한다.

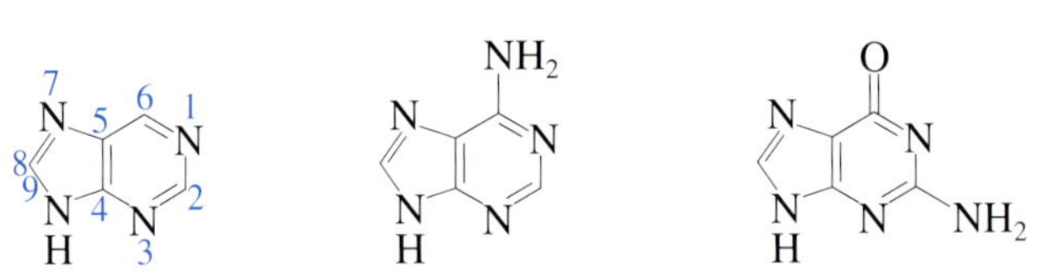

Purine　　Adenine(A) (DNA, RNA)　　Guanine(G) (DNA, RNA)

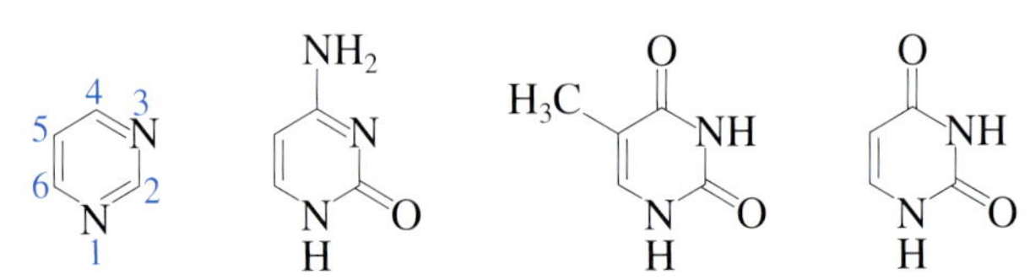

Pyrimidine　　Cytosine(C) (DNA, RNA)　　Thymine(T) (DNA)　　Uracil(U) (RNA)

DNA와 RNA는 분자의 당 부분이 다르다. DNA는 당이 2-deoxyribose이고 RNA는 당이 ribose이다.

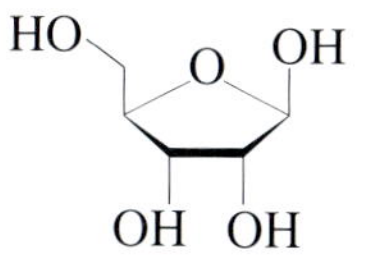

D-Ribose

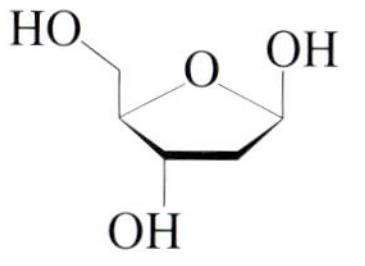

Deoxy-D-ribose

문제 15.6 Pyrimidine과 purine이 방향족 화합물인 이유를 설명하시오.

문제 15.7 다음 각 화합물들의 공명구조를 그리시오.

(1) Adenine (2) Cytosine (3) Guanine

15.8 뉴클레오사이드와 뉴클레오타이드

염기와 당이 염기의 질소 원자와 당의 아노머 탄소사이의 결합으로 연결되면 뉴클레오사이드(nucleoside)가 된다. 당 부분의 탄소 위치는 purine 및 pyrimidine의 그것과 구별하기 위하여 1′, 2′, 3′, 4′ 및 5′으로 나타낸다. Pyrimidine 염기는 N(1)이, purine 염기는 N(9)가 D-ribose 또는 2′-deoxy-D-ribose의 아노머 탄소인 C(1')에 β-*N*-배당체 결합을 통해 연결되어 있다. 뉴클레오사이드의 이름을 지을 때 purine 염기의 경우는 어미를 osinc으로 pyrimidine 염기의 경우는 어미를 -idine으로 바꾸어 준다. Adenosine은 대표적인 purine 뉴클레오사이드이고 uridine은 대표적인 pyrimidine 뉴클레오사이드이다.

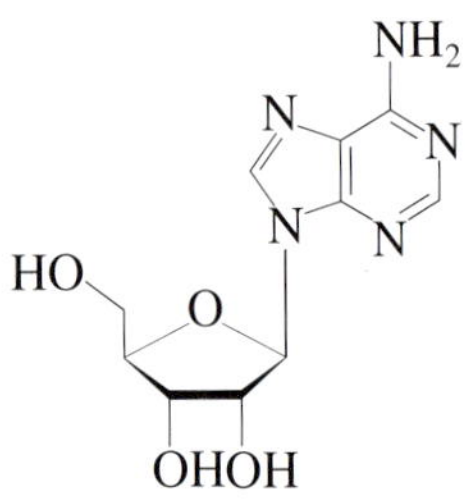

Adenosine

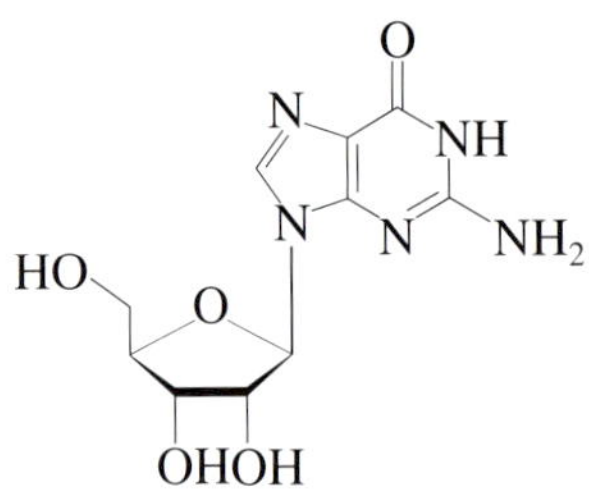

Guanosine

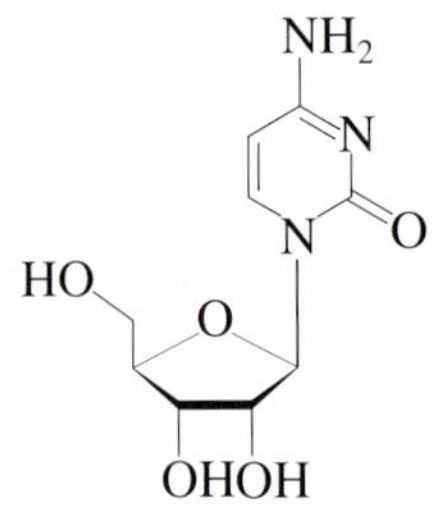

Cytidine

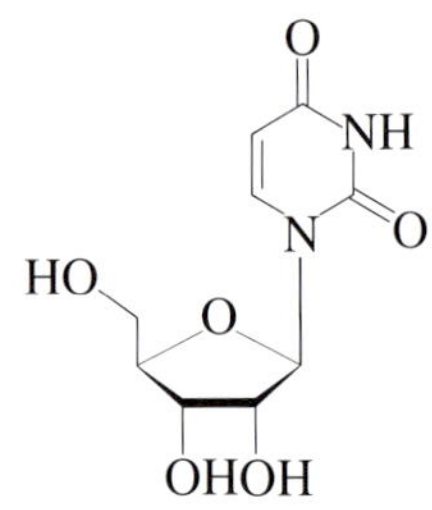

Uridine

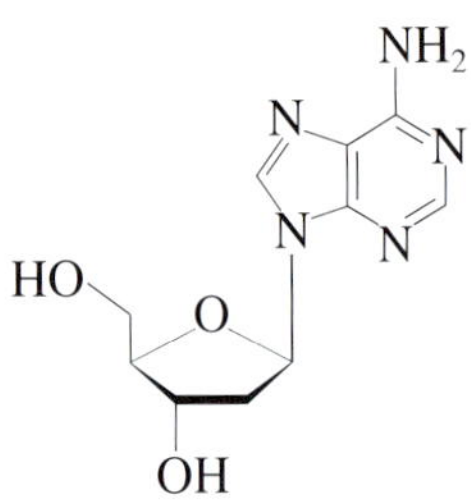

2´-Deoxyadenosine

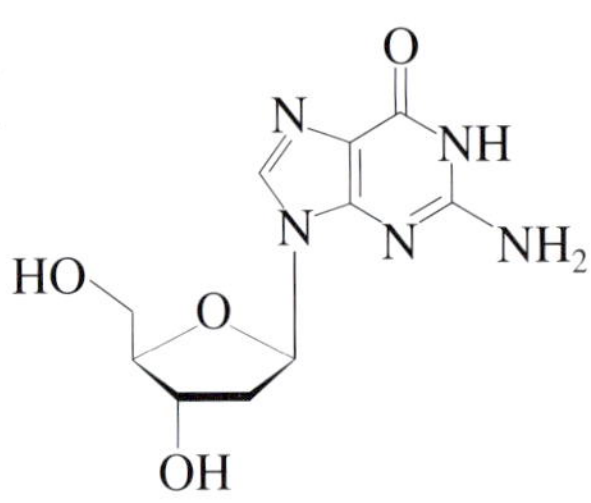

2´-Deoxyguanosine

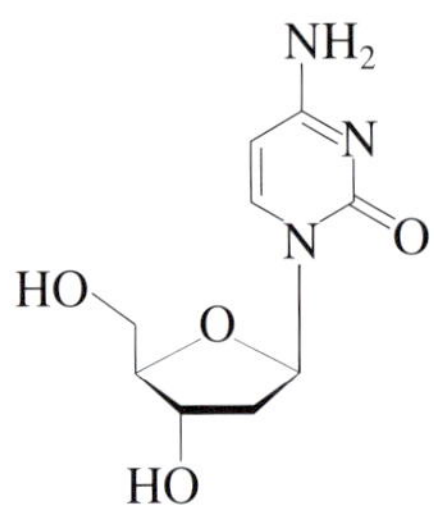

2´-Deoxycytidine

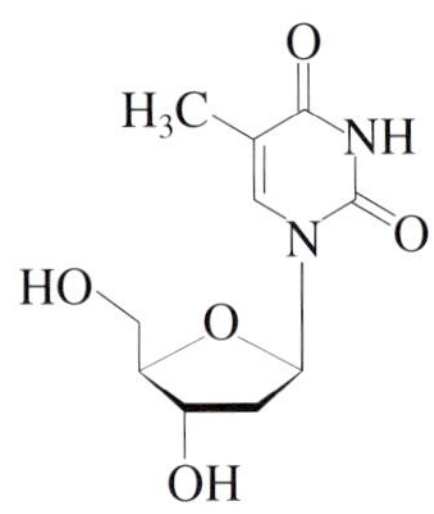

Thymidine

뉴클레오타이드는 인산 이온이 뉴클레오사이드의 3′-이나 5′-OH에 에스터 결합으로 연결되어 있는 화합물이다. RNA를 구성하고 있는 뉴클레오타이드는 **리보뉴클레오타이드(ribonucleotide)**라고 하고 DNA의 뉴클레오타이드는 **데옥시리보뉴클레오티드(deoxyribonucleotide)**라고 한다. 2′-Deoxyadenosine 3′-monophosphate와 2′-deoxyadenosine 5′-monophosphate에서 보는 것처럼 뉴클레오타이드는 뉴클레오사이드의 3’ 또는 5′-monophosphate로 이름을 짓는다. 이들의 이름은 표 15.2에서 종합한 것처럼 약어로 표시하는 것이 편리하다. 약어에서 “d”는 2′-deoxy−D−ribose를, 다음에 오는 영문자는 염기를 나타내고 “MP”는 monophosphate를 의미한다. “DP”는 diphosphate “TP”는 triphosphate를 의미한다. 뉴클레오타이드의 인산기는 pH 7에서 이중 음이온(dianion)으로 존재한다.

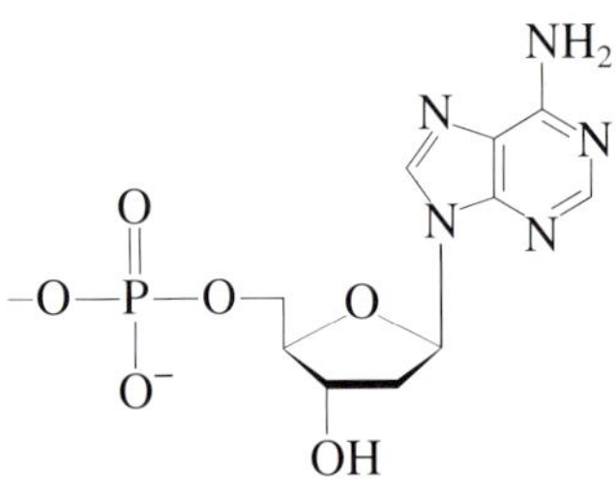

2′-Deoxyadenosine 5′-monophosphate

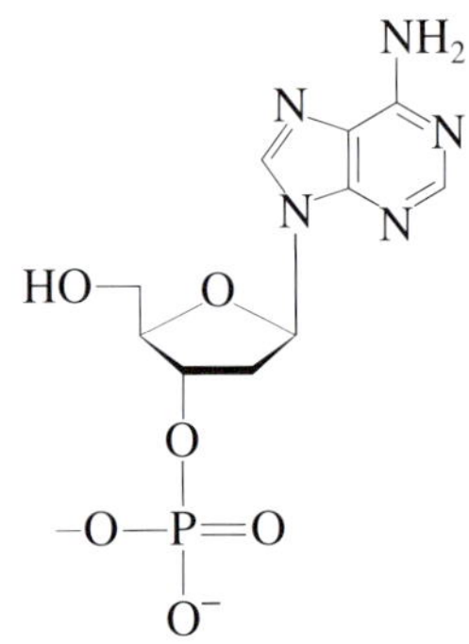

2′-Deoxyadenosine 3′-monophosphate

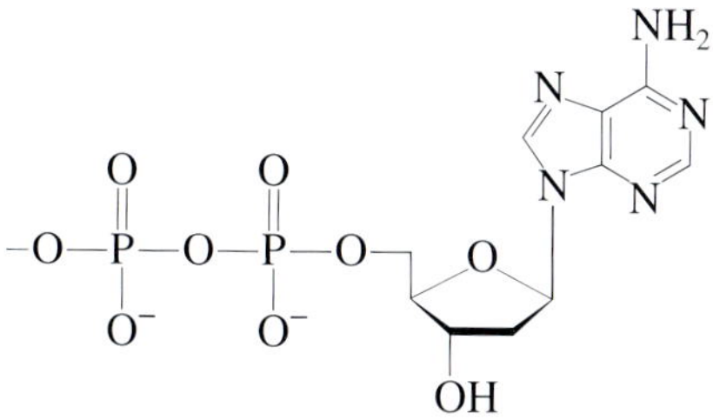

2′-Deoxyadenosine 5′-diphosphate

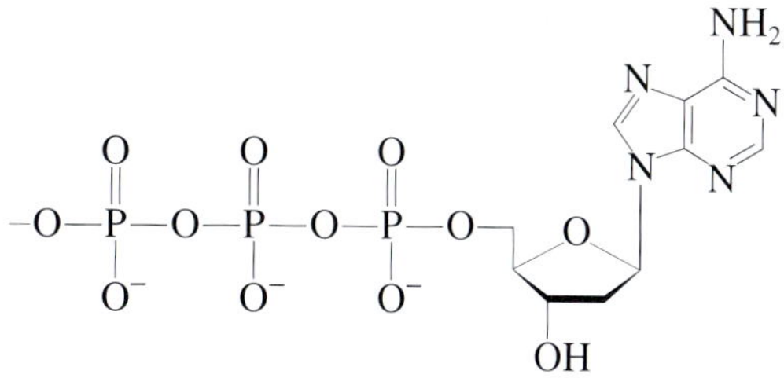

2′-Deoxyadenosine 5′-triphosphate

표 15.2 대표적인 2′-deoxyribonucleotide들

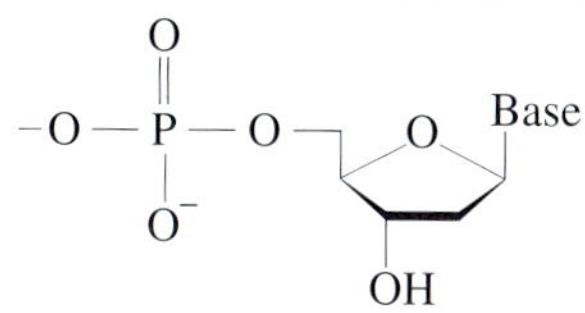

염기	Monophosphate	약어
Cytosine(C)	2′-Deoxycytidine 5′-monophosphate	dCMP
Thymine(T)	2′-Deoxythymidine 5′-monophosphate	dTMP
Adenine(A)	2′-Deoxyadenosine 5′-monophosphate	dAMP
Guanine(G)	2′-Deoxyguanosine 5′-monophosphate	dGMP

문제 15.8 다음 화합물의 가수 분해 반응 메커니즘을 제시해 보시오.

(1) 2′-Deoxyguanosine (2) 2′-Deoxyuridine 5′-monophosphate

문제 15.9 다음 화합물들의 구조를 그리시오.

(1) 2′-Deoxycytidine 5′-diphosphate (2) 2′-Deoxythymidine 3′-triphosphate

문제 15.10 dADP와 dGTP의 구조를 그리시오.

15.9 DNA 일차 구조

핵산은 뉴클레오타이드들이 연결되어 있는 긴 고분자 가닥이다. DNA와 RNA에서 한 뉴클레오타이드의 당 고리의 C(3′)에 있는 하이드록시기는 다음 뉴클레오타이드의 C(5′)의 인산기와 **인산 다이에스터(phosphate diester)** 결합을 통해 연결되어 있다.

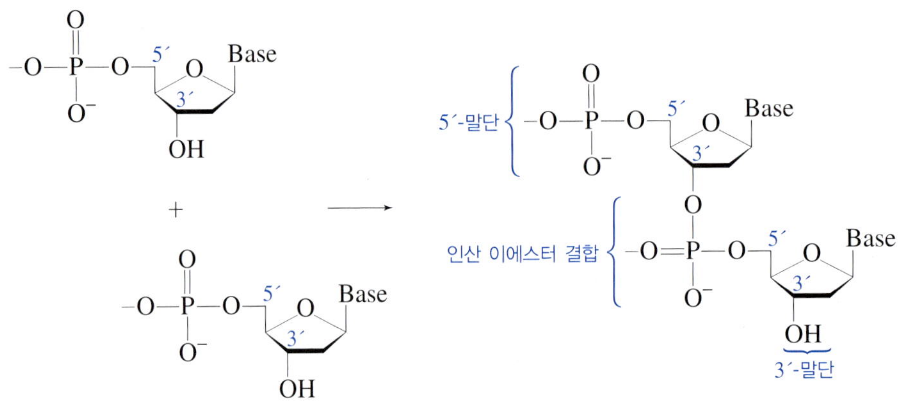

단백질은 여러 종류의 곁사슬을 가지고 있는 아미노산들이 **폴리아마이드(polyamide)** 결합을 통하여 연결된 구조를 가지고 있는 것과 마찬가지로 핵산도 여러 종류의 염기가 인산 다이에스터 골격을 통해 연결되어 있다. 핵산 사슬에서 한쪽 말단에는 C(3)에 유리 하이드록시기(3′-말단)가 있고 다른 쪽 말단에는(5′-말단)에는 5′-인산기가 있다.

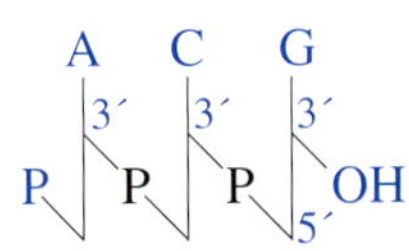

핵산 가닥의 당 고리에는 하이드록시기가 남아있지 않지만 각 인산의 하이드록시기는 pK_a 값이 약 2이기 때문에 생리학적 pH에서는 음전하를 띤 염기 형태를 이루고 있다. 음전하를 띤 골격은 친핵체를 강하게 배척하므로 인산 다이에스터 결합의 분해를 막아준다.

핵산 토막의 염기 서열을 기술할 때는 약속에 의해 5′에서 3′-방향으로 적는다(5′-말단이 왼쪽).

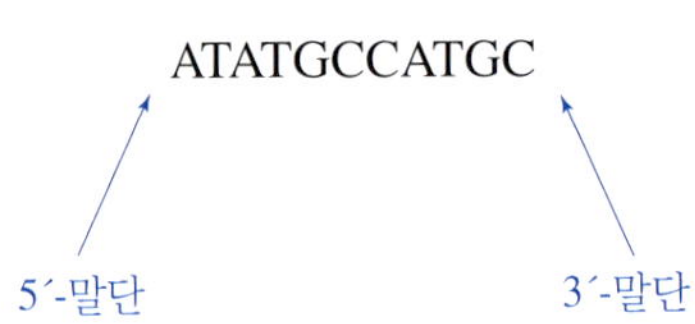

15.10 DNA 이차 구조: Watson–Crick 모델

생물의 종이 같으면 세포가 달라도 DNA에 포함되어 있는 네 개의 헤테로 고리 염기가 같은 비를 보여주지만 생물의 종이 다르면 염기의 비가 크게 다르다. 예를 들어 사람의 DNA에는 A와 T가 각각 30%, G와 C각 각각 20%씩 포함되어 있다. 박테리아인

*Escherichia coli*의 DNA는 A와 T를 각각 24%, G와 C를 각각 26%씩 포함하고 있다. 생물이 다르면 가지고 있는 염기의 비율은 다르지만 A와 T 그리고 G와 C의 비는 항상 1:1이다.

1953년 James Watson과 Francis Crick은 이 결과를 DNA 두 가닥은 서로 **상보적(complementarily)**이며 언제나 A는 T와 짝을 이루고 G는 C와 짝을 이루고 있기 때문이라고 설명하였다. 한쪽 가닥에 A가 있으면 반대쪽 가닥에는 T가 있고 한쪽 가닥에 G가 있으면 다른 쪽 가닥에는 C가 있다. 즉, 한쪽 가닥의 염기 서열을 알면 이것을 토대로 다른 가닥의 염기 서열을 그려낼 수 있다. 이와 같은 염기들의 짝짓기는 수소 결합으로 설명된다. Purine-pyrimidine 쌍 중 A−T와 G−C에서 가장 효과적인 수소 결합이 이루어진다. 두 개의 pyrimidine은 지나치게 작고 두 개의 purine은 지나치게 큰 공간을 차지하기 때문에 멀리 떨어져 있어 수소 결합을 형성하지 못한다. A는 T와 두 개의 수소 결합을 형성하지만 C와는 수소 결합을 효과적으로 이루지 못한다. G는 C와 세 개의 수소 결합을 형성하지만 T와는 두 개의 수소 결합밖에 형성하지 못한다. 수소 결합은 염기들을 모두 거의 같은 거리인 2.9 ± 1 Å을 유지하게 한다.

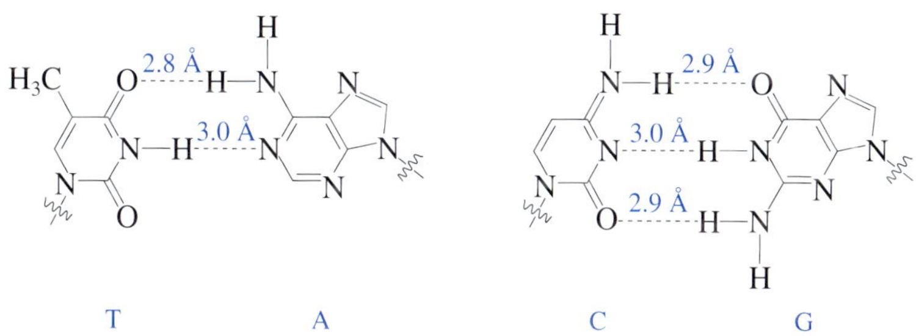

DNA 구조를 도시하면 그림 15.2와 같다. DNA 가닥은 공통 축 주위로 꼬여 있는 **이중 나선(double hexix)**으로 이루어져 있다. 나선은 우선성으로 꼬여 있으며 3'에서 5' 방향으로 진행하는 두 가닥은 서로 반대 방향을 향하고 있다. 당과 인산기들은 이 우선성 이중 나선의 바깥에 배열되어 있다. 염기 쌍들은 나선의 내부에서 같은 평면을 이루면서 평행하게 배열되어 있다. 친수성인 당과 인산은 바깥으로 배열되고 소수성인 염기는 안쪽에 층적됨으로써 이중 나선이 구조는 보다 안정해진다. 나선의 반지름은 10 Å이고 인접한 염기쌍들은 3.4 Å 떨어져 있다. 나선이 한 바퀴(360°) 돌 때마다 그 속에 10개의 염기 쌍이 배열되어 있으며 34 Å마다 반복된다.

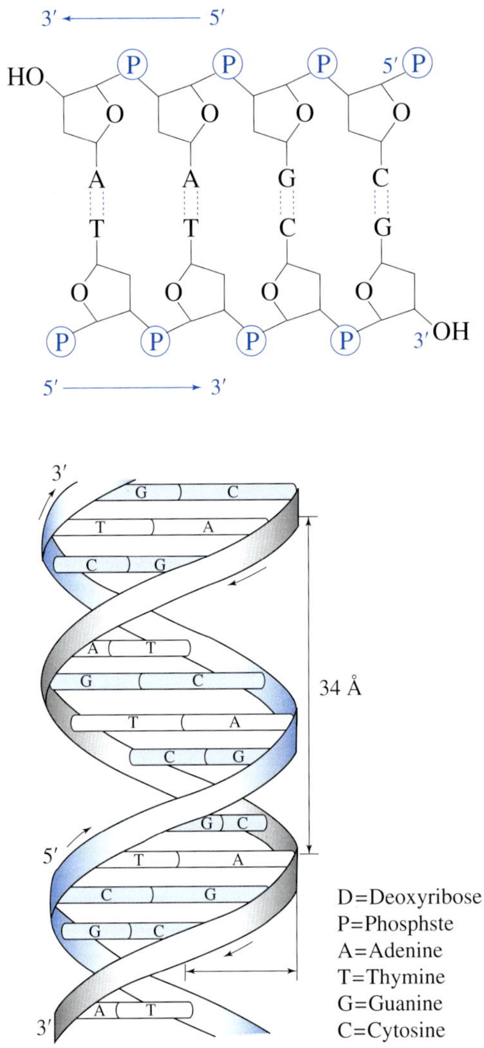

그림 15.2 DNA 구조

문제 15.11 다음은 DNA 토막의 염기 서열을 보여준다. 이것의 상보적인 가닥의 염기 서열은 무엇인가?

3′-말단 ATTGCGAGC 5′-말단

문제 15.12 Adenine과 Uracil의 염기 쌍에서 이루어지는 수소 결합을 구조식과 함께 그리시오.

15.11 DNA 복제

Watson과 Crick의 DNA 이중 나선 모델은 염기 쌍을 형성하는 원리 이상의 것을 설명한다. 즉 한 세대로부터 다음 세대로 유전 정보가 어떻게 전달될 수 있는 가를 설명하는 분자 수준의 기반을 제공하였다. 이중 나선의 두 가닥은 서로 상보적이기 때문에 동일한 유전 정보를 가지고 있다. 이중 나선의 풀림은 여러 곳에서 동시에 진행된다. 이중 나선이 풀어지면 각각의 가닥들은 새로운 딸 가닥을 만들어 내는 **주형(template)**으로 작용한다. 새로운 DNA 딸 가닥은 어미 가닥과 동일하기 때문에 어미 가닥이 갖고 있는 유전 정보를 그대로 가지고 있다. DNA의 복사본을 합성하는 과정을 **복제(replication)**이라고 한다.

DNA 복제의 기본 원리는 간단하지만 실제 복제는 매우 복잡한 양상으로 진행된다. 핵산을 포함하는 모든 반응은 효소의 촉매 작용을 받는다. DNA 합성은 가닥이 풀어지기 시작하는 영역에서 일어난다. 핵산의 합성은 5′ → 3′ 방향으로만 일어나므로 한 가닥은 단일 조각 내에서 연속적으로 합성된다. 다른 가닥은 여러 개의 작은 조각단위에서 5′ → 3′방향으로 불연속적으로 합성된다. 합성된 토막들은 DNA ligase라고 하는 효소에 의해 연결된다. 합성된 각각의 DNA 이중 나선은 어미 가닥 하나와 새로 합성된 딸 가닥 하나를 포함한다. 이 과정을 **반보존적 복제(semiconservative replication)**라고 한다. DNA의 반보전적 복제 과정을 도시하면 그림 15.3와 같다. 사람의 세포에는 23개의 염색체가 포함되어 있으며 각 염색체에는 수천 개의 **유전자(gene)**가 있다 사람의 세포에 있는 전체 DNA는 약 29억 개의 염기 쌍을 포함하고 있다.

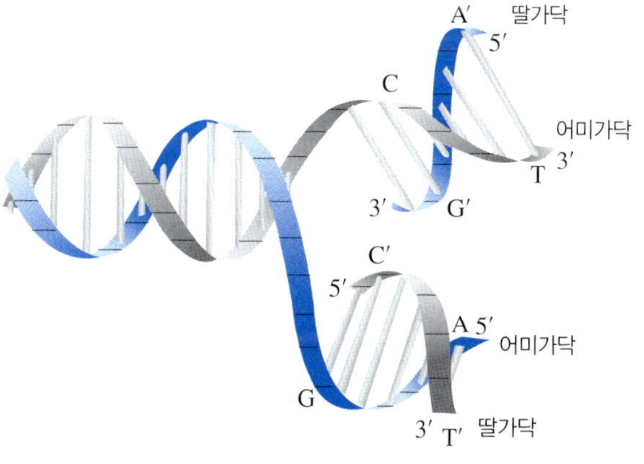

그림 15.3 DNA의 반보존적 복제

15.12 리보핵산: RNA

RNA는 당이 ribose이고 염기가 thymine 대신 uracil이다. RNA는 DNA보다 짧고 이중 나선이 아닌 단일 가닥으로 이루어져 있으며 여러 곳에서 접힌 구조를 보여준다. DNA는 유전 정보를 저장하는 역할을 하는 반면 RNA는 DNA가 가지고 있는 정보를 이용하여 단백질을 합성하게 한다. 세포에는 세 가지 RNA가 포함되어 있다.

DNA로부터 정보가 전달되는 과정을 **전사(transcription)**라고 하는데 여기에 관여하는 RNA를 **전령 RNA(messenger RNA, mRNA)**라고 한다. 전사 과정에서는 먼저 DNA 이중 나선이 부분적으로 풀어져서 특정 유전자를 포함하고 있는 뉴클레오타이드 부분이 노출된다. DNA 한 가닥은 정보 가닥이 되고 다른 가닥은 주형 가닥이 된다. 원료가 되는 각각의 리보뉴클레오타이드들은 DNA 주형 가닥을 따라 수소 결합을 통해 상보적인 방법(A–U 및 C–G)으로 배열된다. 전사는 DNA 주형의 3′에서 5′ 방향으로 진행된다. 즉, mRNA의 5′-말단에서부터 성장한다. 이어서 mRNA 가닥은 주형 가닥으로부터 분리되고 DNA는 다시 이중 나선을 형성한다. mRNA는 세포벽을 통과하여 세포질로 들어간다. 전사 과정에서 생긴 mRNA의 염기 서열은 thymine 대신 uracil이 사용된 것을 제외하면 DNA 정보 가닥의 염기 서열과 상보적으로 정확하게 일치한다.

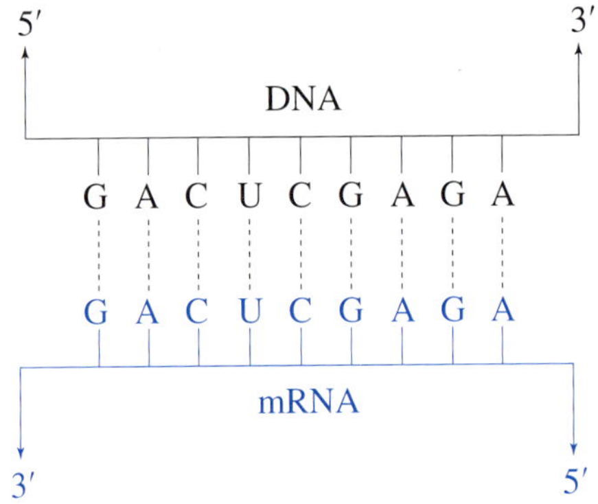

세포질에 들어간 mRNA는 **리보솜(ribosome)**이라고 하는 작은 입자와 결합한다. 리보솜에 있는 mRNA에 **전달 RNA(transfer RNA, tRNA)**가 결합한다. 64가지의 tRNA가 알려져 있으며 tRNA는 약 70~90개의 리보뉴클레오타이드로 구성되어 있다. tRNA는 활성화된 아미노산을 리보솜까지 운반하여 펩타이드 결합을 형성하게 하며, 각 tRNA에는 아미노산이 한 개씩 결합되어 있다. 각 tRNA에는 아미노산이 결합되어 있는 위치로부터 상당히 먼 곳에 **안티코돈(anticodon loop)**이 있다. 안티코돈이 mRNA의 상보적인 **코돈(codon)**을 인식하여 그것과 수소 결합을 형성한다. tRNA는 말단 ribose에 있는 3′-하이드록시기의 에스터 결합을 통하여 특정 아미노산의 카복시기에 연결되어 있다. tRNA

들은 차례로 mRNA와 수소 결합을 형성하고 운반된 아미노산들은 펩타이드 형성 효소의 작용을 받아 서로 연결된다. 세 번째 형태의 RNA인 **리보솜 RNA(ribosomal RNA, rRNA)**는 리보솜을 구성하고 있는 주 성분이며 RNA의 80%를 차지하고 있다. rRNA는 단백질 생산을 위해 효소가 작용할 수 있는 골격을 제공한다.

문제 15.13 RNA trinucleotide GUC의 구조를 그리시오.

15.13 유전 암호

유전 암호(genetic code)는 단백질의 특정 서열에 특정한 아미노산이 배치되도록 지시하는 **삼중자(triplet)**로 구성되어 있다. 삼중자는 mRNA 상의 연속된 세 개의 염기 서열이며 **코돈**이라고 부른다. 핵산 염기의 코돈 서열은 DNA에 저장된 다음 mRNA로 전사되고, 마지막에 tRNA에 의해 **번역(translation)**되어 아미노산의 특정 서열을 구성한다. RNA에는 4개의 염기(A, G, C, U)가 있기 때문에 코돈은 $4^3 = 64$개가 있을 수 있다. 64개의 코돈 중 61개는 특정 아미노산과 관련이 있다. 각 코돈은 한 개씩의 아미노산에 대응한다. 사람의 단백질에는 20개의 아미노산이 있기 때문에 암호가 중첩될 수 있으며 여러 개의 다른 코돈이 한 개의 같은 아미노산에 해당될 수도 있다. 예를 들면 tryptophan은 한 가지 코돈(U−G−G)에 의해 지정되지만 다른 아미노산들은 최고 6개의 서로 다른 삼중자에 의해 지정된다. 64개의 코돈 중에서 UAA, UAG 및 UGA의 세 코돈은 종결과 관련된 유전 암호이다. 이들은 어떤 특정한 단백질의 합성이 끝났음을 나타낸다. 코돈 AUG는 두 가지 일을 수행하는 것으로 알려져 있다. 이 코돈은 많은 단백질 합성의 개시에 관여한다. 어떤 단백질의 합성이 시작된 다음 다시 이 코돈이 나타나면 methionine을 코드화 한다. 표 15.3에 코돈과 코돈들이 지정하는 아미노산을 종합하였다.

문제 15.14 다음 아미노산의 코돈을 적으시오.

(1) Ile (2) Asp (3) Thr

문제 15.15 Tetranucleoside UAUC로부터 어떤 polynucleoside가 생성되었다. 이것으로부터 (Tyr−Leu−Ser−Ile)n의 단백질이 합성되었다. 이들 4개 아미노산에 대한 코돈은 무엇인가?

표 15.3 유전 암호: mRNA 코돈과 아미노산

첫 번째 염기(5′-말단)	두 번째 염기	세 번째 염기			
		U	C	A	G
U	U	Phe	Phe	Leu	Leu
	C	Ser	Ser	Ser	Ser
	A	Tyr	Tyr	Stop	Stop
	G	Cys	Cys	Stop	Stop
C	U	Leu	Leu	Leu	Leu
	C	Pro	Pro	Pro	Pro
	A	His	His	Gln	Gln
	G	Arg	Arg	Arg	Arg
A	U	Ile	Ile	Ile	Met(start)
	C	Thr	Thr	Thr	Thr
	A	Asn	Ans	Lys	Lys
	G	Ser	Ser	Arg	Arg
G	U	Val	Val	Val	Val
	C	Ala	Ala	Ala	Ala
	A	Asp	Asp	Glu	Glu
	G	Gly	Gly	Gly	Gly

15.14 핵산 서열

DNA의 서열 결정은 효소 반응과 화학 반응을 이용하여 DNA를 확인 가능한 작은 토막으로 자르는 단계로부터 시작된다. 여기에 **제한 효소(restriction enzyme)**가 이용된다. 약 200여 종의 제한 효소가 알려져 있다. 이들은 뉴클레오타이드의 각각 다른 특정 자리에서 DNA를 자른다. 이들을 이용하여 먼저 거대한 DNA를 100~150개의 뉴클레오타이드를 포함하고 있는 토막으로 자른다. 토막을 정제한 다음 염기인 A, G, C, T 사이의 결합을 선택적으로 자를 수 있는 반응들을 이용하여 더 작게 토막 낸다. 얻어진 여러 그룹의 뉴클레오타이드를 **젤 전기 영동(gel electrophoresis)** 장치의 폴리아크릴아마이드 상에서 이동시키면 작은 폴리뉴클레오타이드는 빠르게 이동하고 큰 폴리뉴클레오타이드 느리게 움직이므로 분리된다. 자세한 내용은 교과서의 범위를 벗어나므로 더 깊이 설명하지 않지만 이 실험은 DNA의 서열을 해독할 수 있는 정보를 제공해 준다. 핵산의 서열을 결정하는 방법은 빠르게 발전해 왔다. 수천 개의 뉴클레오타이드를 포함하고 있는 정도의 DNA는 하루 이내에 서열을 결정해 낼 수 있다.

요약

가장 흔한 **지방질**에는 상온에서 고체인 지방과 액체인 **기름**이 있다. 지방질은 긴 사슬 지방산과 glycerol의 삼중 에스터인 **trigrlyeride**이다. 비누는 지방이나 기름을 염기 수용액에서 가수분해함으로써 얻는다. 보통의 **합성 세제**는 긴 알킬 사슬 sulfonate 또는 sulfate의 소듐 염이다.

인지질(phospholipid)에는 **phosphoglyceride**와 **spingolipid**의 두 종류가 있다. 세포막의 중요 구성 물질인 phosphoglyceride는 glycerol 뼈대에 두 개의 지방산과 한 개의 인산이 에스터 결합을 하고 있다. Spingolipid는 sphingosine의 유도체들이다. 신경 섬유 껍질의 중요한 성분이며 뇌 조직에 다량으로 존재한다.

스테로이드(Steroid)는 세 개의 여섯 원자 고리와 한 개의 다섯 원자 고리가 트랜스로 접합된 구조를 가지고 있다. 여러 가지 스테로이드 화합물들이 호르몬으로 작용한다.

터펜(terpene)은 정유의 중요 성분으로서 아이소프렌 단위가 **머리-꼬리**(head-to-tail)형으로 연결된 화합물들이다.

에이코사노이드(eicosanoid)는 극미량으로 강한 생물학적 현상을 나타내는 지방질의 일종이다. 에이코사노이드에는 **prostaglandin**과 **leucotriene**이 있다.

생체 고분자인 핵산에는 DNA와 RNA가 있으며 이들은 생명체의 유전 정보를 저장하고 운반하는 역할을 수행한다. DNA의 기본단위인 **뉴클레오타이드**에서 헤테로 고리 아민인 purine과 pyrimidine 유도체는 2'-deoxyribose의 C(1')에 연결되어 있으며 RNA의 뉴클레오타이드에서는 헤테로 고리 아민이 ribose의 C(1')에 연결되어 있다. 이때 ribose 또는 2'-deoxyribose의 C(5')에는 인산기가 결합되어 있다. 한 뉴클레오타이드의 인산기는 인접한 다른 뉴클레오타이드에 있는 당의 3'-하이드록시기와 에스터 결합으로 연결되어 있다.

이중 나선 구조를 가지고 있는 DNA 분자는 헤테로 고리 염기 사이의 수소 결합을 통해 서로 **상보적**(complementarily)으로 잡혀있다. 이때 adenine은 thymine과 수소 결합을 형성하고 cytosine은 guanine과 수소 결합을 한다.

DNA는 다음 세 단계를 통해 유전 현상을 일으킨다. **복제 과정(replication)**에서 DNA의 이중 나선이 풀리고 상보적인 Deoxyribonucleotide가 순서대로 정렬하여 새로운 두 개의 DNA 분자를 생성한다. **전사 과정(transcription)**에서는 RNA가 생성되어 유전 정보가 핵에서 리보솜으로 전달된다. 이 때는 mRNA가 생성된다. **번역 과정(translation)**에서는 mRNA가 단백질의 합성을 명령한다. 각 mRNA 사슬에는 **코돈(codon)**이라고 하는 부분이 있다. 각 코돈은 세 개씩의 리보뉴클레오타이드로 이루어져 있으며 단백질 합성에 필요한 적합한 아미노산을 운반하는 tRNA가 이것을 인식한다.

읽을거리

80년대 말 미국 주도 아래 달 착륙과 원자탄 계획을 능가하는 사상 최대의 프로젝트인 인체 게놈 사업이 시작되었다. 약 30억 달러의 예산과 수많은 과학자들의 노력을 통해 최근 인간 게놈 지도가 완성되었다. 이것은 Watson과 Crick이 DNA 구조를 밝힌 지 50년 만에 이루어진 획기적이 사건이었다. 게놈 해독을 통해 인간 유전자를 전체적으로 파악하면 이를 바탕으로 각 유전자의 작용을 알아내 결함을 수정하고 기능을 강화하는 등 여러 가지 생물공학적 응용이 가능해진다.

1970년대 모습을 드러내기 시작한 "유전 공학"은 생체 내에서 DNA를 자르는 역할을 하는 "제한 효소(restriction enzyme)"가 발견된 다음 비약적으로 발전을 해왔다. 특히 한 DNA를 잘라 다른 DNA에 붙이는 재조합 기술의 개발은 생명을 어느 정도 인위적으로 가공할 수 있게 하였다.

결과로서 80년대 이후 생물의 유전자를 변형시켜 생산하는 유전 공학 제품들이 줄곧 쏟아지고 있다. 왜소증 치료제인 성장 호르몬은 본래 인간의 뇌하수체에 극미량이 존재했지만, 이제는 대장균에서 대량으로 생산되고 있다. 미국 내에서만 1년간에 4조원의 매출을 올리는 최대의 바이오 제품이다. 간염 및 간암의 예방에 한 몫을 하는 B형 간염 백신도 효모를 이용하여 대량 생산하고 있다.

국내외 언론들은 게놈 지도 완성으로 인류의 생활 자체가 혁명적으로 변화를 맞을 것이라며 갖가지 장미빛 청사진들을 제시하였다. 세계 각국의 기업은 물론이고 정부까지 생명 공학의 열풍에 휩싸였다. 인체 게놈 사업의 완성은 조물주가 창조한 인체 설계도를 벽돌 한 장까지 낱낱이 규명해 낸 것으로 생각하고 있다. 그러나 인간 게놈 내의 염기 서열을 해독하는 것이 전부가 아니다. 이제 겨우 출발선에 서게 된 것이다. 유전 현상에 대해서는 모르는 것이 얼마나 되는지 예측하기 어렵다. 최근 염기 서열 자체에는 변화가 없어도 DNA 구조가 바뀌고 질병까지 초래될 수 있다는 사실들이 새롭게 알려지고 있다.

예를 들어 열외 유전이라고 하는 유전방식이 있다. 가장 잘 알려져 있는 것이 DNA에 미치는 메틸기의 영향이다. DNA의 탄소에 메틸기가 붙으면 해당 유전자의 특징이 잘 발현되지 않는다. 유전자에 메틸화가 심하게 되면 암이 발병한다. 반대로 꼭 있어야 할 부위에 메틸기가 없으면 면역 결핍 및 기형적인 얼굴을 갖는 ICF 증후군을 앓게 된다. 메틸기가 붙는 명확한 이유가 무엇인지 모르고 있다. 여기에는 유전적인 요인은 물론이고 여러 가지 외부 환경이 관여하는 것으로 추정하고 있다. 메틸화가 쥐에 미치는 영향도 보고된바 있다. 게놈 염기 서열이 똑 같은 복제 쥐들 사이에는 "A(agouti)"라고 하는 유전자가 있다. 이 부분이 얼마나 메틸화 되는가에 따라 복제 쥐는 노란색으로부터 검은색까지 다양한 털 색깔을 갖는 것으로 나타난다.

놀라운 것은 실험 결과 이 색깔들이 유전자 서열과는 아무 상관이 없는데도 어미에서 새끼로 유전된다는 것이다. 이를 일반적인 유전과 구분해 영어로 에피제네틱스(epigenetics)라고 부른다. 염기 서열에 대한 정보만을 담고 있는 게놈 지도만으로는 이와 같은 유전 방식을 설명할 수 없다. 열외 유전학은 변수가 너무 많아 정체가 무엇인지 오리무중이다. 지금 우리가 말할 수 있는 것은 염기 서열만이 유전을 결정하는 모두가 아니며 외부 자극에 의한 변화도 다음 세대로 유전된다는 점이다.

보충문제

15.16 다음 각각의 일반 구조식을 그리시오.
(1) 지방 (2) 스테로이드 (3) 테르펜 (4) 인지질

15.17 Stearic acid 두 당량과 oleic acid 한 당량으로 가수 분해되는 광학 활성인 지방과 광학 비활성인 지방의 구조를 그리시오.

15.18 Glyceryl trilinoleate를 다음 시약으로 처리했을 때 얻어지는 생성물의 구조를 그리시오.

(1) 과량의 Br_2/CCl_4 (2) H_2, Pd/C

(3) NaOH 수용액 (4) O_3 처리 후 Zn/CH_3COOH

15.19 Stearolic acid($C_{18}H_{32}O_2$)를 Lindlar 수소화하면 oleic acid가 얻어진다. 이 화합물의 구조를 그리시오.

15.20 1-Decene과 벤젠을 원료로 합성 세제인 alkylbenzenesulfonate를 합성하는 전략을 제시하시오.

15.21 여성 호르몬인 progesterone을 다음 시약으로 처리했을 때 얻어지는 생성물의 구조를 그리시오.

(1) Br_2/CCl_4 (2) $NaBH_4$/ethanol

(3) CH_3MgI/ethyl ether (4) NH_2NH_2/H^+

15.22 Prostaglandin E_2(PGE_2)의 카이랄 중심과 각 곁사슬에 있는 이중 결합의 입체 배열을 지적하시오.

15.23 다음 화합물의 구조식을 그리시오.

(1) dCTP (2) Deoxythymidine 5′-triphosphate

(3) Deoxycytidine 3′-monophosphate

15.24 다음 화합물의 토토머의 구조를 그리시오.

(1) Cytosine (2) Thymine (3) Uracil

15.25 Deoxythymidine 5′-monophosphate의 가수 분해 반응식을 적으시오.

15.26 RNA에서 유도된 다이뉴클레오타이드인 G−U와 A−C의 구조를 그리시오.

15.27 DNA에서 유도된 GCTT를 NaOH로 가수 분해한 다음 산으로 처리했을 때 얻어지는 생성물의 구조를 그리시오.

15.28 어떤 생물에서 얻어진 DNA는 A를 32%, G를 18% 포함하고 있다. 이 DNA에 포함된 T와 C의 백분율을 계산하시오.

15.29 다음 DNA 토막에 상보적인 DNA와 RNA의 염기 서열을 적으시오.

(1) 5′-GCTTATGC-3′ (2) 5′-AAGCTGTAC-3′

15.30 다음 아미노산의 코돈을 적으시오.

(1) Ile (2) Phe (3) Tyr (4) Ans

15.31 RNA 코돈인 UAC가 지적하는 아미노산의 구조를 그리시오.

15.32 UAC 코돈이 전사된 원래 DNA 염기 서열을 적으시오.

15.33 코돈 CUU는 아미노산 leucine을 나타낸다. 이 코돈이 전사되는 DNA 가닥은 무엇인가? 또 그 가닥의 상보적인 가닥은 어떻게 나타날 것인지를 5′과 3′ 방향을 보이면서 설명하시오.

15.34 어떤 mRNA 가닥은 5′-CCAUGCAGCAUGCCAAACUAAUUAACUAGC-3′의 서열을 가지고 있다 출발 및 종결 코돈을 감안하여 생성되는 펩타이드의 아미노산 서열을 제시하시오.

15.35 DNA에서 염기 서열이 TACCAGGAT가 복제 과정에서 잘못되어 TGACCGGAT가 되었다. 이 변이가 아미노산 서열에 어떤 영향을 미칠 것인가를 설명하시오.

해답편

해답

1장

1.1 (1) 이온 결합
(2) 공유 결합
(3) 이온 결합
(4) 공유 결합
(5) 공유 결합

1.2 두 개

1.3 (1)
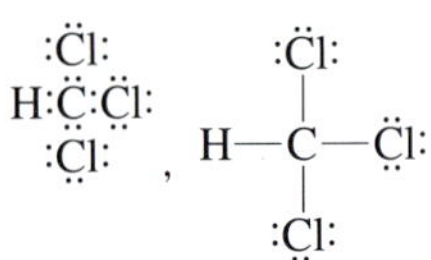

(2) $:\ddot{O}::C::\ddot{O}:$, $O{=}C{=}O$

(3)
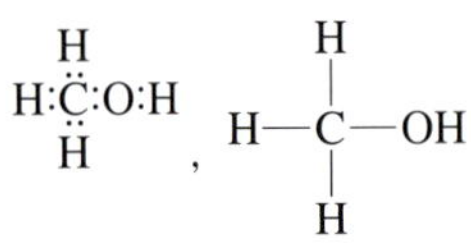

(4)
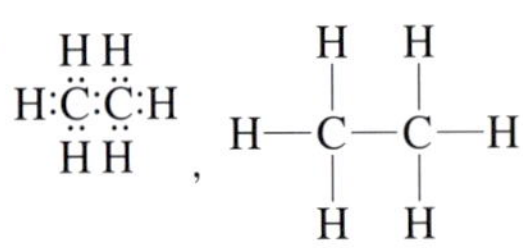

1.4 (1) $\overset{\delta^-}{Cl}-\overset{\delta^+}{Br}$

(2) $H_3\overset{\delta^+}{C}-\overset{\delta^-}{F}$

(3) $H_3\overset{\delta^-}{C}-\overset{\delta^+}{MgBr}$

(4) $CH_3\overset{\delta^-}{O}-\overset{\delta^+}{H}$

(5) $H_3\overset{\delta^+}{C}-\overset{\delta^-}{NH_2}$

1.5
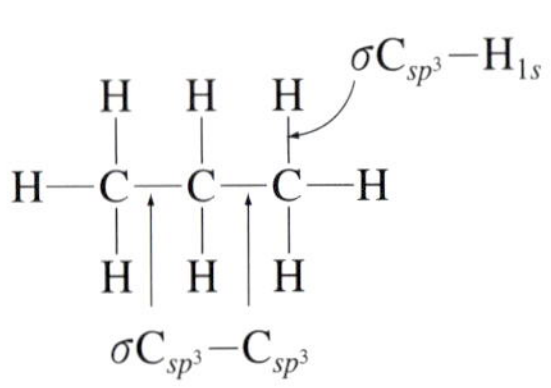

1.6 (1)
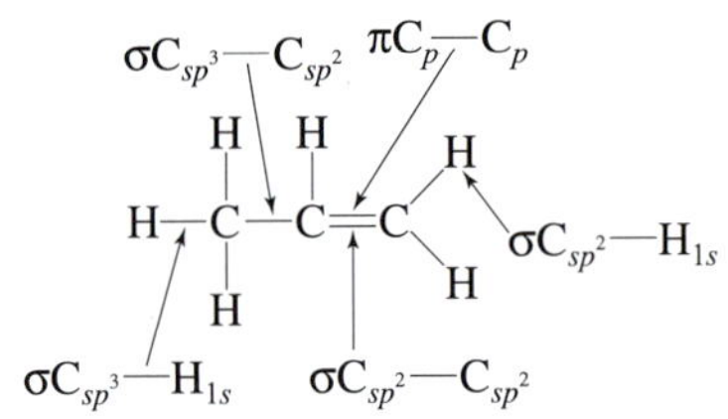

(2)
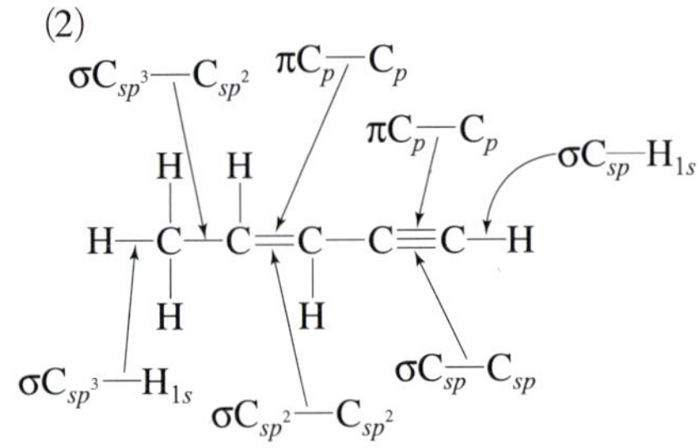

1.7 (1) CH_3CH_2COOH
(2) $CH_3CH_3NHCH_3$
(5) $CH_3OCH_2CH_2SH$

1.8 (2) H_2S → (3) NH_3 → (1) H_2O → (4) HF

1.9 (1)
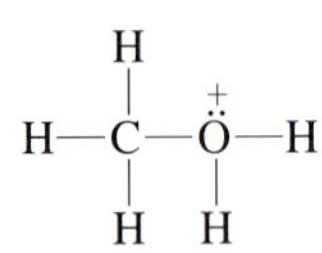

(2)
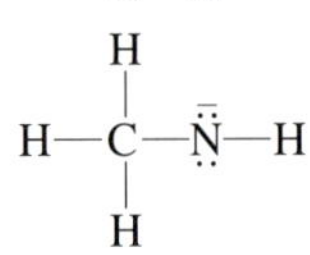

(3)
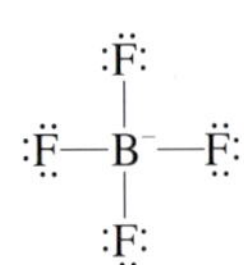

(4)
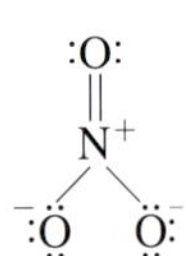

(5)
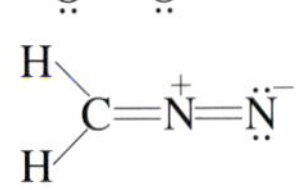

1.10

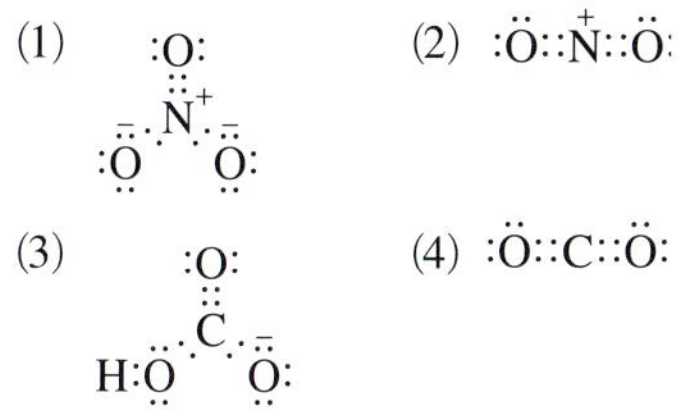

1.11 $pK_a = -\log 1.0 - \log 10^{-16} = 0 + 16 = 16$

1.12 phenol

1.13 Lewis 산; (2) BF_3
(3) $FeCl_3$
(4) Ca^{2+}
(7) $(CH_3)_3C^+$
Lewis 염기; (1) $CH_3CH_2OCH_2CH_3$
(5) $CH_3CH_2NH_2$
(6) CH_3^-

1.14 (1) $CH_2=CH$: 이중 결합,
$C=O$: 카보닐기
(2) $CH_2=CH$: 이중 결합,
$C=O$: 카보닐기, $-NH_2$: 아미노기
(3) NO_2: 나이트로기, OH: 하이드록시기, CN: 사이아노기
(4) CHO: 폼일기, OH: 하이드록시기

1.15

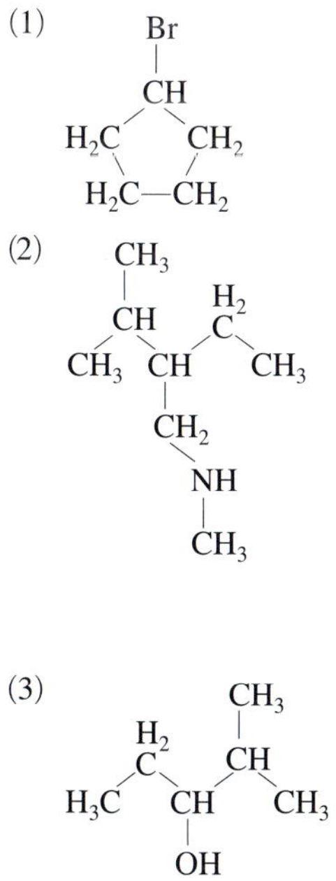

1.16 (1) $1s^2 2s^2 2p_x^2 2p_y^1 2p_z^1$
(2) $1s^2 2s^2 2p_x^2 2p_y^2 2p_z^2 3s^2 3p_x^1 3p_y^1 3p_z^1$
(3) $1s^2 2s^2 2p_x^2 2p_y^2 2p_z^2$
(4) $1s^2 2s^2 2p_x^2 2p_y^2 2p_z^2$
(5) $1s^2 2s^2 2p_x^2 2p_y^2 2p_z^2 3s^2 3p_x^2 3p_y^2 3p_z^2$
비활성 기체 전자 배치: (3), (4), (5)

1.17

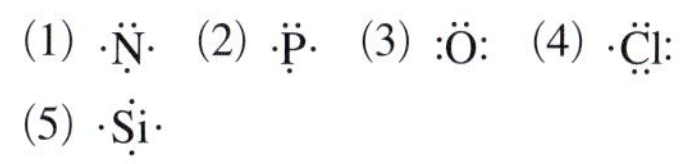

1.18 공유 결합 화합물: (3), (4), (5), (7), (8), (9)
이온 결합 화합물: (1), (2), (6), (10)

1.19 (1) 3 (2) 3 (3) 2 (4) 1 (5) 3

1.20

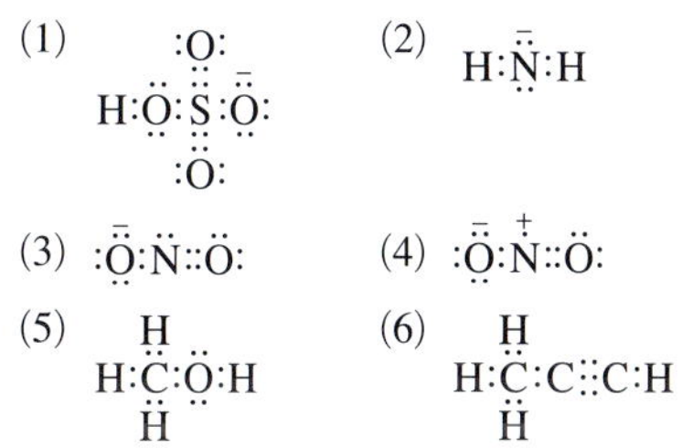

1.21

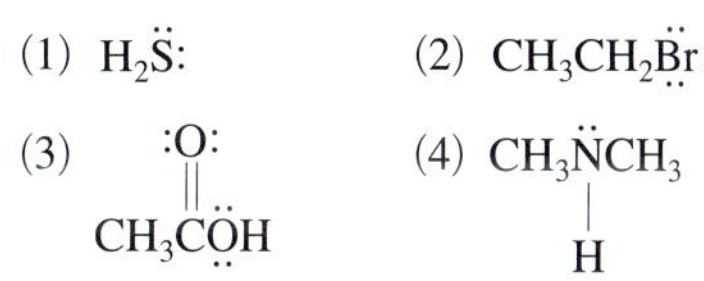

1.24

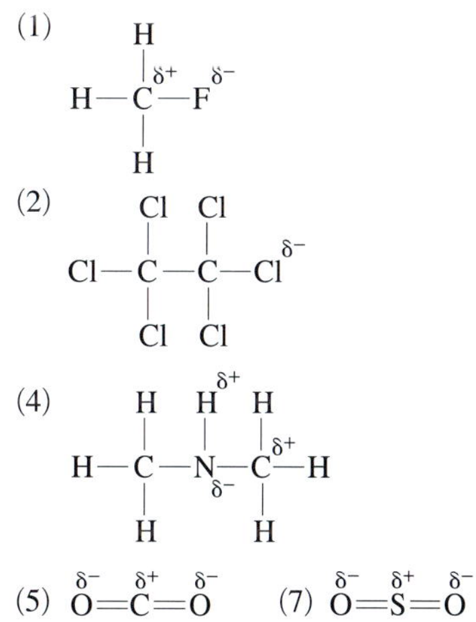

1.26 (1)
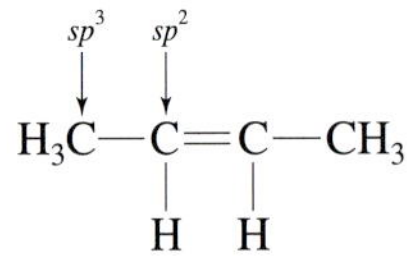

(2)
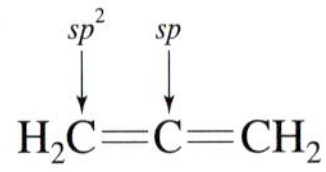

(3)
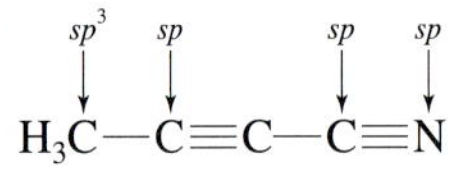

(4)
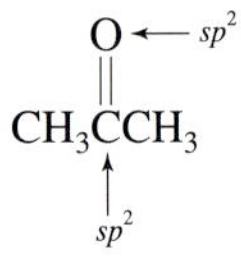

(5)
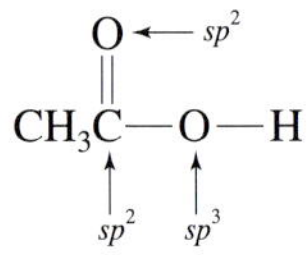

1.27 (1)
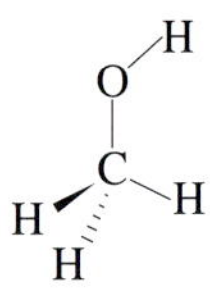

(2)
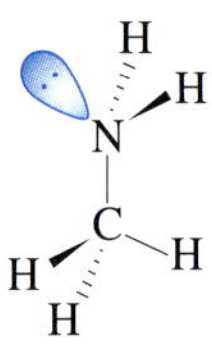

(3)
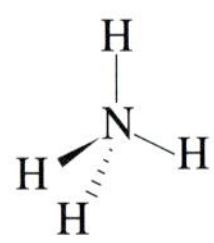

(4)
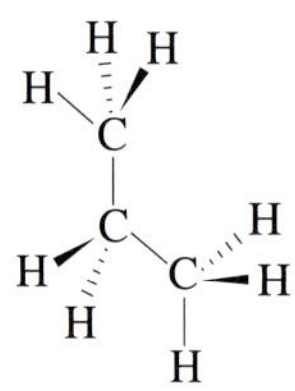

1.28 (1)
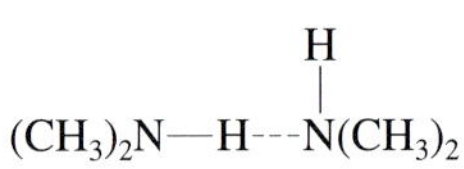

(2)
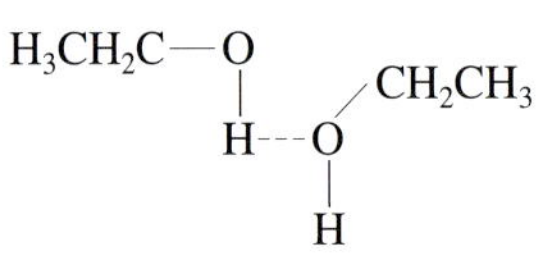

1.29

(2)
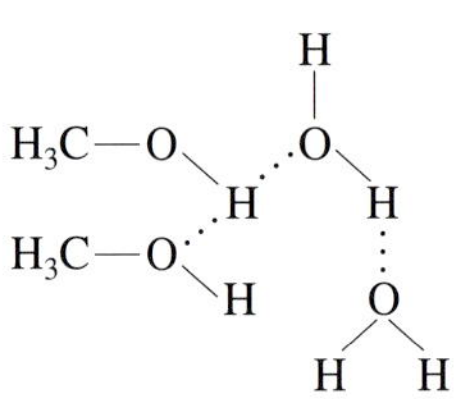

(3)
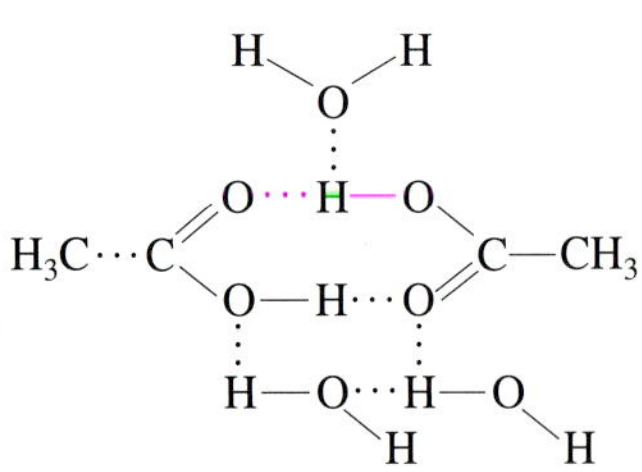

(5)
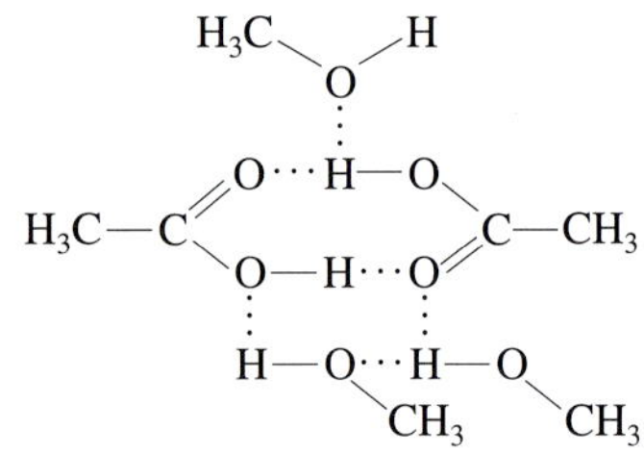

1.31 (1) $CH_3CO_2H + NaHCO_3$
$\rightleftharpoons CH_3CO_2Na + H_2CO_3$
오른쪽으로, acetic acid가 더 센산

1.32 (1) $HCl + H_2O \rightleftharpoons H_3O^+ + Cl^-$
산 염기 짝산 짝염기

1.34 (1), (2)
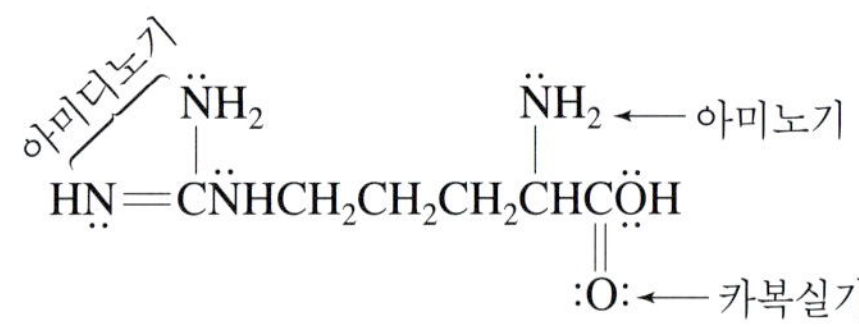

1.36 sp^3인 것: (1), sp^2인 것: (3)

2장

2.1 $C_{10}H_{22}$, $C_{12}H_{26}$

2.2 $CH_3CH_2CH_2CH_2CH_2CH_3$
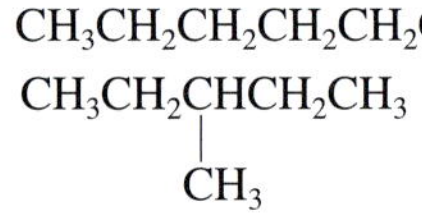
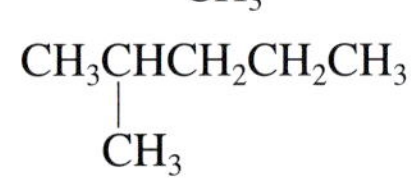
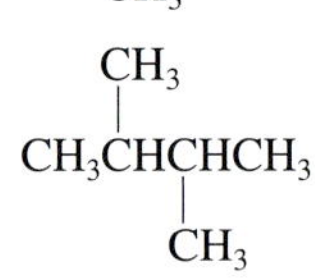
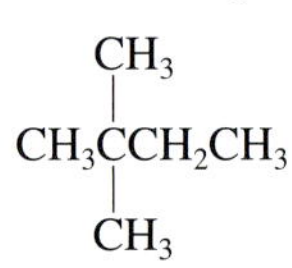

2.3 $CH_3CH_2CH_2CH_2CH_2—$
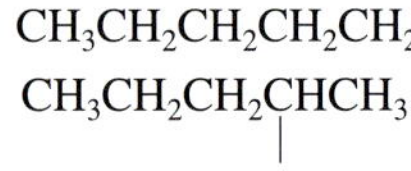
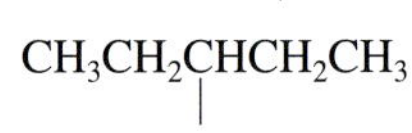

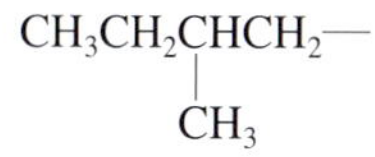

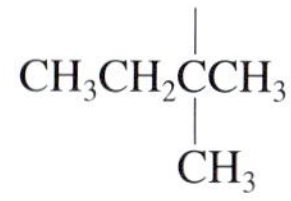

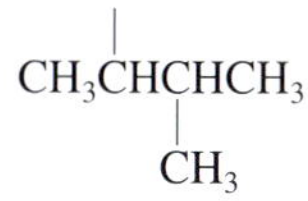

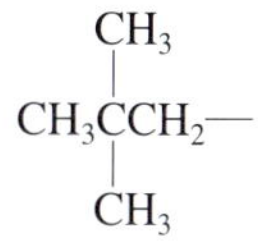

2.4 $CH_3CH_2CH_2CH_2Cl$

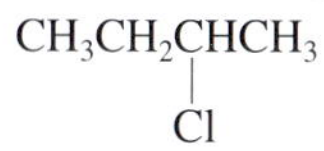

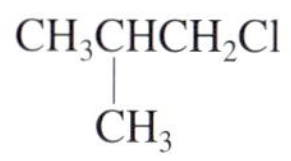

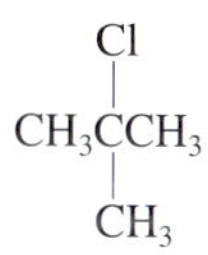

2.5 (1)과 (6), (2)와 (3), (4)와 (5)

2.6 (1) 2-Chlorobutane
(2) 3,4-Dimethylheptane
(3) 4-Ethyl-2,5-dimethylheptane
(4) 2,2,4,4-Tetramethylpentane
(5) 2,2,4-Trimethylpentane

2.7 (1)

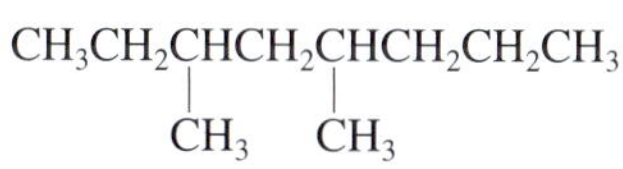

(2)

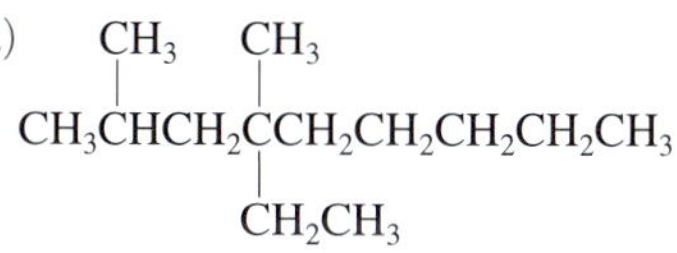

(3)

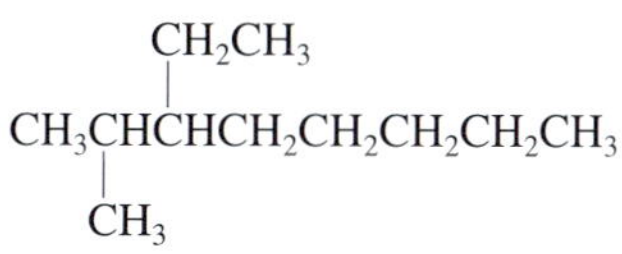

(4)

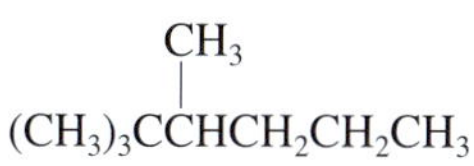

2.8

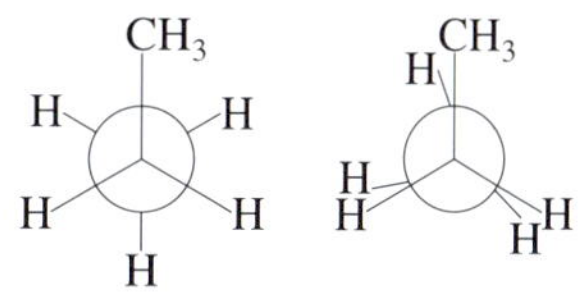

엇갈린 형태 가려진 형태

2.9

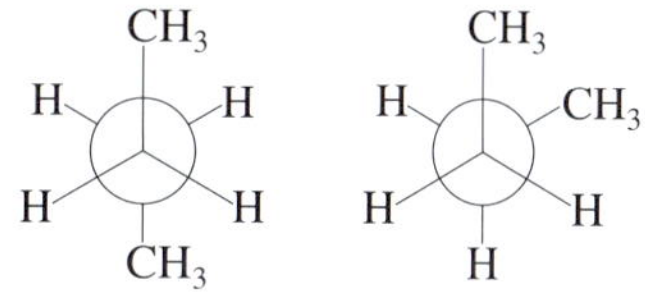

엇갈린 형태

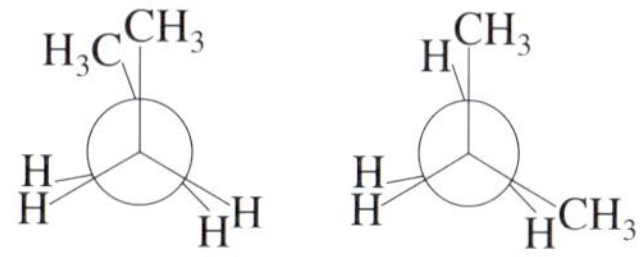

가려진 형태

2.10 가장 안정한 형태: 엇갈린 형태, 가장 큰 메틸기의 반대편 배열, 입체 장애 및 비틀림 무리가 가장 작음

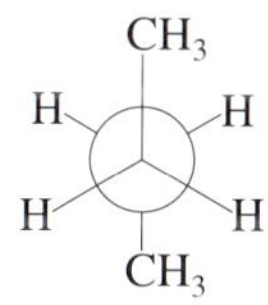

가장 불안정한 형태: 모든 치환체가 가려진 형태, 비틀림 무리와 메틸-메틸 입체 장애가 가장 큰 형태

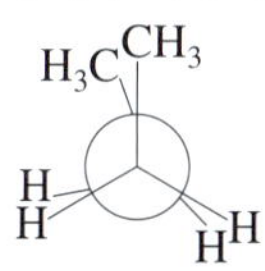

2.11 (1) 1,3-Dimethylcyclopentane
(2) 1-Chloro-4-ethyl-2-methylcyclohexane
(3) 5-Methyl-1-isopropylcyclononane

2.12

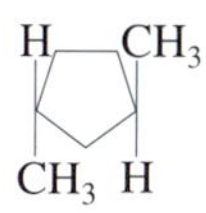

2.13 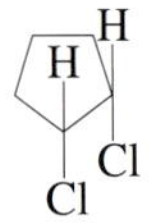

cis-1,2-Dichlorocyclopentane

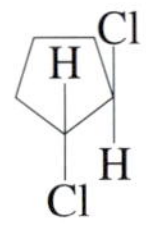

trans-1,2-Dichlorocyclopentane

2.14 (1) 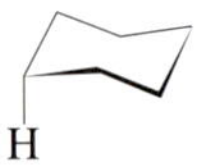 (2) 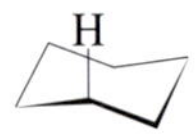

(3)  (4) 

2.15 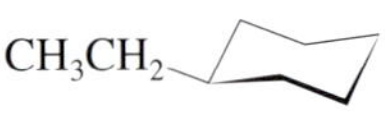

보다 안정한 형태

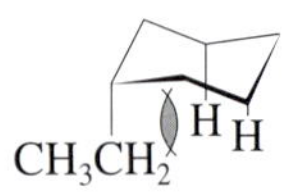

1,3-이 수직 방향 상호작용
때문에 보다 불안정한 형태

2.16 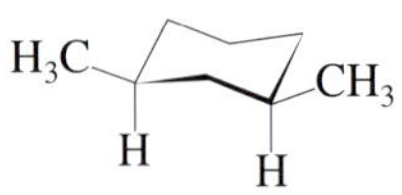

cis-1,3-Dimethylcyclohexane

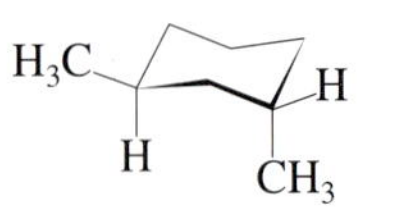

trans-1,3-Dimethylcyclohexane

2.17 (1) 4-Bromo-2-pentene
(2) 2,3-Dimethyl-2-butene
(3) 2-Methyl-3-hexene
(4) 3-Bromo-2,6-dimethyl-3-heptene
(5) 1-Bromo-3-methylcyclohexene
(6) 3-Methyl-1,4-heptadiene

2.18 (1) 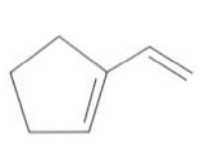

(2) 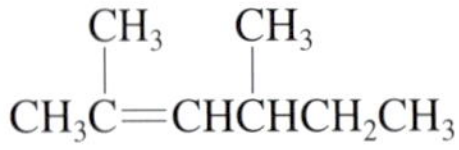

(3) 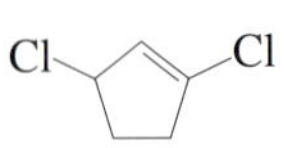

(4) 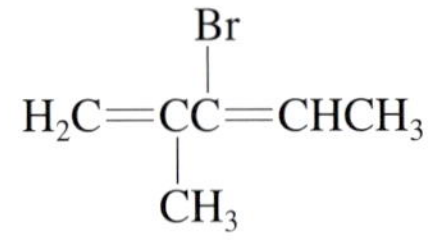

2.19 (1)과 (3)

2.20 (1) 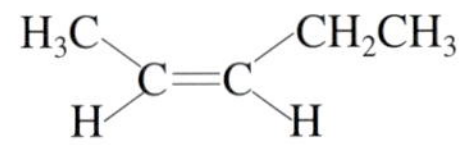

cis-2-Pentene

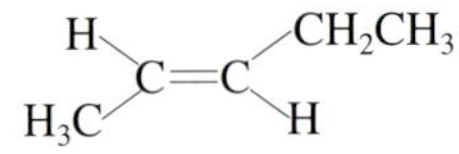

trans-2-Pentene

(3) 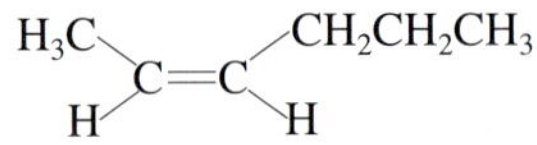

cis-2-Hexene

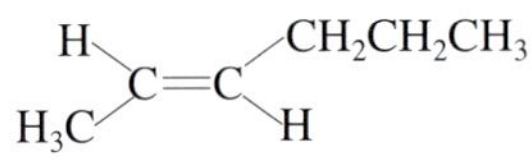

trans-2-Hexene

2.21 (1) *Z* (2) *E* (3) *E* (4) *E*

2.22 다음과 같은 공명 현상에 의해 비공유 및 π-전자가 O—C—O의 세 원자 사이에 비편재화되어 있다.

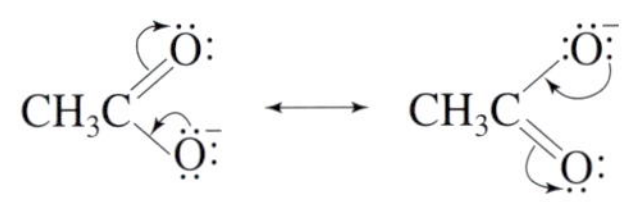

2.23 (1) 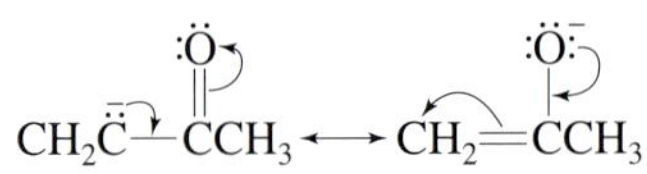

(2) 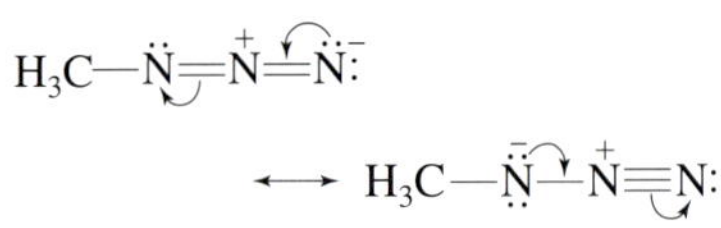

(3) 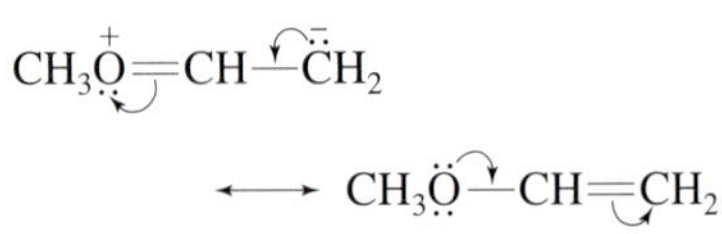

(4) 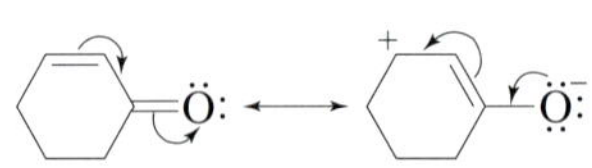

2.24 $CH_3CH_2CH_2CH_2CH_2Br$

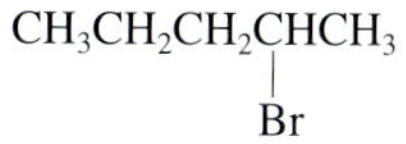

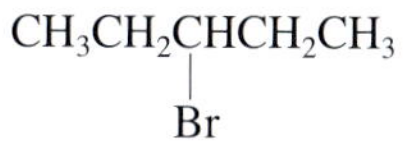

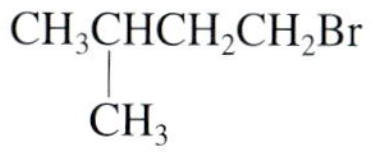

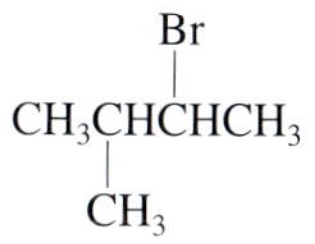

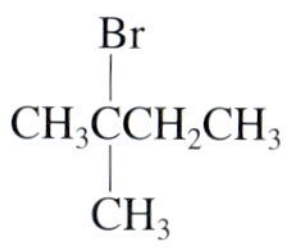

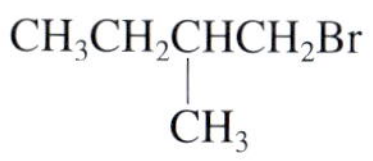

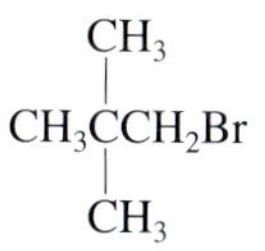

2.25 $CH_3CH_2CH_2OH$

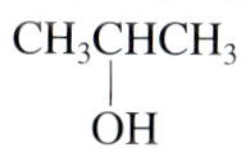

$CH_3CH_2OCH_3$

2.26 (1) 첫 번째와 세 번째가 동일, 두 번째와 네 번째가 동일

(2) 첫 번째와 두 번째가 동일

2.27 (1) Isopropyl

(2) *tert*-Butyl

(3) Isobutyl

2.28 (1)

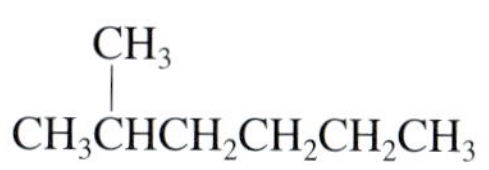

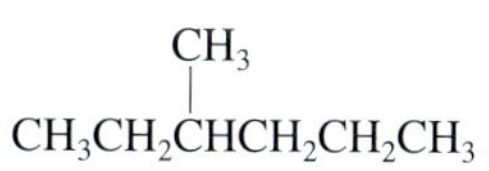

(2)

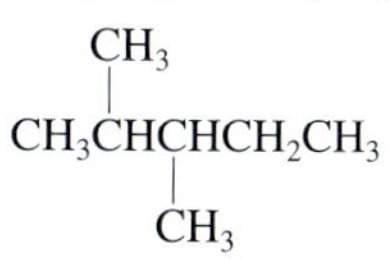

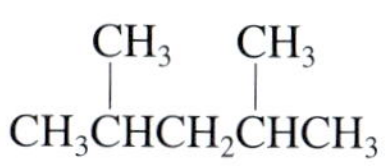

(3)

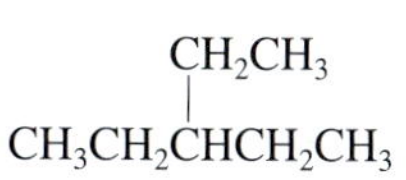

2.29 (1) 2,4-Dimethylhexane

(2) 2,2-Dimethyl-4-ethylhexane

(3) 4,4-Diethyl-2-methylhexane

(4) 2,4-Dichloro-2,4-dimethylheptane

2.30 (1)

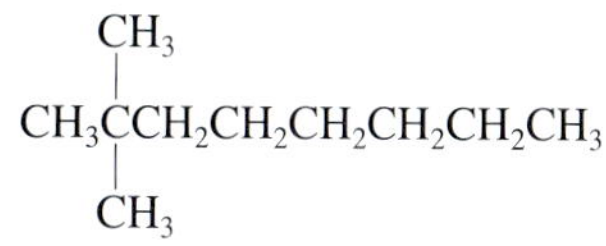

(2)

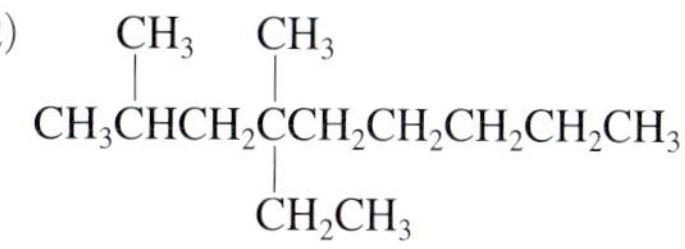

(3)

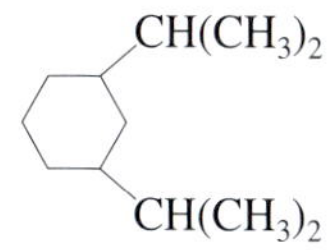

(4)

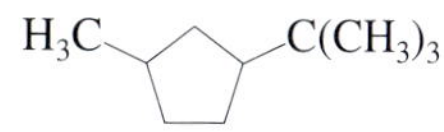

(5)

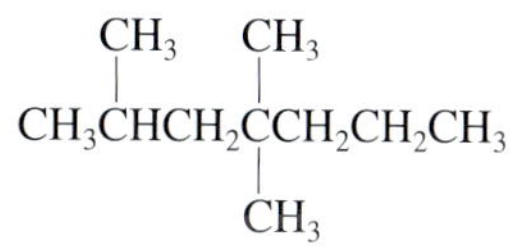

(6)

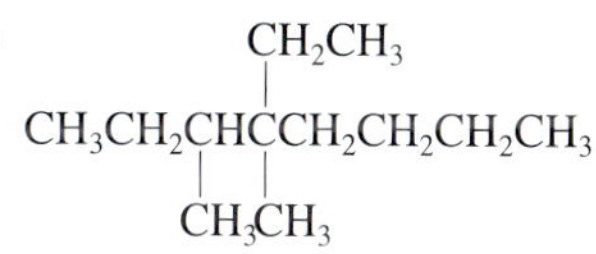

2.31 (1) $BrCH_2CH_2CH_2CH_2Br$

(2)

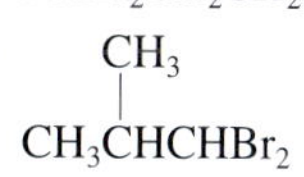

2.32 (1) 3개 (2) 5개 (3) 3개

2.33 (1)

(2)

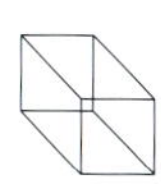

(3) $(CH_3)_2CHCH_2CH(CH_3)_2$

2.34 엇갈린 형태

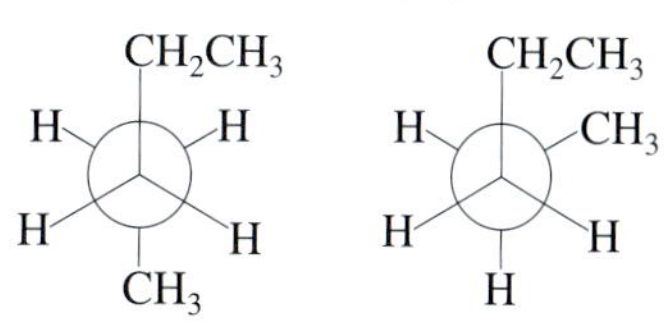

가장 안정

가려진 형태

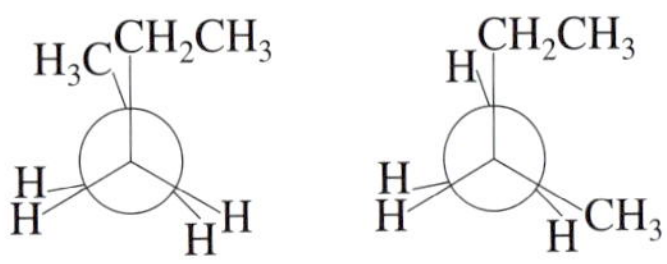

가장 불안정

2.35 (1) 1-Bromo-4-methylcyclohexane

(2) 4-Bromo-1,1-dimethylcyclohexane

(3) *cis*-1,3-Dichlorocyclopentane

(4) *trans*-1,2-Dimethylcyclohexane

2.36

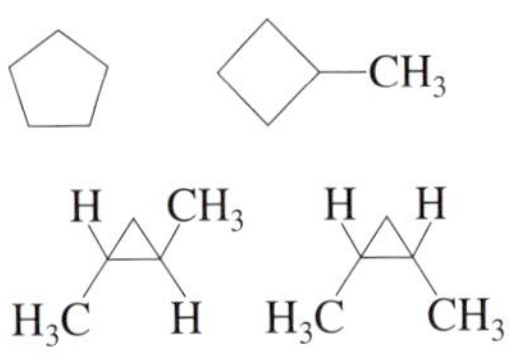

2.37 *cis*-1,2-Dimethylcyclohexane

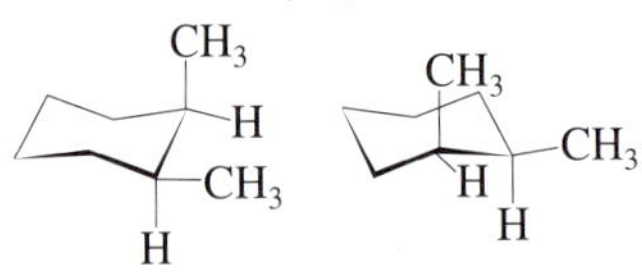

trans-1,2-Dimethylcyclohexane

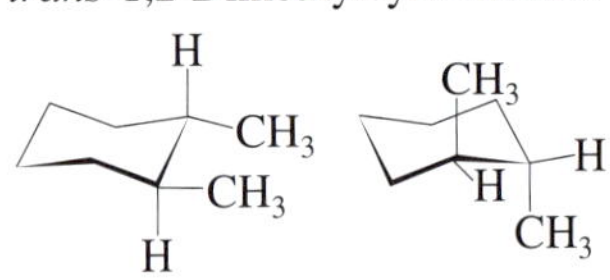

cis-1,3-Dimethylcyclohexane

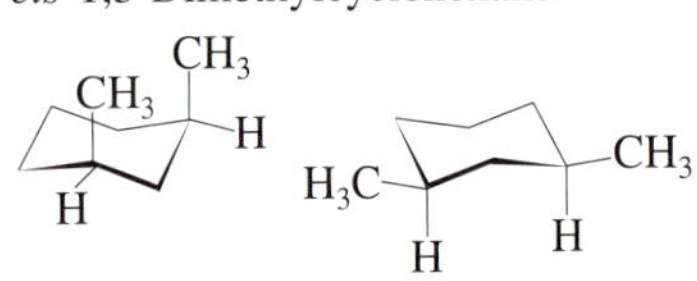

trans-1,3-Dimethylcyclohexane

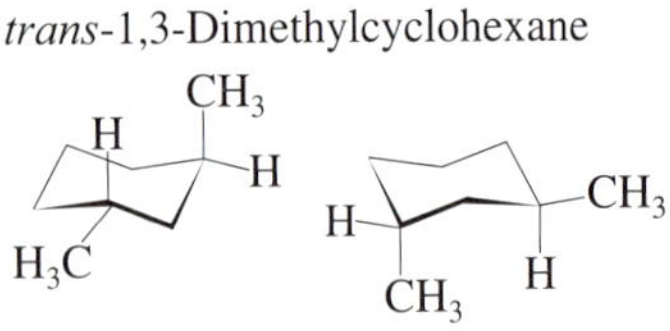

cis-1,4-Dimethylcyclohexane

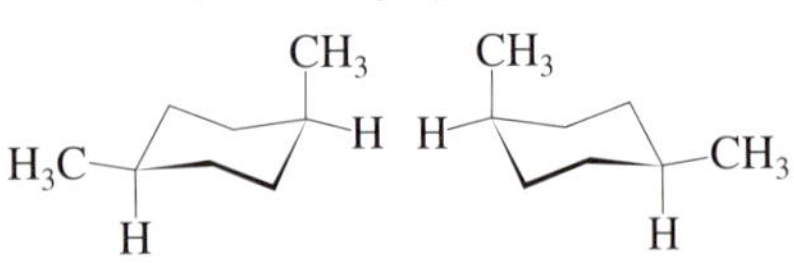

trans-1,4-Dimethylcyclohexane

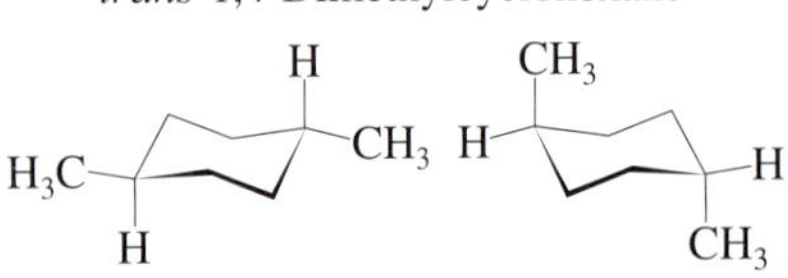

(1)

치환 위치	*cis*	*trans*
1,2 –	a,e or e,a	e,e or a,a
1,3 –	a,a or e,e	e,a or a,e
1,4 –	e,a or a,e	e,e or a,a

(2) *cis*-1,2-Dimethylcyclohexane, *trans*-1,3-Dimethylcyclohexane, *cis*-1,4-Dimethylcyclohexane

(3) *trans*-1,2-Dimethylcyclohexane, *cis*-1,3-Dimethylcyclohexane, *trans*-1,4-Dimethylcyclohexane

2.38 i. (1) *trans*

(2) *cis*

(3) *trans*

(4) *trans*

ii. (1) 불안정

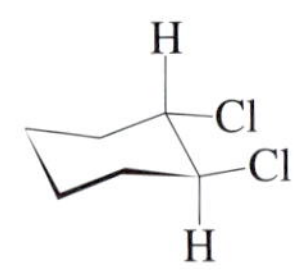

(2)와 (3)은 고리 뒤집어진 형태와 안정성 동등함

(4) 안정

2.39

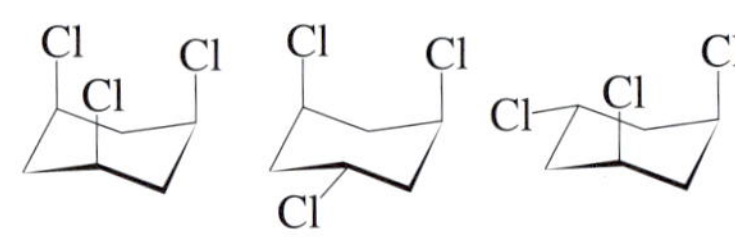

cis, *cis* *trans*, *trans* *cis*, *trans*

와 이들의 뒤집힌 고리들

2.40 2-Methylpropane, 런던 힘 때문

2.41

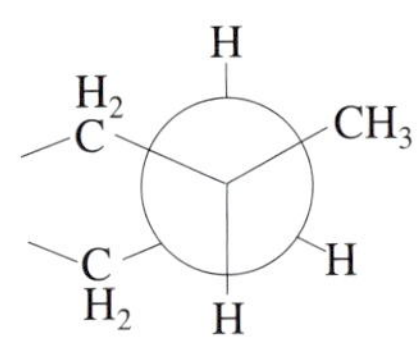

메틸 수평

입체 장애

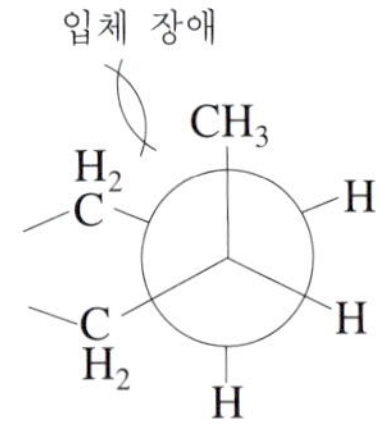

메틸 축

2.43 Tetrahydrofuran에서 알킬기들은 고리 구조를 통해 한쪽으로 묶여 있기 때문에 산소가 물과 쉽게 수소 결합할 수 있다. 그러나 Diethyl ether에서는 두 에틸기의 자유 운동 때문에 산소가 가려져 물과 효과적으로 수소 결합할 수 없다.

2.44

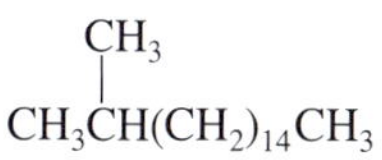

2.47 (1) C_9H_{16}

(2) 4-Ethyl-1,4-heptadiene

(3) sp^2–sp^2; 2개, sp^2–sp^3; 4개

2.50 (1) 1-Methyl-1-cyclohexene

(2) 2-Pentene

(3) 4-Ethylcycloheptene

(4) 3-Ethylcyclohexene

2.52 $CH_2{=}CHCH_2CH_2CH_3$

1-pentene

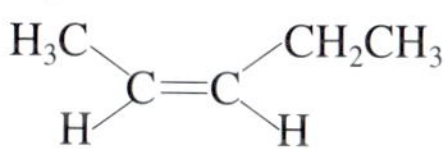

cis-2-pentene

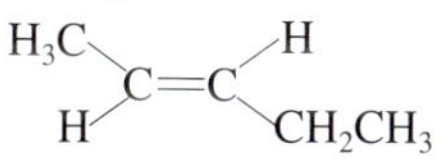

trans-2-pentene

$CH_2{=}C(CH_3)CH_2CH_3$

2-methyl-1-butene

$CH_2{=}CHCH(CH_3)_2$

3-methyl-1-butene

$CH_3C(CH_3){=}CHCH_3$

2-methyl-2-butene

2.53 (2)

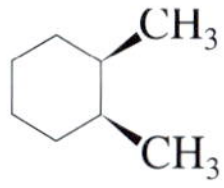

cis-1,2-Dimethylcyclohexane

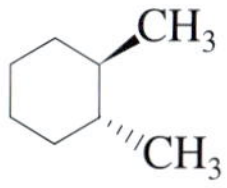

trans-1,2-Dimethylcyclohexane

(3)

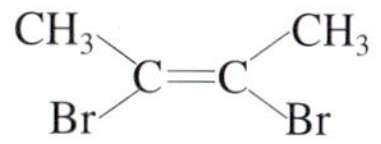

cis-1,2-Dibromo-2-butene

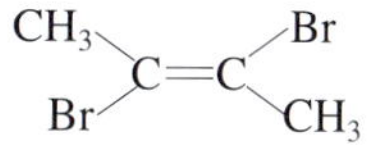

trans-1,2-Dibromo-2-butene

(5)

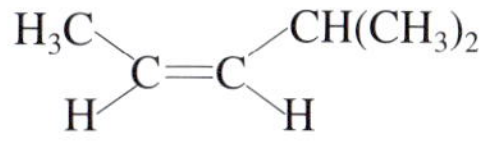

cis-4-Methyl-2-pentene

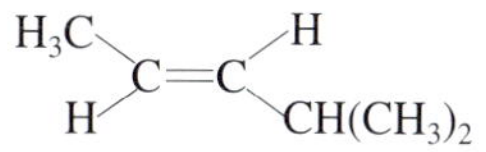

trans-4-Methyl-2-pentene

2.55 (1)

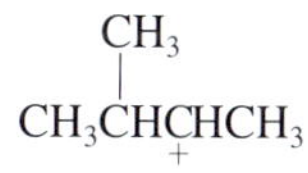

(2차 탄소 양이온)와

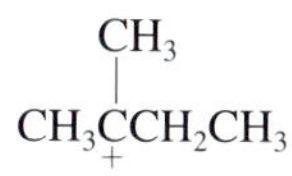

(3차, 보다 쉽게 형성)

(2)

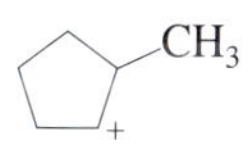

(2차 탄소 양이온)와

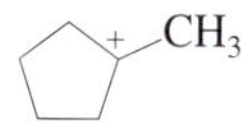

(3차, 보다 쉽게 형성)

(3)

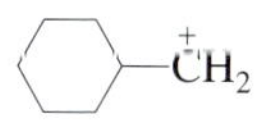

(1차, 형성되지 않음)와

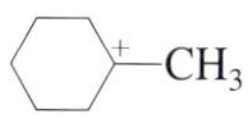

(3차, 보다 쉽게 형성)

2.56 (1) 공명 구조

$CH_3\overset{+}{C}HCH{=}CHCH_3 \longleftrightarrow CH_3CH{=}CH\overset{+}{C}HCH_3$

$CH_2{=}CH\overset{+}{C}HCH_2CH_3 \longleftrightarrow \overset{+}{C}H_2CH{=}CHCH_2CH_3$

(2) 생성물

$CH_3CHBrCH{=}CHCH_3$,

$CH_3CH{=}CHCHBrCH_3$,

$CH_2{=}CHCHBrCH_2CH_3$,

$BrCH_2CH{=}CHCH_2CH_3$

2.59 혼성 오비탈의 길이 $sp^3 > sp^2 > sp$
$sp^2 - sp^2$: 1.47 Å; $sp^2 - sp$: 1.43 Å;
$sp - sp$: 1.37 Å

3장

3.1 (1), (4), (5)

3.2

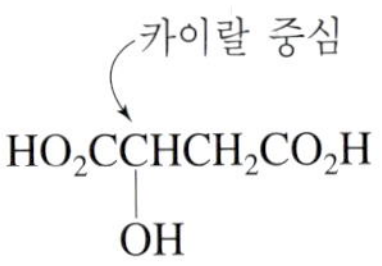

3.3 (2), (3), (4)

3.4

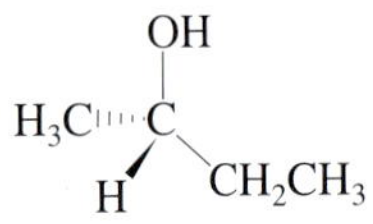

와

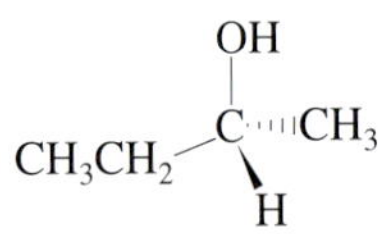

3.5 $[\alpha]_D = 44°$

3.6 $\alpha = 0.696°$

3.7 (1) $-H < -CH_3 < -CH_2CH_3 < -Cl$
(2) $-CH_2CH_2OH < -CH_2OH < -OH < -OCH_3$
(3) $-CH_2NH_2 < -NHCH_3 < -OCH_3 < -SCH_3$
(4) $-CONH_2 < -COOH < -COOCH_3 < -CH_2Cl$

3.8 (1) *S* (2) *R* (3) *R* (4) *R*

3.9 (1)

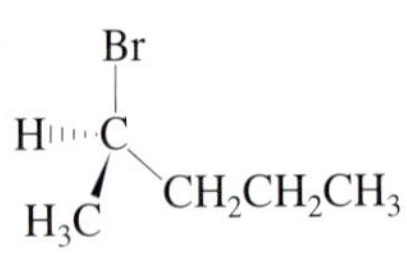

(2)

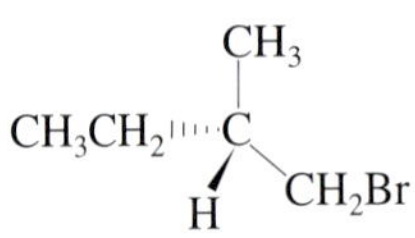

(3)

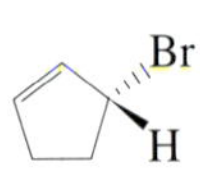

(4)

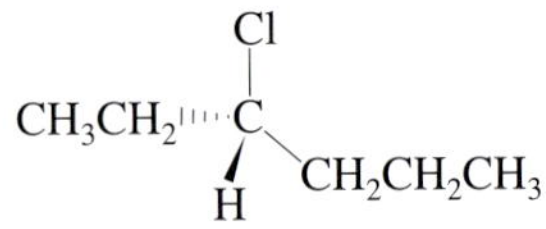

3.10 (1)

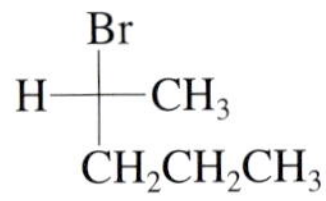

(2)

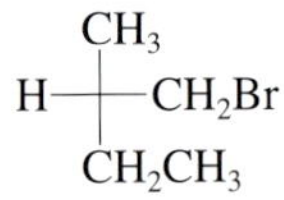

(3)

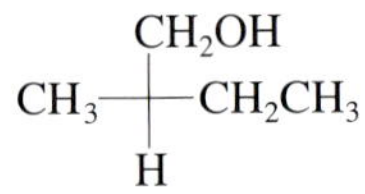

(4)

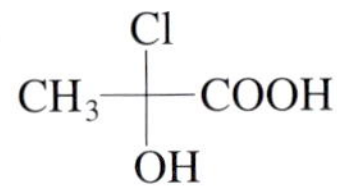

3.11 (1) (2*S*, 3*S*) (2) (2*S*, 3*R*) (3) (2*R*, 3*S*)

3.12 (1)

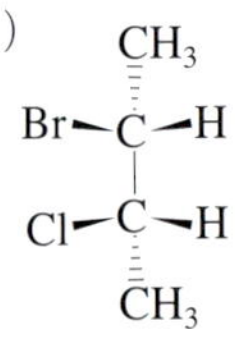

Ⅰ

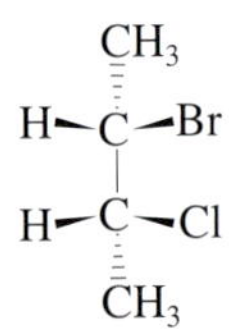

Ⅱ

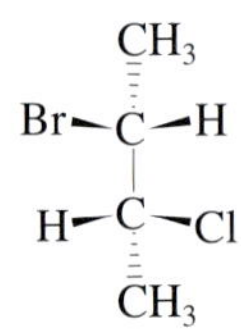

Ⅲ

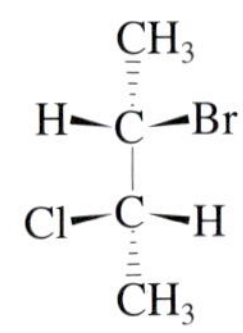

Ⅳ

(2)

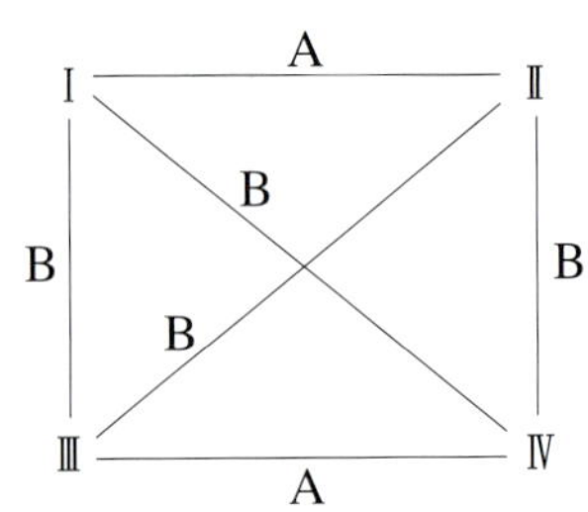

거울상 이성질체: A, 부분 입체 이성질체: B

(3)

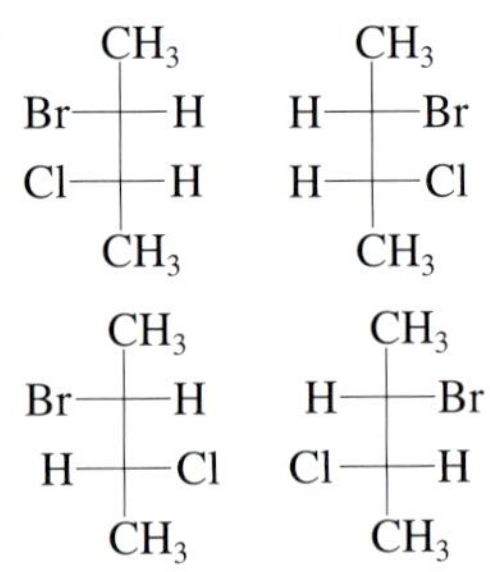

3.13 (1), (2), (3)

3.14 (1)

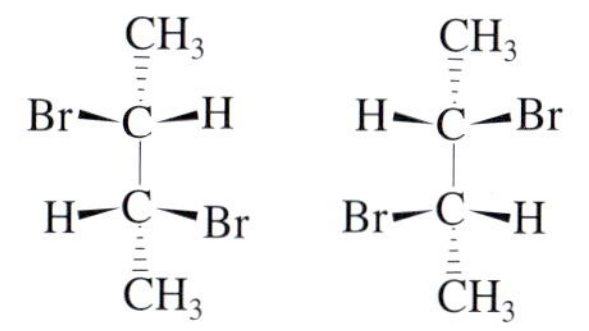

I Ⅱ

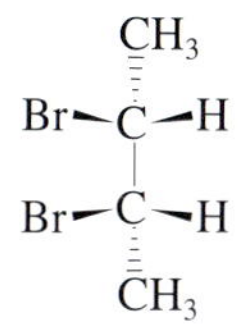

Ⅲ

(2) I : (2*R*,3*R*)
II : (2*S*,3*S*)
III : (2*R*,3*S*)

(3)

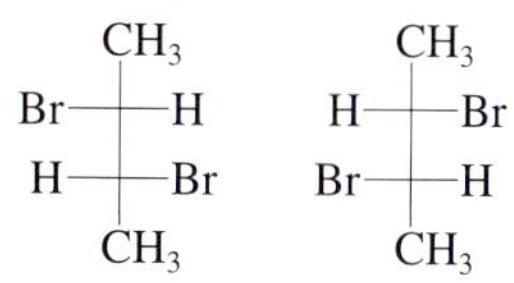

I Ⅱ

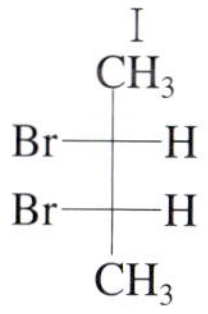

Ⅲ

(4) I과 II는 서로 거울상 이성질체, III과 I 및 II는 부분 입체 이성질체, III은 메소 화합물

3.17 (2)와 (3) 광학 활성

3.18 (1) $[\alpha]_D = +22.5°$

3.20 (2) 같은 구조, (3)과 (4)는 *R* 배열이므로 (1)의 거울상

3.21

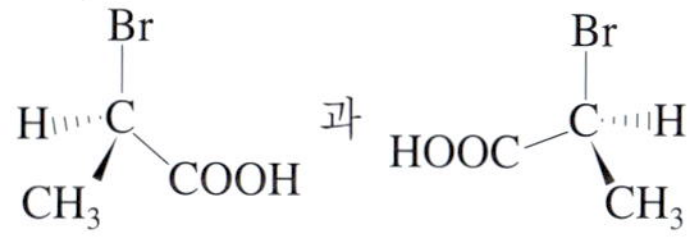

3.25 (2)

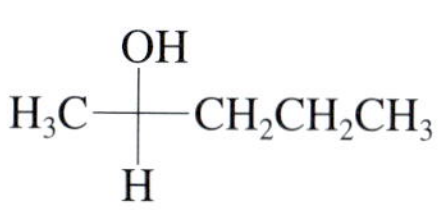

(5)

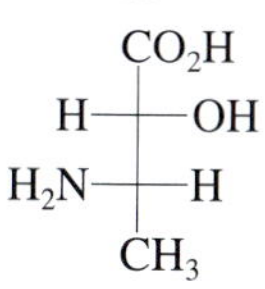

3.27 (1) I, III과 II (2) II

3.29 (1)

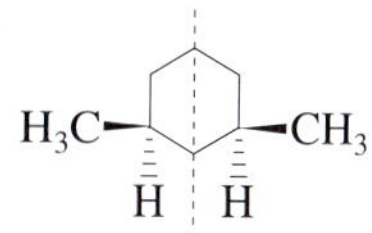

(2)

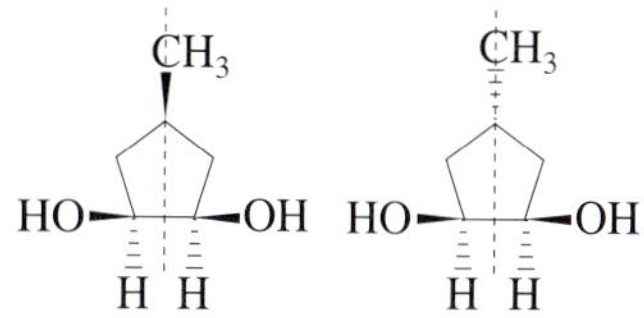

3.30 1-Chloro-2-methylcyclopentane

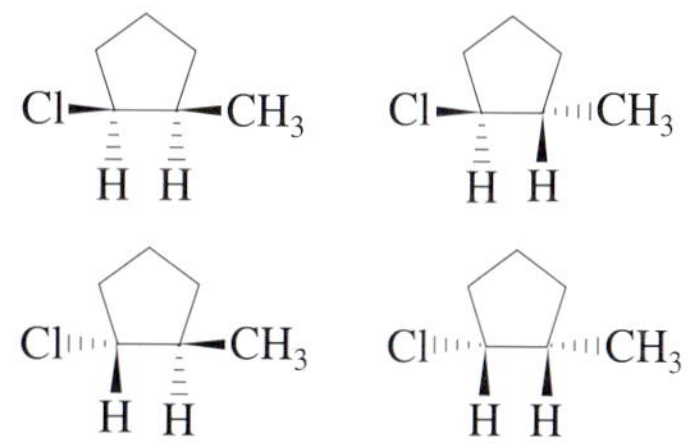

3.32 2^8

4장

4.1 (1) $CH_3CH{=}C(CH_2CH_3)_2$
(2) $CH_2{=}CHCH_3$
(3) $H_2C{=}C(CH_3)C(CH_3)_3$
(4) $CH_2{=}CHCH_3$

4.2 (1) $CH_2{=}CHCH_2CH_3$와
$CH_3CH{=}CHCH_3$ (주생성물)
(2) $(CH_3)_2CHCH{=}CH_2$와
$(CH_3)_2C{=}CHCH_3$ (주생성물)
(3) 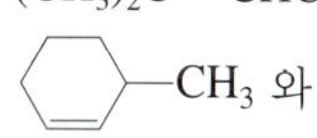 와

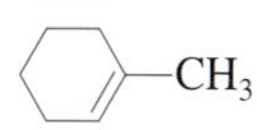 (주생성물)

(4) 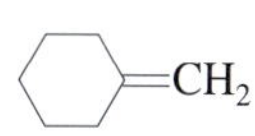 와

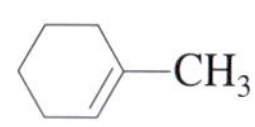 (주생성물)

4.3 친전자체; (1), (2), (3)
친핵체; (4), (5), (6)

4.4 (1)

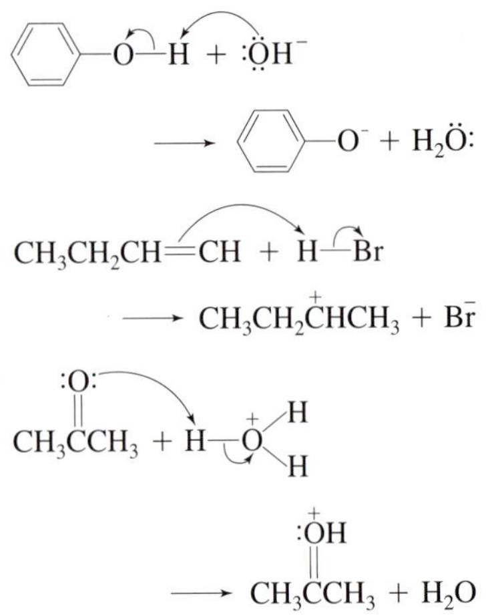

(2)

(3)

(3)

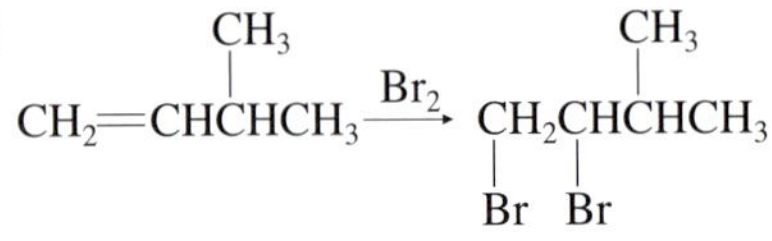

4.5 (1)

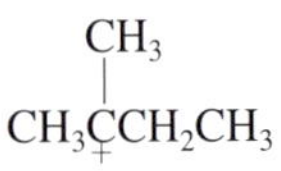

(2)

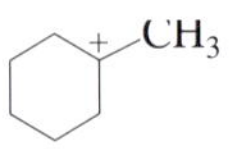

4.6 (1)

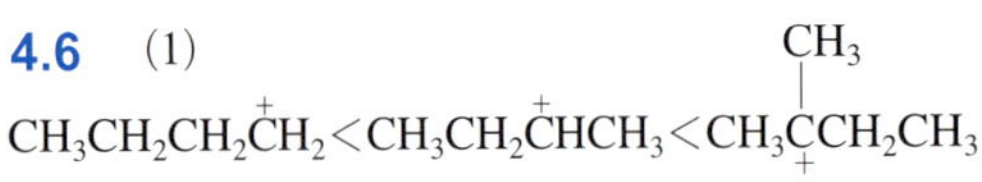

(2)

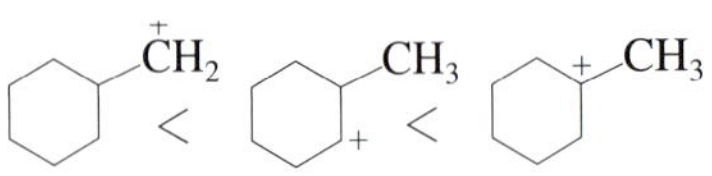

4.7 (1)

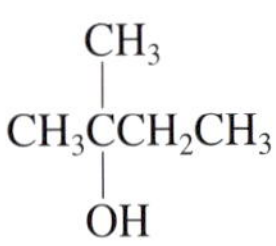

(2)

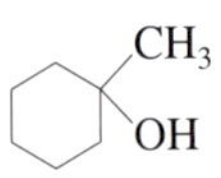

(3)

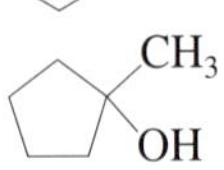

4.8 (1) $CH_3CH_2CH_2CH{=}CH_2$

(2) $CH_3CH{=}C(CH_2CH_3)_2$

(3)

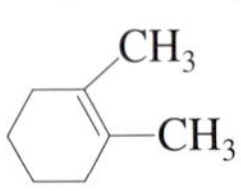

4.9

(1)

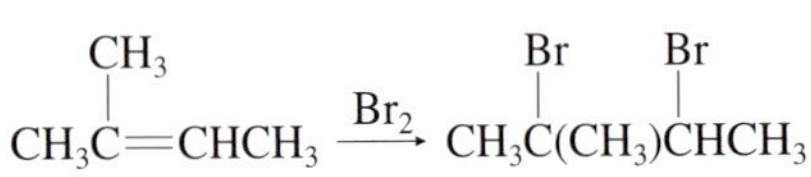

(2)

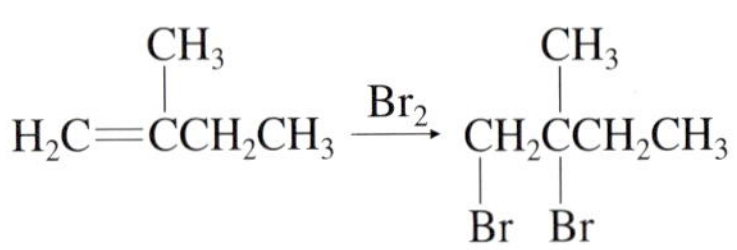

4.10

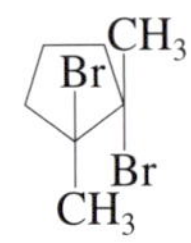

4.11

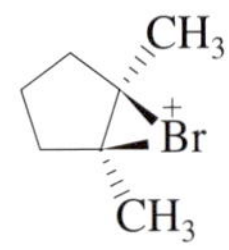

4.12 (1) (2)

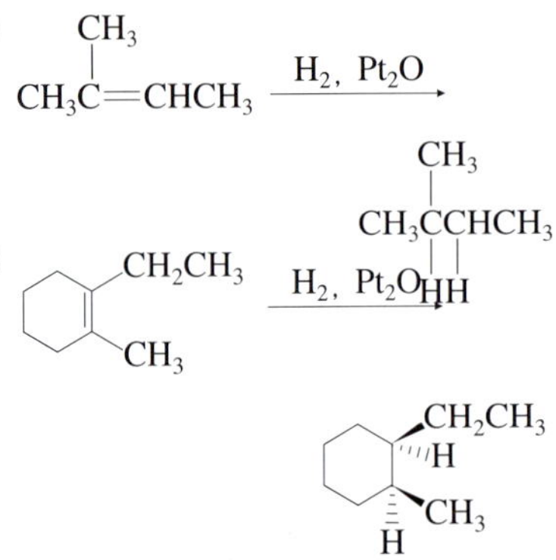

4.13

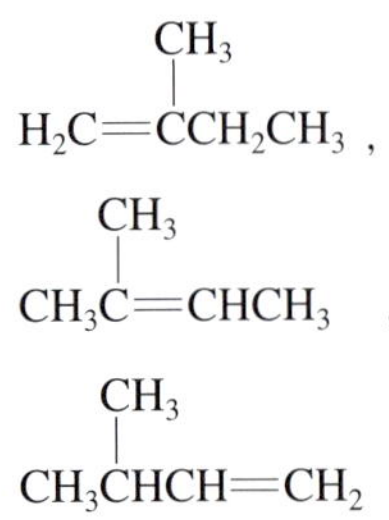

4.14 (1)

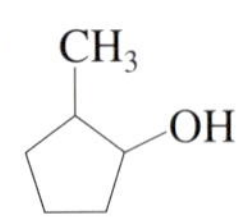

(2)

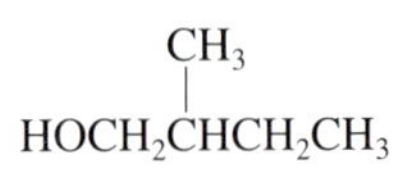

4.15 2몰

4.16

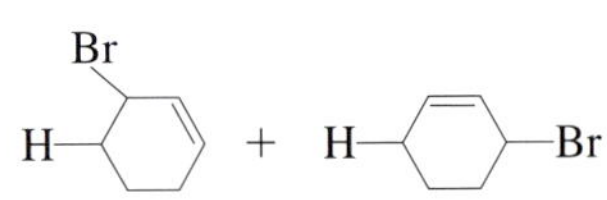

1,2-첨가 생성물 1,4-첨가 생성물

4.17 다이엔체

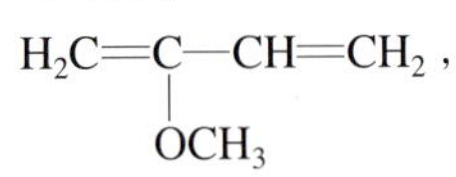

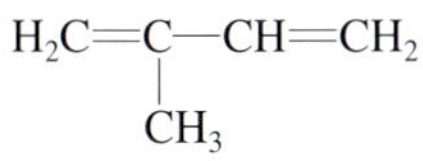

친다이엔체

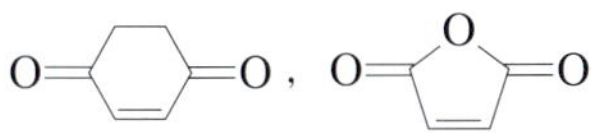

4.18 (1) 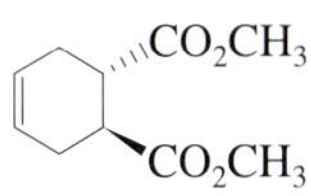

(2) 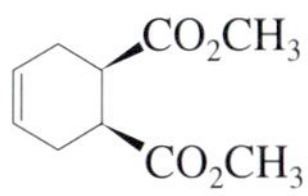

(3) 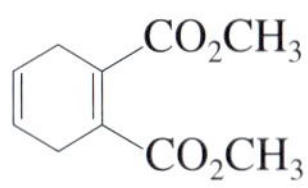

4.19 (1) 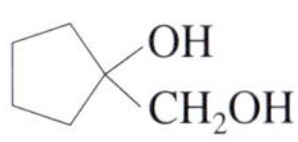

(2) 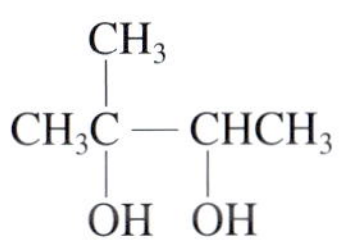

(3) 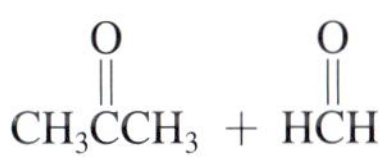

(4) 

4.20 (1) 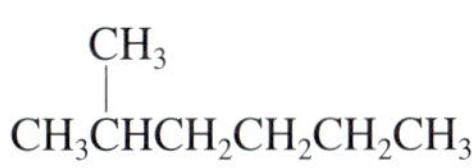

(2) 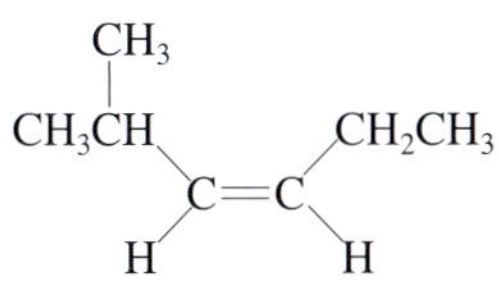

(3) 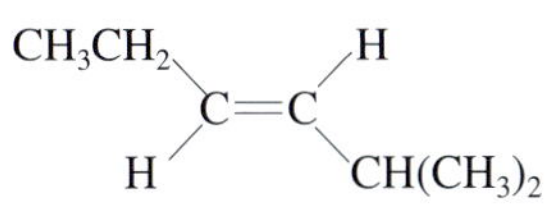

4.21 (1) 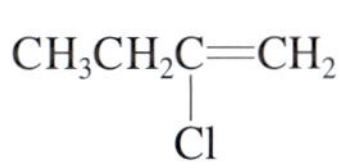

(2) 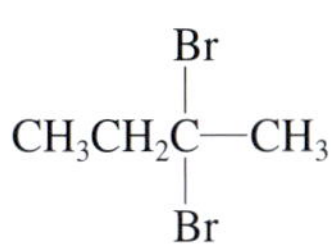

(3) 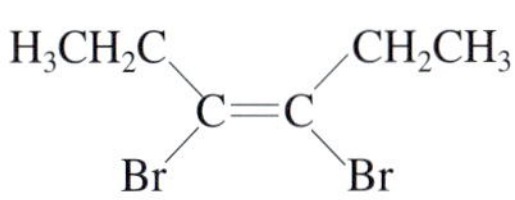

4.22 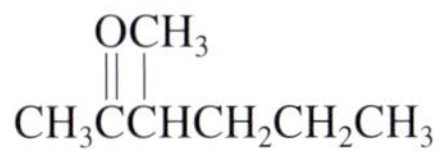

4.23 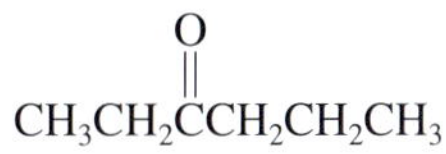

4.24 $CH_3CH_2CH_2C{\equiv}CH \xrightarrow{NaNH_2}$
$CH_3CH_2CH_2C{\equiv}\bar{C}{:}Na^+ + NH_3$

4.25 $HC{\equiv}CH \xrightarrow{:\ddot{N}H_2^- Na^+} HC{\equiv}\bar{C}{:}Na^+$
$\xrightarrow{CH_3CH_2CH_2Br} CH_3CH_2CH_2C{\equiv}CH$
$CH_3CH_2CH_2C{\equiv}CH$
$\xrightarrow[\text{2. } CH_3CH_2CH_2CH_2Br]{\text{1. } :\ddot{N}H_2^- Na^+}$
$CH_3CH_2CH_2C{\equiv}CCH_2CH_2CH_2CH_3$

4.28 (1) 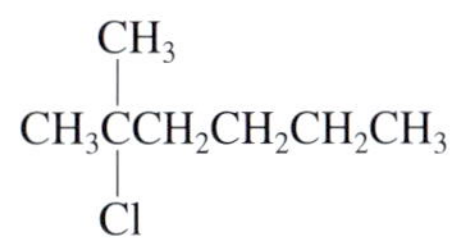

(2) 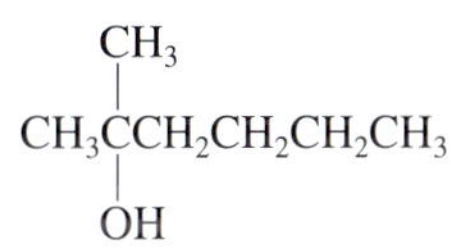

(3) 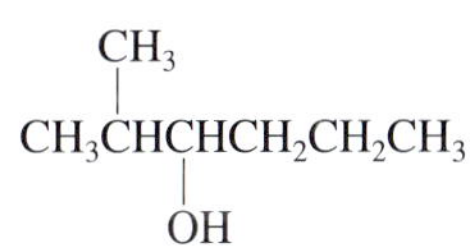

4.29 (1) 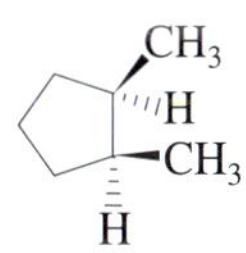

(2) 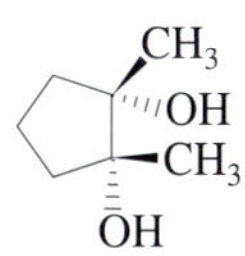

(3) 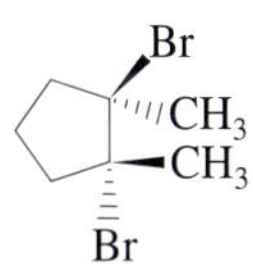

4.30 (1) 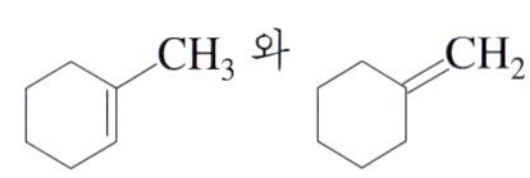

(2) 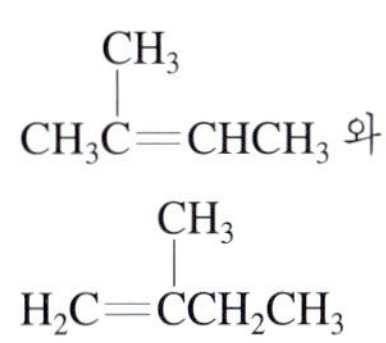

4.31 $CH_3CH_2CH_2CH{=}CHCH_2CH_2CH_3$

4.32 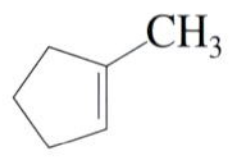

4.33 (1) 

(2) 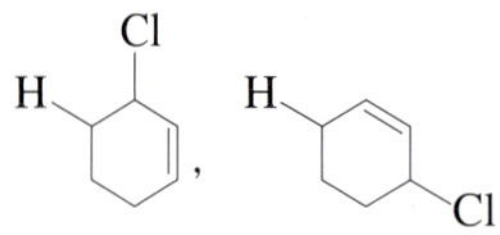

(3) 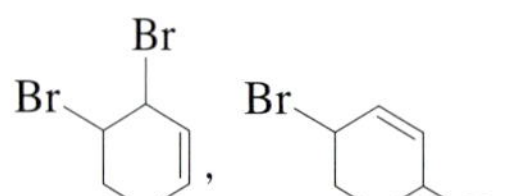

(4) 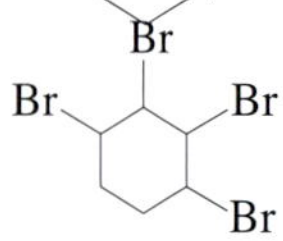

4.34 $(CH_3)_2CH\overset{+}{C}HCH{=}CHCH(CH_3)_2$

$\longleftrightarrow$

$(CH_3)_2CHCH{=}CH\overset{+}{C}HCH(CH_3)_2$

4.35 (1) 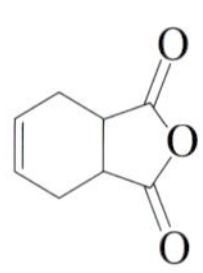

(2) 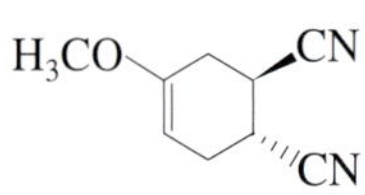

4.36 (1) 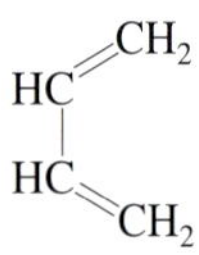 와

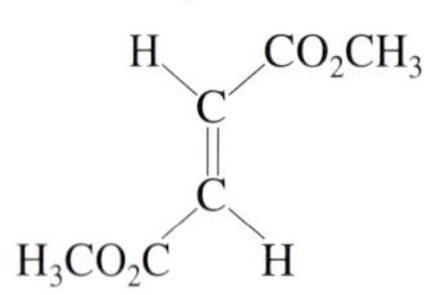

(2) 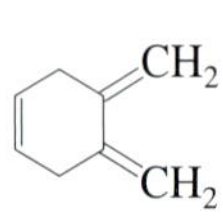 와 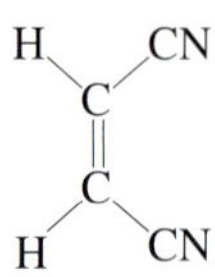

4.37

$CH_3(CH_2)_{10}CH{=}CHCH_2CH{=}CH(CH_2)_4CH_3$

4.38

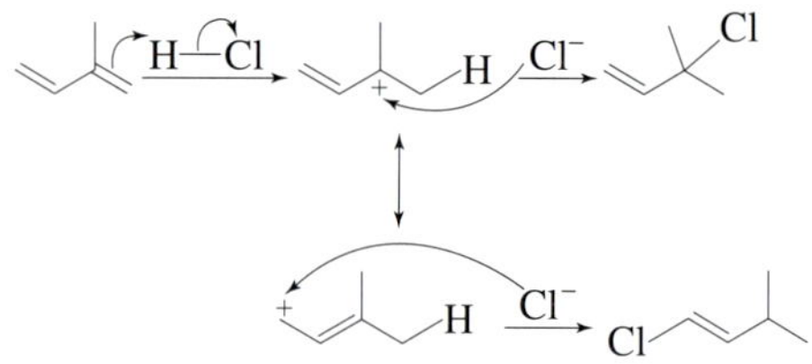

4.39 (1) $CH_3\overset{O}{\overset{\|}{C}}CH_2CH_2CH_2CH_3$

(2) $CH_3CH_2\overset{OH}{\overset{|}{C}}HCH_2\overset{O}{\overset{\|}{C}}CH_3$

(3) $CH_3\overset{O}{\overset{\|}{C}}CH_2CH_2\overset{O}{\overset{\|}{C}}CH_3$

4.40 (1) $CH_2{=}CHCH_2CH_2CH_2CH_3$

(2) $H\overset{Cl}{\overset{|}{C}}{=}\underset{\underset{Cl}{|}}{C}CH_2CH_2CH_2CH_3$

(3) 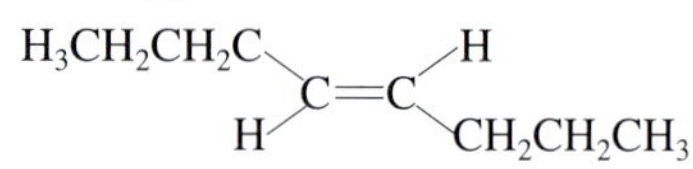

4.41 (1) $CH_3CH_2C{\equiv}CCH_2CH_3$와 Br_2

(2) $CH_3C{\equiv}CCH_2CH_2CH_3$와 2몰 Br_2

(3) $HC{\equiv}CCH_2CH_3$, Hg^{2+}, H_2SO_4 수용액

4.42 (1)

$HC{\equiv}CH \xrightarrow[\text{2. } CH_3CH_2CH_2CH_2CH_2Br]{\text{1. } NaNH_2\text{, 액체 } NH_3}$

(2)

$HC{\equiv}CH \xrightarrow[\text{2. } CH_3CH_2Br \quad \text{3. } NaNH_2\text{, 액체 } NH_3 \quad \text{4. } CH_3CH_2CH_2CH_2Br]{\text{1. } NaNH_2\text{, 액체 } NH_3}$

4.43

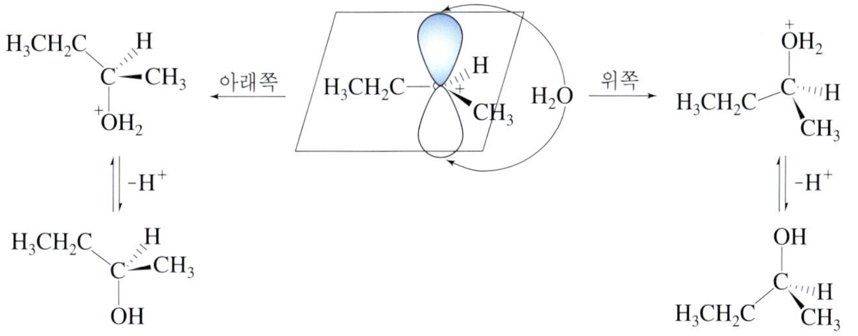

4.44

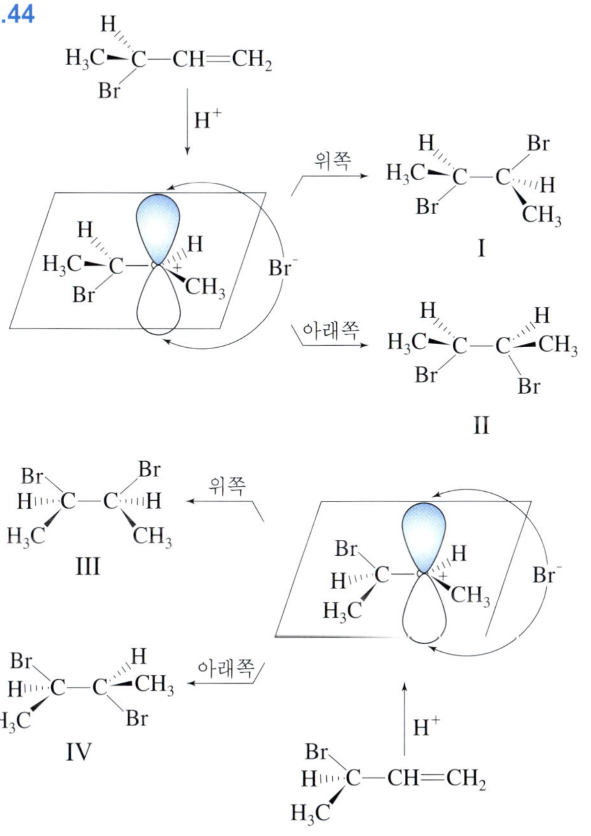

II와 III은 같은 구조인 메조 화합물

5장

5.1 (1) 4-Bromo-2-methylhexane
(2) 4-Iodo-2,2-dimethylhexane
(3) 1,2-Dibromopentane
(4) 2-Bromo-3,5-dichlorohexane

5.2 (1)

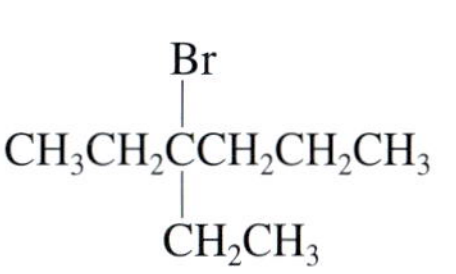

(2)

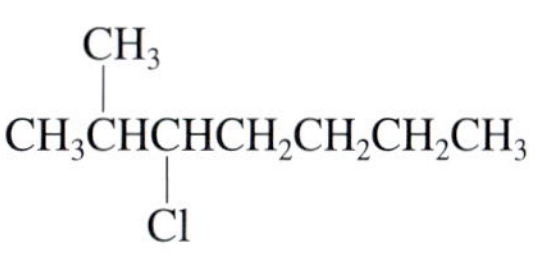

(3)

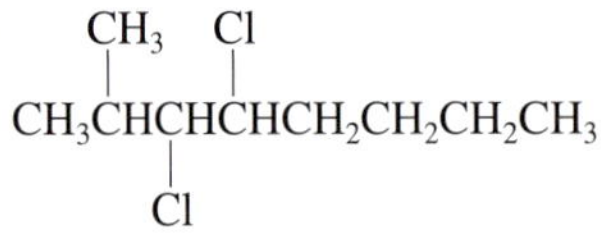

(4)

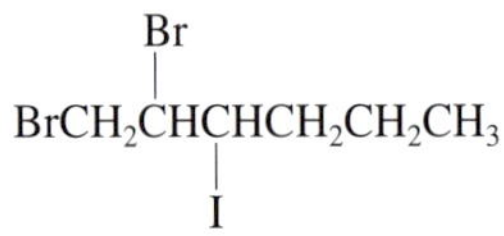

5.3 (1)

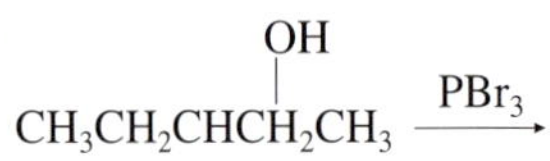

(2)

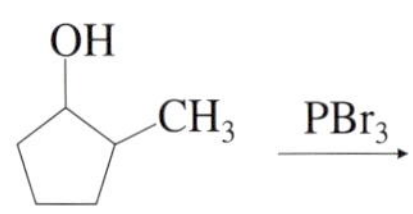

(3)

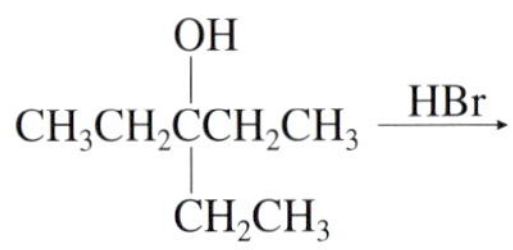

5.4 (1) CH_3MgI

(2)

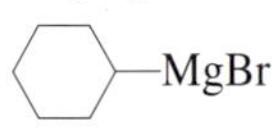

(3)

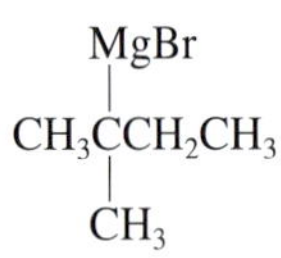

5.6

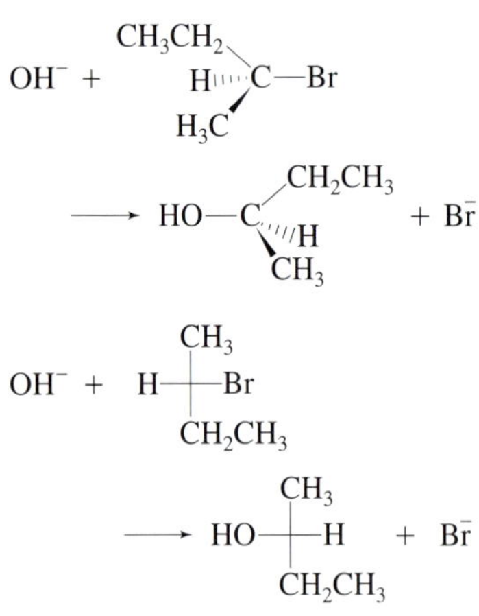

5.7

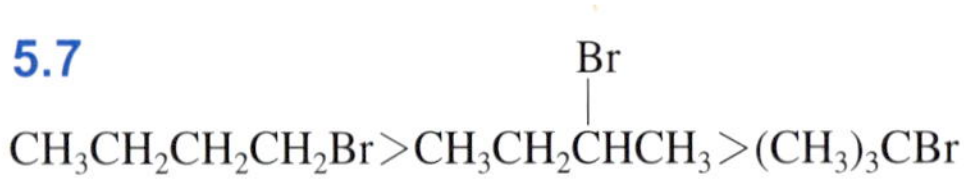

5.8 $CH_3OH < CH_3OCOCH_3 < CH_3Cl < CH_3I$

5.9

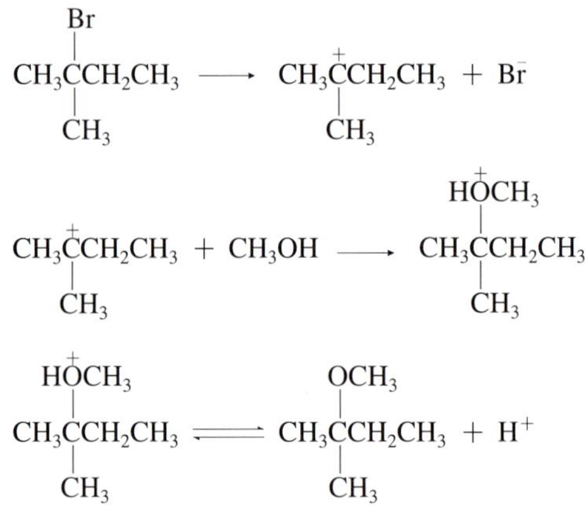

5.10 (1) $(CH_3CH_2)_3COH$

(2)

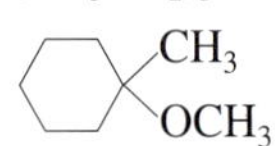

5.11

(1)

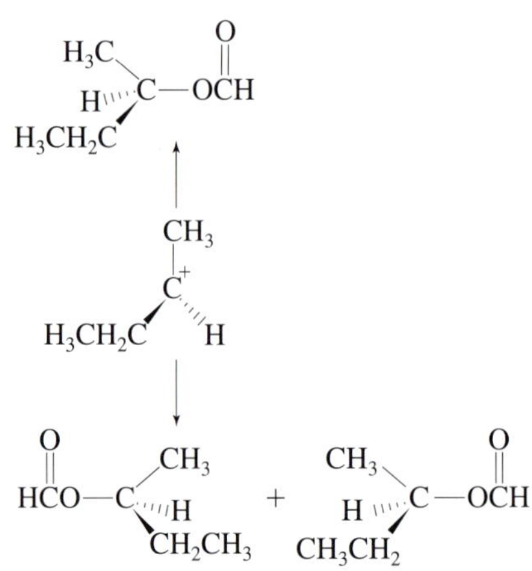

(2)

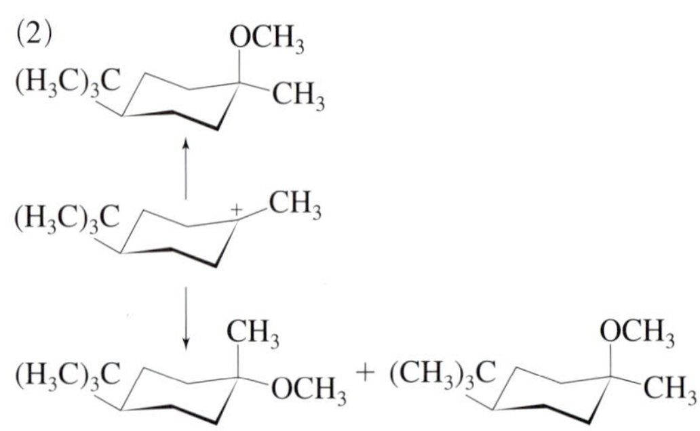

5.12

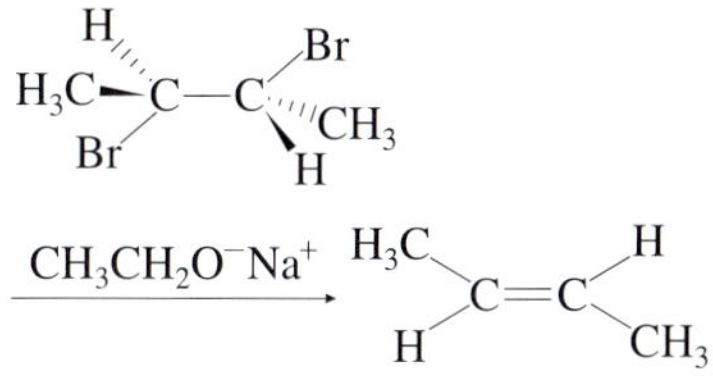

meso-2,3-Dibromobutane

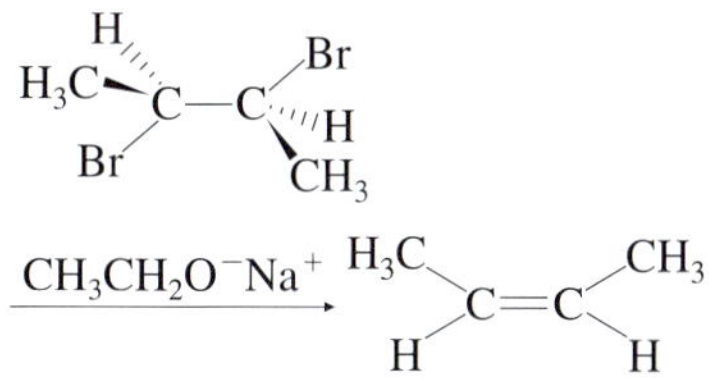

(2*S*,3*S*)-2,3-Dibromobutane

5.13 (1) $CH_3CH{=}C(CH_3)_2$

(2) 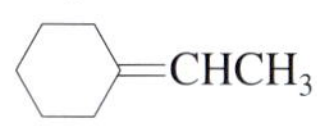

5.17

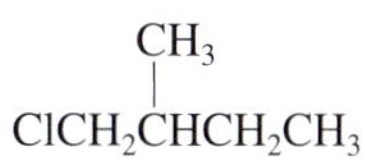

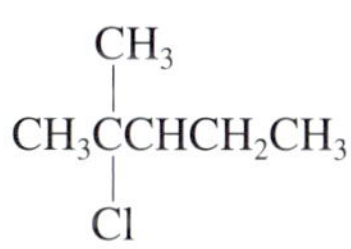

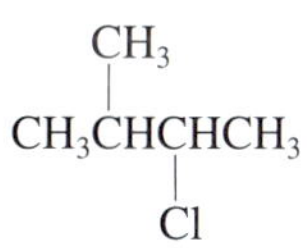 카이랄

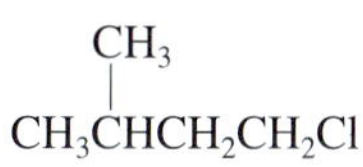

5.18 (1) $(CH_3CH_2)_2CHBr$

(2) $(CH_3)_2CHI$

(3) 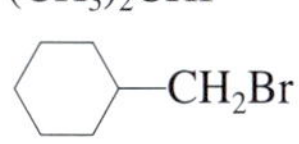

5.19 (1) $(CH_3CH_2)_3CBr$

(2) 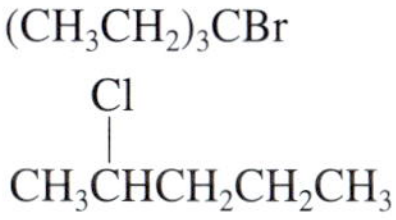

(3) 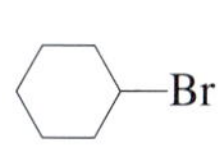

(4) 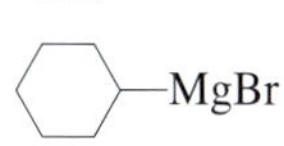

5.20 (1) 반응 속도 6배 빨라진다

(2) 반응 속도 2배 느려진다

(3) 반응 속도 2배 느려진다

5.21 (1) 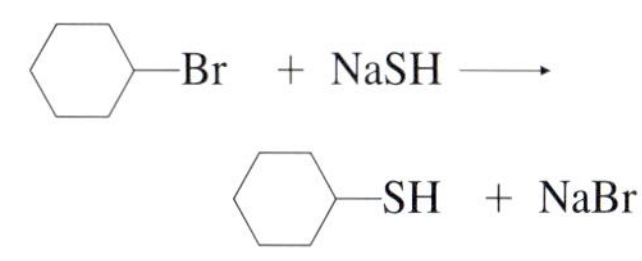

(2) 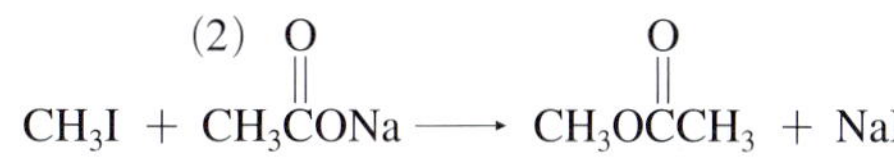

(3) $CH_3CH_2CH_2CH_2Br + NaSCH_3 \longrightarrow CH_3CH_2CH_2CH_2SCH_3$

(4) $BrCH_2CH_2CH_2CH_2Br$ + NaCN(과량) $\longrightarrow$ $CNCH_2CH_2CH_2CH_2CN + NaBr$

(5) 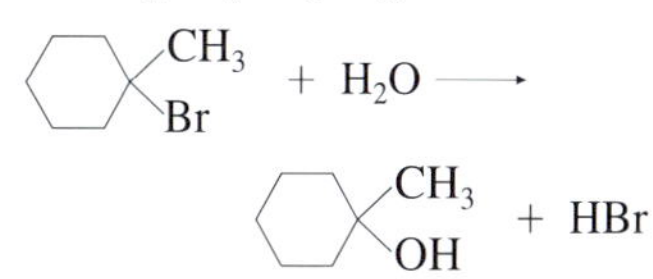

5.25 H_2O와 반응했을 경우

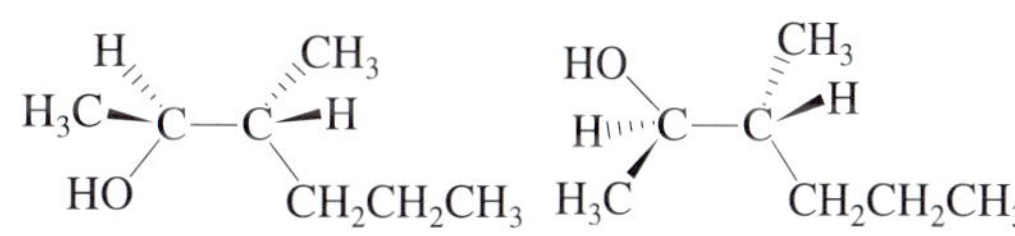

2*S*,3*R* 와 2*R*,3*R*의

부분입체이성질체 생성

CH_3COOH와 반응했을 경우에도

같은 입체화학적 결과가 얻어진다.

5.26

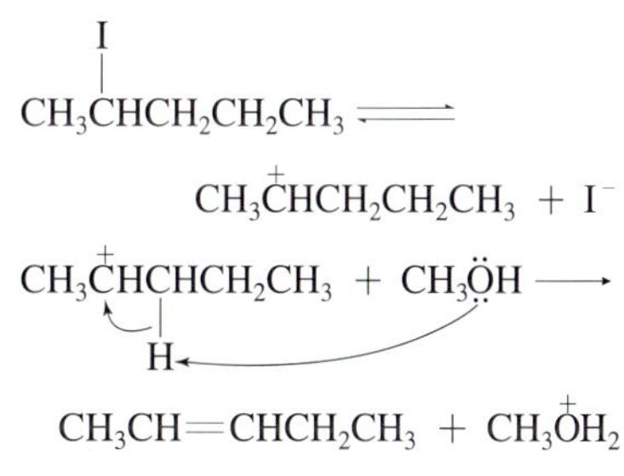

5.28 알킬 치환이 더 많은 이중 결합이 더 안정하므로 주생성물

(1) 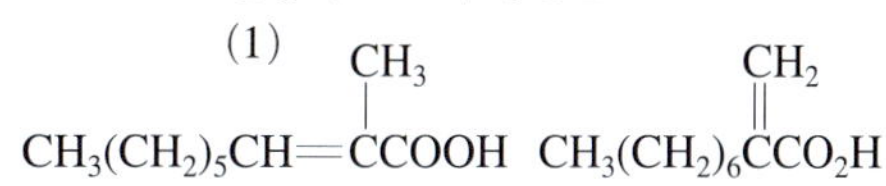

주생성물

(2) 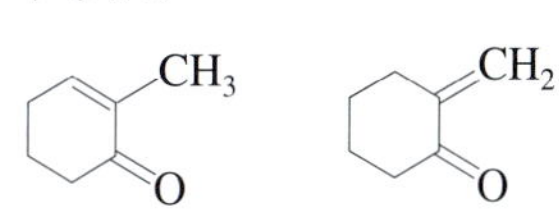

주생성물

5.29 (1) $(CH_3)_2CHI$
(2) $(CH_3)_2CHOH$
(3) $(CH_3)_2CHOCH_2CH_3$
(4) $(CH_3)_2C{=}CHCH_3$
(5)

5.30
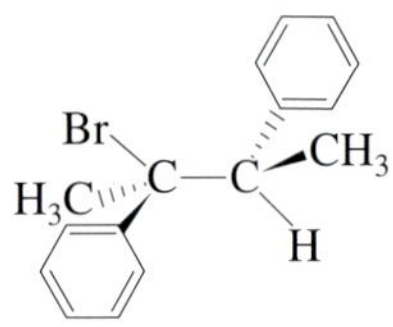

5.31 A:
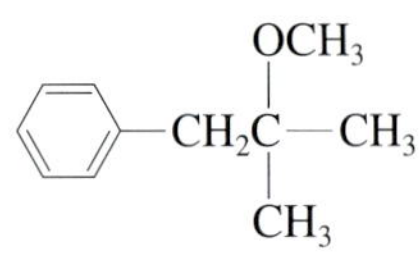
,

B:
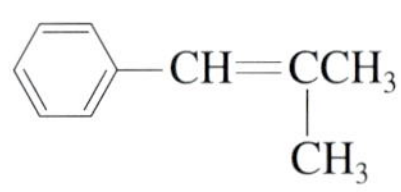
,

C:
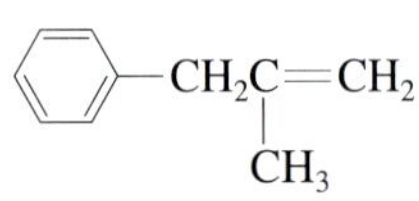

5.33
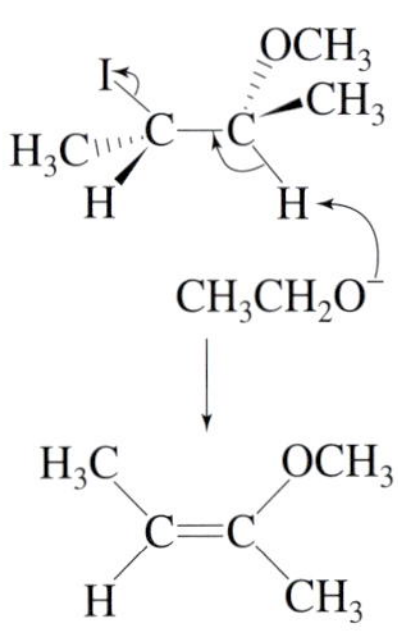

5.34 E2 반응이 일어날 수 있는 형태
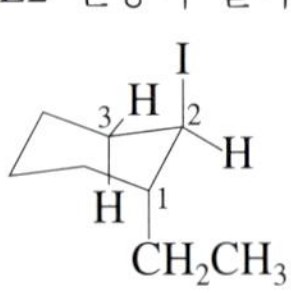
에서 이탈기인 I와 안티 근사 평면 구조를 이룰 수 있는 수소는 3번 위치 밖에 없다. Zaitsev 생성물이 되려면 1위치의 수소가 제거되어야 되는데, 이것은 I와 안티 근사 평면 구조를 이룰 수 없다.

5.35 E2 반응에서 이탈기인 Br과 안티 근사 평면 구조를 이룰 수 있는 수소는 H^a와 H^b이므로
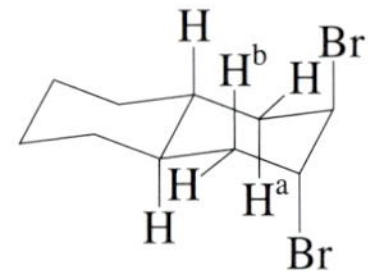

6장

6.1 3개

6.2 (1) *m*-Nitrotoluene
(2) *p*-Bromoethylbenzene
(3) 3-Bromo-5-nitroaniline
(4) 2-Chloro-6-nitrotoluene

6.3 (1)
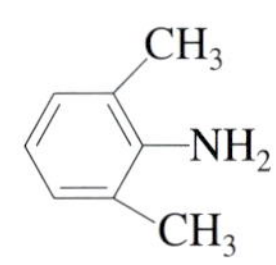
(2)
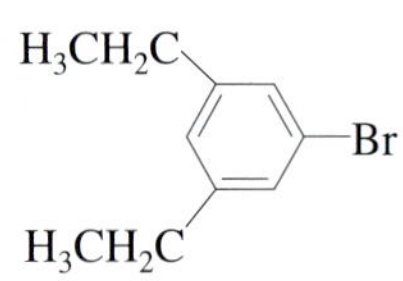
(3)
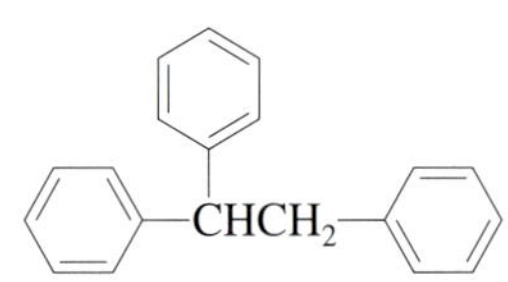
(4)
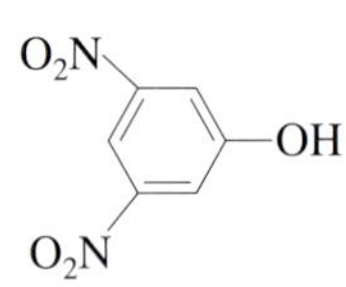

6.4
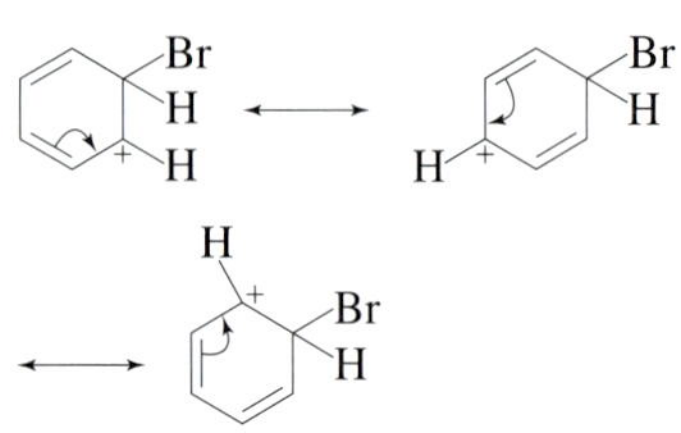

6.5 *o*-Xylene :

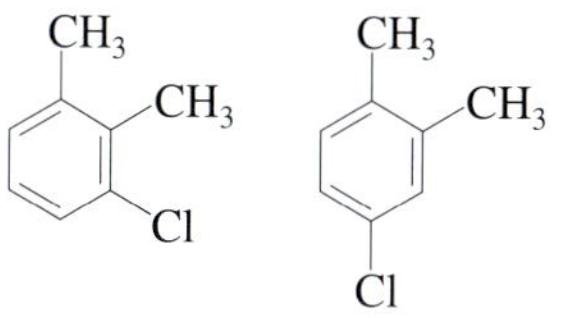

p-Xylene :

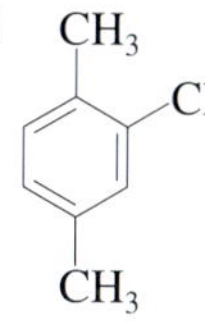

m-Xylene :

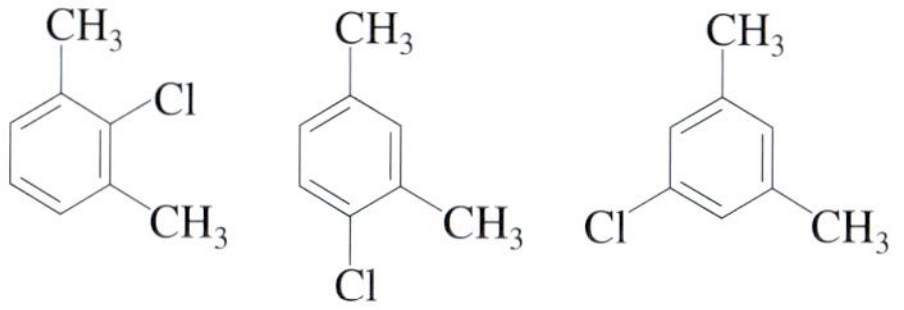

6.6 (1)

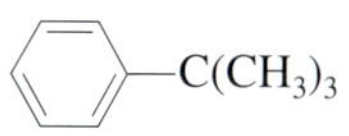

(2)

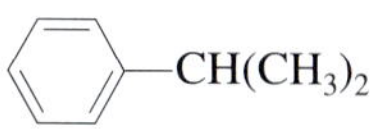

(3)

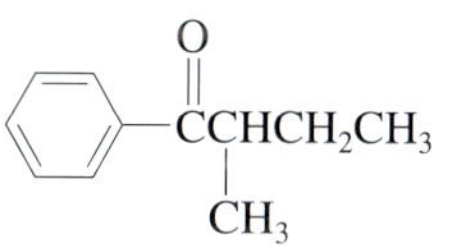

6.7 toluene

6.8 (1) Nitrobenzene < ethylbenzene < Phenol

(2) Benzoic acid < chlorobenzene < phenol

(3) Benzaldehyde < bromobenzene < aniline

6.9

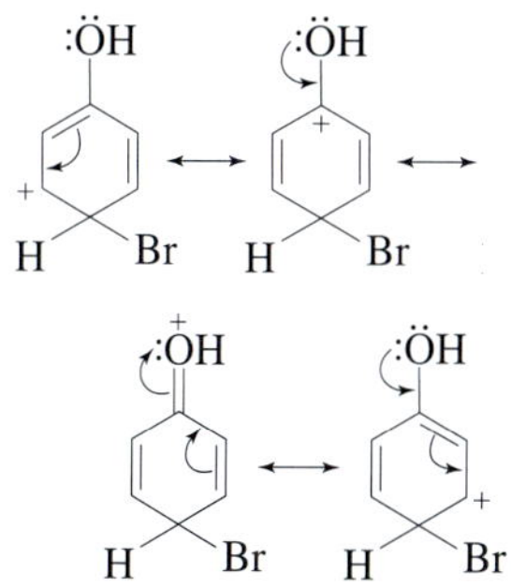

6.10

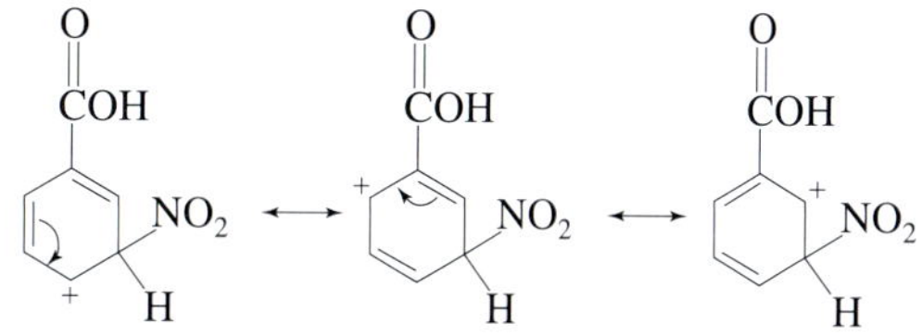

6.11 (1)

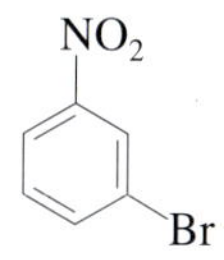

(2)

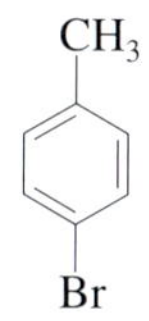

와

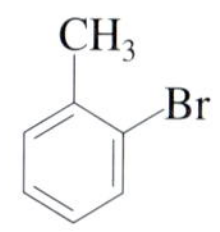

(3)

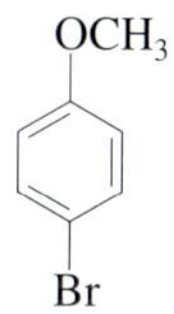

와

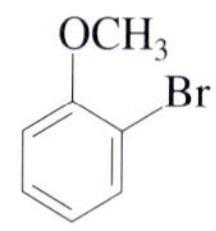

(4)

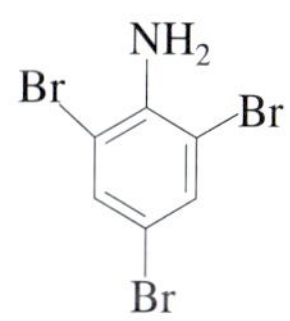

(5)

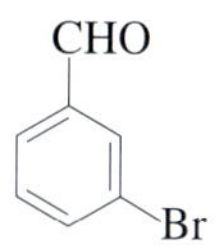

6.12 (1)

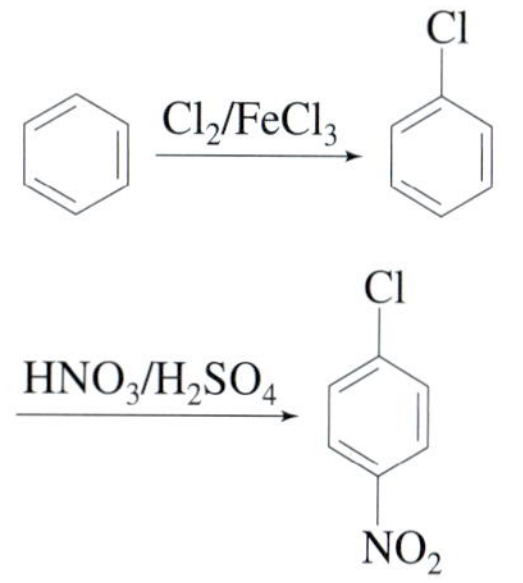

(2)

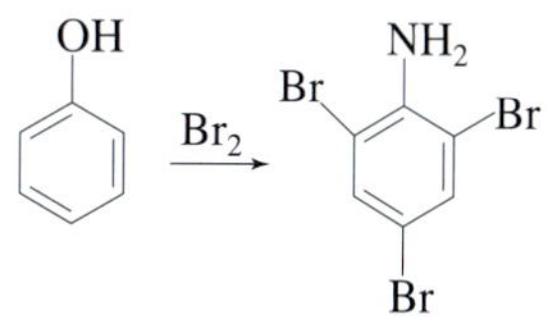

6.13 (1)

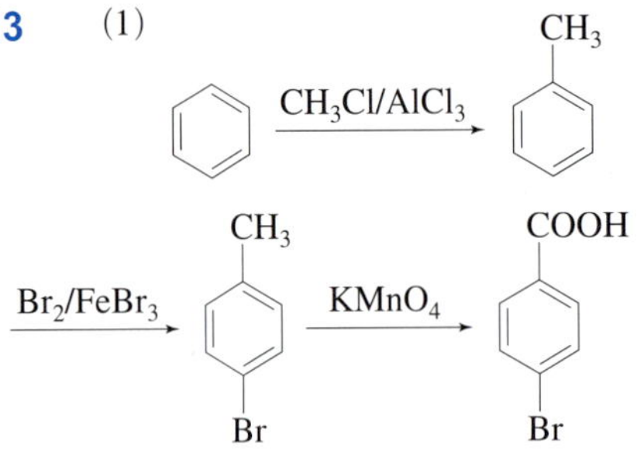

(2)

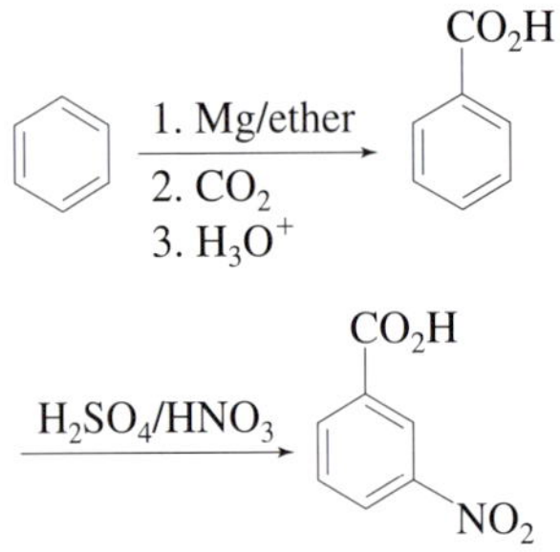

(3)

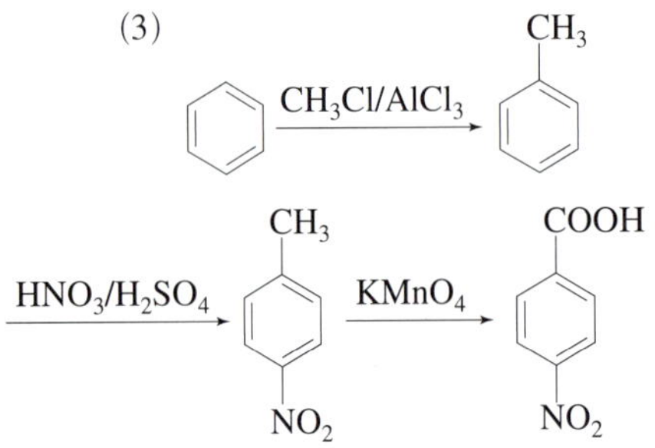

6.16

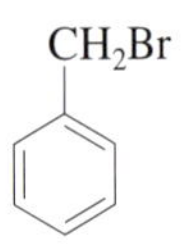

Benzyl bromide

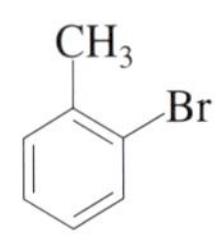

o-Bromotoluene

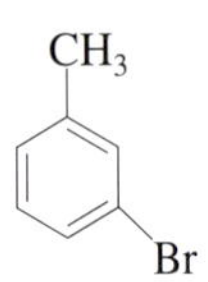

m-Bromotoluene

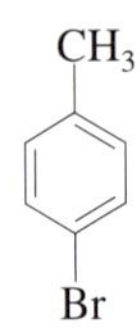

p-Bromotoluene

6.18 (1)

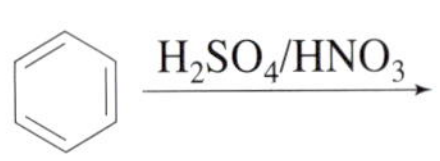

(2)

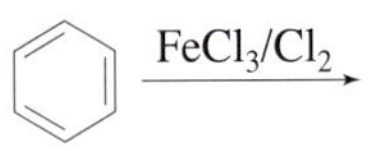

(3)

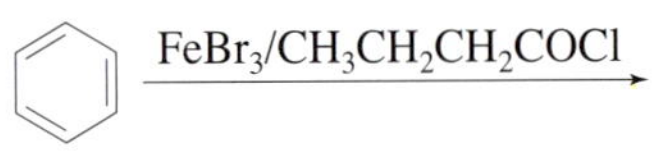

6.19

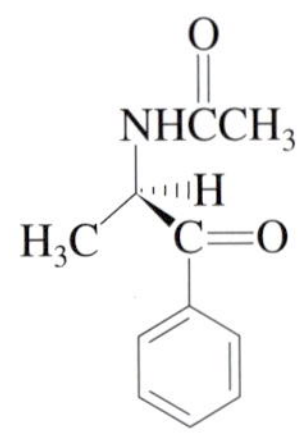

6.21 *o,p*-지향기: (1), (2), (4), (5), (7)
m-지향기: (3), (6), (8)

6.23

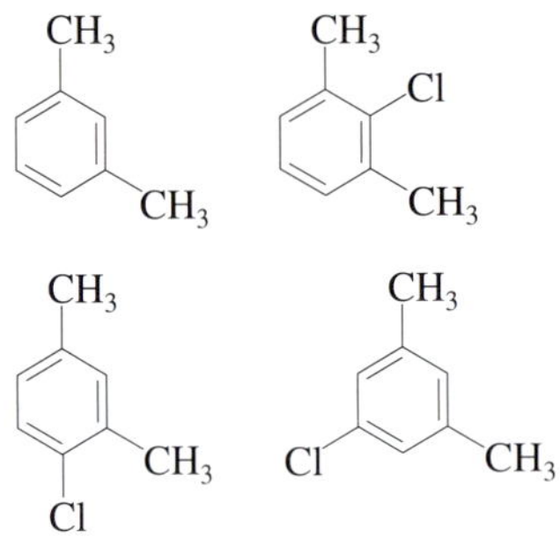

6.25

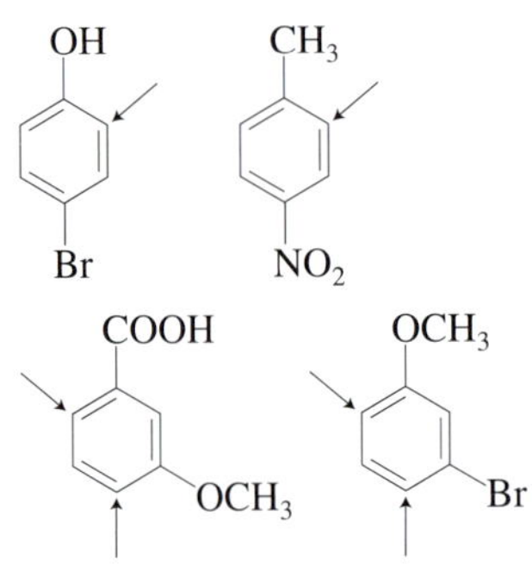

6.26 (1)

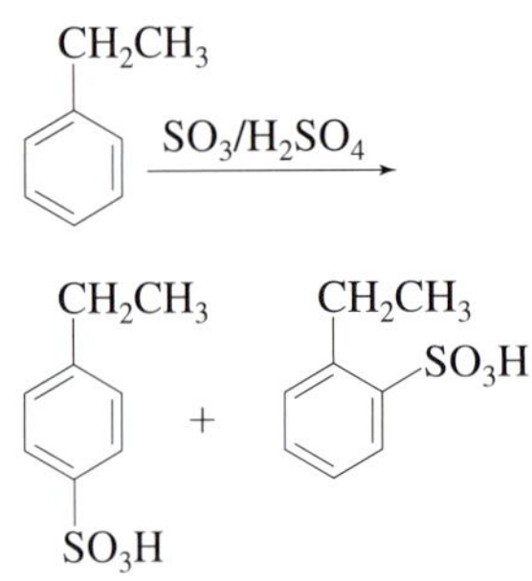

(2)

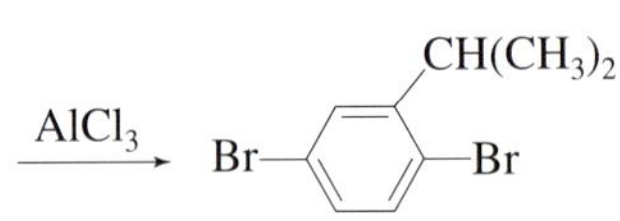

(3)

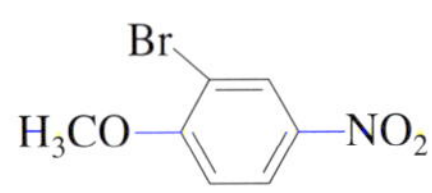

(4)

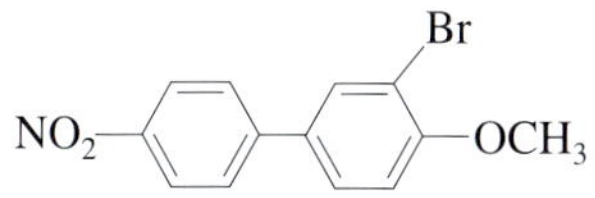

(5)

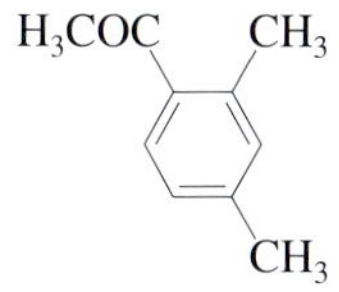

(6)

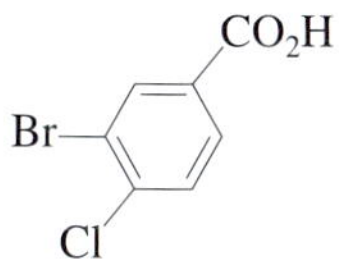

(7)

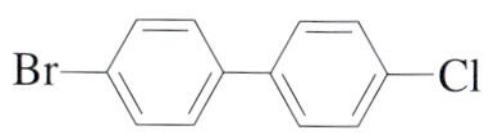

6.27

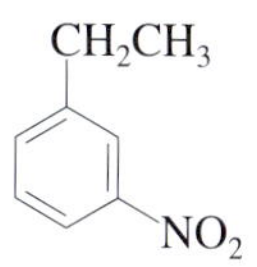

6.28

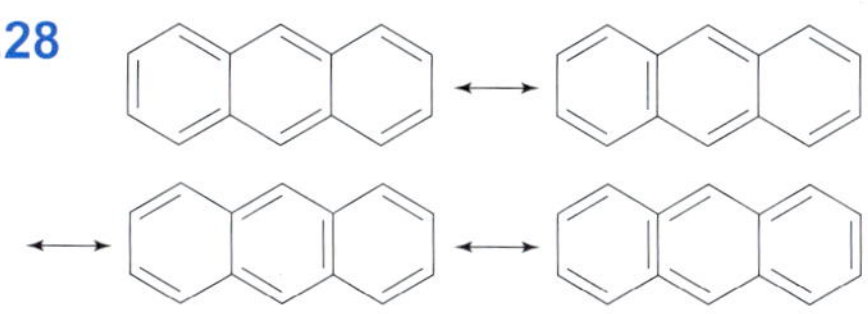

6.31 (1)

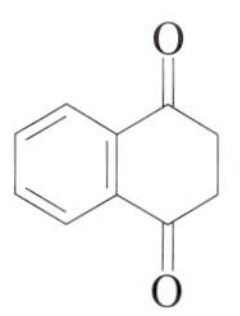

(2)

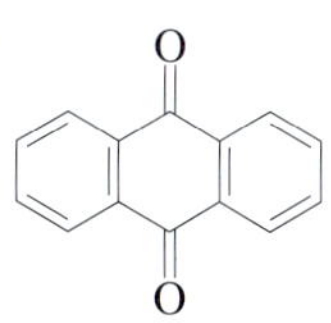

6.32 (1) $HO—N{=}O + H^+$

$\rightleftharpoons H_2\overset{+}{O}—N{=}O$

$\rightleftharpoons \overset{+}{N}{=}O + H_2O$

(2)

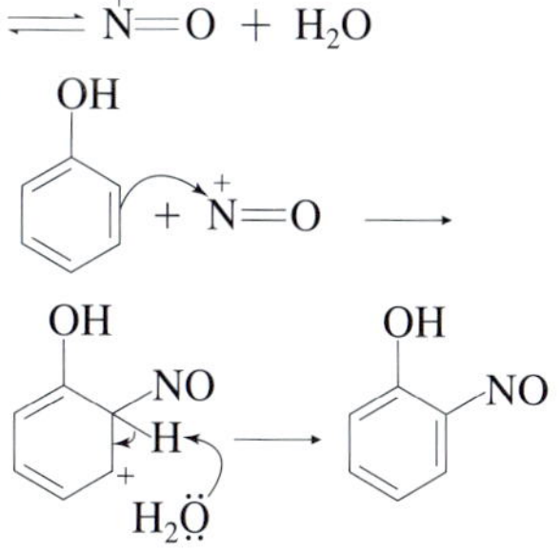

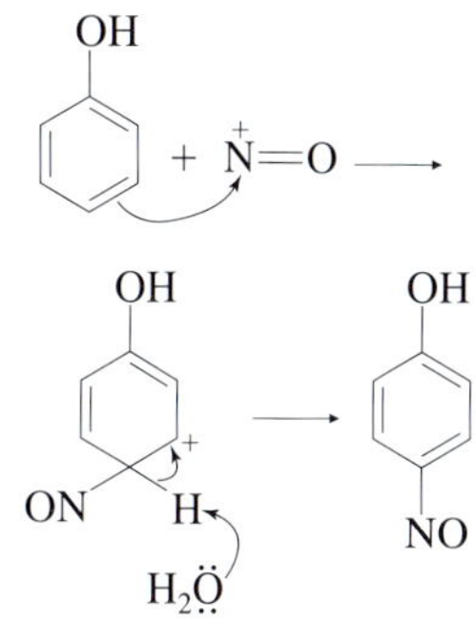

6.33 C(1)에서 치환이 일어났을 때 형성되는 탄소 양이온 중간체에서 인접한 고리의 방향족성이 유지되는 공명 구조는 다음의 두 개가 있다.

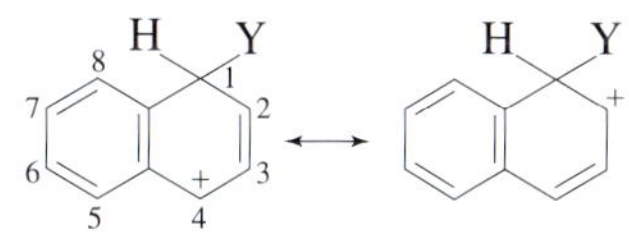

(2)에서 치환이 일어 났을 때 형성되는 탄소 양이온 중간체에서 인접한 고리의 방향족성이 유지되는 구조는 한 개 뿐이므로 중간체의 안정도는 C(1)에서 일어났을 때가 더 크다.

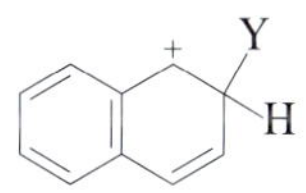

따라서 반응은 C(1) 위치에서 주로 일어난다.

6.34

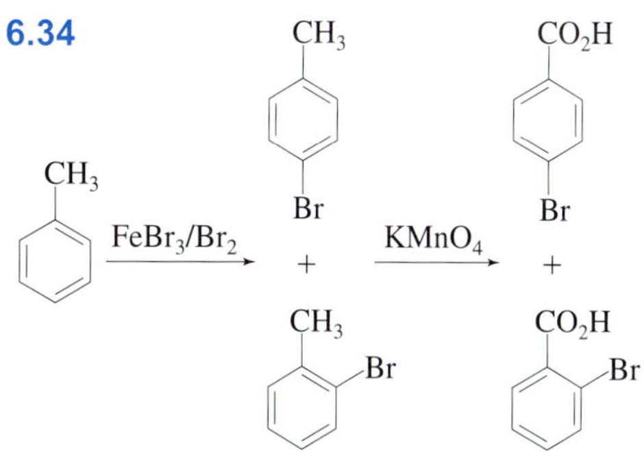

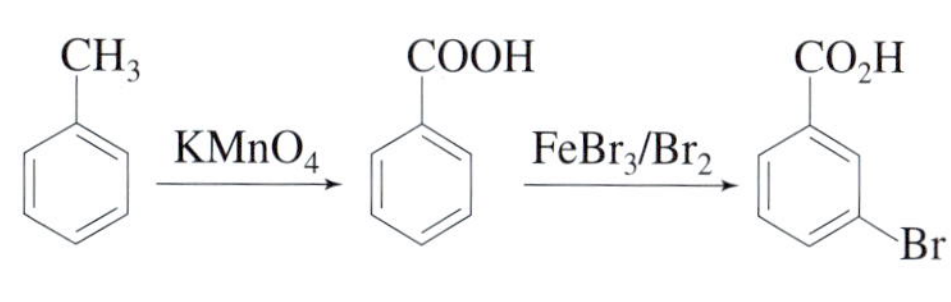

7장

7.1 (1) 3,3-Dimethyl-1-butanol
(2) 4,4-Dimethylcyclohexanol
(3) 1,4-pentanediol
(4) 2-Ethyl-1,4-hexanediol

7.2 (1)
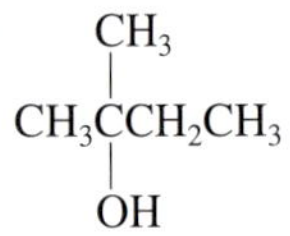

(2)
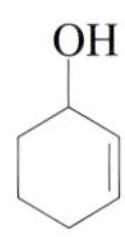

(3)
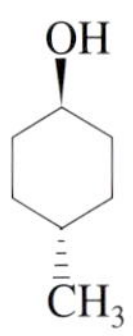

(4)
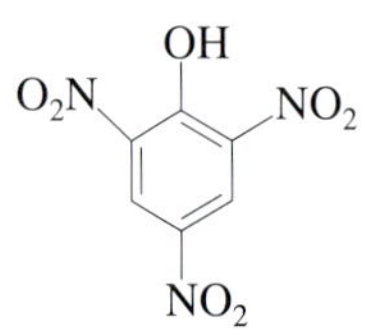

7.3 (1)
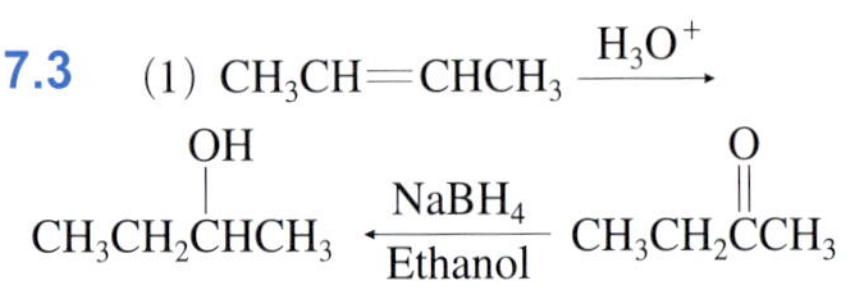

(2)
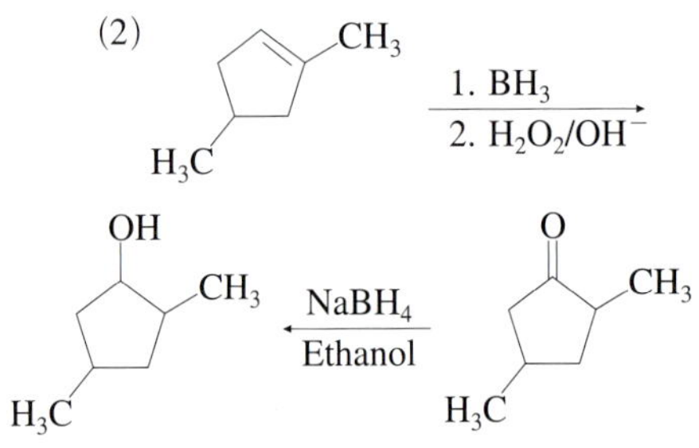

7.4 $CH_3CH_2CH_2CH{=}CHCH_3$와
$(CH_3)_2C{=}CHCH_3$

7.5 (1)
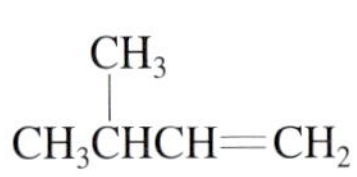

와
$CH_3CH{=}C(CH_3)_2$ (주생성물)

(2)
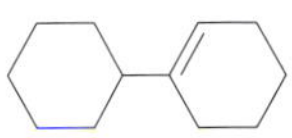

와

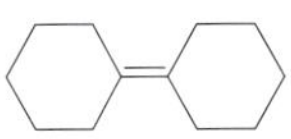

(주생성물)

7.6 (1)
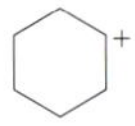

(2)
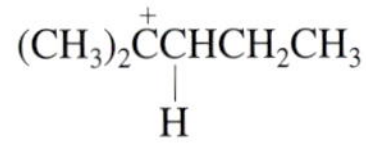

(3)
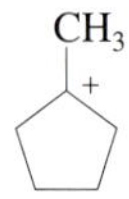

7.7 (1)
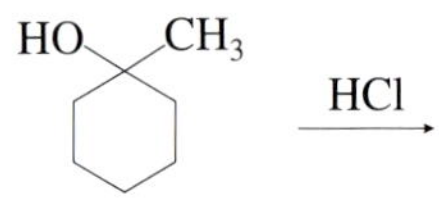

(2)
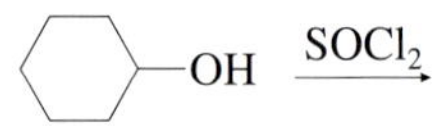

(3)
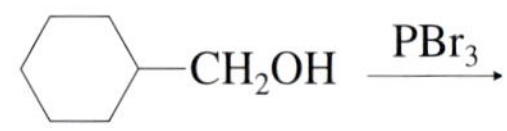

(4) $(CH_3)_3COH \xrightarrow{HBr}$

7.8
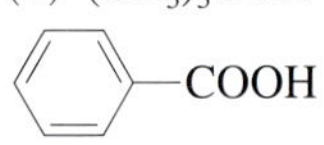

와

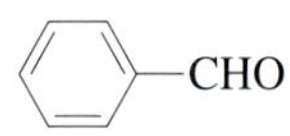

7.9 (1)
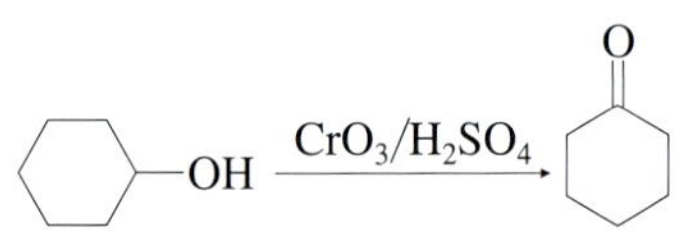

(2) $CH_3CH_2CH_2CH_2CH_2OH \xrightarrow{PCC}$
$CH_3CH_2CH_2CH_2CHO$

(3)
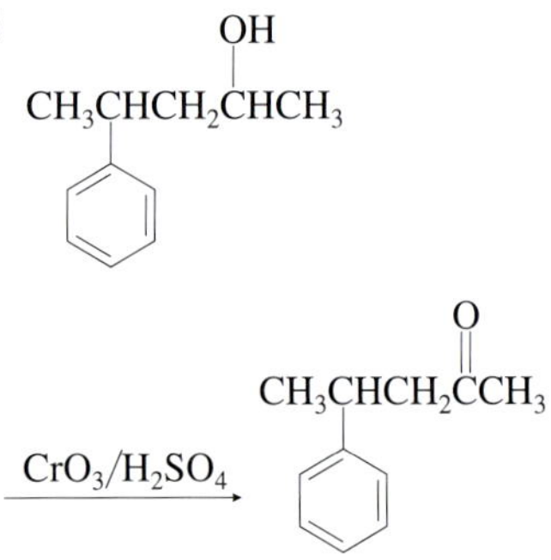

7.11 (1) $(CH_3)_3COK + CH_3CH_2I \longrightarrow$
(2) $(CH_3)_2CHONa$
$+ CH_3CH_2CH_2Br \longrightarrow$

(3)
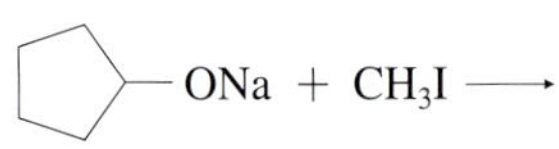

(4)
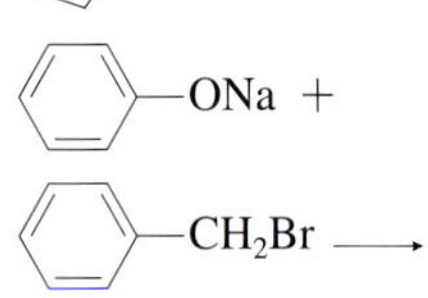

7.12 $(CH_3)_3C-\ddot{O}-C(CH_3)_3 + HBr$

$\rightleftharpoons (CH_3)_3C-\overset{H}{\overset{|+}{O}}-C(CH_3)_3 + Br^-$

$(CH_3)_3C-\overset{H}{\overset{|+}{O}}-C(CH_3)_3 \rightleftharpoons$

$(CH_3)_3C^+ + (CH_3)_3COH$

$(CH_3)_3C^+ + Br^- \longrightarrow (CH_3)_3CBr$

7.13 (1) $C_6H_5CH(CH_3)-O-CH_2CH_3 + HBr$

$\rightleftharpoons C_6H_5CH(CH_3)-\overset{H}{\overset{|+}{O}}-CH_2CH_3 + Br^-$

$\longrightarrow C_6H_5CH(CH_3)OH + CH_3CH_2Br$

(2) 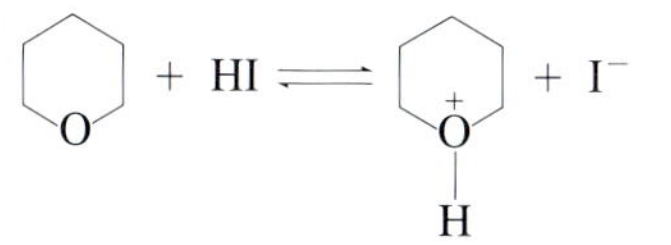

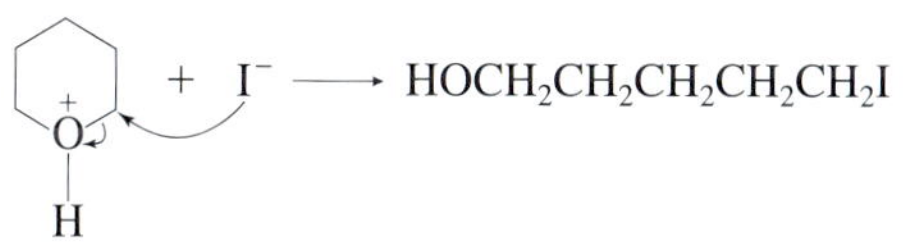

7.14 (1) 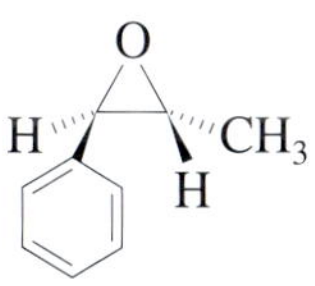

(2) 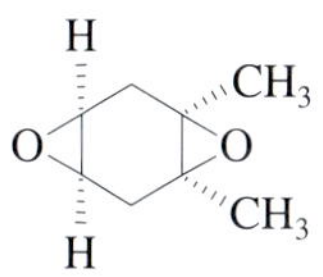

(3) 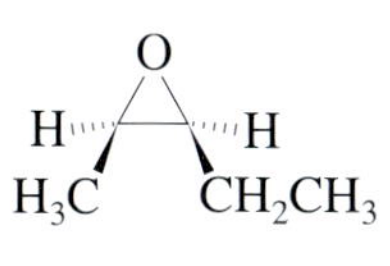

7.15 (1) 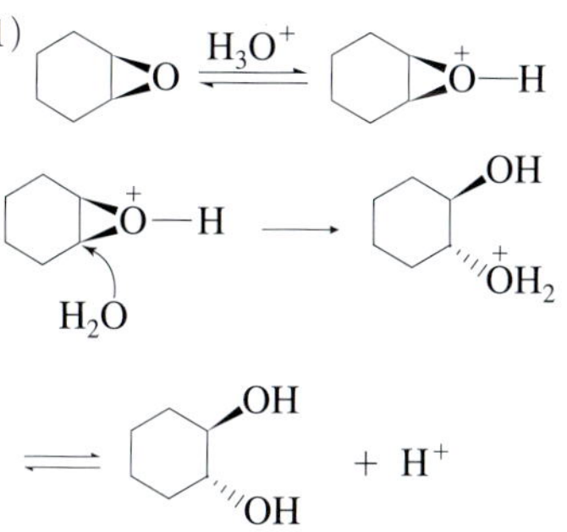

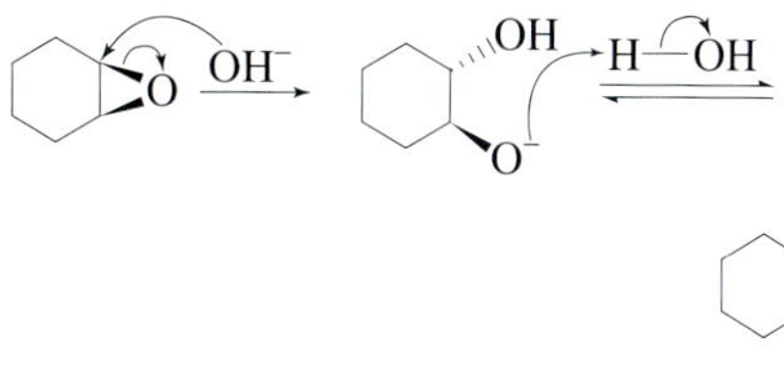

(2) 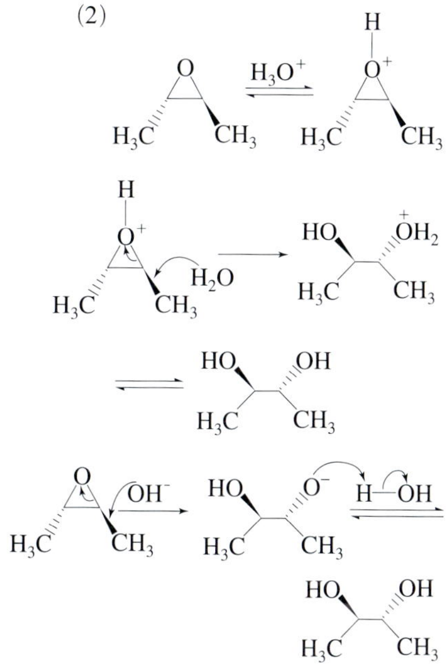

7.16 (1) $CH_3CH_2CH(SH)CH_2CH_2CH_3$

(2) $CH_3CH_2CH_2CH_2CH_2SH$

(3) $CH_3SCH(CH_3)_2$

(4) 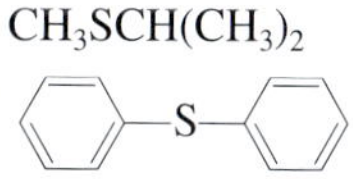

7.17 (1) $(CH_3)_2CHCH_2CH_2Br + NaSH \longrightarrow$

(2) $CH_3CH_2CH_2OH \xrightarrow{PBr_3} CH_3CH_2CH_2Br$(2 당량) $\xrightarrow{NaSH}$

7.21 (1) 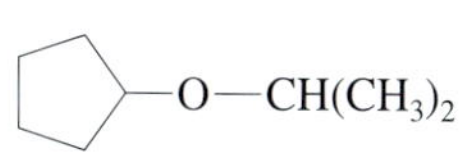

(2) 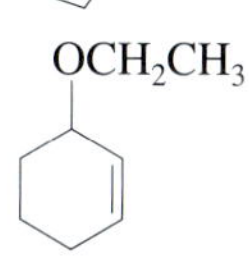

(3) Dicyclohexyl ether

(4) 3-Ethoxypentane

7.22 $CH_3CH_2CH_2CH_2OH$

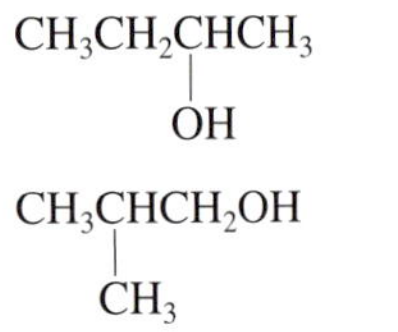

$(CH_3)_3COH$

7.23 소수성 부분이 증가하기 때문

7.24 $CH_3CH_2CH_2CH_3 < CH_3CH_2OCH_3$
$< CH_3CH_2CH_2OH < HOCH_2CH_2OH$

7.25 (2)

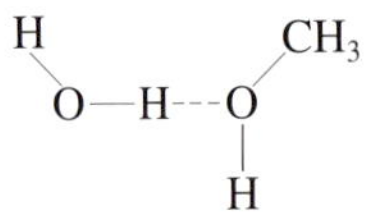

7.27 (1) $CH_3CH_2CH_2CH_2Br \xrightarrow{OH^-}$
$CH_3CH_2CH_2CH_2OH \xleftarrow{NaBH_4} CH_3CH_2CH_2CHO$
$CH_3CH_2CH_2CO_2H \xrightarrow{LiAlH_4} CH_3CH_2CH_2CH_2OH$

7.28 (1)

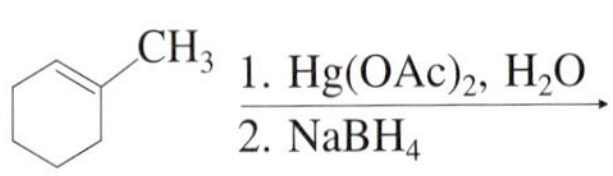

(2)

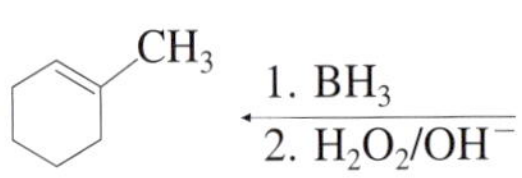

7.33

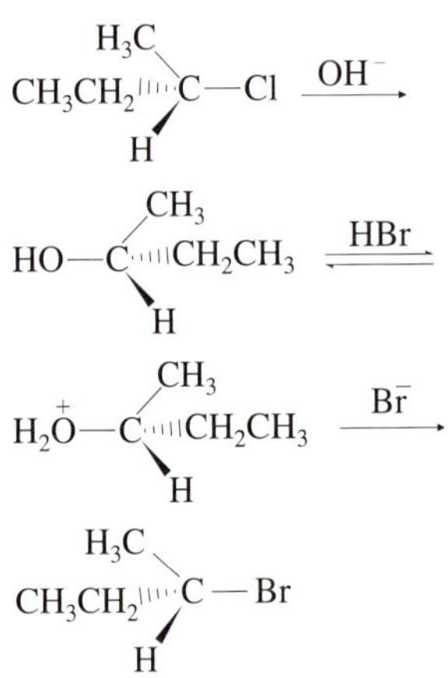

7.34

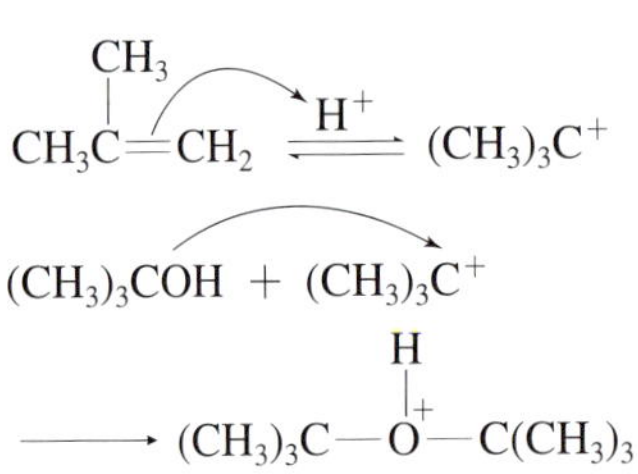

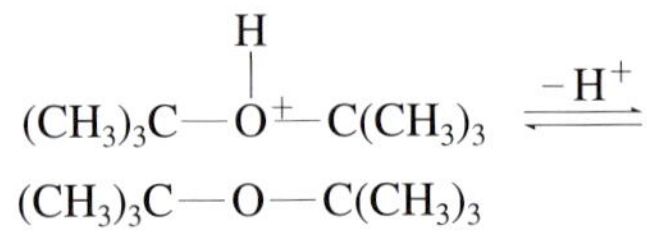

7.35

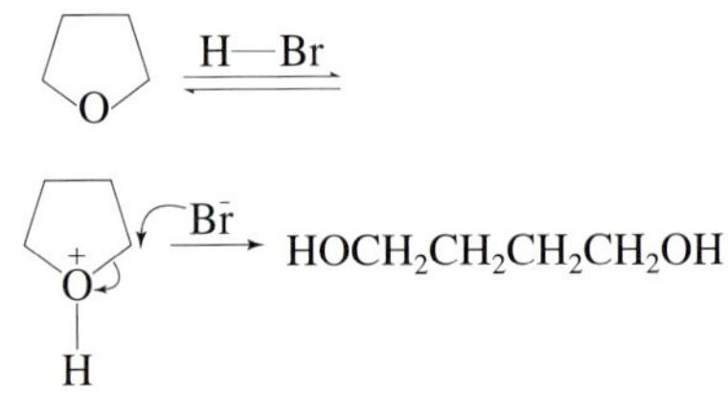

7.36

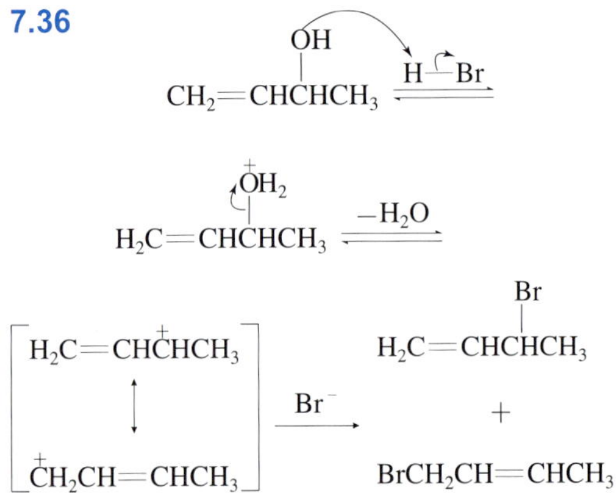

7.38 아래와 같은 S_N2 반응이 빠르게 일어나면서 카이랄 탄소 입체 배열의 라셈화가 진행된다.

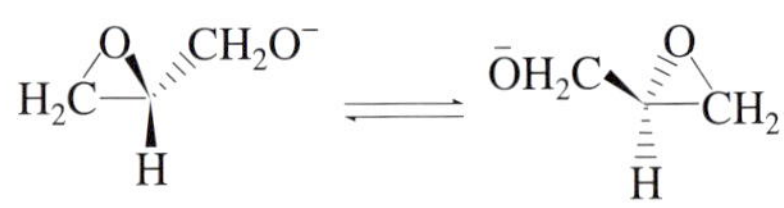

8장

8.1 (1) 3-Ethylpentanal
(2) 2-Octanone
(3) 2-Methylcyclohexanecarbaldehyde
(4) 2-Bromocyclohexanone
(5) 1,6-hexanedial
(6) 2-butenal

8.2 (1) $CH_3CH_2CH_2CH_2CH_2\overset{\overset{\displaystyle O}{\|}}{C}H$

(2) 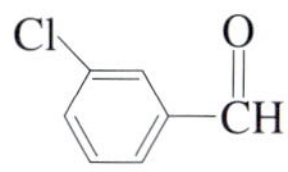

(3) 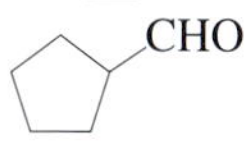

(4) $CH_3\overset{\overset{\displaystyle O}{\|}}{C}C\equiv CCH_3$

8.3 (1) $CH_3CH_2CH_2CH_2\overset{\overset{\displaystyle O}{\|}}{C}H$

(2) 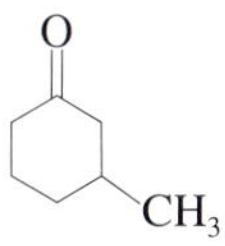

8.4 (1) $CH_3CHO < CH_2ClCHO < CHCl_2CHO < CCl_3CHO$

(2) $CH_3CH_2CH_2COCH_2CH_2CH_3 < CH_3CH_2CH_2COCH_3 < CH_3CH_2CH_2CHO$

8.5

(1) 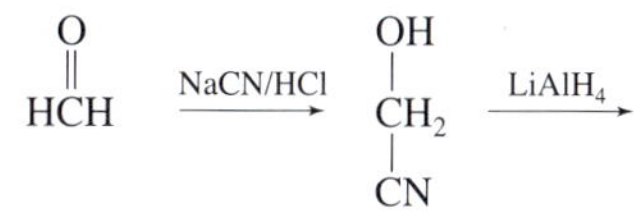

(2) 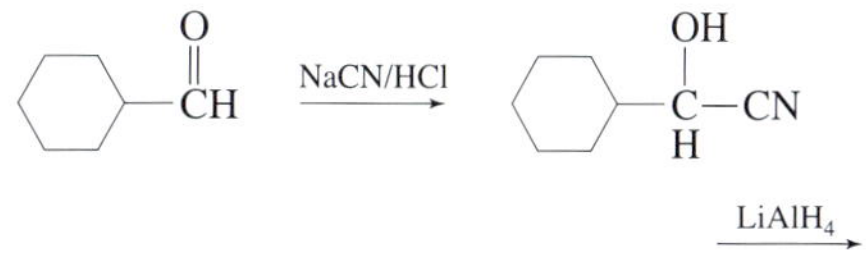

8.6 (1) 헤미케탈 (2) 헤미아세탈
(3) 케탈

8.7 (1) $CH_3CH_2CH_2\overset{\overset{\displaystyle O}{\|}}{C}CH_2CH_3$

(2) $CH_3CH_2CH_2\overset{\overset{\displaystyle O}{\|}}{C}H$

(3) 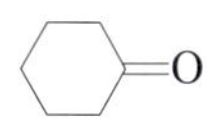

8.8

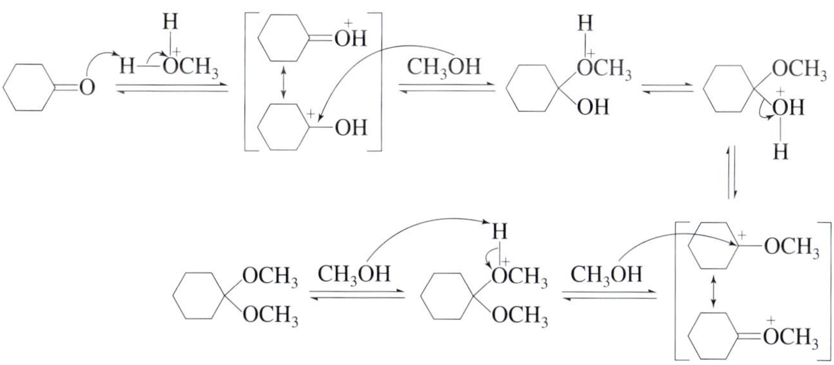

8.9 (1)

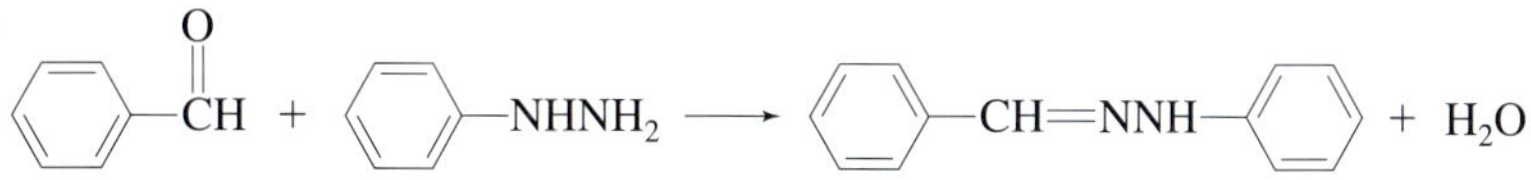

8.10

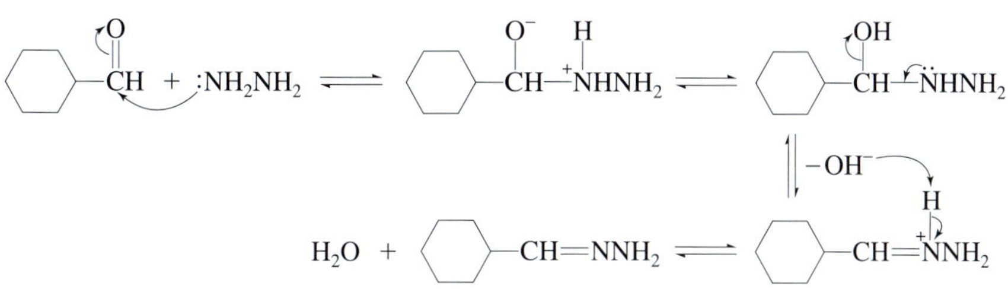

8.11 (1) $CH_3CH_2CH_2CH_2CHO \xrightarrow{CrO_3/H^+} CH_3CH_2CH_2CH_2CO_2H$

(2) 반응 안함

(3) 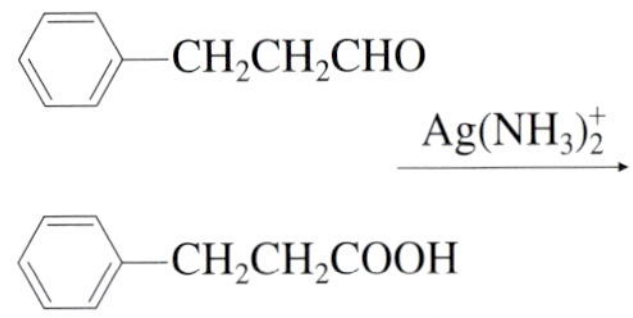

(4) 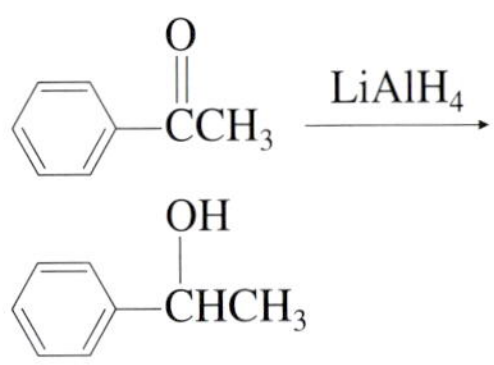

(5) $CH_3CH_2CH_2CH_2CHO \xrightarrow{H_2,\ Pd/C} CH_3CH_2CH_2CH_2CH_2OH$

8.12 $CH_3MgI + CH_3CH_2CH_2CHO$와 $CH_3CH_2CH_2MgBr + CH_3CHO$

8.13 (1) 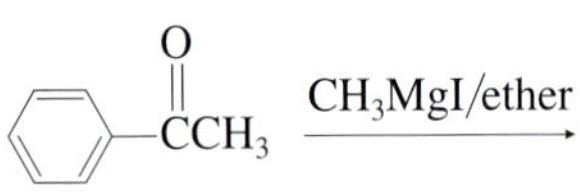

(2) 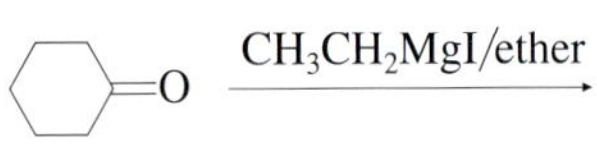

8.14 OH 또는 NH와 같은 산성 수소가 있을 때는 Grignard 시약이 염기로 작용하여 산성 수소를 제거하는 반응을 우선적으로 일으킨다.

8.15 (1) $CH_3COCH_2CH_3$와 $(C_6H_5)_3P^+CH^-CH_2CH_3$

(2) $(C_6H_5)_2CO$와 $(C_6H_5)_3P^+CH^-CH_3$

8.16 (1) 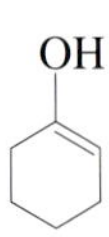

(2) 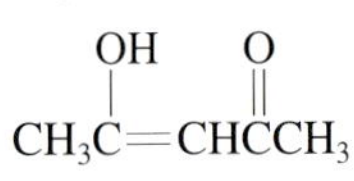

8.17 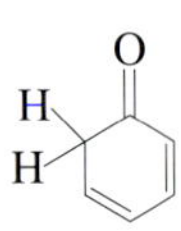

8.18 (1) 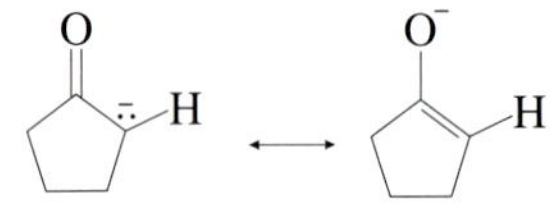

(2) 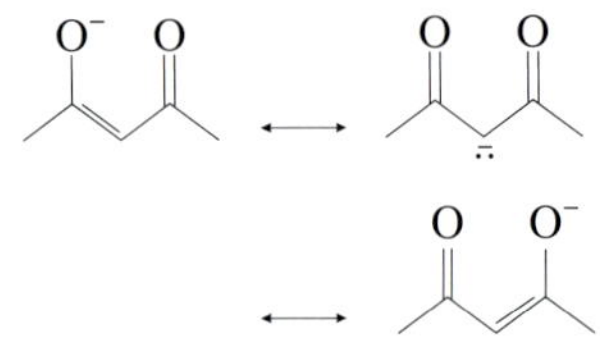

8.19 (1) 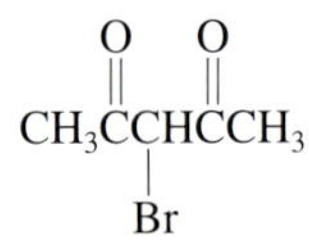

(2) 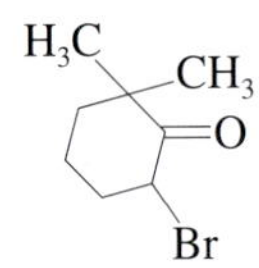

8.20 (1)과 (3)

8.21 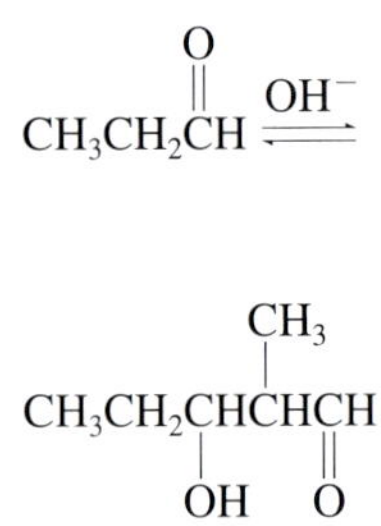

8.22 (1) 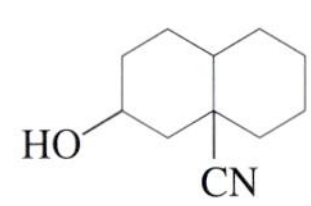

(2) 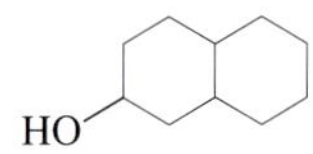

(3) 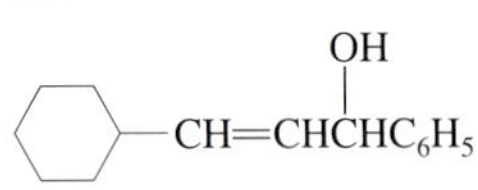

(4) 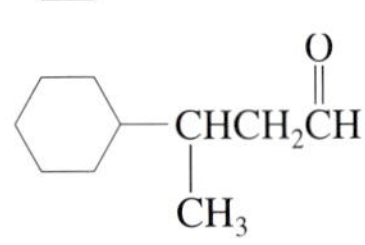

8.26 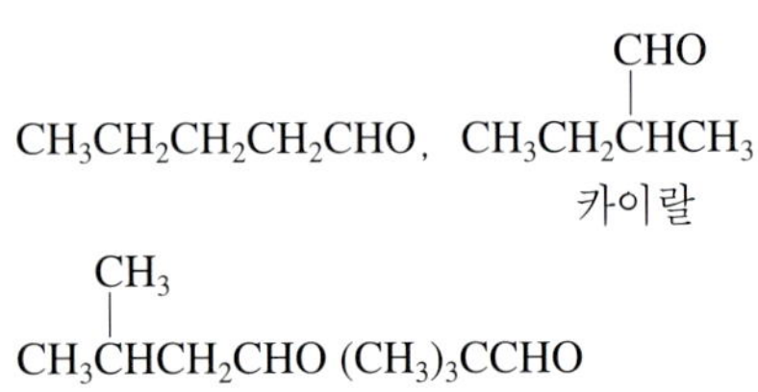

$CH_3CH_2CH_2\overset{O}{\overset{\|}{C}}CH_3$ $CH_3CH_2\overset{O}{\overset{\|}{C}}CH_2CH_3$

$(CH_3)_2CH\overset{O}{\overset{\|}{C}}CH_3$

8.29 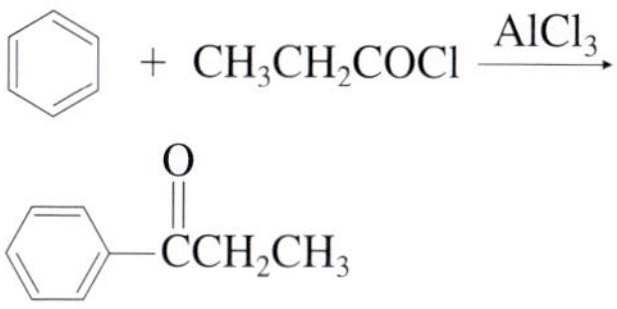

8.30 Pentane＜Butanal＜1-Butanol순으로 극성이 증가하며, 1-butanol의 경우는 수소 결합을 하기 때문에 끓는점이 가장 높다.

8.32 (1) 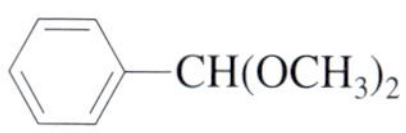

(2) 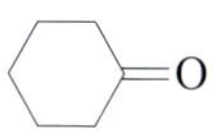

(3) $HOCH_2CH_2CH_2CH_2CHO$

8.34 (1) 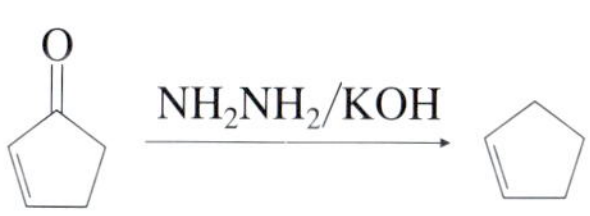

(2) 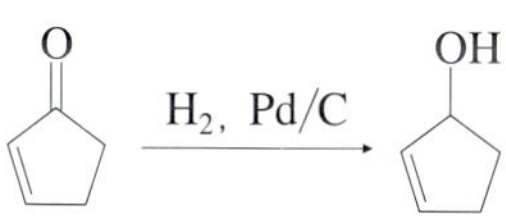

(3) 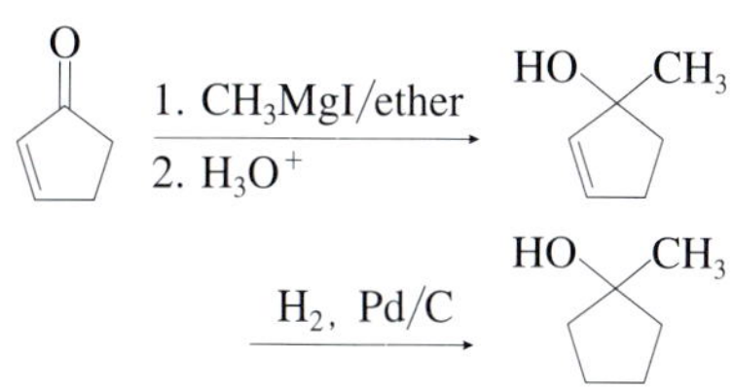

(4) 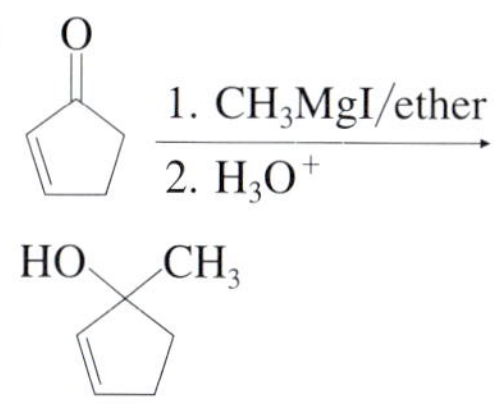

8.35 (3) $CH_3CH_2CH_2OH$
(4) $C_6H_5CH_2CH_2OH$

8.37 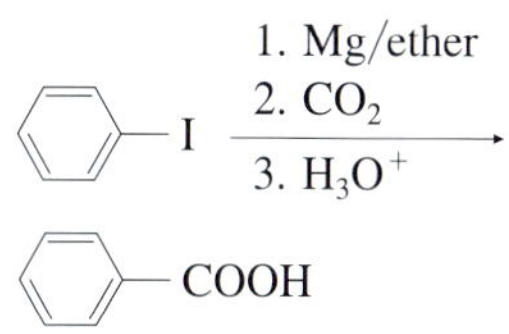

8.38 (1) 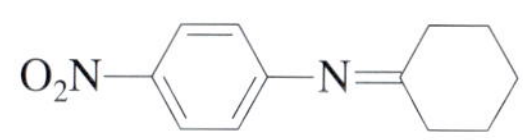, (2)와 (3)은 (1)과 동일한 메커니즘으로 생성물이 만들어짐

8.39

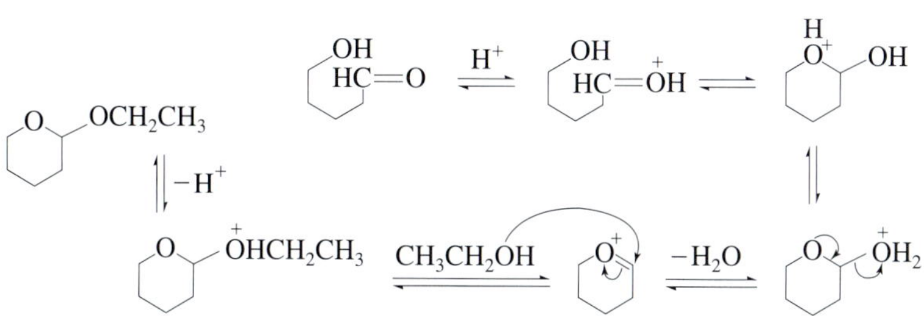

8.40

(1) 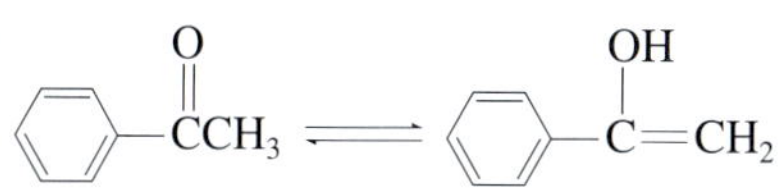

(2) 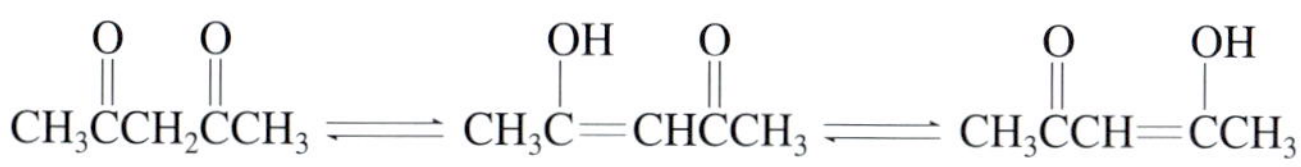

(3)

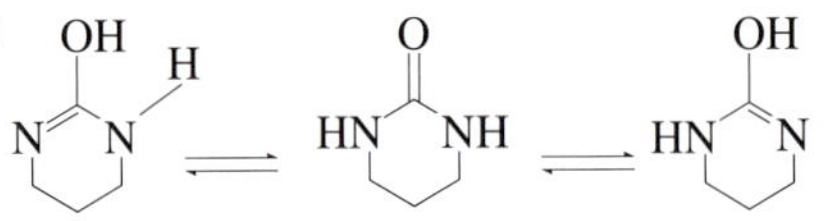

(4)

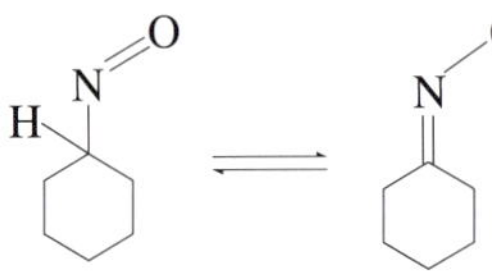

8.41

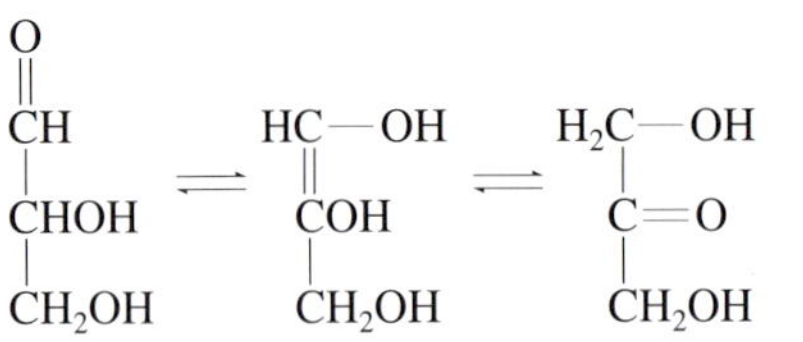

α-Hydroxyaldehyde α-Hydroxyyketone

8.42

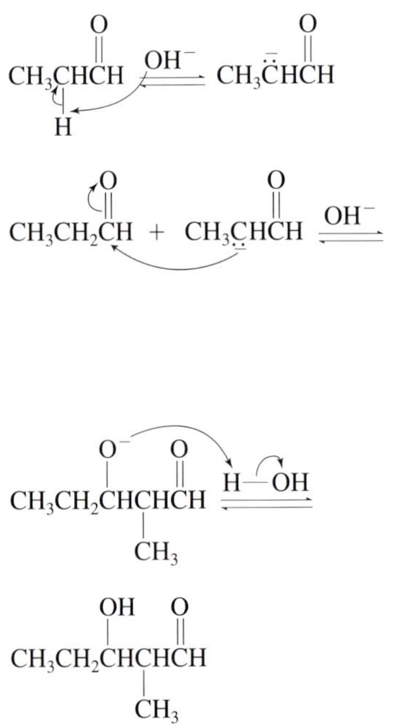

8.43

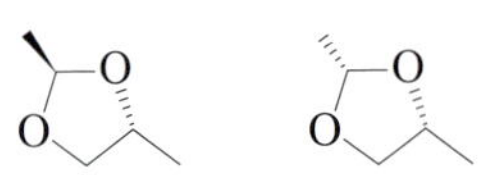

8.45

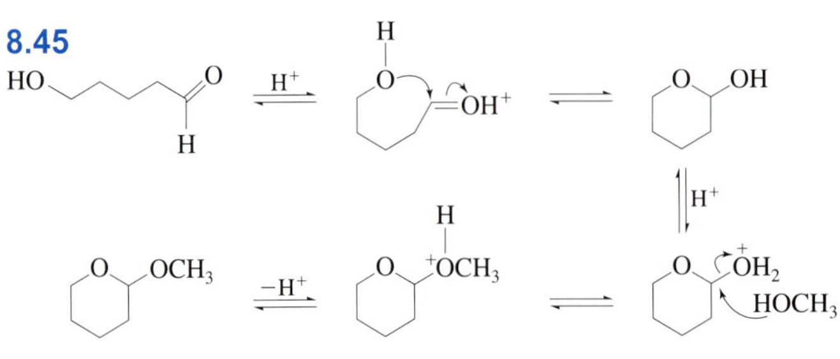

8.48

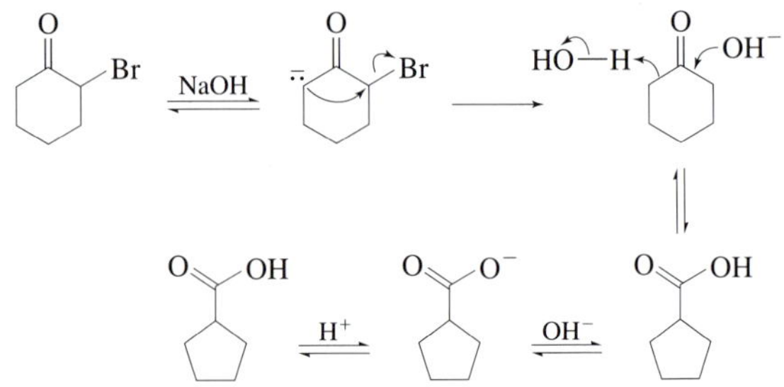

9장

9.1 (1) 3-Hydroxypentanoic acid

(2) 3-Pentenoic acid

(3) 1-Cyclohexenecarboxylic acid

(4) *trans*-2-Methylcyclohexanecarboxylic acid

9.2 (1)

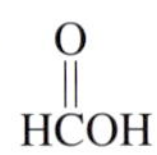

(2)

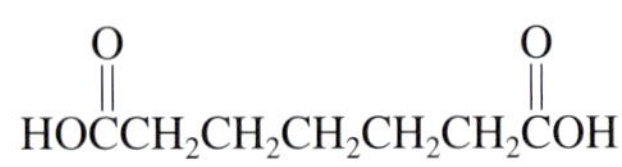

(3)

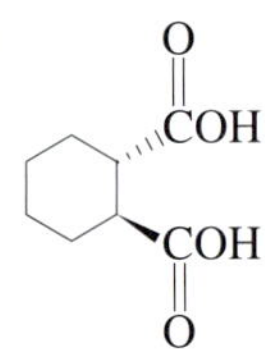

(4)

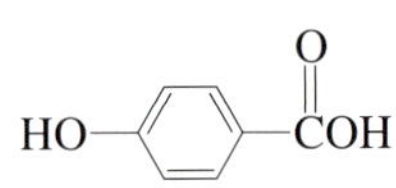

9.3 (1) 5-Methylhexanoyl chloride
(2) Cyclohexyl 2-methylpropanoate
(3) Ethyl cyclohexanecarboxylate
(4) *m*-Methylbenzoic anhydride
(5) 4-Bromohexanenitrile
(6) 4-Hexenamide

9.4 (1) *p*-Methoxybenzoic acid < Benzoic acid < *p*-Chlorobenzoic acid < *p*-Nitrobenzoic acid
(2) Iodoacetic acid < Bromoacetic acid < Chloroacetic acid

9.5 (1) $CH_3CH_2\overset{O}{\overset{\|}{C}}ONa$
(2)
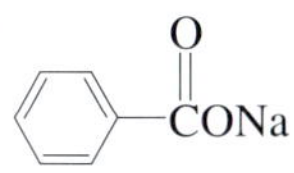

9.6
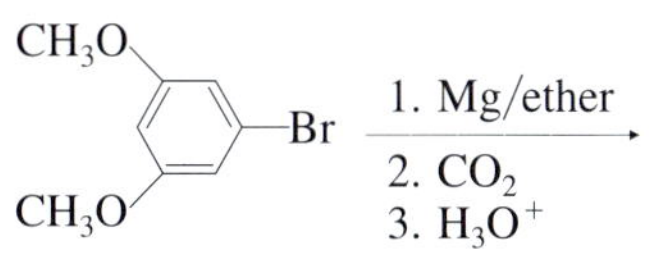

9.7 (1) $CH_3\underset{}{\overset{CH_3}{\overset{|}{C}}}HCH_2CH_2COOH$
(2)
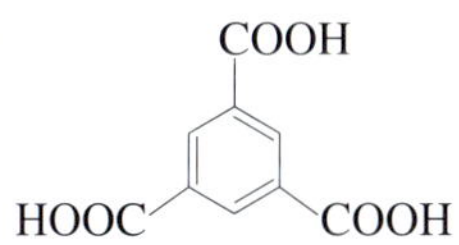

9.8 $CH_3\overset{O}{\overset{\|}{C}}O\overset{O}{\overset{\|}{C}}CH_3$

9.9 전기음성도가 큰 Cl 원자 셋이 치환되어 있는 $CCl_3CO_2CH_3$의 반응성이 더 크다.

9.10 (1) Potassium 2-chloro-4-methylpentanoate
(2) Sodium *p*-bromobenzoate

9.11
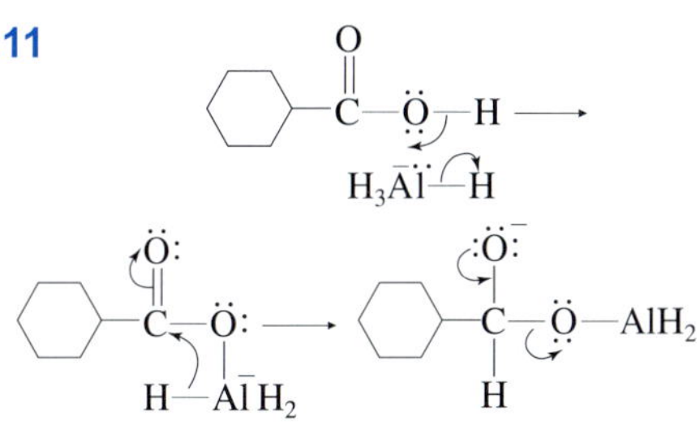

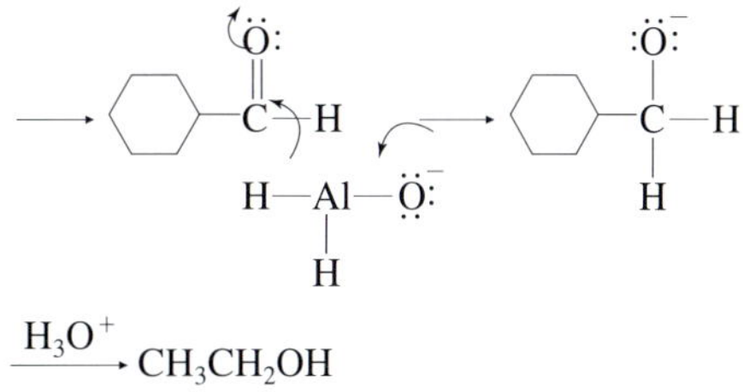

9.12 (1) $(CH_3)_2CHCOOH$
(2)
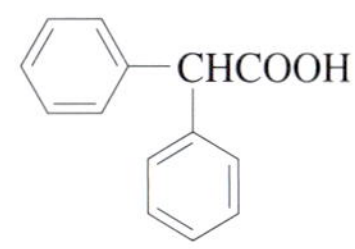

9.13 (1) $CH_3(CH_2)_4\overset{O}{\overset{\|}{C}}OH \xrightarrow{SOCl_2} CH_3(CH_2)_4\overset{O}{\overset{\|}{C}}Cl$
(2)
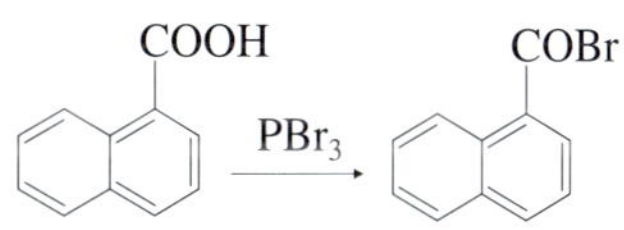

9.14 (1)
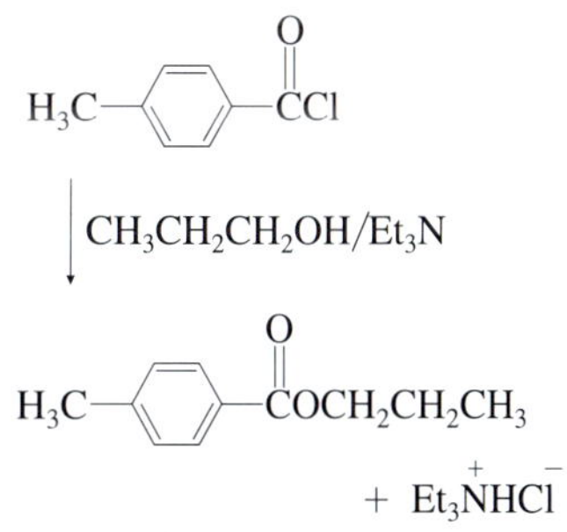

(2)
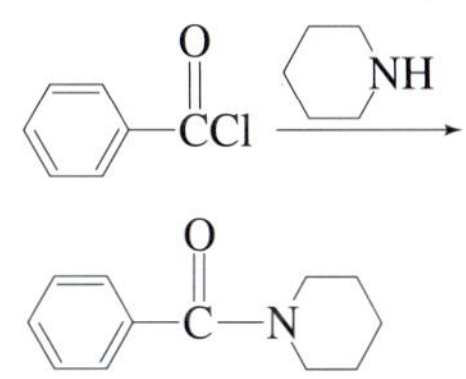

(3) $CH_3(CH_2)_4\overset{O}{\overset{\|}{C}}Cl \xrightarrow{CH_3\overset{O}{\overset{\|}{C}}OH/Et_3N} CH_3(CH_2)_4\overset{O}{\overset{\|}{C}}O\overset{O}{\overset{\|}{C}}CH_3$

9.15 (1)

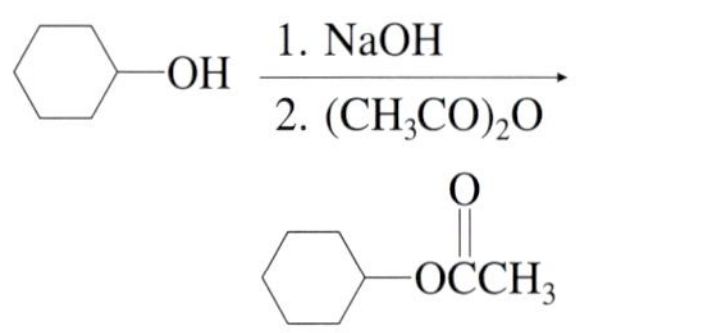

(2)

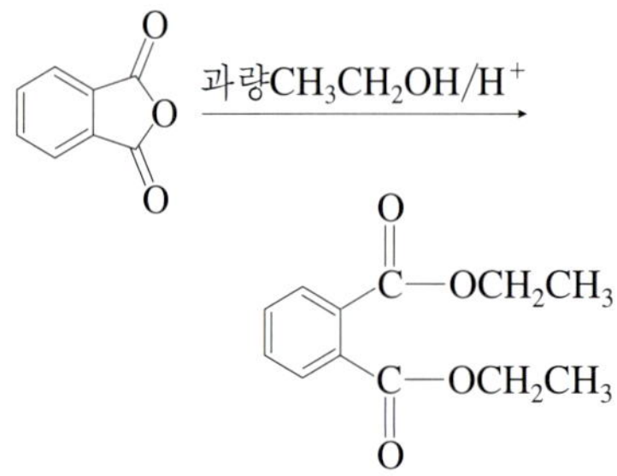

(3)

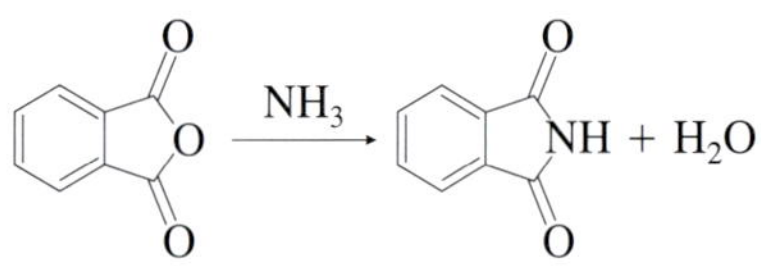

9.16

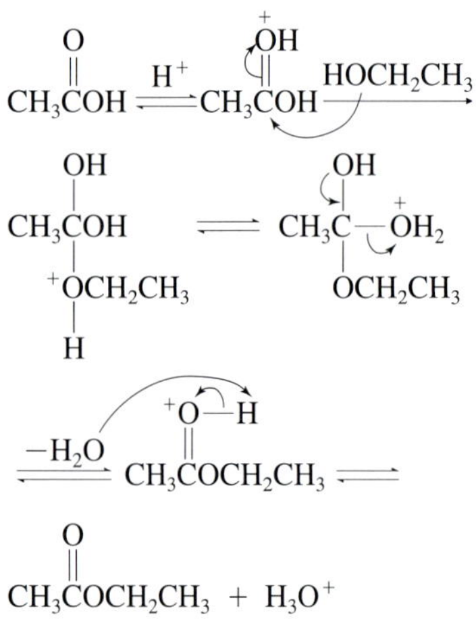

9.17

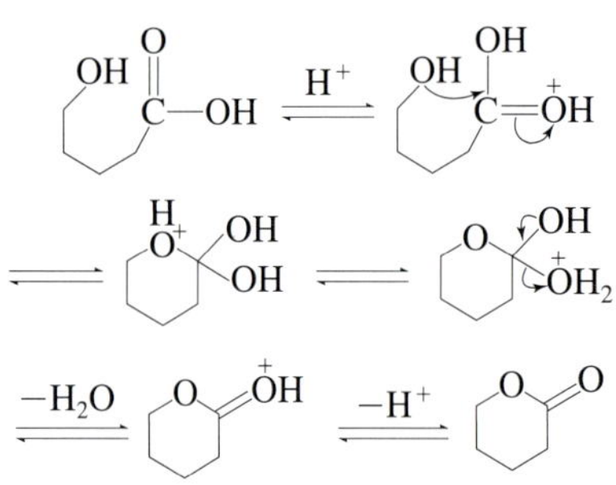

9.18 (1)

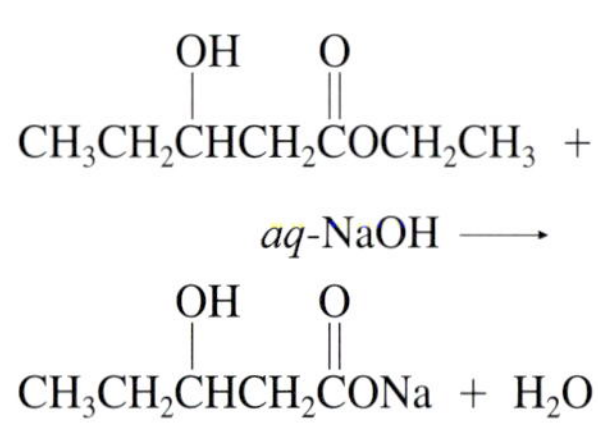

(2)

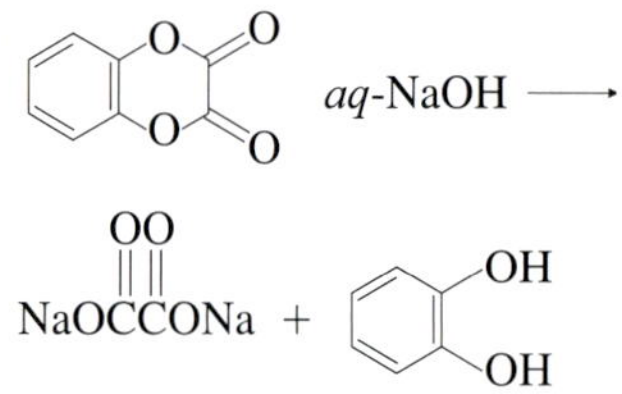

9.19

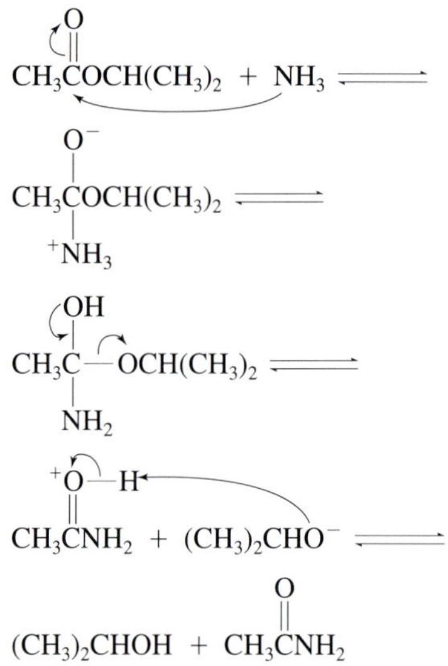

9.20 (1)

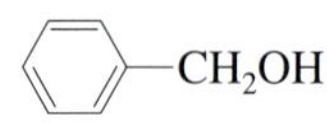

(2) $CH_3CH_2CH(CH_3)CH_2CH_2OH$

(3) $HOCH_2(CH_2)_3CH_2OH$

9.21 (1) $CH_3I \xrightarrow{Mg/ether} CH_3MgI$

$$CH_3CH_2\overset{O}{\overset{\|}{C}}OCH_2CH_3 \xrightarrow[\text{2. } H_3O^+]{\text{1. 2당량 } CH_3MgI}$$

(2)

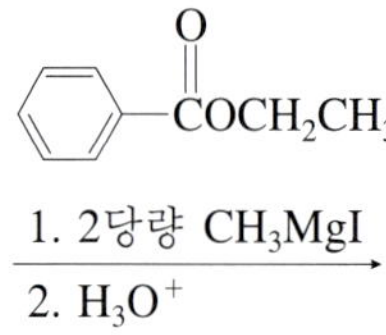

(3) $C_6H_5Br \xrightarrow{Mg/ether} C_6H_5MgBr$

$$CH_3CH_2\overset{O}{\overset{\|}{C}}OCH_2CH_3 \xrightarrow[\text{2. } H_3O^+]{\text{1. 2당량 } CH_3MgI}$$

9.22

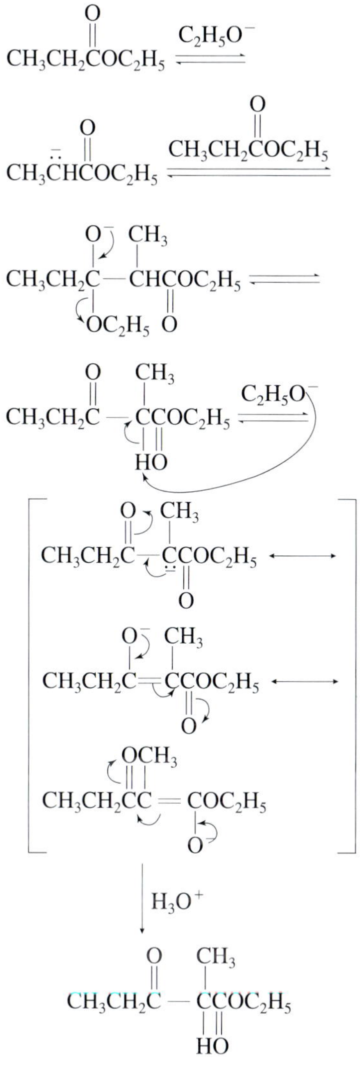

9.23 (1)

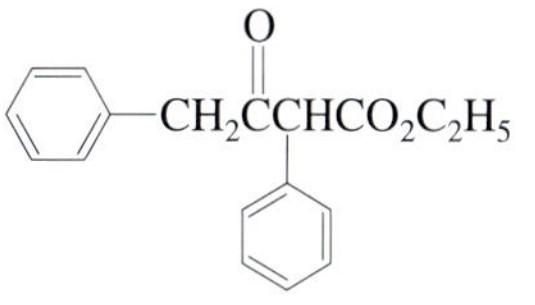

(2)

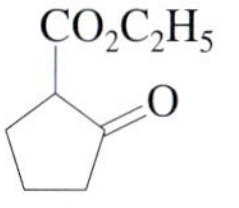

9.24 (1)

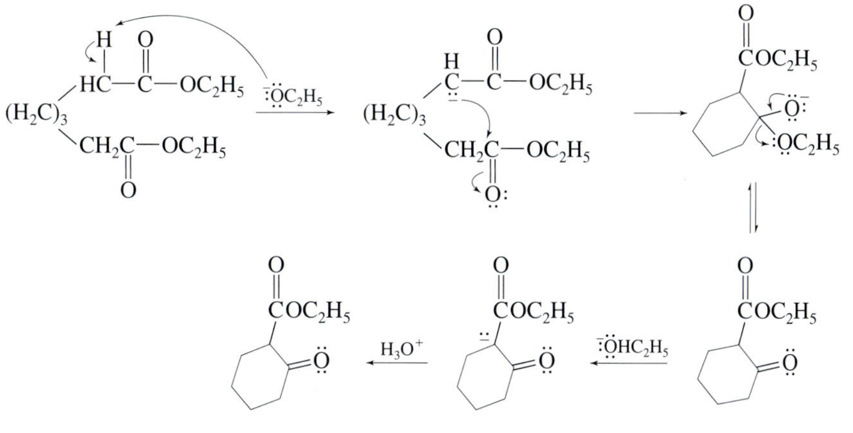

9.25

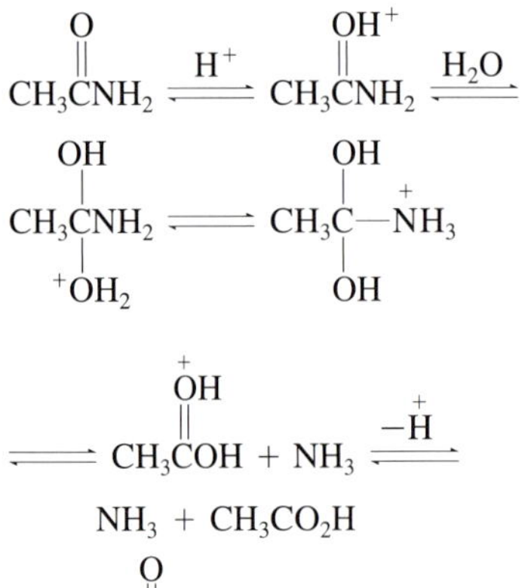

9.26

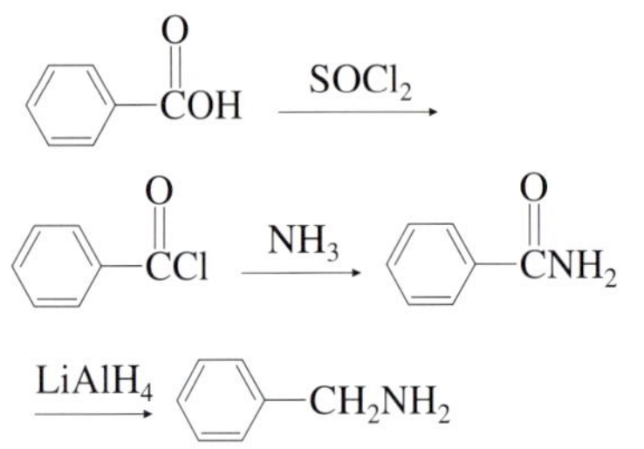

9.27

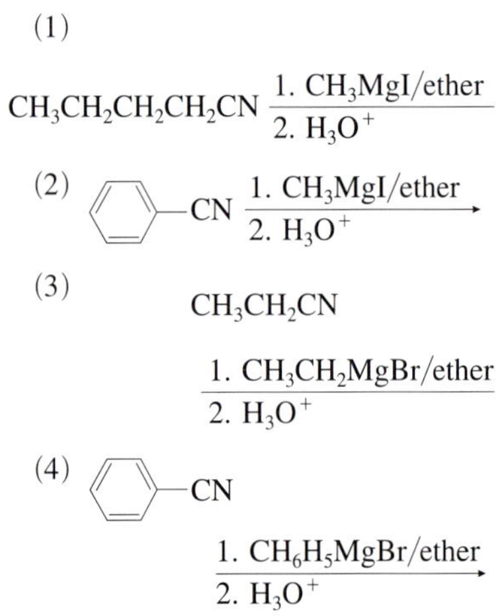

9.28

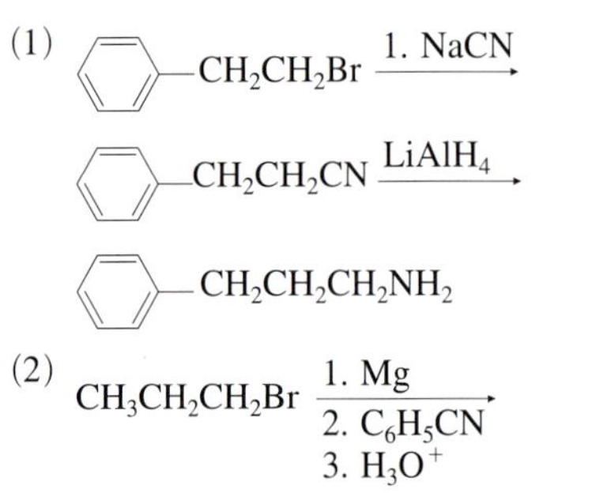

9.33 $CH_3CH_2CH_2CH_3 < CH_3CH_2CH_2CHO$
$< CH_3CH_2COOH$
Butanal에는 극성이 큰 폼일기가 있으며 propanoic acid는 수소 결합을 할 수 있다.

9.34 Acetic acid는 수소 결합을 하는 반면 Ethyl acetate는 수소 결합을 하지 못한다.

9.35 (1) $CH_3CH_2CH_2COOH <$
$CH_3CHBrCH_2COOH <$
$CH_3CH_2CHBrCOOH$
두 번째와 세 번째 화합물에서는 전기음성도가 큰 브로민 원자가 치환되어 있는데 세 번째 화합물의 브로민이 카복실기에 더 가까운 위치에 있다.

(2) $CH_3COOH < CH_2ClCOOH <$
$CHCl_2COOH < CCl_3COOH$
왼쪽에서 오른쪽으로 갈수록 전기 음성도가 큰 Cl 원자의 수가 증가한다.

9.36 (2)
$CH_3CH_2CH_2CH_2CH_2OH \xrightarrow{CrO_3/H^+}$

(3) $CH_3CH_2CH_2CH_2CHO \xrightarrow{CrO_3/H^+}$

(4) $CH_3(CH_2)_3CH{=}CHCH_2CH_3$
$\xrightarrow[2.\ H_2O_2]{1.\ O_3}$

9.37

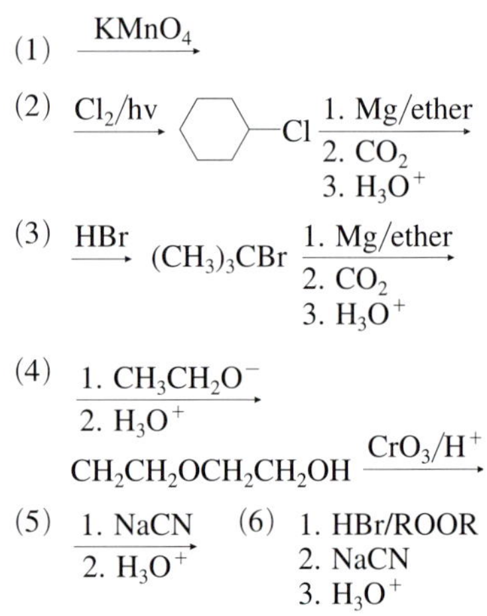

9.39

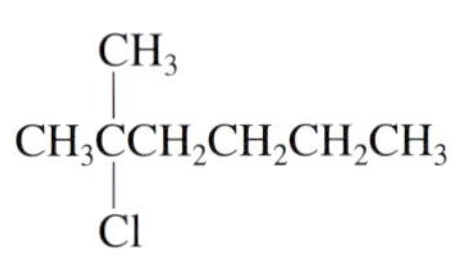

에서 CN^-로 치환될 Cl은 S_N2 반응을 할 수 없는 삼차 탄소에 결합되어 있다.

9.40 (1)

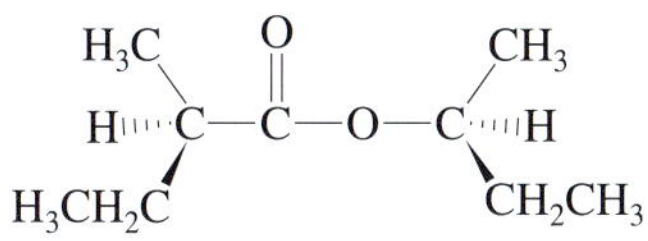

와

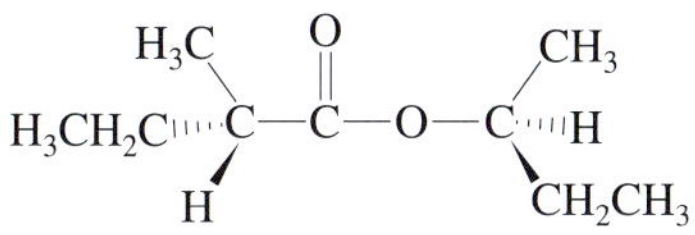

(2) (S, S)와 (R, S)의 부분입체이성질체

9.42 (1)

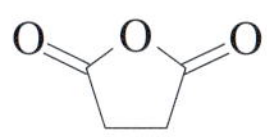

(2)

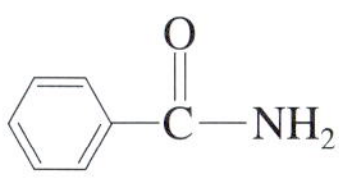

(3) $CH_3CH_2CH_2CH_2OH$

(4) $CH_3CH_2CH_2CH_2NH_2$

(6)

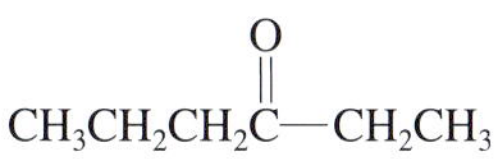

9.44

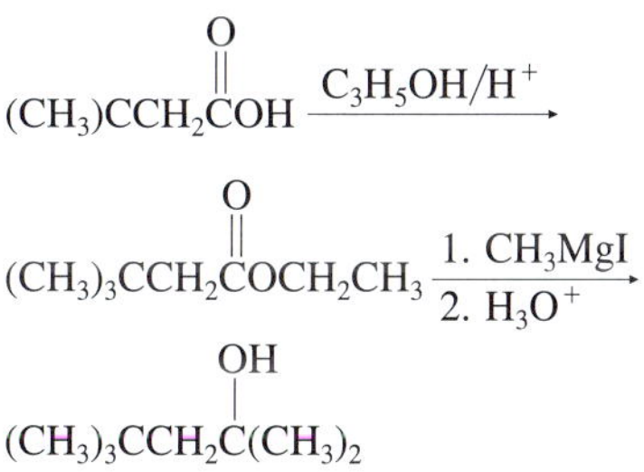

9.45

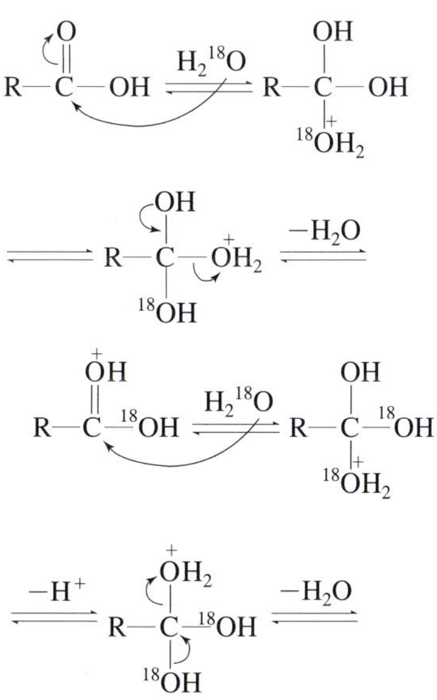

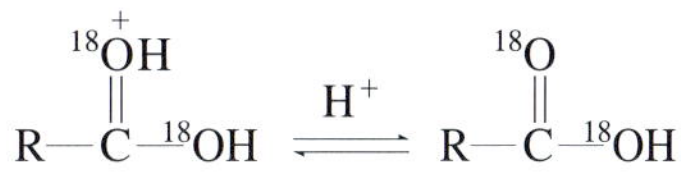

9.47

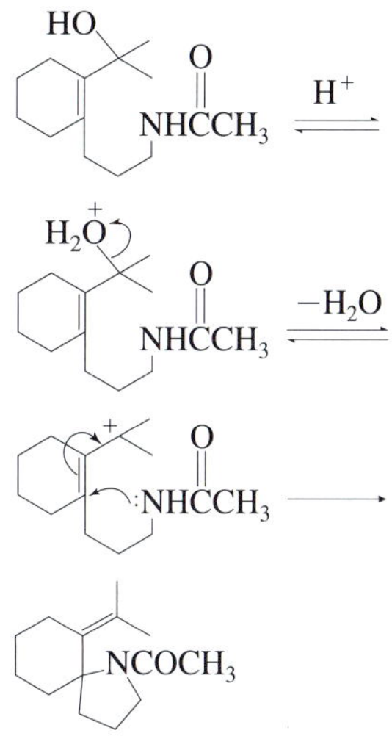

9.48 반응의 중간에 형성되는 케톤은 에스터보다 Grignard 시약에 대한 반응성이 더 크므로 Grignard 시약 한 몰이 더 빠르게 케톤의 카보닐 탄소에 첨가되어 버린다. 그러나 예로서 CH_3CN과 CH_3MgI의 반응에서 생성되는

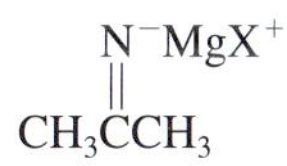

과 같은 중간체는 Grignard 시약에 대한 반응성이 매우 낮기 때문에 이 단계에서 반응은 더 진행되지 않는다. 이 중간체를 가수분해하면 케톤이 분리된다.

9.49

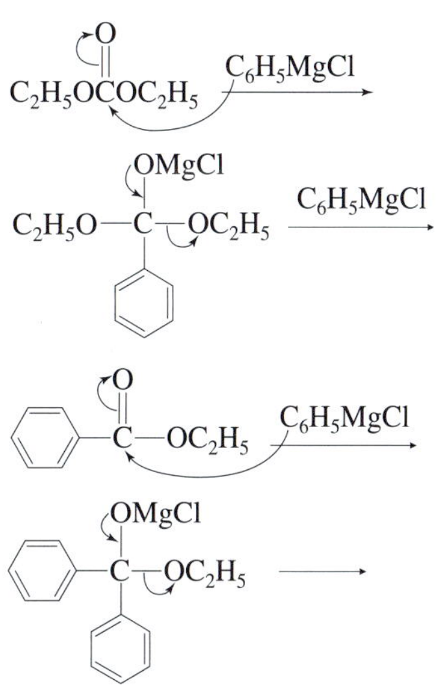

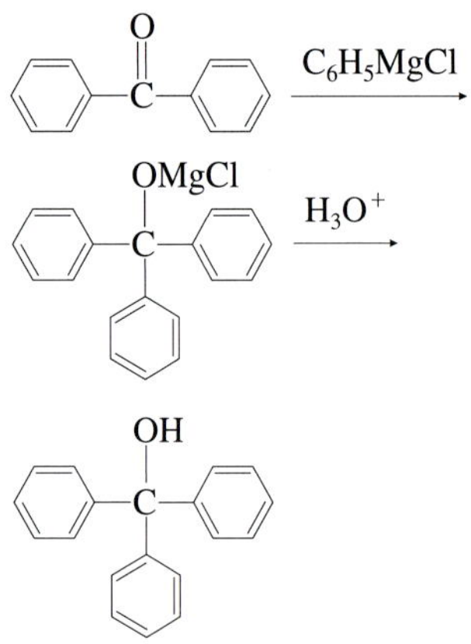

9.52 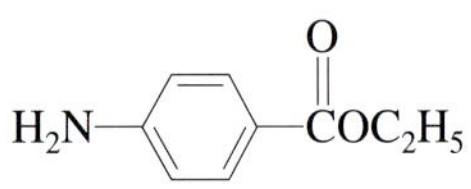

10장

10.1 (1) Pentylamine
(2) 3-Hexylamine
(3) *N*-Ethy-1,1-dimethylpropylamine
(4) *N*,*N*-Dimethyl-*p*-methylaniline
(5) 3-Phenylpropylamine
(6) 4-Aminopentanoic acid

10.2 (1) $CH_3CH_2CH_2CH(CH_3)CH_2NH_2$

(2) 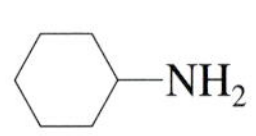

(3) 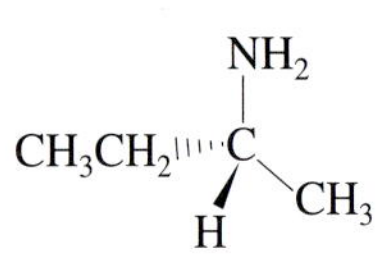

(4) 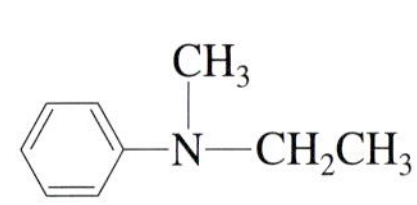

10.3 일차 아민은 수소 결합을 할 수 있는 반면 삼차 아민은 수소 결합을 할 수 없다.

10.4 (1) $CH_3CH_2NH_2$
(2) $CH_3CH_2NH_2$
(3) 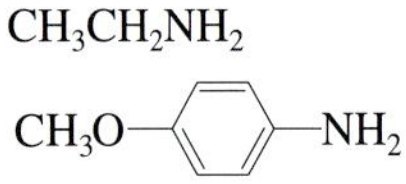

10.5 (1) Cyclohexylammonium bromide
(2) Tetraethylammonium chloride
(3) Dipropylammonium acetate

10.6 (1) $CH_3CH_2CH_2NH_2 + HBr \longrightarrow CH_3CH_2CH_2NH_3^+Br^-$
Propylammonium bromide

(2) 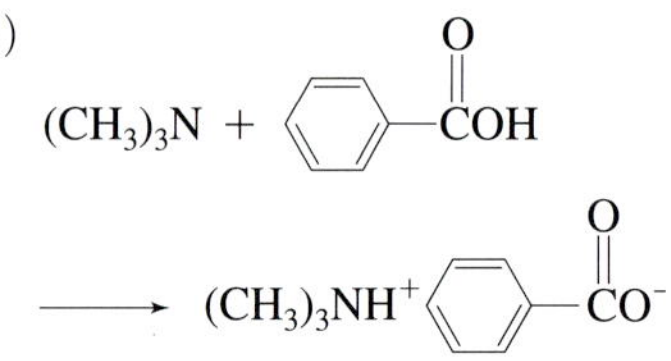

Trimethylammonium benzoate

10.7 (1) 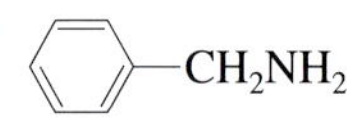

(2) $(CH_3CH_2)_3N$와 $(CH_3CH_2)_4N^+Br^-$

(3) 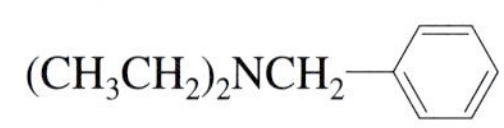 와

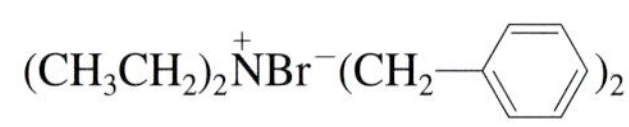

10.8 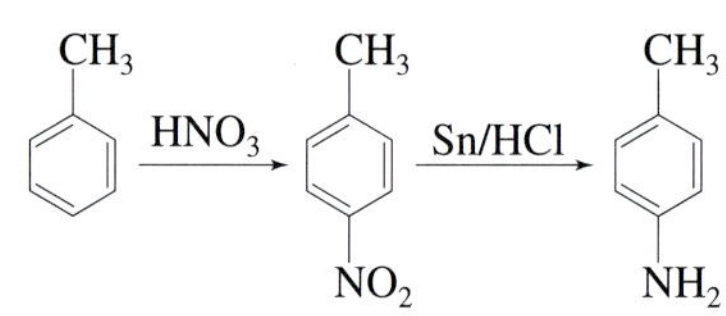

10.9 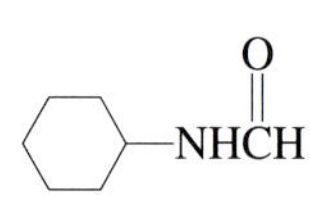

10.10 $CH_3CH_2CH_2Br \xrightarrow{CN^-} CH_3CH_2CH_2CN \xrightarrow{LiAlH_4} CH_3CH_2CH_2CH_2NH_2$

10.11 (1) 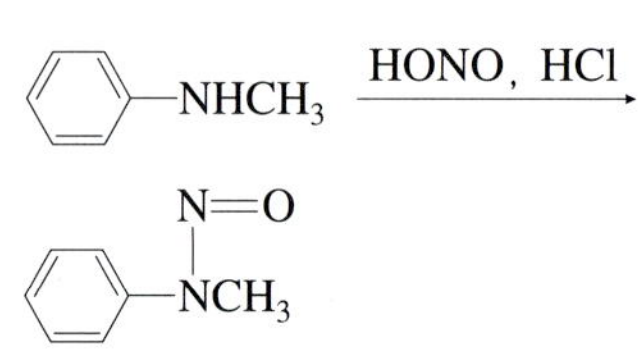

(2) 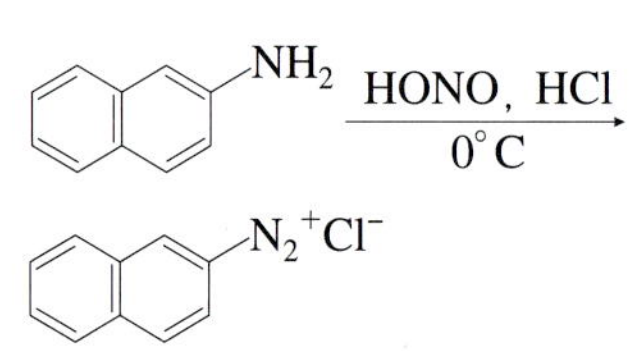

(3)

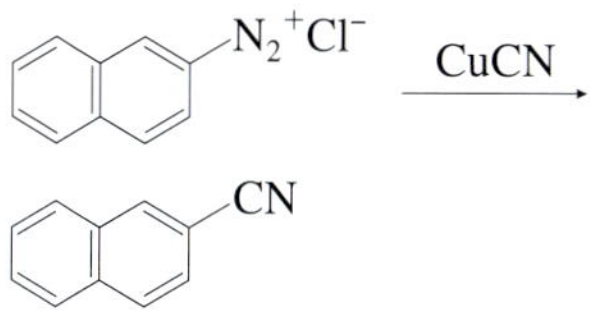

(4)

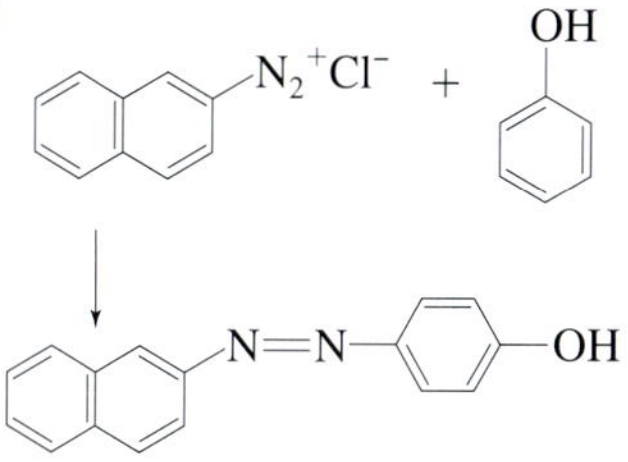

10.14 (1) 삼차

(2) 이차

(3) 일차 및 이차

10.18 (1)

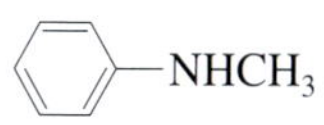

(2)

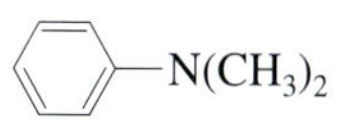

(3) $CH_3CH_2CH_2NHCH_3$

10.19 (1)

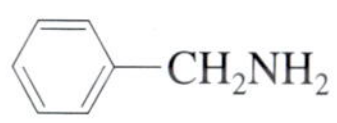

(2)

(3)

(4) $(CH_3CH_2CH_2)_3N$

10.21 (1)

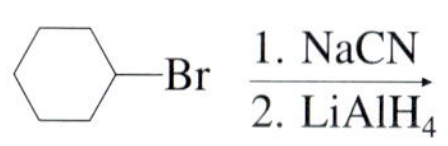

(2)

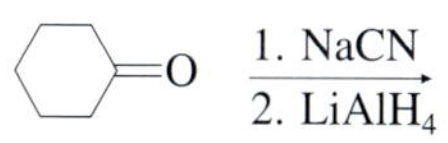

(3)

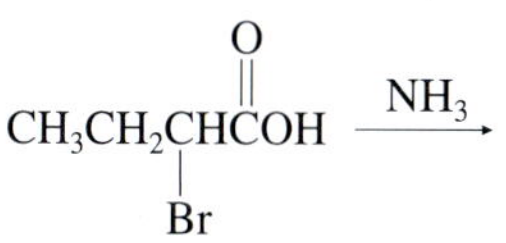

10.23 (1)

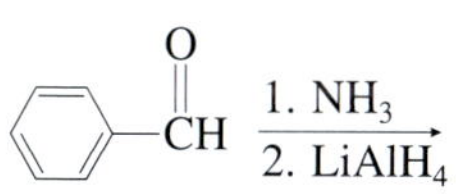

(2)

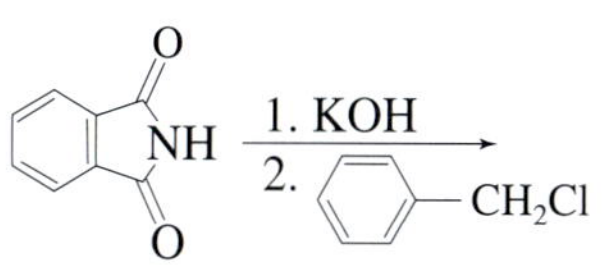

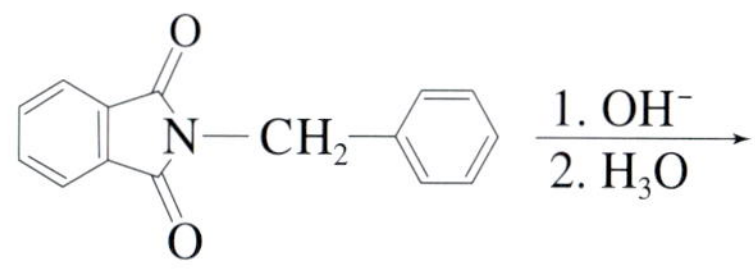

(3) 가수분해

(4) NH_3와 반응 후 환원

10.26

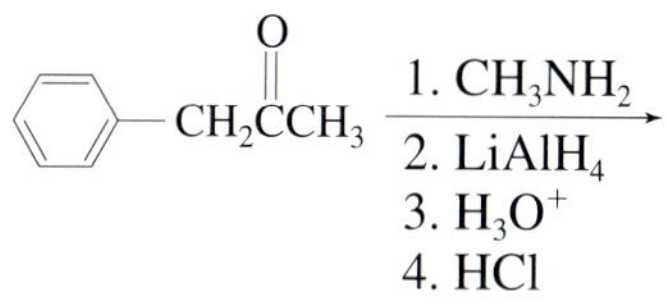

10.27

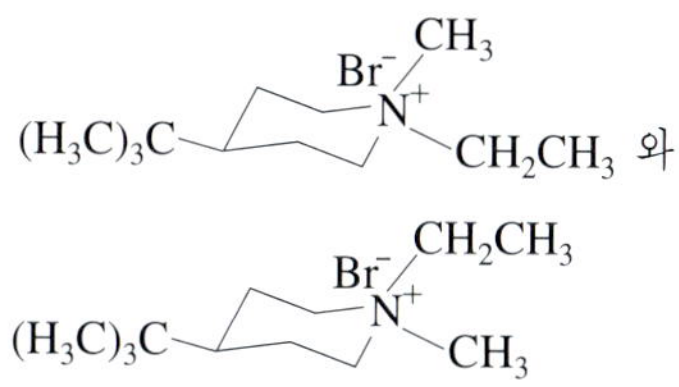

10.28 (1)

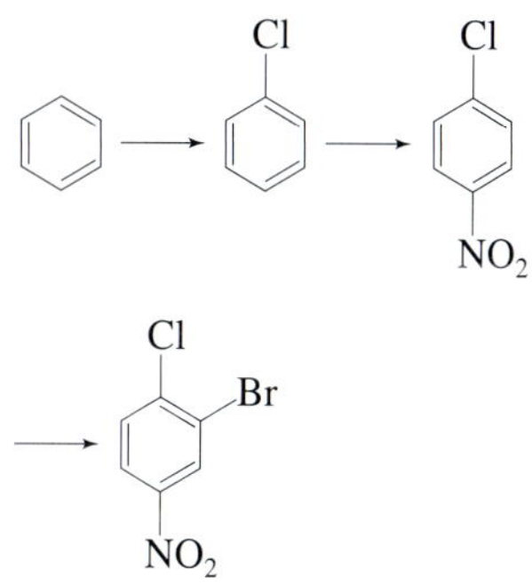

(2)

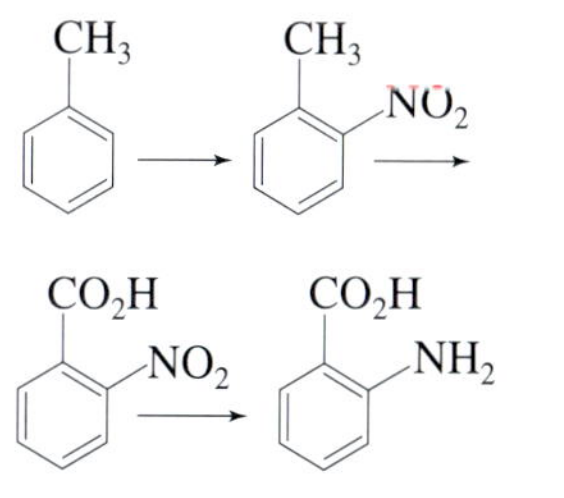

10.29 (1)

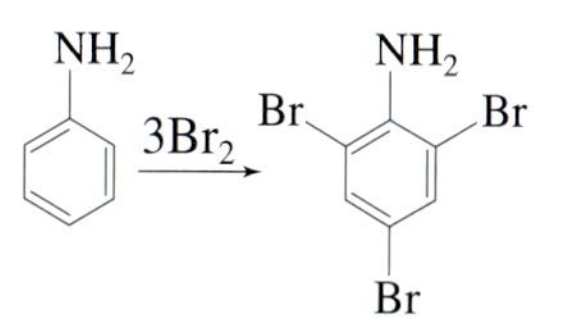

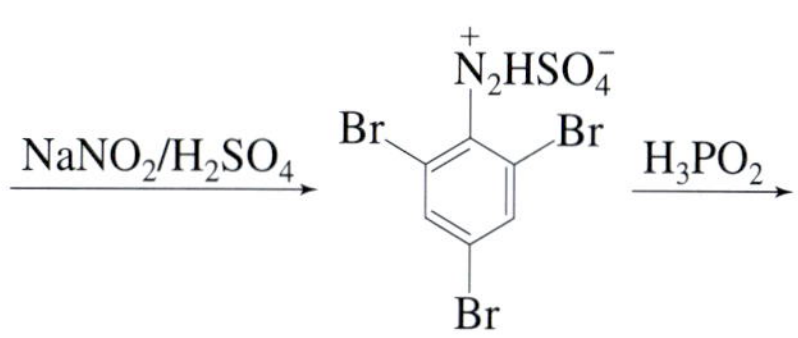

10.30 (1)

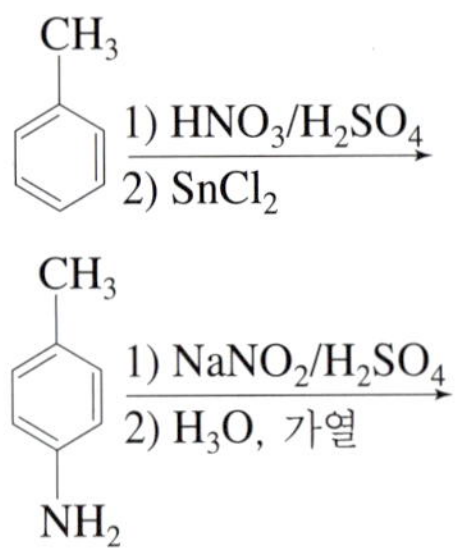

(2)

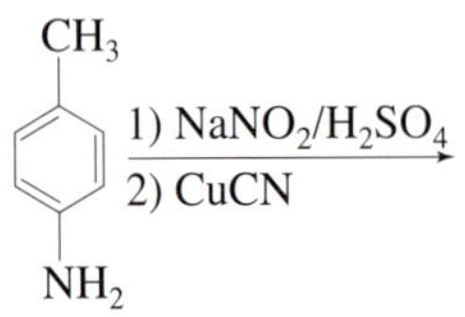

10.31 (1)

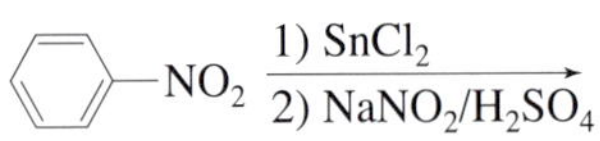

(2)

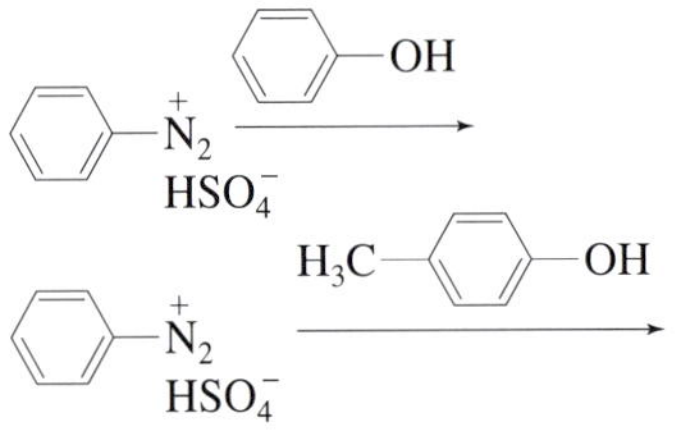

10.32

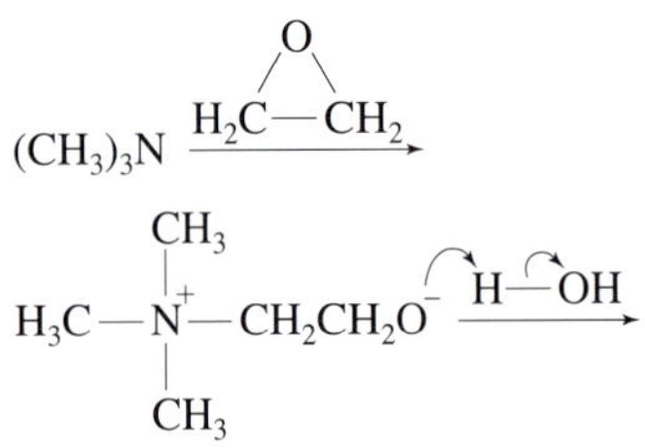

11장

11.2 (1) —C—H: 2580−2590 cm^{-1};
OH: 3200−3600;
=C—H: 3030;
C=C; 1620−1680 cm^{-1}
(2) C=O: 1650−1780 cm^{-1}
(3) NH_2: 3350−3500 cm^{-1}
(4) ≡C—H: 3310−3320 cm^{-1}

11.3 3000−3500 cm^{-1}의 범위에서 OH기에 특징적인 봉우리가 관찰되지만, C=O 봉우리는 관찰되지 않는다.

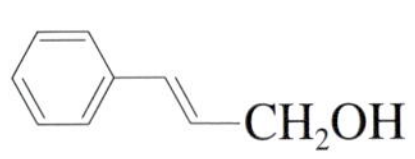

11.4

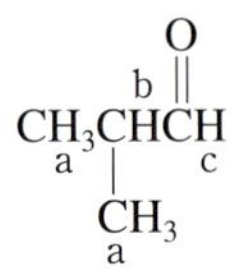

a: δ~0.9; b: ~2.2;
c: ~9.0 ppm

11.5

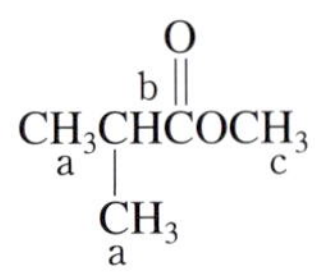

a, b 및 c의 3 봉우리,
a : b : c = 6 : 1 : 3

11.6 $\underset{a}{CH_3}\underset{b}{CH_2}Cl$ a: δ~1.0, 삼중선;
b: ~3.1 ppm 사중선

11.7 (1) $\underset{a}{(CH_3)_3}\underset{b}{CH}$ a: 이중선; b: 다중선

(2) $\underset{a}{CH_3}\underset{b}{CH_2}Cl$ a: 삼중선; b: 사중선

(3) $\underset{a}{(CH_3)_2}\underset{b}{CH}\underset{c}{CH_3}$ a: 이중선; b: 다중선; c: 이중선

(4) $Br\underset{a}{CH_2}\underset{b}{CH_2}\underset{a}{CH_2}Br$ a: 삼중선;
b: 오중선

11.8 $\underset{a}{CH_3}\underset{b}{CH_2}\underset{c}{CHBr_2}$

스펙트럼의 오른쪽(높은장)으로부터 a, b, c의 순서로 봉우리가 나타나며, a : b : c의 면적비는 3 : 2 : 1이다.
a=이중선, b=다중선, c=이중선

$\underset{a}{CH_3}\underset{b}{CHBr}\underset{c}{CH_2}Br$

스펙트럼의 오른쪽(높은장)으로부터 a, c, b의 순서로 봉우리가 나타나며, a : b : c의 면적비는 3 : 1 : 2이다.
a=이중선, b=다중선, c=이중선

$\underset{a}{CH_3}CBr_2\underset{a}{CH_3}$

모두 화학적으로 동등한 양성자이므로 단일선만 관찰된다.

$Br\underset{a}{CH_2}\underset{b}{CH_2}\underset{a}{CH_2}Br$

스펙트럼의 오른쪽 (높은장)으로부터 b, a의 순서로 봉우리가 나타나며 a : b의 면적비는 2 : 1이다. a=삼중선, b=오중선

11.9 a: 3; b: 3; c: 2; d: 2; e: 4; f: 4

11.10 1,4-Pentadiene은 서로 고립된 이중 결합을 가지고 있으므로 175 nm근처에서 흡수
1,3-Pentadiene은 두 개의 이중 결합이 콘쥬게이션되어 있으므로 217 nm 근처에서 흡수

11.12 C_5H_{12}

11.13 C_4H_9Br

11.16 (1) B; (2) C;
(3) A; (4) D

11.17 C═O

11.21 $(CH_3)_4Si < CH_4 <$ Cyclohexane $< CH_3COCH_3 < CH_2{=}CH_2 < CHCl_3$

11.26 (1) 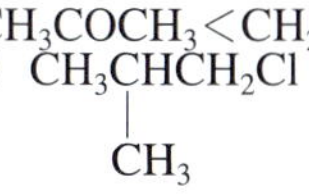

(2) $BrCH_2CH_2CH_2Br$

(3) 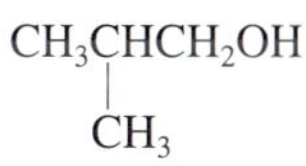

11.27 알코올: 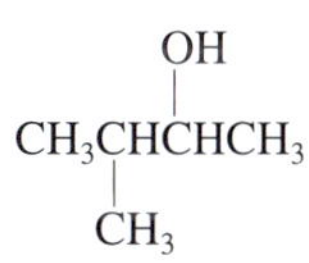 ;

브로모알케인: 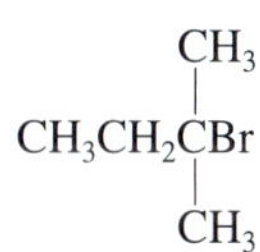

11.28 $\underset{a}{CH_3}O\underset{b}{CH_2}\underset{c}{CH_2}CN$

a: 단일선, δ=3.50;
b: 삼중선, δ=3.50;
c; 삼중선, δ=2.60

11.29 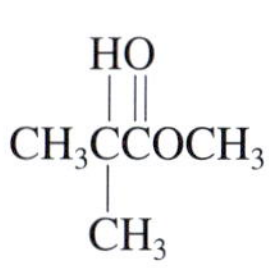

11.30 A는 카보닐기와 이중 결합이 콘쥬게이션되어 있으므로 더 긴 파장의 빛을 흡수한다.

11.33 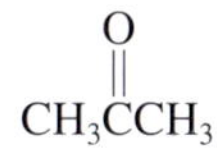

11.34 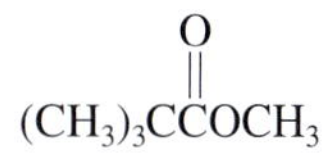

12장

12.1 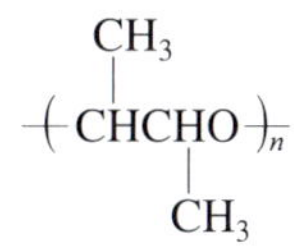

12.2 (1) 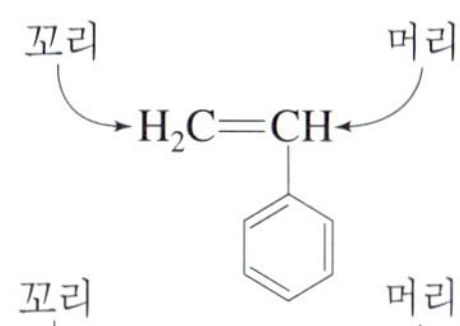

(2) 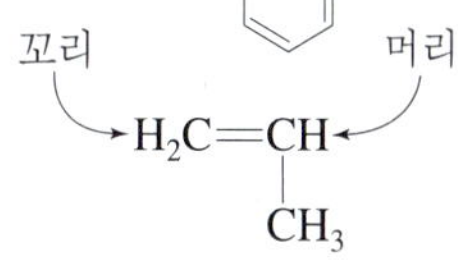

(3) 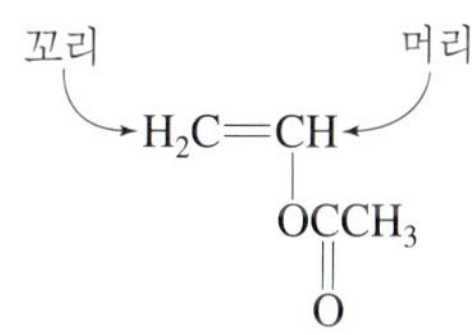

(4) 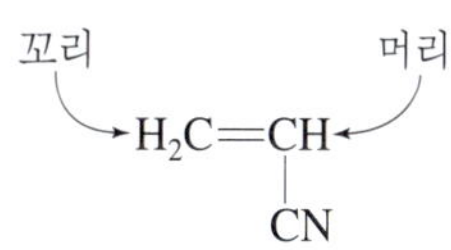

12.3 (1) 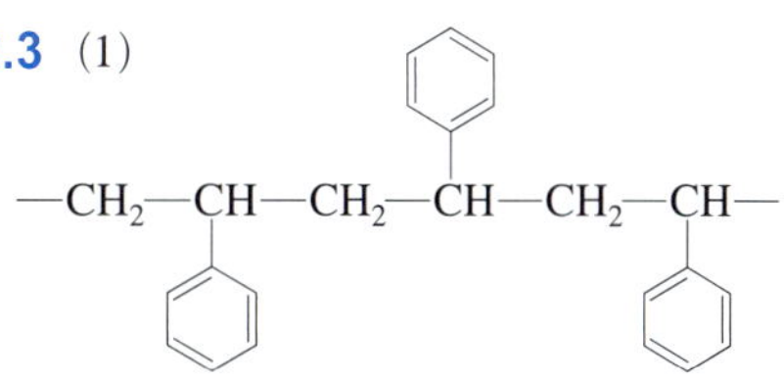

(2) 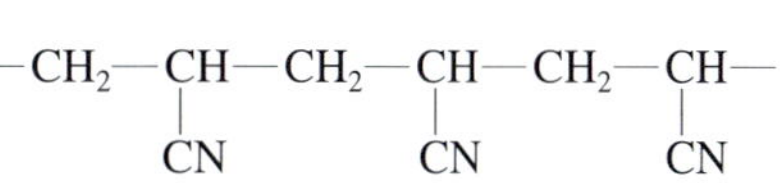

(3) 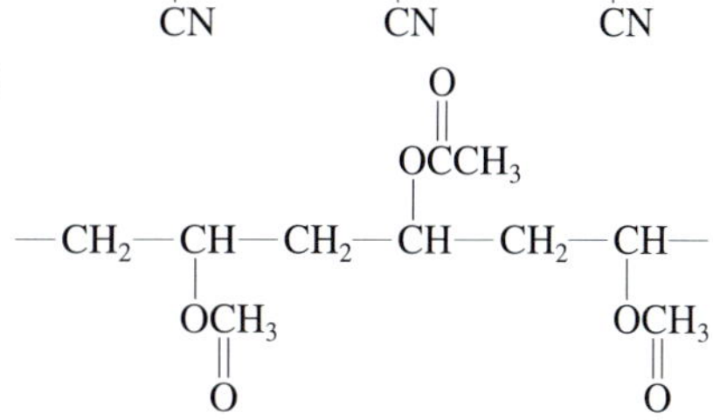

(4) 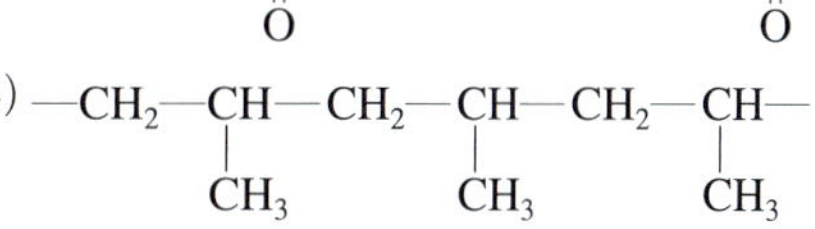

12.4

사슬 개시

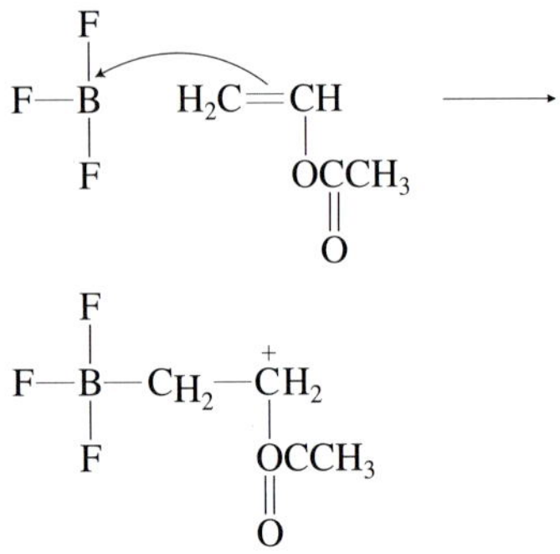

사슬 전파

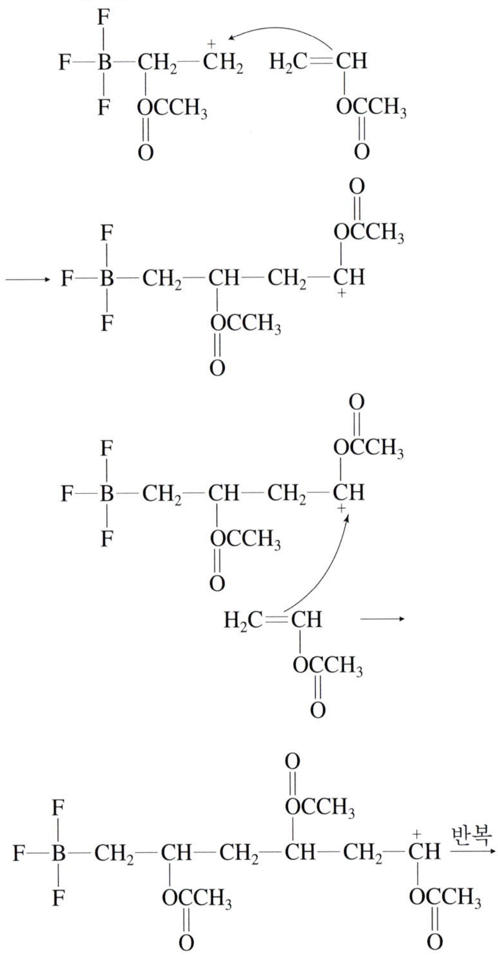

사슬 종결

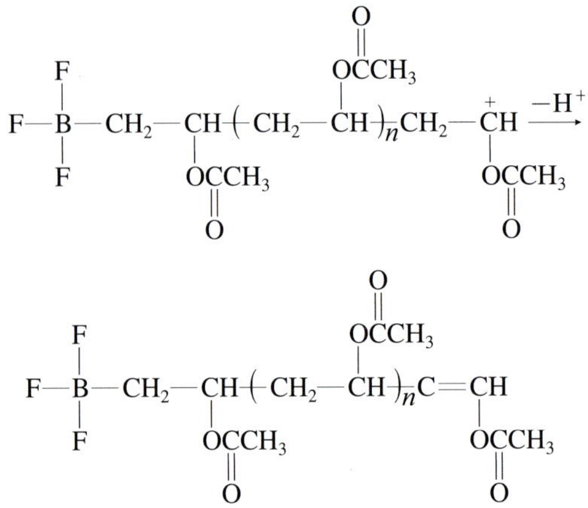

12.6

사슬 개시

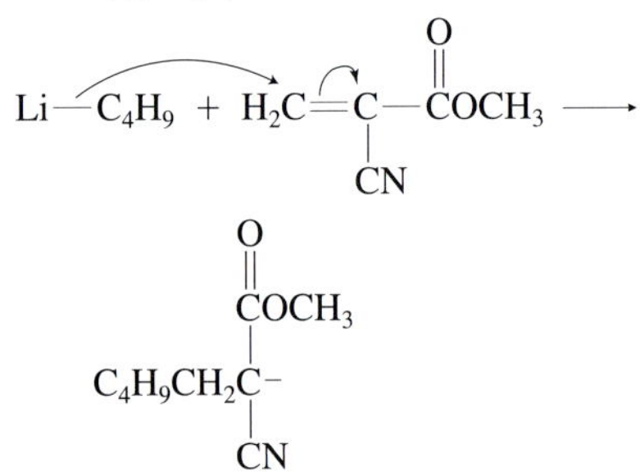

사슬 전파

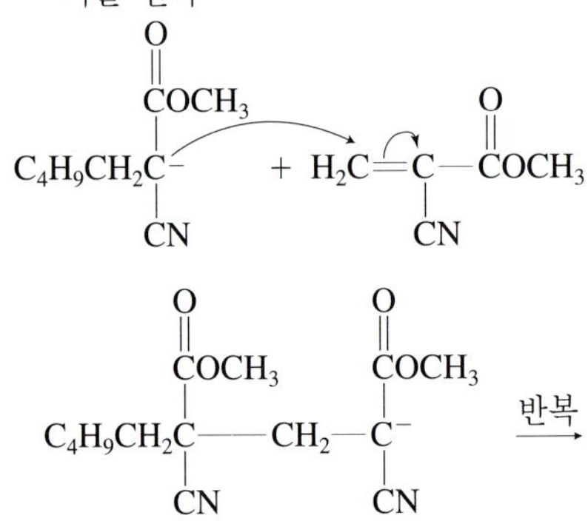

사슬 종결

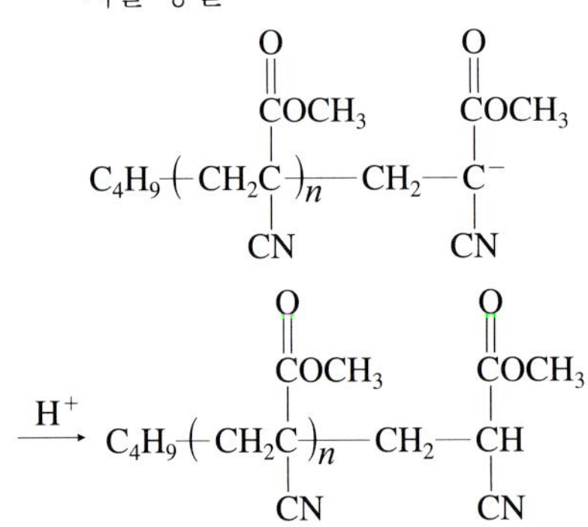

12.7

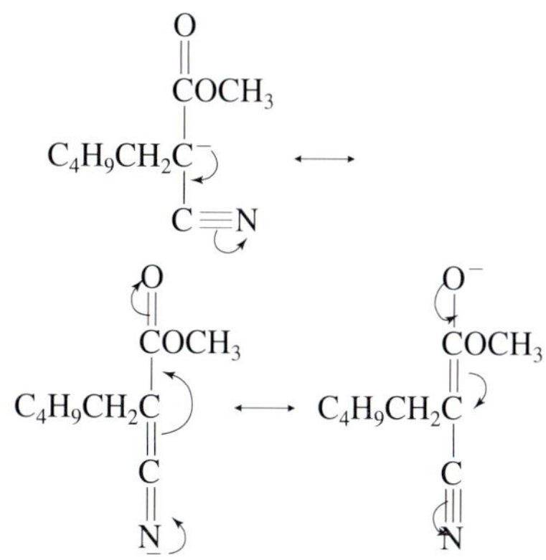

12.8

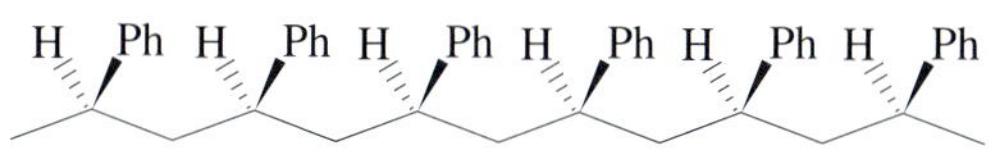

12.9

교대배향 고분자

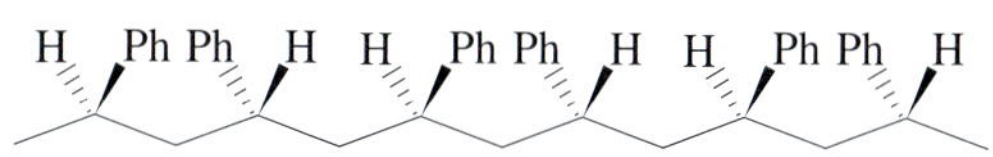

무규칙배향 고분자

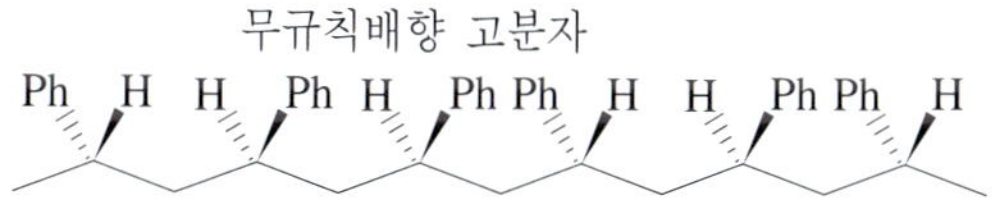

12.10

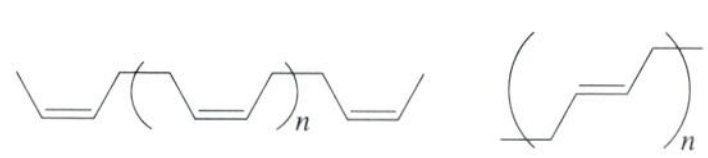

Z *E*

12.11

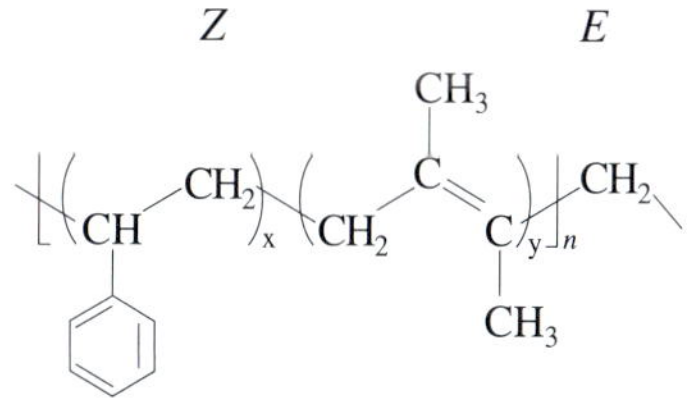

12.12

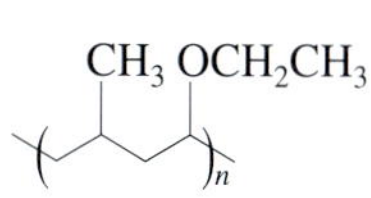

12.14

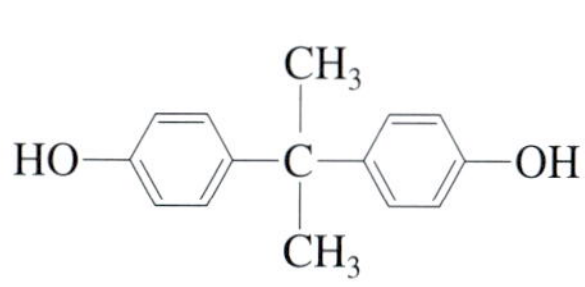 와

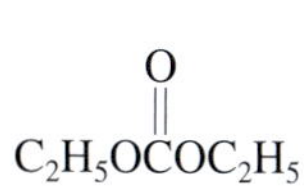

12.16 (2), (5), (6)

12.18 생성되는 고분자의 구조는 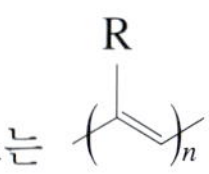 이며 치환체가 치환되어 있는 탄소가 카이랄 중심이 아니기 때문

12.20

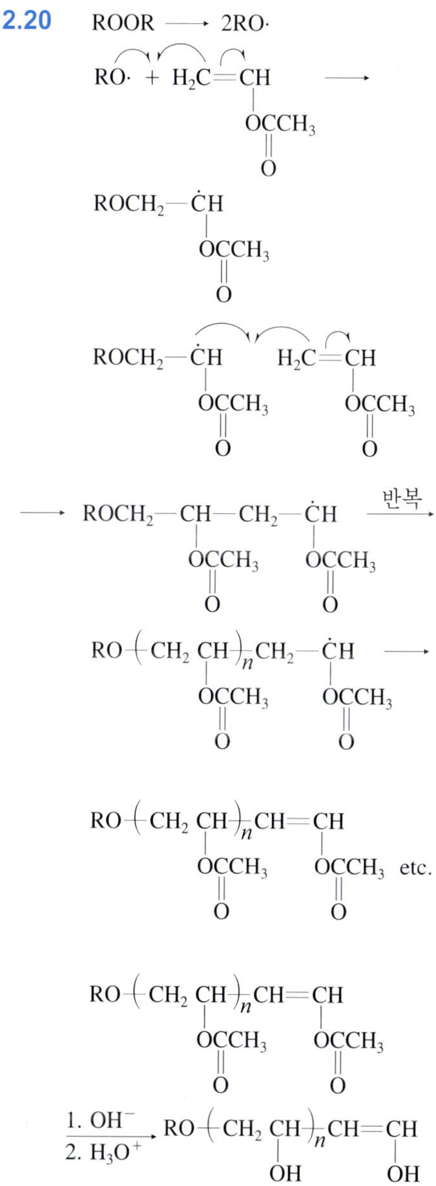

12.21

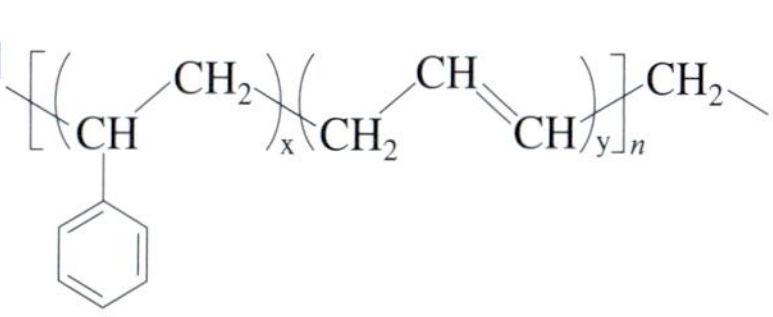

12.23

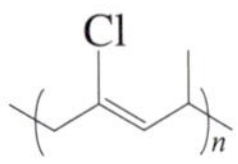

12.25

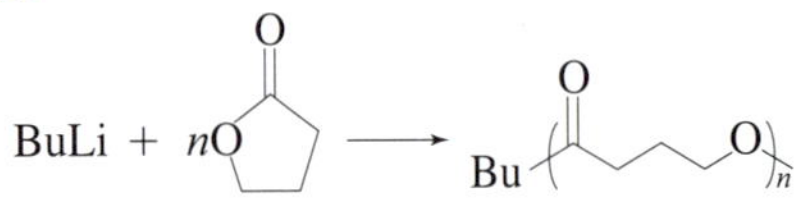

12.29

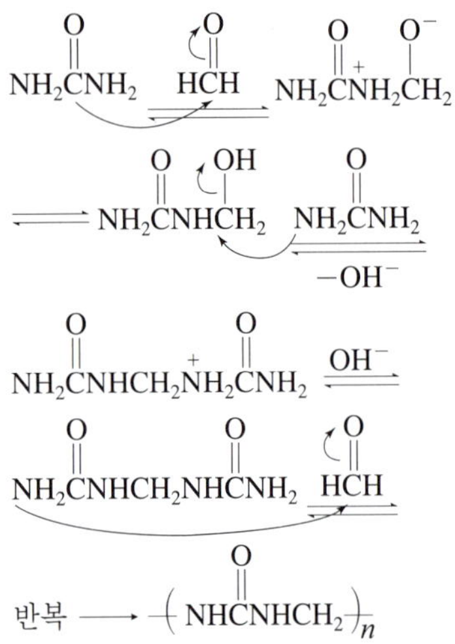

12.30

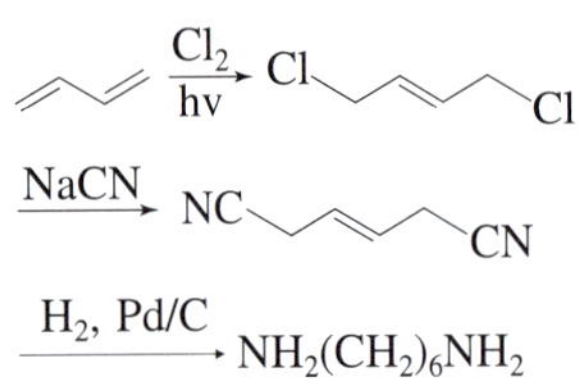

12.33

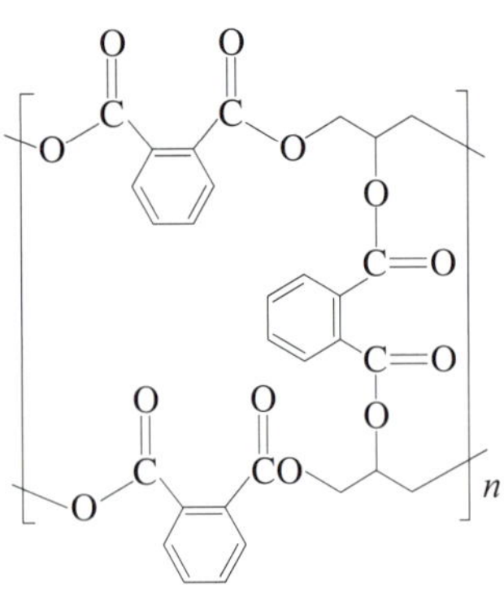

13장

13.1 (1) Aldotetrose
(2) Ketopentose
(3) Aldopentose
(4) Aldohexose

13.2

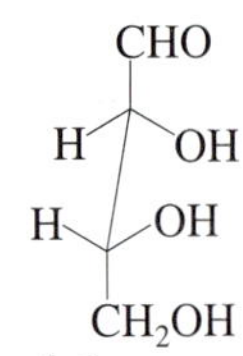

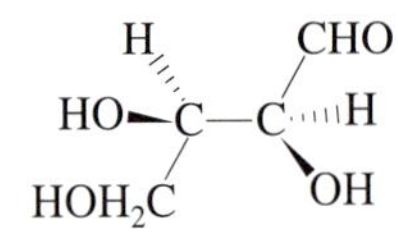

13.3 2^3개

13.4 모두 D 배열

13.5 D-Allose, D-Altrose, D-Glucose, D-Mannose 그룹과 D-Glulose, D-Idose, D-Galactose, D-Talose

13.6

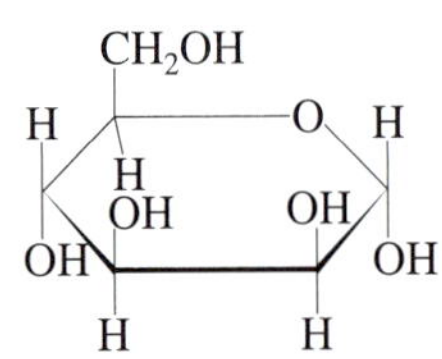

α-D-Mannose

13.7

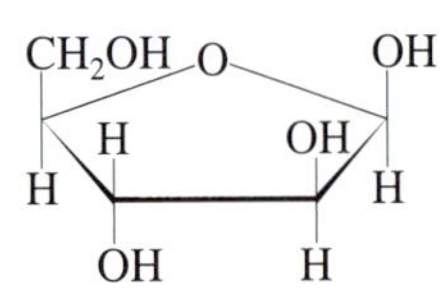

β-D-Arabinose

13.9

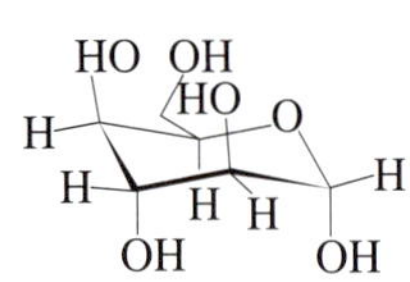

α-D-Idose

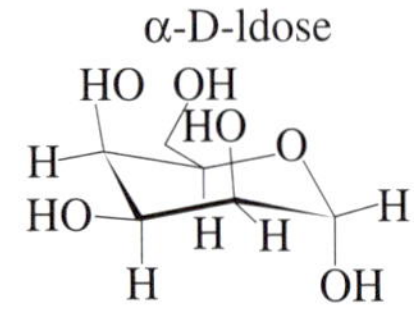

α-D-Talose

13.10

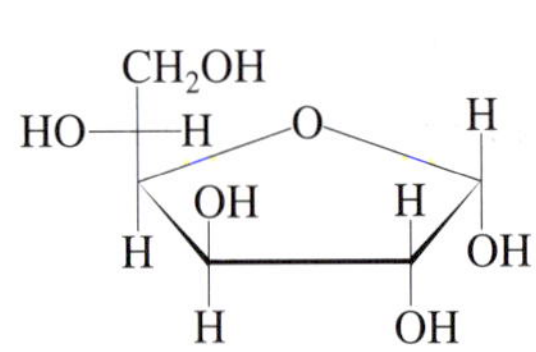

α-D-glucofuranose

13.11

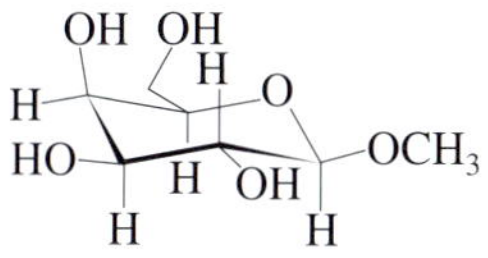

Methyl β-D-Galactoside

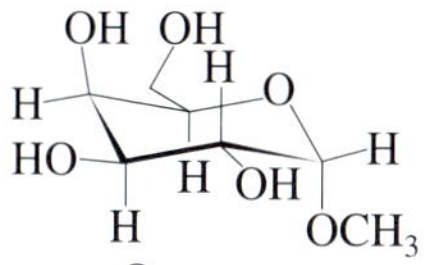

Methyl α-D-Galactoside

13.12

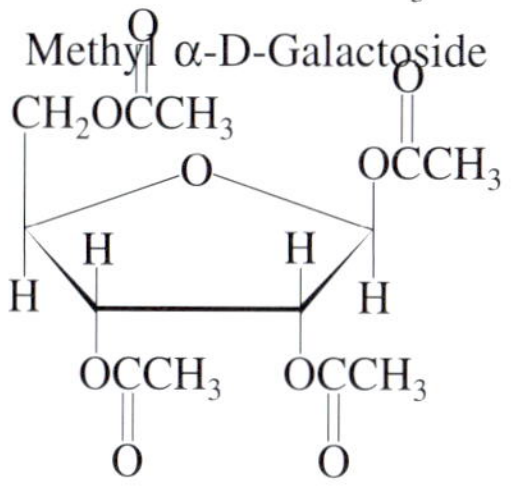

β-D-Ribofuranose

13.13

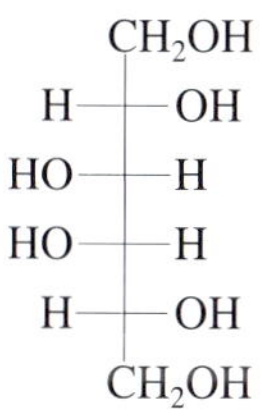

13.14 얻어지는 아래 생성물은 분자의 중간에 대칭면이 존재하는 메소 화합물이므로 광학 비활성이다.

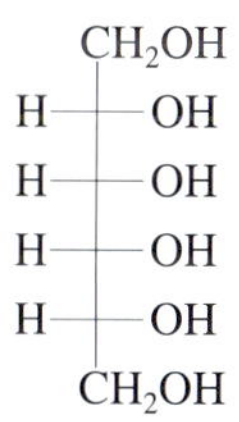

13.15

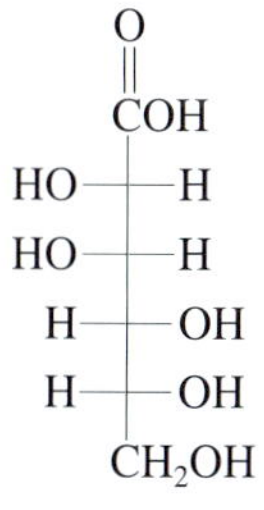

13.16 (2), (5)

13.17 (2) 모든 하이드록시기가 아세틸화된 화합물

(3)

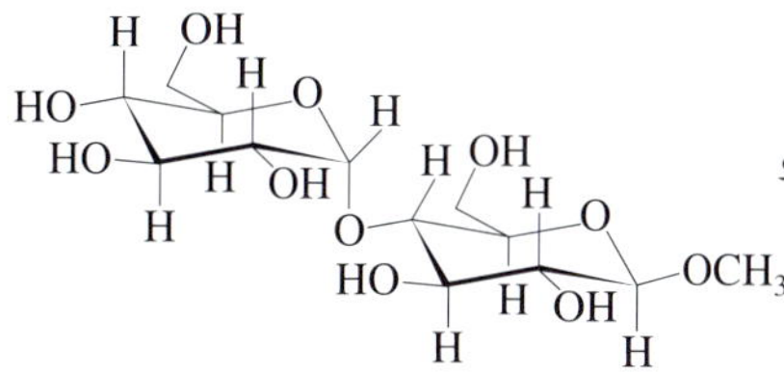

와

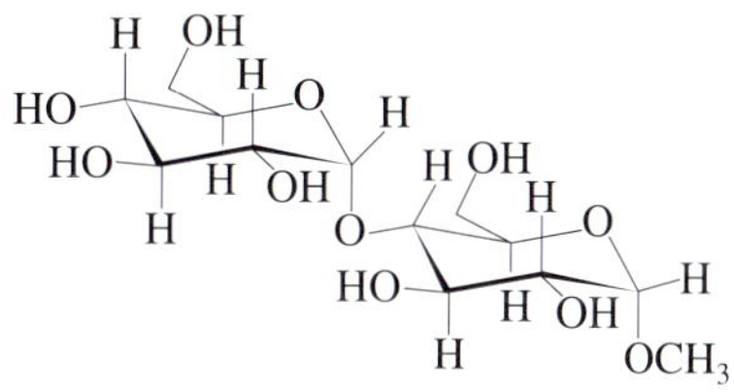

13.18 반응 없음

13.20

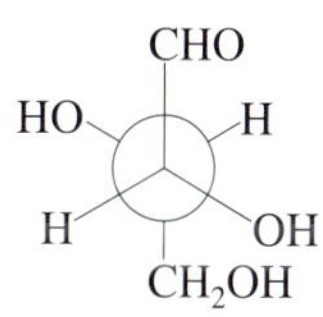

13.23 의자형에서 각 탄소의 아래쪽에 있는 치환기는 Fischer 투영식에서 수직선의 오른쪽에, 의자형에서 각 탄소의 위쪽에 있는 치환기는 Fischer 투영식에서 수직선의 왼쪽에 그려 준다. 예를 들어,

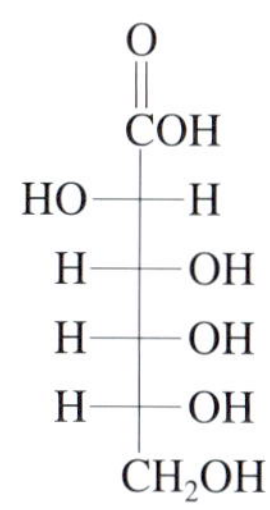

13.24 의자형에서 각 탄소의 아래쪽에 있는 치환기는 Haworth 투영식에서도 고리의 아래쪽에 그려진다.

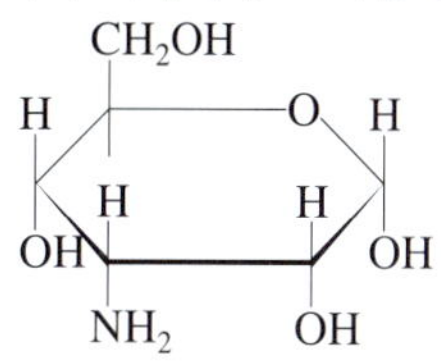

13.25 (1)

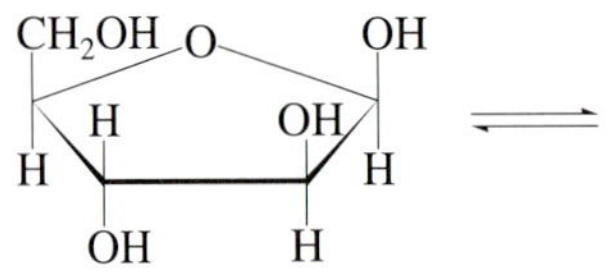

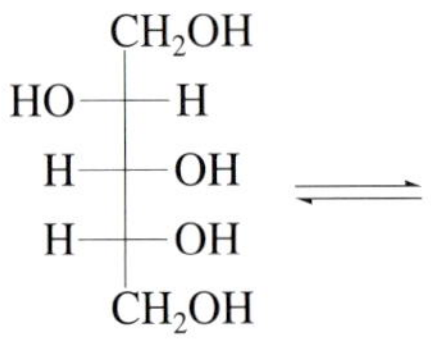

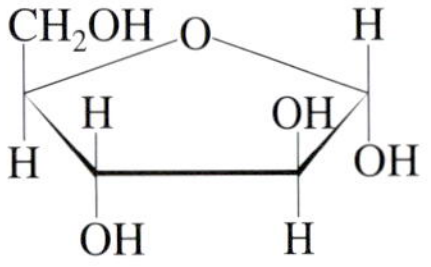

(2)

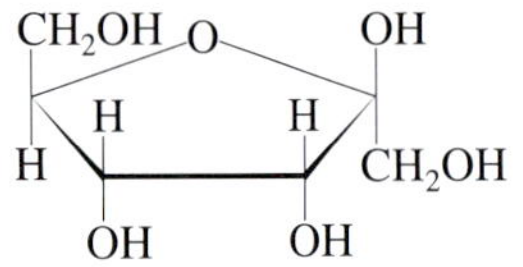

β-D-Fructofuranose

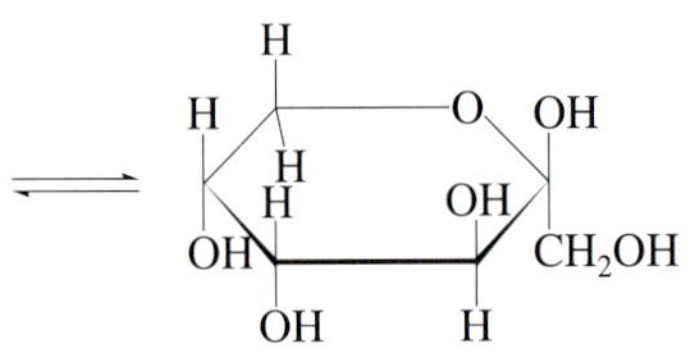

β-D-Fructopyranose

(3)

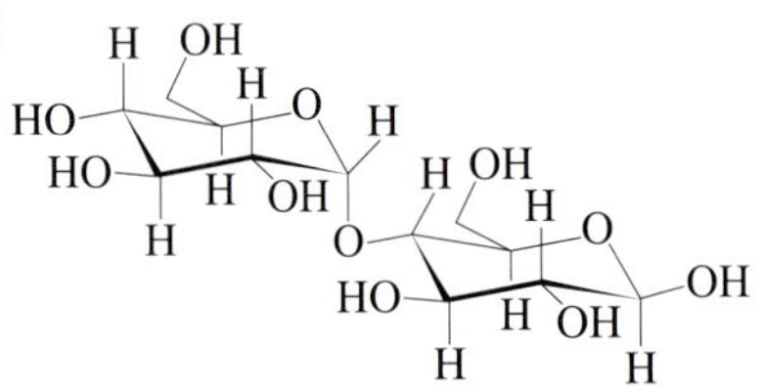

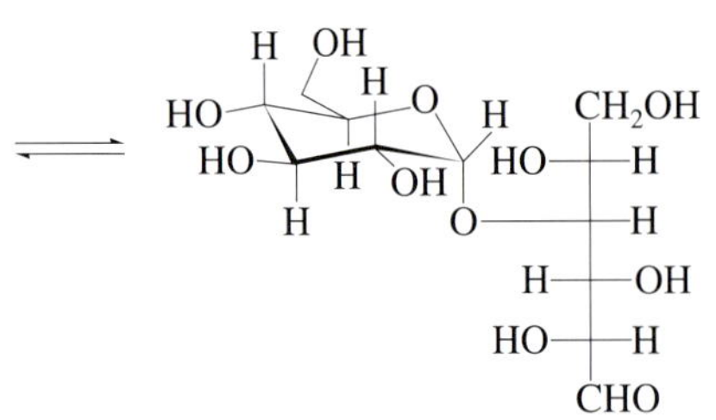

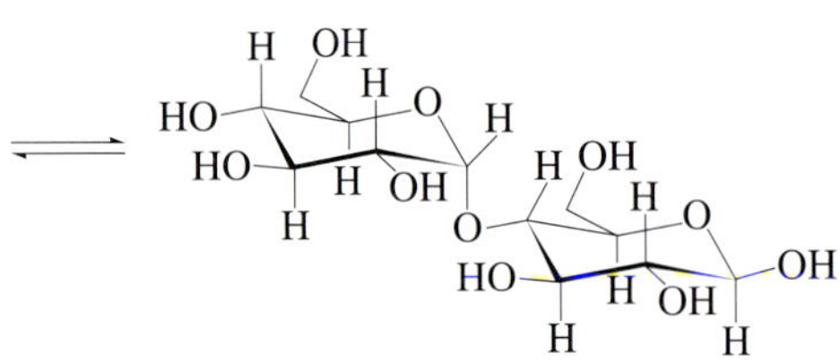

13.29

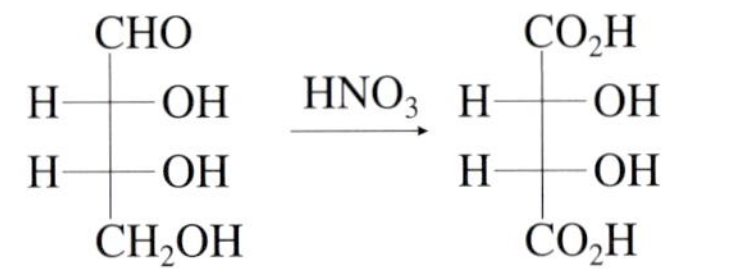

D-Erythrose 광학 비활성(메소 화합물)

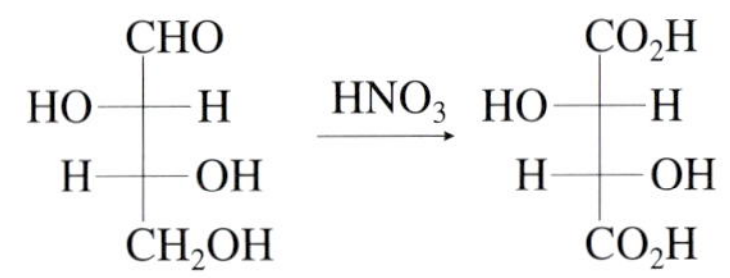

D-Threose

13.36

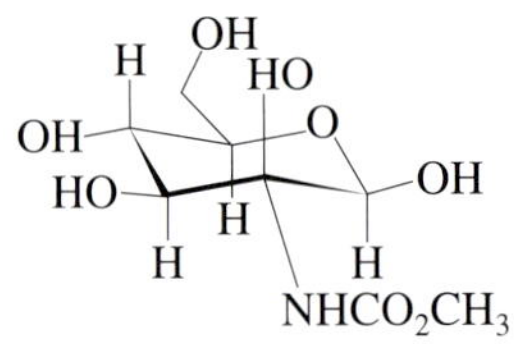

13.37

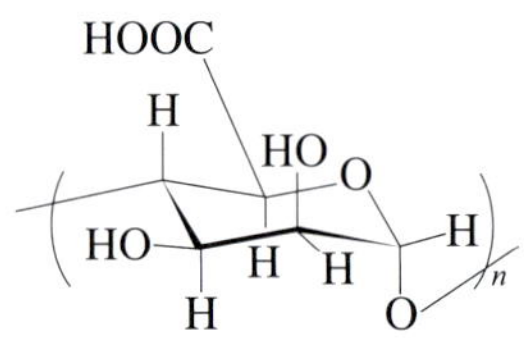

14장

14.2

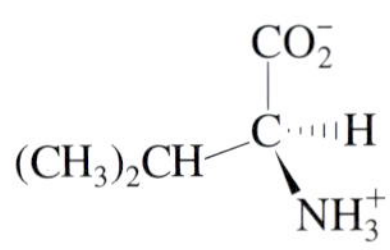

14.3

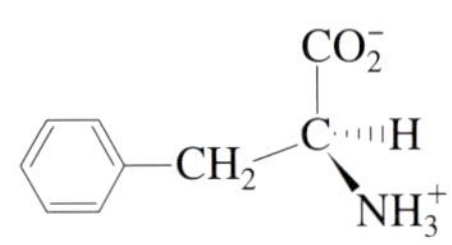

14.4

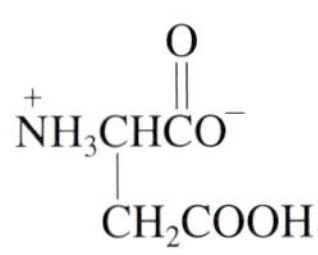

와

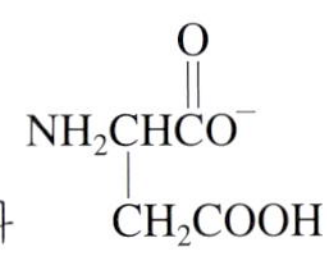

14.5 (1)

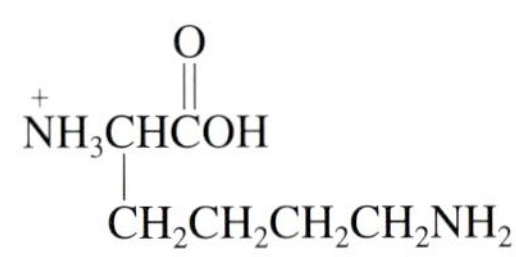

(2)

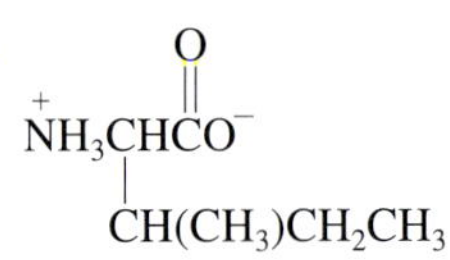

(3) 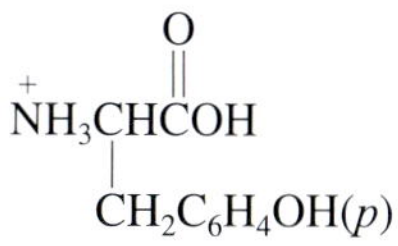

14.6 (1) 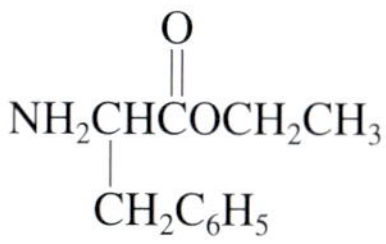

(2) 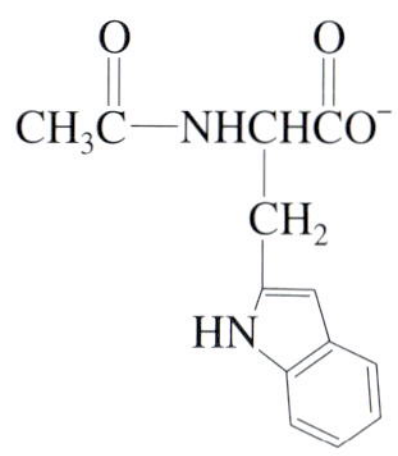

14.7 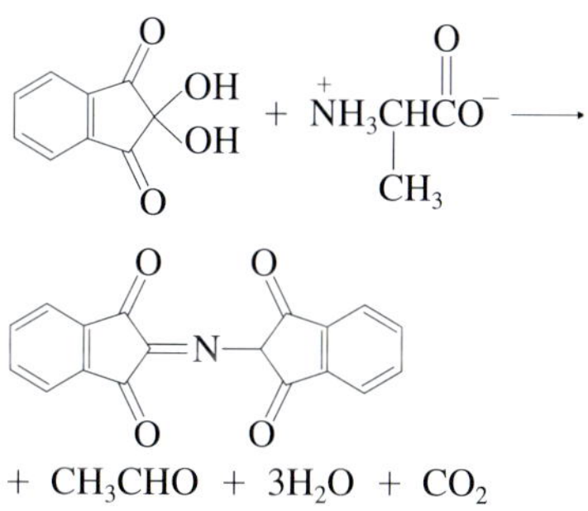

14.8 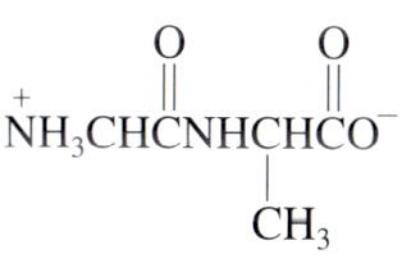

14.9 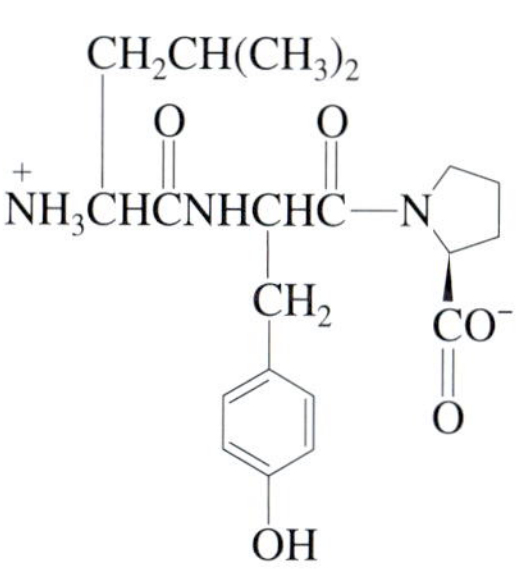

14.11 Glu-Arg-Gly-Gly-Arg-Gly-Phe

14.12 Pro-Leu-Gly-Pro-Arg-Pro

14.13 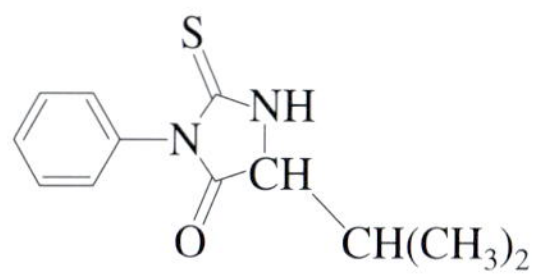

14.14 Tyr과 Ala-Val-Leu

14.21 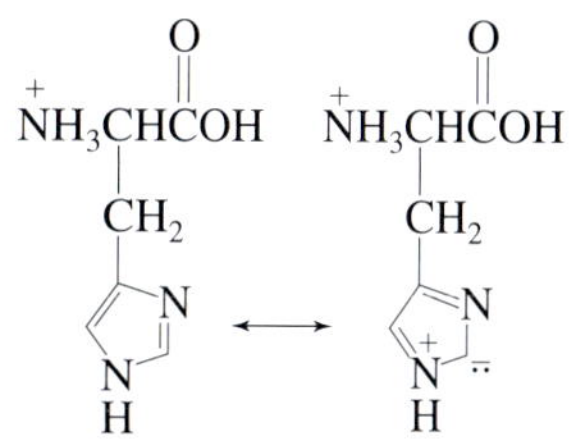

14.22 모두 양극

14.27 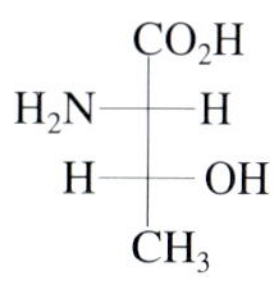

14.29 Trypsin: Phe-Leu-Lys, Met-Asp-Gly-Tyr-Gl-Arg, Pro-?Ile-Tyr
Chymotripsin; Phe, Leu-Lys-Met-Asp-Gly-Tyr, gly-Arg-Pro-Va-Ile-Tyr

14.30 Proline은 이차 아미노기를 가지고 있다. Proline 잔기가 일차 펩타이드 구조에 포함되면 사슬 안쪽의 수소 결합에 필요한 N—H기가 없다. 이와 같은 구조적 특징은 α-나선의 형성을 방해하는 경향이 있다. Proline은 단백질의 구조가 꺾인 부분에서 자주 발견된다.

15장

15.1

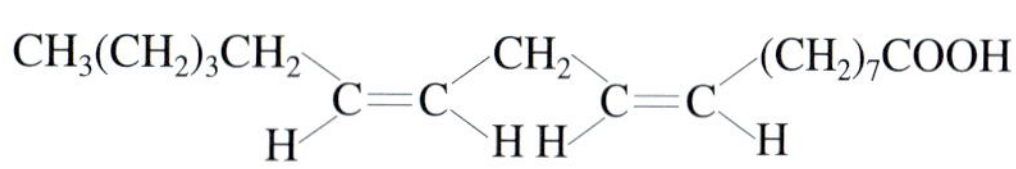

15.2 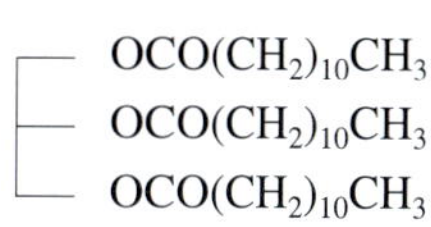

15.4

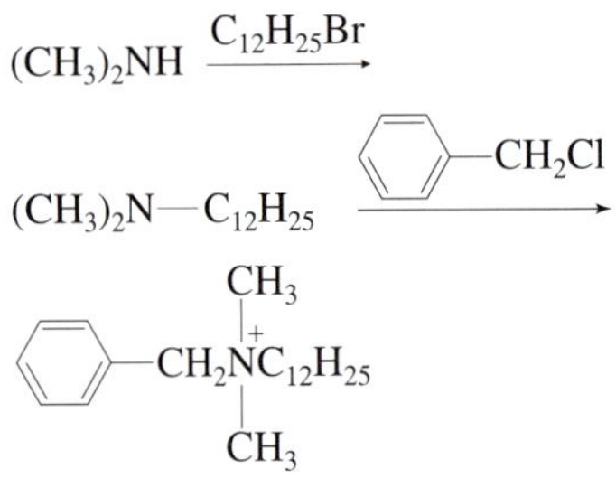

15.5

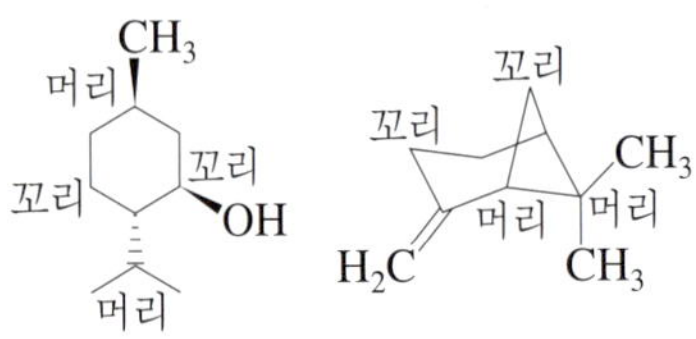

15.6 Pyrimidine과 purine은 방향족성의 기준인 $(4n+2)\pi$, 전체 고리의 콘쥬게이션 및 평면 구조의 조건을 충족시키고 있다.

15.7

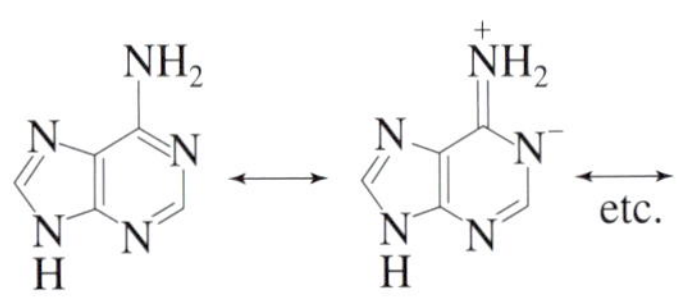

15.9

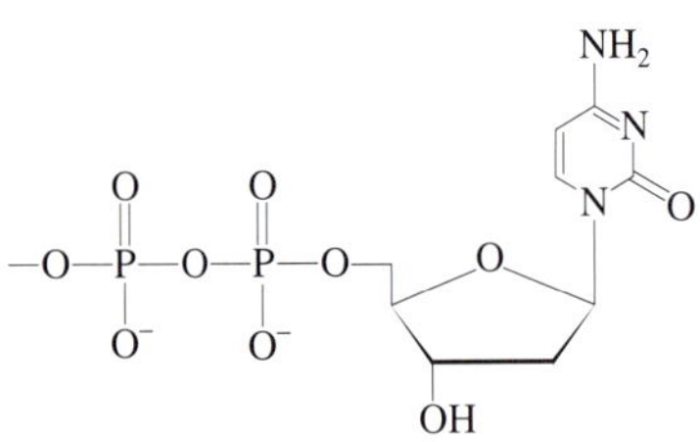

15.10

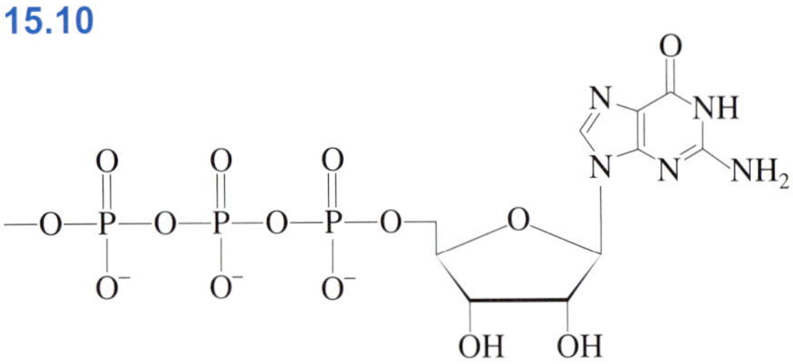

15.11 5′-말단 TAACGCTCG 3′-말단

15.12

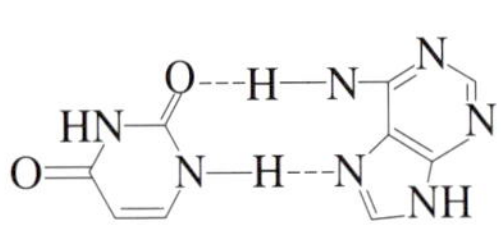

15.14 (1) AUU, AUC, AUA
(2) GAU, GAC

15.15 Tyr: UAU; Leu: CUA; Ser: UCU, UCG; Ile: AUC, AUA

15.17 광학 활성인 지방:

$$\begin{array}{l} H_2C-OCO(CH_2)_{16}CH_3 \\ HC-OCO(CH_2)_{16}CH_3 \\ H_2C-OCO(CH_2)_7CH{=}CH(CH_2)_7CH_3 \end{array}$$

광학 비활성인 지방:

$$\begin{array}{l} H_2C-OCO(CH_2)_{16}CH_3 \\ HC-OCO(CH_2)_7CH{=}CH(CH_2)_7CH_3 \\ H_2C-OCO(CH_2)_{16}CH_3 \end{array}$$

15.28 T: 32%; C: 18%

15.29 (1) 상보적 DNA: 5′-GCATAAGC-3′
상보적 RNA: 5′-GCAUAAGC-3′
(2) 상보적 DNA: 5′-GCAUAAGC-3′
상보적 RNA: 5′-GUACAGCUU-3′

15.31 Tyr의 구조

15.33 5′-GTA-3′
전사되는 DNA 가닥: 5′-AAG-3′
상보적인 DNA 가닥: 5′-CTA-3′

15.34 Gln-His-Ala-Lys-Leu-Ile-Asn

15.35 정상적인 DNA에서 전사된 mRNA 코돈은 5′-AUCCUGGUA-3′이다. 그리고 이 코돈에 의해 결정되는 아미노산 서열은 Ile-Leu-Val이다. 복제 과정의 실수로 변이된 DNA에서 전사된 mRNA 코돈은 5′-AUCCGGGCA-3′이다. 따라서 아미노산 서열은 Ile-Arg-Ala로 원래의 서열과 달라지게 된다.

찾아보기

숫자 및 영문

ㄱ

ㄴ

ㄷ

ㅅ

ㅇ

ㅈ

ㅊ

ㅎ

저자 소개

한신호

독일 RWTH Aachen 화학과 Dr. rer. nat.
독일 RWTH Aachen 유기화학 I 연구소 연구원
한국화학연구원 책임연구원
과학기술정책관리연구소 책임연구원
현) 한국산업기술대학교 생명화학공학과 교수

신성철

서울대학교 대학원 이학박사
현) 경상대학교 화학과 명예교수

핵심 유기화학

저　자	한신호 · 신성철
발행인	김지영
발행처	자유아카데미
주　소	경기도 파주시 회동길 37-42 파주출판도시
전　화	031-955-1321
팩　스	031-955-1322
홈페이지	www.freeaca.com
전자우편	main@freeaca.com (대표) editor@freeaca.com (편집) crm@freeaca.com (영업)
등　록	제406-2003-017호, 1980. 7. 12.
제1판1쇄	2020년 11월 30일 발행
정　가	37,000원

저자와의 협의하에 인지생략

ISBN 979-11-5808-271-0 93430

중요 작용기

계열 이름	일반식	화합물 예	이름
알켄(Alkene)	$R_2C=CR_2$	$H_2C=CH_2$	Ethene (Ethylene)
알카인(Alkyne)	$RC\equiv CR$	$HC\equiv CH$	Ethyne (Acetylene)
아렌(Arene)	ArH	—H	Benzene
할로알케인 (haloalkane)	$R-\ddot{\underset{..}{X}}:$(X=F, Cl, Br, I)	CH_3CH_2Cl	Chloroethane (Ethyl chloride)
알코올(Alcohol)	$R-\ddot{\underset{..}{O}}H$	$CH_3CH_2\ddot{\underset{..}{O}}H$	Ethanol (Ethyl alcohol)
에터(Ether)	$R-\ddot{\underset{..}{O}}-R$	$CH_3CH_2\ddot{\underset{..}{O}}CH_2CH_3$	Diethyl ether
아민(Amine)	$R-\ddot{N}R'R''$	$CH_3CH_2\ddot{N}H_2$	Ethylamine
설파이드(Sulfide)	$R-\ddot{\underset{..}{S}}-R$	$CH_3CH_2\ddot{\underset{..}{S}}CH_2CH_3$	Diethyl sulfide
싸이올(Thiol)	$R-\ddot{\underset{..}{S}}H$	$CH_3CH_2\ddot{\underset{..}{S}}H$	Ethanethiol

카보닐(Carbonyl) 기($-\overset{:O:}{\overset{\|}{C}}-$)를 가지고 있는 화합물들:

계열 이름	일반식	화합물 예	이름
알데하이드(Aldehyde)	$R-\overset{:O:}{\overset{\|}{C}}-H$	$CH_3-\overset{:O:}{\overset{\|}{C}}-H$	Ethanal (Acetaldehyde)
케톤(ketone)	$R-\overset{:O:}{\overset{\|}{C}}-R'$	$CH_3-\overset{:O:}{\overset{\|}{C}}-CH_3$	2-Propanone (Acetone)
카복실산(Carboxylic acid)	$R-\overset{:O:}{\overset{\|}{C}}-\ddot{\underset{..}{O}}H$	$CH_3-\overset{:O:}{\overset{\|}{C}}-\ddot{\underset{..}{O}}H$	Ethanoic acid (Acetic aicd)
에스터(Ester)	$R-\overset{:O:}{\overset{\|}{C}}-\ddot{\underset{..}{O}}R'$	$CH_3-\overset{:O:}{\overset{\|}{C}}-\ddot{\underset{..}{O}}CH_2CH_3$	Ethyl ethanoate (Ethyl acetate)
아마이드(Amide)	$R-\overset{:O:}{\overset{\|}{C}}-\ddot{N}R'R''$	$CH_3-\overset{:O:}{\overset{\|}{C}}-\ddot{N}H_2$	Ethanamide (Acetamide)
나이트릴(Nitrile)	$R-C\equiv\ddot{N}$	$CH_3C\equiv\ddot{N}$	Ethanenitrile (Acetonitrile)

할로알케인에서 진행되는 대표적인 친핵성 치환 반응

$Nu: + R-L \longrightarrow R-Nu + L:^{-}$

구조식	친핵체 이름	구조식	생성물 이름
산소 친핵체			
$H\ddot{\underset{..}{O}}:^{-}$	하이드록사이드 이온	$R-OH$	알코올
$R\ddot{\underset{..}{O}}:^{-}$	알콕사이드 이온	$R-O-R$	에터
$RCO\ddot{\underset{..}{O}}:^{-}$	카복실산 이온	$RCOOR$	에스터
$H\ddot{O}H$	물	ROH_2^{+}	알킬옥소늄 이온
$R\ddot{O}H$	알코올	$R{-}O^{+}HR$	다이알킬옥소늄 이온
질소 친핵체			
$R\ddot{N}H_2$	아민	$R\overset{+}{N}H_2R$	다이알킬암모늄 이온
$:\bar{N}=\overset{+}{N}=\bar{N}:$	아자이드 이온	$RN=\overset{+}{N}=\bar{N}$	알킬 아자이드
황 친핵체			
$H\ddot{\underset{..}{S}}:^{-}$	황화 수소 이온	$R-SH$	싸이올
$R\ddot{\underset{..}{S}}:^{-}$	싸이올레이트 이온	$RS-R$	설파이드
할로젠 친핵체			
$:\ddot{\underset{..}{I}}:^{-}$	아이오딘 이온	$R-I$	아이오도알케인

친전자성 치환 반응에서 치환기의 효과

반응 속도 영향	*o*,*p*-지향기	반응 속도 영향	*m*-지향기
매우 강한 활성화	$-\ddot{N}H_2$, $-\ddot{N}HR$, $-\ddot{N}R_2$	강한 활성 감소	$-\overset{O}{\overset{\|}{C}}OR$
	$-\ddot{\underset{..}{O}}H$		$-\overset{O}{\overset{\|}{C}}R$
	$-\ddot{\underset{..}{O}}R$		$-SO_3H$
강한 활성화	$-\ddot{\underset{..}{O}}-\overset{O}{\overset{\|}{C}}-R$		$-\overset{O}{\overset{\|}{C}}H$
	$-\ddot{N}H-\overset{O}{\overset{\|}{C}}-R$		$-\overset{O}{\overset{\|}{C}}OH$
활성화	$-C_6H_5$(aryl)		$-CH$
	$-R$(alkyl)	매우 강한 활성 감소	$-NO_2$
약한 활성 감소	$-X$($X=$halogen, 활성 감소)		$-\overset{+}{N}R_3$